KB262937

Spss Statistics 20

SPSS 데이터분석

김충련 著

21세기사

머 리 말

SPSS는 18.0에서 PASW로 불리었는데 버전 19.0으로 업그레이드하면서 다시 IBM SPSS Statistics라는 이름으로 바뀌었으며, 2011년 10월부터 20.0으로 업그레이드된 데이터분석 소프트웨어의 이름입니다. 본 책은 SPSS가 가지고 있는 다양한 기능 중에서 데이터분석과 관련된 내용을 중심으로 서술하고 있습니다. 주로 SPSS를 활용해 마케팅 조사와 데이터분석을 할 수 있는 내용들을 소개하고 있습니다. 다른 책들과는 달리 본 책에서는 연구조사 방법론에서 제시된 내용의 순서에 따라 분석절차를 따르는 것을 강조했습니다. 또한 분석결과의 자세한 해석과 조사결과의 타당성을 검정하는 내용을 다루고자 노력하였습니다. 따라서 본 책을 통해 독자들은 적절한 분석방법에 대한 시사점을 얻을 수 있을 것으로 확신합니다.

본 책에서 주로 다루어지는 데이터분석 방법들을 살펴보면 다음과 같습니다. 먼저 데이터 수집 후에 기초적인 데이터를 분석하는 방법을 자세히 다루고 있습니다. 이러한 기초적인 데이터분석을 기반으로 가설검정, 기술통계분석, 회귀분석, 분산분석, 요인분석, 군집분석, 판별분석, 비모수통계분석, 다차원척도법, 대응일치분석, 결합분석 등을 소개하고 있습니다. 이들은 마케팅과 사회과학 조사에서 가장 많이 사용되고 있는 대표적인 분석 방법들입니다.

본 책은 다음과 같은 과정을 따라 활용하기를 원합니다. 먼저 1장의 SPSS 시작하기에서 SPSS에 간단한 사용법을 파악한 후, 2장에서 데이터의 입력과 출력 방법을 살펴보기를 원합니다. 이 과정이 지난 후에 4장의 데이터를 정리하는 방법을 살펴 보는 것이 좋습니다. 5장 이후부터 소개되는 분석방법들은 분석하고자 하는 분석방법이 확정된 경우 해당 분석 방법을 찾아 활용하면 될 것입니다. 반면 3장의 경우에는 필요한 기능을 그때그때 찾아서 학습하는 형태로 진행했으면 합니다.

Preface

    본 책을 저술하면서 많은 분들의 도움이 있습니다. 특별히 이 분야에 발을 들여 놓을 수 있도록 하셨던 분들, 그리고 데이터분석에 대해서 관심을 가지고 문의를 하셨던 독자들을 잊을 수 없을 것입니다. 또한 현재의 원고가 나올 수 있도록 많은 관심을 가져 주셨던 주위의 동료 교수님들께 감사를 드립니다. 그리고 그 동안 책을 저술하고 있다는 이유로 많은 시간을 같이 하지 못한 아내와 자녀들에게 감사의 마음을 전합니다. 끝으로 본 저서를 출판해 주신 21세기사의 이범만 사장님과 교정과 출판에 열심을 다해 주신 직원 여러분들에게 감사를 드립니다. 본 책이 SPSS Statistics를 통해 데이터를 분석하고자 하는 많은 분들에게 조금이나마 도움이 되었으면 합니다.

2012. 4.

저자 김충련

차 례

Part 01 SPSS를 시작하기

Chapter 01 SPSS를 시작하기 ···································· 17

  1 SPSS의 시작 ···································· 18
  1.1. SPSS의 개요 ···································· 18
  1.2. SPSS의 시작 ···································· 18
  1.3. 화면구성 ···································· 19

  2 데이터의 입력, 저장, 실행 ···································· 21
  2.1. 데이터의 입력 ···································· 21
  2.2. 저 장 ···································· 24
  2.3. 저장된 파일 불러오기 ···································· 25
  2.4. 데이터를 분석하기 ···································· 25
  2.5. 분석결과를 해석하기 ···································· 27

Chapter 02 데이터 입력 ···································· 29

  1 통계학과 데이터 ···································· 30
  1.1. 통계와 통계학 ···································· 30
  1.2. 데이터 ···································· 30
  1.3. 데이터와 척도 ···································· 31
  1.4. 주요 데이터의 구조와 입력 형태 ···································· 37

  2 외부 데이터 입력 ···································· 40
  2.1. 텍스트 파일 데이터 입력 ···································· 40
  2.2. 엑셀 데이터 입력 ···································· 48

  3 데이터집합의 저장 및 활용 ···································· 50
  3.1. 데이터집합을 파일로 저장 ···································· 50
  3.2. 저장된 데이터집합의 활용 ···································· 52

Contents

Chapter 03 데이터 변환 ··· 53

1 변수 정의 ··· 54
1.1. 변수를 먼저 정의하는 경우 ······················ 54
1.2. 데이터를 먼저 입력하는 경우 ······················ 62

2 데이터 출력 ··· 63
2.1. 텍스트 파일로 출력 ··· 63
2.2. 엑셀 파일로 출력 ··· 64

3 데이터 복사, 이동, 삽입, 삭제 및 정렬 ······················ 66
3.1. 케이스의 복사, 이동, 삽입, 삭제 ······················ 66
3.2. 변수의 복사, 이동, 삽입, 삭제 ······················ 71
3.3. 케이스 정렬 ··· 76

4 코딩 변경 ··· 80
4.1. 같은 변수 이름으로 코딩 변경 ······················ 80
4.2. 다른 변수 이름으로 코딩 변경 ······················ 86
4.3. 숫자를 문자로 코딩 변경 ······················ 92
4.4. 문자를 숫자로 코딩 변경 ······················ 96

5 변수 계산 ··· 96
5.1. 변수 계산 ··· 96
5.2. 함수를 활용한 변수 계산 ······················ 98

6 데이터의 전치 및 표준화 ······················ 100
6.1. 데이터의 전치 ··· 100
6.2. 데이터의 표준화 ··· 102

7 파일합치기 ··· 105
7.1. 변수 추가(칼럼 병합) ······················ 105
7.2. 케이스 추가(행 병합) ······················ 109

차 례

Part 02 **기초데이터분석**

Chapter 04 데이터탐색 ·· 115

1 데이터탐색과 데이터분석 ·· 116
1.1. 데이터탐색과 데이터분석의 관계 ·· 116
1.2. 데이터탐색의 내용 ·· 117
1.3. 데이터분석의 구분 ·· 119

2 빈도분석 ·· 121
2.1. 넌메트릭 데이터의 빈도분석 ·· 121
2.2. 메트릭 데이터의 빈도분석 ·· 128
2.3. 두 변수간 교차분석 ·· 135
2.4. 세 변수간 교차분석 ·· 138

3 다중응답 분석 ·· 145
3.1. 개요 ··· 145
3.2. 다중응답 분석 ··· 145

4 정규성 검정 ·· 153
4.1. 정규성 검정통계량 ·· 153
4.2. 그래프 검정 ·· 155
4.3. 분포와 그래프 검정간의 관계 ·· 156
4.4. 정규성 검정 사례 ·· 157
4.5. 정규성을 만족하지 못하는 변수 문제해결 ························· 168

5 평균, 표준편차 분석 ·· 173
5.1. 메트릭 데이터에 대한 평균, 표준편차 분석 ······················ 173
5.2. 넌메트릭 데이터에 대한 빈도분석 ···································· 178

6 상관관계 분석 ·· 180
6.1. 상관관계 분석의 개요 ·· 180
6.2. 메트릭 데이터간 산점도 분석 ·· 180
6.3. 메트릭 데이터간 상관관계 분석 ··· 184
6.4. 산점도와 상관관계 분석 결과 ·· 186

Contents

7 신뢰도 검정 ············· 187

7.1. 다항목 척도들로 측정된 개념의 신뢰도 검정 ············· 187

7.2. 평가자간 신뢰도 검정 ············· 193

Chapter 05 가설검정 ············· 199

1 가설검정 ············· 200

1.1. 가설이란 ············· 200

1.2. 가설검정 ············· 201

1.3. 가설검정의 종류 ············· 203

2 한 표본에 대한 가설검정 ············· 204

2.1. −검정 ············· 204

2.2. −검정 ············· 209

2.3. 비율검정 ············· 212

2.4. 모분산검정 ············· 218

3 두 표본에 대한 가설검정 ············· 223

3.1. −검정 ············· 223

3.2. 대응(쌍체) −검정 ············· 226

3.3. 비율검정 ············· 229

3.4. 모분산검정 ············· 235

Chapter 06 비모수통계분석 ············· 241

1 비모수통계분석의 개요 ············· 242

1.1. 비모수통계분석이란 ············· 242

1.2. 비모수통계분석의 종류 ············· 242

2 단일표본 검정 ············· 243

2.1. 카이제곱 검정 ············· 243

2.2. 이항분포 검정 ············· 247

2.3. 런 검정 ············· 251

2.4. 콜모고로프−스미르노프 검정 ············· 254

차 례

3 대응표본 검정 ······ 257
3.1. 맥네마르 검정 ······ 257
3.2. 부호 검정 ······ 261
3.3. 윌콕슨 부호순위 검정 ······ 263
3.4. 코크란 큐 검정 ······ 265
3.5. 프리드만 검정 ······ 269

4 독립표본 검정 ······ 272
4.1. 2개의 독립집단에 대한 검정 ······ 273
4.2. 세집단 이상 독립표본 검정 ······ 277

Chapter 07 기술통계분석 ······ 283

1 기술통계분석 ······ 284

2 교차표에 대한 카이제곱 검정 ······ 284
2.1. 교차표에 대한 카이제곱 검정의 개요 ······ 284
2.2. 기본 분석 사례 ······ 285
2.3. 추가 분석 사례 ······ 292

3 상관관계분석 ······ 301
3.1. 메트릭 데이터의 상관관계 분석 ······ 302
3.2. 넌메트릭 데이터의 상관관계분석 ······ 306
3.3. 편상관관계 분석 ······ 309

Part 03 다변량데이터분석

Chapter 08 회귀분석 ······ 317

1 회귀분석의 개요 ······ 318
1.1. 회귀분석이란 ······ 318
1.2. 회귀분석의 종류 ······ 320

Contents

2 단순 회귀분석 321

2.1. 모형의 개요 321

2.2. 단순 회귀분석 사례 322

3 다중 회귀분석 327

3.1. 모형의 개요 327

3.2. 다중 회귀분석 사례 328

3.3. 오차항의 독립성, 정규성 검정 332

3.4. 다중공선성 분석 335

3.5. 최적 회귀모형의 선정 339

3.6. 곡선 추정 회귀모형 343

3.7. 더미변수 회귀모형 349

4 비선형 회귀분석 358

4.1. 비선형 회귀분석의 개요 358

4.2. 비선형 회귀분석의 사례 358

Chapter 09 분산분석 363

1 분산분석의 개요 364

1.1. 분산분석이란 364

1.2. 분산분석에서 분산의 개념 366

1.3. 모형의 인자표현 367

1.4. 주요 분산분석의 형태 370

2 집단간 분산분석 372

2.1. 일원배치 분산분석 372

2.2. 반복측정치가 없는 이원배치 분산분석 380

2.3. 반복측정치가 있는 이원배치 분산분석 385

3 집단 내 집단간 분산분석 391

3.1. 난괴법 분산분석 391

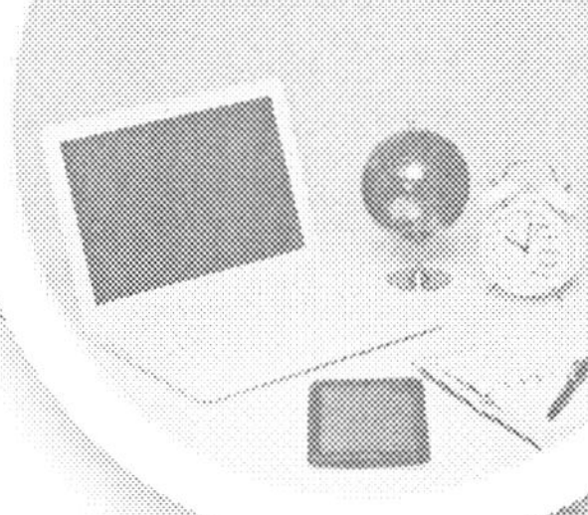

차 례

4 기타 분산분석 398

4.1. 공분산분석 398

4.2. 다변량 분산분석 402

Chapter 10 판별분석 407

1 판별분석의 개요 408

1.1. 판별분석이란 408

1.2. 판별분석의 기본 원리 410

1.3. 판별분석의 절차 412

2 가설검정을 위한 판별분석 415

2.1. 분석개요 415

2.2. 분석데이터 415

2.3. 분석과정 417

2.4. 결과해석 419

3 모형선택을 위한 판별분석 428

3.1. 분석개요 428

3.2. 1단계 : 표본 구분 428

3.3. 2단계 : 분석표본의 기초 분석 431

3.4. 3단계 : 분석표본의 유의한 변수 선택 437

3.5. 4단계 : 선정된 변수를 활용한 판별식 검정 440

4 로지스틱 회귀분석 448

4.1. 로지스틱 회귀분석이란 448

4.2. 로지스틱 회귀분석 사례 449

Chapter 11 요인분석 457

1 요인분석의 개요 458

1.1. 요인분석이란 458

1.2. 요인분석 과정 458

Contents

2 요인분석의 예제 ················· 465

2.1. 요인분석 ················· 465

3 요인분석을 활용한 다변량분석 ················· 475

3.1. 분석데이터의 준비 ················· 475

3.2. 각 요인의 기술통계량 ················· 476

3.3. 요인변수를 이용한 군집분석 ················· 477

3.4. 요인변수를 이용한 회귀분석 ················· 480

Chapter 12 군집분석 ················· 485

1 군집분석의 개요 ················· 486

1.1. 군집분석이란 ················· 486

1.2. 군집분석 가능한 데이터의 형태 ················· 487

1.3. 군집분석 과정 ················· 487

1.4. 계층 군집분석과 비연결 군집분석 ················· 489

2 군집분석 예제 ················· 491

2.1. 소수표본의 군집분석 ················· 491

2.2. 다수표본의 군집분석 ················· 501

Chapter 13 다차원척도법 ················· 509

1 다차원척도법의 개요 ················· 510

1.1. 다차원척도법이란 ················· 510

1.2. 다차원척도법의 기본 개념 ················· 511

1.3. 다차원척도법의 분석진행 절차 ················· 516

2 다차원척도법의 사례 ················· 522

2.1. KYST : 한 명의 유사성/상이성 데이터 분석 ················· 522

2.2. INDSCAL : 여러 명의 유사성/상이성 데이터 분석 ················· 536

2.3. MDPREF : 선호도 데이터의 다차원척도법 ················· 550

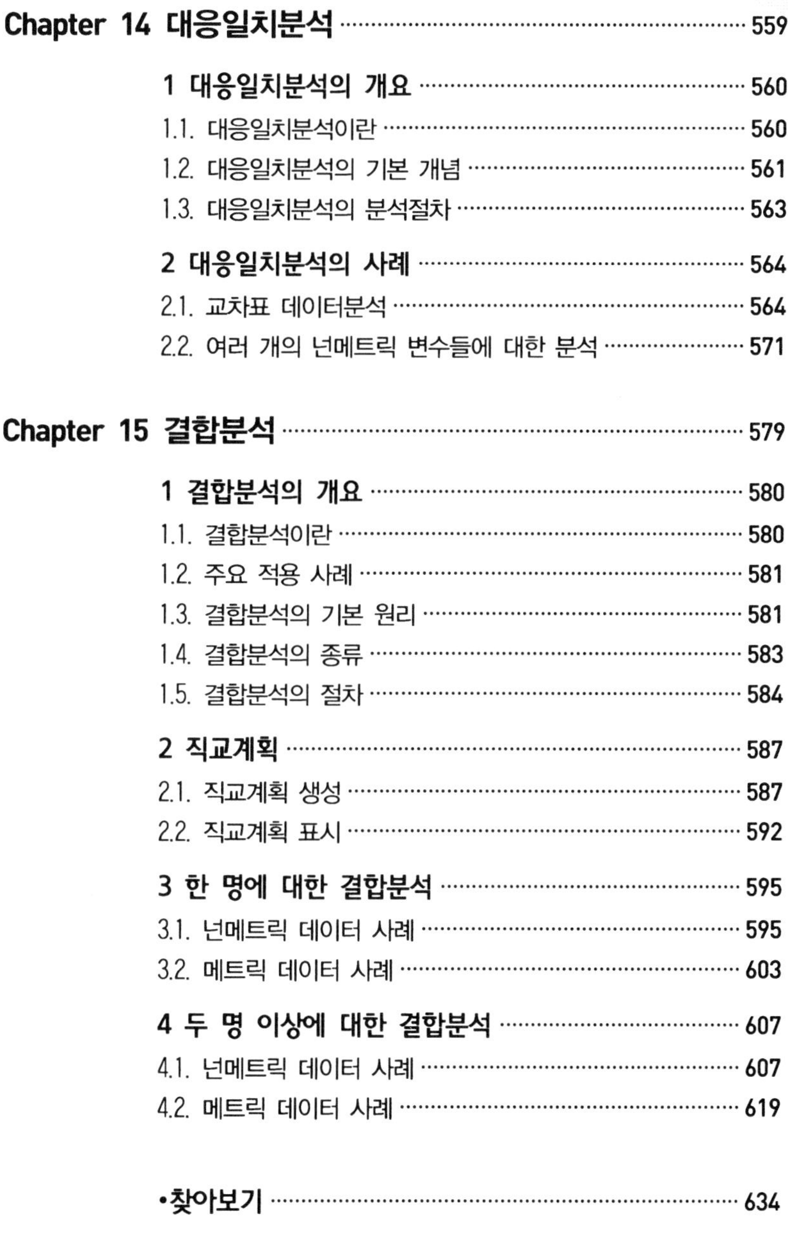

차 례

Chapter 14 대응일치분석 ·· 559

  1 대응일치분석의 개요 ··· 560
    1.1. 대응일치분석이란 ··· 560
    1.2. 대응일치분석의 기본 개념 ································· 561
    1.3. 대응일치분석의 분석절차 ································· 563

  2 대응일치분석의 사례 ··· 564
    2.1. 교차표 데이터분석 ··· 564
    2.2. 여러 개의 넌메트릭 변수들에 대한 분석 ·········· 571

Chapter 15 결합분석 ·· 579

  1 결합분석의 개요 ·· 580
    1.1. 결합분석이란 ·· 580
    1.2. 주요 적용 사례 ·· 581
    1.3. 결합분석의 기본 원리 ······································ 581
    1.4. 결합분석의 종류 ·· 583
    1.5. 결합분석의 절차 ·· 584

  2 직교계획 ··· 587
    2.1. 직교계획 생성 ··· 587
    2.2. 직교계획 표시 ··· 592

  3 한 명에 대한 결합분석 ·· 595
    3.1. 넌메트릭 데이터 사례 ······································ 595
    3.2. 메트릭 데이터 사례 ··· 603

  4 두 명 이상에 대한 결합분석 ······························ 607
    4.1. 넌메트릭 데이터 사례 ······································ 607
    4.2. 메트릭 데이터 사례 ··· 619

  •**찾아보기** ·· 634

  •**참고문헌** ·· 642

Chapter 01 SPSS를 시작하기
Chapter 02 데이터 입력
Chapter 03 데이터 변환

SPSS를 시작하기

01 SPSS의 시작

02 데이터의 입력, 저장, 실행

1 SPSS의 시작

1.1. SPSS의 개요

SPSS(Statistical Package for the Social Sciences)는 1969년에 출시된 이후 가장 많이 활용된 데이터분석 소프트웨어의 이름이다. 2009년 9월에 출시된 버전 17.0.3에서부터 버전 18까지는 PASW(Predictive Analytics Software)라고 불렸으나, 버전 19부터는 IBM사에서 인수를 한 후 IBM SPSS Statistics로 이름을 다시 바꾸어서 출시되었다. 2011년 10월에는 버전 20이 출시되었다. IBM SPSS Statistics(이하 SPSS로 칭함)는 SAS(Statistical Analysis System)와 더불어 국내에서 데이터분석 소프트웨어로 가장 많이 사용되고 있다.

SPSS는 그 이름이 의미하듯이 경영학, 경제학, 사회학, 교육학, 심리학 등 사회과학 분야의 데이터분석을 위해 많이 사용되어 왔다. 최근에는 의학, 물리학, 화학 등 자연과학 분야의 데이터분석에도 많이 활용되고 있는 추세이다.

다른 데이터분석 소프트웨어에 비해 SPSS는 엑셀과 같은 스프레드시트를 기본 화면으로 제공하고 있어, 데이터를 입력하고, 편집하고, 분석하기가 편리한 메뉴와 대화상자 방식을 활용하고 있다.

1.2. SPSS의 시작

SPSS를 시작하려면 윈도 바탕화면에서 다음 메뉴들을 차례로 클릭해야 한다. 바탕화면이나 작업표시줄이나 시작메뉴에 고정을 해 놓은 경우에는 해당 아이콘을 클릭하면 다음과 같은 메뉴과정을 거치지 않아도 된다.

시작 ➔ 모든 프로그램 ➔ IBM SPSS Statistics ➔ IBM SPSS Statistics 20

해당 메뉴를 차례로 클릭하거나, 아이콘을 클릭하면, 잠시 후 다음과 같이 초기 화면이 바탕화면에 등장하게 된다.

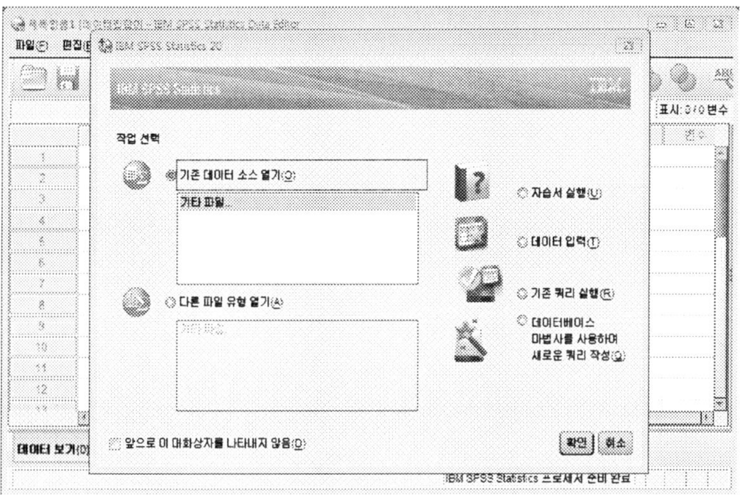

초기 화면을 보면 SPSS의 데이터입력 화면인 스프레드시트 화면을 바탕으로 **작업 선택** 화면이 나타난다. 작업 선택 화면은 '**기존 데이터 소스 열기**'에서 '**데이터베이스 마법사를 사용하여 새로운 쿼리 작성**'까지 여섯 가지 옵션 중에 하나를 선택해 수행할 수 있는 화면이다. 초기 선택 상태, 즉 디폴트(default)는 '**기존 데이터 소스 열기**'로 기존에 입력한 후 저장해 놓았던 데이터 파일을 다시 불러들이는 옵션이다.

1.3. 화면구성

(1) 작업 선택

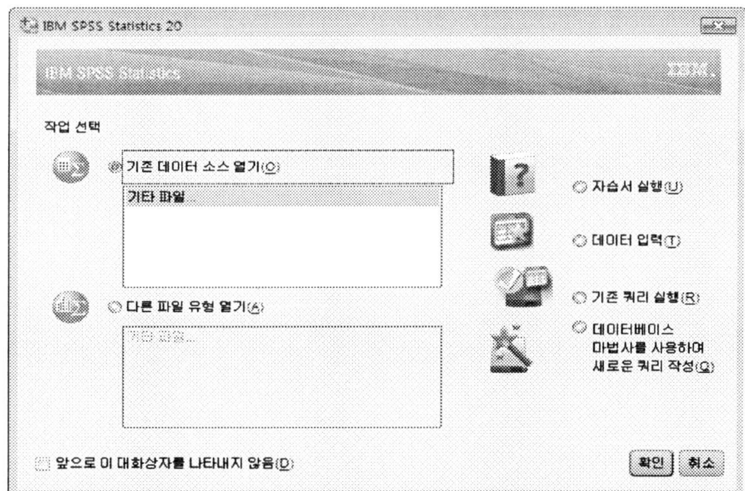

선택에 따라 다음과 같은 종류의 작업을 계속할 수 있다.

- **기존 데이터 소스 열기** : 이전에 작성한 SPSS 데이터나 프로그램을 불러들인다
- **다른 파일 유형 열기** : 기타 다른 형식으로 작성된 파일을 불러들인다
- **자습서 실행** : 자습서를 통해 SPSS의 사용법을 학습할 수 있다
- **데이터 입력** : 새로운 데이터를 입력한다
- **기존의 쿼리 실행** : 이전에 작성해 놓았던 검색 조건에 따라 작업을 실행한다
- **데이터베이스 마법사를 사용하여 새로운 쿼리 작성** : 새로운 검색 조건을 입력한다

해당 라디오 버튼을 선택함으로써 이 중에서 하나의 기능을 수행할 수 있다. 하단에 있는 **'앞으로 이 대화상자를 나타내지 않음'**을 선택하면 다음 번에 SPSS를 실행시킬 때, 이 화면이 나타나지 않고 바탕에 보이는 스프레드시트가 바로 나타난다.

(2) 데이터집합

스프레드시트 형태로 된 SPSS 데이터 편집기는 데이터의 입력과 수정 등의 작업을 수행하는 데이터 창이다. 데이터는 직접 여기에 입력을 하며, 저장을 할 경우 확장자 이름은 항상 '*.sav' 형태로 저장된다.

스프레드시트 화면을 보면 상단에는 '변수'라고 표시되어 있고, 칼럼에는 일련번호가 입력되어 있다. 설문지를 활용해 설문조사를 했을 경우, 변수는 설문지의 각 질문이라고 볼 수 있으며, 왼쪽 칼럼의 일련번호는 각 설문지 응답자의 응답자 번호라고 볼 수 있다.

화면 하단을 보면 [데이터 보기]와 [변수 보기] 탭이 있다. 초기 화면은 **데이터 보기** 화면이 선택되어 있다. 이 화면은 데이터를 직접 입력하거나 이미 입력된 데이터가 있을 경우 불러들여서 데이터를 확인해 볼 수 있는 화면이다. **변수 보기**에서는 변수에 대한 설명과 여러 가지 설정을 할 수 있는 화면을 보여준다. 이에 대해서는 2장에서 자세히 설명한다.

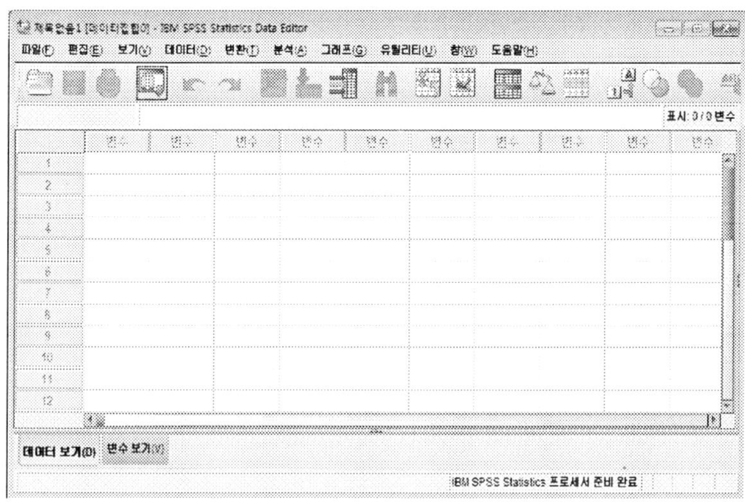

2　데이터의 입력, 저장, 실행

2.1. 데이터의 입력

구체적인 분석을 진행하기 전에 간단한 사례로 구성된 SPSS 데이터 입력사례를 살펴보자. 본 내용은 국가별 경제수준, 미래발전지수, 행복지수(최대값=100)에 대한 데이터들이다.

국가	경제수준	미래발전지수	행복지수
한 국	35	30	32
미 국	61	42	36
일 본	50	21	35
독 일	45	50	50
영 국	45	40	45
프 랑 스	38	59	40
이 탈 리 아	36	23	30
러 시 아	21	33	34
캐 나 다	38	41	45

이와 같은 표의 데이터를 입력하려면 먼저 다음과 같이 변수 형식에 대한 정의를 하는 것이 좋다.

STEP 01　데이터집합 화면의 하단의 [변수 보기] 탭을 클릭하면 다음과 같이 변수의 형식을 지정하는 화면이 표시된다. 먼저 국가에 대한 변수의 정의를 보면 다음과 같다. 이름에 '국가'라고 입력을 한다. 다음으로 변수의 유형을 지정해야 한다. 유형은 기본형으로 '1, 2, 3'과 같은 숫자가 입력되는 숫자 유형으로 지정되어 있다. 여기서 '국가' 변수는 숫자 유형이 아닌 문자 유형의 변수이므로 유형 칼럼의 ⋯ 부분을 클릭해서 바꾼다.

STEP 02　기본형은 숫자 라디오 버튼으로 되어 있지만 문자 라디오 버튼으로 선택한다. 문자의 자릿수는 8로 되어 있다. 이것의 의미는 영어나 숫자의 경우는 8자까지 입력이 가능하고, 한글은 영어나 숫자 2자가 한 글자에 해당하므로 4자까지 입력이 가능하다는 것이다. 현재는 최대의 길이가 한글 4자이므로 그대로 두고, [확인] 버튼을 클릭한다.

STEP 03　앞에서 '국가' 변수를 입력하듯이 계속해서 다른 변수들도 같은 형태로 입력을 한다. '경제수준'이라는 변수를 입력하고, 변수의 유형은 '숫자'로, 자릿수는 '8'로, 소수점 이하 자릿수는 '0'으로 입력한다. '미래발전지수', '행복지수'도 같은 방식으로 입력한다.

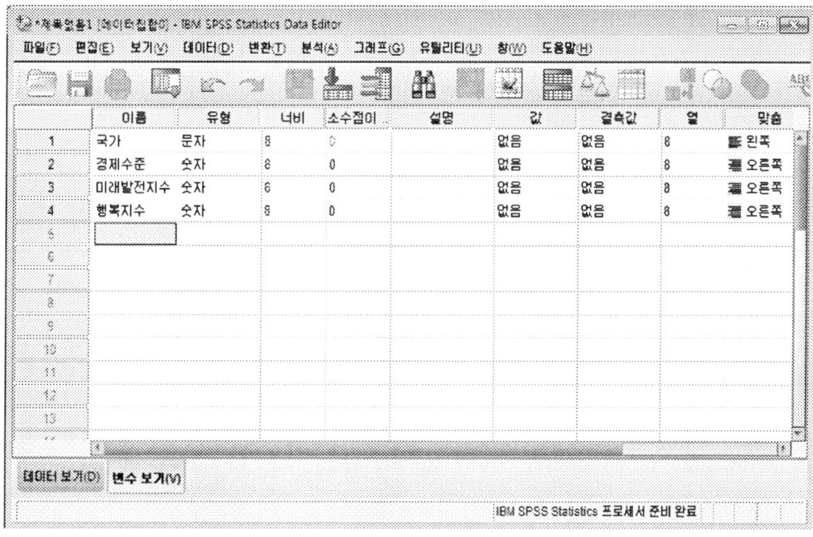

STEP 04　변수 형식에 대한 정의가 끝난 후, 하단의 [데이터 보기] 탭을 누른다. 다음으로 빈 공란으로 구성된 데이터집합 화면이 나타난다. 데이터는 다음과 같이 데이터 집합 화면에 바로 입력한다.

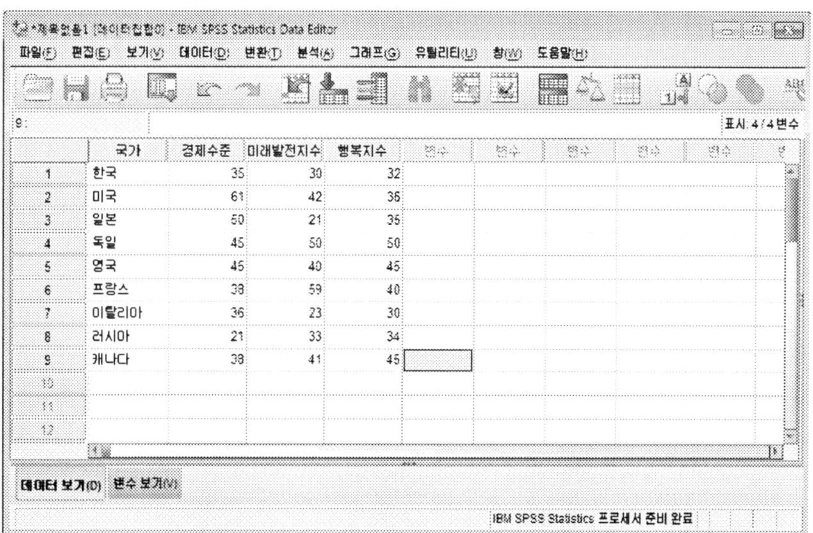

2.2. 저 장

STEP 01 입력한 데이터집합의 데이터를 저장하려면, 상단의 주요 아이콘 중 두 번째 아이콘인 [저장] 아이콘을 클릭하면 된다.

STEP 02 아이콘을 클릭하면 데이터를 다른 이름으로 저장 화면이 떠오른다. 다음 화면과 같이 저장할 폴더를 선택한 후(여기서는 'C : \Sample\Datasav'라는 폴더를 지정했다. 폴더가 없는 경우에는 윈도 탐색기의 '새로 만들기' 기능을 통해 '폴더'를 새로 만들어 주면 된다.), 파일 이름을 '1장-2-2-1-데이터'처럼 지정한다. 마지막으로 [저장] 버튼을 클릭한다.

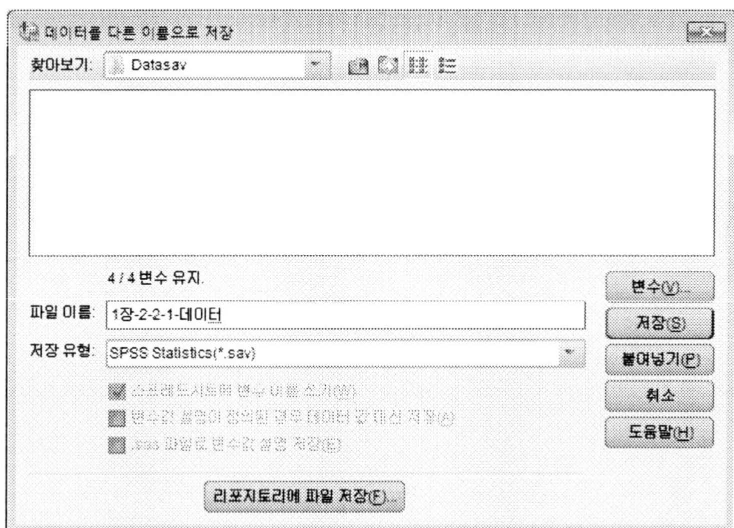

2.3. 저장된 파일 불러오기

STEP 01 저장된 프로그램을 다시 불러오려면, 상단의 주요 아이콘 중 첫 번째 아이콘인
[열기] 아이콘을 클릭하면 된다.

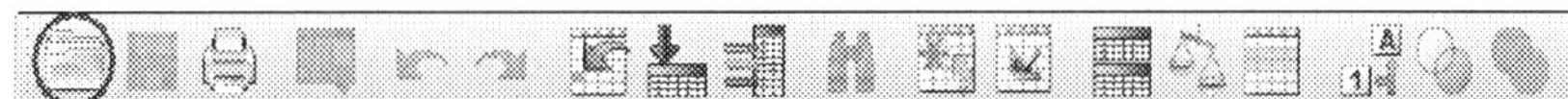

STEP 02 아이콘을 클릭하면 데이터 열기 화면이 떠오른다. 다음 화면과 같이 불러올 폴
더를 선택한 후(여기서는 'C : \Sample\Datasav'라는 폴더를 지정했다.), 저장
된 파일 이름을 '1장-2-2-1-데이터'처럼 지정한 후 [열기] 버튼을 클릭한다.
확장자는 '***.sav' 형태로 저장된 데이터들이다.

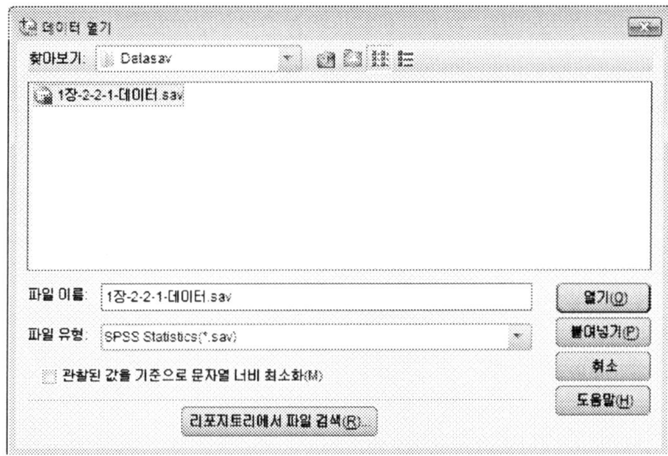

2.4. 데이터를 분석하기

앞에서 입력한 데이터를 통해 간단한 데이터분석 사례를 살펴보면 다음과 같다. 다음 사례
는 현재의 데이터를 통해 기술통계를 살펴보는 경우이다.

STEP 01 기술통계를 분석해 보기 위해서는 상단 메뉴 중에 [분석] → [기술통계량] →
[기술통계] 메뉴들을 차례로 클릭한다.

STEP 02　기술통계 화면이 떠오른다. 기술통계분석을 하고자 하는 좌측에 나타난 변수 (들)을 선택한다. 본 예제에서는 세 변수 모두를 분석하고자 하므로, 세 변수를 모두 선택한다. 선택한 변수들에 대해 　를 클릭해서 분석하려고 하는 변수들을 지정한다.

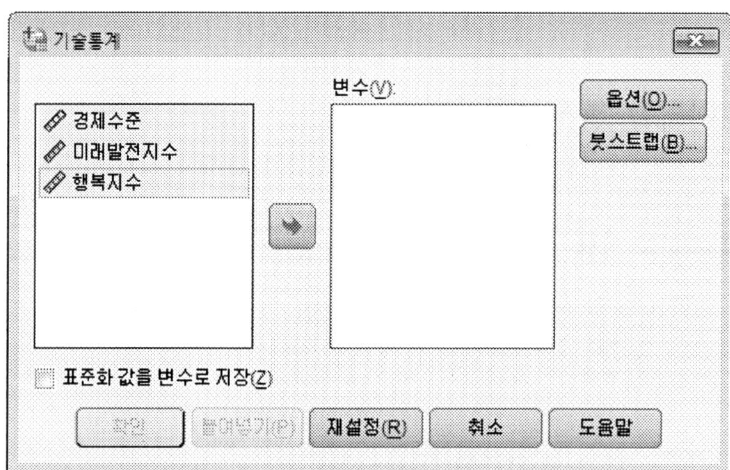

STEP 03 지정한 후의 화면을 보면, 다음과 같이 나타난다. 이를 수행하기 위해서는 화면 하단의 [확인] 버튼을 클릭한다.

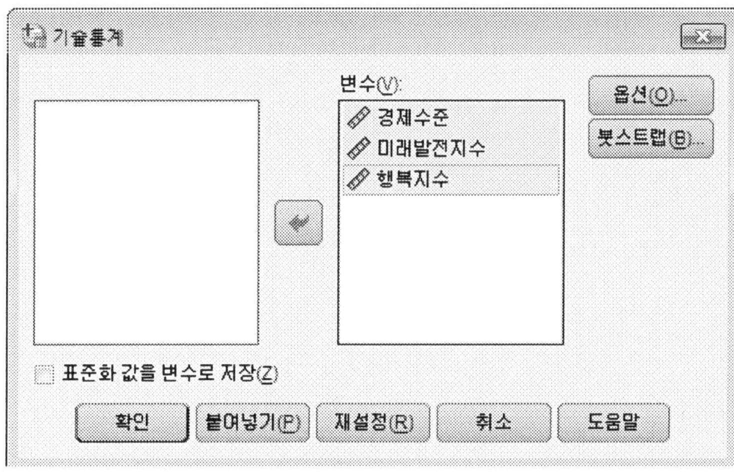

2.5. 분석결과를 해석하기

기술통계 결과는 별도의 출력결과 화면이라는 창에 제시된다.

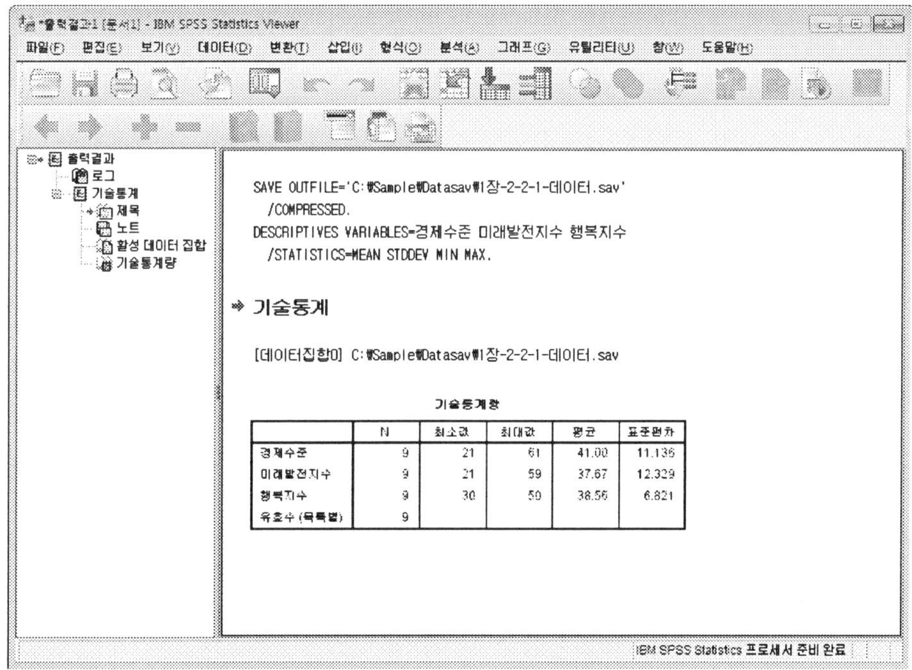

　　화면은 두 부분으로 구성되어 있다. 화면 좌측을 보면 출력결과를 항목별로 제시하고 있는데, 항목별로 결과를 선택해서 살펴 볼 수 있는 화면이다. 화면 우측에는 화면 좌측에서 선택한 항목의 결과 또는 예전 방식의 분석에 사용했던 명령문으로 작성된 SPSS 프로그램(로그 부분)과 분석결과의 세부적인 내용들이 차례로 표시된다.

　　분석결과를 저장하려면, 데이터집합을 저장하듯이 상단의 아이콘 메뉴 중에, 두 번째 [저장] 아이콘을 클릭한다. 저장될 파일의 확장자는 '***.spo' 형태로 지정된다. 또한 저장된 결과는 첫 번째 [열기] 아이콘을 클릭해서 다시 볼 수도 있다.

Chapter 02

데이터 입력

01 통계학과 데이터

02 외부 데이터 입력

03 데이터집합의 저장 및 활용

1 | 통계학과 데이터

1.1. 통계와 통계학

우리는 일상생활에서 거의 매일처럼 각종 통계(statistic)를 접하고 있다. 일기예보를 통해 매일 최저 및 최고 기온, 비나 눈이 올 확률, 세탁지수, 세차지수와 같은 생활지표를 접하며, 물가, 실업률, GNP와 같은 경제지표도 가끔씩 접하게 된다. 또한 선거철에 가까워질수록 어떤 정당에 대한 선호도나 지지도 등과 같은 정치지표를 빈번하게 접하게 된다. 이들은 특정 집단이나 대상으로 한 조사나 실험에 의하여 구해진 데이터에 대한 요약된 형태의 정보이며, 가장 흔하게 접하는 통계 데이터들 중에 하나이다.

이들 데이터에 대한 통계는 기술통계(descriptive statistics)와 추론통계(inferential statistics)로 나뉘어질 수 있다. 기술통계는 데이터를 요약하는데 사용이 된다. 평균, 표준편차, 중위수, 최빈치, %와 같은 형태로 데이터를 대표하는 값들과 막대도표, 원도표, 히스토그램과 같은 도표가 사용이 된다. 추론통계는 전체 조사대상 집단인 모집단(population)에서 일부분을 추출(sampling)한 표본(sample)을 통해 알게 된 통계량을 통해 모집단의 특성을 파악하는데 사용이 된다.

이러한 과정을 진행하는 것을 통계학(statistics)이라고 한다. 통계학은 불확실한 현상을 대상으로 데이터를 수집하고 정리하며, 이 데이터가 수집된 모집단에 대하여 적절한 모형을 설정하고, 설정된 모형에 대해 추정(estimation), 검정(testing), 예측(forecasting)하는 것이다.

1.2. 데이터

통계학에서 모수를 추정하기 위해서 수집하는 것이 데이터이다. 데이터는 측정(measurement)을 통해 수집이 된다. 측정이란 사전에 특정한 규정에 따라 대상들의 특성에 숫자나 상징을 부여하는 것을 의미한다. 측정은 대상이 가지고 있는 사용 유무, 사용 빈도, 판매액, 지각, 태도, 선호도와 같은 것을 파악하는 것이다. 측정을 통해 숫자나 상징을 부여하는 하는 것은 데이터를 분석하거나 측정에 대한 규칙이나 결과를 파악하는 것을 쉽게 한다.

측정을 통해 만들어진 데이터란 다음과 같이 직사각형 행렬로 구성된 것을 말한다. 데이터는 첫 줄에 각 칼럼에 대한 설명(description)과 두 번째 줄 이하에 실제 데이터로 구성되어 있다. 아래는 실험조사를 통해 TV광고 횟수와, 신문광고 횟수에 따른 판매액의 데이터의 모형이다.

응답자	TV광고 횟수	신문광고 횟수	판매액(천만원)
1	0	20	9.73
2	5	5	8.75
3	10	10	9.31
4	20	0	11.75
5	25	5	15.75

위와 같이 구성된 일반적인 형태의 데이터구조를 살펴보면 다음과 같다. 첫째, 데이터분석에 사용되는 데이터는 직사각형 형태의 행렬 형태이다. 둘째, 직사각형 행렬은 각 칼럼을 설명하는 정보(descriptor information)와 실제 데이터(data values)로 구성된다. 셋째, 일반적으로 각 칼럼은 변수(variable), 각 행(row)은 관찰치(observation)라고 한다.

설명정보 →	응답자	TV광고횟수	신문광고횟수	판매액
관찰치 →				
		변수		

1.3. 데이터와 척도

연구자는 보여주고자 하는 주장을 증명하기 위해서 설문서 등을 포함한 다양한 형태로 수집하게 된다. 이 때 원하는 데이터를 수집하기 위해서는 연구자가 보여주고자 하는 주장을 보여줄 수 있는 개념을 측정하기 위해 조작화(operationalization)라는 과정을 거치게 된다. 예를 들어 단어의 조직화된 정도가 상황 판단에 어느 정도 영향을 미치는 가를 보기 위해 '단어의 조직화'라는 개념을 측정하는 경우를 보자. 이 개념에 대한 조작화는 실험대상자로부터 '관련된 단어의 파악 정도', '관련된 단어의 회상시간' 등을 통해 측정할 수 있을 것이다.

이렇게 조작화되어 수집된 데이터는 다양한 형태로 측정되게 된다. 예를 들어 '예/아니오' 또는 '0/1' 같은 값들만 취할 수 있는 문항으로 측정될 수도 있으며, 크기 순서대로 나열한 문항으로 측정될 수도 있다. 또 1점에서 7점까지 변할 수 있는 문항으로 측정될 수도 있으며, 몸무게와 같이 연속적인 문항으로 측정될 수도 있다.

보통 이렇게 측정되는 형태를 척도 또는 측도(scale)라고 한다. 척도는 크게 두 가지로 나눌 수 있다. 먼저 예/아니오(응답), 남/여(성별), 0/1, 순서와 같이 명목 또는 순서척도로 측정된 것인데, 이를 정성적(qualitative), 범주형(categorical), 또는 넌메트릭(nonmetric) 데이터라고도 한다. 반면에 5점 또는 7점 척도 문항, 몸무게와 같이 등간 또는 비율척도로 측정된 것인데 정량적(quantitative), 연속형(continuous), 이산형(discrete), 또는 메트릭(metric) 데이터라고도 한다. 이를 그림으로 구분해 보면 다음과 같다.

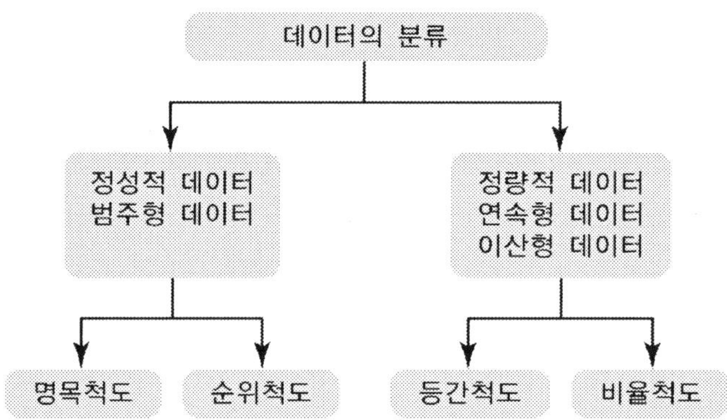

이렇게 다양한 형태로 수집된 데이터는 데이터 코딩(data coding) 과정을 거쳐야 데이터분석을 할 수 있다. 데이터코딩은 데이터분석을 위해 설문서 등을 통해 수집된 데이터를 통계 소프트웨어에서 분석을 할 수 있는 형태로 바꾸어주는 과정이다. 구체적으로 각 응답자 별로 각 문항에 대해서 응답한 값들을 숫자 또는 문자로 변환하는 과정이다. 통상적으로 숫자로 변환하는 과정을 거친다. 코딩은 데이터가 차지할 칼럼의 위치(column position)과 데이터 레코드(data record) 위치를 지정한다. 예를 들어 응답자의 성별을 여자는 1로, 남자는 2로 코드 값을 부여하게 된다. 데이터 레코드는 한 응답자에 대해서 수집한 데이터들로서 여러 개의 변수〔다른 용어로는 필드(field)라 함〕가 결합된 것이다. 예를 들어 성별, 결혼유무, 나이, 가족수, 직업 등과 같은 변수(필드)들이 하나의 레코드로 구성된다.

코딩은 코드북(codebook)을 통해 진행된다. 코드북은 데이터집합에 포함될 변수들에 관한 코딩 지시사항과 필요한 정보가 포함되어 있다. 즉 코딩 담당자에게 지침을 제공하고, 연구자에게 변수들을 적절히 배치하게 한다. 설문지들이 사전에 코드화 되어 있을지라도, 공식적인 코드북을 만드는 것이 좋다. 코드북에는 칼럼의 번호, 레코드 번호, 변수 번호, 변수 명, 질문 번호, 코딩 지시사항 등이 포함된다. 따라서 코딩을 하기 전에 연구자는 코드북의 지시사항을 잘 파악하고 있어야 한다. 일반적으로 수집된 데이터의 형태가 어떤 것인지를 잘 구분할 수 있어야 한다. 각 척도에 따른 데이터 코딩 형태를 보면 다음과 같다.

(1) 명목척도

　명목척도(nominal scale)란 개체나 사람 등의 대상을 분류하기 위해 사용되는 척도이다. 분류는 보통 이름이나 이름에 대한 숫자를 부여하여 측정한다. 예를 들어 실험대상자의 성별(남, 여 또는 1인 경우 남, 2인 경우 여), 자동차회사(현대, 기아, 쉐보레), 집단(통제, 실험) 등을 들 수 있다. 이 숫자들은 단순히 구분을 위해서 사용되는 것이기 때문에 아무런 의미가 없다. 각 수가 가지는 양적인 특성보다는 구분기준으로 부여한 경우이다. 설문지상에서는 다음과 같은 항목들로 측정된 것들은 모두 명목척도이다. 명목 척도는 빈도나 비율(%)분석, 최빈치 등과 같은 데이터분석을 수행할 수 있다.

---

1. 귀하의 성별은?
　(1) 남　　　　　　　　　(2) 여

2. 귀하의 가정에 있는 가전제품의 브랜드들을 모두 표기해 주세요.
　(1) 삼성　　　　　　(2) LG　　　　　　(3) 하이어　　　　　(4) 소니
　(5) 파나소닉　　　　(6) 히타치　　　　　(7) GE　　　　　　(8) 기타

3. 귀하가 소유하는 자동차의 회사명은?
　(1) 현대　　　　　　(2) 쉐보레　　　　　(3) 기아　　　　　　(4) 기타(　　　　　　)

4. 지하철 공사를 반대하는 이유는?
　(　　　　　　　　　　　)

　명목척도에 대해 코딩하는 방법을 살펴 보면 다음과 같다.

　첫 번째 문항의 경우 1개의 변수에 남은 1로, 여는 2와 같은 숫자를 코딩값으로 입력하면 된다.

　두 번째 문항은 중복 응답이 가능한 문항으로 가능한 답의 개수만큼의 변수가 필요하다. 여기서는 응답가능한 답이 8개이므로 8개의 변수가 필요하며, 첫 번째 변수는 첫 번째 응답에 대한 답을 표시한다. 응답자가 첫 번째 응답에 대해 표기를 했으면 첫 번째 변수의 값을 1로, 표기하지 않았으면 0으로 표기한다. 나머지 7개의 응답에 대해서도 첫 번째 답과 같이 코딩한다.

　세 번째 문항은 4번째 기타의 답이 자유응답이 가능한 형태이다. 기타라고 응답한 경우에 첫 번째 변수는 첫 번째 문항처럼 1에서 4까지 응답자의 응답한 번호를 코딩값으로 입력한다. 두 번째 변수에서는 응답자가 1-3번까지 응답한 경우에는 일반적으로 9로 코딩값을 적고,

4로 응답한 경우에는 기타의 (　)안에 있는 내용을 적는다.

　네 번째 문항의 경우에는 하나의 변수만 있으면 된다. 변수에 대한 코딩으로 응답을 하지 않은 경우에는 9를 입력하고, 응답을 한 경우에는 (　)안에 있는 내용을 적는다.

　예를 들어 위와 같이 4개 항목의 설문서로 구성된 문항들을 코딩 해 보면 다음과 같다.

응답자	성별	가전브랜드	자동차	지하철공사
001	1	10110011	19	9
002	2	01111000	4렉서스	교통이 혼잡하다
003	1	10101001	29	공사비가 많이 든다
⋮	⋮	⋮	⋮	⋮

　메모장에 이 코딩 값을 입력해보면 다음과 같다. 여기서 첫 셋 칼럼은 응답자 번호이며, 공란 다음의 숫자는 첫 번째 문항에 대한 응답, 다음에 이어진 8개의 칼럼은 두 번째 문항에 대한 응답이다. 공란 다음의 응답의 첫 번째 칼럼은 세 번째 문항에 대한 응답이며, 다음 칼럼의 숫자와 문자열은 기타로 응답한 내용을 적고 있다. 마지막으로 공란은 네 번째 문항에 대한 응답을 적고 있다.

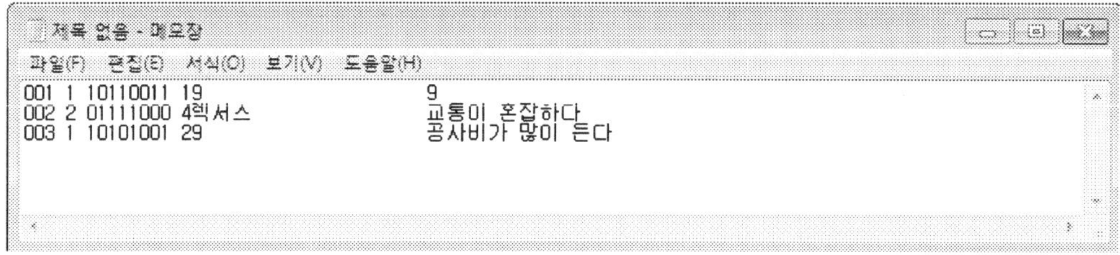

(2) 순서척도

　순서 또는 서열척도(ordinal scale)란 대상에 대한 값의 높고 낮음, 또는 순서를 나타내는 경우이다. 선생님이 학생의 학업성적에 따라 학생들을 순서대로 나열한 경우에 각 학생들의 등수는 서열척도가 된다. 또한 자동차들을 그 크기의 순서대로 나열한다든지 좋아하는 순서대로 나열한 경우에도 서열척도라고 할 수 있다. 이 척도는 등수간의 서열을 나타내주기는 하나 1등과 2등간의 성적차이가 어느 정도인가를 알 수 없듯이 간격차이에 대한 정보를 보여주지 못한다. 명목척도의 분석과 더불어 중위수(median), 순위상관(rank order correlation), 프리드만 분산분석(Friedman ANOVA) 등과 같은 데이터분석을 할 수 있다.

> 1. 다음의 자동차 회사들에 대해서 좋아하는 순서대로 등수를 매긴다면?
>   (1) 르노삼성   (   )
>   (2) 현대   (   )
>   (3) 기아   (   )

위와 같은 설문서를 코딩을 한다면 세 개의 변수가 필요하다. 첫 번째 변수는 첫 번째 응답에 대한 등수, 두 번째 변수는 두 번째 응답에 대한 등수, 세 번째 변수는 세 번째 응답에 대한 등수를 적는다. 코딩 사례를 보면 다음과 같다.

응답자	르노삼성	현 대	기 아
001	1	3	2
002	2	1	3
003	1	2	3
⋮	⋮	⋮	⋮

메모장에 이 값들을 입력하면 다음과 같이 나타날 것이다.

```
제목 없음 - 메모장
파일(F)  편집(E)  서식(O)  보기(V)  도움말(H)
001 132
002 213
003 123
```

(3) 등간척도

등간척도(interval scale)란 각 수준간 간격이 동일한 경우이다. 인치, 센티미터, 파운드, 반응 정도와 같은 단위로 측정된 것들이 대표적인 예이며, 기준점이 없는 것이 특징이다. 보통 어떤 대상에 대한 선호 정도를 1점에서 5점이나 1점에서 7점 정도로 측정하는 경우가 많이 사용된다. 이 경우 1점과 2점간의 간격은 3점과 4점간의 간격과 그 크기가 동일하다. 평균, 표준편차, 상관관계분석, t - 검정, 분산분석, 회귀분석, 요인분석 등의 데이터분석을 수행할 수 있다.

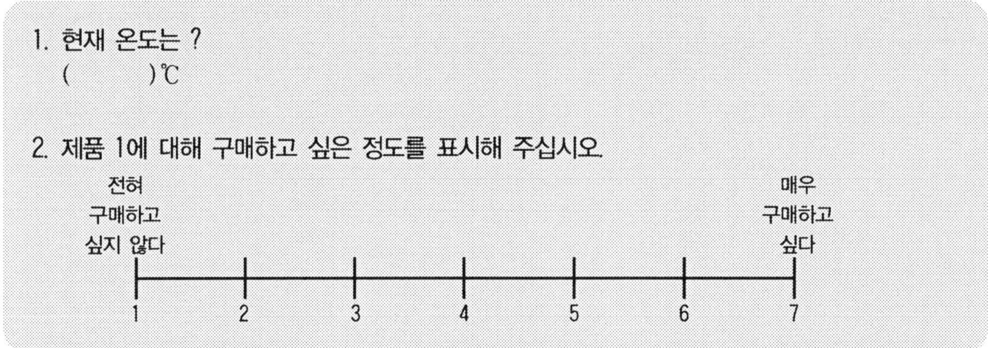

이와 같은 설문서를 코딩을 한다면 다음과 같은 형태로 진행할 수 있을 것이다. 첫 번째 문항의 온도의 경우에는 하나의 변수에 최대 변할 수 있는 온도만큼의 자리를 잡아서 입력한다. 두 번째 문항의 경우에도 하나의 변수에 응답한 숫자를 입력한다. 이를 표로 정리해 보면 다음과 같다.

응답자	현재온도	구매의도
001	−10	3
002	22	4
003	15	6
⋮	⋮	⋮

메모장에서는 다음과 같이 입력이 될 것이다.

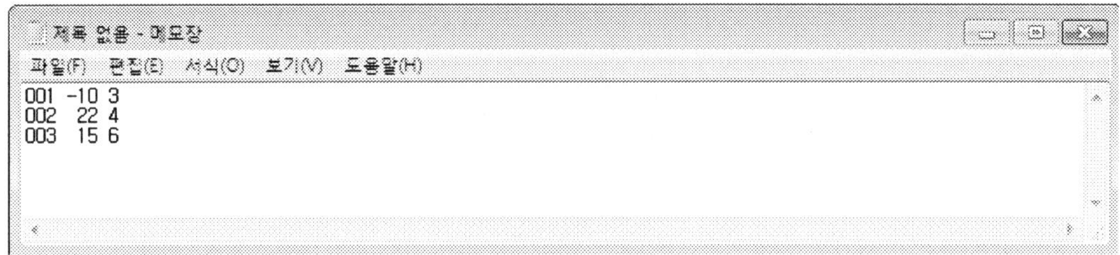

(4) 비율척도

비율척도(ratio scale)란 척도를 나타내는 숫자가 등간일 뿐만 아니라 의미가 있는 절대 0점을 가지고 있어 크기를 배수로 나타낼 수 있는 경우이다. 예를 들어 몸무게를 생각해 보면 A라는 사람이 40kg이고 B라는 사람이 80kg이라고 가정해 보자. B라는 사람은 A라는 사람에 비해 40kg의 차이가 있을 뿐만 아니라 A에 비해 두 배의 몸무게가 나간다고 할 수 있다.

대표적인 척도의 예로는 몸무게, 기업의 매출, 나이 등을 들 수 있으며 다음과 같은 예도 비율 척도이다. 비율척도는 등간척도의 데이터분석뿐만 아니라 조화평균 등과 같은 데이터분석을 할 수 있다.

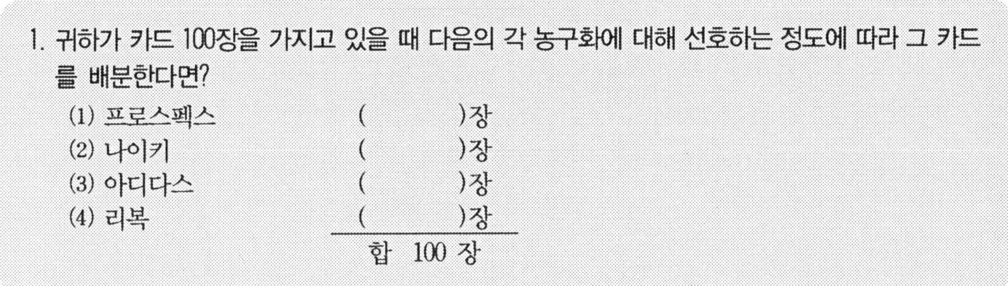

이와 같은 문항에 대한 코딩은 응답가능한 항목의 수만큼 변수가 필요하다. 여기서는 4개의 항목이 있으므로 4개의 변수가 필요하며, 첫 번째 변수에는 첫 번째 항목의 응답을 입력한다. 마찬가지로 다른 항목도 그 값을 적어 준다. 이를 표로 정리해 보면 다음과 같다.

응답자	프로스펙스	나이키	아디다스	리복
001	20	40	30	10
002	45	30	15	10
003	30	20	20	30
⋮	⋮	⋮	⋮	⋮

이를 메모장에 입력해 보면 다음과 같이 나타난다.

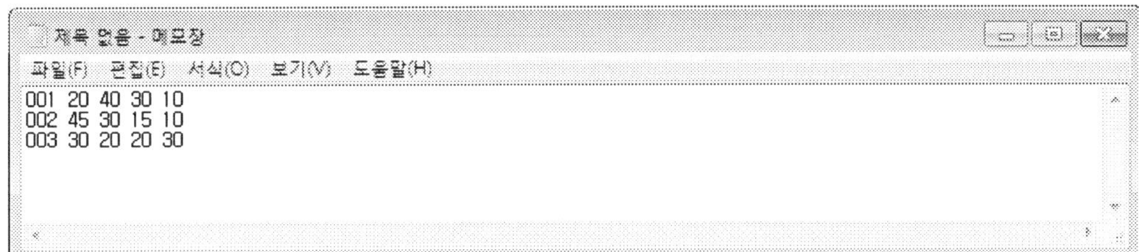

1.4. 주요 데이터의 구조와 입력 형태

만약에 위와 같은 형태로 데이터가 정리되어 있지 않다면, 다음과 같은 과정을 거쳐 데이터를 위의 형태와 같이 변형하는 것이 필요하다.

(1) 가장 일반적인 형태의 데이터

어느 한 대학교 1학년 학생 12명의 지능지수(IQ)와 평균평점(GPA)가 다음 표와 같이 조사되었다고 하자.

IQ	116	129	123	105	131	134	126	101	138	125	132	129
GPA	2.1	3.0	2.4	1.9	3.5	3.3	2.8	1.9	3.8	3.1	3.0	3.3

이 데이터를 분석하고자 하는 경우에도 우선 가로줄에는 각 관찰치(학생)가 표시되어야 하며 세로 칼럼에는 IQ와 GPA값들로 표시되어야 한다. 따라서 이 데이터를 분석하기 위해서는 다음 표와 같은 형태로 데이터를 정리하는 것이 필요하다.

응답자	IQ	GPA	응답자	IQ	GPA
1	116	2.1	7	126	2.8
2	129	3.0	8	101	1.9
3	123	2.4	9	138	3.8
4	105	1.9	10	125	3.1
5	131	3.5	11	131	3.0
6	134	3.3	12	129	3.3

(2) 분산분석 형태의 데이터

다음 데이터는 세 도시(서울, 부산, 광주)에서 판매되는 물품가격이 동일한가에 대한 비교이다. 이러한 형태의 데이터는 분산분석을 하고자 하는 데이터에서 많이 사용된다.

서울	부산	광주
59	58	54
63	61	59
65	64	55
61	63	58

이 데이터는 다음과 같이 표의 제목인 지역(서울=1, 부산=2, 광주=3)을 하나의 세로 변수로 만들고 각 물품가격을 또 다른 세로 변수로 만들어야 한다. 이에 대한 데이터 형태는 다음과 같다.

응답자	지역	물품가격	응답자	지역	물품가격
1	1	59	7	1	65
2	2	58	8	2	64
3	3	54	9	3	55
4	1	63	10	1	61
5	2	61	11	2	63
6	3	59	12	3	58

(3) 교차표(상황표) 형태의 데이터

다음 데이터는 승용차의 크기와 승용차사고의 치명 정도에 대한 관계를 분석하기 위하여 346건의 교통사고에 대하여 조사한 결과이다. 이와 같은 데이터 형태는 주로 상황표 (contingency table) 또는 교차표(cross tabulation)에 대한 데이터분석을 하거나 x^2 검정을 하고자 하는 경우에 많이 사용된다.

사고유형 \ 자동차크기	소형	중형	대형
치명적	67	26	16
치명적이 아님	128	63	46

이와 같은 형태의 데이터는 사고유형이라는 세로 칼럼(치명적=1, 치명적이 아님=2) 과 자동차 크기(소형=1, 중형=2, 대형=3) 그리고 횟수라는 세로 칼럼이 새롭게 만들어져야 한다. 이에 대한 데이터 형태는 다음과 같이 만들어진다. '횟수' 변수를 가중 케이스로 지정한 후에 분석을 할 수 있다.

응답자	사고유형	자동차크기	횟수
1	1	1	67
2	1	2	26
3	1	3	16
4	2	1	128
5	2	2	63
6	2	3	46

2 ┃ 외부 데이터 입력

2.1. 텍스트 파일 데이터 입력

(1) 공란으로 구분된 데이터

데이터의 양이 많을 때, 데이터집합에서 직접 입력하는 방식은 매우 번거로운 일일 뿐만 아니라 필요할 때마다 데이터를 입력한다는 것은 현실적으로도 불가능하다. 이런 경우 데이터만을 따로 입력한다. 외부 데이터는 성격상 크게 두 가지로 나뉘어지는데 하나는 텍스트 파일과 Microsoft Excel, Microsoft Access, dBASE와 같은 데서 입력된 데이터베이스 형식의 파일들로 나눌 수 있다.

STEP 01 먼저 외부 데이터를 준비하기 위해서 메모장에서 데이터를 정리한 후 'C : \Sample\Data' 폴더 내에 '광고판매량.txt'이라는 텍스트 파일명으로 저장했다.

STEP 02 SPSS 데이터집합 화면 상단의 아이콘 메뉴 중에 다음과 같이 [열기] 아이콘을 클릭한다.

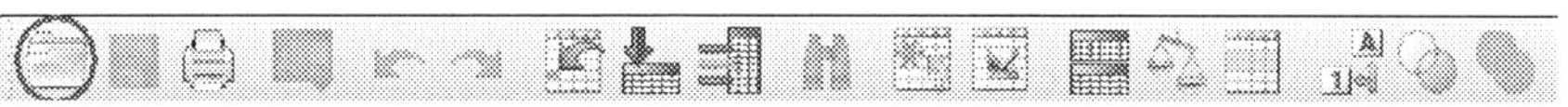

STEP 03 아이콘을 클릭하면, 다음과 같이 데이터 열기 화면이 떠오른다. 또는 이 과정 대신에 [파일] → [텍스트 데이터 읽기] 메뉴를 차례로 클릭해도 된다. 이 경우에는 자동으로 파일 유형이 텍스트로 맞추어져 있다.

상단의 찾아보기 위치를 'C : \Sample\Data'로 맞춘다. 하단의 [파일 유형]을 [텍스트 (*.txt, *.dat)]로 맞춘다. '광고와판매량.txt'이라는 텍스트 파일이 나타나면 이를 선택한다. 우측 하단의 [열기] 버튼을 클릭한다.

이 과정이 끝나면, '텍스트 가져오기 마법사' 6단계 화면이 차례대로 나타난다.

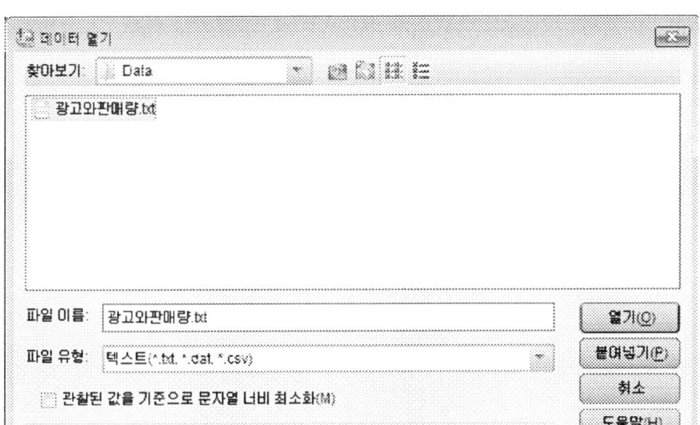

STEP 04 현재 파일은 사전에 정의된 형식이 없기 때문에 현재 상태로 놓아 둔다. 하단의
[다음] 버튼을 클릭한다. 만약에 사전에 정의된 형식이 있다면, '예' 라디오 버튼
을 선택하고 형식을 포함한 파일을 [찾아보기] 버튼을 클릭해서 지정한다.

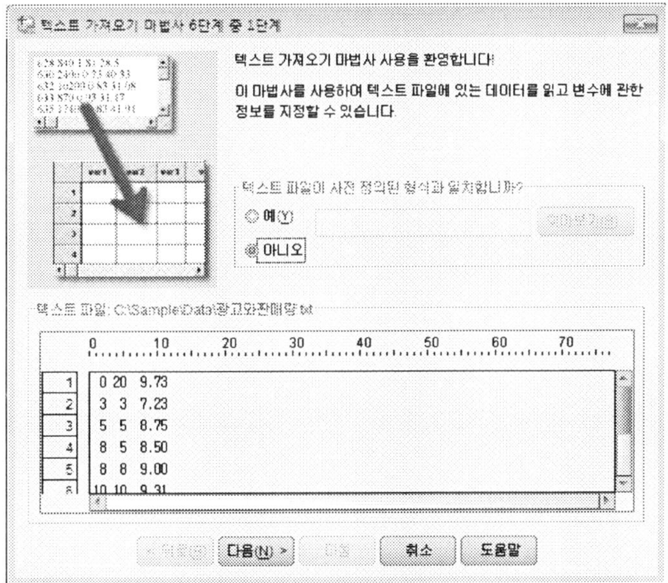

STEP 05   변수의 배열과 관련해 [고정 너비로 배열]이라는 라디오 버튼을 선택한다. 변수의 이름이 파일에 없으므로, [아니오]라는 라디오 버튼을 클릭한다. 하단에 있는 [다음] 버튼을 클릭한다.

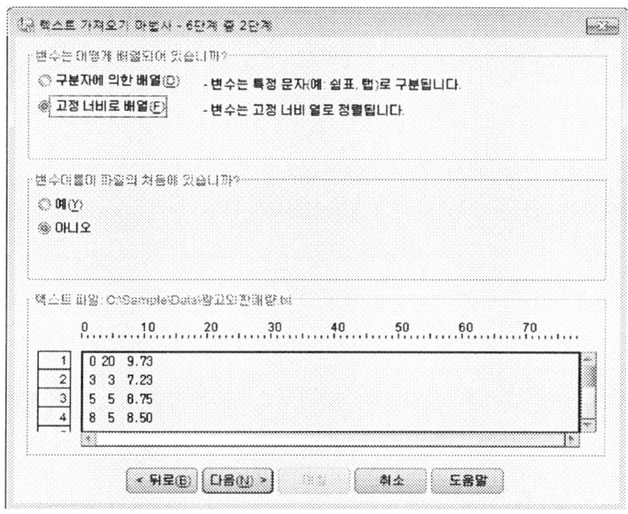

STEP 06   첫 줄부터 데이터가 시작되고, 한 줄에 한 케이스의 데이터 밖에 없으며, 모든 데이터를 가져오려고 할 경우 현재 지정된 상태로 놓아둔다. 하단의 [다음] 버튼을 클릭한다. 만약에 케이스의 시작 위치를 지정하거나, 한 줄에 있는 케이스의 여러 개거나, 모든 케이스를 가지고 오지 않을 경우에는 해당 숫자와 라디오 버튼을 선택한 후 적절한 값을 입력한다. 하단의 [다음] 버튼을 클릭한다.

STEP 07 화면에서와 같이 고정 너비의 데이터가 정확하게 구분되어 있으면, 하단의 [다음] 버튼을 클릭한다. 그러나 데이터가 정확하게 구분되어 있지 않으면, 정확한 위치에 마우스를 커서를 놓고 위치를 지정을 한 후에 [다음] 버튼을 클릭한다.

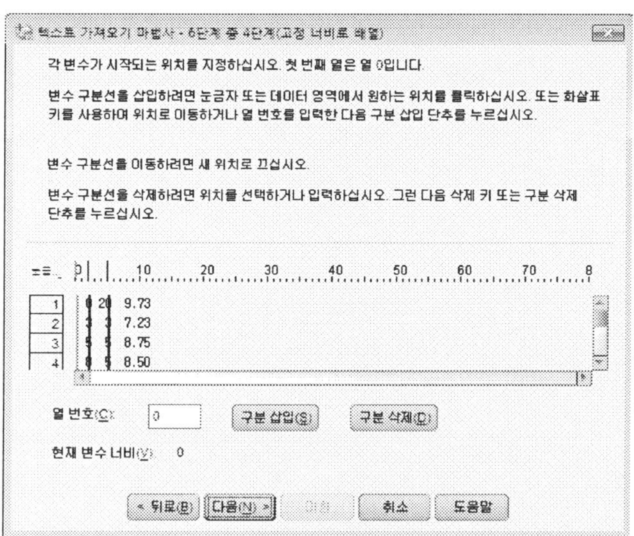

STEP 08 변수 이름을 아래와 같이 차례로 지정한다. 'V1' 대신에 'TV광고'와 같이 변수 이름을 바꾸어 준다. 현재 단계에서 바꾸어 주지 않고 모든 데이터를 불러들인 후 수정할 수도 있다. 이 때는 데이터집합 화면의 변수보기 탭을 선택한 후 수정한다.

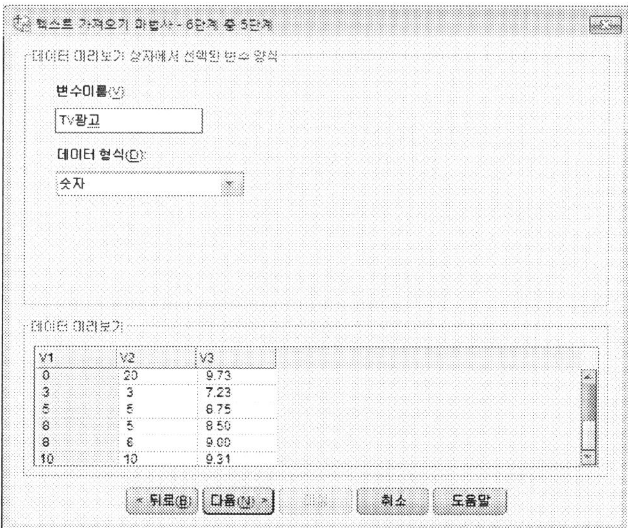

STEP 09 계속해서 [데이터 미리보기] 영역에서 'V2'를 선택한다. 'V2'를 '신문광고'로 바꾸어 준다. 변수 'V2'와 마찬가지 형식으로 변수 'V3'는 '판매액'으로 바꾸어 준다.

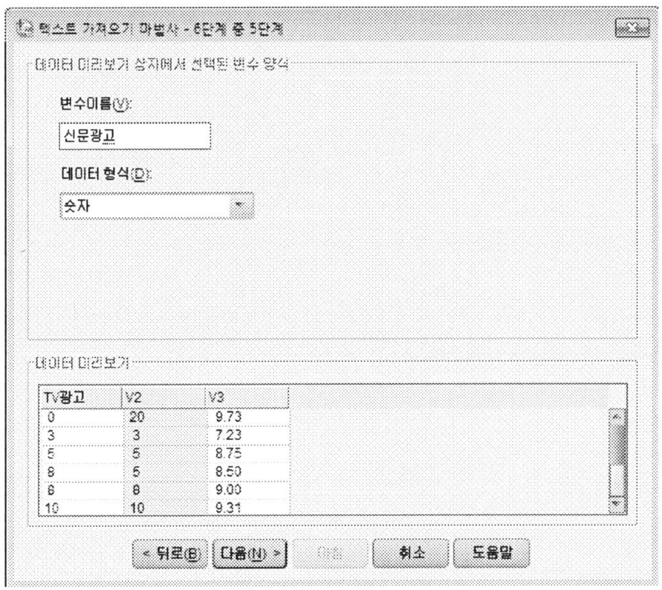

STEP 10 최종적으로 변수 이름을 바꾼 형태를 보면 다음과 같다. 하단의 [다음] 버튼을 클릭한다.

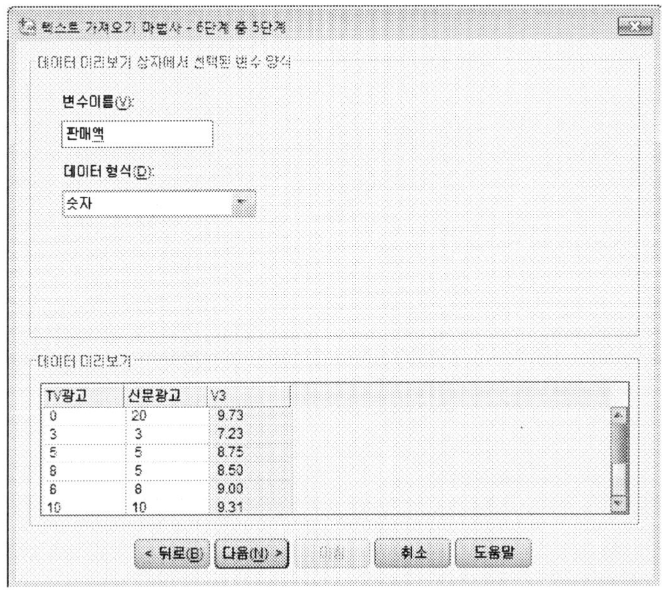

STEP 11 다음에 사용하기 위해 파일 형식을 저장하거나 SPSS에서 메뉴 방식 대신에 사용하는 명령문을 데이터집합 저장할 때 붙여 넣을 필요성이 없다면, 하단의 [마침]을 누른다. 만약 이러한 과정이 필요하다면 파일 형식을 저장할 파일을 지정하거나 명령문을 붙여 넣도록 하면 된다.

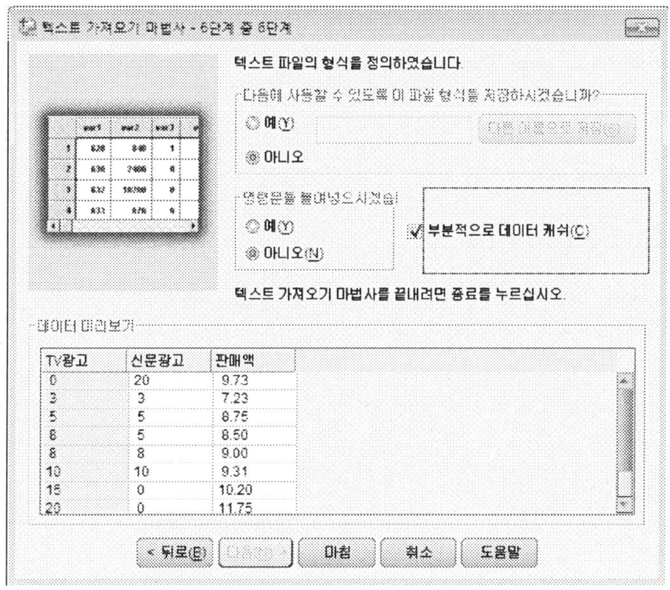

STEP 12 이 과정을 통해 입력된 데이터를 살펴보면 다음과 같다.

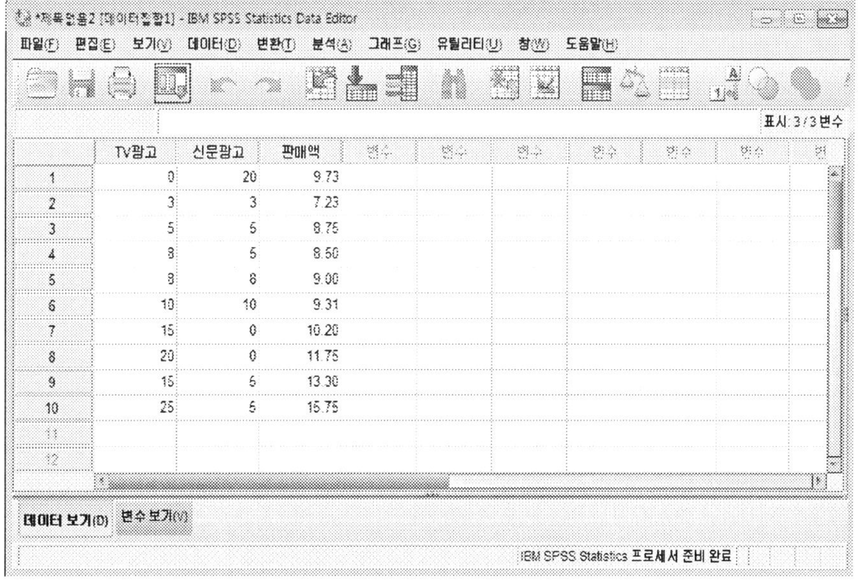

(2) 데이터 구분자가 있는 데이터

각 데이터가 '&',',' 등과 같이 구분이 되어 있다면, 앞에서 살펴보았던 단계들 중 2단계에서 '구분자에 대한 배열'을 선택하면 된다.

STEP 01   다음의 예는 ','로 데이터를 구분한 사례이다.

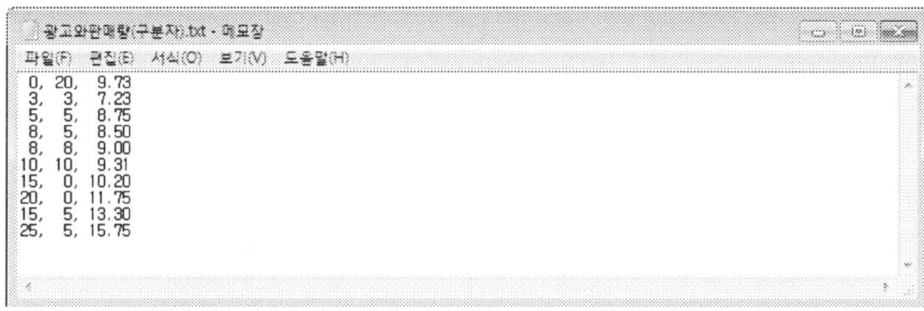

STEP 02   데이터집합 화면의 상단의 아이콘 메뉴 중에 다음과 같이 [열기] 아이콘을 클릭한다.

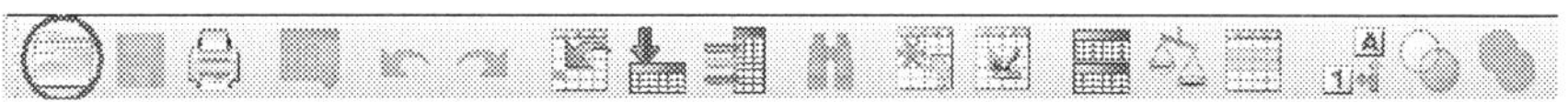

STEP 03   아이콘을 클릭하면 데이터 열기 화면이 나타난다. 하단의 [파일 유형]을 [텍스트 (*.txt, *.dat)]로 맞추고, 찾는 위치를 'C : \Sample \Data'로 맞춘다. 다음으로 '광고판매량구분자.txt'이라는 텍스트 파일이 나타나면 이를 선택한다. 이후 [열기] 버튼을 클릭한다.

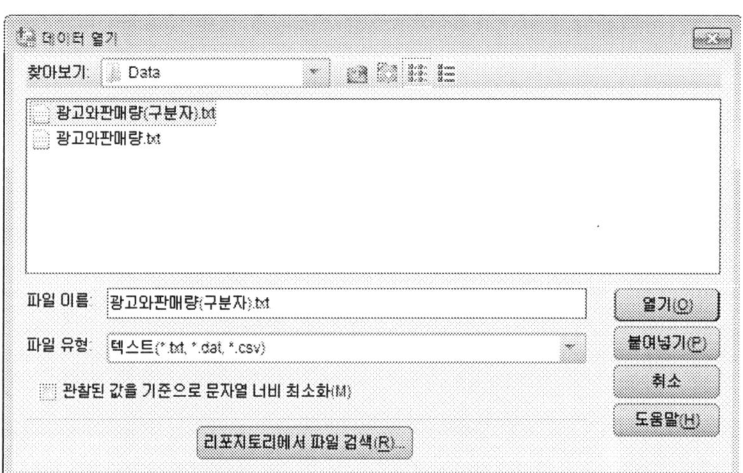

STEP 04 앞의 사례에서 보았듯이 1단계 화면은 앞의 텍스트 파일 읽어 들이는 것과 같다.

STEP 05 2단계 화면에서 데이터를 불러들이기 화면에서 [구분자에 대한 배열]을 선택한다. 변수 이름이 처음에 없으므로 [아니오] 라디오 버튼이 선택된 상태대로 놓아 둔다. 하단의 [다음] 버튼을 클릭한다.

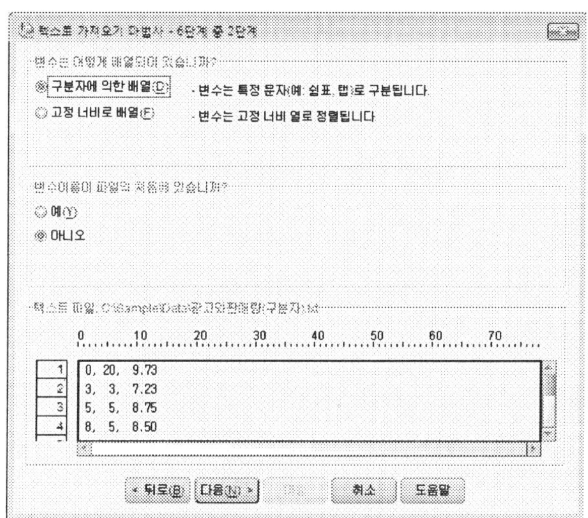

STEP 06 3단계 화면에서 '케이스가 어떻게 표시되고 있습니까?"에서 "각 줄은 케이스를 나타냅니다(L)"를 선택한다. "다음 개수의 변수가 한 케이스를 나타냅니다(V)"는 한 줄에 여러 케이스가 있거나, 아니면 여러 줄에 걸쳐서 케이스가 나타난 경우에 사용하는 옵션이다. 하단의 [다음] 버튼을 클릭한다.

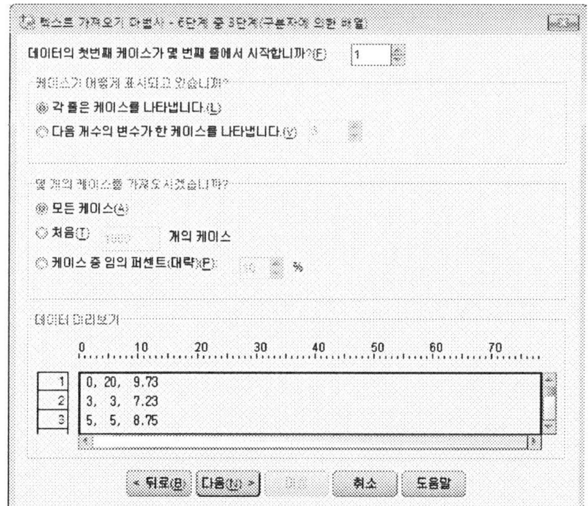

STEP 07 4단계 화면에서 구분자를 지정해 주면 된다. 현재는 '콤마'로 구분되어 있으므로 [공백]은 체크 표시를 해제하고, [콤마]에만 체크 표시하는 것을 선택하였다. 다른 과정들은 앞에서 살펴본 내용들과 똑 같다. 하단의 [다음] 버튼을 클릭한다.

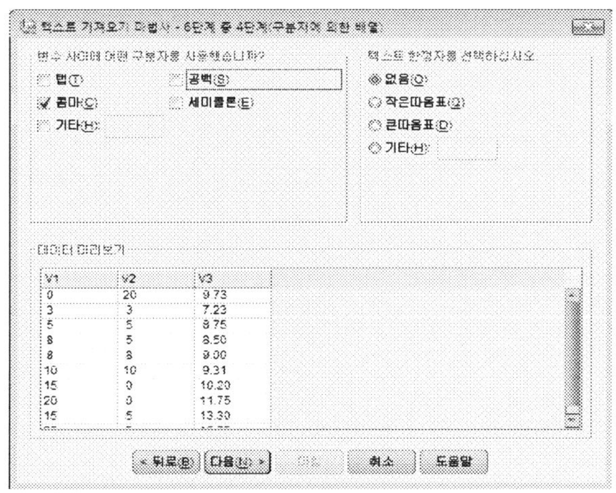

STEP 08 5단계와 6단계는 앞에서 살펴본 것과 같다.

2.2. 엑셀 데이터 입력

STEP 01 먼저 엑셀 데이터를 준비한다. 엑셀 데이터는 첫 줄에 변수이름을 입력한다. 데이터는 'C : \Sample\Data' 폴더 내에 '광고판매량.xls' 파일로 저장했다.

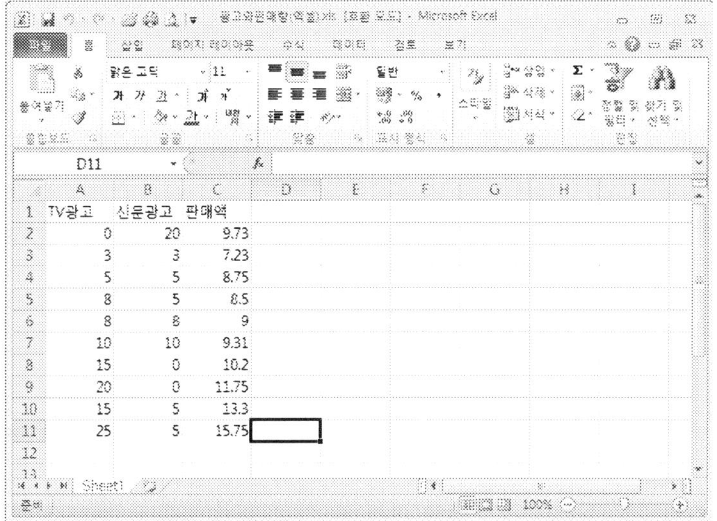

STEP 02 데이터집합 화면의 상단의 아이콘 메뉴 중에 첫 번째 아이콘인 [열기] 아이콘을 클릭한다.

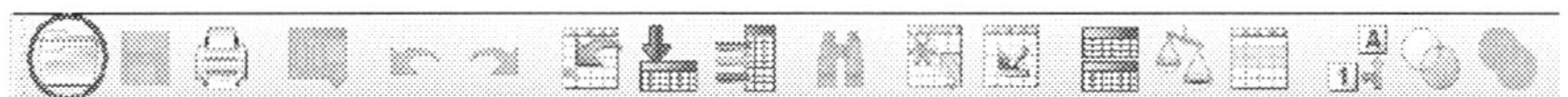

STEP 03 아이콘을 클릭하면 데이터 열기 화면이 나타난다. [찾는 위치]를 'C : \Sample \Data'로 맞춘다. 하단의 [파일 형식]을 [Excel (*.xls, *.xlsx, *xlsm)]로 맞춘다. '광고판매량.xls'이라는 엑셀 파일이 보이면 이를 선택한다. 이후 [열기] 버튼을 클릭한다.

STEP 04 불러오고자 하는 엑셀 파일에 변수 이름이 입력되어 있다면 [데이터 첫 행에서 변수이름 읽어오기]를 체크한다. 없다면 체크하지 않는다. 일부만을 읽어 들이 거나 위치를 지정하려고 하는 경우 워크시트의 범위를 선택하거나 지정할 수 있 다. 하단의 [확인]을 클릭한다.

STEP 05   최종적으로 입력된 데이터를 살펴보면 다음과 같다.

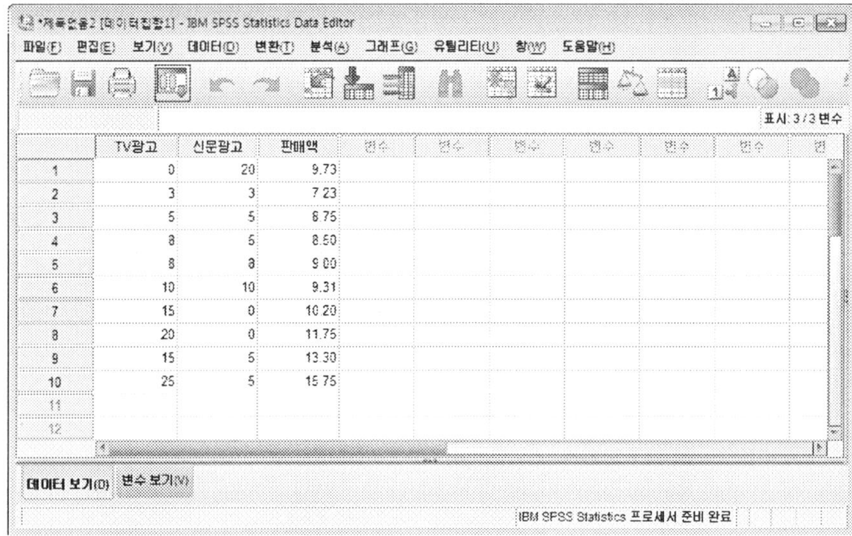

3 데이터집합의 저장 및 활용

3.1. 데이터집합을 파일로 저장

지금까지 읽어 들인 데이터집합은 프로그램이 종료되면 자동적으로 종료와 동시에 삭제된다. 그런데 같은 데이터를 자주 이용해야 하는 우에는 매번 데이터를 다시 읽어 들인다면 매우 불편할 것이다.

STEP 01   입력했거나, 메모장 또는 엑셀에서 불러들인 데이터집합을 저장하려면, 상단 아이콘 메뉴 중에서 두 번째 아이콘인 [저장]을 클릭한다.

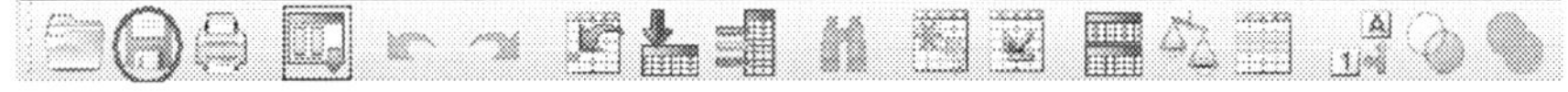

STEP 02 아이콘을 클릭하면 데이터를 다른 이름으로 저장 화면이 나타난다. 저장 위치로
[찾아보기]에서 'C : \Sample\Datasav'로 지정한다. 파일 이름을 '2장-3-1-1
-데이터'로 지정한다. 오른쪽 하단의 [저장] 버튼을 클릭한다.

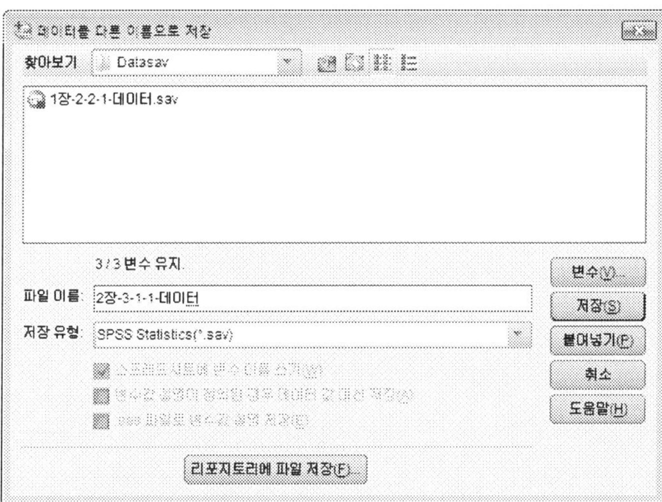

STEP 03 데이터가 저장되면, 상단 정보 표시 창에 표시된 것처럼 데이터집합 파일 이름
이 나타난다.

3.2. 저장된 데이터집합의 활용

저장된 데이터집합을 활용하려면, 데이터집합 화면에 활용하고자 하는 데이터집합을 다시 불러들여야 한다.

STEP 01 저장된 데이터집합을 불러 들이려면, 상단의 메뉴 아이콘 중에서 첫 번째, [열기] 아이콘을 클릭한다.

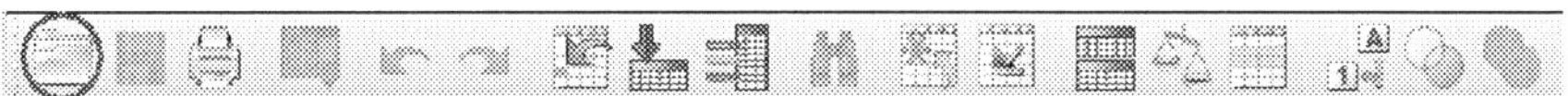

STEP 02 아이콘을 클릭하면 데이터 열기 화면이 나타난다. 상단의 [**찾아보기**]의 폴더를 'C : \Sample\Datasav'로 지정한다. [**파일 형식**]은 [SPSS (*.sav)]로서 화면에서 보이는 대로 놓아둔다. 불러 들일 데이터집합 파일 '2장-3-1-1-데이터.sav'를 지정한다. 오른쪽 하단의 [**열기**] 버튼을 클릭한다.

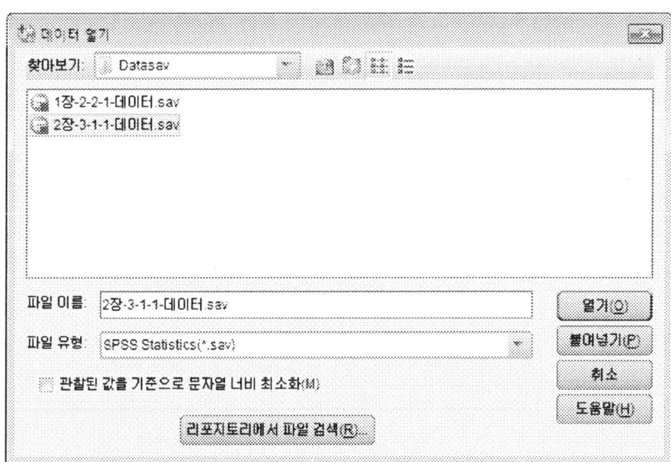

STEP 03 불러들인 후의 데이터집합 화면은 앞에서 살펴본 결과와 같이 제시된다.

Chapter 03

데이터 변환

01 변수 정의

02 데이터 출력

03 데이터 복사, 이동, 삽입, 삭제 및 정렬

04 코딩 변경

05 변수 계산

06 데이터의 전치 및 표준화

07 파일합치기

1 변수 정의

1.1. 변수를 먼저 정의하는 경우

변수의 이름, 유형, 설명, 자릿수 등을 지정한다.

(1) 변수 정의 화면으로 이동

데이터집합 화면에 데이터가 입력되지 않은 상태에서 변수 정의를 하기 위해서는 다음과 같은 화면에서 하단의 [변수 보기] 탭을 클릭한다.

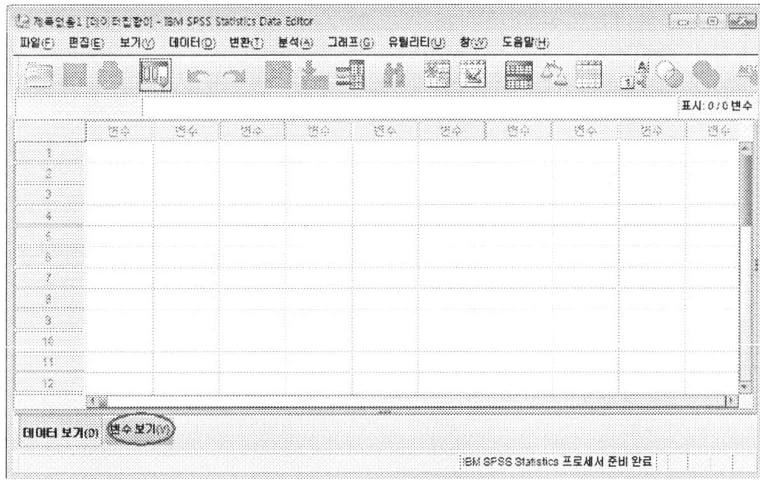

(2) 변수 이름 입력

다음 예제는 첫 열에 '응답자번호', 둘째 열에 '성별', 셋째 열에 '학력'으로 구성된 데이터를 입력하고자 한다.

먼저 '응답자번호'에 대해서 입력해 보자. '이름'에 '응답자번호'를 입력한다. 변수 이름에는 빈칸이 입력되지 않는다. 빈칸을 입력하려면 '설명' 칼럼을 활용한다.

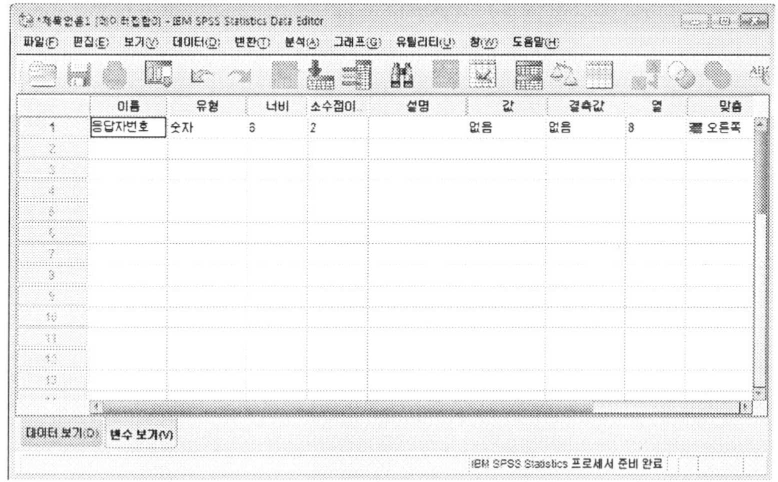

(3) 변수 유형 입력

어떤 변수 유형을 지정할 것인지를 선택한다.
현재는 숫자이므로 그냥 놓아두어도 되지만, 이
셀의 ┄ 부분을 클릭하면, 다음과 같은 **변수 유
형** 화면이 떠오르는데, 적절한 형식을 입력할
수 있다. 여기서는 '숫자' 유형에 소수점이하자
리수를 '0'으로 지정했다.

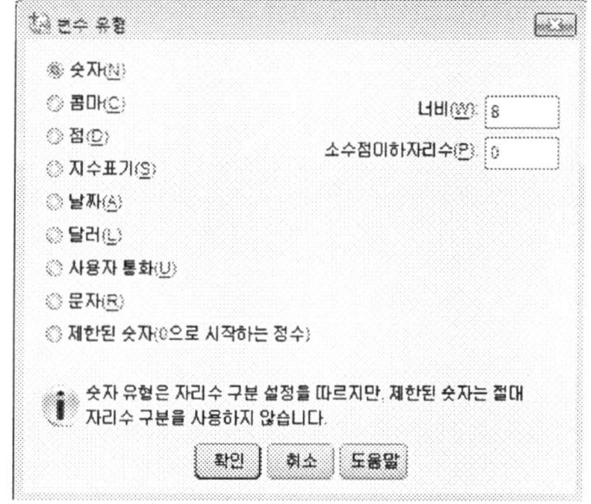

각각의 변수 유형의 형식을 살펴 보면 다음과 같다.

- **숫자** : 변수 값이 숫자인 변수이다.
- **콤마** : 세 자리마다 구분하는 콤마를 사용하며 마침표를 소수점 구분자로 사용하여 표시
  되는 값의 숫자 변수이다.
- **점** : 세 자리마다 구분하는 마침표를 사용하며 콤마를 소수점 구분자로 사용하여 표시되
  는 값의 숫자 변수이다.
- **지수표기** : E가 들어있고 부호가 있는 10의 거듭제곱으로 표시되는 값의 숫자 변수이다.
- **날짜** : 날짜 또는 시간 형식의 하나로 표시되는 값의 숫자 변수이다.

- 달러 : 앞에 달러 기호($)가 표시되고 세 자리마다 구분자로 콤마를 사용하고 소수점 구분자로 점을 사용하는 숫자 변수이다.
- 사용자 통화 옵션 : 대화상자의 통화 탭에서 정의한 사용자 통화 형식의 하나로 표시되는 숫자 변수이다.
- 문자열 : 해당 값이 숫자가 아니어서 계산에 사용되지 않는 변수이다.

(4) 너비와 소수점 이하 자릿수 입력

앞의 화면에서 데이터의 너비와 소수점 이하의 자릿수를 입력할 수도 있지만, 여기서 설정한다. 너비를 입력할 때 조심할 것은 영어나 숫자는 1자리를 차지하지만 한글은 2자리를 차지한다. 따라서 영어나 숫자에 비해 2배의 너비가 필요하다. 소수점 이하의 자리는 여기서 0으로 지정했다.

(5) 변수에 대한 설명 입력

변수에 대한 설명은 '응답자 번호'라고 입력을 했다. 변수의 설명에서는 빈칸이나 특수 문자를 사용해도 된다. 다른 내용은 조정할 필요가 없어 그대로 놓아둔다. 완성된 변수에 대한 정의를 보면 다음 화면과 같다.

⑹ 변수의 값 지정

'응답자번호'에 비해 '성별'은 변수의 값에 따라 다른 값을 가질 수 있다. 즉 숫자로 표현된 성별을 1은 남자, 2는 여자와 같이 값에 대한 설명이 필요하다.

STEP 01 ┈ 을 클릭하면 다음과 같이 **변수값 설명** 화면이 나타난다.

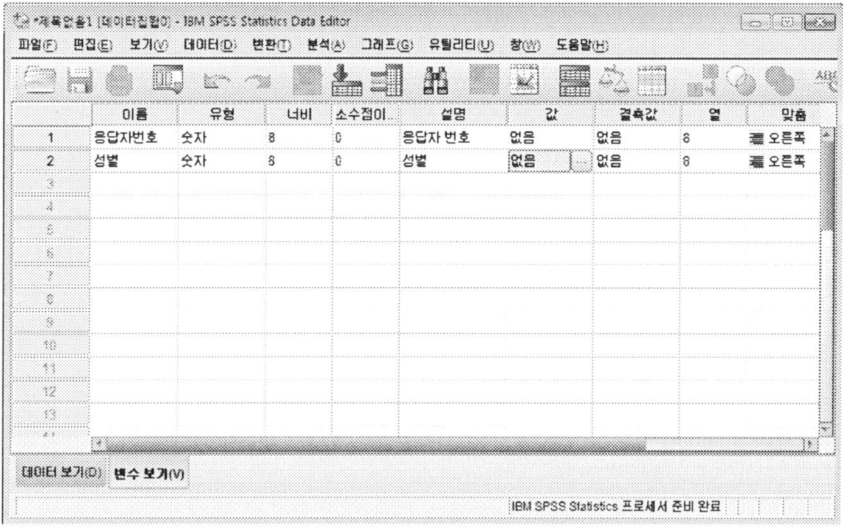

STEP 02 여기서 변수의 기준값은 '1', 설명은 '남자'로 입력한 후 [추가] 버튼을 클릭한다.

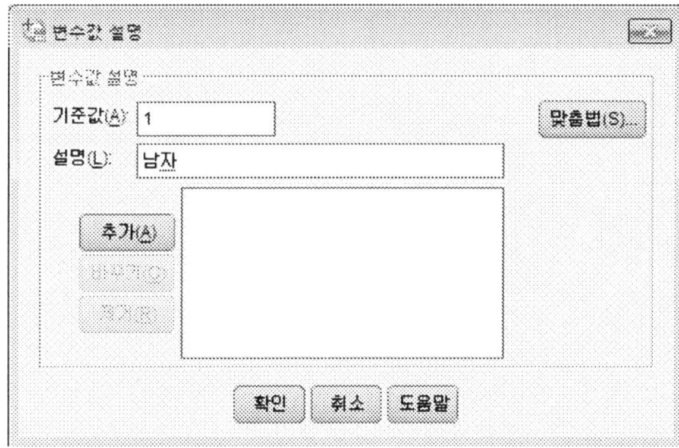

STEP 03 계속해서 여자에 대해서도 변수 기준값과 설명을 입력한 후, [추가] 버튼을 클릭한다.

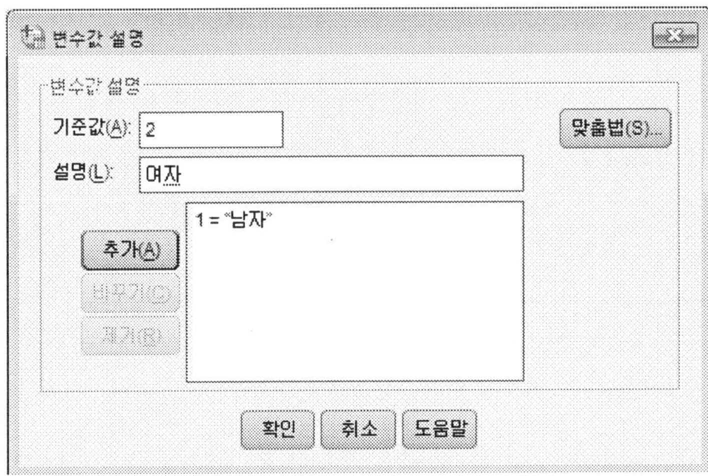

STEP 04 변수값 설명 화면이 다음과 같이 나타난다. [확인] 버튼을 클릭한다.

(7) 결측값(missing value) 입력

결측값은 데이터 수집 과정에서 데이터가 수집이 안된 경우를 말한다. 예를 들어 데이터 수집 과정에서 남자인지 여자인지에 대해서 파악되지 않은 경우를 '0'이라고 입력했다고 하자.

STEP 01 이 값을 결측값으로 처리하고자 하면 다음과 같이 값 칼럼의 ⋯ 를 클릭한다.

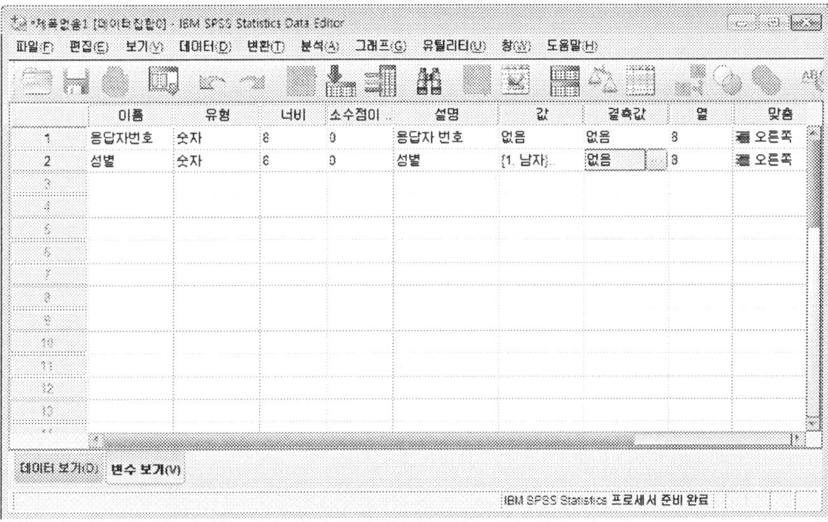

STEP 02 결측값 화면에서 [이산형 결측값] 라디오 버튼을 클릭하고, 결측값에 해당되는 숫자를 입력한다. 여기서는 '0'을 입력하고 [확인] 버튼을 클릭한다. 결측값의 범위 또는 범위와 결측값을 지정한다면 [한 개의 선택적 이산형 결측값을 더한 범위] 라디오 버튼을 선택한다. [확인] 버튼을 클릭한다.

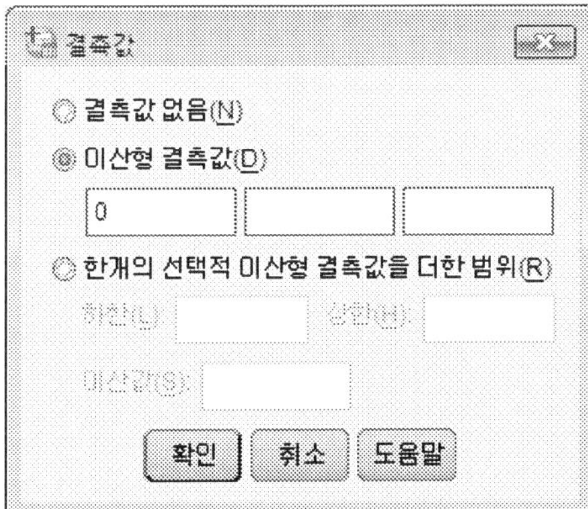

(8) 맞춤 지정

맞춤은 셀 안에 들어가 있는 문제가 오른쪽, 왼쪽 또는 가운데 정렬을 할 것인가를 지정한다. 현재는 그대로 놓아 두었다.

(9) 측도 지정

측도는 현재 변수가 어떤 척도를 가지고 있는가를 지정한다. 척도는 '명목', '순서'와 '등간', '비율' 척도인 경우 '척도' 등이 있다. 여기서는 남자 아니면 여자를 나타내는 '명목' 척도이므로 '명목'으로 지정했다.

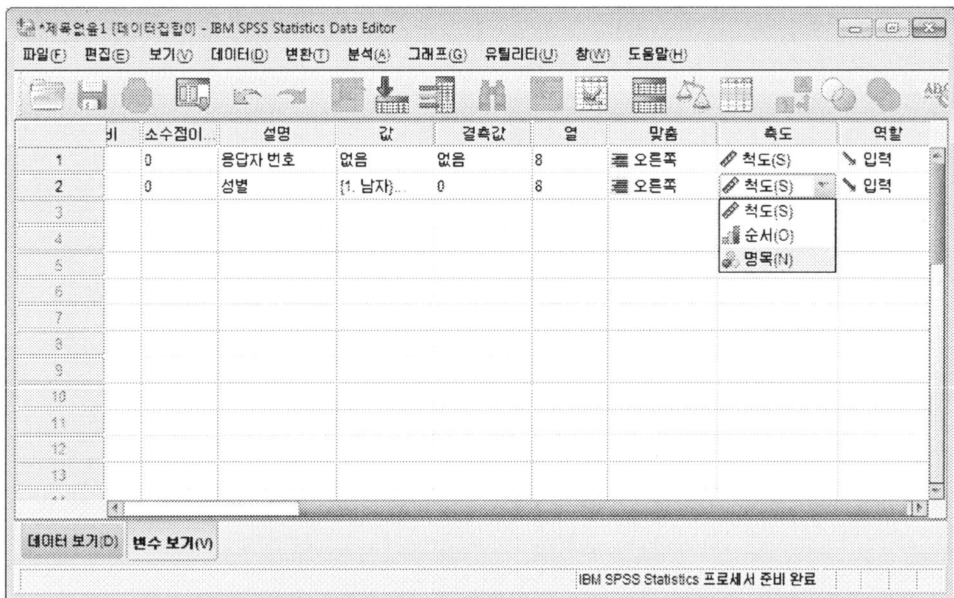

(10) 다음 변수에 대한 정의 입력

첫 번째 변수를 입력한 후 계속해서 다음 변수를 같은 방식으로 입력한다. 예를 들어, '학력'은 값을 1='고졸 이하', 2='대학 졸업 이하' 3='대학원 졸업 이상'으로, 결측값은 '0', 측도는 '명목'으로 지정했다. 전체적으로 '응답자번호', '성별', '학력'에 대해서 지정한 것을 보면 다음과 같다.

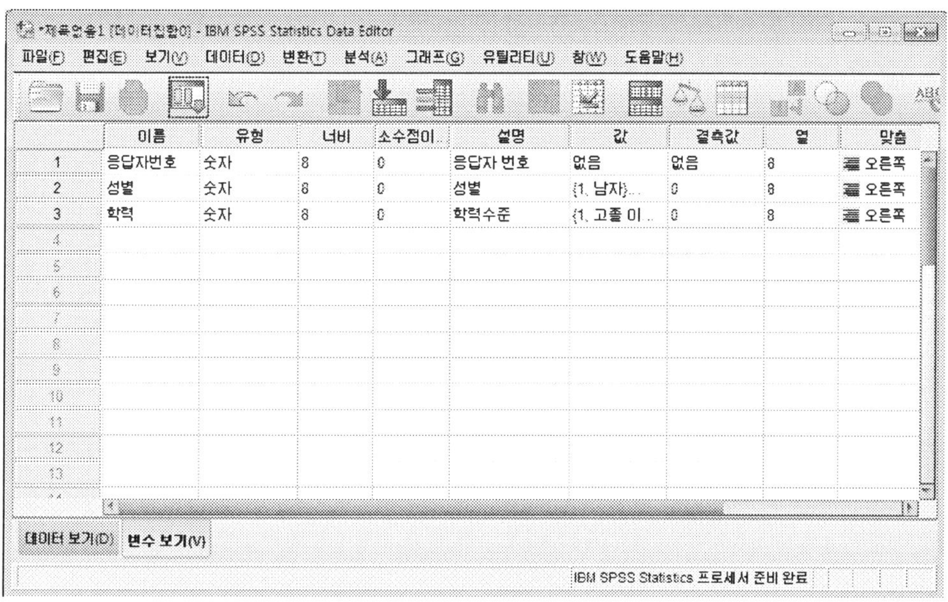

(II) 데이터 입력

앞의 과정을 통해 변수 정의가 끝이 나면, [데이터 보기] 탭을 클릭해서 데이터를 입력할 수 있다. 입력한 데이터는 'C : \Sample\Datasav' 폴더에 '3장-3-1-1-데이터.sav'로 저장되어 있다.

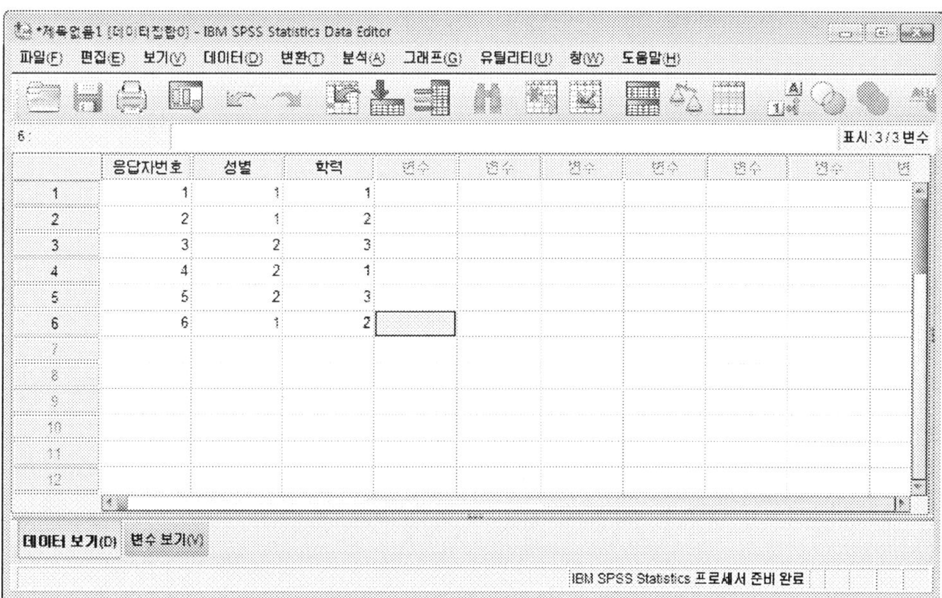

1.2. 데이터를 먼저 입력하는 경우

변수를 정의하기 전에 다음과 같이 먼저 데이터가 입력되어 있다고 하자. 현재 입력한 데이터는 'C : \Sample\Datasav' 폴더에 '3장-3-1-2-데이터.sav'로 저장되어 있다. 변수 이름이 VAR00001, VAR00002 형식으로 지정된다.

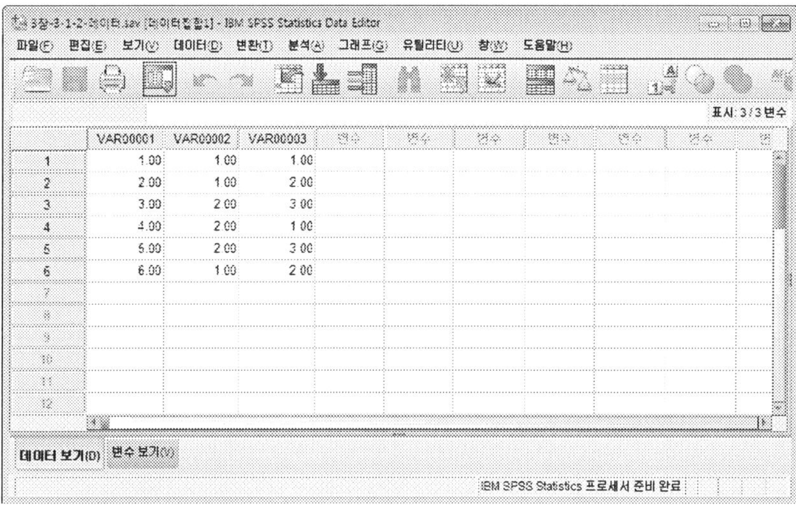

변수 정의를 하려면 [변수 보기] 탭을 클릭한다. 변수 이름만 'VAR0000*' 형식으로 되어 있을 뿐 다른 차이점은 없다. 변수 이름과 해당 내용만 수정하면 된다. 나머지 내용은 앞에서 본 바와 같다.

2   데이터 출력

2.1. 텍스트 파일로 출력

이미 입력되어 있는 데이터집합을 메모장 형식의 텍스트 파일로 저장하는 방법에 대한 설명을 하고 있다.

STEP 01   [파일] → [다른 이름으로 저장] 메뉴들을 차례로 클릭한다.

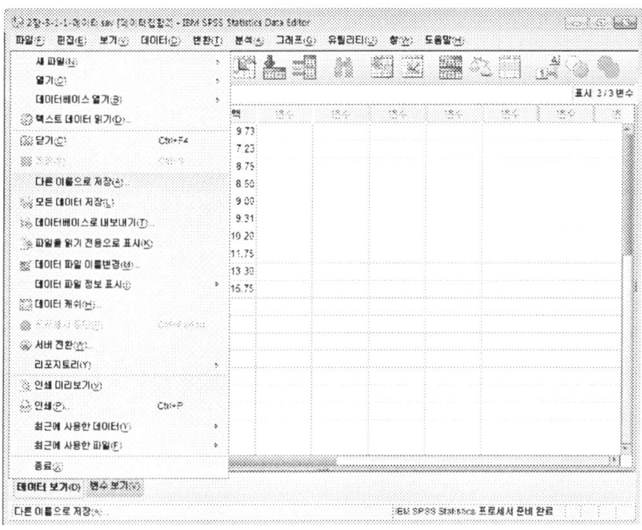

STEP 02   텍스트 파일 형식으로 저장하려면, [파일 형식]을 [고정형 ASCII (*.dat)]를 선택한다. [파일 이름]은 '광고판매량출력'처럼 입력하면, 파일명 확장자에 '.dat'가 자동으로 붙게 된다. 다음으로 [저장] 버튼을 클릭한다.

STEP 03　출력 내용을 보면, 변수 이름(Variable), 레코드 개수(Rec), 시작 칼럼(Start), 끝 칼럼(End), 포맷(Format) 등에 대한 내용이 표시된다. F11.2은 숫자가 11칼럼, 소수점 이하 2칼럼이라는 의미이다.

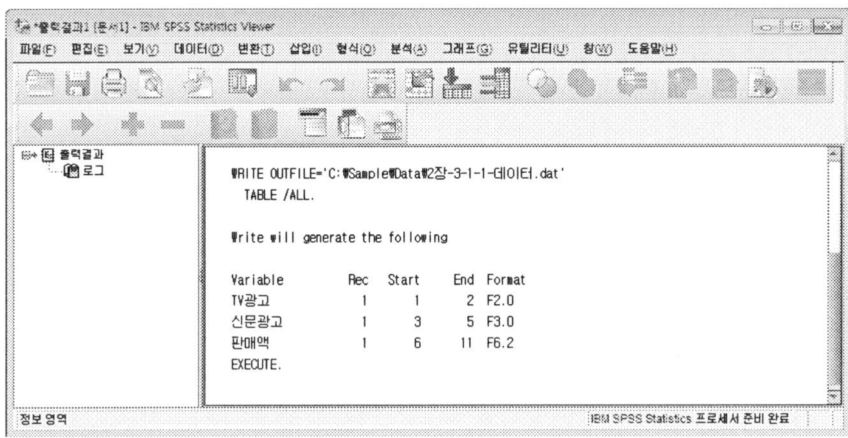

STEP 04　'C : \Sample\Data' 폴더 내에 저장된 텍스트 파일을 메모장으로 살펴보면 다음과 같다.

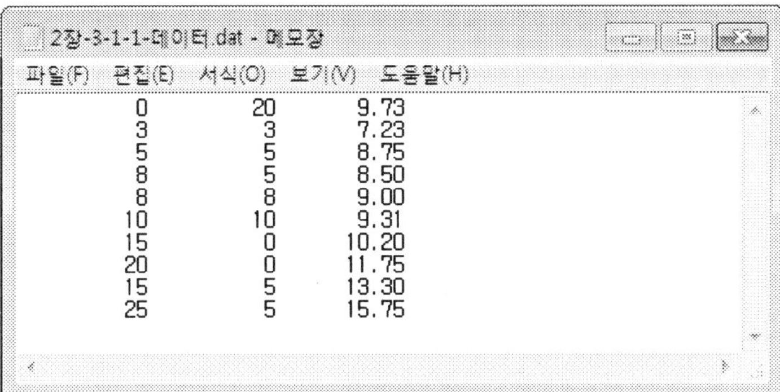

2.2. 엑셀 파일로 출력

이미 입력되어 있는 데이터를 마이크로소프트 엑셀(Excel) 파일로 저장하고자 한다면, [파일] → [다른 이름으로 저장] 메뉴들을 차례로 클릭한다.

STEP 01　텍스트 파일 형식으로 저장하려면, [파일 형식]을 [Excel 2007 (*.xlsx)]를 선택한다. [파일 이름]은 '2장-3-1-1-데이터'를 입력한다. 다음으로 [저장] 버튼을 클릭한다.

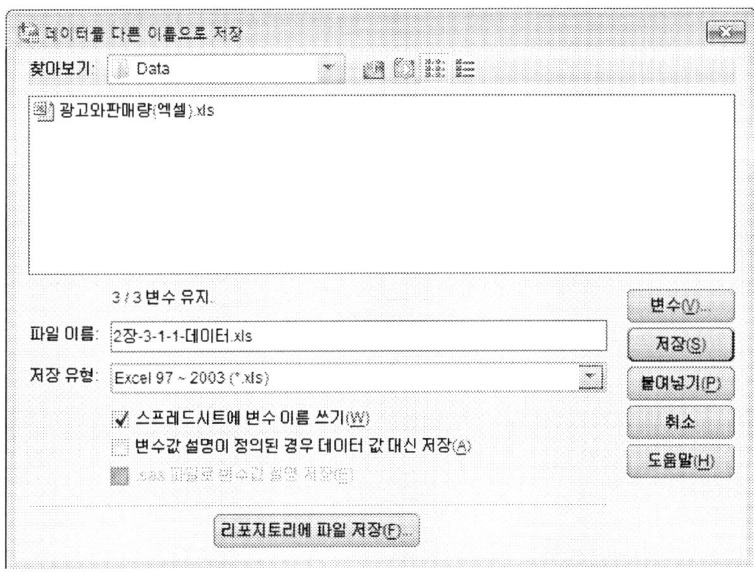

STEP 02　출력 내용을 보면, 변수 이름(Variable), 변수 형식(Type), 숫자형(Number), 길이(Width) 11자, 소수점 이하 자릿수(Dec) 0 또는 2로 나타난다.

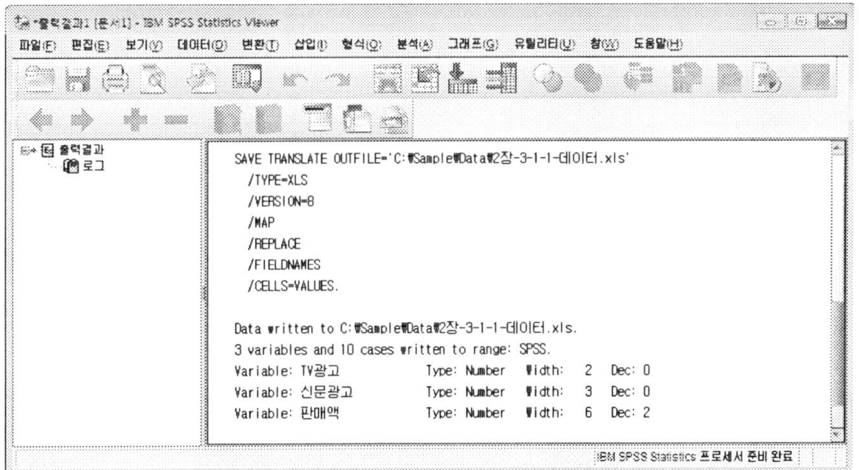

STEP 03   C : \Sample\Data' 폴더 내에 저장된 엑셀 파일을 살펴보면 다음과 같다.

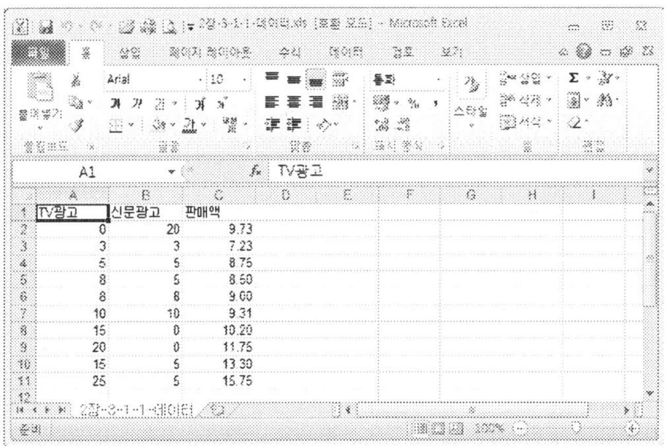

3 데이터 복사, 이동, 삽입, 삭제 및 정렬

3.1. 케이스의 복사, 이동, 삽입, 삭제

(1) 케이스 복사

STEP 01   특정 케이스를 복사하고자 하면, 다음과 같이 케이스를 선택한 후 오른 쪽 마우스를 클릭한다. 팝업 된 메뉴 중에 [복사]를 클릭한다.

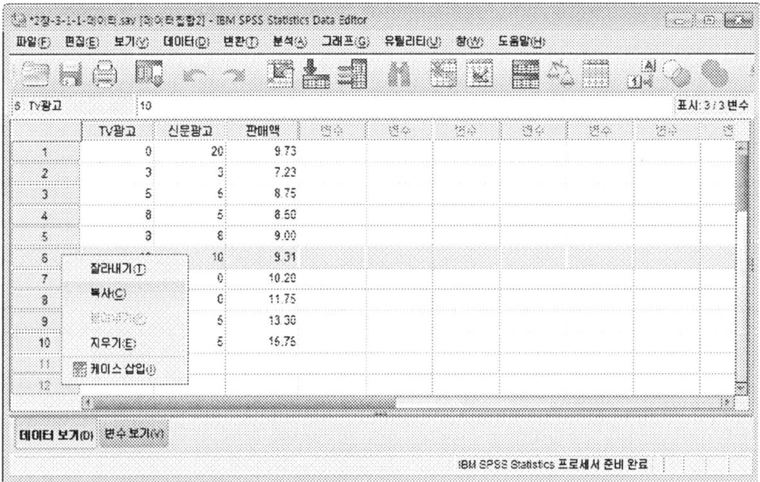

STEP 02　복사하고 싶은 위치(여러 행도 가능)에 마우스를 옮겨 놓고 오른 쪽 마우스를 클릭한다. 팝업 된 메뉴 중에 [붙여넣기]를 클릭한다.

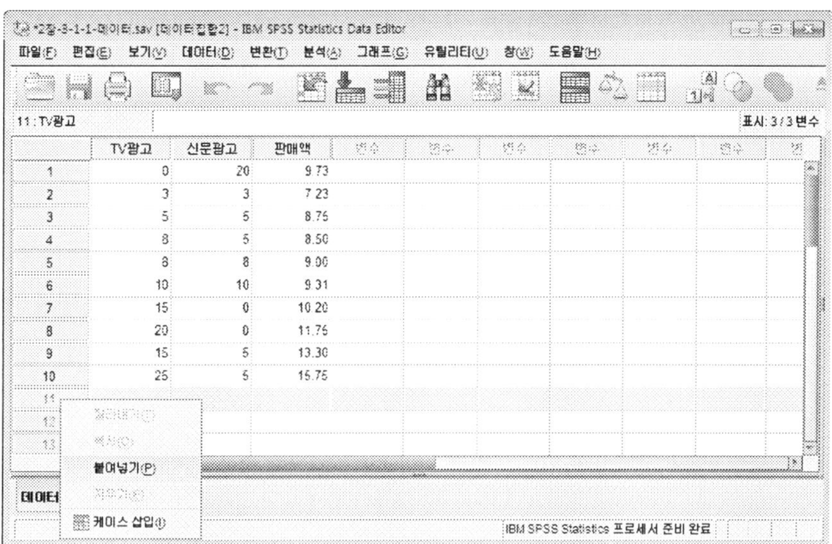

STEP 03　붙여넣기를 한 후의 화면을 보면 데이터의 값들이 복사되어 있음을 알 수 있다.

(2) 케이스 이동

STEP 01 특정 케이스를 이동(여러 행도 가능)하고자 하면, 다음과 같이 케이스를 선택한 후 오른 쪽 마우스를 클릭한다. 팝업 된 메뉴 중에 [잘라내기]를 클릭한다. 아니면 선택한 케이스에 대해 마우스를 왼쪽 키를 누른 상태에서 원하는 위치로 끌어 당기면 된다.

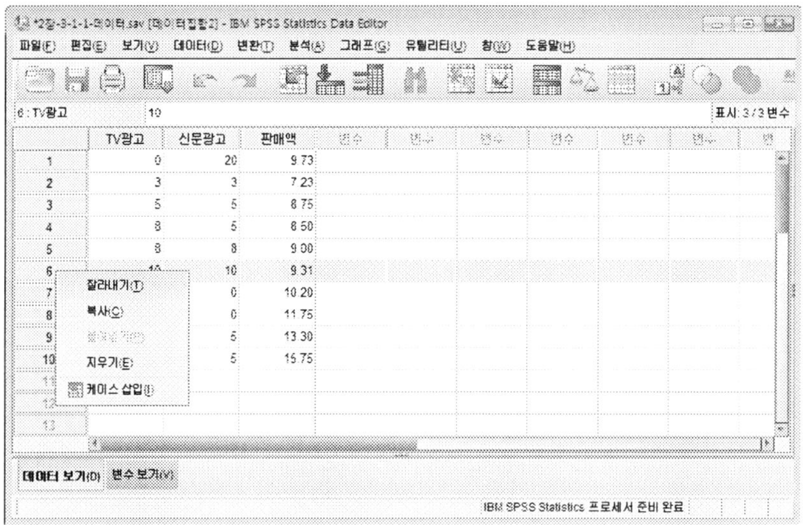

STEP 02 이동하고 싶은 위치에 마우스를 옮겨 놓고 오른 쪽 마우스를 클릭한다. 팝업 된 메뉴 중에 [붙여넣기]를 클릭한다

STEP 03 붙여넣기를 한 후의 화면을 보면 데이터의 값들이 이동되어 있음을 알 수 있다.

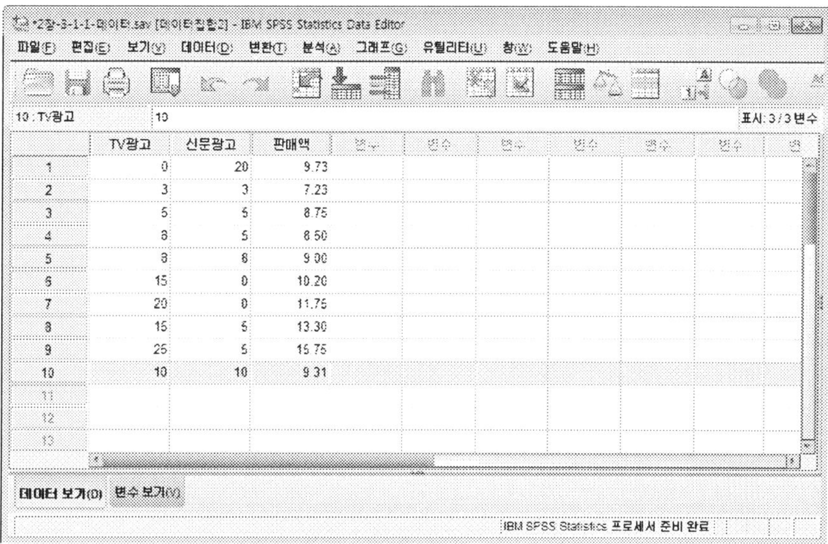

(3) 케이스 삽입

STEP 01 특정 위치에 새로운 케이스를 삽입하고자 하면, 다음과 같이 케이스를 선택한 후 오른 쪽 마우스를 클릭한다. 팝업 된 메뉴 중에 [케이스 삽입]을 클릭한다.

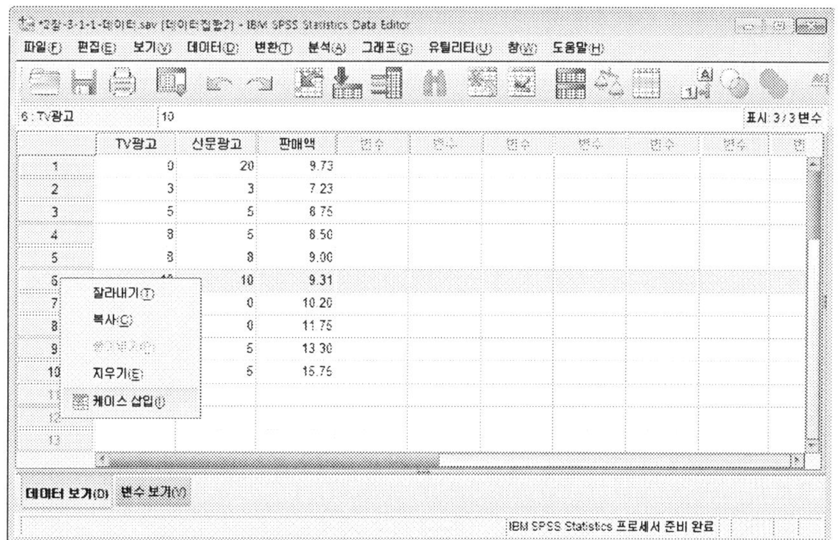

STEP 02 케이스 삽입을 한 후의 화면을 보면 데이터를 입력할 수 있는 새로운 케이스가 삽입되어 있음을 알 수 있다.

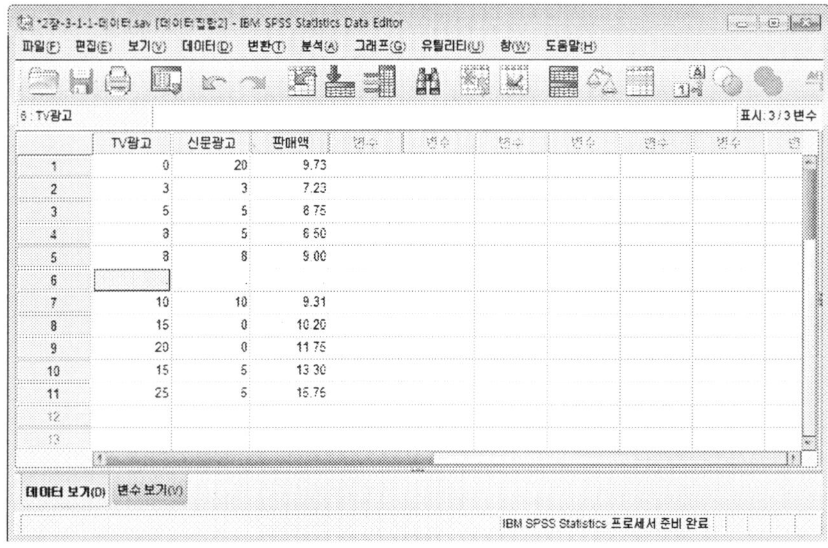

(4) 케이스 삭제

STEP 01 특정 위치의 케이스를 삭제하고자 하면, 다음과 같이 케이스를 선택한 후 오른쪽 마우스를 클릭한다. 팝업 된 메뉴 중에 [지우기]를 클릭한다.

STEP 02 케이스 삽입을 한 후의 화면을 보면 데이터를 입력할 수 있는 새로운 케이스가 삭제되어 있음을 알 수 있다.

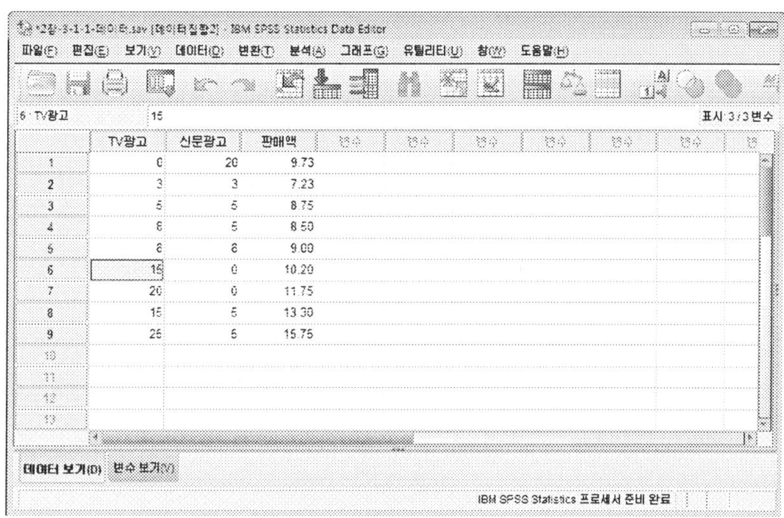

3.2. 변수의 복사, 이동, 삽입, 삭제

(1) 변수 복사

STEP 01 특정 변수(들)의 데이터를 복사하고자 하면, 복사할 변수 칼럼(들)을 선택한 후 오른 쪽 마우스를 클릭한다. 팝업 된 메뉴 중에 [복사]를 클릭한다.

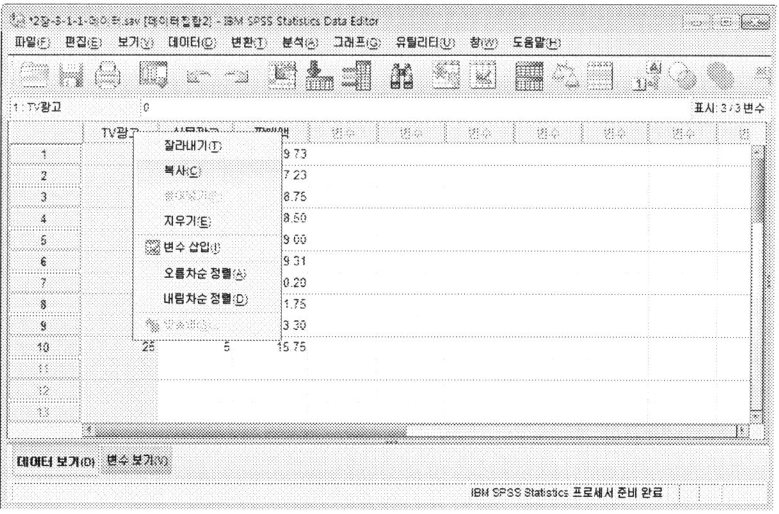

STEP 02 복사하고 싶은 위치에 마우스를 옮겨 놓고 오른 쪽 마우스를 클릭한다. 팝업 된 메뉴 중에 [붙여넣기]를 클릭한다.

STEP 03 붙여넣기를 한 후의 화면을 보면 다음과 같이 변수 이름이 'VAR00001'로 되어 있고 값들이 복사되어 있음을 알 수 있다. 변수 이름은 하단의 [변수 보기] 탭에서 수정할 수 있다.

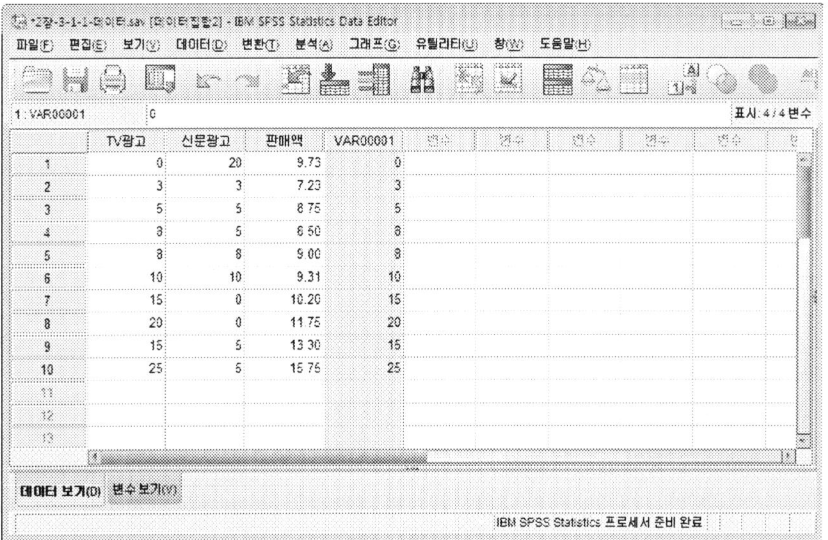

(2) 변수 이동

STEP 01 특정 변수(들)를 이동하고자 하면, 이동할 변수의 칼럼(들)을 선택한 상태에서 마우스를 끌어 당겨 원하는 위치로 옮기던가, 다음과 같이 변수를 선택한 후 오른 쪽 마우스를 클릭한다. 팝업 된 메뉴 중에 [잘라내기]를 클릭한다.

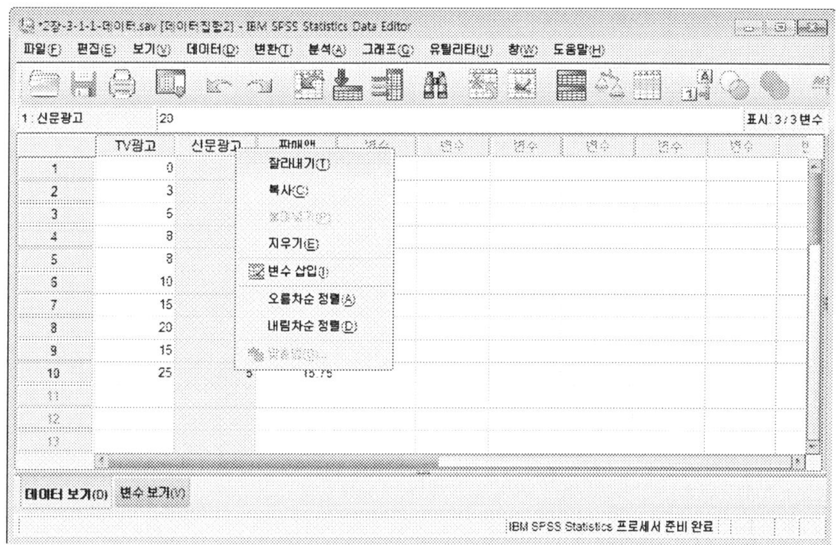

STEP 02 이동하고 싶은 위치에 마우스를 옮겨 놓고 오른 쪽 마우스를 클릭한다. 팝업 된 메뉴 중에 [붙여넣기]를 클릭한다.

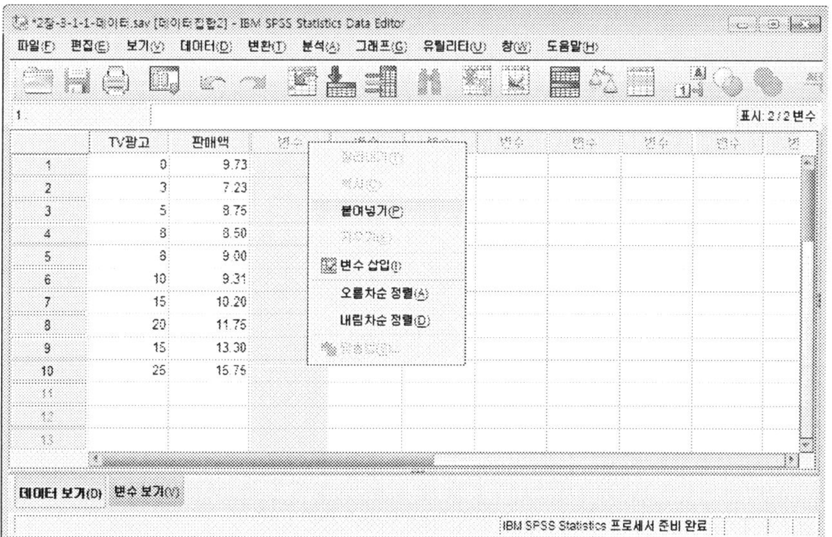

STEP 03 붙여넣기를 한 후의 화면을 보면 변수와 데이터의 값들이 이동되어 있음을 알
수 있다.

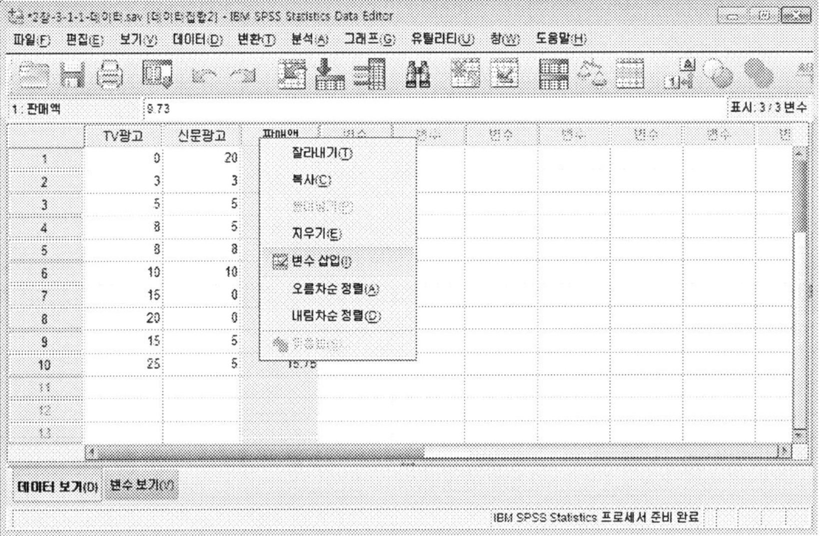

(3) 변수 삽입

STEP 01 특정 위치에 새로운 변수를 삽입하고자 하면, 삽입할 변수 위치를 선택한 후 오
른 쪽 마우스를 클릭한다. 팝업 된 메뉴 중에 [변수 삽입]을 클릭한다.

STEP 02　새로운 변수 삽입을 한 후의 화면을 보면 데이터를 입력할 수 있는 새로운 변수 'VAR00001'과 같은 형태로 삽입되어 있음을 알 수 있다. 변수 이름은 하단의 [변수 보기] 탭에서 수정할 수 있다.

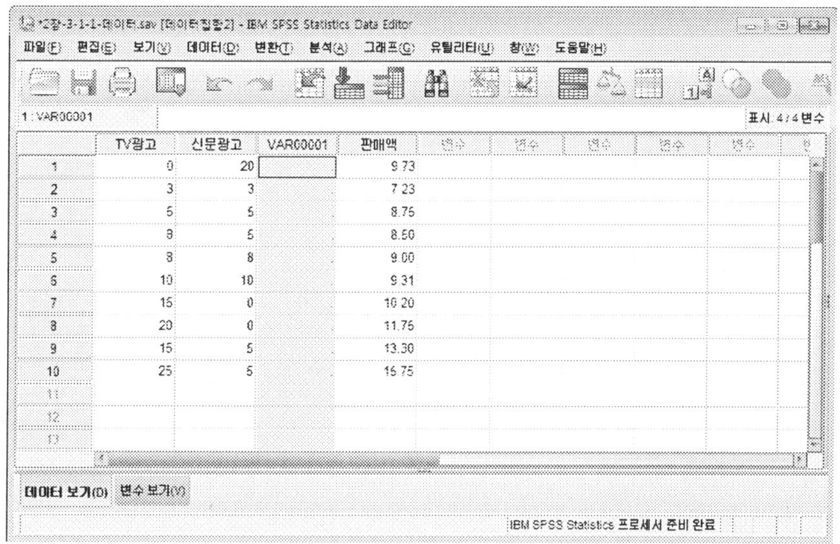

(4) 변수 삭제

STEP 01　특정 위치의 변수를 삭제하고자 하면, 삭제할 변수를 선택한 후 오른 쪽 마우스를 클릭한다. 팝업 된 메뉴 중에 [지우기]를 클릭한다.

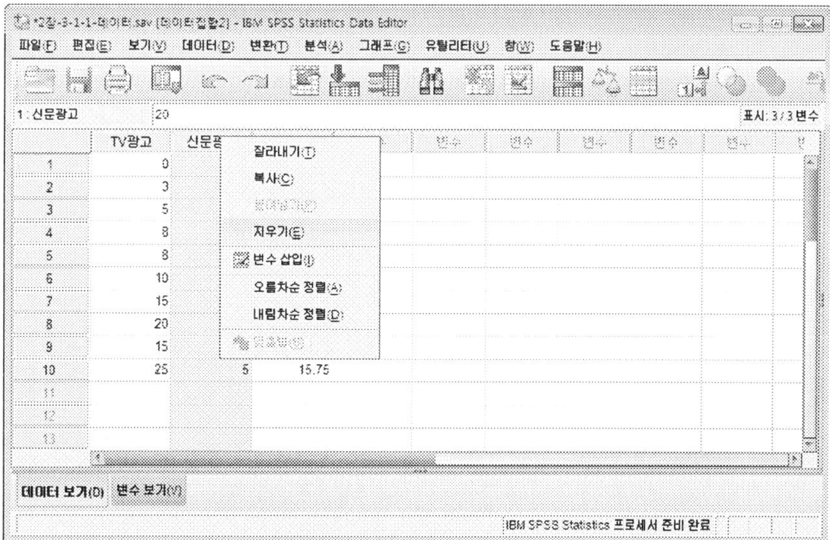

STEP 02   변수 지우기를 한 후의 화면을 보면 변수가 삭제되어 있음을 알 수 있다.

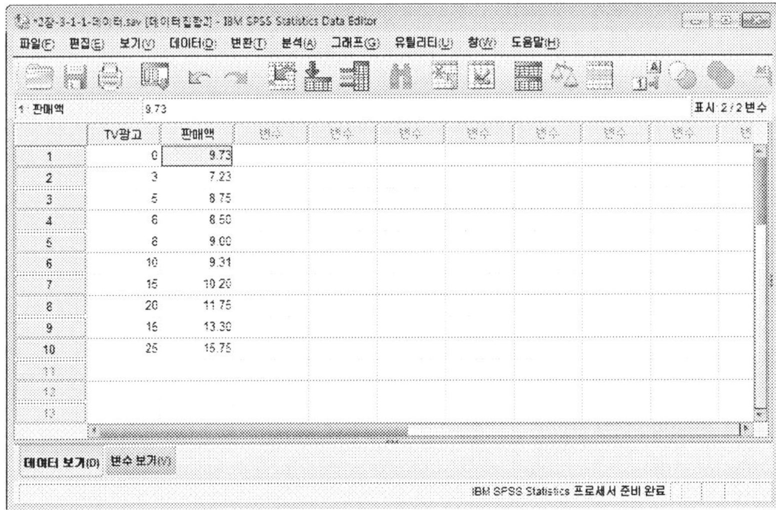

3.3. 케이스 정렬

다음 사례는 이름을 오름차순으로 정렬하는 경우이다.

STEP 01   케이스 정렬은 지정된 변수(들)을 중심으로 오름차순 또는 내림차순 형태로 순차적으로 데이터를 배열하는 것을 의미한다. 다음과 같은 데이터가 있다고 가정해보자.

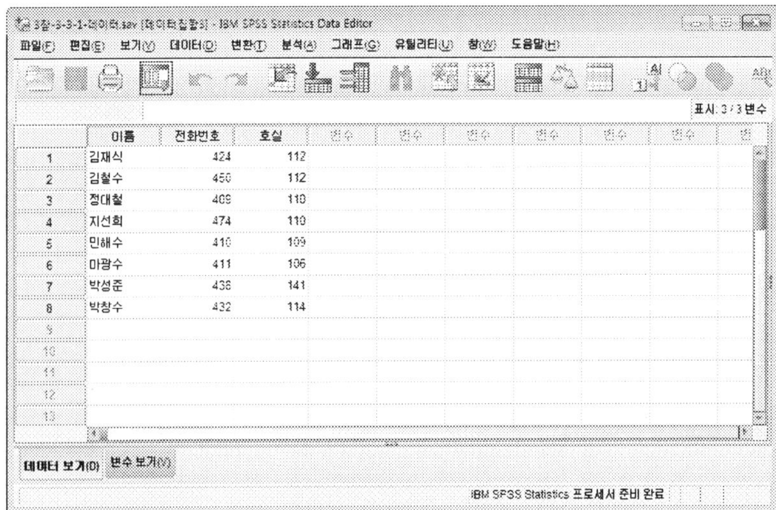

STEP 02   현재의 데이터를 '이름'순으로 정렬을 하려면 상단의 [데이터] 메뉴 중에서 [케이스 정렬] 하위 메뉴를 클릭한다.

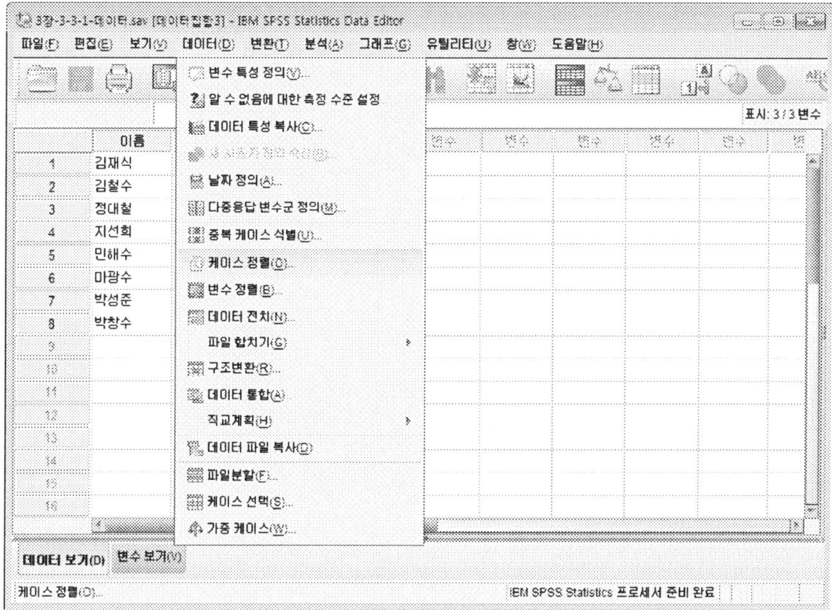

STEP 03   케이스 정렬 화면에서 왼쪽의 변수 리스트 중에 '이름'을 선택한 후 ➡를 클릭하면, 다음과 같은 화면이 나타난다. 정렬 순서를 내림차순으로 선택할 수도 있다. 선택이 끝나면 [확인] 버튼을 클릭한다.

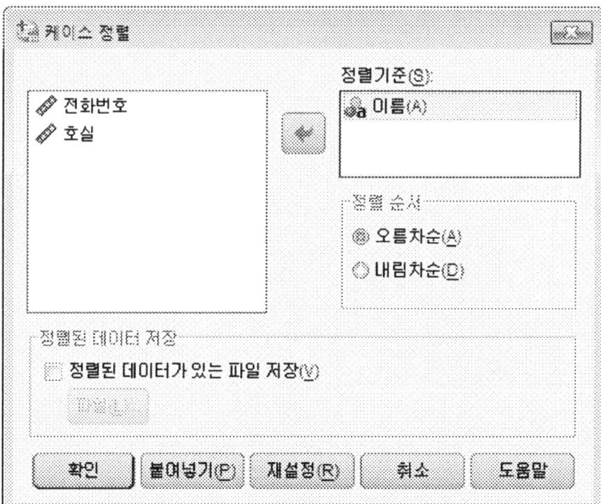

STEP 04   결과를 보면 데이터가 이름을 중심으로 오름차순으로 정리되어 있음을 알 수 있다.

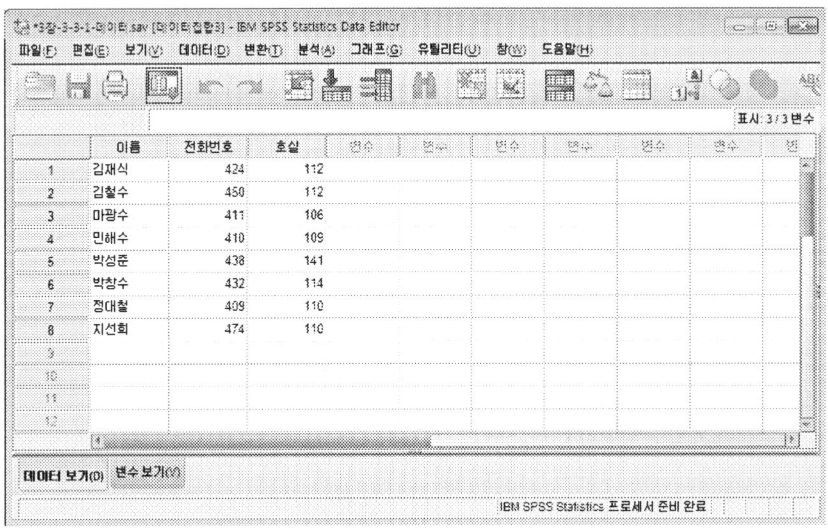

이 번에는 각 호실 전화 번호 및 이름 순으로 정렬을 하는 경우이다.

STEP 01   [데이터] 메뉴에서 [케이스 정렬] 하위 메뉴를 클릭하면 케이스 정렬 화면이 나
타난다.

먼저 '호실' 변수를 선택해 오름차순으로 먼저 정렬한다.

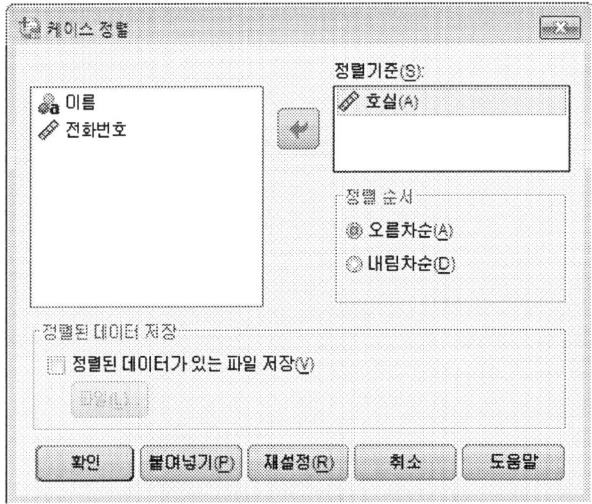

STEP 02 다음으로 '이름' 변수를 선택해 오름차순으로 정렬하도록 한다. [확인] 버튼을
클릭한다.

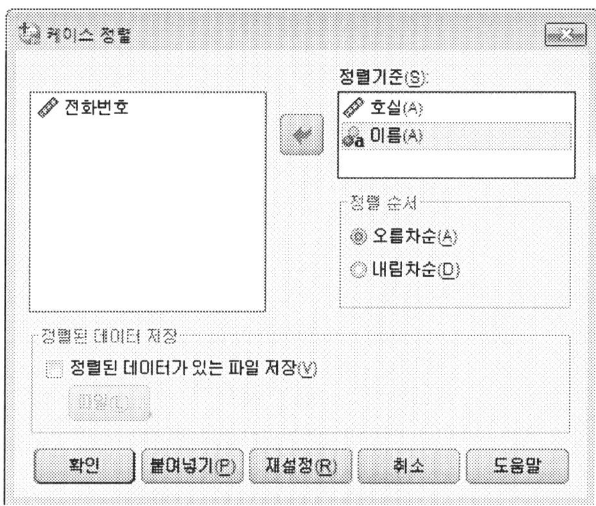

STEP 03 결과를 보면 '호실'에 대해 '이름' 순으로 오름차순으로 재배열되어 있음을 알 수
있다.

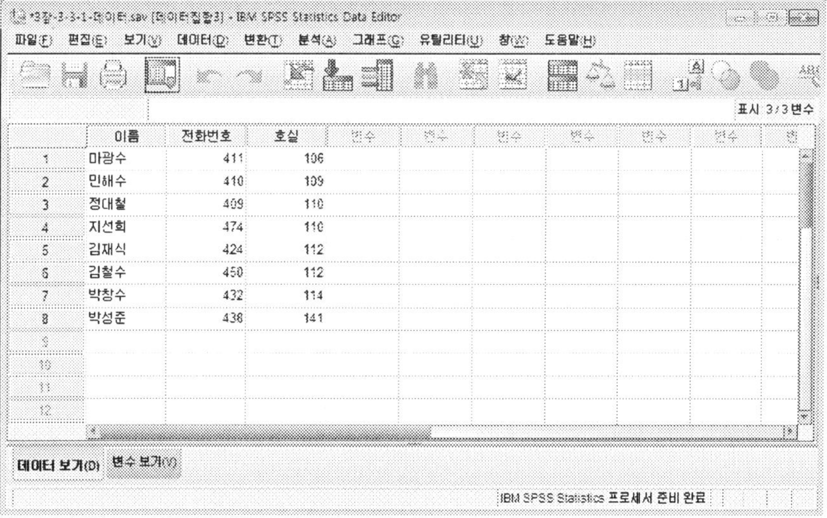

STEP 04   결과를 명확하게 확인하기 위해서 '호실' 변수를 선택한 후, 마우스를 끌어당겨 맨 앞의 위치로 옮기는 방법으로 '변수 이동'을 하였다. 각 호실에 대해 '이름'에 대해 오름차순으로 데이터가 재배열되어 있음을 알 수 있다.

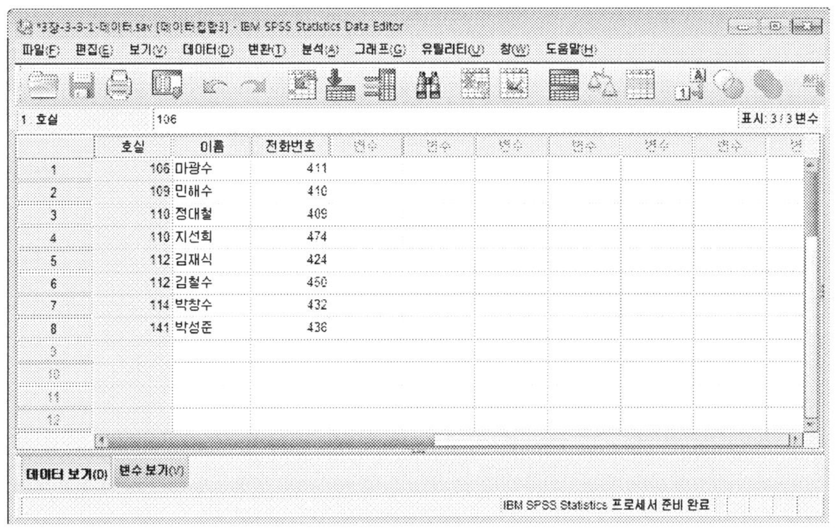

4   코딩 변경

4.1. 같은 변수 이름으로 코딩 변경

(1) 일대일 코딩 변경

데이터가 숫자로서 등간 척도인 경우에는 리코드를 해야 할 필요가 있다. 예를 들어 5점 척도로 측정이 된 경우, 1→5, 2→4, 3→3, 4→1, 5→1과 같은 형태로 바꾸는 것을 리버스 코딩(reverse coding)이라고 한다. 다음은 선호도를 리버스 코딩하는 경우이다. 선호도는 5점 척도로 측정이 되었다.

STEP 01　코딩 변경을 하기 위해서는 [변환] → [같은 변수로 코딩변경] 메뉴를 차례로 선택한다.

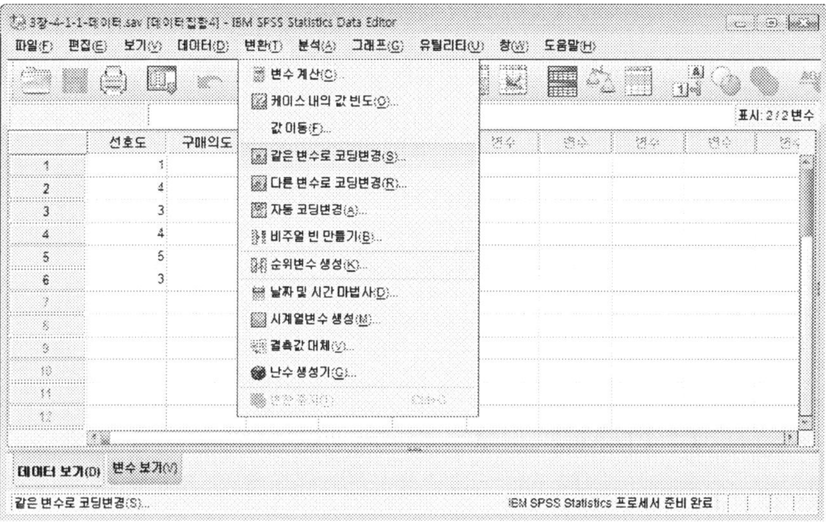

STEP 02　'선호도' 변수를 선택해 좌측의 화면처럼 숫자 변수로 이동을 시킨다.

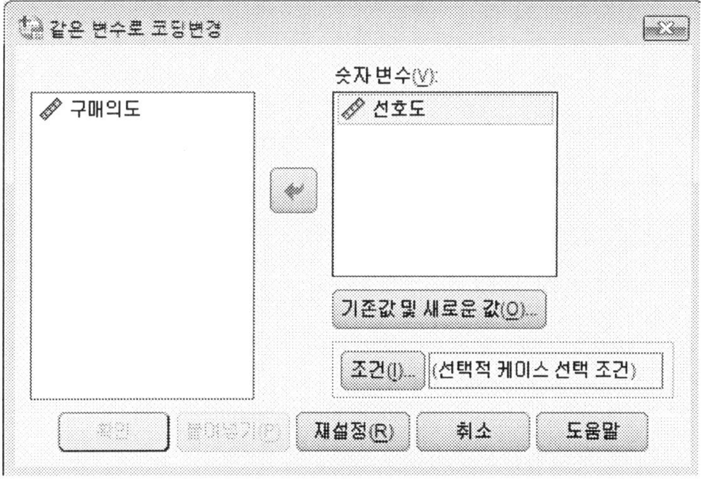

STEP 03   [기존값 및 새로운 값] 버튼을 클릭한다. 기존 값에 '1'을 넣고, 새로운 값에 '5'를 넣는다. 오른쪽 중간에 있는 [추가] 버튼을 클릭한다.

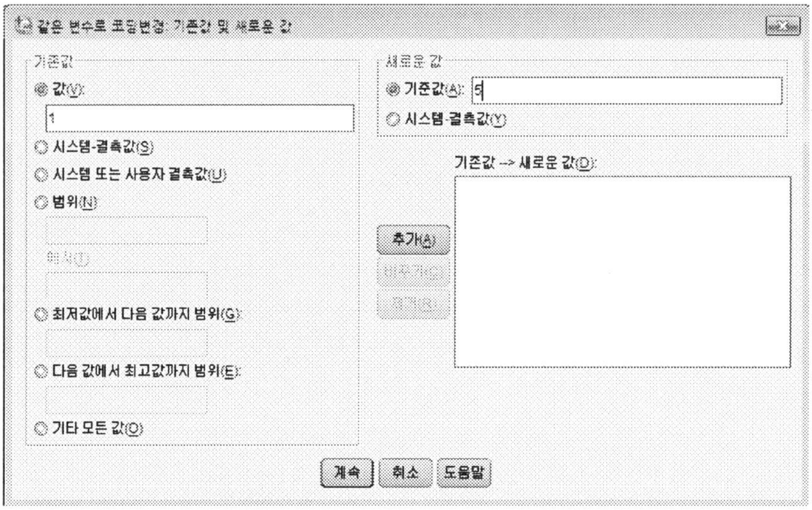

STEP 04   다음 화면을 보면 리코딩 할 값이 추가되어 있음을 확인할 수 있다.

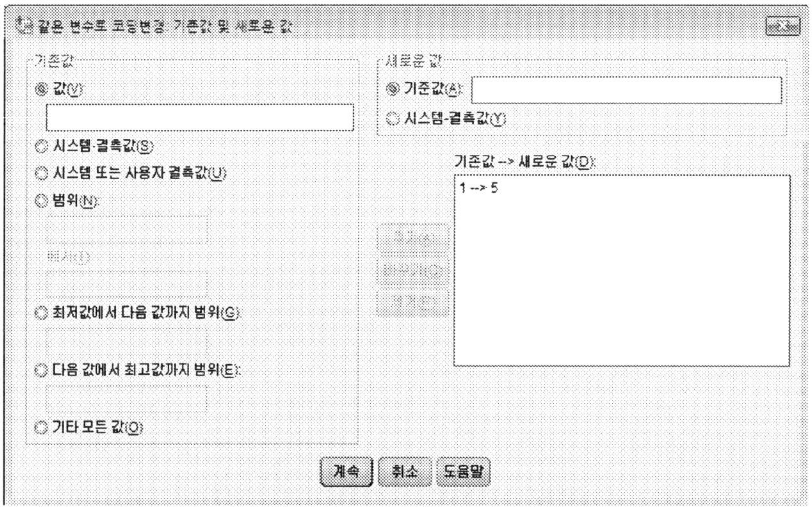

STEP 05 계속해서, 2→4, 3→3, 4→2, 5→1을 같은 형식으로 입력한다. 전체적으로 입력된 모습을 보면 다음과 같다. 하단의 [계속] 버튼을 클릭하면, 다시 같은 변수로 코딩 화면이 나타나는데, [확인] 버튼을 클릭한다. 다른 변수도 같은 식으로 리버스 코딩하고자 하면, [확인] 버튼을 클릭하기 전에, 변수를 선택해서 추가해 주면 된다.

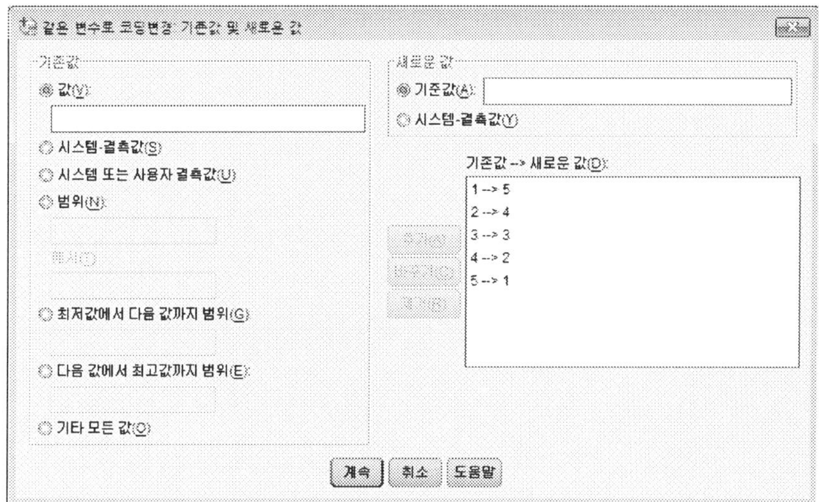

STEP 06 데이터집합 화면의 결과와 앞의 결과와 비교해 볼 때, '선호도'의 결과를 보면 리버스 코딩이 되어 있음을 알 수 있다.

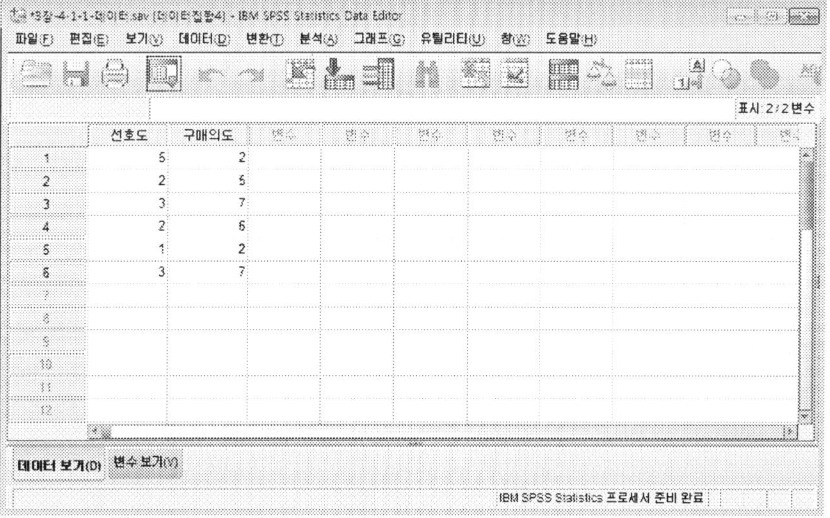

(2) 숫자를 숫자로 다대일 리코드

데이터가 숫자인 경우 숫자로 다대일 리코드를 하는 것으로서, 선호도 변수에 대해서 1, 2 는 1로 3, 4는 2로, 5는 3으로 하고자 하는 경우를 고려해 보면 다음과 같다.

STEP 01   코딩 변경을 하기 위해서는 [변환] → [같은 변수로 코딩변경] 메뉴를 차례로 선택한다.

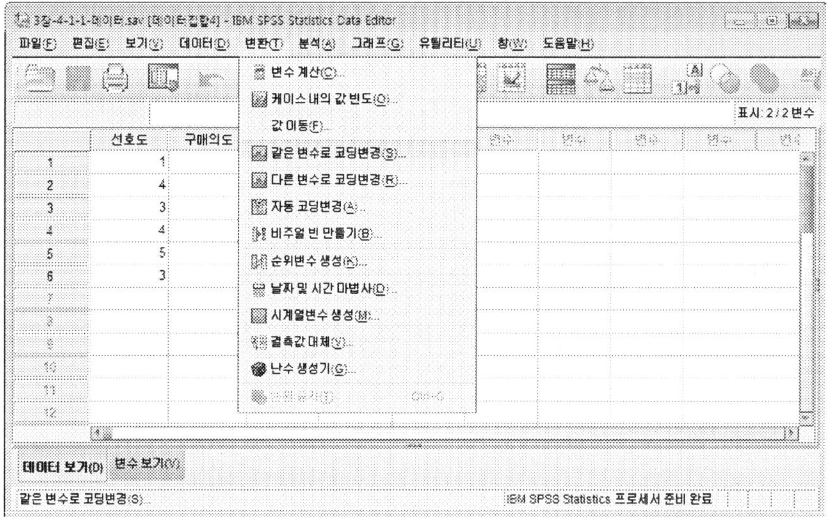

STEP 02   다음 화면에서 보는 것처럼 '선호도' 변수를 선택한 후에 숫자 변수로 지정한다. 박스 하단의 [기존값 및 새로운 값] 버튼을 클릭한다.

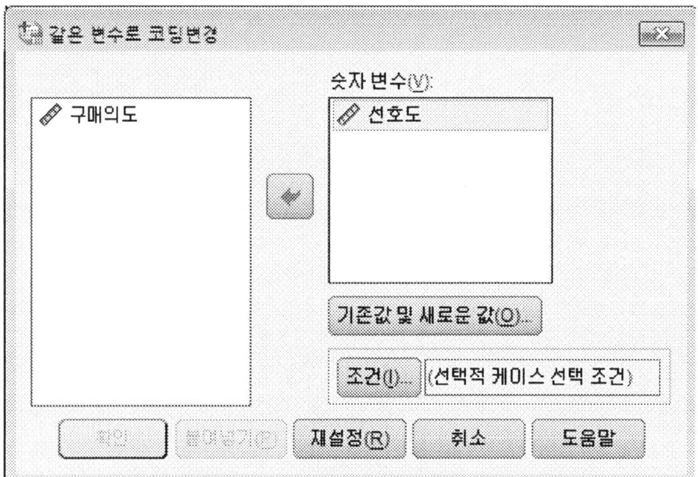

STEP 03   기존 값에서 '범위'를 선택하고 에 '1에서 2'를 지정하고, 새로운 값에 '1'를 넣는다. 오른쪽 중간에 있는 [추가] 버튼을 클릭한다.

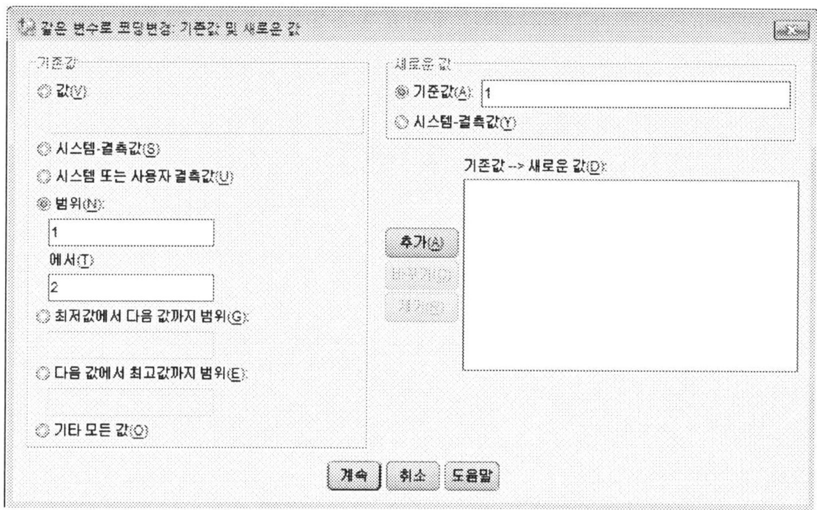

STEP 04   계속해서, 기존 값의 '범위'에서 2, 3을 2로, 기존 값의 '값'에서 5는 3으로 입력한다. 전체적으로 입력된 모습을 보면 다음과 같다. 하단의 [계속] 버튼을 클릭하면, 다시 같은 변수로 코딩변경 화면이 나타나는데, 하단의 [확인] 버튼을 클릭한다.

STEP 05 데이터집합 화면의 결과와 앞의 결과와 비교해 볼 때, '선호도'의 결과를 보면 다
대 일로 리버스 코딩이 되어 있음을 알 수 있다.

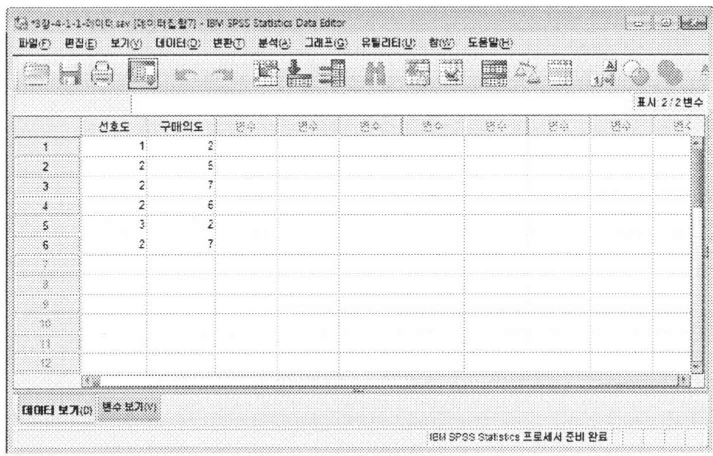

4.2. 다른 변수 이름으로 코딩 변경

(1) 일대일 코딩 변경

선호도는 5점 척도, 구매의도는 7점 척도로 측정된 앞의 데이터를 통해 다른 변수 이름으
로 코딩을 변경하는 내용이다.

STEP 01 코딩 변경을 하기 위해서는 [변환] → [다른 변수로 코딩변경] 메뉴들을 차례로
선택한다.

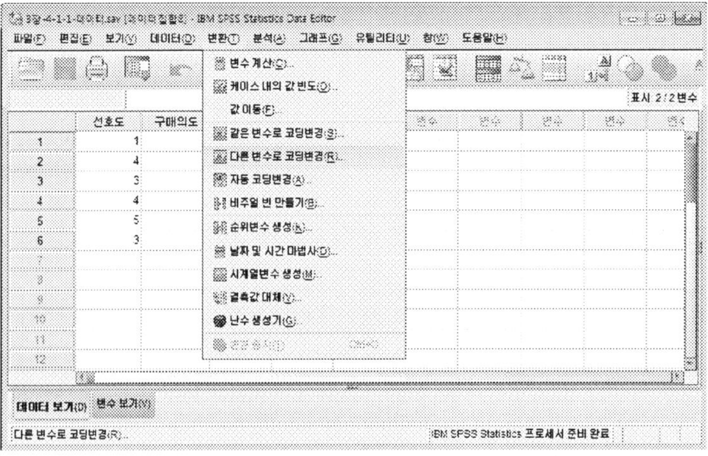

STEP 02   좌측의 '선호도' 변수를 선택한다.

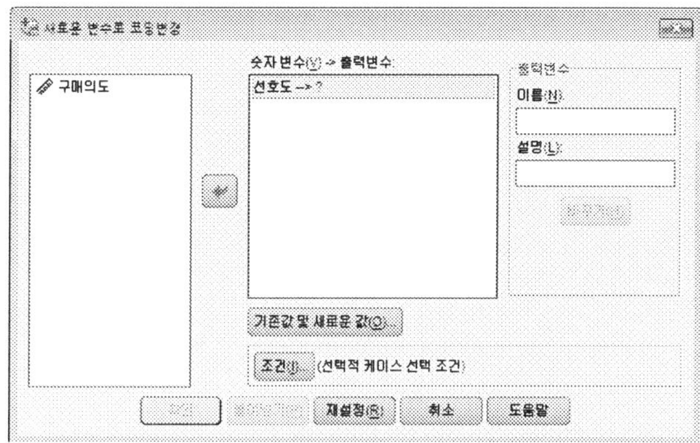

STEP 03   출력변수 이름과 변수에 대한 설명을 추가한다. 출력변수의 이름을 '선호도변경' 으로, 설명을 '선호도에 대한 리코드'로 입력한다.

STEP 04   [바꾸기] 버튼을 클릭하면 출력변수가 다음과 같이 지정된 화면이 나타난다.

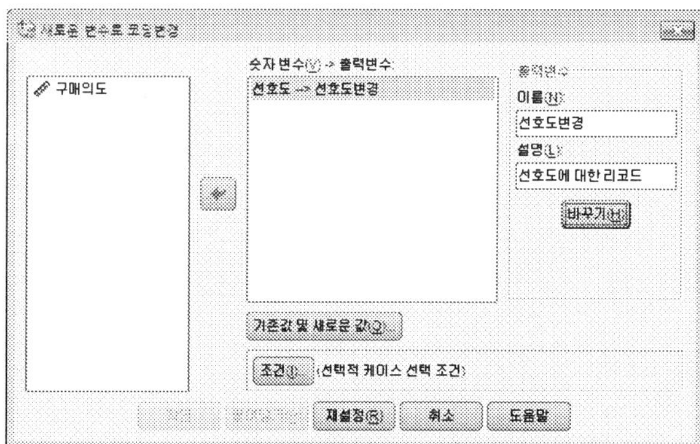

STEP 05 박스 하단의 [기존값 및 새로운 값] 버튼을 클릭한다. 기존 값에 '1'을 넣고, 새로
운 값으로 '5'를 넣는다. 오른쪽 중간에 있는 [추가] 버튼을 클릭한다.

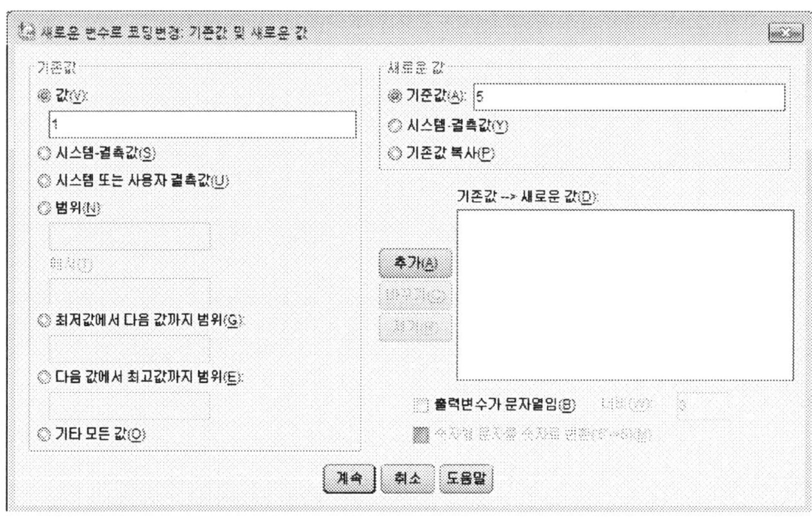

STEP 06 다음 화면을 보면, 리코딩 할 값이 추가되어 있음을 확인할 수 있다. 계속해서,
2→4, 3→3, 4→2, 5→1을 같은 형식으로 입력한다.

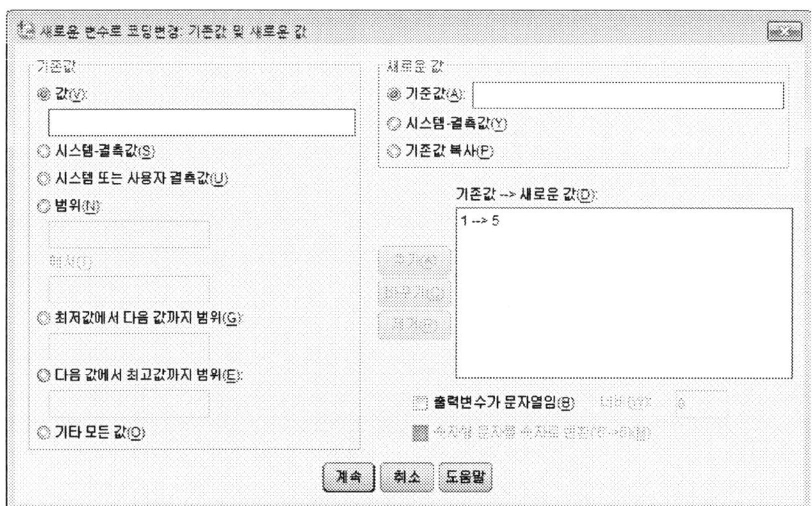

STEP 07 전체적으로 입력된 모습을 보면 다음과 같다. 하단의 [계속] 버튼을 클릭하면, 다시 새로운 변수로 코딩변경 화면이 나타나는데, 하단의 [확인] 버튼을 클릭한다. 다른 변수도 같은 식으로 리버스 코딩하고자 하면, 하단의 [확인] 버튼을 클릭하기 전에, 변수를 선택해서 추가해 주면 된다.

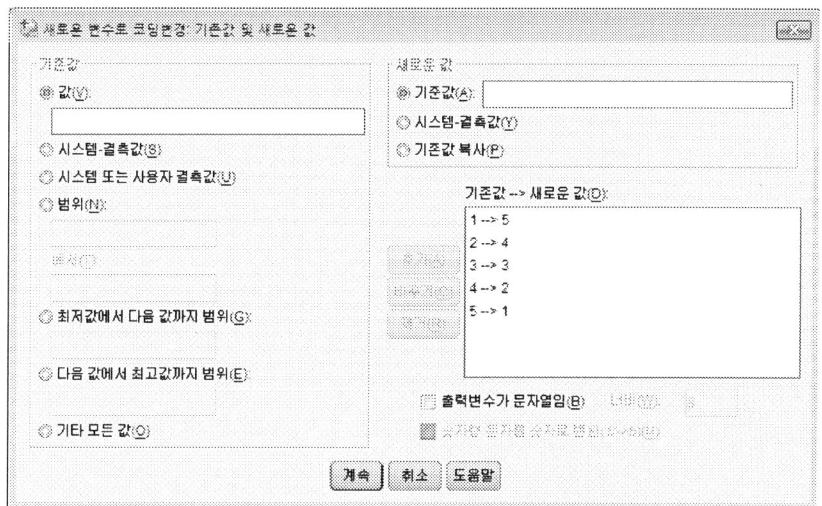

STEP 08 '선호도'와 '선호도변경'의 결과를 보면 리버스 코딩이 되어 있음을 알 수 있다.

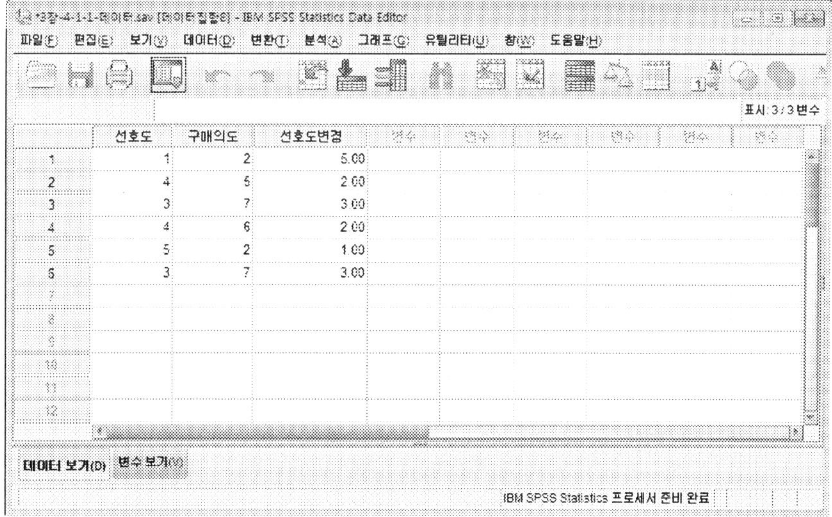

(2) 숫자를 숫자로 다대일 리코드

데이터가 숫자로서 다대일 리코드를 숫자로 하는 경우에는 선호도 변수에 대해서 1-2는 1로 3-4는 2로, 5는 3으로 하고자 하는 경우를 고려해 보면 다음과 같다.

STEP 01 코딩 변경을 하기 위해서는 [변환] → [다른 변수로 코딩변경]을 차례로 선택한다.

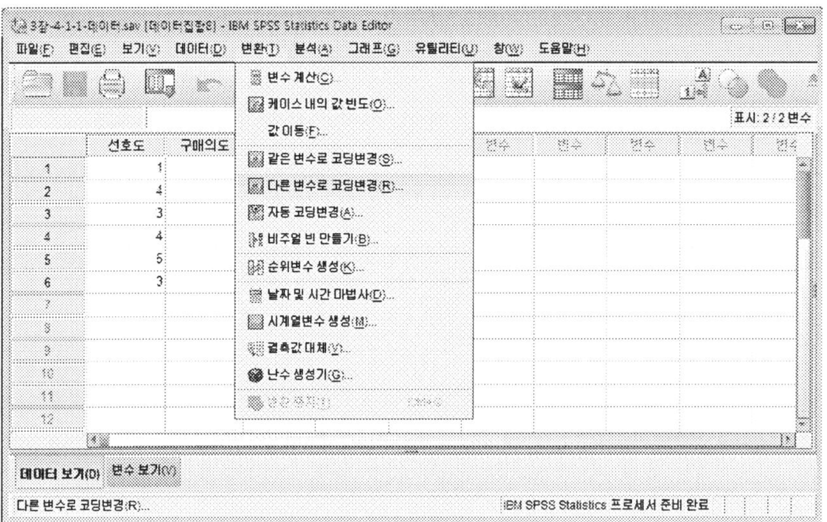

STEP 02 다음 화면에서 '선호도' 변수를 선택한다.

STEP 03 출력변수 이름과 변수에 대한 설명을 추가한다. 출력변수의 이름을 출력변수의 이름을 '선호도구분'으로, 설명을 '선호도에 대한 구분'으로 입력한다. [바꾸기] 버튼을 클릭하면 출력변수가 다음과 같이 지정된 화면이 나타난다.

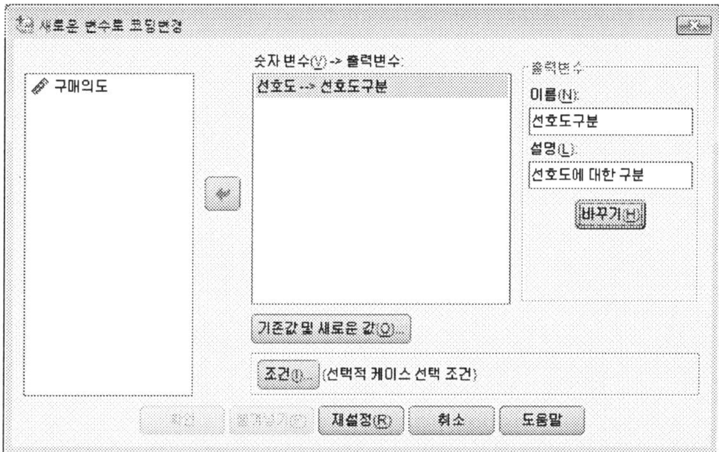

STEP 04 [기존값 및 새로운 값] 버튼을 클릭해 코딩값을 변경시키는 내용은 앞에서 살펴본 과정들과 같다. 여기서는 1-2는 1, 3-4는 2, 5는 3으로 변경했다.

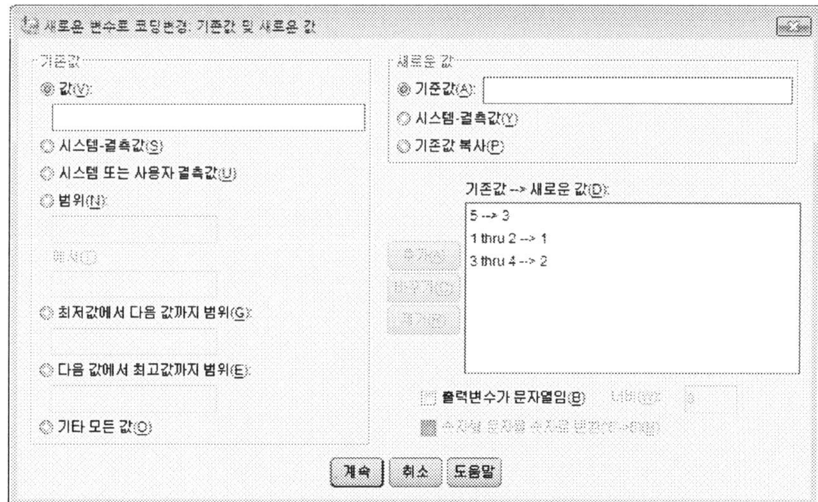

STEP 05 '선호도구분'의 결과를 보면 다 대 일로 코딩이 되어 있음을 알 수 있다.

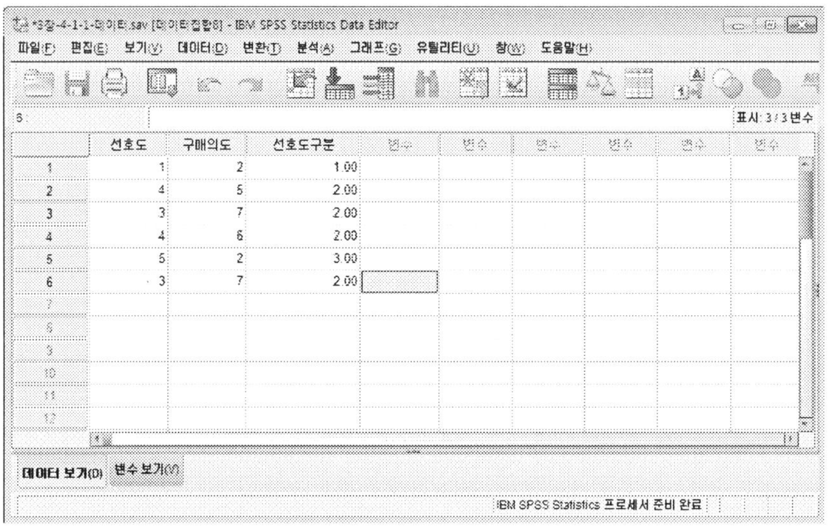

4.3. 숫자를 문자로 코딩 변경

5점 척도나 7점 척도와 같이 숫자로 입력된 데이터를 문자로 바꾸는 내용이다.

STEP 01 코딩 변경을 하기 위해서는 [변환] → [다른 변수로 코딩변경]을 차례로 선택한다.

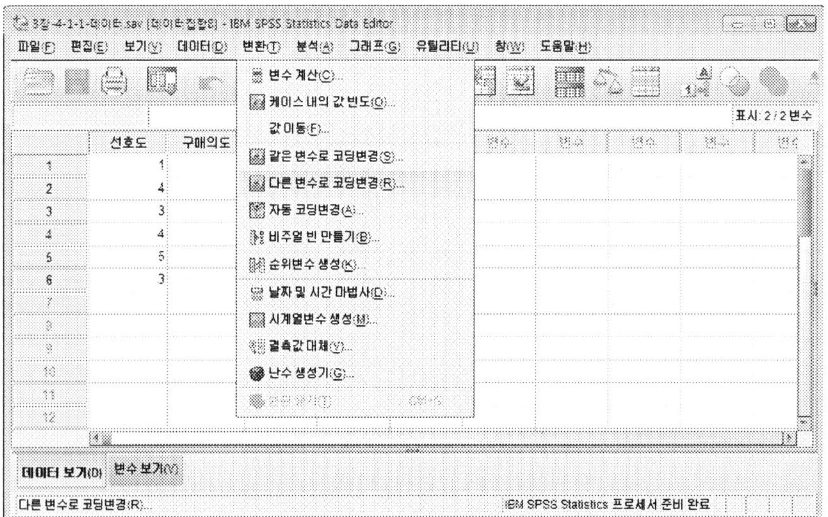

STEP 02 좌측의 화면에서 '선호도' 변수를 선택한 후 숫자 변수로 지정한다.

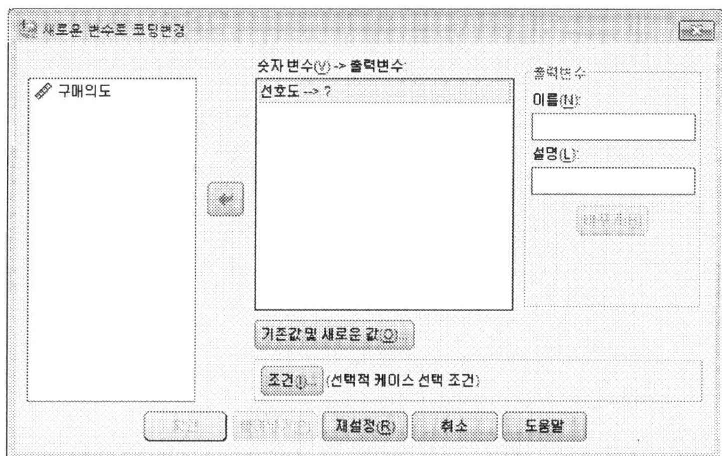

STEP 03 출력변수 이름과 변수에 대한 설명을 추가한다. 출력변수의 이름을 '선호도설명'
으로, 설명을 '선호도에 대한 설명'으로 입력한다. 입력이 끝나면 [바꾸기] 버튼
을 클릭한다. 다음 화면처럼 바뀌면 [기존값 및 새로운 값] 버튼을 클릭한다.

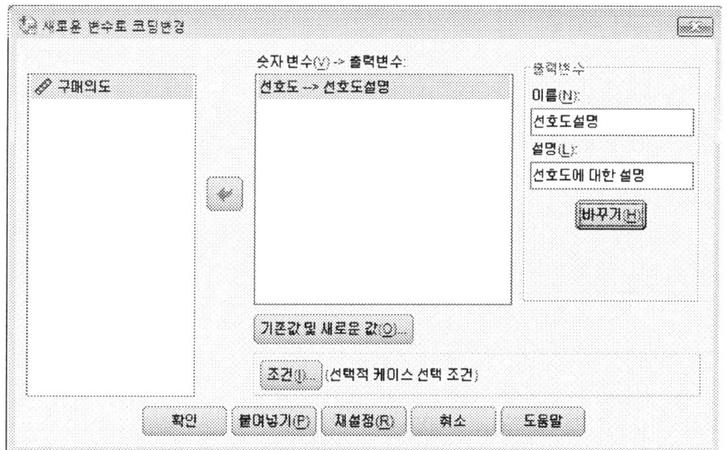

STEP 04   먼저 하단의 '출력변수가 문자열임(B)'을 체크한다. 한글은 1자가 2칼럼을 차지하므로 '매우 낮다'를 입력하는 경우 최소 9칼럼이 필요하기 때문에 '너비(W)'를 10으로 바꾸어준다. 기존 값에 '1'을 넣고, 새로운 값에 '매우 낮다'를 넣는다. 오른쪽 중간에 있는 [추가] 버튼을 클릭한다.

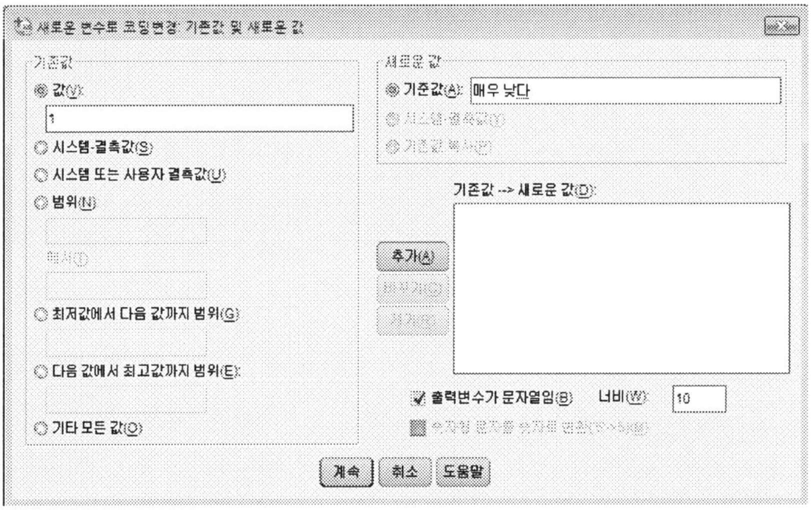

STEP 05   다음 화면을 보면 바꿀 값이 추가되어 있음을 확인할 수 있다. 계속해서, '2→낮다, 3→보통이다, 4→높다, 5→매우 높다'를 같은 형식으로 입력한다.

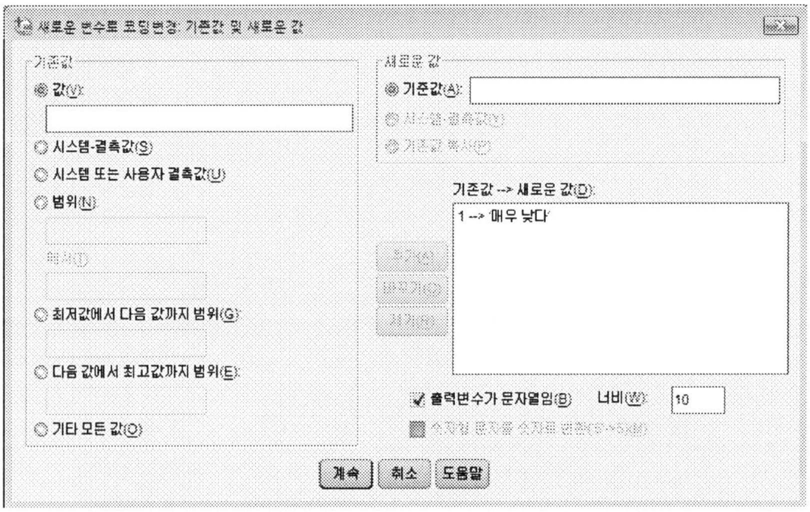

STEP 06 전체적으로 입력된 모습을 보면 다음과 같다. 하단의 [계속] 버튼을 클릭하면, 다시 새로운 변수로 코딩변경 화면이 나타나는데, 하단의 [확인] 버튼을 클릭한다. 다른 변수도 같은 식으로 리버스 코딩하고자 하면, 하단의 [확인] 버튼을 클릭하기 전에, 변수를 선택해서 추가해 주면 된다.

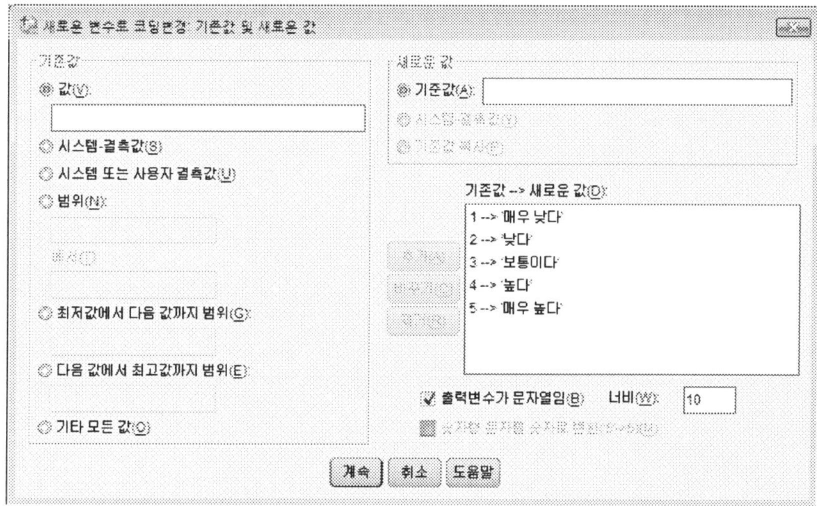

STEP 07 '선호도설명'의 결과를 보면 문자로 코딩이 되어 있음을 알 수 있다.

4.4. 문자를 숫자로 코딩 변경

문자로 입력된 데이터를 문자로 바꾸는 내용이다. 코딩 변경을 하기 위해서는 [변환] →
[다른 변수로 코딩변경]를 차례로 선택한다. 나머지 진행 과정은 앞의 코딩 변경 과정을 참조
하기 바란다.

5   변수 계산

5.1. 변수 계산

변수 계산은 하나 또는 그 이상의 변수에 대해서 계산식을 통해 새로운 값을 만들어 내는
것을 말한다. 변수 계산에 사용되는 연산자는 산술 연산자, 관계 연산자, 논리 연산자 등이
있다. 다음으로 다양한 함수를 사용할 수 있다.

예를 들어 TV광고 횟수와 신문광고 횟수를 합하여 전체 광고 횟수를 계산하는 경우를 살
펴 보면 다음과 같다.

STEP 01   변수 계산을 하기 위해서는 [변환] → [변수 계산]을 차례로 선택한다.

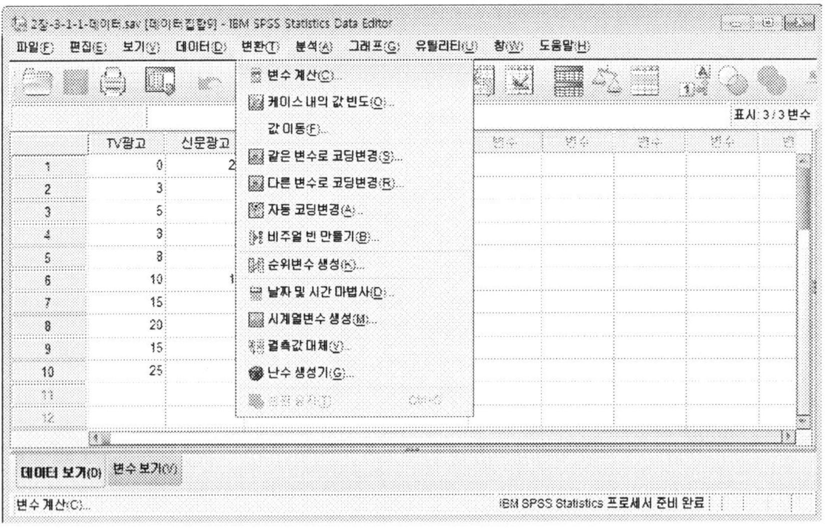

STEP 02 '대상변수'에 '전체광고'라는 변수를 지정한다. 왼쪽 하단에 있는 변수들을 이동
시켜서 'TV광고+신문광고' 형태로 수식을 입력한다. 수식을 모두 입력한 후에
는 [**확인**] 버튼을 클릭한다.

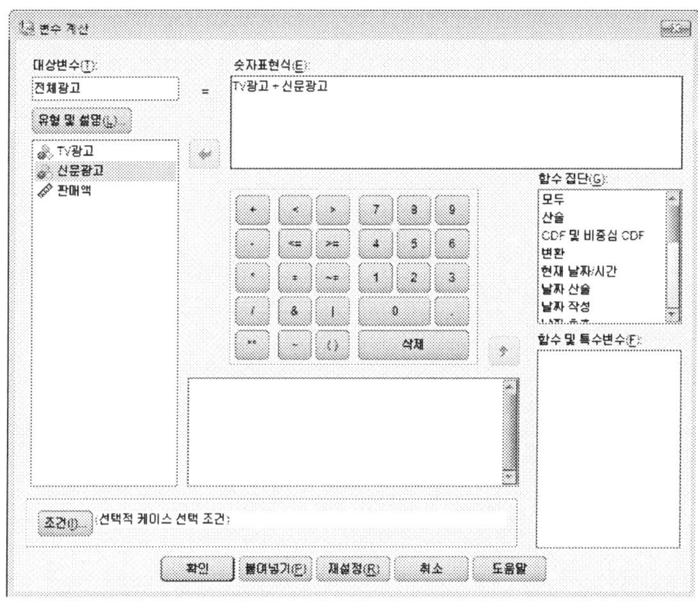

STEP 03 결과를 보면 '전체광고'변수가 계산되어 새로 입력되어 있음을 알 수 있다.

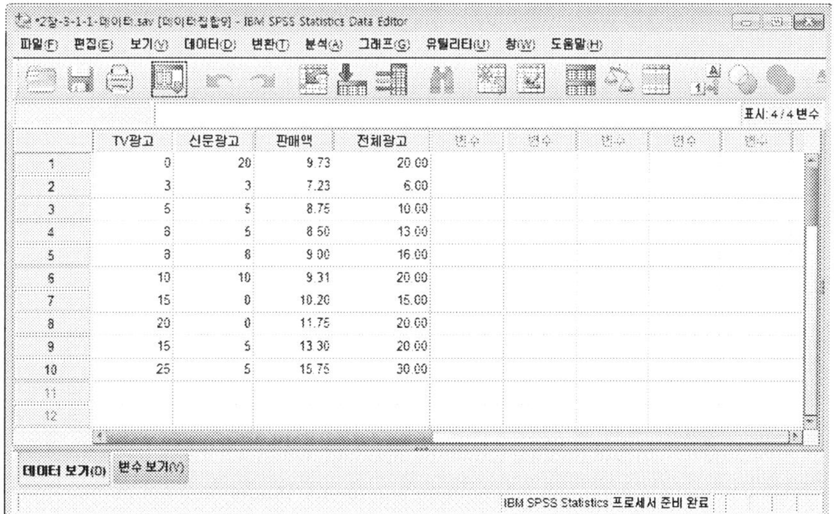

5.2. 함수를 활용한 변수 계산

함수(function)는 변수 계산과 관련해서 자주 사용하는 기능들이다. 함수를 활용한 변수 계산은 하나 또는 그 이상의 변수에 대해서 계산식을 통해 새로운 값을 만들어 내는 것을 말한다. 예를 들어 TV광고 횟수에 대해서 제곱근을 계산하는 경우를 살펴 보자.

STEP 01   변수 계산을 하기 위해서는 [변환] → [변수 계산]을 차례로 선택한다.

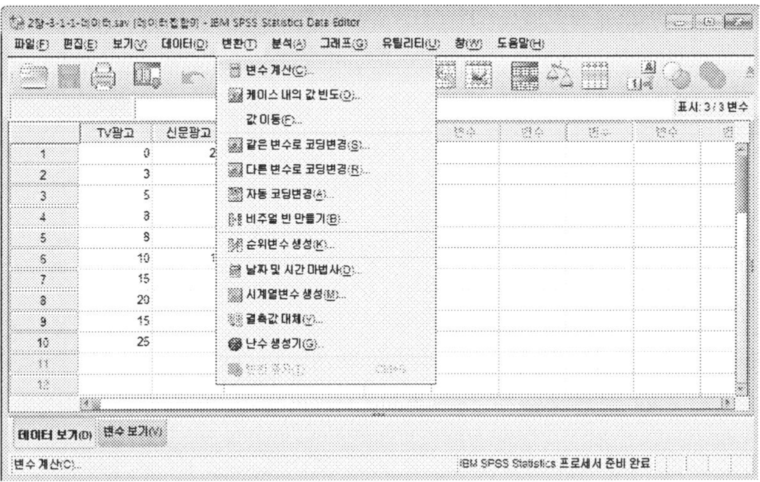

STEP 02   대상변수'에 'TV광고변환'이라는 변수를 지정한다. '함수 집단(G) : '에서 '산술'을 선택한다. '함수 및 특수 변수(F) : '에서 'Sqrt'를 선택한다.

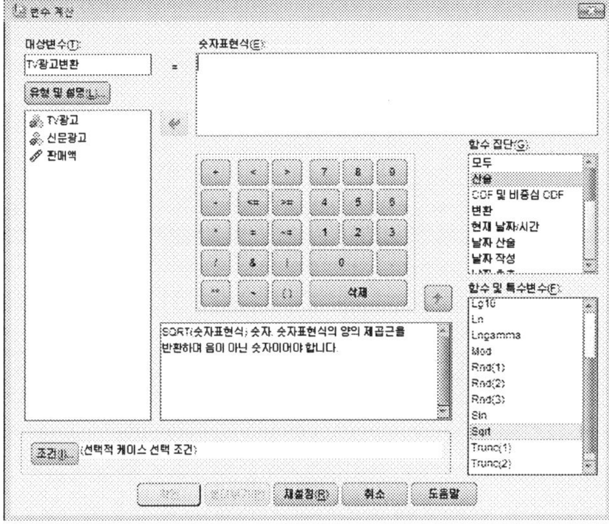

STEP 03　다음으로 를 클릭한 후 좌측에 있는 변수 중에 'TV광고'를 선택한 다음 를 클릭한다. 다음과 같은 화면이 나타난다. 수식이 모두 입력되면, 하단의 [확인] 버튼을 클릭한다.

STEP 04　결과를 보면 'TV광고변환'변수가 계산되어 새로 입력되어 있음을 알 수 있다.

6 데이터의 전치 및 표준화

6.1. 데이터의 전치

데이터를 전치(transpose)라는 것은 다음과 같이 왼쪽에 있는 형태의 데이터를 오른 쪽에 있는 형태의 데이터로 세로를 가로로, 가로를 세로로 그 위치를 바꾸어 주는 것이다.

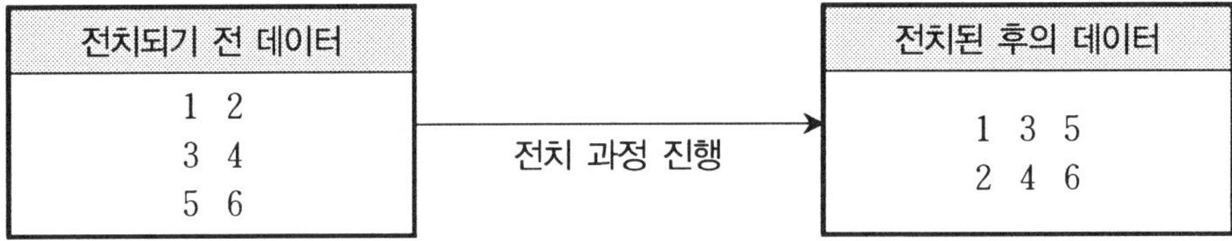

STEP 01 데이터를 전치할 데이터를 준비한다. 가능하면 전치한 후의 지정될 변수 이름도 입력한다.

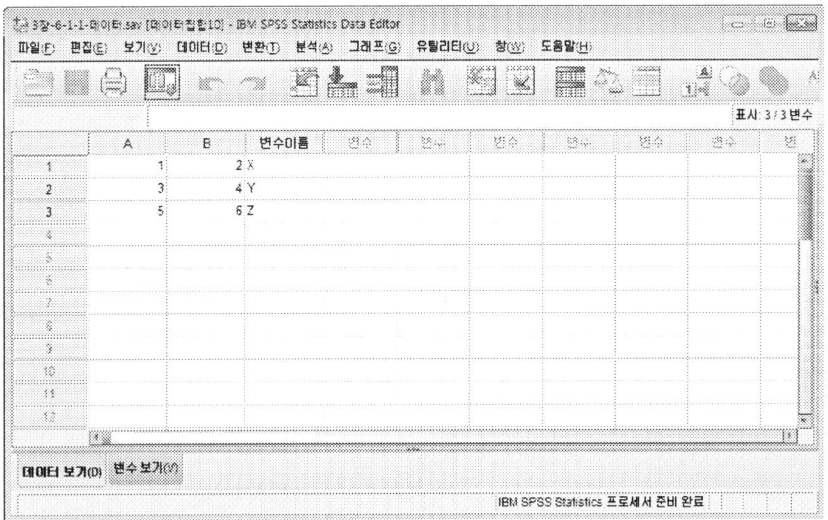

STEP 02 데이터를 전치하기 위해서는 [데이터] → [데이터 전치] 메뉴들을 차례로 클릭한다.

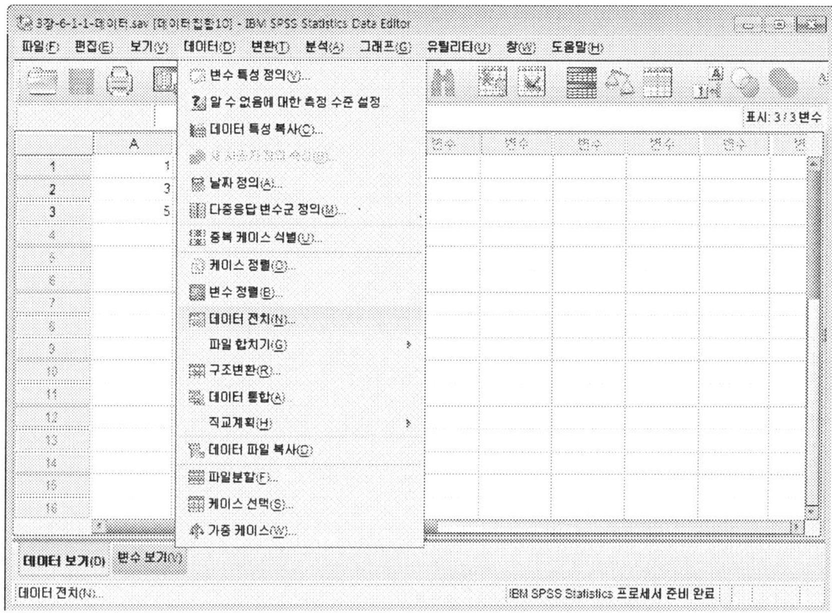

STEP 03 데이터를 전치하기 전치할 변수들인 'A', 'B'를 다음 화면에 보이는 것처럼 '변수'난으로 옮긴다. '이름지정변수'에 '변수이름'을 지정한다. 입력이 끝이 나면 하단의 [확인] 버튼을 클릭한다.

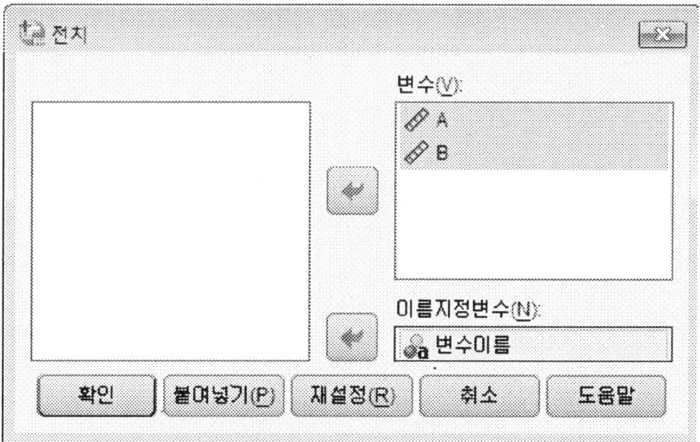

STEP 04 다음과 같이 새롭게 열리는 화면의 결과를 보면 데이터가 전치되어 있음을 알 수 있다.

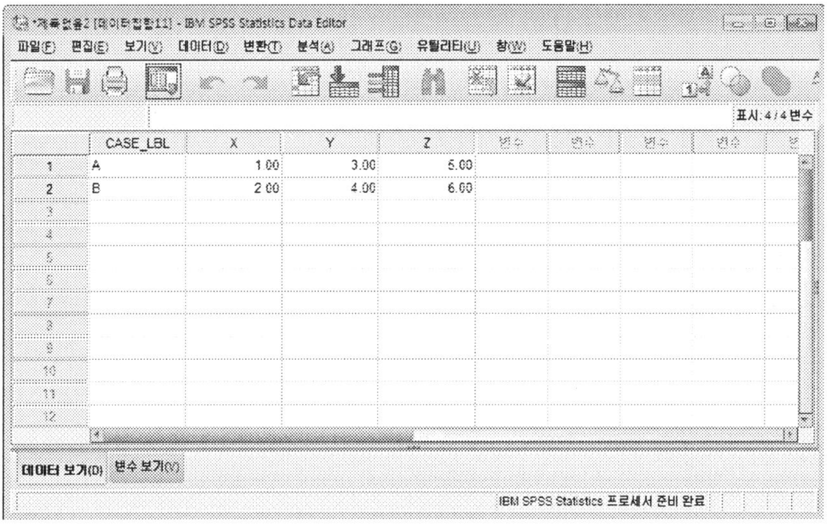

	CASE_LBL	X	Y	Z
1	A	1.00	3.00	5.00
2	B	2.00	4.00	6.00

6.2. 데이터의 표준화

데이터의 표준화(standardization)라는 것은 변수의 값을 평균값과 표준편차를 기준으로 평균값을 0으로, 표준편차는 1로 바꾸어 주는 방법이다. 표준화를 하기 위해 사용할 다음 데이터는 운동화에 대한 40명의 평가 데이터다.

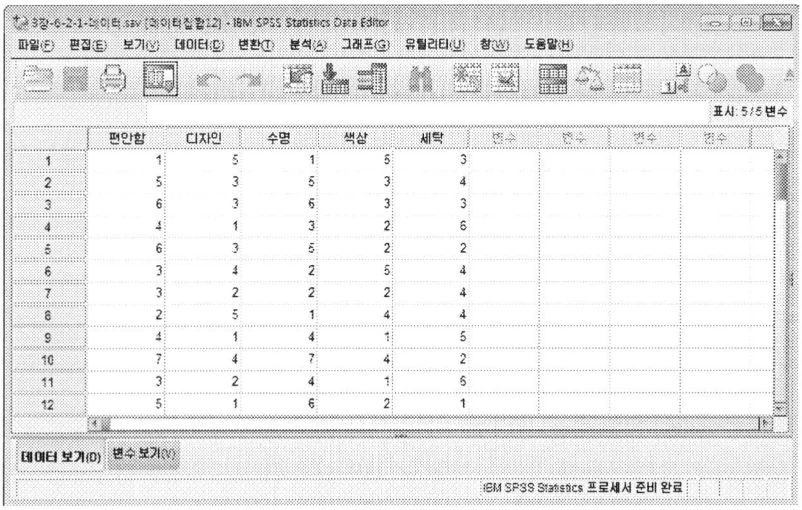

	편안함	디자인	수명	색상	세탁
1	1	5	1	5	3
2	5	3	5	3	4
3	6	3	6	3	3
4	4	1	3	2	6
5	6	3	5	2	2
6	3	4	2	5	4
7	3	2	2	2	4
8	2	5	1	4	4
9	4	1	4	1	5
10	7	4	7	4	2
11	3	2	4	1	6
12	5	1	6	2	1

먼저 표준화를 하기 전의 각 변수에 대한 평균과 표준편차 등 기본적인 통계량을 살펴본다.

STEP 01 [분석] → [기술통계량] → [기술통계] 메뉴들을 차례대로 클릭한다.

STEP 02 5개의 변수를 선택한 후에 🔽을 클릭해 분석 변수로 지정한다. 변수 지정이 완료되면, [확인] 버튼을 클릭한다.

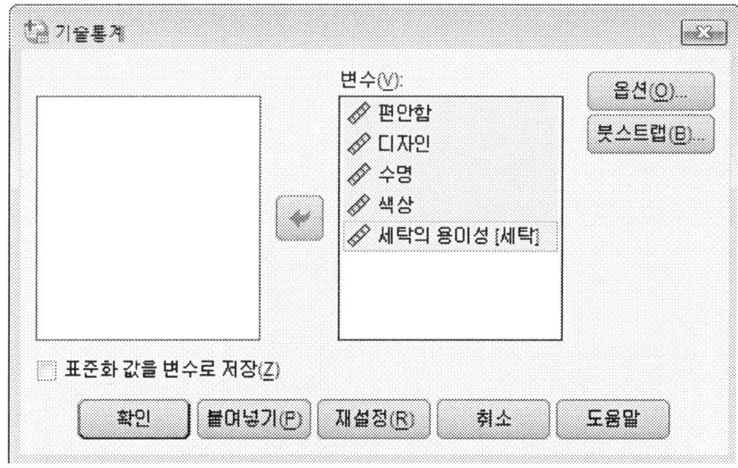

출력결과 화면을 보면 평균과 표준편차 등의 기본 데이터가 출력된다.

기술통계량

	N	최소값	최대값	평균	표준편차
편안함	40	1	7	3.80	1.436
디자인	40	1	6	2.88	1.436
수명	40	1	7	3.83	1.781
색상	40	1	6	2.87	1.362
세탁의 용이성	40	1	7	4.03	1.593
유효수 (목록별)	40				

STEP 01 데이터를 표준화하기 위해서 다시 [분석] → [기술통계량] → [기술통계] 메뉴들을 차례대로 클릭한다.

STEP 02 왼쪽 하단에 있는 '표준화 값을 변수로 저장'을 체크한다. 이렇게 하면 각 변수들을 평균을 0로, 표준편차를 1로 표준화한 경우이다. 하단의 [확인] 버튼을 클릭한다.

STEP 03　출력 결과를 보면 데이터의 오른쪽으로 화면을 이동해 보면, 다음과 같이 각 변수 이름 앞에 Z가 붙어 있으며, 값이 표준화 된 데이터임을 알 수 있다. 변환된 데이터는 'C : \Sample\Datasav' 폴더 내에 '3장-6-2-2-데이터.sav'로 저장되어 있다.

7 　파일합치기

7.1. 변수 추가(칼럼 병합)

파일 합치기를 통한 데이터의 결합 방법으로 변수 추가(칼럼 병합)는 변수의 조합이 다른 두 개 또는 그 이상의 데이터 파일을 병합하는 경우에 사용한다. 다음은 데이터 파일 '3장-7-1-1-데이터.sav'와 '3장-7-1-2-데이터.sav'합쳐 새로운 데이터 파일을 만드는 경우이다.

다음은 칼럼병합을 할 데이터집합들이다.

STEP 01 칼럼병합 할 데이터집합 'C : \Sample\Datasav' 폴더 내의 '3장-7-1-1-데이터.sav' 파일이다.

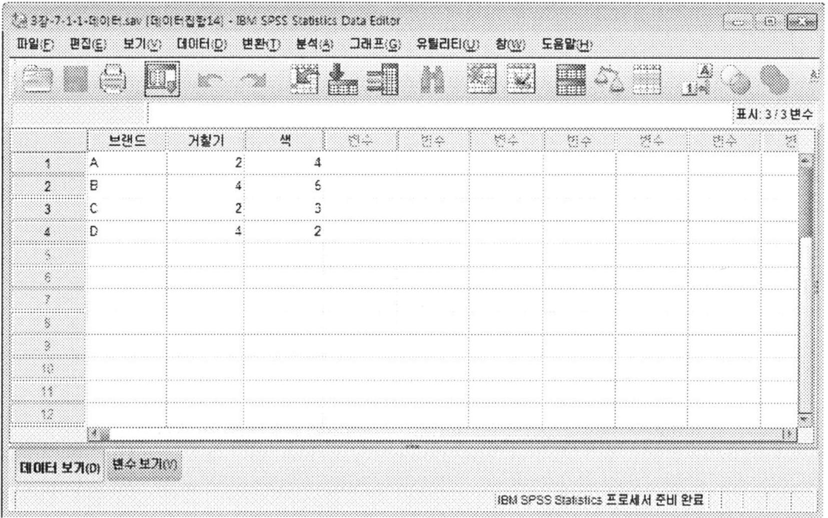

STEP 02 칼럼병합 될 'C : \Sample\Datasav' 폴더 내의 '3장-7-1-2-데이터.sav' 파일이다.

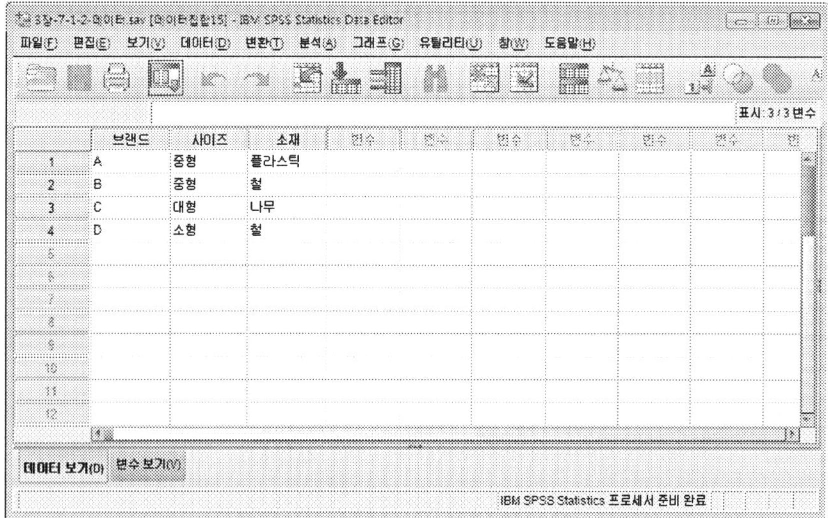

칼럼병합에 의한 변수 추가 요령을 살펴보면 다음과 같다.

STEP 01 메뉴에서 [데이터] → [파일 합치기] → [변수 추가]를 차례로 클릭한다.

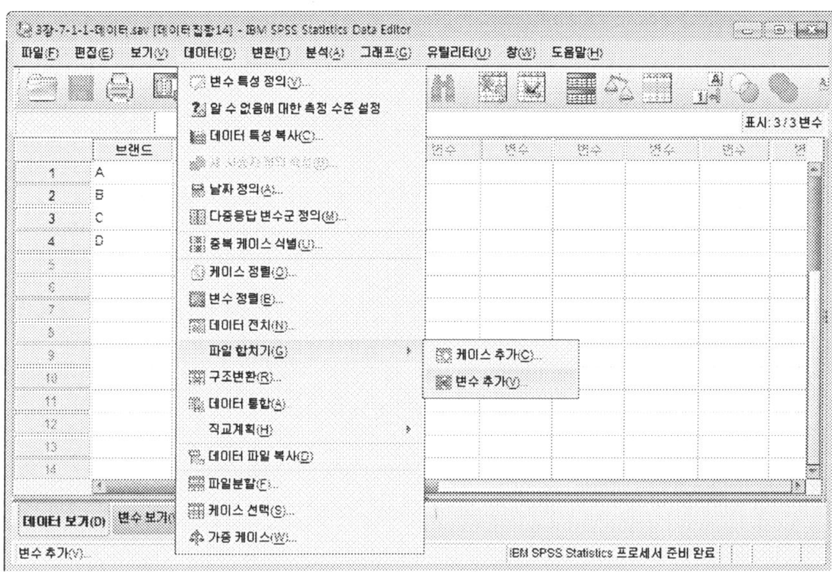

STEP 02 현재는 데이터 파일이 열려 있으므로 '열려 있는 데이터 파일(D)'중에서 '3장-7-1-2-데이터.sav'를 선택한다. 하단의 [계속] 버튼을 클릭한다.

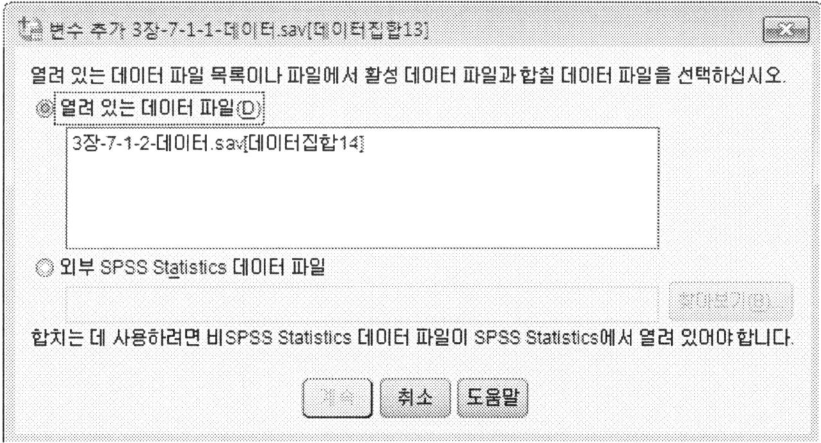

만약 열려 있지 않은 데이터 파일의 변수를 추가하는 형태로 데이터 파일을 병합하려면 다음과 같은 과정을 한 번 더 거쳐야 한다. '외부 SPSS 통계량 데이터 파일'을 선택하고, [찾아보기] 버튼을 클릭해 서 해당 파일을 찾아 지정한다. 예를 들어 '3장−7−1−2−데이터.sav' 데이터집합 화면을 종료를 한 후, 다음과 같이 지정하면 같은 결과가 나타난다.

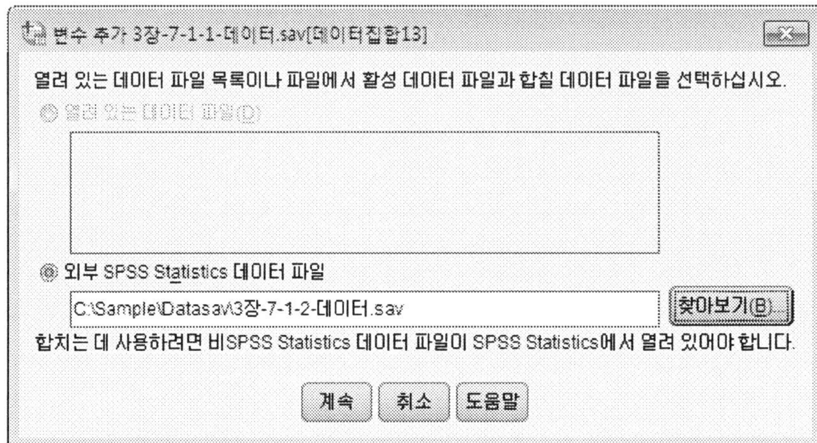

STEP 03 우측의 '새 활성 데이터 파일(N)'에 추가될 변수 이름들이 나타나게 된다. 하단의 [확인] 버튼을 클릭한다.

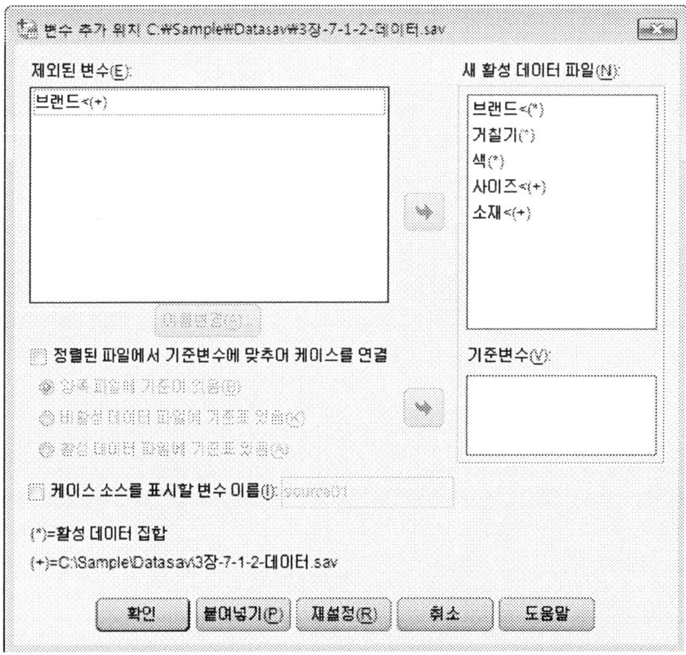

STEP 04　데이터집합 화면을 보면 '3장-7-1-1-데이터.sav'의 오른 쪽에 새로운 변수들이 추가된 것을 볼 수 있다.

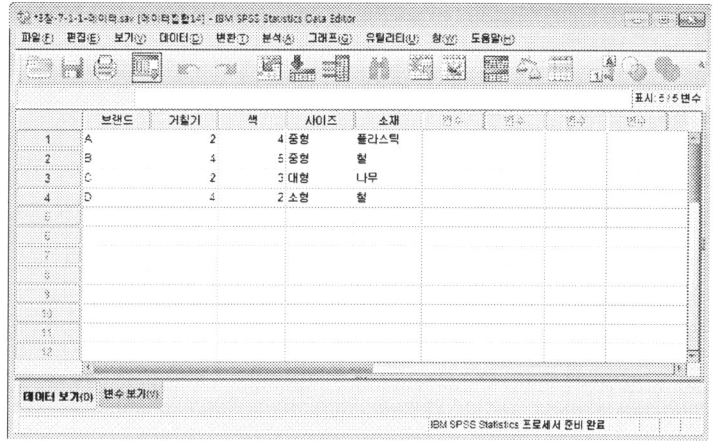

7.2. 케이스 추가(행 병합)

데이터의 결합 방법으로 케이스 추가(행 결합)은 두 개 또는 그 이상의 데이터 파일을 행으로 이어서 결합하는 경우에 사용한다. 예를 들어 다음과 같은 앞에서 살펴보았던 '3장-7-1-1-데이터.sav'에 '3장-7-2-1-데이터.sav'의 케이스를 추가하는 경우를 살펴보면 다음과 같다. 다음은 행 병합을 할 데이터집합들이다.

STEP 01　행 병합을 할 'C : \Sample\Datasav' 폴더 내의 '3장-7-1-1-데이터.sav' 파일이다.

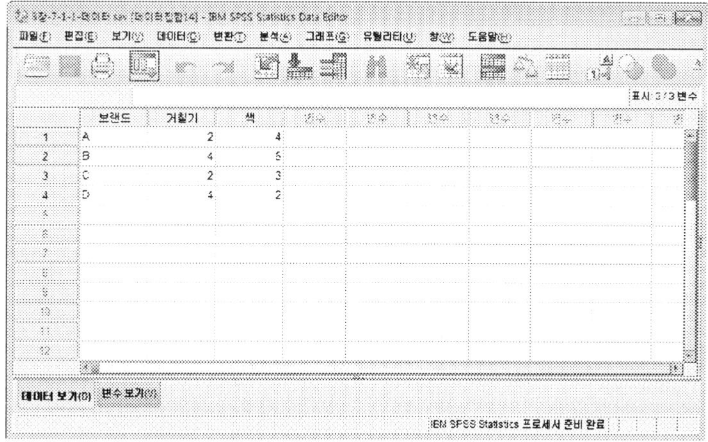

STEP 02   데이터집합 'C : \Sample\Datasav' 폴더 내의 '3장-7-2-1-데이터.sav' 파일
이다.

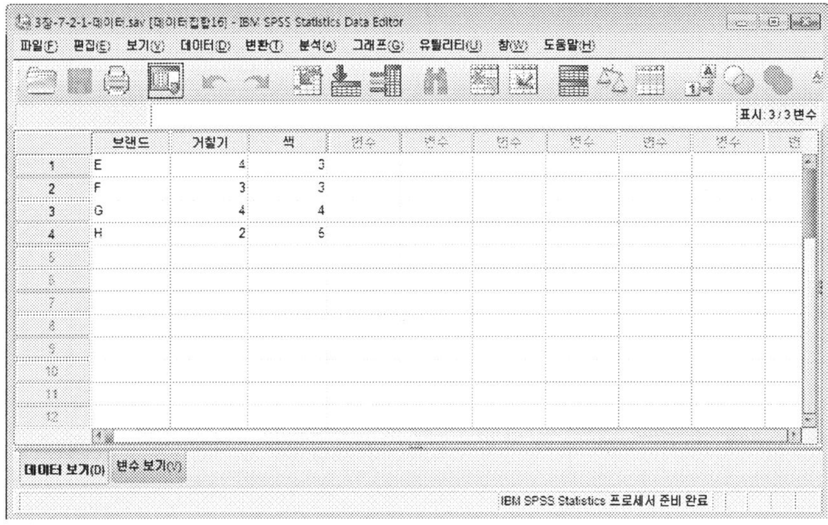

칼럼 결합에 의한 케이스 추가 요령을 살펴보면 다음과 같다.

STEP 01   메뉴에서 [데이터] → [파일 합치기] → [케이스 추가]를 차례로 클릭한다.

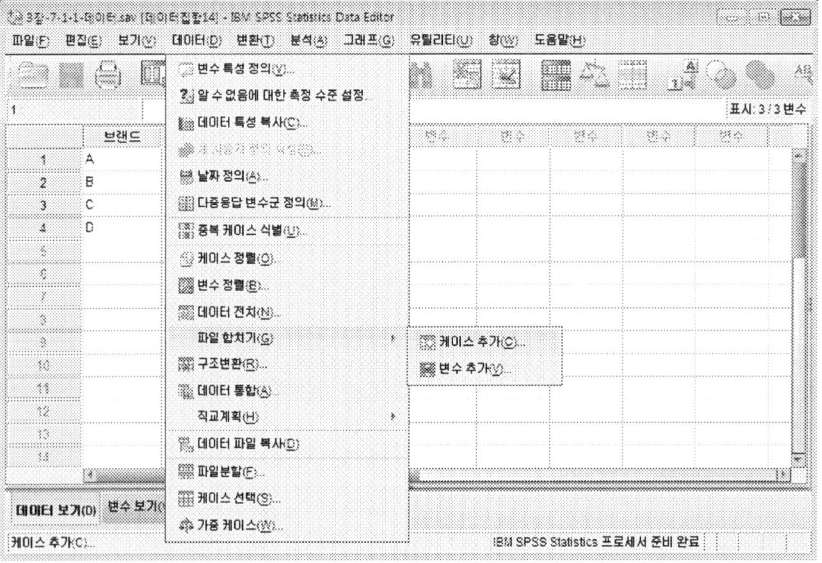

STEP 02 현재는 데이터 파일이 열려 있으므로 '열려 있는 데이터 파일(D)'중에서 '3장-7 -2-1-데이터.sav'를 선택한다. 하단의 [계속] 버튼을 클릭한다.

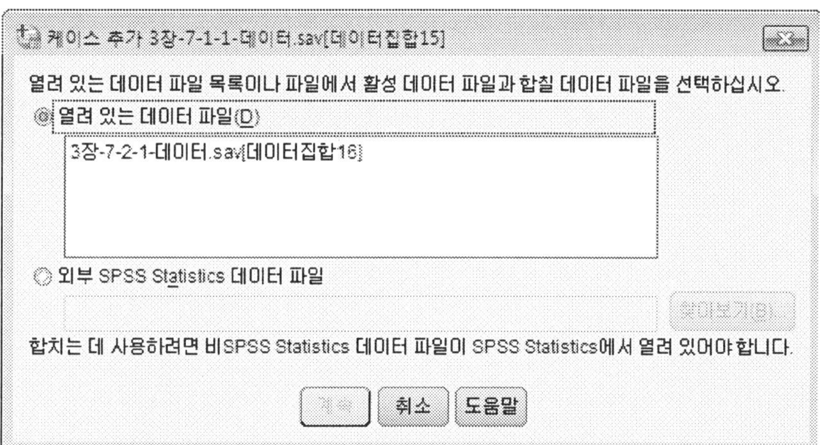

만약 열려 있지 않은 데이터 파일의 변수를 추가하는 형태로 데이터 파일을 병합하려면 다음과 같은 과정을 한 번 더 거쳐야 한다. '외부 SPSS 통계량 데이터 파일'을 선택하고, [찾아보기] 버튼을 클릭해 서 해당 파일을 찾아 지정한다. 예를 들어 '3장-7-2-1-데이터.sav' 데이터집합 화면을 종료를 한 후, 다음과 같이 지정하면 같은 결과가 나타난다.

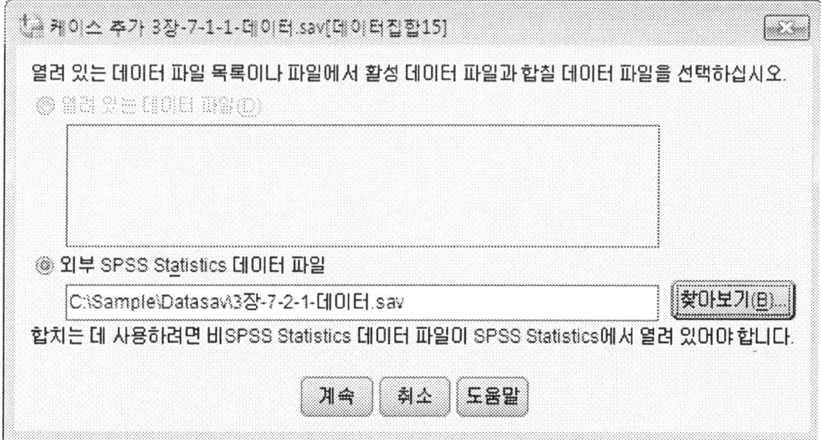

STEP 03 우측의 '새 활성 데이터 파일(N)'에 추가될 변수 이름들이 나타나게 된다. [확인] 버튼을 클릭한다.

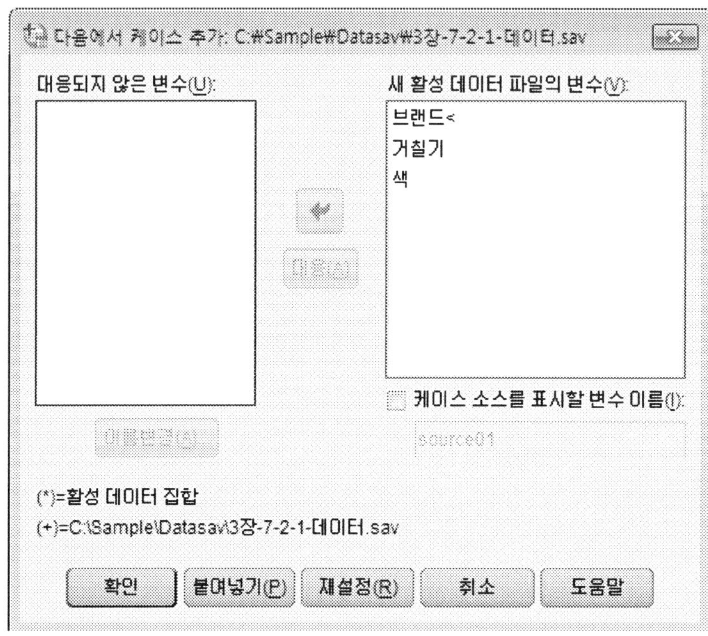

STEP 04 데이터집합 화면의 '3장-7-1-1-데이터.sav'의 하단에 새로운 케이스들이 추가된 것을 볼 수 있다.

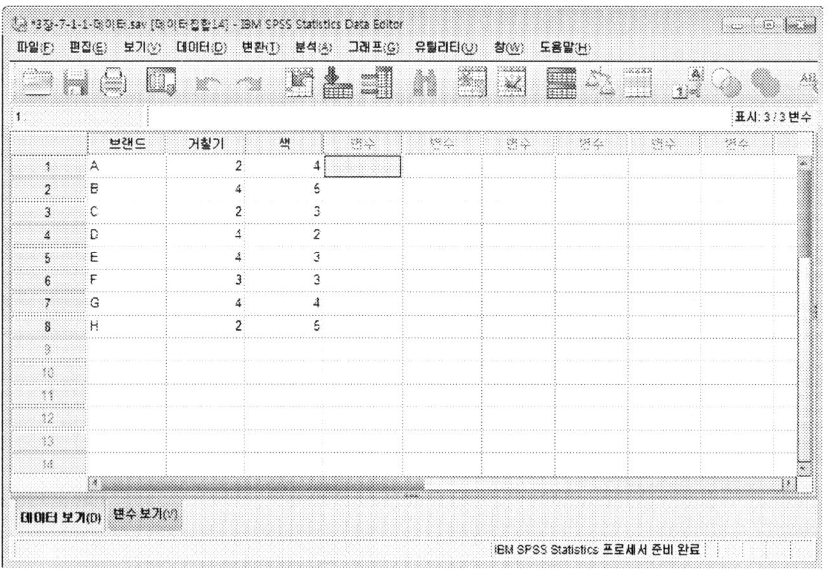

Part 02

기초데이터분석

Chapter 04 데이터탐색

Chapter 05 가설검정

Chapter 06 비모수통계분석

Chapter 07 기술통계분석

데이터탐색

01 데이터탐색과 데이터분석

02 빈도분석

03 다중응답 분석

04 정규성 검정

05 평균, 표준편차 분석

06 상관관계 분석

07 신뢰도 검정

1 데이터탐색과 데이터분석

1.1. 데이터탐색과 데이터분석의 관계

연구자가 데이터를 수집한 후에 해야 할 일은 크게 두 가지로 나누어 볼 수 있다. 연구자가 데이터를 수집한 후 해야 할 첫 번째 해야 할 일은 데이터분석을 하기 전에 분석을 하기에 적절한 데이터인가를 탐색해 보는 것이다. 이것을 데이터탐색이라고 부른다. 다음으로 데이터탐색을 통해 수집된 데이터가 분석하기에 적절한 데이터라고 생각되었을 때, 가설검정, 비모수통계분석, 기술통계분석, 다변량 데이터분석과 같은 데이터분석을 본격적으로 수행하는 것이다. 이를 살펴보면 다음과 같다.

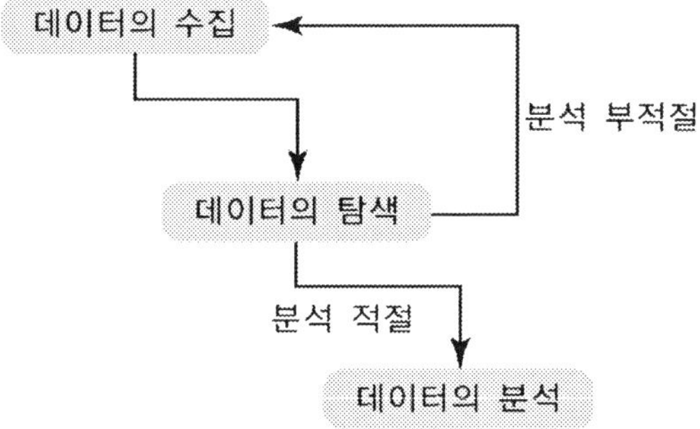

데이터탐색은 본격적인 분석을 시작하기 전에 데이터의 특성을 전체적으로 훑어보는 것이다. 많은 연구자들은 기초 데이터에 대한 분석을 하지 않고 지나간다. 그러나 데이터탐색은 다른 분석을 하는 것보다 많은 시간을 필요로 하지만, 매우 필요한 단계라고 할 수 있다. 데이터탐색은 보통 평균, 표준편차 등과 같은 기초적인 통계량과 여러 가지 형태의 그래프 등을 통해 수행한다.

데이터탐색이 충실히 수행되면, 다음 단계의 데이터분석에서 복잡한 데이터분석이 원활히 수행될 수 있는 장점이 있다. 데이터에 대한 자세한 분석을 통해 더 좋은 예측 모델을 구성할 수도 있으며, 데이터에 대한 해석 차원에 대한 좀 더 정확한 추론이 가능하다. 데이터에 대한 예비 분석에서 얻을 수 있는 이점을 살펴보면 다음과 같다.

첫째, 데이터에 대한 검사를 통해 응답할 수 있는 범위 밖의 데이터는 없는지를 확인한다. 예를 들어 5점 척도로 측정된 항목의 경우 1점에서 5점까지 응답이 가능하고, 결측값(missing value)로 9가 지정되었다면, 이 외의 값들은 모두 범위 밖의 데이터라고 볼 수 있을 것이다.

만약 범위 밖의 값이 발견되었다면, 원래의 설문지를 확인해 보면 수정할 수 있다.

둘째, 데이터에 대한 검사를 통해 논리적으로 일관성이 결여된 데이터는 없는지를 확인한다. 예를 들어, 한 응답자가 모든 호텔 숙박요금을 자기가 부담한다고 체크했지만, 한 번도 숙박료를 부담한 적이 없다고 한다던가, 같은 상품에 응답자가 상품의 사용에 익숙하지 않지만 자주 사용한다고 보고한다면 논리적으로 일관성이 결여된 데이터라고 볼 수 있다. 이 경우에는 원래 응답자에게 연락해서 응답을 수정할 수 있다.

셋째, 수집한 데이터들이 어떠한 모습을 가지고 있는가를 개략적으로 살펴볼 수 있다. 정규분포를 하고 있는지, 우리가 원하는 형태의 방향성을 가지고 있는지 등에 대한 전체적인 감을 가질 수 있게 된다.

넷째, 각 데이터에 대한 개략적인 파악은 분석할 때 적용해야 할 정규분포 가정 등 가정상의 문제점이 없는지에 대해 살펴볼 수 있게 된다. 가정상의 문제점이 있는 경우 데이터의 적절한 변환이 필요하다.

다섯째, 얻어진 데이터에 대해 예상외의 특이 관찰치(outlier) 등을 발견할 수 있다. 대표적으로 야구 선수 연봉 등에 대한 데이터를 보면, 대부분의 야구선수들은 낮은 수준에서 연봉이 결정되지만, 몇몇 유능한 야구선수들의 연봉이 극단적으로 높은 것을 알 수 있다. 이 경우 야구선수들의 평균 연봉은 매우 높게 계산될 뿐만 아니라, 정규분포와 같은 가정에서 많이 벗어나 있다는 것을 알 수 있다. 따라서 이를 반영한 새로운 모델을 만들어 분석 할 수 있다.

1.2. 데이터탐색의 내용

데이터탐색은 본격적인 데이터분석이 진행되기 전에 데이터에 대한 사전적인 관련성을 파악하는 것으로서 다음과 같은 4가지에 대해 이루어진다.

- 메트릭 변수들에 대한 정규성 검정
- 대상변수들간의 상관관계 분석
- 그룹별 대상변수의 정규성 검정
- 분석에 영향을 줄 수 있는 특이 관찰치(outlier)의 파악
- 결측값(missing data)이 있는 경우 이에 대한 평가 및 결측값의 처리 및 활용

수집한 데이터에 대해 사용해야 하는 데이터탐색 방법은 척도와 분석하고자 하는 변수의 개수에 따라 달라진다. 먼저, 척도에 따라 데이터탐색 방법이 달라진다. 척도는 크게 넌메트릭 척

도와 메트릭 척도로 나누어서 생각할 수 있다. 넌메트릭 척도로 수집된 데이터에 대해서는 정규성 검정을 하지 않지만 메트릭 척도로 수집된 데이터에 대해서는 정규성 검정을 해야 한다.

다음으로 분석하고자 하는 변수의 개수가 몇 개인가 여부이다. 변수 한 개만 분석하고자 하는가, 두 개의 변수들이 서로 관련성이 있는가를 보고자 하는가, 아니면 세 개 이상의 변수들이 관련성이 있는가를 보고자 하는가 여부이다.

- 넌메트릭 척도의 데이터는 변수의 개수에 따라 데이터탐색 방법이 달라진다. 한 변수에 대해서는 빈도(도수)분석, 다중응답 문항에 대한 빈도(도수)분석, 두 변수들에 대해서는 변수들간의 관련성을 보기 위해서는 교차분석을 수행한다. 또한 각 변수에 대한 전반적인 형태를 파악하기 위해서 막대도표, 원도표 등 도표 등을 통해 분포의 모양을 살펴 볼 수도 있다.

- 메트릭 척도의 데이터는 두 단계에 거쳐 데이터탐색을 진행한다. 1단계에서 각 변수별로 정규성 검정을 한다. 2단계에서 한 변수에 대해서는 평균, 표준편차 등을 분석을 진행하며, 두 변수들에 대해서는 변수들간의 관련성을 보기 위해서는 상관관계분석을 진행하며, 세 변수들에 대해서는 변수들간의 관련성을 보기 위해서는 신뢰도 검정을 하게 된다. 둘 또는 세 변수들간의 관계는 관련성이 없다면 한 변수에 대한 분석을 진행하는 것 이상의 다른 정보가 제공되지 않기 때문에 한 변수에 분석하는 것 이상 변수에 대한 분석을 진행하는 의미가 없다. 상황에 따라서는 넌메트릭 척도의 데이터를 탐색해 보는 것처럼 빈도분석이나 교차분석을 할 수도 있다. 이 경우에는 구간별로 데이터를 나누어 넌메트릭 척도 형태로 데이터를 변환한 후 빈도(도수)분석이나 교차분석을 수행할 수 있다.

데이터의 척도와 변수의 개수에 따른 데이터탐색 방법을 정리해 보면 다음과 같다.

데이터의 척도	정규성 검정	변수 개수	분석 방법
넌메트릭 척도 (명목, 서열)	필요없음	1	• 빈도분석 • 다중 응답 문항의 경우 다중응답에 대한 빈도분석 • 막대도표, 원도표 등을 통한 도표분석
		2	• 교차분석 • 다중 응답 문항의 경우 다중응답에 대한 교차분석 • 넌메트릭 척도의 상관관계분석(서열척도)
		3개 이상	• 교차분석 • 넌메트릭 데이터 신뢰도 검정

메트릭 척도 (등간, 비율)	각 변수별 검정	1	• 정규성 검정 • 평균과 표준편차 분석 • 넌메트릭 척도로 전환하여 빈도분석이나 도표분석 • 히스토그램을 포함한 정규분포 검정
		2	• 두 변수간 상관관계 분석 • 두 변수간 산점도 분석
		3개 이상	• 메트릭 데이터 신뢰도 검정

1.3. 데이터분석의 구분

앞의 데이터탐색 단계에서 데이터분석이 적절한 데이터라고 판단이 될 경우 다음 단계에서 진행할 수 있는 것이 데이터분석이다. 연구자가 어떤 데이터분석기법을 적용할 것인가는 다음과 같은 기준에 의해서 결정하게 된다.

(1) 변수의 수

분석에서 고려되는 변수의 수에 따라 단일변량(univariate) 데이터분석이나 다변량(multivariate) 데이터분석으로 구분할 수 있다. 변수의 수가 한 개인 경우는 일반적으로 단일변량 데이터분석 기법을 사용한다. x^2검정, z-검정, t-검정과 같은 데이터분석이 주로 사용된다.

반면에 변수의 수가 두 개 이상인 경우에는 다변량 데이터분석 기법을 사용한다. 다변량 데이터분석에서 변수의 수가 두 개인 경우를 특별히 이변량(bivariate) 데이터분석이라고 구분해서 부른다. 회귀분석, 분산분석, 판별분석, 요인분석, 군집분석과 같은 데이터분석이 주로 사용된다.

(2) 분석의 성격

두 개 이상의 변수인 경우 변수들간의 종속관계인가 아니면 상호의존관계인가를 보아야 한다. 변수들간에 종속관계가 형성된다면 영향을 미치는 변수를 독립변수(independent variable)라고 부르며, 영향을 받는 변수를 종속변수(dependent variable)라고 부른다. 독립변수의 변화가 종속변수에 어떤 영향을 미치는가를 살펴보는 방법으로 회귀분석, 분산분석, 판별분석, 결합분석 등을 들 수 있다.

반면에 상호의존관계인 경우에는 변수전체를 대상으로 변수들간의 상호의존관계나 변수들을 이용해서 변수들을 동질집단이나, 대상들을 동질집단으로 분류하는 목적으로 사용된다. 주로 요인분석, 군집분석, 다차원척도법이 있다.

(3) 척도의 종류

척도가 명목이나 순위로 측정된 넌메트릭 데이터인가 등간이나 비율로 측정된 메트릭 데이터인가를 알아야 한다. 넌메트릭 데이터는 상황에 따라서 명목 척도인가 순위 척도인가에 따라서 적용할 수 있는 데이터분석 기법이 달라질 수 있다. 일반적으로 넌메트릭 데이터인 경우에는 비모수통계(nonparametric statistics)분석이 주로 사용되며, 메트릭 데이터인 경우에는 모수통계(parametric statistics)분석이 사용된다.

(4) 표본집단의 수와 관계

분석하고자 하는 데이터가 단일 표본에서 수집된 데이터인가, 아니면 두 개 또는 그 이상의 표본에서 수집된 데이터인가 여부이다. 특히 두 개 이상의 표본에서 수집된 데이터의 경우에는 표본들이 상호 독립적인가 아니면 종속적(관련된 표본)인가도 중요하다.

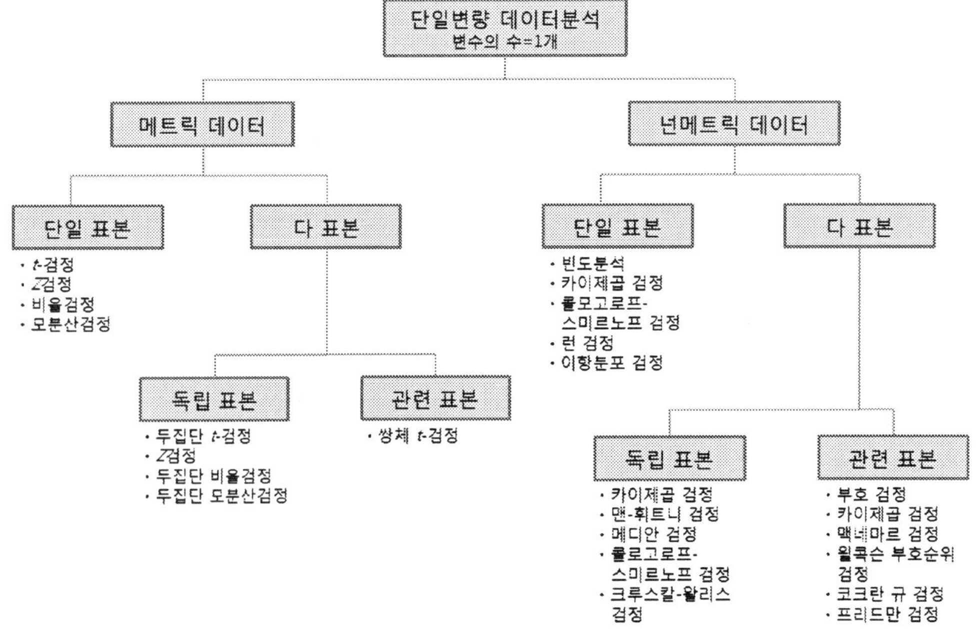

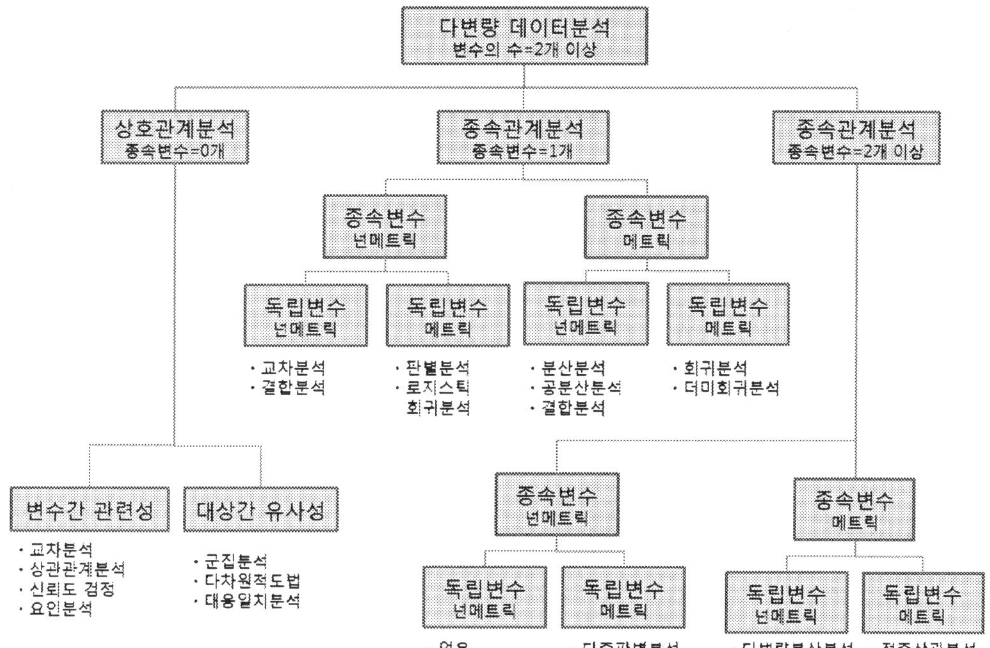

2 빈도분석

2.1. 넌메트릭 데이터의 빈도분석

(I) 분석개요

빈도분석을 위해 미국 특정 대학에 다니는 대학 및 대학원생들에 대해서 각 응답자 별로 성별, 결혼여부, 학력, 대학 전공, 대학원 전공, 주거형태, 어린이 수, 총비용 중 자신이 벌어 쓰는 비용의 비율, 운동빈도, 1주일에 참여하는 파티횟수 등에 대해 조사를 했다(Green, Carmone, Smith 1989).

설문 문항의 형태는 다음과 같다.

1. 귀하의 성별은 어떻게 되십니까?
   (1) 여   (2) 남

2. 귀하의 연령은 어떻게 되십니까?
   (1) 16-20세   (2) 21-25세   (3) 26-30세
   (4) 31-35세   (5) 36세 이상
                        ⋮
10. 1주일에 몇 번 정도 파티에 참석하십니까?
   (1) 일주일에 1회 이상   (2) 일주일에 1회   (3) 한 달에 2회
   (4) 한 달에 1회   (5) 한 달에 1회 미만

다음 표는 설문조사 항목에 대한 코딩 정보이다.

변수명	변수구분
성별	1=여 2=남
연령	1=16세-20세 2=21세-25세 3=26세-30세 4=31세-35세 5=36세 이상
결혼여부	1=미혼 2=결혼 3=기타
학력	1=대학생 2=대학원생
대학전공/대학원전공	1=경영 2=공학 3=문학 4=기타
주거형태	1=전세 : 가족과 삶 2=전세 : 친척과 삶 3=자가 : 혼자 삶 4=자가 : 가족과 삶 5=기타
총비용 중 자신이 벌어 쓰는 용돈의 비율	1=0% 2=1-10% 3=11-25% 4=26-50% 5=51-75% 6=76%이상
운동빈도	1=거의 매일 2=일주일에 2-3회 3=일주일에 1회 4=한 달에 2회 5=한 달에 1회 이하
1주일에 참여 파티횟수	1=일주일에 1회 이상 2=일주일에 1회 3=한 달에 2회 4=한 달에 1회 5=한 달에 1회 미만

설문조사를 통해 수집한 38명의 데이터를 내용을 살펴보면 다음과 같다. 매 줄에 5명의 데이터가 있으며, 학생번호, 성별, 연령, 결혼여부, 학력, 대학전공, 대학원 전공, 주거형태, 자녀

수, 총비용 중 자신이 벌어 쓰는 비용의 비율, 운동빈도, 1주일에 참여하는 파티횟수 순으로 나열이 되어 있다. 학생번호와 자녀수를 제외하고는 모두 넌메트릭 데이터이다.

```
01 12111135652   02 22111133422   03 22111133323   04 22111122323   05 12111132621
06 22111153631   07 22111131453   08 11111122641   09 22123134425   10 12121123625
11 14223142631   12 23223120613   13 23122213634   14 22124122634   15 12121133625
16 23122140621   17 22124133521   18 23221120431   19 22111132412   20 2211113422
21 12111133612   22 12111132224   23 12111125231   24 12111132121   25 21111123431
26 11111133112   27 21111122332   28 22114133411   29 14223142654   30 21111123224
31 12111124632   32 11111124211   33 11111124211   34 24221140423   35 23224121544
36 22221113645   37 22121126514   38 23324121654
```

(2) 분석데이터

데이터집합 화면에서 공란으로 분리된 'C : \Sample\Data' 폴더 내에 있는 '학생성향.txt'라는 외부 텍스트 파일을 만들어서 입력했다. 외부 텍스트 파일을 읽어 들이는 방법은 2장을 참조하기 바란다.

STEP 01　외부 텍스트 파일을 통해 입력된 결과를 보면 다음과 같이 제시된다.

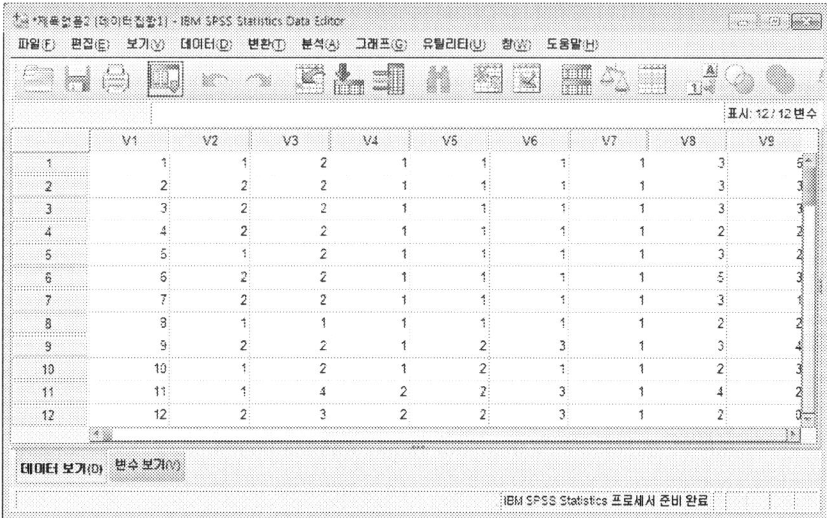

STEP 02 앞의 데이터를 데이터집합 화면에서 [변수 보기] 탭을 클릭해 직접 변수 이름과 속성에 대한 설명을 다음과 같이 입력했다. 즉, 각 변수 이름과 변수에 대한 설명, 또 변수의 값에 대한 설명, 변수의 척도 등을 지정했다. 예를 들어 'V2'는 '성별'로서 변수의 값에 대한 설명으로 '성별'은 다음과 같이 설명 내용을 지정했다.

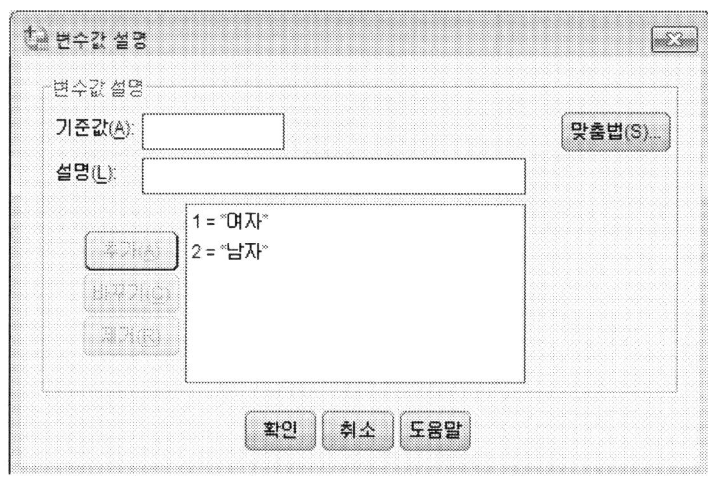

STEP 03 전체적으로 변수 지정 내용을 살펴보면 다음과 같다. 'C : \Sample\Datasav'의 폴더 내에 '4장-2-1-1-데이터'로 저장을 했다.

STEP 04 [데이터 보기] 탭을 클릭한 후 저장된 최종 데이터를 보면 다음과 같다.

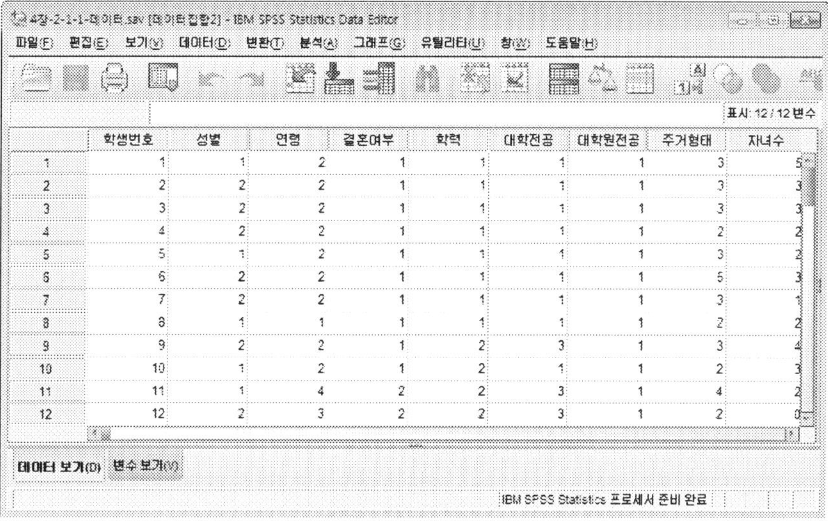

(3) 분석과정

STEP 01 빈도분석을 보고자 하면, [분석] → [기술통계량] → [빈도분석] 메뉴들을 차례
로 클릭한다.

STEP 02   빈도분석 화면에서 메트릭 척도인 '학생 번호'와 '자녀수'를 제외한 나머지 변수를 키보드의 'Ctrl'와 마우스 왼쪽 마우스 키로 선택한다. 분석 대상 변수로 선택해서 ➡ 클릭해 입력한다.

STEP 03   선택된 변수의 화면을 보면 다음과 같다. 도표를 보기 위해서 [도표] 버튼을 클릭한다.

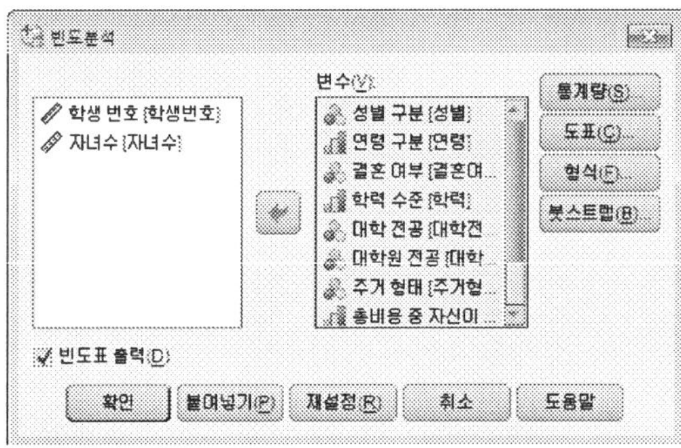

STEP 04   여기서 원도표를 선택하였다. 선택이 완료되면, 하단의 [계속] 버튼을 클릭한다. 다시 빈도분석 화면으로 돌아오면 하단에 있는 [확인] 버튼을 클릭한다.

(4) 결과해석

분석결과 화면을 보면 다음과 같다. 먼저 전체 변수에 대한 관찰치 수의 정보가 아래와 같이 출력된다. 이 결과를 통해 무응답 항목(item nonresponses)을 알아 볼 수 있다.

통계량

		성별 구분	연령 구분	결혼 여부	학력 수준	대학 전공	대학원 전공	주거 형태	총비용 중 자신이 벌어 쓰는 용돈의 비율	운동 빈도	일주일에 참여하는 파티 횟수
N	유효	38	38	38	38	38	38	38	38	38	38
	결측	0	0	0	0	0	0	0	0	0	0

다음으로 각 변수 별로 빈도분석 결과가 제시된다. 결과에는 변수 별로 유효 빈도, 퍼센트에 대한 데이터가 출력된다. 이 결과를 통해 부적절한 응답 또는 오답(error) 여부를 확인해 볼 수 있다. 성별에 대한 결과만을 살펴보면 다음과 같다. 이 표에서 유효한 응답 외의 다른 값이 표시가 된다면, 그 값은 부적절한 응답이나 오답일 것이다.

성별 구분

		빈도	퍼센트	유효 퍼센트	누적퍼센트
유효	여	15	39.5	39.5	39.5
	남	23	60.5	60.5	100.0
	합계	38	100.0	100.0	

계속해서 하단의 결과 중에 성별에 대한 그래프를 보면, 다음과 같이 나타난다. 도표를 통해 표에서 볼 수 없는 전체적인 경향을 확인해 볼 수 있다. 특히 막대그래프로 보는 경우에는 그러한 경향을 더 명확히 살펴볼 수 있다.

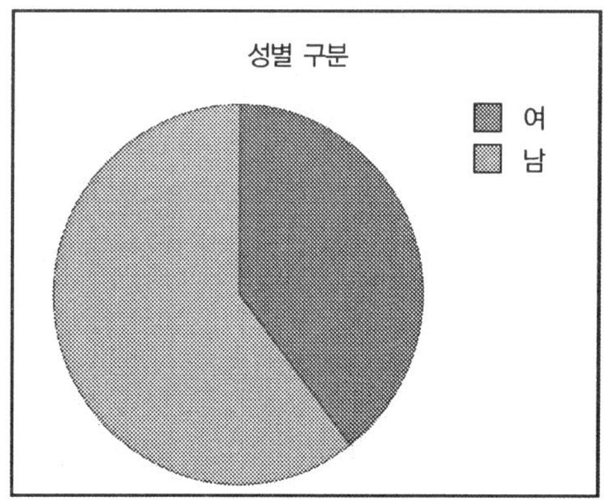

2.2. 메트릭 데이터의 빈도분석

(1) 분석개요

빈도분석은 값이 명확하게 구분되는 장점이 있다. 따라서 메트릭 데이터에 대해서도 빈도 분석을 하고자 하는 욕구를 느낄 수 있다. 메트릭 데이터에 대해서 빈도분석을 하고자 하면, 메트릭 데이터를 적절하게 넌메트릭 데이터 형태로 바꾸어 주는 것이 필요하다. 메트릭 데이터를 넌메트릭 데이터로 나누기 위해서는 데이터를 계급화하여야 한다. 데이터를 계급화하기 위해서는 계급의 수를 적절히 나누어야 한다. 계급구간의 크기는 다음과 같은 방법에 의해 구한다. 보통 적절한 계급 구간의 수는 7~10개 정도가 적당하다.

$$계급구간의 \ 넓이 = \frac{최대값 - 최소값}{계급의 \ 수}$$

예를 들어 다음과 같은 백화점의 우수 고객 90명에 대한 2/4분기 상품 구입 실적(단위 : 만 원)을 조사한 데이터가 있다고 생각하자(김재현 등, 2000).

```
131 106 116  84 118  93  65 113 140 119 129  75 105 123  64  80 124 110  86 112  96
110 135 134 146 144 113 128 142 106  98 148 106 122  70  73  78 103 112 126 119  62
116  84 101  68  95 119 122 127 109  95 103  92 103  90 136 109  99  76  93  81 100
114 125 121 137 107  69 111  98 124  84 108 128  87 102 103 131 139 108 109  97 112
 75 143  72 120  95 124
```

따라서 이 문제에 대한 계급을 9개로 했을 때, 계급 구간의 넓이를 계산해 보면 10으로 계산이 된다.

$$계급구간의 \ 넓이 = \frac{148 - 62}{9} = 9.56 \approx 10$$

(2) 분석데이터

STEP 01　직접 입력한 데이터를 살펴 보면 다음과 같다.

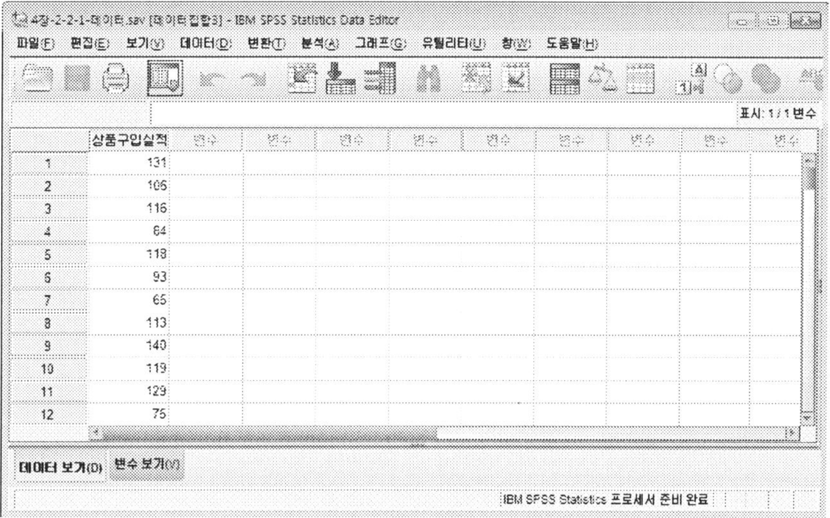

STEP 02　다음으로 계급 구간에 대한 데이터를 리코드하기 위해서는 [변환] → [다른 변수로 코딩변경]을 차례로 클릭한다. 새로운 변수로 코딩변경 화면이 떠오른다.

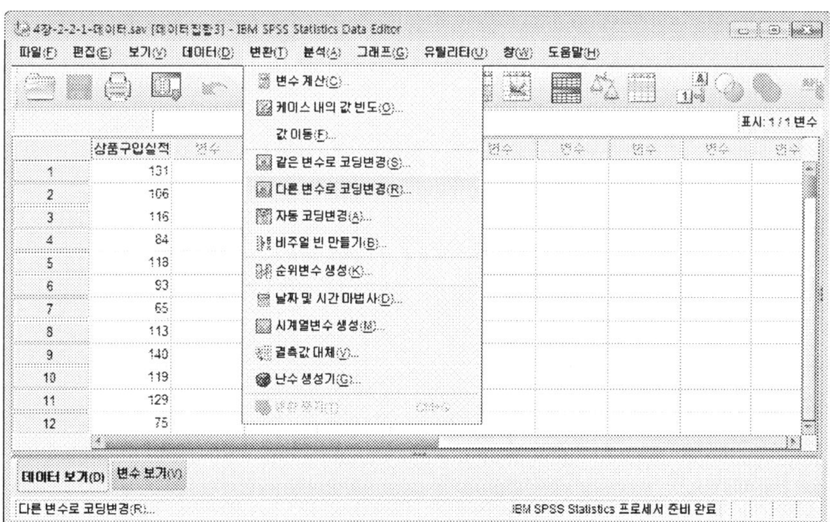

STEP 03 화면 좌측에 있었던 '상품구입실적'변수를 선택해 [숫자 변수] → [출력변수] 박
스로 이동시킨다. 다음으로 [출력변수]로서 '상품구입구간'을 입력하고, 이에 대
한 설명으로 '구간대별 상품 구입'을 입력한다. 이후 [바꾸기] 버튼을 클릭한다.

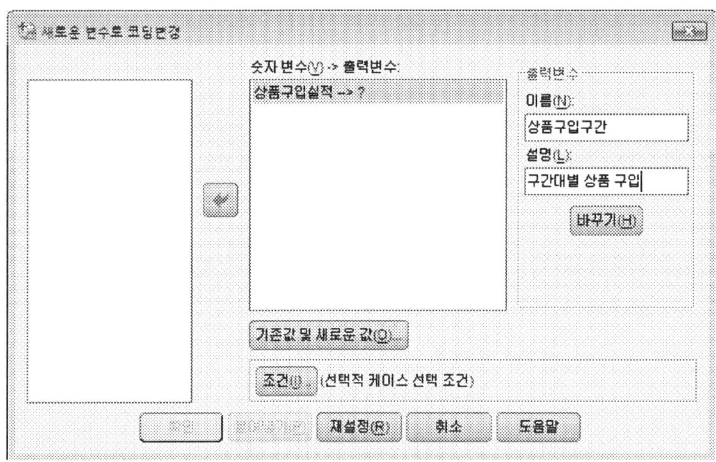

STEP 04 출력변수가 '상품구입실적→상품구입구간'으로 바뀌면, 다음으로 [기존값 및 새
로운 값] 버튼을 클릭한다. 다음 화면에서 '기존값'으로서 [범위] 라디오 버튼을
클릭하고 [출력변수가 문자열임]을 클릭한다. 먼저 첫 번째 범위로서 60에서 69
까지를 지정하고, '새로운 값(L)'에 ' 60 – 69'를 입력한다. 다음으로 [추가] 버
튼을 클릭한다.

STEP 05 마찬 가지로 나머지 8개 구간에 대해서도 범위를 지정해 추가한다. 전체적인 범위를 입력한 내용을 살펴보면 다음 화면과 같다. 다음으로 [**계속**] 버튼을 클릭한다. 다시 **새로운 변수로 코딩변경** 화면이 나타나면 [**확인**] 버튼을 클릭한다.

STEP 06 클릭한 후 새로 만들어진 데이터집합은 다음과 같다. 화면을 살펴 보면, '상품구입구간' 변수 값들이 구간대로 바뀌어 저장되어 있음을 알 수 있다. 데이터는 'C : \Sample\Datasav'폴더 내에 '4장-2-2-2-데이터'로 저장하였다.

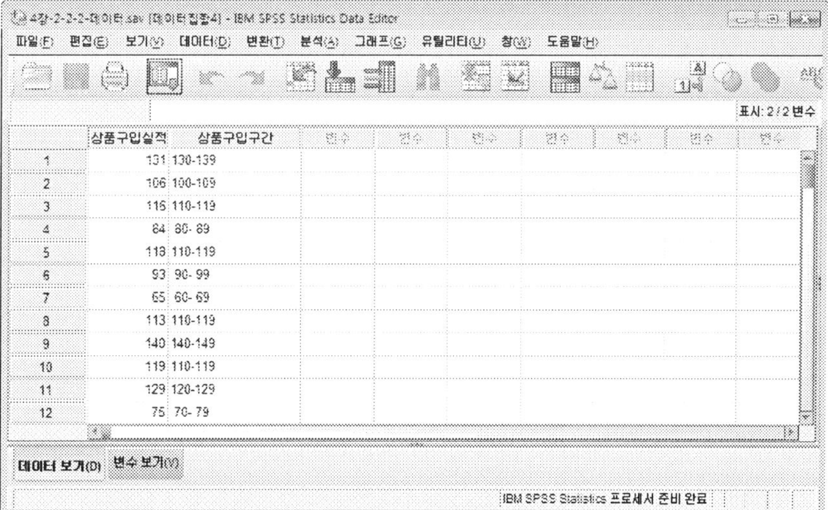

(3) 분석과정

STEP 01 빈도분석을 보고자 하면, [분석] → [기술통계량] → [빈도분석]을 차례로 클릭
한다.

STEP 02 '구간대별 상품 구입 실적'이라는 변수를 분석 대상 변수로 선택해서 ➡ 클릭해
입력한다.

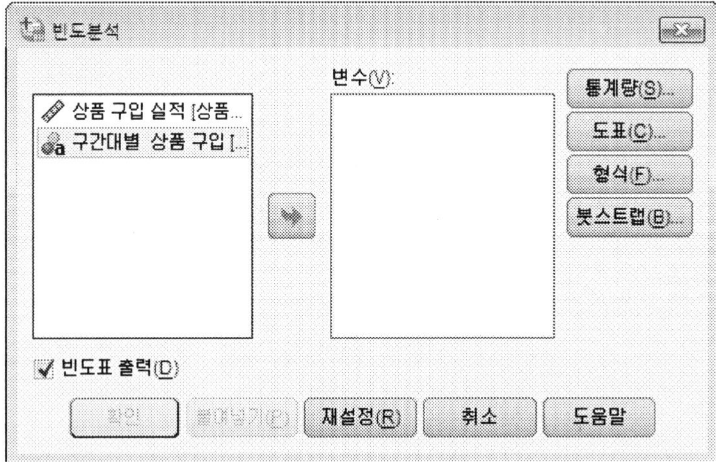

STEP 03　선택된 변수의 화면을 보면 다음과 같다. 도표분석을 하기 위해서 [도표] 버튼
을 클릭한다.

STEP 04　여기서는 막대도표를 선택했다. 하단의 [계속] 버튼을 클릭한다. 빈도분석 화면
이 다시 나타나면, 하단의 [확인] 버튼을 클릭한다.

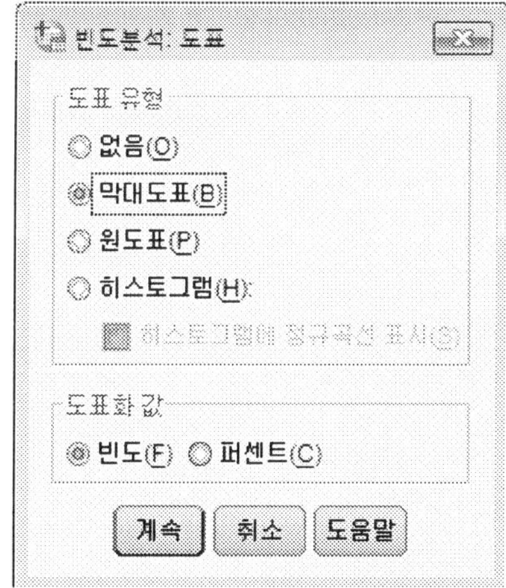

(4) 결과해석

분석결과를 보면, 각 구간별 빈도와 해당 비율이 제시되어 있다. 가장 많은 관찰치를 보인
것은 100~100만원 대로서 17명, 18.89%이다. 이를 최빈치(mode)라 한다. 반면 가장 작은 관
찰치를 보인 것은 60~70만원대로 5명, 5.56%이다.

통계량 설명

최빈치(mode)는 데이터 중에 빈도가 가장 많은 관찰치의 값을 의미한다. 최빈치는 넌메트릭 데이터나 메트릭 데이터 모두 계산 가능한 통계량이다. 최빈치는 한 집단의 대표값을 간편하고, 빠르게 찾아 낼 수 있지만, 데이터의 분포가 대칭에 가깝지 않을 때에는 신뢰할 만한 값이 되지 못한다.

구간대별 상품 구입

		빈도	퍼센트	유효 퍼센트	누적퍼센트
유효	60 - 69	5	5.6	5.6	5.6
	70 - 79	7	7.8	7.8	13.3
	80 - 89	7	7.8	7.8	21.1
	90 - 99	12	13.3	13.3	34.4
	100 - 109	17	18.9	18.9	53.3
	110 - 119	15	16.7	16.7	70.0
	120 - 129	14	15.6	15.6	85.6
	130 - 139	7	7.8	7.8	93.3
	140 - 149	6	6.7	6.7	100.0
	합계	90	100.0	100.0	

계속해서 하단에는 이 결과의 전반적인 형태가 막대도표로 제시되어 있다. 막대그래프에서는 표에서 볼 수 없는 전체적인 경향을 살펴볼 수 있다.

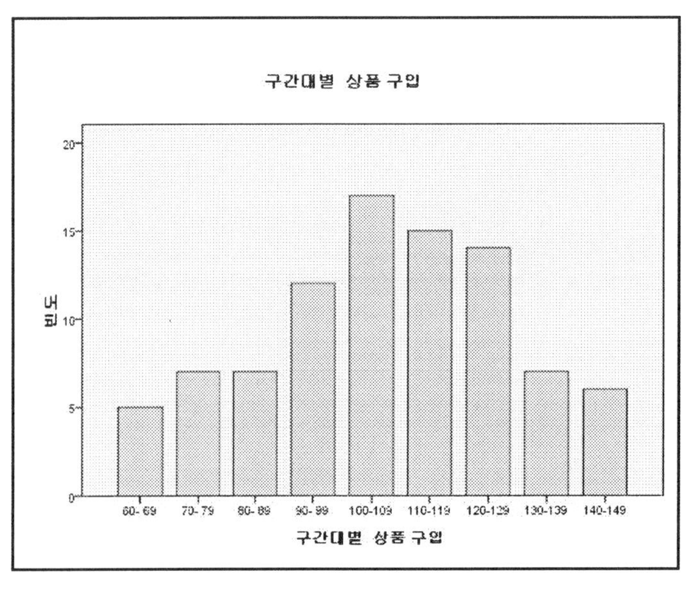

2.3. 두 변수간 교차분석

(1) 분석개요

넌메트릭 데이터인 경우 단일변수와 관련한 빈도분석은 흥미롭기는 하지만 종종 그 변수
가 다른 변수들과 어떤 관련성이 있는지를 보고 싶을 때가 많다. 예를 들어 일반적으로 보고
싶어 하는 내용들이 다음과 같은 내용들일 수 있다.

- 자사의 상품애호자 중에 몇 명이 남성인가?
- 제품 사용량(다량, 중간, 소량 사용자)과 광고에 대한 관심도(높음, 중간, 낮음)가 어떤
  관련성이 있는가?
- 제품의 소유 여부와 소득이 관련성이 있는가?
- 나이와 교육 수준에 따라 상품에 대한 선호도가 달라지는가?

이와 같은 두 변수들간의 관계는 교차분석을 통해 진행할 수 있다. 이들 변수들은 넌메트
릭 데이터들로서 두 개의 넌메트릭 데이터 변수들에 대한 관계를 살펴보는 것이다. 교차분석
은 다음과 같이 여러 용어로 부른다. 즉 교차표(cross-tabulation), 크로스탭(cross-tab), 또는
상황표(contingency table)라고 한다. 교차분석의 교차표의 모양을 살펴보면 다음과 같다.

구분		넌메트릭 변수1		
		속성1	……	속성n
넌메트릭 변수2	속성$_1$	관찰치$_{11}$(%)	……	관찰치$_{1n}$(%)
	……		……	
	속성$_m$	관찰치$_{m1}$(%)	……	관찰치$_{mn}$(%)

(2) 분석과정

교차분석을 하기 위해서 데이터는 앞의 빈도분석에서 사용하였던, '4장-2-1-1-데이
터.sav'를 활용하였다.

STEP 01   교차분석을 하려면, [분석] → [기술통계량] → [교차분석] 메뉴들을 차례로 클릭한다.

STEP 02   성별에 따른 학력 수준의 분포를 보기 위해 '성별'이라는 변수를 행 변수로 선택해서 ⬆ 클릭한다. '학력'이라는 변수를 열 변수로 선택해서 ⬆ 클릭한다. 우측의 버튼 중에서 [셀] 버튼을 클릭한다.

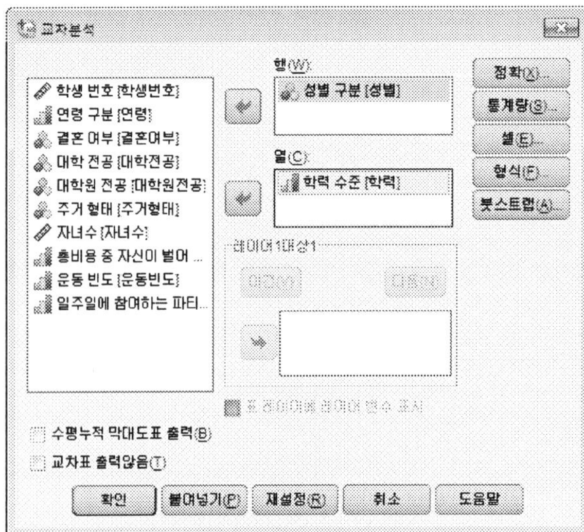

STEP 03 '행' 퍼센트를 출력하도록 지정한다. 하단의 [계속] 버튼을 클릭한다. 교차분석 화면으로 되돌아오면 하단에 있는 [확인] 버튼을 클릭한다.

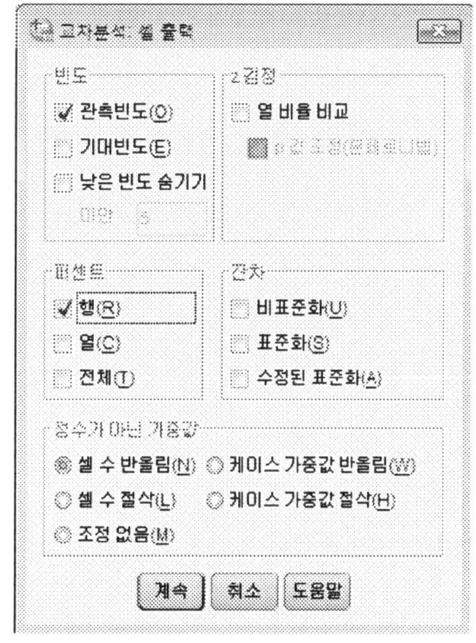

(3) 결과해석

분석결과를 보면 성별에 따른 대학과 대학원생의 분포가 제시되어 있으며, 각 성별로 비율이 제시되어 있다. 학력 분포를 볼 경우 남자의 경우 여성에 비해 상대적으로 대학원생 비율이 높다. 즉 남자의 경우 12명, 52.2%가 대학원생인데 비해, 여성은 4명, 26.7%밖에 되지 않는다. '전체'라고 적힌 행이나 열은 각 변수별 유효한 응답자들의 비율을 보여준다. 성별은 여자 15명, 남자 23명, 전체 38명이라는 것을 보여주며, 학력수준은 대학생 22명, 대학원생 16명이라는 것을 보여준다.

성별 구분 * 학력 수준 교차표

			학력 수준		전체
			대학생	대학원생	
성별 구분	여	빈도	11	4	15
		성별 구분 중 %	73.3%	26.7%	100.0%
	남	빈도	11	12	23
		성별 구분 중 %	47.8%	52.2%	100.0%
전체		빈도	22	16	38
		성별 구분 중 %	57.9%	42.1%	100.0%

2.4. 세 변수간 교차분석

(1) 분석개요

넌메트릭 데이터인 경우 두 변수간 교차분석에서 초기에 발견된 관련성을 명확히 할 수 있는 것이 세 번째 변수를 도입하는 것이다. 세 번째 변수를 교차분석에 도입하면 다음과 같은 점들을 파악할 수 있다.

- 초기 두 변수들간의 관련성을 더 정확하게 파악할 수 있다.
- 초기 두 변수들간의 관련성이 파악되었을지라도 두 변수들간에 어떠한 관련성도 없다는 것이 파악될 수 있다. 즉 초기의 두 변수들의 관련성은 세 번째 변수의 의사관계 (spurious association)이라는 것을 보여준다.
- 초기 두 변수들간의 관련성이 없는 것처럼 나타났지만, 세 번째 변수를 통해 두 변수간의 억제된(suppressed) 관련성을 보여준다.

(2) 분석데이터

다음은 1,000명의 패션 의류 소비자에 대해서 성별, 결혼여부, 패션의류 구매 비중과 관련된 데이터이다(강석후, 조현철, 2004). 각 소비자에 대해서 다음과 같은 설문을 조사했다.

1. 귀하의 성별은 어떻게 됩니까?
   (1) 남자   (2) 여자

2. 귀하는 결혼했습니까?
   (1) 결혼했음   (2) 결혼하지 않음

3. 귀하가 구매한 의류 중에서 현재 유행하는 의류의 비중이 어느 정도입니까?
   (1) 50%가 넘는다.   (2) 50% 미만이다.

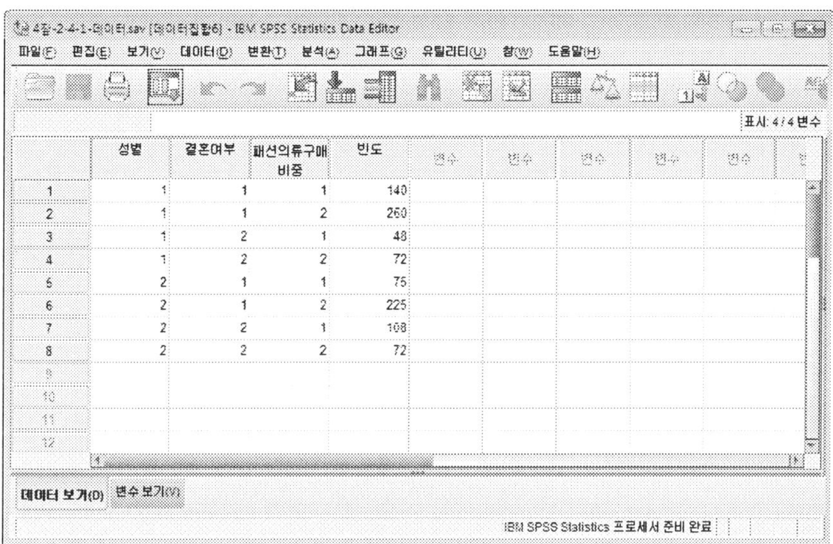

(3) 가중 케이스 지정

STEP 01　현재 데이터는 빈도수에 대해 요약한 결과이기 때문에 교차분석을 하기 위해 먼저 가중케이스를 지정해야 한다. 가중케이스를 지정하려면 [데이터] → [가중케이스] 메뉴들을 차례로 클릭한다.

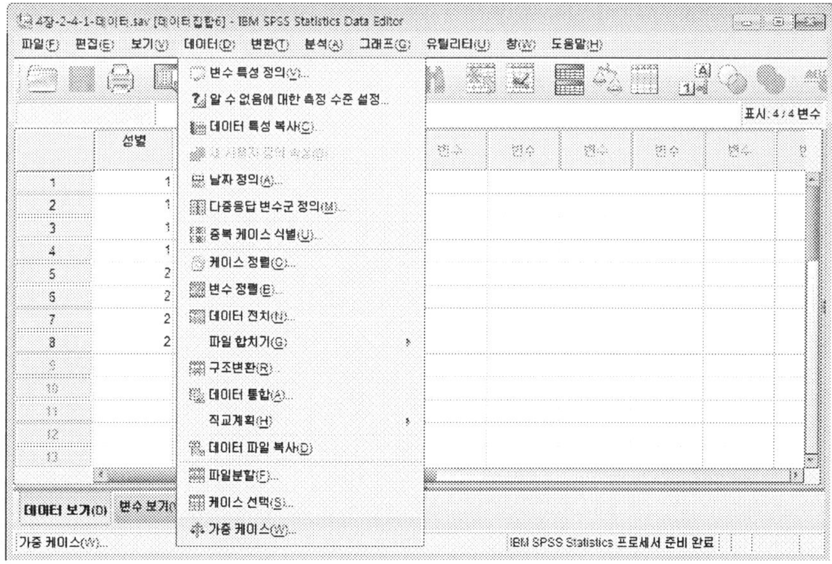

STEP 02   다음 화면과 같이 가중 케이스 지정 버튼을 클릭하고, 빈도변수로 '빈도'를 선택한다. 완료가 되면 [확인] 버튼을 클릭한다.

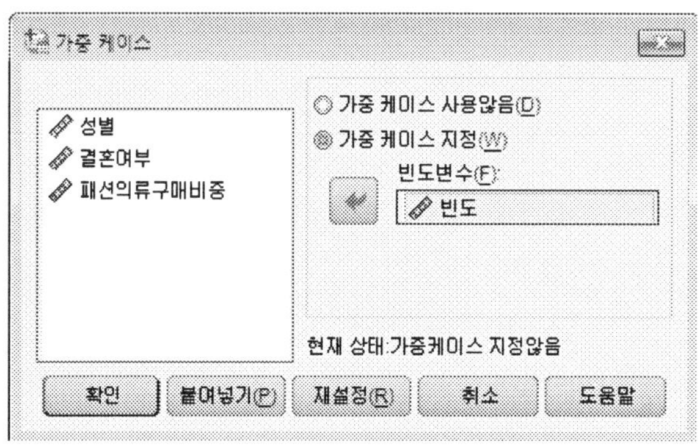

(4) 두 변수들간 교차분석 과정

STEP 01   가중 케이스가 지정된 현재 데이터에 대해 두 변수간의 교차분석을 하려면, [분석] → [기술통계량] → [교차분석] 메뉴들을 차례로 클릭한다.

STEP 02 결혼여부에 따른 패션의류 구매 관계를 보기 위해서 행 변수로 '결혼여부', 열 변수로 '패션의류구매비중'변수를 지정한다. 다음으로 우측의 [셀] 버튼을 클릭한다.

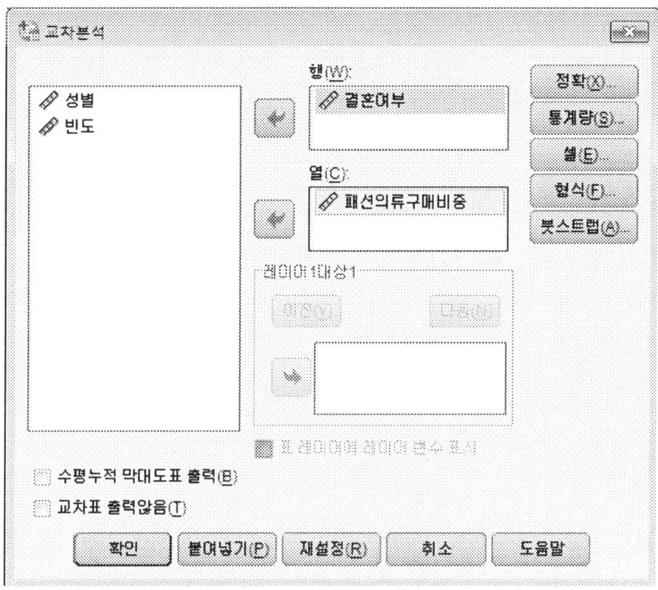

STEP 03 '행' 퍼센트를 출력하도록 지정한다. 하단의 [계속] 버튼을 클릭한다. 교차분석 화면으로 되돌아오면 하단에 있는 [확인] 버튼을 클릭한다.

(5) 두 변수들간 교차분석 결과해석

분석결과를 보면 결혼여부에 따른 패션의류 구매비중이 나와 있다. 기혼의 경우 패션의류 구매 비중이 낮지만(30.7%) 미혼인 경우에 패션의류 구매 비중이 높고(52.0%), 평균(37.1%) 보다도 더 높게 나타났다. 패션의류 구매의 경우에는 성별의 차이가 있을 가능성이 있기 때문에 현재의 분석 결과로 결론을 내리기 전에 성별을 고려한 결과를 살펴 볼 필요가 있다.

결혼여부 * 패션의류구매비중 교차표

			패션의류구매비중		전체
			높음	낮음	
결혼여부	기혼	빈도	215	485	700
		결혼여부 중 %	30.7%	69.3%	100.0%
	미혼	빈도	156	144	300
		결혼여부 중 %	52.0%	48.0%	100.0%
전체		빈도	371	629	1000
		결혼여부 중 %	37.1%	62.9%	100.0%

(6) 세 변수들간 교차분석 과정

STEP 01 성별을 고려해 세 변수간의 교차분석을 하려면, [분석] → [기술통계량] → [교차분석] 메뉴들을 차례로 클릭한다.

STEP 02　결혼여부에 따른 패션의류 구매 관계를 보기 위해서 행 변수로 '결혼여부', 열 변수로 '패션의류구매비중'변수를 지정한다. 레이어 변수로 '성별'을 지정한다. 다음으로 우측의 [셀] 버튼을 클릭한다.

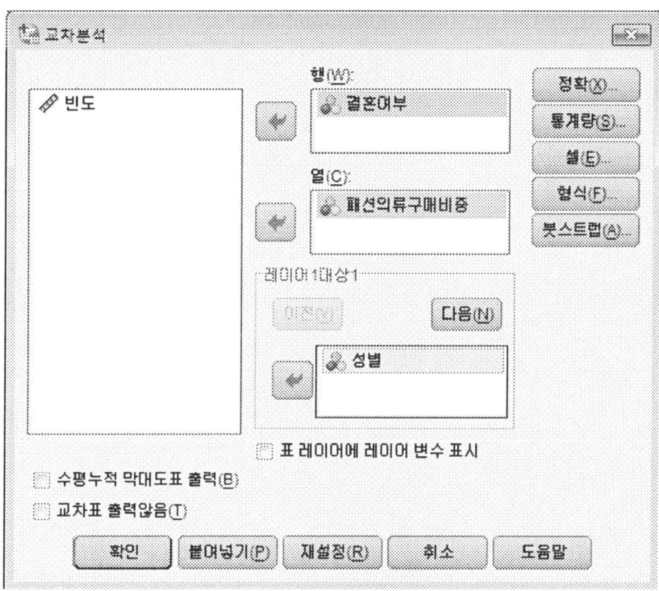

STEP 03　'행' 퍼센트를 출력하도록 지정한다. 하단의 [계속] 버튼을 클릭한다. 교차분석 화면으로 되돌아오면 하단에 있는 [확인] 버튼을 클릭한다.

(5) 세 변수들간 교차분석 결과해석

분석결과를 보면 성별에 따라 다른 결과가 나타남을 볼 수 있다. 남자의 경우에는 결혼여부에 따른 패션의류 구매비중이 낮다. 반면에 여자의 경우에는 기혼의 경우 패션의류 구매비중이 낮지만(25.0%), 미혼인 경우에 패션의류 구매 비중이 높고(60.0%), 평균(37.1%)보다도 매우 높게 나타났다. 이렇게 세 변수들간의 관계를 살펴봄으로써 변수들간의 관련성을 더 자세히 살펴볼 수 있다.

결혼여부 * 패션의류구매비중 * 성별 교차표

성별				패션의류구매비중		전체
				높음	낮음	
남자	결혼여부	기혼	빈도	140	260	400
			결혼여부 중 %	35.0%	65.0%	100.0%
		미혼	빈도	48	72	120
			결혼여부 중 %	40.0%	60.0%	100.0%
	전체		빈도	188	332	520
			결혼여부 중 %	36.2%	63.8%	100.0%
여자	결혼여부	기혼	빈도	75	225	300
			결혼여부 중 %	25.0%	75.0%	100.0%
		미혼	빈도	108	72	180
			결혼여부 중 %	60.0%	40.0%	100.0%
	전체		빈도	183	297	480
			결혼여부 중 %	38.1%	61.9%	100.0%
전체	결혼여부	기혼	빈도	215	485	700
			결혼여부 중 %	30.7%	69.3%	100.0%
		미혼	빈도	156	144	300
			결혼여부 중 %	52.0%	48.0%	100.0%
	전체		빈도	371	629	1000
			결혼여부 중 %	37.1%	62.9%	100.0%

3 │ 다중응답 분석

3.1. 개요

다중응답(multiple response)은 설문서를 응답할 때 하나의 항목에만 응답한 것이 아니라 여러 개의 응답 문항에 답을 한 경우이다. 다중응답 문항은 일반적으로 다음과 같이 제시된 문항들을 의미한다.

> **귀하가 좋아하는 스포츠 활동을 2가지 골라 표시하여 주십시오**
> (1) 축구　　　　(2) 야구　　　　(3) 테니스　　　　(4) 농구
> (5) 탁구　　　　(6) 볼링　　　　(7) 수영　　　　(8) 기타 (　　　　　)

이에 대한 코딩 처리는 각 응답 항목별로 처리하는 경우와 최대 가능한 다중응답 문항 개수로 변수를 지정하여 처리하는 경우를 생각해 볼 수 있다.

3.2. 다중응답 분석

(1) 분석데이터 입력

각 항목별로 처리를 하는 경우 그 항목에 응답한 경우는 1로 그렇지 않은 경우는 0으로 처리를 한다. 여기서 v_1에서 v_8까지를 좋아하는 스포츠 활동의 각 응답 항목을 지칭하는 변수라 하자. 첫 번째 응답자가 축구와 테니스를 좋아한다고 응답했다고 가정하자. 그러면 여러분의 코딩시트의 코딩형태는 다음과 같은 형태로 제시될 것이다.

변수명	v_1	v_2	v_3	v_4	v_5	v_6	v_7	v_8
응답항목값	1	0	1	0	0	0	0	0

각 응답자가 응답한 결과를 위와 같은 형태로 표시한 9명의 조사 결과를 살펴 보면 다음과 같다.

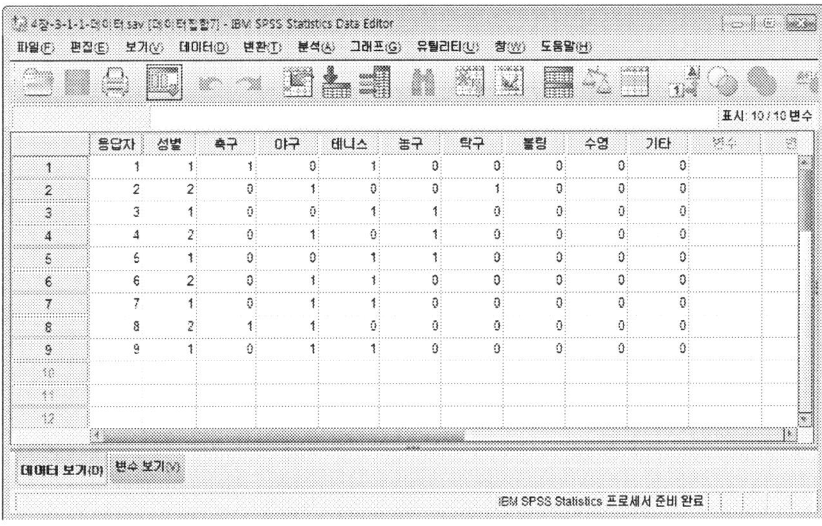

(2) 빈도분석을 통한 다중응답 처리

먼저 빈도분석을 통해 다중응답 결과를 분석할 수 있다.

STEP 01 빈도분석을 하려면, [분석] → [기술통계량] → [빈도분석]을 차례로 클릭한다.

STEP 02 빈도분석 화면에서 '축구'에서 '기타'까지의 변수들을 분석할 변수들로 지정한다. 하단의 [확인] 버튼을 클릭한다.

  분석 결과에 대한 화면을 보면 다음과 같다(본 분석 결과에서는 축구와 야구의 경우에 대해서만 결과를 제시했다). 먼저 통계량 표에는 각 변수별로 유효 관찰치와 결측 관찰치의 통계량을 보여준다. 모든 변수에 대해서 관찰치가 9개, 결측치가 0개로 되어 있다. 다음 표부터는 각 운동별 응답결과를 보여준다. 여기서 1로 응답한 사람들이 그 운동을 좋다고 응답한 사람들이다. 다음 빈도도표부터는 운동별로 결과를 보여 주고 있다. 총 표본 9명 중 축구를 좋아한다고 응답한 사람들이 2명으로 22.2%였으며, 야구를 좋아한다고 응답한 사람들은 6명으로 66.7% 등으로 해석할 수 있을 것이다.

축구

		빈도	퍼센트	유효 퍼센트	누적퍼센트
유효	0	7	77.8	77.8	77.8
	1	2	22.2	22.2	100.0
	합계	9	100.0	100.0	

야구

		빈도	퍼센트	유효 퍼센트	누적퍼센트
유효	0	3	33.3	33.3	33.3
	1	6	66.7	66.7	100.0
	합계	9	100.0	100.0	

(3) 다중응답 처리를 위한 데이터 준비

다중응답 문항의 처리를 위해서는 다중응답 변수군을 지정해 주어야 한다.

STEP 01   변수군을 지정하기 위해서는 [분석] → [다중응답] → [변수군 정의] 메뉴들을 차례대로 클릭한다.

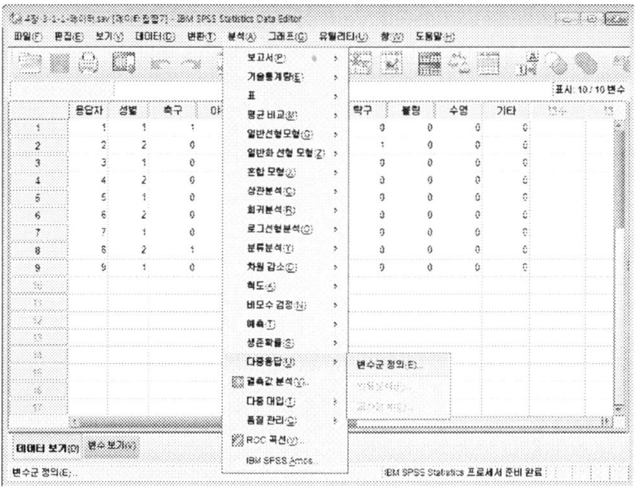

STEP 02   다중응답 변수군 정의 화면에서 '변수군 정의'의 변수들 중 운동에 해당되는 변수들('축구'에서 '기타'까지)을 '변수군에 포함된 변수'에 지정한다. 변수들의 코딩형식으로 '이분형'을 선택한다. 1인 경우 좋아하는 운동으로 표시했기 때문에 '빈도화 값'을 1로 지정한다. 하단의 변수군의 이름을 '운동종목', 이에 대한 설명을 '좋아하는 운동'으로 지정한다. 지정이 완료되면 [추가] 버튼을 클릭한다.

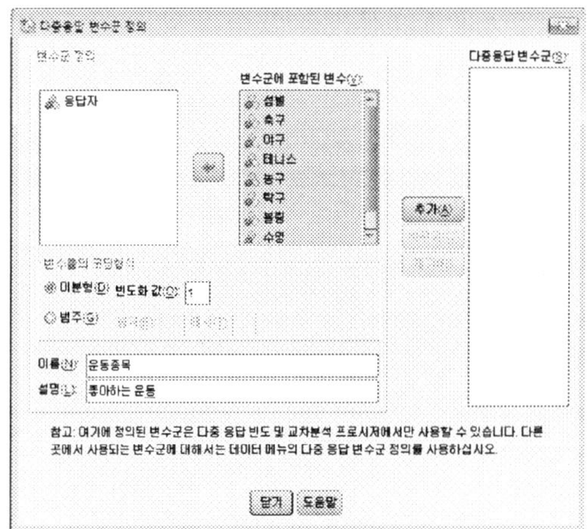

STEP 03 다중응답 변수군에 대한 정의가 완료되면 다음과 같은 화면이 나타난다. 하단의
[닫기] 버튼을 클릭한다.

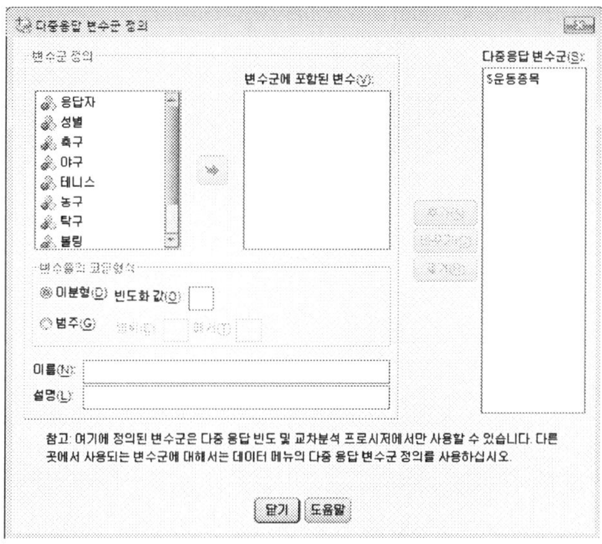

(4) 단순 다중응답 처리 및 결과

STEP 01 운동종목별 다중응답 처리를 하기 위해서는 다음과 같은 순서로 메뉴를 선택한
다. [분석] → [다중응답] → [빈도분석] 메뉴들을 차례로 클릭한다.

STEP 02   다중응답 변수군 화면에서 '다중응답 변수군' 변수들 중 '좋아하는 운동' 변수를
선택한 후 ⬇를 클릭해 '표작성 응답군' 변수로 지정한다. 결측값이 있는 경우
빈도분석에 결측값을 제외할 경우에는 변수의 형태에 따라 하단의 메뉴 중에서
선택한다. 하단의 [확인] 버튼을 클릭한다.

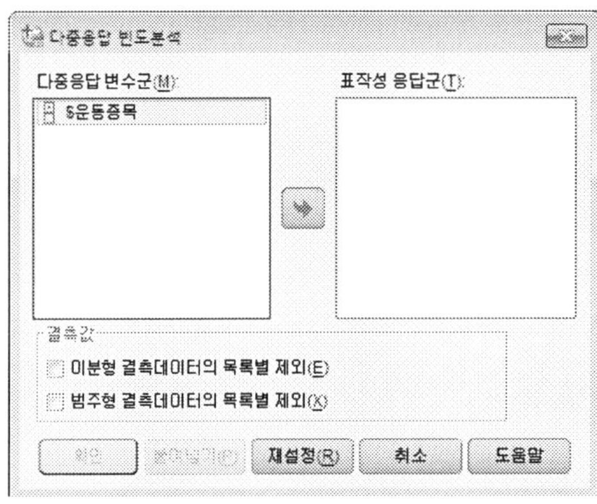

다음 화면을 보면 복수응답 처리 결과가 표로 제시되어 있다.

$운동종목 빈도

		응답		케이스 퍼센트
		N	퍼센트	
좋아하는 운동a	축구	2	11.1%	22.2%
	야구	6	33.3%	66.7%
	테니스	6	33.3%	66.7%
	농구	3	16.7%	33.3%
	탁구	1	5.6%	11.1%
합계		18	100.0%	200.0%

a. 값 1에서 표로 작성된 이분형 집단입니다.

(5) 다중응답의 교차분석 처리 및 결과

본 예제에서는 넌메트릭 변수 중에 하나인 성별에 따라 좋아하는 운동종목이 어떻게 변화
가 되는지를 보기 위해 교차분석을 진행할 수 있다.

STEP 01　다중응답의 교차분석을 분석하기 위해서는 [분석] → [다중응답] → [교차분석]을 차례로 클릭한다.

STEP 02　다중응답 변수군의 변수 중에 '좋아하는 운동'을 선택해서 행 변수로 지정하고, '성별' 변수를 선택해 열로 지정한다. 열 변수 '성별'은 변수 다음에 (? ?)가 표시되어 있다. '성별'이 선택된 상태에서 하단의 [범위지정] 버튼을 클릭한다.

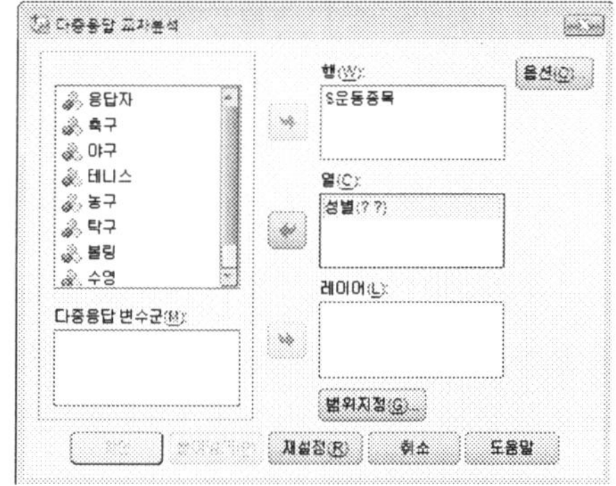

STEP 03　1이 남자, 2가 여자 이므로 최소값으로 1을 입력하고 최대값으로 2를 입력한다. 만약에 이 값의 이분형이 아니라면 분석할 대상의 최소값에서 최대값을 지정하면 된다. 하단의 [계속] 버튼을 클릭한다.

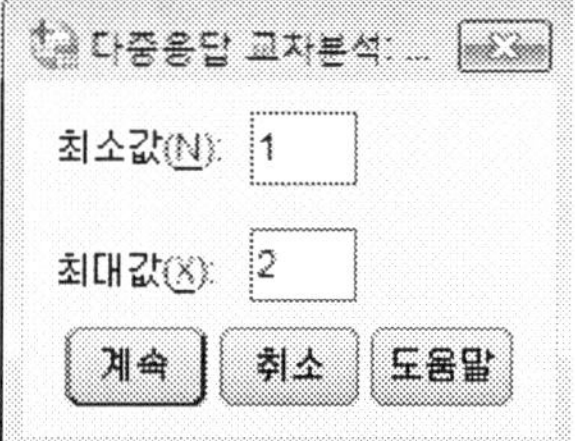

STEP 04 다중응답 교차분석 화면의 [옵션] 버튼을 클릭한
다. 옵션 중에 '셀'과 '열', '전체' 퍼센트를 선택하
고 나머지는 현재대로 둔다. 하단의 [계속] 버튼
을 클릭한다. 다중응답 교차분석 화면으로 돌아
오면 하단의 [확인] 버튼을 클릭한다.

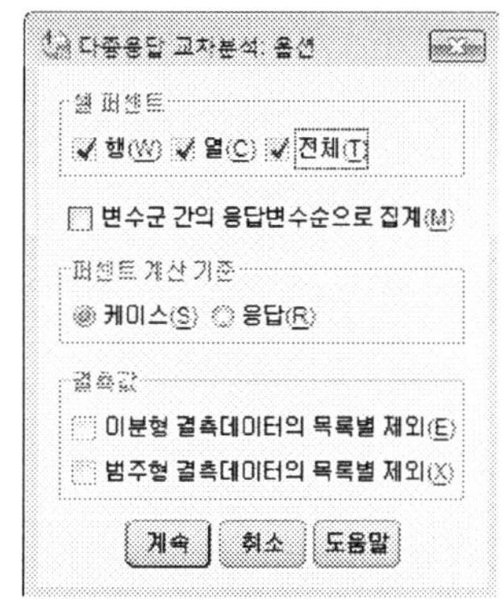

출력된 결과 화면을 보면 복수응답 처리 결과가 성별로 나
뉘어져 표로 제시되어 있는 것을 볼 수 있다.

$운동종목*성별 교차표

			성별		합계
			남자	여자	
좋아하는 운동a	축구	총계	1	1	2
		$운동종목 중 %	50.0%	50.0%	
		성별 중 %	20.0%	25.0%	
		전체 중 %	11.1%	11.1%	22.2%
	야구	총계	2	4	6
		$운동종목 중 %	33.3%	66.7%	
		성별 중 %	40.0%	100.0%	
		전체 중 %	22.2%	44.4%	66.7%
	테니스	총계	5	1	6
		$운동종목 중 %	83.3%	16.7%	
		성별 중 %	100.0%	25.0%	
		전체 중 %	55.6%	11.1%	66.7%
	농구	총계	2	1	3
		$운동종목 중 %	66.7%	33.3%	
		성별 중 %	40.0%	25.0%	
		전체 중 %	22.2%	11.1%	33.3%
	탁구	총계	0	1	1
		$운동종목 중 %	.0%	100.0%	
		성별 중 %	.0%	25.0%	
		전체 중 %	.0%	11.1%	11.1%
합계		총계	5	4	9
		전체 중 %	55.6%	44.4%	100.0%

퍼센트 및 합계는 응답자수를 기준으로 합니다.
a. 값 1에서 표로 작성된 이분형 집단입니다.

4 정규성 검정

4.1. 정규성 검정통계량

데이터들이 중앙에 있는 값들을 중심으로 퍼져 있는 정도를 측정하는 개념으로 정규성 검정(normality test)이 있다. 분포가 정규분포인가 그렇지 않은가를 보는 검정 방법으로서 왜도(skewness), 첨도(kurtosis), 샤피로-윌크 정규성 검정(Shapiro-Wilk test) 등을 살펴보는 방법이다.

(1) 왜도

왜도(skewness)란 분포의 대칭 정도를 측정한다. 분포는 대칭적이거나 치우친 모양이 될 수 있다. 대칭 분포는 분포의 중심에서 어느 방향으로든 동일한 형태를 보이며, 평균, 최빈치, 중위수가 동일한 값을 갖게 된다. 하지만 비대칭분포는 분포의 중심에서 서로 다른 형태의 모양을 갖는다. 대칭 분포를 정규분포라고 하며, 정규분포의 왜도값은 0이다. 왜도의 추정량은 다음과 같이 계산된다.

$$\text{왜도} = \frac{\displaystyle\sum_{i=1}^{n}(x_i - \overline{X})^3}{\left[\displaystyle\sum_{i=1}^{n}(x_i - \overline{X})^2\right]^{\frac{3}{2}}}$$

왜도에 따른 분포의 형태를 보면 다음과 같다.

- 왜도 = 0 : 좌우 대칭인 정규분포
- 왜도 > 0 : 관찰치가 왼쪽으로 치우친 분포
- 왜도 < 0 : 관찰치가 오른쪽으로 치우친 분포

(2) 첨도

첨도(kurtosis)는 분포의 평평한 정도 또는 뾰족한 정도를 의미한다. 첨도 값이 양수인 경우에는 꼬리부분이 두텁고 또한 관찰치들이 중심에 많이 모여 있다. 따라서 분포의 중심이 정규분포보다 높다. 첨도가 음수인 경우에는 분포의 중심이 정규분포보다 상대적으로 낮고

분포가 비교적 좁게 퍼져 있으며 분포의 꼬리 부분이 짧은 경향을 나타낸다. 정규분포는 0이다. 이의 추정량은 다음과 같다.

$$\text{첨도} = \frac{\sum_{i=1}^{n}(x_i - \overline{X})^4}{\left[\sum_{i=1}^{n}(x_i - \overline{X})^2\right]^{\frac{4}{2}}} - 3$$

첨도에 따른 분포의 형태를 보면 다음과 같다.

- 첨도 = 0 : 정규분포
- 첨도 > 0 : 중앙이 정규분포보다 뾰족하다(관찰치 들이 중앙에 많이 모여 있다).
- 첨도 < 0 : 중앙이 정규분포보다 낮다(관찰치 들이 중앙에 많이 모여 있지 않고 넓게 분포되어 있다).

(3) 정규성 검정

여러 가지 정규성 검정통계량이 있는데, 그 중에 대표적인 통계량이 샤피로-윌크 검정이다. 샤피로-윌크 검정은 정규분포에 대한 귀무가설을 검정한다. 검정통계량은 다음과 같이 계산된다.

$$W = \frac{\sum_{i=1}^{n}(x_{(i)} - \overline{X})(z_i - \overline{z})}{\sqrt{\sum_{i=1}^{n}(x_{(i)} - \overline{X})^2}\,\sqrt{\sum_{i=1}^{n}(z_i - \overline{z})^2}}$$

여기서 $X_{(i)}$는 i번째 순서통계량이며, z_j는 j번째 표준정규점수(normal score)이다. 이 값은 0에서 1까지 이며, p값은 W통계량이 제시된 값보다 작을 확률을 의미한다. 1에 가까울수록 정규분포에 가깝다는 것을 의미한다.

또한 왜도와 첨도에 대해서 표준화된 z값을 다음과 같이 계산할 수 있다. z값에 대한 유의도가 0.01 기준인 경우는 ±2.58을 기준으로, 0.05인 경우는 ±1.96을 기준으로 이 값을 초과하면 정규분포를 하지 않는다고 평가한다. 여기서 n은 관찰치의 수를 의미한다.

$$z_{왜도} = \frac{왜도}{\sqrt{6/n}} \qquad z_{첨도} = \frac{첨도}{\sqrt{6/n}}$$

(4) 백분위수와 범위

백분위수를 활용한 범위(range)는 산포도를 측정하는 단순한 통계량으로서 데이터를 크기 순으로 늘어 놓았을 때 가장 큰 값과 가장 작은 값의 차이를 말한다. 예를 들어 데이터를 크기 순으로 늘어 놓았을 때 4분위수(quantiles)와 백분위수(percentiles)가 있는데 이들의 개념을 보면 다음과 같다.

제 1사분위수　Q1 = 제 25분위수(25%가 되는 관찰치)
제 2사분위수　Q2 = 제 50분위수(50%가 되는 관찰치)
제 3사분위수　Q3 = 제 75분위수(75%가 되는 관찰치)
제 p백분위수 제 p분위수(p%가 되는 관찰치)
범위(range) = 최대값 − 최소값
사분위 범위(interquantile range) = Q3 − Q1

4.2. 그래프 검정

대표값, 분산정도, 정규성 검정 등을 살펴볼 수 있는 그래프로서는 박스 & 위스커도, 히스토그램, 정규확률분포도 등이다.

(1) 상자 도표 & 위스커도

상자도표 & 위스커도(box & whisker diagram)는 주어진 데이터가 정규분포인지 아닌지를 볼 수 있는 통계량으로서 상자도표가 있다. +는 평균을 표시한다. 박스그림은 제일 아래 선이 데이터 중 25%(제1사분위수)를, 가운데 선이 데이터 중 50%(제2사분위수)를, 제일 위의 선이 데이터 중 75%(제3사분위수)를 의미한다. +마크가 상자도표의 가운데 선에 위치하고 *(정규분포를 한다고 가정할 경우 z값이 2 이상에 위치)나 o(정규분포를 한다고 가정할 경우 z값이 1.5에서 2사이에 위치) 마크가 없을 때 정규분포를 한다고 할 수 있다.

(2) 히스토그램

히스토그램(histogram)은 주어진 데이터를 도수분포표 형식의 계급별 구간으로 나누어 정규분포 형식의 그림으로 나타낸다. 그림이 정규분포에 가까울수록 정규성에 가깝다고 할 수 있다. 그림 모양에 따라 왜도나 첨도의 여부를 알아 볼 수 있다.

(3) 정규확률분포도

정규확률분포도(normal probability plot)는 정규분포의 가정에 따른 정규분포선과 실제 데이터선 간에 일치하는 정도를 보여 준다. 이 선의 일치도에 따라 데이터가 정규분포를 하고 있는지를 판단한다. 두 선이 일치할수록 정규분포에 가깝다고 할 수 있다.

(4) 사분위수 분포도

사분위수 분포도(quantile-quantile plot)는 정규분포의 가정에 따른 정규선과 사분위수 범위 안의 실제데이터를 표준화한 선간에 일치하는 정도에 따라 데이터가 정규분포를 하고 있는지를 판단한다. 사분위수 분포도 또한 정규확률분포도처럼 두 선이 일치할수록 정규분포를 한다고 할 수 있다.

4.3. 분포와 그래프 검정간의 관계

데이터의 분포와 정규확률분포도 및 분포의 모양의 관계를 살펴보면 일치 여부에 따라 다음의 그림과 같은 형태로 나타난다.

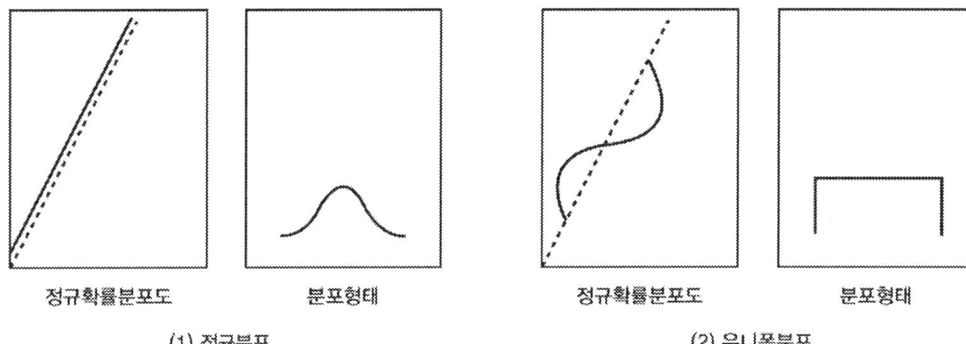

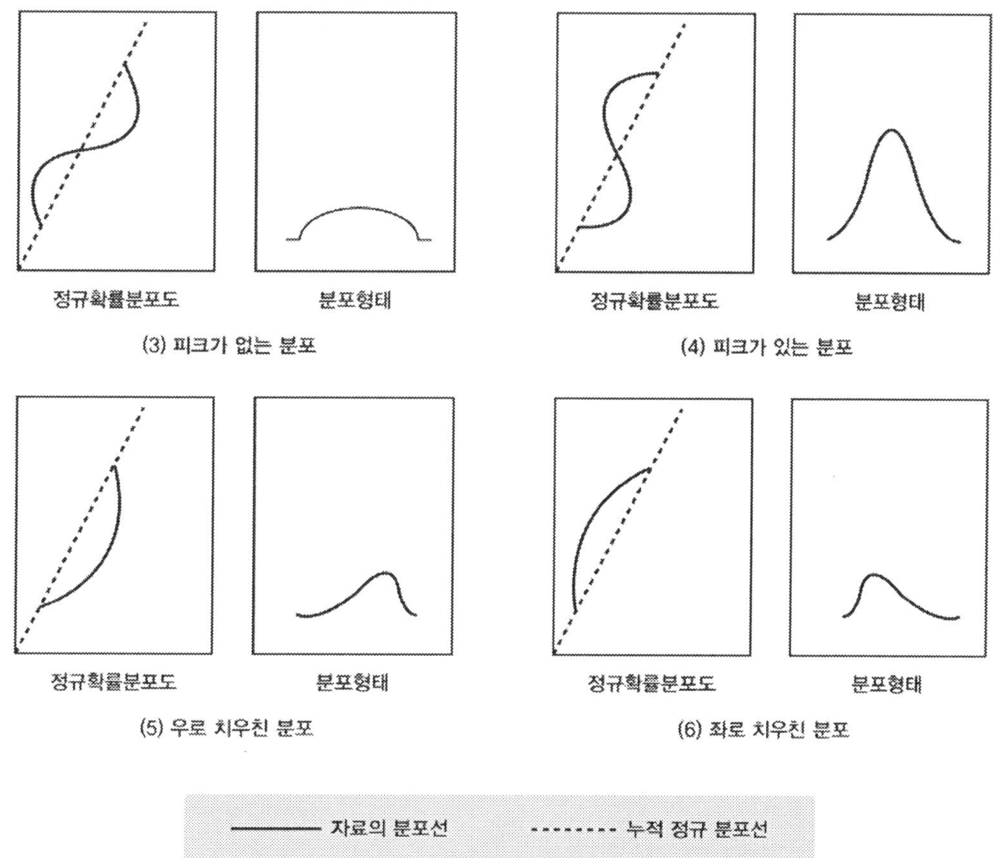

4.4. 정규성 검정 사례

(1) 분석개요

기초데이터분석 및 주요 데이터분석에 활용할 데이터에 대해 설명하면 다음과 같다. 본 데이터는 Hair, Anderson, Tatham, Black(1998)에 제시된 데이터로서 Hatco라는 회사 구매자에 대한 조사이다. 총 100곳의 구매자에 대해 14개 변수에 대한 조사가 이루어졌다. 각 설문 문항의 형태를 보면 다음과 같다.

1. Hatco사의 오더를 처리하는 속도는 어떻다고 생각하십니까?
   매우 느리다   아주 빠르다.
        0————————————————————————————————10

2. Hatco사의 가격 수준은 어떻다고 생각하십니까?
   매우 적절하다   매우 높다
        0————————————————————————————————10

        ⋮

14. Hatco사의 제품은 다음 중 어떤 구매 상황에서 이루어졌습니까?
    (1) 신규 구매   (2) 수정 재구매   (3) 반복 재구매

각 변수별 코딩 정보를 보면 다음 표와 같다.

측정개념	변수	설명	척도
Hatco 회사에 대한 인식	x_1(오더 처리속도)	10점 그래픽 척도	메트릭
	x_2(가격 수준)	10점 그래픽 척도	메트릭
	x_3(가격 유연성)	10점 그래픽 척도	메트릭
	x_4(제조자 이미지)	10점 그래픽 척도	메트릭
	x_5(전체 서비스 수준)	10점 그래픽 척도	메트릭
	x_6(판매사원 이미지)	10점 그래픽 척도	메트릭
	x_7(제품 품질)	10점 그래픽 척도	메트릭
구매결과	x_9(자사제품 구매비율)	100점 그래픽 척도	메트릭
	x_{10}(구매 만족도)	10점 그래픽 척도	메트릭
바이어 특성	x_8(회사 규모)	1=대규모, 0=소규모	넌메트릭
	x_{11}(구매 평가 방법)	1=전체적인 구매 가치 평가 0=스펙 구매에 대한 평가	넌메트릭
	x_{12}(지불 구조)	1=중앙집중, 0=분산	넌메트릭
	x_{13}(산업 분야)	1=산업, 0=기타	넌메트릭
	x_{14}(구매 상황)	1=신규 구매, 2=수정 재구매 3=반복 재구매	넌메트릭

(2) 분석데이터

분석 데이터는 'C : \Sample\Data' 폴더 내에 'Hatco.xls'라는 엑셀 파일에 저장되어 있다. 이를 SPSS에서 읽어 들인 후에 변수 정보를 수정한 내용이 'C : \Sample\Dataset' 폴더 내에 '4장-4-1-1.sav' 파일에 저장되어 있는데, 저장된 파일을 보면 다음과 같다.

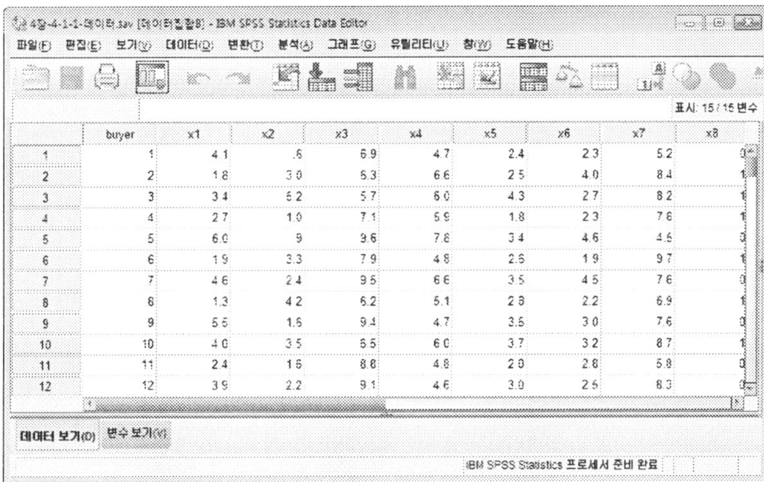

(3) 분석과정

STEP 01 정규성 검정을 위한 데이터탐색을 수행하기 위해서는 [분석] → [기술통계량] → [데이터탐색] 메뉴들을 차례로 클릭한다.

STEP 02 데이터탐색을 수행할 메트릭 척도 변수들을 지정한다. 케이스 설명 기준변수는 '구매자'로 지정한다. 우측 상단에 있는 [**통계량**] 버튼을 클릭한다.

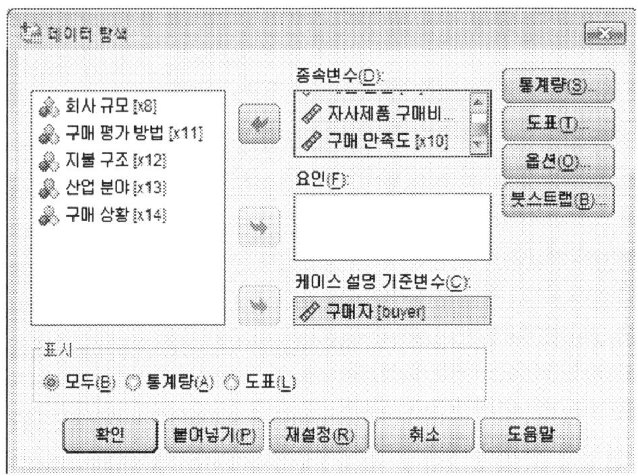

STEP 03 다음 화면처럼 모든 통계량을 클릭한다. 하단의 [**계속**] 버튼을 클릭한다. 데이터탐색 화면으로 돌아오면 우측 상단에 있는 [**도표**] 버튼을 클릭한다.

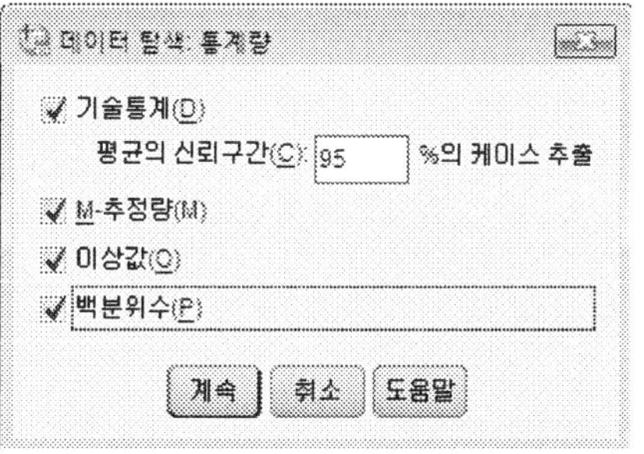

STEP 04 여기서 '히스토그램'과 '검정과 함께 정규성 도표'를 체크한다. 하단의 [계속] 버튼을 클릭한다. 데이터탐색 화면으로 돌아오면 하단에 있는 [**확인**] 버튼을 클릭한다.

(4) 결과해석

실행 결과는 다음과 같은 화면 순으로 나타난다. 먼저 나타난 [결과1]은 각 변수들에 대한 유효값과 결측값의 개수를 보여 준다. 현재 데이터는 결측값이 없고, 각 변수별로 표본의 개수가 100개이다.

[결과1] 케이스 처리 요약

	케이스					
	유효		결측		전체	
	N	퍼센트	N	퍼센트	N	퍼센트
오더 처리 속도	100	100.0%	0	.0%	100	100.0%
가격 수준	100	100.0%	0	.0%	100	100.0%
가격 유연성	100	100.0%	0	.0%	100	100.0%
제조자 이미지	100	100.0%	0	.0%	100	100.0%
전체 서비스 수준	100	100.0%	0	.0%	100	100.0%
판매사원 이미지	100	100.0%	0	.0%	100	100.0%
제품 품질	100	100.0%	0	.0%	100	100.0%
자사제품 구매비율	100	100.0%	0	.0%	100	100.0%
구매 만족도	100	100.0%	0	.0%	100	100.0%

다음으로 각 변수에 대해서 [결과2]와 같은 기술통계량을 보여 준다. 이중에서 x_1(오더 처리 속도)에 대한 기술통계량을 살펴 보면 다음과 같다. 전체적으로 보아 x_1의 경우 정규분포를 하고 있을 가능성이 높다는 것을 알 수 있다. 먼저 기본 통계량의 측정에서 평균(3.51)과 중위수(3.40)가 비슷하다. 이러한 결과는 [결과3]의 중위수를 계산하는 M-추정량의 결과에서도 비슷하다. 또한 정규분포 통계량의 결과는 [결과2] 중에 왜도(-0.08)와 첨도(-0.51)로서 0에 가까운 값을 가지고 있다.

[결과2] 기술통계

			통계량	표준오차
오더 처리 속도	평균		3.514	.1321
	평균의 95% 신뢰구간	하한	3.252	
		상한	3.776	
	5% 절삭평균		3.533	
	중위수		3.400	
	분산		1.745	
	표준편차		1.3211	
	최소값		.0	
	최대값		6.1	
	범위		6.1	
	사분위수 범위		2.1	
	왜도		−.083	.241
	첨도		−.514	.478

(나머지 변수들의 결과는 생략함)

[결과3] M−추정량

	Huber의 M−추정량a	Tukey의 이중가중b	Hampel의 M−추정량c	Andrews의 웨이브d
오더 처리 속도	3.506	3.522	3.527	3.522
가격 수준	2.241	2.210	2.273	2.209
가격 유연성	7.978	7.967	7.944	7.967
제조자 이미지	5.201	5.167	5.214	5.165
전체 서비스 수준	2.965	2.978	2.950	2.979
판매사원 이미지	2.600	2.539	2.596	2.539
제품 품질	7.060	7.049	7.013	7.049
자사제품 구매비율	46.161	46.209	46.197	46.208
구매 만족도	4.769	4.767	4.765	4.767

a. 가중 상수는 1.339입니다.
b. 가중 상수는 4.685입니다.
c. 가중 상수는 1.700, 3.400 및 8.500입니다.
d. 가중 상수는 1.340*pi입니다.

[결과4] 백분위수

		백분위수						
		5	10	25	50	75	90	95
가중평균 (정의 1)	오더 처리 속도	1.315	1.900	2.500	3.400	4.600	5.300	5.595
	가격 수준	.605	.900	1.425	2.150	3.275	4.100	4.500
	가격 유연성	5.505	5.900	6.700	8.050	9.100	9.690	9.900
	제조자 이미지	3.305	3.800	4.525	5.000	6.000	6.790	7.100
	전체 서비스 수준	1.600	1.910	2.400	3.000	3.475	3.700	4.000
	판매사원 이미지	1.400	1.700	2.200	2.600	3.000	3.900	4.000
	제품 품질	4.405	4.710	5.800	7.150	8.375	8.990	9.295
	자사제품 구매비율	32.000	34.100	39.000	46.500	53.750	58.900	60.000
	구매 만족도	3.305	3.700	4.100	4.850	5.400	5.990	6.100
Tukey의 Hinges	오더 처리 속도			2.500	3.400	4.600		
	가격 수준			1.450	2.150	3.250		
	가격 유연성			6.700	8.050	9.100		
	제조자 이미지			4.550	5.000	6.000		
	전체 서비스 수준			2.400	3.000	3.450		
	판매사원 이미지			2.200	2.600	3.000		
	제품 품질			5.800	7.150	8.350		
	자사제품 구매비율			39.000	46.500	53.500		
	구매 만족도			4.100	4.850	5.400		

　[결과4], [결과5]는 여러 가지 백분위수 계수, 극단적으로 낮은 값과 높은 값 5개씩을 보여
주고 있다. 어떤 관찰치가 '오더 처리 속도' 변수에 대해 낮은 값 혹은 높은 값을 가지고 있는
지를 보여준다.

[결과5] 극단값

			케이스 수	값
오더 처리 속도	최대값	1	97	6.1
		2	5	6.0
		3	42	5.9
		4	49	5.8
		5	72	5.6
	최소값	1	39	.0
		2	96	.6
		3	79	1.0
		4	65	1.1
		5	8	1.3
		5	22	3.3

(나머지 변수들에 대한 결과는 생략함)

[결과6] 다음 데이터를 보면, Kolmogorov-Smirnov D가 0.063으로 데이터가 정규분포를 하고 있는지에 대한 귀무가설에 대한 통계량을 나타내는 결과에서도 p > 0.05로서 정규분포를 하고 있는 것으로 나타났다. Shapiro-Wilk의 통계량도 비슷한 결과를 보여주고 있다.

[결과6] 정규성 검정

	Kolmogorov-Smirnov[a]			Shapiro-Wilk		
	통계량	자유도	유의확률	통계량	자유도	유의확률
오더 처리 속도	.063	100	.200*	.985	100	.334
가격 수준	.095	100	.028	.969	100	.017
가격 유연성	.095	100	.027	.950	100	.001
제조자 이미지	.107	100	.007	.982	100	.183
전체 서비스 수준	.085	100	.069	.986	100	.366
판매사원 이미지	.122	100	.001	.963	100	.007
제품 품질	.091	100	.041	.971	100	.028
자사제품 구매비율	.078	100	.133	.985	100	.321
구매 만족도	.078	100	.142	.977	100	.074

a. Lilliefors 유의확률 수정

*. 이것은 참인 유의확률의 하한값입니다.

　　[결과7-11]은 데이터의 정규분포 여부에 대한 다양한 그래프 결과를 보여주고 있다. 먼저 [결과7, 8]에서 정규분포 여부에 대한 그래프 분석한 결과를 보면 히스토그램, 줄기-잎 그림을 살펴보면, 정규분포에 가까운 그림을 주고 있다. [결과11]의 상자도표-위스커 그림에서는 박스 범위내의 Q1(1사분위수)-Q3(3사분위수)가 적절한 위치에 있으며, 평균값도 가운데쯤 위치하고 있다. 특이 관찰치도 없다고 볼 수 있다. 이러한 결과는 [결과 9-10]의 정규분포에 대한 곡선을 나타내는 정규 확률도에서도 비슷한 결과를 보여주고 있다. 전체적으로 보아 약간 상한에서 벗어나는 경향만을 보이고 있을 뿐 정규분포에 가까운 값을 보여 주고 있다.

[결과7]

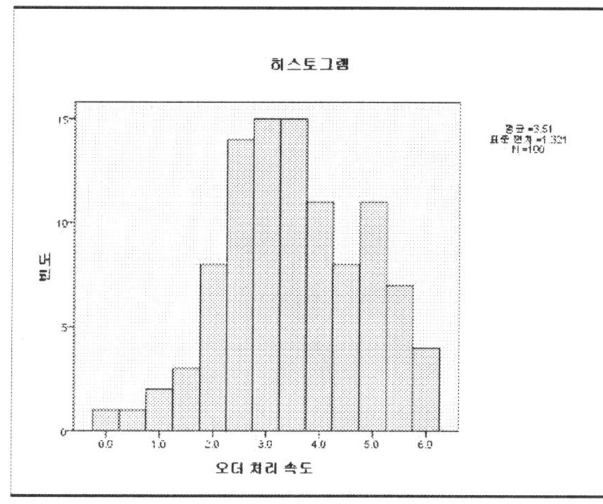

[결과8]

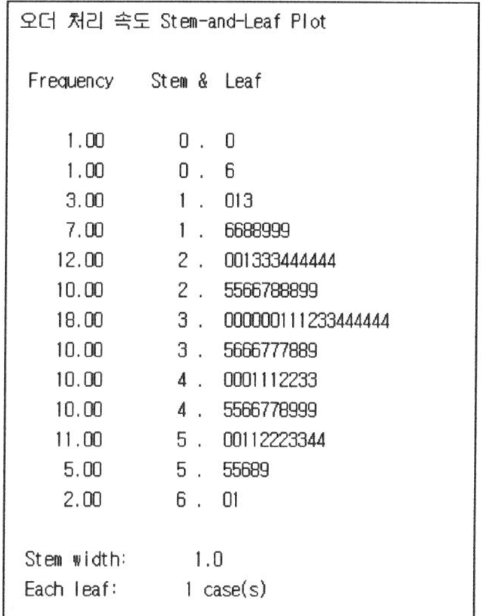

```
오더 처리 속도 Stem-and-Leaf Plot

 Frequency    Stem &  Leaf

    1.00      0 .  0
    1.00      0 .  6
    3.00      1 .  013
    7.00      1 .  6688999
   12.00      2 .  001333444444
   10.00      2 .  5566788899
   18.00      3 .  000000111233444444
   10.00      3 .  5666777889
   10.00      4 .  0001112233
   10.00      4 .  5566778999
   11.00      5 .  00112223344
    5.00      5 .  55689
    2.00      6 .  01

 Stem width:      1.0
 Each leaf:       1 case(s)
```

[결과9]

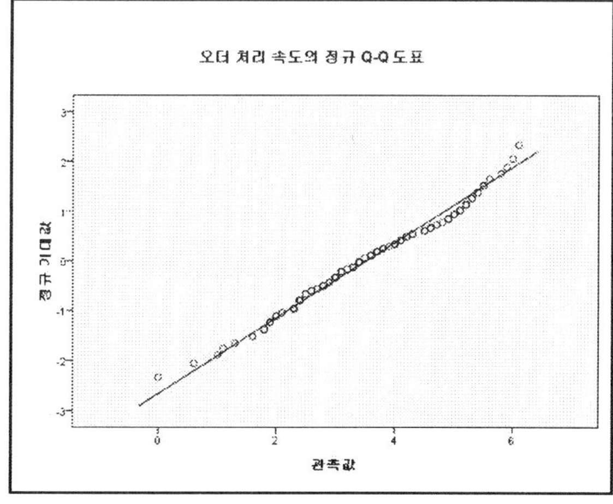

[결과10]

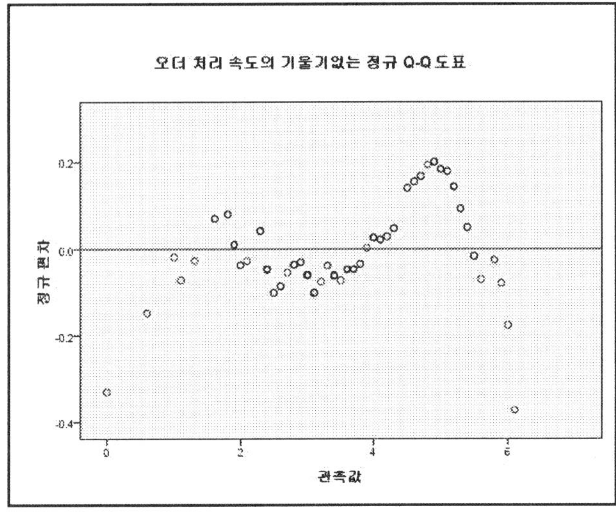

[결과11]

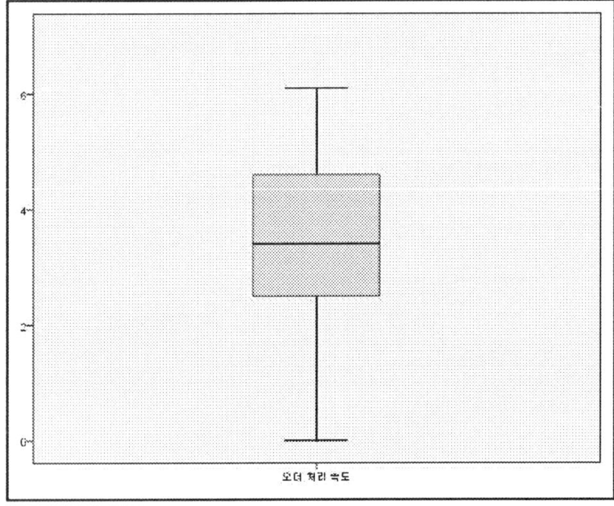

   종합적으로 보아 x_1(오더 처리 속도)은 먼저 최빈치가 중위수나 평균에 비해 낮은 값을 가지고 있고, 박스그림, 줄기-잎 그림, 히스토그램, 정규 확률도에서 평균보다 낮은 쪽에 관찰치가 약간 많이 몰려 있으나, 정규분포라는 가정을 기각할 수 없다. 따라서 정규분포로 볼 수 있다.

   각 변수들에 대한 통계분석 결과에 대한 통계분석 결과를 정리해 보면 다음의 표와 다음 쪽의 그림과 같이 정리 된다. x_1, x_5, x_9, x_{10}을 제외한 나머지 변수들을 정규분포를 하고 있지 않다는 결과를 보이고 있다. 따라서 이들 변수들에 대해서는 변수의 변환을 통해 정규분포로 만드는 추가적인 변수 변환 과정을 거쳐야 할 것이다. 특히, z값과 Kolmogrov-Smirnov D 통계량이 큰 x_2, x_3, x_4, x_6 변수들은 이들을 심각하게 고려해야 할 것이다.

변수 이름	왜도		첨도		Kolmogorov D		평가
	통계량	z값	통계량	z값	통계량	유의도	
x_1	−.085	−.35	−.511	−1.07	.063	>.150	정규분포
x_2	.469	1.95	−.509	1.16	.095	.028	좌로 치우침
x_3	−.289	1.19	−1.073	2.24	.095	.027	유니폼 분포
x_4	.218	.91	.085	.18	.107	.007	약간 좌로 치우침
x_5	−.373	1.55	.141	.29	.085	.069	정규분포
x_6	.493	2.04	.107	.22	.122	.001	좌로 치우침
x_7	−.229	.95	−.850	−1.77	.091	.041	약간 피크가 낮음
x_9	−.069	.26	−.725	−1.52	.079	.131	정규분포
x_{10}	.089	.37	−.763	−1.60	.078	.142	정규분포

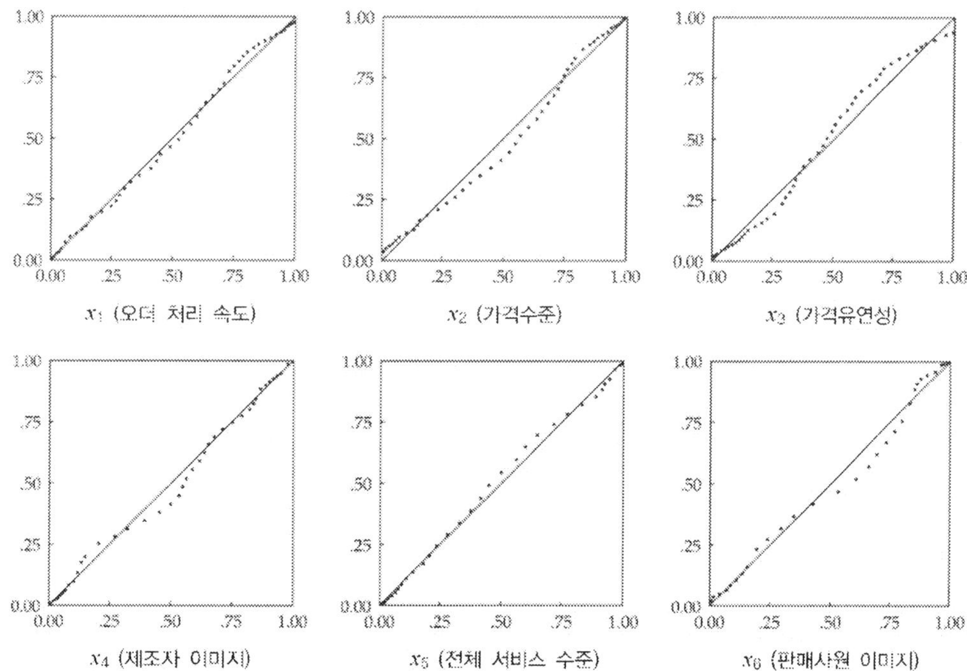

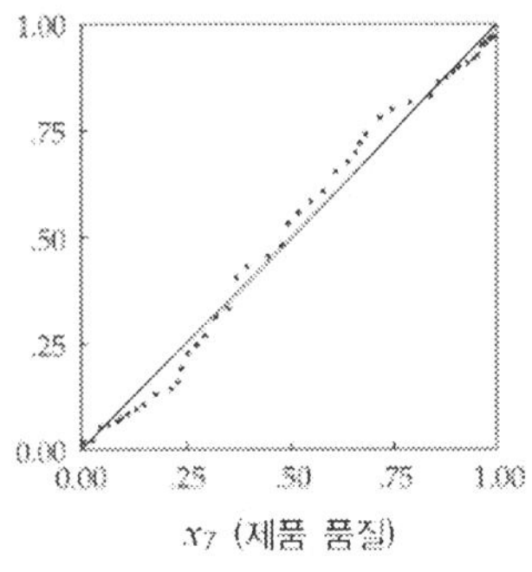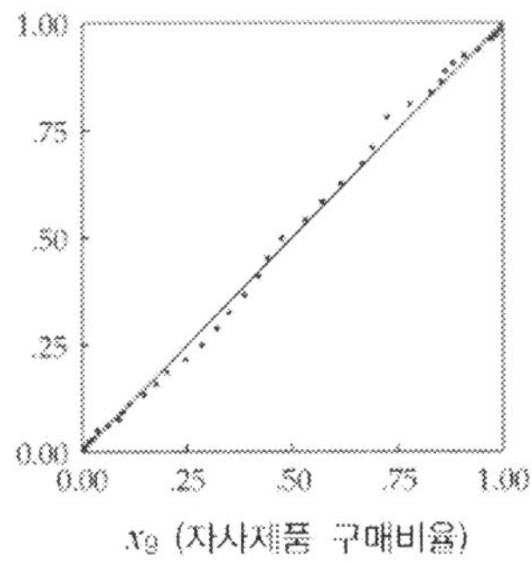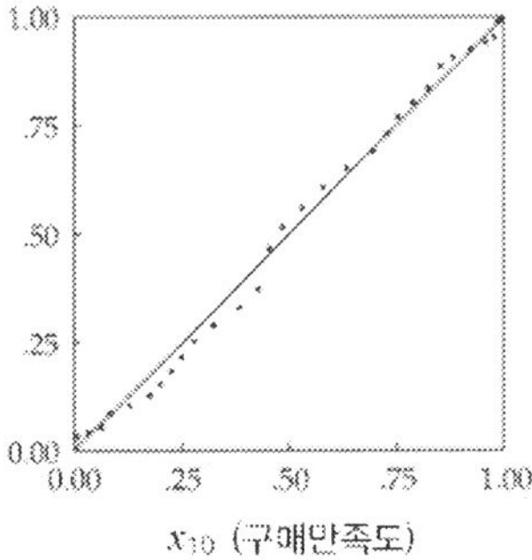

[각 변수별 정규확률분포도]

4.5. 정규성을 만족하지 못하는 변수 문제해결

(1) 해결 방안

정규성 검정의 결과 변수 x_2, x_3, x_4, x_6 등의 변수 등은 정규분포의 가정에서 벗어나는 결과를 보이고 있다. 이러한 경우 문제를 해결하는 방법은 다음과 같은 것들을 들 수 있다.

- $\log(y)$: 변수에 대해 Log를 취해 변환을 시도한 후 정규성 재검정
- $\mathrm{Sqrt}(y)$: 변수에 대해 $\sqrt{\ }$ 를 취해 변환을 시도한 후 정규성 재검정
- $1/y$: 변수에 대해 $1/y$로 변환을 시도한 후 정규성 재검정
- $y*y$: 변수에 대해 y^2을 취해 변환을 시도한 후 정규성 재검정
- $\exp(y)$: 변수에 대해 Exponential 지수 변환을 시도한 후 정규성 재검정

변환과 관련해 생각할 수 있는 가이드라인을 들면 다음과 같다(Hair, et. al. 2000).

- 평균/분산의 비율이 4 이하이어야 효과가 있다.
- 두 변수간의 관계에 대해 변환을 할 때, 1의 기준에서 작은 값을 갖는 것을 변환변수를 선택한다.
- 종속변수의 이분산성이 있는 경우를 제외하고는 독립변수를 변환변수로 선택한다.
- 이분산성은 종속변수의 변환으로 해결될 수 있다. 만약 이분산성이 있는 종속변수가 독립변수와 비선형관계에 있다면 독립변수도 변환이 되어야 한다.
- 변환에 의해 생성된 새로운 변수에 대한 해석도 변화되어야 한다. 보통 로그함수로 변화시키면 해석에 대한 기준이 탄력성(elasticity)으로 바뀐다.

(2) 분석과정

x_2 변수는 다음과 같이 제곱근 변환을 하는 것이 적절하다.

STEP 01 제곱근 변환을 하기 위해서는 [변환] → [변수 계산] 메뉴들을 차례로 클릭한다.

STEP 02 '대상변수'를 '변환가격수준'으로 입력하고, '함수집단'에서 '산술'을 선택한 후 'Sqrt'를 더블 클릭한다. 다음으로 변수들 중에 '가격수준(x_2)'를 선택한다. 입력된 모습의 화면을 보면 다음과 같다. 하단의 [확인] 버튼을 클릭한다.

STEP 03 가격수준에 대한 변환된 데이터는 'C : \Sample\Datasav' 폴더에 '4장-4-1-2 -데이터.sav'로 저장되어 있다. 다음으로 '가격수준변환' 변수에 대한 [분석] → [기술통계량] → [데이터탐색] 메뉴들을 차례로 클릭해 데이터탐색 분석을 수행한다.

STEP 04 종속변수를 '가격수준변환'으로 지정하고, 우측의 버튼 중에 [도표] 버튼을 클릭한다.

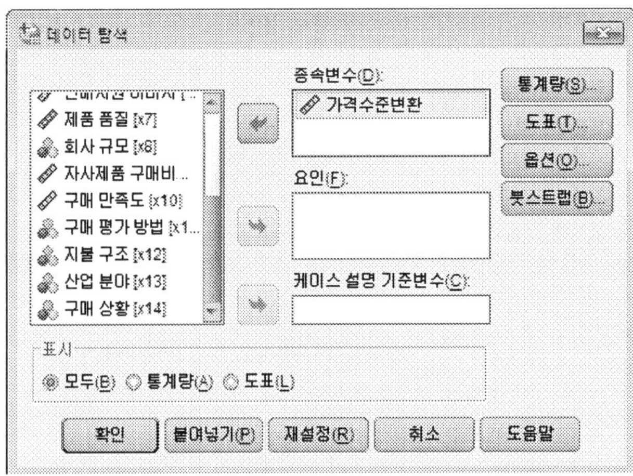

STEP 05   기술통계의 줄기와 잎그림, 히스토그램과 중간의 '검정과 함께 정규성 도표'를 체크한다. 하단의 [계속] 버튼을 클릭한다. 데이터탐색 화면으로 돌아오면 하단의 [확인] 버튼을 클릭한다.

(3) 결과해석

[결과1]에서 먼저 '변환가격수준'에 대한 요약 통계량을 보면 다양한 형태의 통계량이 제시되어 있다. 전체적으로 보아 '변환가격수준'의 경우 정규분포를 하고 있을 가능성이 높다는 것을 알 수 있다. 정규분포 통계량의 결과는 앞의 출력결과 중에 왜도 (−0.11) 와 첨도 (−0.47) 로서 0에 가까운 값을 가지고 있다.

[결과1] 기술통계

			통계량	표준오차
변환가격수준	평균		1.4843	.04029
	평균의 95% 신뢰구간	하한	1.4044	
		상한	1.5643	
	5% 절삭평균		1.4900	
	중위수		1.4662	
	분산		.162	
	표준편차		.40294	
	최소값		.45	
	최대값		2.32	
	범위		1.88	
	사분위수 범위		.62	
	왜도		−.106	.241
	첨도		−.465	.478

[결과2]의 데이터를 보면, Kolmogorov-Smirnov D가 0.062으로 데이터가 정규분포를 하고 있는지에 대한 귀무가설에 대한 통계량을 나타내는 결과에서도 p > 0.05로서 모두 정규분포를 하고 있는 것으로 나타났다. 여기에 결과는 제시하지 않았지만 나머지 줄기-잎 그림과 상자 그림을 보면 정규분 모양과 비슷하다는 것을 알 수 있다. 정규분포에 대한 곡선을 나타내는 정규 확률도에서도 약간 상한에서 벗어나는 경향만을 보이고 있을 뿐 정규분포 직선에 가까운 값을 보여 주고 있다.

[결과2] 정규성 검정

	Kolmogorov-Smirnov[a]			Shapiro-Wilk		
	통계량	자유도	유의확률	통계량	자유도	유의확률
변환가격수준	.062	100	.200*	.990	100	.636

a. Lilliefors 유의확률 수정
*. 이것은 참인 유의확률의 하한값입니다.

변환 전후의 결과를 표로 정리해 보면 다음과 같다.

변수구분	왜도		첨도		Kolmogorov-D	
	통계량	z값	통계량	z값	통계량	유의도
x_2	.469	1.95	-.509	1.16	.095	.028
$\sqrt{x_2}$	-.106	.44	-.465	.97	.062	>.150

마찬가지 방식으로 다른 변수를 변환시킬 때, x_6의 경우에도 제곱근(square root) 변환이 가능하나 다른 변수는 불가능한 것으로 보인다. 그러나 추후 분석에서 정규성 가정이 크게 문제가 있는 경우를 제외하고는 의미를 해석하는 문제와 관련하여 생각해 볼 때, 현재와 같은 경우라도 원래의 데이터로 분석하는 것이 여러 가지로 좋다.

5 평균, 표준편차 분석

5.1. 메트릭 데이터에 대한 평균, 표준편차 분석

(1) 분석과정

정규성 검정을 통해 정규분포를 한다는 것이 확인되면, 다음 과정에서 각 변수들에 대한 기초적인 데이터를 정리할 수 있다. 먼저 메트릭 데이터에 대해서는 평균, 표준편차 분석을 한다.

STEP 01 [분석] → [기술통계량] → [기술통계] 순으로 메뉴를 클릭한다.

STEP 02 분석 변수로서 x1 - x7, x9 - x10까지의 9개의 변수를 지정한다. 우측의 버튼 중에 [옵션] 버튼을 클릭한다.

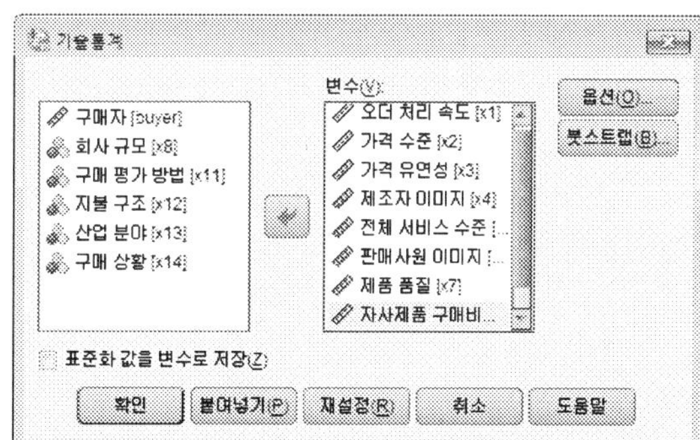

STEP 03 분산, 범위, 평균의 표준오차를 선택한다. **기술통계** 화면으로 돌아오면 하단의
[확인] 버튼을 클릭한다.

(3) 주요 통계량 설명

분석 결과에 대한 해석을 하기 전에 다음과 같은 몇 가지 통계량에 대해 살펴 보자.

가. 데이터의 대표값

모집단에서 추출한 데이터 $x_1, \cdots, x_n$에서 이들의 중심값을 나타낼 수 있는 통계량으로서
는 평균(mean), 중위수(median)와 앞에서 살펴본 최빈치(mode) 등이 있다. 이들을 보면 아
래와 같다.

1) 평균

여기서 사용하는 평균(mean)은 산술평균(arithmetic mean)을 의미한다. 데이터의 대표값
을 측정하는 척도로서 많이 사용되고 있다. 평균은 데이터의 산술적인 중앙값으로 모집단의
데이터의 수를 N, 표본의 수를 n이라 하면 모평균 μ와 표본평균 $\overline{X}$ 아래와 같이 계산된다.

$$\mu = \frac{1}{N}(x_1 + x_2 + \cdots + x_N) = \frac{1}{N}\sum_{i=1}^{N} x_i$$

$$\overline{X} = \frac{1}{n}(x_1 + x_2 + \cdots + x_n) = \frac{1}{n}\sum_{i=1}^{n} x_i$$

• 모평균의 계산

> **문** 어느 회사의 전체 직원이 5명이며, 이들의 월 급여가 아래와 같을 때, 직원의 평균 월 급여 수준은 얼마인가? (단위 : 만원)
>
> $$120,\ 150,\ 135,\ 145,\ 180$$
>
> **답** 위에 주어진 데이터는 전체 직원으로서 모집단이기 때문에 모평균이 아래와 같이 계산된다.
>
> $$\mu = \frac{120 + 150 + 135 + 145 + 180}{5} = 146$$

• 표본 평균의 계산

> **문** 어느 학과의 졸업생 중 10명을 대상으로 월 급여를 조사했을 때, 졸업생들의 직원의 평균 월 급여 수준은 얼마인가? (단위 : 만원)
>
> $$130,\ 135,\ 145,\ 155,\ 160,\ 135,\ 175,\ 180,\ 170,\ 200$$
>
> **답** 위에 주어진 데이터는 표본집단이기 때문에 표본평균이 아래와 같이 계산된다.
>
> $$\overline{X} = \frac{130 + 135 + 145 + 155 + 160 + 135 + 175 + 180 + 170 + 200}{10} = 158.5$$

2) 중위수

중위수(median)는 데이터를 크기순서에 따라 늘어놓을 때 가운데에 위치하는 값이다. 데이터의 개수가 짝수일 때는 2개의 중앙값을 뜻하거나 두 값의 가운데 값을 의미하기도 한다.

> **문** 어떤 물건의 표본 추출한 무게(kg)에 관한 데이터 5개가 다음과 같이 제시되어 있다.
>
> $$9.2,\ 6.4,\ 10.5,\ 8.1,\ 7.8$$
>
> **답** 먼저 표본 평균을 계산해 보면 다음과 같다.
>
> $$\overline{X} = \frac{9.2 + 6.4 + 10.5 + 8.1 + 7.8}{5} = 8.4$$

반면에 중위수를 계산하기 위해 값의 크기 순으로 나열하면, 6.4, 7.8, 8.1, 9.2, 10.5에서 가운데 값은 8.1kg이다

3) 최빈치

앞에서 살펴보았듯이 최빈치(mode)는 가장 빈번하게 발생하는 값을 말한다. 분포에서 가장 봉우리가 높은 곳을 나타낸다. 최빈치는 평균에 비해 데이터가 넌메트릭이거나 넌메트릭 형태로 계급 구간을 나눈 데이터에 대해서 유용하게 사용될 수 있다.

나. 데이터의 분산 정도

데이터가 중앙에 있는 값들을 중심으로 퍼져 있는 정도를 측정하는 개념으로, 산포도라고도 한다. 통계학적으로는 분산(variance)과 표준편차(standard deviation)라는 개념이 주로 사용된다.

모집단의 분산을 모분산(population variance) σ^2이라고 하며, 모집단에서 표본추출한 데이터 $x_1, \cdots, x_n$에서 구한 분산을 표본분산(sample varience) s^2이라고 한다. 모집단의 데이터 수를 N, 표본의 수를 n이라 하면 표본분산은 표본의 크기 n대신, $n-1$로 나누어 주는데, 그 이유는 $n-1$로 나누어 줌으로써 모집단 표준편차 σ를 추정하는데 적합한 표준편차를 구하기 위해서다.

$$\sigma^2 = \frac{1}{N}\sum_{i=1}^{N}(x_i - \mu)^2$$

$$s^2 = \frac{1}{n-1}\sum_{i=1}^{n}(x_i - \overline{X})^2$$

표준편차는 분산의 제곱근으로 모 표준편차와 표본 표준편차는 아래와 같이 계산된다.

$$\sigma = \sqrt{\frac{1}{N}\sum_{i=1}^{N}(x_i - \mu)^2}$$

$$s = \sqrt{\frac{1}{n-1}\sum_{i=1}^{n}(x_i - \overline{X})^2}$$

표준편차는 데이터의 관찰치 및 평균과 똑 같은 단위로 되어 있기 때문에 데이터분산(산포도) 척도로서 많이 사용된다.

변동계수(coefficient of variation : CV)는 평균에 대한 표준편차의 비율을 백분율로 나타낸 것이다. 단위에 따라 표준편차의 크기가 달라지는데, 단위의 영향을 받지 않고 평가할 수 있다. 변동계수는 비율척도로 측정이 되었을 경우에 의미가 있다. 모든 데이터값들에 대해 상수를 곱해도 변동계수는 변하지 않는 특성이 있다. 변동계수는 아래와 계산이 된다.

$$CV = \frac{s}{X}$$

그 이외에도 앞에서 살펴보았던 범위(range ; 최대값 - 최소값), 사분위수 범위(interquartile range ; Q3 - Q1) 등이 분산 정도를 나타내는 값으로 사용될 수 있다.

(4) 결과해석

분석결과를 살펴보면 다음과 같다. 각 변수에 대해 표본의 수는 모두 100개이며, 먼저 최소값과 최대값을 볼 경우 데이터의 범위인 0에서 10또는 자사구매비율의 경우에는 0에서 100사이의 값에 분포를 하고 있어 우선 데이터가 잘 입력이 되어 있다는 것을 알 수 있다.

다음으로 평균을 볼 경우 가격수준, 전체 서비스 수준, 판매사원 이미지에 대해서 Hatco 회사에 대한 평가가 좋지 않음을 알 수 있다. 반면에 가격유연성, 제조자 이미지, 제품 품질 등은 상대적으로 높은 평가를 받고 있다는 것을 알 수 있다. 또한 표준편차나 표준오차가 평균에 비해 그리 높지 않으며, 데이터가 매우 안정적이라는 것을 보여 준다.

기술통계량

	N	최소값	최대값	평균	표준편차
오더 처리 속도	100	.0	6.1	3.514	1.3211
가격 수준	100	.2	5.4	2.364	1.1957
가격 유연성	100	5.0	10.0	7.894	1.3865
제조자 이미지	100	2.5	8.2	5.248	1.1314
전체 서비스 수준	100	.7	4.6	2.916	.7513
판매사원 이미지	100	1.1	4.6	2.665	.7709
제품 품질	100	3.7	10.0	6.971	1.5852
자사제품 구매비율	100	25.0	65.0	46.106	8.9895
구매 만족도	100	3.2	6.8	4.771	.8556
유효수(목록별)	100				

5.2. 넌메트릭 데이터에 대한 빈도분석

(1) 분석과정

현재 데이터와 같이 수집한 데이터에 넌메트릭 데이터들이 포함되어 있다면 이들 변수에 대한 빈도분석을 통해 전체적인 추세를 파악하는 것이 좋다. 이를 분석하는 과정을 살펴보면 다음과 같다.

STEP 01 [분석] → [기술통계량] → [빈도분석] 순으로 메뉴들을 클릭한다.

STEP 02 다음으로 넌메트릭 변수들을 선택한다. 빈도분석을 진행하기 위해서는 하단의 [확인] 버튼을 클릭한다.

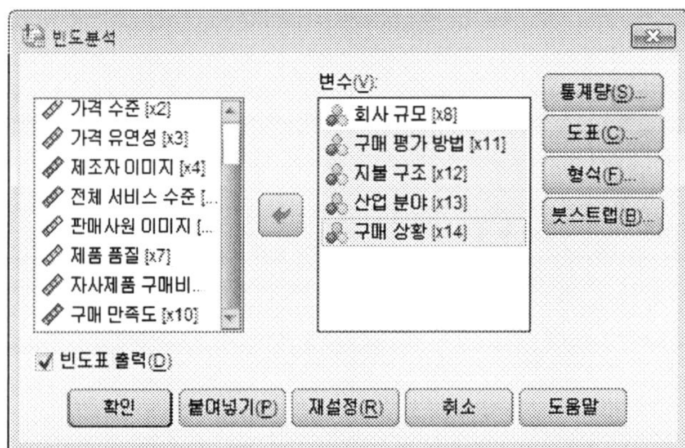

(2) 결과해석

분석결과를 살펴보면, 각 변수에 대해 표본의 수는 모두 100개이며, 값에 분포가 각 변수가 변할 수 있는 범위의 데이터가 입력된 것으로 보아 우선 데이터가 잘 입력이 되어 있다는 것을 알 수 있다. 또한 각 변수들의 도수를 보면 골고루 분포가 되어 있음을 알 수 있다. 특히 넌메트릭 데이터들이 집단 별 세분화된 분석을 수행하는 주요 변수라는 것을 착안할 경우 현재의 데이터는 매우 적절하다고 볼 수 있다.

회사 규모

		빈도	퍼센트	유효 퍼센트	누적퍼센트
유효	소규모	60	60.0	60.0	60.0
	대규모	40	40.0	40.0	100.0
	합계	100	100.0	100.0	

구매 평가 방법

		빈도	퍼센트	유효 퍼센트	누적퍼센트
유효	스펙 구매에 대한 평가	40	40.0	40.0	40.0
	전체적인 구매 가치 평가	60	60.0	60.0	100.0
	합계	100	100.0	100.0	

지불 구조

		빈도	퍼센트	유효 퍼센트	누적퍼센트
유효	분산	50	50.0	50.0	50.0
	중앙 집중	50	50.0	50.0	100.0
	합계	100	100.0	100.0	

산업 분야

		빈도	퍼센트	유효 퍼센트	누적퍼센트
유효	기타	49	49.0	49.0	49.0
	산업	51	51.0	51.0	100.0
	합계	100	100.0	100.0	

구매 상황

		빈도	퍼센트	유효 퍼센트	누적퍼센트
유효	신규 구매	34	34.0	34.0	34.0
	수정 재구매	32	32.0	32.0	66.0
	반복 재구매	34	34.0	34.0	100.0
	합계	100	100.0	100.0	

6 상관관계 분석

6.1. 상관관계 분석의 개요

두 변수들간에 관련성이 없다면, 두 변수들의 관련성을 통해 어떤 통계적인 결론을 내는 것은 무의미하다. 연구자들은 메트릭 데이터들로 구성된 변수들간에 상관관계가 있는 경우 2개의 변수들간의 선형 관계 등을 조사하는데 활용하려고 한다.

변수들간의 상관관계를 볼 수 있는 가장 쉬운 방법은 두 변수간의 산점도(scatter plot)를 보는 것이다. 보통 한 변수는 관찰치로 X축에 표시되고 다른 변수는 관찰치나, 기대값 또는 잔차에 대해서 산점도가 그려진다. 산점도는 두 변수간의 관련성이 높을수록 점들의 분포가 일직선에 가까운 형태를 띠게 된다.

또 다른 방법은 변수들간의 상관관계 계수를 보는 것이다. 상관계수에 대한 자세한 설명은 7장의 기술통계분석 난에 자세히 설명되어 있다. 일반적으로 상관계수는 −1에서 1값을 가지고 있으며, 산점도의 분포결과를 상관계수라는 숫자로 표현해 준다. 보통 −1이란 두 변수가 정확히 음의 관계를 가지고 있는 것이며, +1이란 두 변수간 정확히 양의 관계를 가지고 있어 산점도 상에 일직선으로 나타난다. 반면에 −1에서 1사이의 값을 가질 경우에는 1에 가까울수록 산점도가 일직선에 가깝게 나타나며, 0에 가까울수록 퍼져 있는 형태로 나타난다.

6.2. 메트릭 데이터간 산점도 분석

(1) 분석개요

산점도는 다음과 같은 데이터 형태를 봄으로써 독립변수에 따른 종속변수의 동분산성(homoscedasticity) 또는 이분산성(heteroscedasticity)을 볼 수 있다. 특히 $x_1 - x_7$은 x_9(자사제품 구매비율), x_{10}(구매 만족도)에 영향을 미치는 독립변수로 볼 수 있기 때문에 산점도를 통해 동분산성 여부를 보는 것이 중요하다. 동분산성과 이분산성의 형태는 다음과 같이 제시된다.

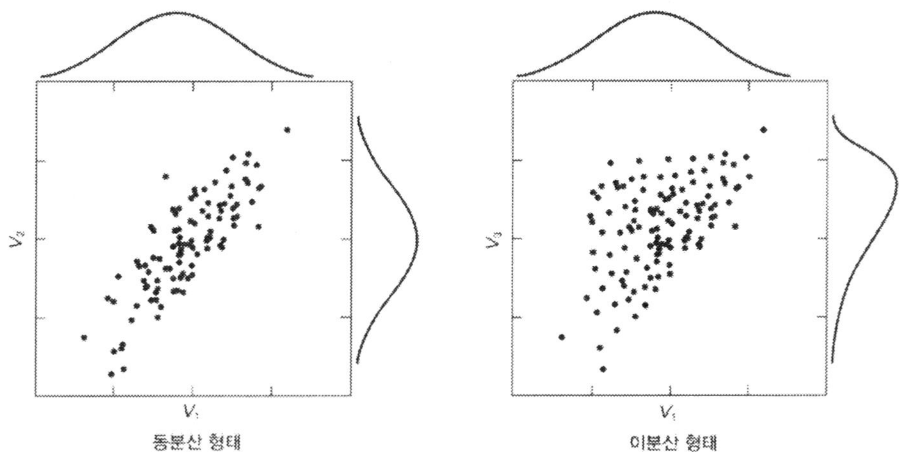

(2) 분석과정

STEP 01 분석데이터는 4장의 Hatco 회사의 데이터를 활용했다. 이 데이터는 'C :
\Sample\Datasav' 폴더에 '4장-4-1-1-데이터.sav'로 저장되어 있다. 두 변
수간 산점도 분석을 하려면, [그래프] → [레거시 대화 상자] → [산점도/점도
표] 메뉴들을 차례로 클릭한다.

STEP 02 여러 가지 산점도 그래프에서 단순 산점도를 선택한다. 하단의 버튼들 중에 [정의] 버튼을 클릭한다.

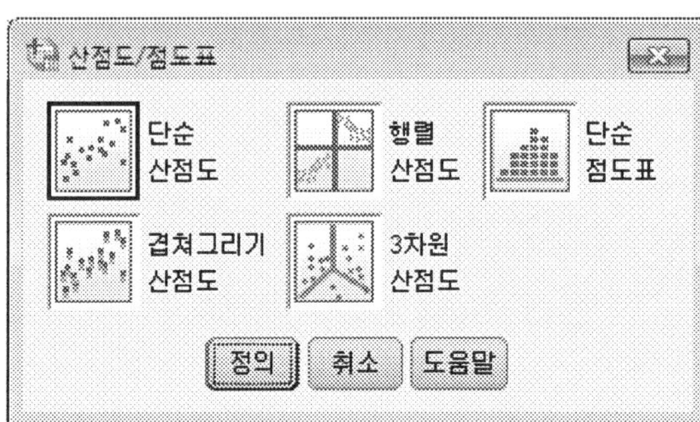

STEP 03 다음으로 Y-축 변수로 x_9을 선택하고 X-축 변수로 x_1을 선택한 후 [확인]을 클릭한다.

다른 변수들에 대해서도 산점도를 구하려면 Y-축 변수는 계속해서 x_9 변수로 지정하고 X-축 변수를 x_2에서 x_7까지 변화시키면서 살펴 본다.

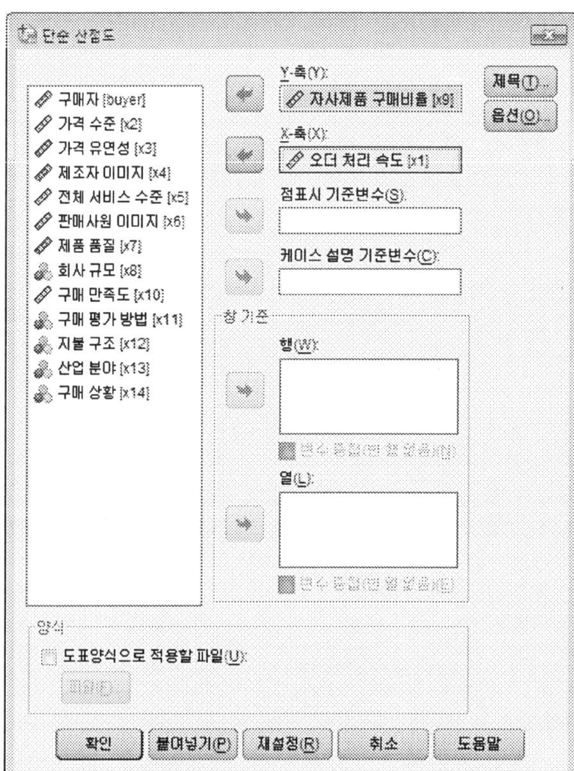

(3) 결과해석

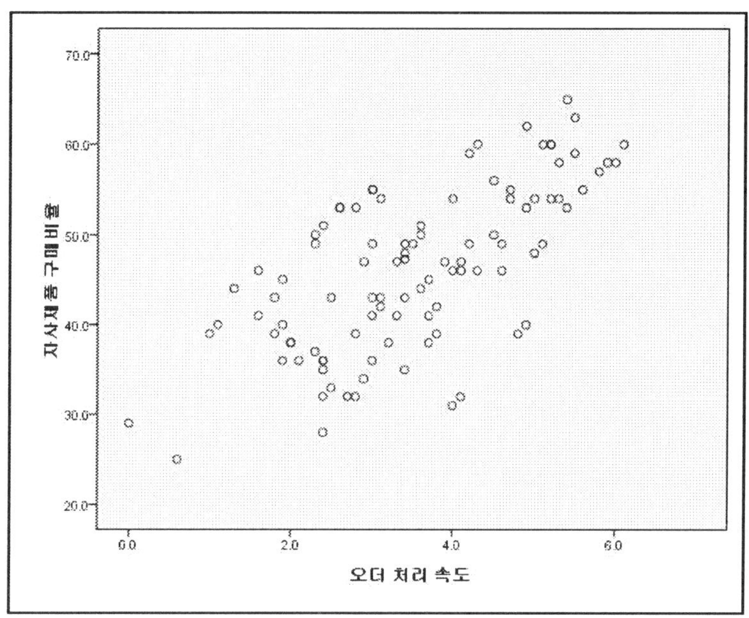

자세한 분석을 위해 $x_1 - x_7$과 x_9 간의 산점도만을 살펴본다면 다음 그림과 같이 정리된다.

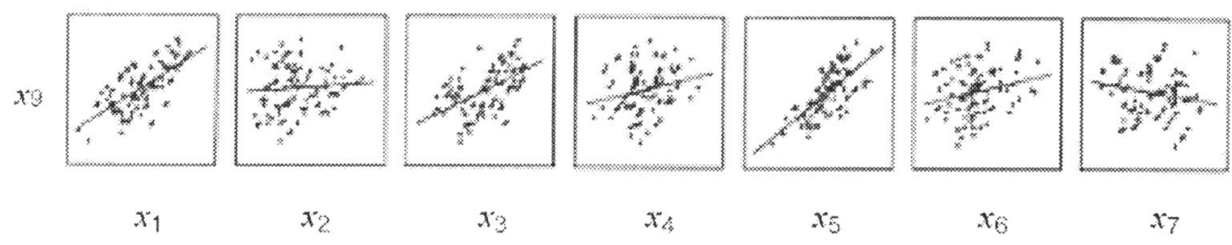

여기서 보면 x_2, x_5 등에 대해 이분산성이 있는지의 여부를 조사할 필요성이 있을 것이다. 자세한 분석은 회귀분석 등에서 실시할 수 있다. 만약 이분산성이 있다면 정규성 검정에서처럼 변수의 변환을 고려해야 한다.

6.3. 메트릭 데이터간 상관관계 분석

(1) 분석과정

STEP 01 산점도에서 살펴본 데이터에 대해서 상관관계 분석을 하기 위해서는 [분석] →
[상관분석] → [이변량 상관계수]를 클릭한다.

STEP 02 상관계수를 계산할 변수로서 $x_1 - x_7$, x_9, x_{10} 을 지정한다. 다른 조건은 그대로
둔 상태에서 하단의 [확인] 버튼을 클릭한다.

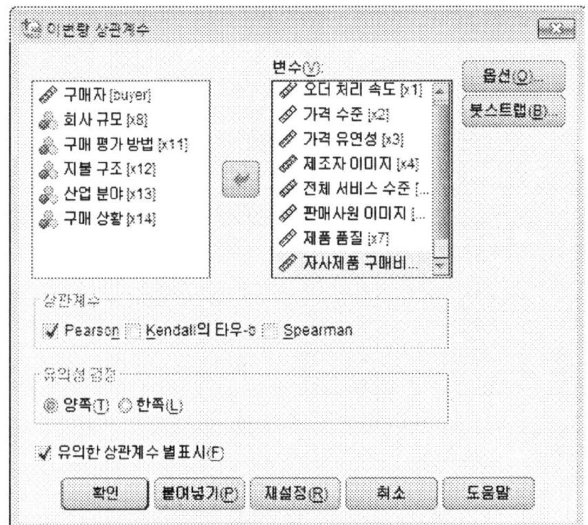

(2) 결과해석

결과를 보면 각 변수들간의 상관관계계수와 상관계수가 0인가에 대한 귀무가설을 검정하는 유의도가 제시되어 있다. 전체적으로 보아 상관관계 계수가 0.9 이상으로 높은 값이 없으며, x_2를 제외하고 종속변수인 x_9, x_{10}와 어느 정도 상관관계를 보이고 있다.

[결과1] 상관계수

		오더 처리 속도	가격 수준	가격 유연성	제조자 이미지	전체 서비스 수준	판매 사원 이미지	제품 품질	자사제품 구매비율	구매 만족도
오더 처리 속도	Pearson 상관계수	1	-.349**	.508**	.051	.612**	.077	-.481**	.675**	.650**
	유의확률 (양쪽)		.000	.000	.615	.000	.449	.000	.000	.000
	N	100	100	100	100	100	100	100	100	100
가격 수준	Pearson 상관계수	-.349**	1	-.487**	.272**	.513**	.186	.470**	.083	.028
	유의확률 (양쪽)	.000		.000	.006	.000	.064	.000	.412	.779
	N	100	100	100	100	100	100	100	100	100
가격 유연성	Pearson 상관계수	.508**	-.487**	1	-.116	.067	-.034	-.448**	.558**	.525**
	유의확률 (양쪽)	.000	.000		.250	.510	.735	.000	.000	.000
	N	100	100	100	100	100	100	100	100	100
제조자 이미지	Pearson 상관계수	.051	.272**	-.116	1	.299**	.788**	.200*	.225*	.476**
	유의확률 (양쪽)	.615	.006	.250		.003	.000	.046	.024	.000
	N	100	100	100	100	100	100	100	100	100
전체 서비스 수준	Pearson 상관계수	.612**	.513**	.067	.299**	1	.241*	-.055	.701**	.631**
	유의확률 (양쪽)	.000	.000	.510	.003		.016	.586	.000	.000
	N	100	100	100	100	100	100	100	100	100
판매사원 이미지	Pearson 상관계수	.077	.186	-.034	.788**	.241*	1	.177	.257**	.341**
	유의확률 (양쪽)	.449	.064	.735	.000	.016		.078	.010	.001
	N	100	100	100	100	100	100	100	100	100
제품 품질	Pearson 상관계수	-.481**	.470**	-.448**	.200*	-.055	.177	1	-.192	-.283**
	유의확률 (양쪽)	.000	.000	.000	.046	.586	.078		.055	.004
	N	100	100	100	100	100	100	100	100	100
자사 제품 구매 비율	Pearson 상관계수	.675**	.083	.558**	.225*	.701**	.257**	-.192	1	.711**
	유의확률 (양쪽)	.000	.412	.000	.024	.000	.010	.055		.000
	N	100	100	100	100	100	100	100	100	100
구매 만족도	Pearson 상관계수	.650**	.028	.525**	.476**	.631**	.341**	-.283**	.711**	1
	유의확률 (양쪽)	.000	.779	.000	.000	.000	.001	.004	.000	
	N	100	100	100	100	100	100	100	100	100

**. 상관계수는 0.01 수준(양쪽)에서 유의합니다.

*. 상관계수는 0.05 수준(양쪽)에서 유의합니다.

6.4. 산점도와 상관관계 분석 결과

　전체적으로 각 변수별 산점도, 상관계수, 히스토그램을 정리해보면 다음과 같다. 결과를 보면 각 변수별로 상관관계가 높지 않으나, 종속변수인 x_9 변수와의 관계에서 보면, x_1, x_3, x_5 는 상관계수도 높으며, 산점도로 보아도 선형성이 있는 것으로 보인다.

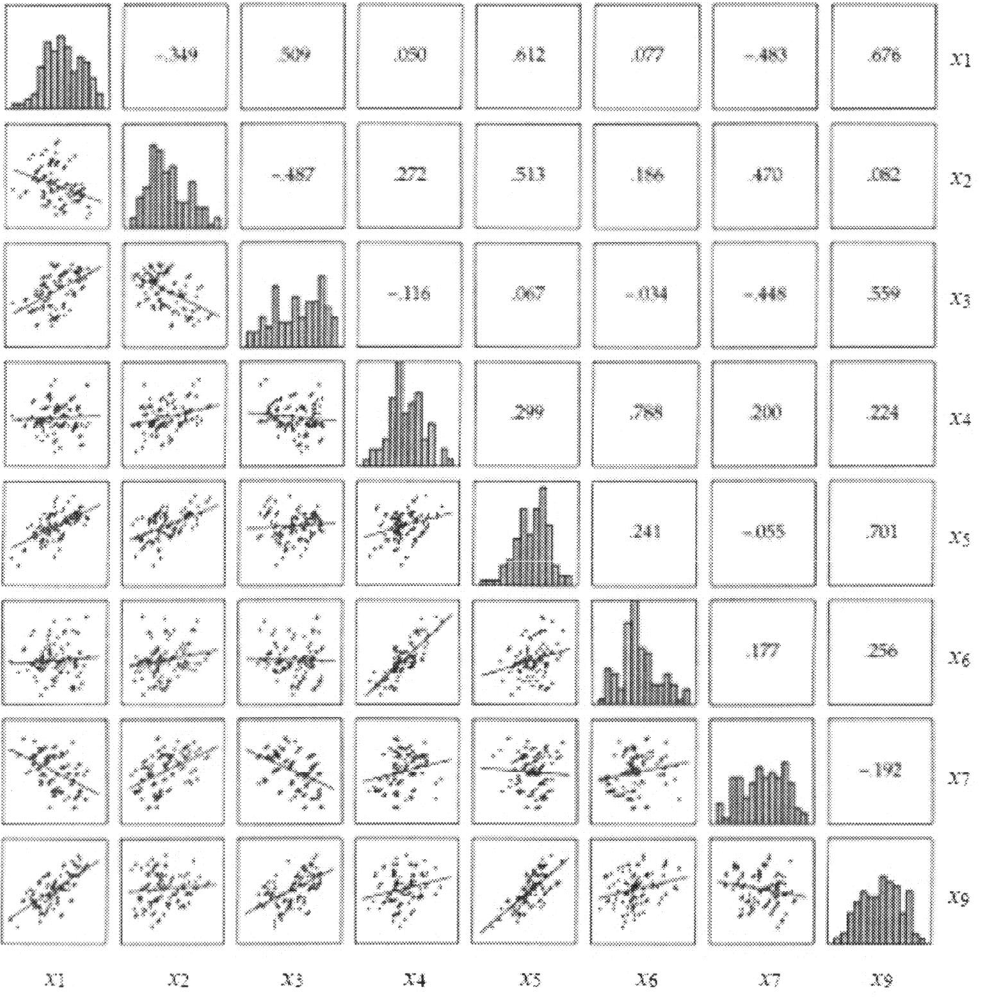

7 신뢰도 검정

7.1. 다항목 척도들로 측정된 개념의 신뢰도 검정

(1) 분석개요

하나의 개념에 대해 3개 이상의 다항목으로 측정된 척도들은 척도의 신뢰성, 타당성, 일반화 가능성에 의해서 평가를 할 수 있다. 측정을 하게 되면 참값보다는 관찰을 통해 얻어지는 값을 파악하게 된다. 따라서 측정오차(measurement error)를 일으킬 수 있다. 따라서 참값과는 다른 값이 측정될 가능성이 있다. 참값과 관찰된 값의 관계는 다음과 같은 수식으로 표현된다.

$$X_o = X_t + X_s + X_r$$

여기서, X_o =관찰된 값 혹은 측정

$\quad\quad X_t$ =특성의 참값

$\quad\quad X_s$ =체계적 오차

$\quad\quad X_r$ =무작위 오차

수식에서 보듯이 전체 측정오차는 체계적 오차와 무작위 오차가 포함된다. 체계적 오차(systematic error)는 일정한 방향으로 측정에 영향을 준다. 즉 매번 측정마다 같은 방식으로 관찰 값에 영향을 미치는 고정된 요소이다. 반면에 무작위 오차(random error)는 일정하지 않은 패턴을 보인다. 이것은 응답자 개인의 변화 혹은 상황적 요소와 같이 매 번의 측정마다 다른 방식으로 관찰 값에 영향을 미치는 요소이다. 이러한 오차들은 데이터의 신뢰성과 타당성에 영향을 준다. 오차가 발생하는 요인을 살펴보면 다음과 같다.

- **개인이 가지고 있는 성격** : 지적 능력, 사회적 바람, 교육수준 등
- **개인적 요소** : 건강, 감정, 피로 등
- **상황적 요소** : 다른 사람들, 소음, 주의 산만
- **항목들의 표본 변화** : 척도 항목이 더해지거나 삭제됨
- **항목관련 요소** : 지시사항이나 항목의 결함
- **기술적 요소** : 인쇄상태, 과다한 설문 항목들, 디자인 형태
- **면접자 요소** : 면접자의 차이에 따른 영향

• 분석적 요소 : 코딩, 점수화와 데이터분석의 차이

측정 오차를 파악하는 방법으로 신뢰도 검정(reliability test)이란 변수의 일관성(consistency)과 관련된 개념으로 비교 가능한 독립된 여러 측정 항목에 의해 대상을 측정하는 경우에 결과가 서로 비슷하게 나타나는지를 검정하는 것이다. 신뢰도 검정은 일반적으로 등간 척도나 비율척도로 측정된 넌메트릭 척도에 대해서 수행한다. 명목척도로 측정된 넌메트릭 척도도 신뢰도 검정을 할 수 있다.

신뢰도 검정은 크게 세 가지 목적에 의해 수행된다. ① 동일한 대상에 대해서 같거나 비교 가능한 측정 항목을 사용하여 반복 측정할 경우 동일하거나 비슷한 결과를 얻을 수 있는가? ② 측정 항목이 측정하려고 하는 속성을 얼마나 잘 측정했는가? ③ 측정에 있어 측정 오차가 얼마나 존재하는가? 등이다.

주요 신뢰도를 검정할 수 있는 방법을 살펴보면 다음과 같다.

① 동일도구 2회 측정 신뢰도(test-retest reliability) : 동일한 측정대상에 대하여 동일한 상황하에서 동일한 측정도구를 사용하여 2회 이상 측정하여 그 측정값 사이에 신뢰도를 측정하는 방법이다. 두 검사 기간의 시간적 간격은 일반적으로 2주에서 4주 정도로 진행한다. 두 측정 간의 유사성의 정도는 상관계수를 계산하여 얻어진다. 상관계수가 높을수록 신뢰성이 높다. 이 방법은 측정 사이의 시간 간격에 매우 민감하며, 측정 간격이 길수록 신뢰성이 낮아지며, 처음 측정한 대상자들의 특성이 변하거나, 반복해 측정이 가능하지 않을 수도 있다. 또한 응답자들이 처음 측정 값을 기억하려고 함으로써 처음 측정이 다음 측정에 영향을 줄 수도 있다. 이러한 다양한 영향으로 동일도구 2회 측정 신뢰도는 다른 방법과 병행해 살펴보는 것이 좋다.

② 동등한 2가지 측정도구 측정치의 신뢰도(alternative form reliability) : 동일한 대상에 대하여 거의 동등한 2개 이상의 측정도구를 이용하여 2주나 4주 간격을 두고 측정한 후에 이들간의 상관관계를 분석하는 방법이다. 그러나 이 방법은 측정도구의 개발에 많은 시간과 비용이 들며, 동일한 내용의 두 가지 형식의 척도를 만드는 것이 어렵다.

③ 내적 일관성 신뢰도(internal consistency reliability) : 내적 일관성 신뢰도는 여러 항목들을 합하여 전체 합계를 만든 합산 척도의 신뢰도를 평가한다. 각 항목들은 전체 척도에 의해 측정되는 어떤 개념을 측정하게 되고 그 항목들은 특성을 나타내는데 일관성이 있을 때 높은 신뢰도를 나타내게 된다. 즉 신뢰도의 측정은 철도를 이루는 항목들의 집합이 내적 일관성을 이루느냐에 있다.

먼저 내적 일관성 신뢰도는 **반분계수 신뢰도**(split-half reliability)로 측정할 수 있다. 다수의 측정항목을 서로 대등한 2개의 그룹으로 나누고 두 그룹의 항목별 측정치의 상관관계를 조사하는 방법이다. 두 집단 간의 높은 상관관계는 높은 내적 일관성을 나타낸다. 척도항목들은 홀수나 짝수 항목별 또는 무작위로 양분이 된다. 하지만 척도 항목들을 어떻게 나누느냐에 따라 결과가 달라지는 점이 문제이다. 이를 극복할 수 있는 방법 중의 하나가 크론바흐 알파계수이다.

일반적으로 많이 사용되는 **크론바흐의 알파 계수**(Cronbach's alpha)는 척도항목들을 여러 가지 다른 방법으로 양분을 해서 만들어진 모든 가능한 양분 신뢰성들의 평균이 사용된다. 이 계수는 0에서 1 사이의 값을 가지며 0.6 또는 그 이하의 값이 나오면 내적 일관성 신뢰도가 만족할 수준이 되지 못한다고 볼 수 있다. 알파계수의 중요한 특성은 척도 항목들의 수가 늘어감에 따라 그 값도 증가한다. 따라서 알파계수는 인위적으로 부적절하게 불필요한 척도 항목들을 포함시킴으로써 과장되게 나타날 수도 있다. 이 계수는 다음과 같이 계산된다.

$$\alpha = \frac{k}{k-1}\left(1 - \frac{\Sigma \sigma_i^2}{\sigma_y^2}\right)$$

여기서, k = 측정항목 수

σ_i^2 = 개별측정항목의 분산

σ_y^2 = 전체측정항목의 분산

알파 계수로 측정한 항목들의 신뢰도가 낮을 경우 여러 개의 변수들 중에서 하나의 개념을 측정할 수 있는 변수들의 선정에 이 검정의 목적이 있다면 α값을 만족할 만한 정도의 수준까지 높여줄 수 있는 변수들의 조합을 찾아야 한다. 이를 위해서는 계속해서 변수들을 제거시켜가면서 다시 분석을 수행하는 과정을 거쳐 변수를 선택하는 방법을 사용해야 할 것이다. 근본적인 신뢰도 개선방안은 다음과 같다.

- 측정도구의 모호성을 줄인다.
- 측정항목을 늘린다.
- 측정자의 태도에 일관성을 부여한다.
- 조사대상자가 모르는 분야는 측정을 하지 않는다.
- 동일한 질문이나 유사한 질문을 반복한다.
- 이전 조사에서 이미 신뢰성이 있다고 인정된 측정도구를 사용한다.

(2) 분석데이터

분석 데이터는 Alpha 회사에서 타이어에 관한 정보를 얻기 위해 베타, 감마, 델타, 알파라는 4가지 타이어에 대한 구매의도, 신뢰도, 관심도에 대해 설문 조사를 했다. 설문문항은 다음과 같은 형태의 10점 척도로 질문했다.

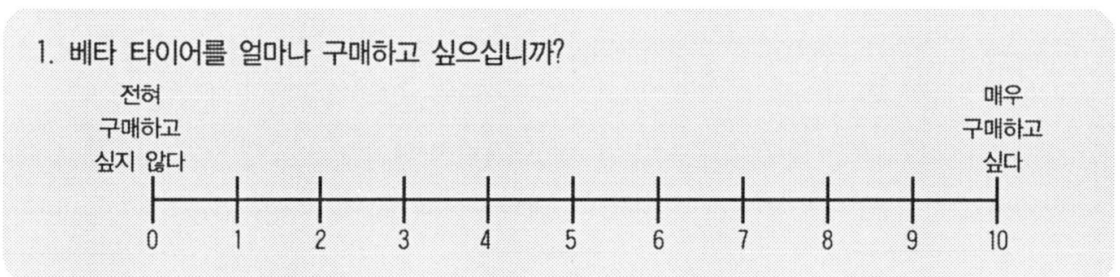

설문조사 결과 60명의 소비자에 대해 다음과 같은 데이터를 얻었다. 데이터는 C : \Sample\Data 폴더 내에 Alpha.xls 파일로 저장되어 있어 이를 읽어 들인 후, '4장-7-1-1 -데이터.sav'로 저장했다.

	응답자번호	베타구매의도	감마구매의도	델타구매의도	알파구매의도	베타신뢰성	베타관심
1	1	0	1	5	8	8	
2	2	0	0	0	0	6	
3	3	10	10	10	10	8	
4	4	2	4	8	7	4	
5	5	6	6	6	6	0	
6	6	5	10	10	7	2	
7	7	7	0	7	9	8	
8	8	6	9	8	5	5	
9	9	6	6	6	6	0	
10	10	8	9	7	10	5	
11	11	4	2	4	0	8	
12	12	5	0	0	10	9	

(3) 분석과정

본 예제는 '알파의 구매가치'라는 개념을 생각하고, 이를 구성하는 변수로서 '알파구매의도', '알파신뢰성', '알파관심도'가 적절한 지를 신뢰도 검정하는 사례이다. 각 타이어의 구매의도간의 상관관계를 통해 각 타이어간 구매의도 관련성에 대해 살펴보고자 한다.

STEP 01　[분석] → [척도] → [신뢰도분석]을 차례로 클릭한다.

STEP 02　신뢰도분석 화면에서 세 변수 '알파구매의도', '알파신뢰성, '알파관심도'를 지정한다. 이에 대한 설명을 '알파의 구매가치'로 지정한다. 모형을 모면 알파, 반분계수, Guttman, 동형, 절대동형 등의 방법을 선택할 수 있다. '알파'는 크론바흐 알파로 디폴트 값이다. '반분계수'는 항목을 반분해 측정한 신뢰도 계수를 보여준다. 'Guttman'은 Guttman이 제시한 최소한의 가정으로 추정할 수 있는 65의 신뢰도 계수를 산출해 준다. '동형'은 최우추정신뢰도(maximum likelihood reliability)를 통해 모든 항목의 등분산을 가정한 신뢰도를 보여준다. 마지막으로 '절대동형'은 최우추정신뢰도를 모든 항목의 등평균, 등분산 가정하에 보여준다. 모든 지정이 끝이 나면, [**통계량**] 버튼을 클릭한다.

STEP 03 상관관계와 항목제거시 척도에 대한 통계량을 지정한다. 하단의 [계속] 버튼을 클릭한다. 신뢰도 분석 화면으로 되돌아오면 하단의 [확인] 버튼을 클릭한다.

(4) 결과해석

신뢰도 통계량이 제시된 곳을 보면, 알파 타이어의 구매가치에 대한 구매의도, 신뢰도, 관심도간에 신뢰도가 0.805(사회과학 데이터의 경우는 보통 0.7이상이면 신뢰성이 있다고 할 수 있다)으로서 높다고 할 수 있다. 따라서 이들을 하나의 변수로 보아 합산을 하든지, 평균을 낸 값으로 어떤 분석을 하더라도 큰 문제가 없다. 그리고 구매가치라는 하나의 개념을 측정하는 변수로서 이 세 가지 변수가 적절하다고도 할 수 있다.

신뢰도 통계량

Cronbach의 알파	Cronbach's Alpha Based on Standardized Items	항목 수
.805	.827	3

항목간 상관행렬

	알파구매의도	알파신뢰성	알파관심도
알파구매의도	1.000	.501	.601
알파신뢰성	.501	1.000	.742
알파관심도	.601	.742	1.000

항목이 삭제된 경우에 대한 것은 특정변수를 세 가지 변수 중에 삭제하고 난 후에 Cronbach 계수는 알파난의 값과 같이 된다는 의미이다. 예를 들어 알파의 구매의도라는 변수를 삭제한 경우에는 Cronbach 계수가 0.833로 증가한다. 여기에서는 세 가지 변수를 하나로 보았을 때의 Cronbach Alpha 계수 값보다 그리 크지 않으므로 변수를 제거시키지 않고 보는 것이 더 의미 있다.

항목 총계 통계량

	항목이 삭제된 경우 척도 평균	항목이 삭제된 경우 척도 분산	수정된 항목-전체 상관관계	제곱 다중 상관관계	항목이 삭제된 경우 Cronbach 알파
알파구매의도	13.52	18.186	.597	.368	.833
알파신뢰성	12.08	25.908	.683	.556	.744
알파관심도	12.77	19.436	.751	.621	.624

7.2. 평가자간 신뢰도 검정

(1) 분석개요

다음으로 같은 내용에 대해 여러 평가자가 평가를 한 경우 평가자간에 평가 일관성을 살펴볼 수 있는 평가자간 신뢰도(intraclass correlation coefficients) 검정을 할 수 있다.

(2) 분석데이터

다음 자료는 올림픽 위원회에서 8명의 심판들의 심판 내용의 일관성을 살펴보기 위해 300번의 심판에 대한 결과들을 보여 준다. 심판들은 이탈리아, 대한민국, 루마니아, 프랑스, 중국, 미국, 러시아, 그리고 스포츠 행사의 열광자에 대한 평가 결과이다.

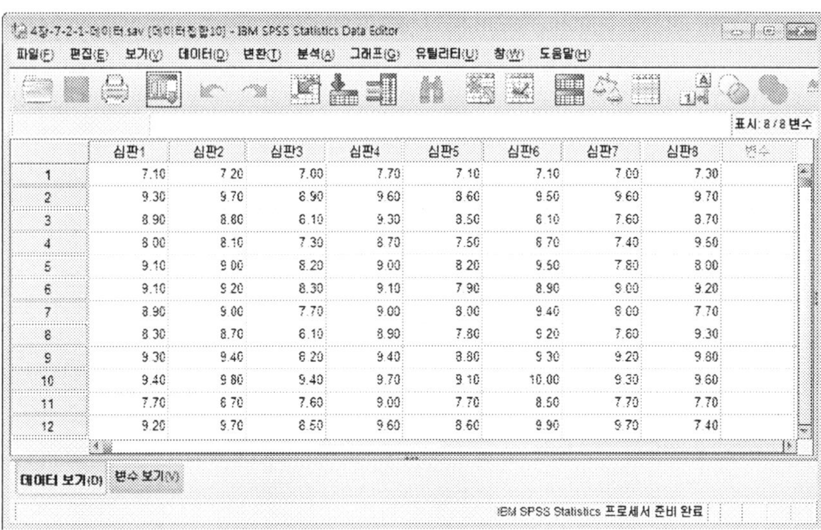

(3) 분석과정

STEP 01　[분석] → [척도] → [신뢰도분석]을 차례로 클릭한다.

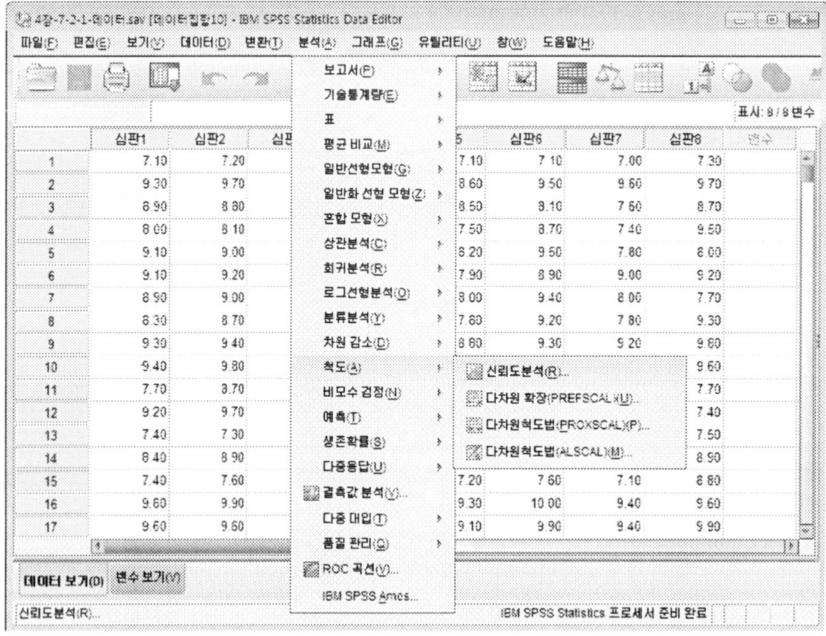

STEP 02 신뢰도분석 화면에서 각 변수들을 지정한다. 모든 지정이 끝이 나면, [통계량] 버튼을 클릭한다.

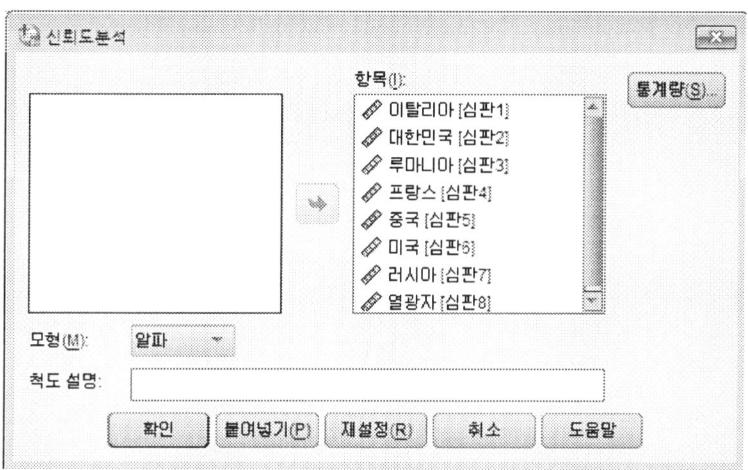

STEP 03 평균과 상관관계에 대한 통계량을 지정한다. 하단의 급내상관계수를 지정한다. 모형은 이차원 혼합과 유형은 일치로 지정되는데, 현재 상태대로 지정한다. 하단의 [계속] 버튼을 클릭한다. 신뢰도 분석 화면으로 되돌아오면 하단의 [확인] 버튼을 클릭한다.

(4) 결과해석

[결과1] 케이스 처리 요약

		N	%
케이스	유효	300	100.0
	제외됨a	0	.0
	합계	300	100.0

a. 목록별 삭제는 프로시저의 모든 변수를 기준으로 합니다.

[결과1]은 케이스에 대한 요약 자료를 보여준다. 전체 케이스가 300개라는 것을 보여준다.

[결과2] 신뢰도 통계량

Cronbach의 알파	Cronbach's Alpha Based on Standardized Items	항목 수
.971	.975	8

[결과2]는 8명의 심판에 대한 크론바흐 알파계수를 보여준다. 전체적으로 .971로 상당히 높은 값으로 평가자들간에 신뢰도가 높다는 것을 보여준다.

[결과3] 항목간 상관행렬

	이탈리아	대한민국	루마니아	프랑스	중국	미국	러시아	열광자
이탈리아	1.000	.910	.918	.915	.927	.907	.905	.635
대한민국	.910	1.000	.875	.935	.881	.934	.850	.620
프 랑 스	.915	.935	.875	1.000	.881	.921	.852	.627
중 국	.927	.881	.944	.881	1.000	.874	.920	.641
미 국	.907	.934	.865	.921	.874	1.000	.851	.626
러 시 아	.905	.850	.925	.852	.920	.851	1.000	.634
열 광 자	.635	.620	.632	.627	.641	.626	.634	1.000

[결과4] 요약 항목 통계량

	평균	최소값	최대값	범위	최대값 / 최소값	분산	항목 수
항목 평균	8.497	8.039	8.955	.917	1.114	.138	8
항목간 상관관계	.831	.620	.944	.324	1.522	.014	8

[결과3]과 [결과4]는 각 항목간 상관관계와 항목들에 대한 평균값과 평균 상관관계를 보여준다. 전체적으로 관련성이 높음을 알 수 있다. 특별히 항목간 상관관계를 보면 열광자의 경우에 상관관계 계수가 다른 심판들간에 낮음을 알 수 있다. 이에 따라 열광자가 전체 신뢰도를 낮추는 변수일 가능성이 높다. 이러한 결과는 [결과5]에서 항목이 삭제된 경우 신뢰도가 높아지게 나타나는 크론바흐 알파 값에서 확인해 볼 수 있다.

[결과5] 항목 총계 통계량

	항목이 삭제된 경우 척도 평균	항목이 삭제된 경우 척도 분산	수정된 항목 - 전체 상관관계	제곱 다중 상관관계	항목이 삭제된 경우 Cronbach 알파
이 탈 리 아	59.4907	31.201	.949	.918	.963
대 한 민 국	59.0810	31.513	.929	.914	.964
루 마 니 아	59.8700	31.680	.934	.917	.964
프 랑 스	59.0210	33.146	.931	.906	.966
중 국	59.9377	33.285	.942	.921	.965
미 국	59.1397	30.183	.924	.899	.965
러 시 아	59.8230	30.273	.917	.884	.965
열 광 자	59.4713	32.666	.660	.439	.981

[결과6] 급내 상관계수

	급내 상관관계b	95% 신뢰구간		실제 값 0(으)로 F 검정			
		하한값	상한값	값	df1	df2	유의확률
단일 측도	.805a	.777	.832	34.121	299	2093	.000
평균 측도	.971c	.965	.975	34.121	299	2093	.000

사람 효과가 변량효과이고 측정 효과는 고정 효과인 경우 이차원 혼합효과 모형입니다.
a. 상호작용 효과의 유무와 관계없이 추정량은 동일합니다.
b. 일치 정의(측정 간 분산)를 사용하는 유형 C의 급내 상관계수는 분모 분산에서 제외됩니다.
c. 이 추정값은 상호작용 효과가 없다는 가정 하에 계산됩니다. 그 밖의 방법으로는 추정할 수 없기 때문입니다.

[결과6]은 평가자간 상관관계 계수를 통한 신뢰도를 보여 준다. 평균 측도의 95% 신뢰구간이 .965에서 .975로서 매우 높게 나타났다. 또한 한 사람의 평가자만에 대한 예측 결과를 보여주는 단일 측도에서도 평균 측도보다는 낮게 나타났지만 매우 높은 수치임을 보여준다. 또한 유의 확률을 볼 경우 이들 결과가 매우 의미가 있음을 알 수 있다.

Chapter 05

가설검정

01 가설검정

02 한 표본에 대한 가설검정

03 두 표본에 대한 가설검정

1 가설검정

1.1. 가설이란

가설(hypothesis)이란 조사자가 관심을 갖는 요인이나 현상에 대한 검증되지 않은 진술이나 명제를 말한다. 즉, 표본으로부터 주어지는 정보를 이용하여, 모수에 대한 예상, 주장 또는 단순한 추측 등을 기술하는 것이다. 가설은 둘 또는 그 이상의 변수들간의 관계에 대한 시험적인 주장이다. 가설이 시험적이라는 것은 기대되는 정확성을 실증적으로 검정할 수 있으며, 검정을 통해서만 사실여부가 확인되기 때문이다. 또한 가설은 매우 정형화된 논리이다. 종종 가설은 조사질문에 대한 가능한 해답이 된다. 개관적이고 이론적인 틀에 따라 조사문제에 대한 조사질문을 설정하게 되며, 분석적 모델에 근거해 조사질문을 가설로 만들게 된다. 가설은 다음과 같은 3가지 형태에서 설정된 논리로부터 만들어진다.

- 잘 정립된 사실의 집합에 근거하여 설정된 논리
- 여러 연구 또는 시험적인 이론들로부터 나온 예측
- 정확한 정보가 없을 때는 가장 적절한 추측(guess)에서 나온 예측

가설은 보통 두 변수간에 관련성을 표현하게 되는데 관련성이 양인 경우, 음인 경우, 없는 경우, 관련 정도가 더 큰 경우, 관련 정도가 더 작은 경우 등으로 나뉘어질 수 있다.

가설의 종류를 보면 두 가지 형태가 있다. 먼저 대립가설(alternative hypothesis : H_1)은 데이터로부터 얻은 강력한 증거에 의해 연구자가 입증하고자 하는 가설을 이야기한다. 즉 '어떤 차이 또는 효과가 기대된다'와 같은 진술을 하게 된다. 반면 귀무가설 또는 영가설(null hypothesis : H_0)은 대립가설에 상반되는 가설로서 분석 이전에 자연현상에 가까운 사실을 의미한다. 따라서 귀무가설은 '차이가 없다 또는 효과가 없다'와 같이 현상유지에 대한 진술을 하게 된다. 예를 들어 사람이 범죄혐의를 의심 받고 있다고 하자. 이 경우에 보통은 이 사람이 범죄를 저질렀다는 강력한 증거가 없이는 이 사람은 범인이라고 볼 수 없을 것이다. 즉 일반적으로 증거가 없이는 범인이 아니라는 사실이 더 자연적이다. 따라서 이 경우 귀무가설은 "이 사람은 범죄자가 아니다"일 것이다. 반면 형사들은 여러 가지 증거를 포착하여 이 사람이 범죄자라는 것을 보이고자 하기 때문에 대립가설은 "이 사람은 범인이다"라고 설정될 것이다.

실제로 조사질문과 관련해 다음과 같은 가설이 세워질 수 있다.

> 조사질문1 : 어떤 음식이 분위기를 전환시킬 수 있는 음식인가?
> 가   설1 : 포테이토 칩이 분위기를 전환시킬 수 있는 음식이다.
> 가   설2 : 아이스크림이 기분을 전환시킬 수 있는 음식이다.

> 조사질문2 : 소비자들은 언제 분위기를 전환시킬 수 있는 음식을 먹는가?
> 가   설3 : 소비자들은 기분이 좋을 때 분위기를 전환시킬 수 있는 음식을 먹는다.
> 가   설4 : 소비자들은 기분이 나쁠 때 분위기를 전환시킬 수 있는 음식을 먹는다.

위와 같이 가설은 대립가설만을 대상으로 하기 때문에 사회과학에서는 대립가설만을 적는 경우가 많다. 즉 가설은 "소비자들은 과거의 경험은 분위기를 전환할 수 있는 음식의 선호도와 관련이 있다"와 같이 대립가설만 서술된다. 과거의 경험이 분위기를 전환할 수 있는 음식과 특별한 이론적인 관련성이 없다면 오히려 서로 관련 없는 것이 자연적인 현상이기 때문에 귀무가설은 "소비자들은 과거의 경험과 분위기를 전환할 수 있는 음식의 선호도가 관련이 없을 것이다"가 일반적이라고 볼 수 있다.

1.2. 가설검정

설정된 가설 중에 어느 것이 맞는지를 검정하는 것이 가설검정(hypothesis test)인데 이 때 사용하는 통계량이 검정통계량(test statistic)이다. 주요 검정통계량은 정규분포, t-분포, x^2-분포, F-분포에 근거한 것이다. 가설검정은 검정통계량의 값에 따라 대립가설이 채택될 수 있는지를 검정한다. 대립가설이 채택될 수 있을 때는 귀무가설을 기각한다고 하며, 반대의 경우에는 귀무가설을 기각할 수 없다고 하는 것이 상례이다. 귀무가설을 기각하게 되는 검정통계량의 관측값 영역을 기각역(rejection region, critical region)이라고 한다.

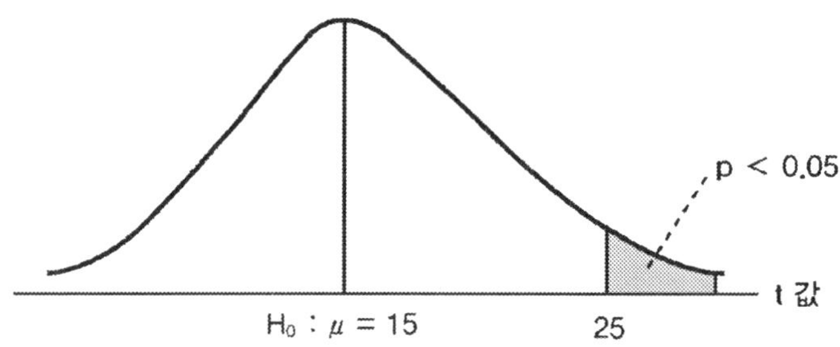

앞의 그림에서 보듯이 기각역을 정하는데 있어 가장 중요한 것은 유의수준(significance level)의 결정이다. 정규분포의 경우 유의수준은 '귀무가설이 맞다'고 보았을 때 평균을 기준으로 관측된 값의 평균값이 위치한 지점이 나타날 가능성인데 일반적으로 이 가능성이 0.01(1%), 0.05(5%), 0.10(10%)인 경우가 가장 많이 사용된다. 예를 들어 귀무가설에 의한 평균값이 15점이었고 관측된 값이 25점이었다고 하자. 귀무가설에 의해 평균값 15점이 분포에서 25점보다 큰 값이 나올 가능성이 그림에서와 같이 0.05보다 낮다면, 이는 이 값이 이 분포에서 나올 가능성이 거의 희박하다는 이야기이다. 즉 이 분포를 따르는 모집단에서 100번의 표본을 추출하는 경우 각 표본의 평균값을 살펴보면, 100번 중에 이 값보다 크게 나올 가능성이 5번 보다 작다는 것이다. 따라서 이는 현재 추출된 데이터가 귀무가설을 따르는 분포에서 그 값이 나왔다는 사실에 강력하게 반대되는 증거임을 나타내는 것이다.

유의수준에 따른 기각역은 크게 두 가지 형태로 나누어 진다. 즉 단측검정과 양측검정인데, 단측검정은 특정한 값보다 큰가 또는 작은가 중 하나만을 기각역으로 보는 경우이다. 앞의 그림의 예는 단측검정의 대표적인 예라고 볼 수 있다. 양측검정은 좌우측 두 값이 기각역에 속하는 경우이다. 따라서 정규분포나 t-분포에서 단측검정에 비해 양측검정은 기각역이 두 군데로 분산이 된다. 즉, 유의수준이 0.05라면 평균보다 작은 값에서 0.025만큼 기각역이 형성되고, 평균보다 큰 값에서 0.025만큼 기각역이 형성된다.

보통 통계분석에서 이 값은 특별한 몇몇 분석 방법을 제외하고는 p값(Prob, Prob < W, Prob > |T|, Prob > F 등)이라고 나온 칼럼에 제시된다. 여기서 Prob > |T|와 같이 절대값을 기준으로 값이 제시되어 있는 경우는 양측검정에 대한 통계량이며, 나머지는 단측검정에 대한 통계량이다. 일반적으로 상관관계 통계량이나 t-분포에 의한 통계량 등은 양측검정 통계량으로 제시되며, 나머지 x^2-분포, F-분포 등에 의한 통계량은 대립가설이 특정한 값(x^2는 0, F-분포는 1)보다 크다는 단측검정 통계량이다.

따라서 여러분은 데이터분석을 할 때 앞에서와 같은 그림을 그릴 필요가 없이 유의수준이 0.05인 경우 그 값이 0.05보다 작은 값이면 귀무가설을 기각하고 대립가설을 채택하고, 반대이면 대립가설을 기각한다.

유의수준을 통한 기각역을 통해 검정할 경우 검정결과에 따라 다음과 같은 오류를 생각할 수 있다. 즉 귀무가설이 옳음에도 우리는 유의수준만큼의 오류를 일으킬 가능성이 있다. 이것을 우리는 제1종의 오류(Type Ⅰ error)라고 하며, 이 오류를 보통 유의수준(level of significance)의 값을 의미하며 α로 표기한다. 반면에 대립가설이 맞고, 귀무가설이 틀림에도 불구하고 귀무가설이 맞다고 검정하는 오류를 제2종의 오류(Type Ⅱ error)라고 하며, 이것을 β로 표기한다. 이것을 power analysis라고도 한다. 따라서 좋은 검정은 이미 지정된 유의수준인 α에 β가 낮을수록 좋은 검정이라고 할 수 있다. 즉 제2종 오류가 발생할 가능성이 낮을수록($1-\beta$가 클수록) 좋은 검정이다. 이 내용을 표로 정리해 보면 다음과 같다.

검정결과 ＼ 실제현상	귀무가설이 사실	대립가설이 사실
귀무가설을 채택	옳은 결정	β
귀무가설을 기각	α	옳은 결정

1.3. 가설검정의 종류

표본의 개수	검정 대상	모분산 파악여부	분석 구분
1개	평균	알고 있음	한 표본의 평균에 대한 일표본 Z-검정
		모름	한 표본의 평균에 대한 일표본 t-검정
	비율	관계없음	한 표본의 비율에 대한 비율검정(Z-검정)
	분산	관계없음	한 표본의 분산에 대한 모분산검정(x^2 검정)
2개	평균	관계없음 독립된 표본	두 표본의 평균에 대한 독립표본 t-검정
		관계없음 대응 표본	두 표본의 평균에 대한 대응표본 t-검정
	비율	관계없음	두 표본의 비율에 대한 비율검정(Z-검정)
	분산	관계없음	두 표본의 분산에 대한 모분산검정(F-검정)

　가설검정은 다음과 같은 두 가지 기준에 의해 나뉘어 진다. 먼저 가설검정을 하고자 하는 표본의 개수, 검정 대상, 모분산의 파악여부이다. 표본의 개수가 1개인가 아니면 2개 또는 그 이상인가이다. 다음으로 가설 검정을 하고자 하는 대상이 평균에 대한 것인가, 비율에 관한 것인가, 아니면 분산에 관한 것인가 이다. 마지막으로 모집단에 대한 분산 또는 표준편차를 알고 있는지에 대한 여부이다.

　2개 표본에 대해 평균을 검사할 때 표본의 독립성이 중요하다. 즉 독립된 표본으로서 서로 밀접한 관계가 없을 때는 독립된 표본에 대해 t-검정을 수행하게 되나, 실험의 특성상 같은 특성을 같은 대상자에 대해 반복적인 실험을 하였다고 볼 수 있는 상황에는 쌍체 t-검정을 수행한다.

2 ｜ 한 표본에 대한 가설검정

2.1. Z-검정

(I) 분석개요

　한 표본에 대한 Z-검정은 모집단에 대한 분산을 알고 있는 경우에 가설을 검정하는 방법이다. 예를 들어 다음과 같은 마케팅 조사 담당자의 문제를 생각해보자.

　시중에 나와 있는 한 음료수의 병에는 함량이 350ml라고 표시되어 있다. 공정거래위원회에서는 이 음료수의 함량이 정확하게 표시되어 있는가를 알아보기 위하여 시중의 슈퍼마켓에서 '무작위로(random)' 10개의 병을 추출하여 함량을 조사한 결과 다음과 같은 데이터를 얻었다. 과거의 경험으로 음료수병에 대한 분산이 1ml인 것으로 나타났다. 이 음료수 병에 들어 있는 음료수의 양이 350ml라고 주장할 수 있는 가를 검정하여라.

> 350.8, 352.2, 349.5, 350.3, 348.6, 348.3, 350.0, 351.5, 351.5, 350.1

　이 경우 다른 조건이 없는 한 분산 $\sigma^2 = 1$로 알려져 있으며, 정규분포를 따르는 것으로 볼 수 있다.

이 문제에 대한 귀무가설과 대립가설을 보면 다음과 같다.

H_0 : 음료수병 함량은 350ml이다$(\mu_1 = \mu_0)$.
H_1 : 음료수병 함량은 350ml이 아니다$(\mu_1 \neq \mu_0)$.

(2) 분석데이터

앞에서 제시된 분석데이터를 데이터집합 화면에 다음과 같이 직접 입력했다.

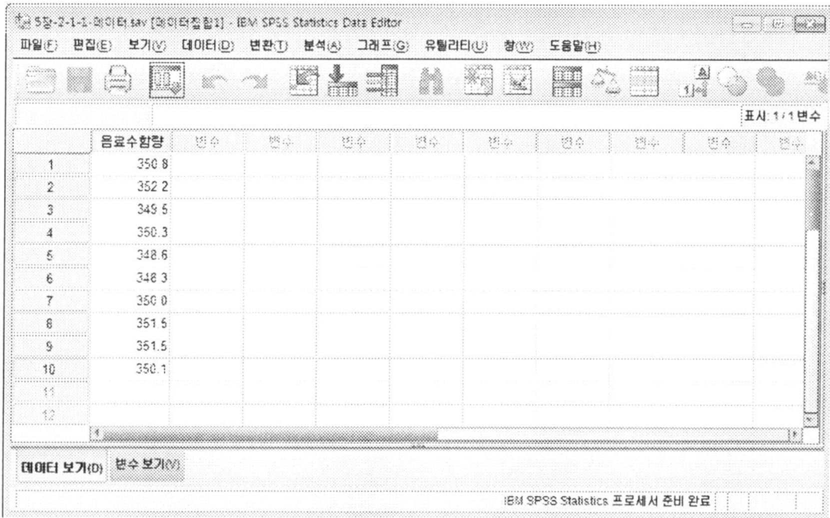

(3) 분석과정

한 표본에 대한 Z-검정을 검정하기 위해서는 다음과 같이 과정을 거쳐야 한다. 먼저 기술통계분석을 통해 평균값을 파악을 해야 한다. 다음으로 파악된 평균값을 기준으로 변수계산 방법을 통해 z값과 유의확률을 계산해야 한다.

STEP 01　평균값을 계산하기 위해서는 [분석] → [기술통계량] → [기술통계] 메뉴들을 차례로 클릭한다.

STEP 02　기술통계 화면에서 음료수함량 변수에 대해 분석을 하기 위해 다음과 같이 입력을 한다. 하단의 [확인] 버튼을 클릭한다.

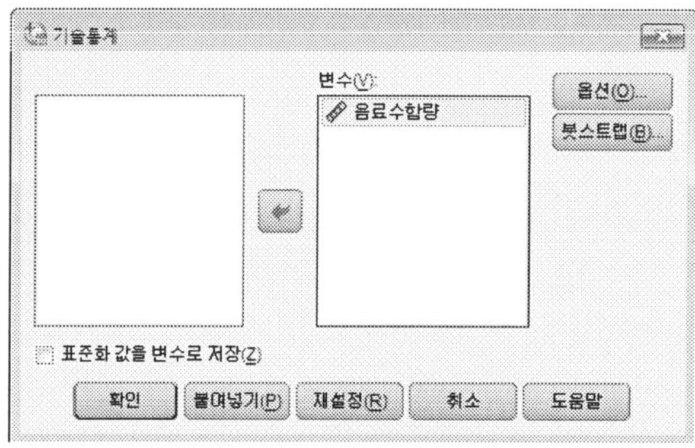

기술통계 분석의 결과가 아래와 같이 제시되어 있다.

기술통계량

	N	최소값	최대값	평균	표준편차
음료수함량	10	348.3	352.2	350.280	1.2647
유효수(목록별)	10				

STEP 03　다음으로 Z-검정을 위한 통계량들을 계산한다. z값은 아래와 같이 계산된다.

$$z = \frac{\overline{X} - \mu_0}{\sigma / \sqrt{n}}$$

z값을 계산하려면, [변환] → [변수 계산] 메뉴들을 차례로 클릭한다.

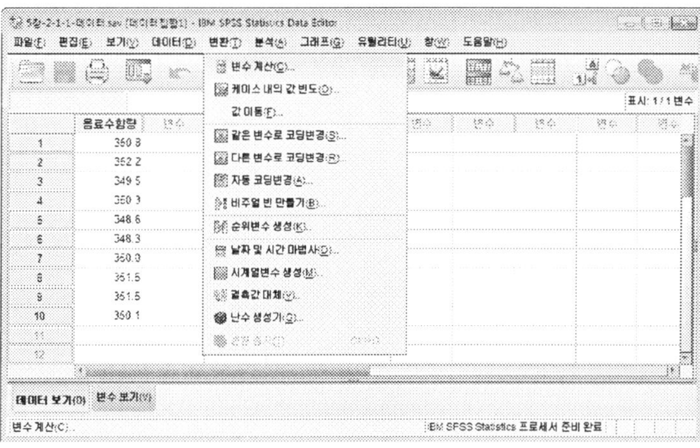

STEP 04　대상변수로 'z'를 입력한 후, 숫자표현식에 구체적인 숫자를 넣는다. 앞의 기술 통계분석에서 $\overline{X} = 350.28$, $\mu_0 = 350$, $\sigma = 1$, $n = 10$이므로 이를 표현하는 수식을 입력했다. 수식 입력이 끝나면, [확인] 버튼을 클릭한다.

STEP 05 계산된 z값은 다음 화면에서 보듯이 박스 안에 0.89로 계산되어 있다.

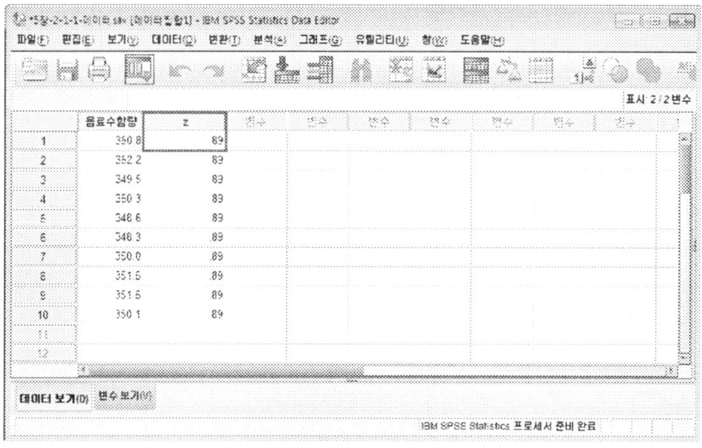

STEP 06 다음으로 계산한 z값에 대한 확률은 각각의 상황에 따라 다음 중에 하나로 계산이 될 수 있다. 상황에 따라 적절한 형태로 바꾸어서 입력해야 한다.

- 양측검정 : 유의확률=$(1-\text{Cdf.Normal}(\overline{X},\ \mu_0,\ \sigma/\sqrt{n}\,))*2$
- 우측 단측검정 : 유의확률=$(1-\text{Cdf.Normal}(\overline{X},\ \mu_0,\ \sigma/\sqrt{n}\,))$
- 좌측 단측검정 : 유의확률=$\text{Cdf.Normal}(\overline{X},\ \mu_0,\ \sigma/\sqrt{n}\,)$

이를 계산하려면, 다시 [**변환**] → [**변수 계산**] 메뉴들을 차례로 클릭한다.

STEP 07 대상변수로 '유의확률'을 입력한 후, 앞에서 유의확률을 계산하는 숫자표현식을 입력한다. 수식 입력이 끝나면, [**확인**] 버튼을 클릭한다.

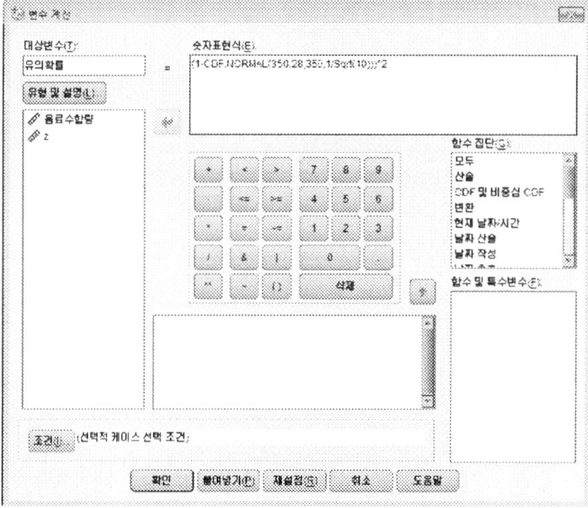

(4) 결과해석

앞의 과정들을 통해 z값 .89에 대해 계산된 유의확률은 다음 화면에서 보듯이 박스 안에 0.3759로 계산되어 있다. 분석결과는 'C : \Sample\Datasav' 폴더 내에 '5장-2-1-2-데이터.sav'로 저장되어 있다.

가설 검정결과를 살펴보면 다음과 같다. 먼저 가설검정 통계량은,

$$z = \frac{\overline{X} - \mu_0}{\sigma / \sqrt{n}} = \frac{350.28 - 350}{1 / \sqrt{10}} = 0.89$$

으로서, 유의확률이 0.38로 현재의 귀무가설을 기각할 수 없다. 따라서 0.05의 유의수준에서 과거의 음료수병의 함량 350ml라는 귀무가설을 기각하지 못한다. 따라서 현재의 표본에서도 음료수병의 함량이 350ml로 계속 유지되고 있다고 볼 수 있다.

2.2. t-검정

(1) 분석개요

한 표본에 대한 t-검정은 모집단에 대한 분산을 모르고 있는 경우에 가설을 검정하는 방법이다. 예를 들어 다음과 같은 마케팅 조사 담당자의 문제를 생각해보자.

한 자동차 회사에서는 자기네 회사 자동차의 연비가 리터당 20km 이상이라고 주장하였다. 회사의 주당이 타당한가를 검정하기 위하여 이 회사의 자동차 20대를 임으로 추출하여 연비를 조사한 결과 다음과 같은 데이터를 구하였다.

> 21.0　22.7　25.8　20.6　18.5　21.4　19.3　17.6　22.7　20.6
> 17.9　18.3　24.7　23.3　24.3　21.5　20.0　19.8　22.9　19.9

이 회사의 주장이 타당한 가에 대하여 5% 유의수준에서 검정해보자. 이 문제에 대한 귀무가설과 대립가설을 보면 다음과 같다

> H_0 : 자동차의 연비는 20km/l 미만이다 ($\mu_1 < \mu_0$).
> H_1 : 자동차의 연비는 20km/l 이상이다 ($\mu_1 \geq \mu_0$).

(2) 분석데이터

자동차 연비에 대한 가설검정을 하기 위해서 데이터를 직접 입력했다. 입력된 데이터는 'C\Sample\Datasav' 폴더 내에 '5장-2-2-1-데이터.sav'라는 이름으로 저장되어 있다.

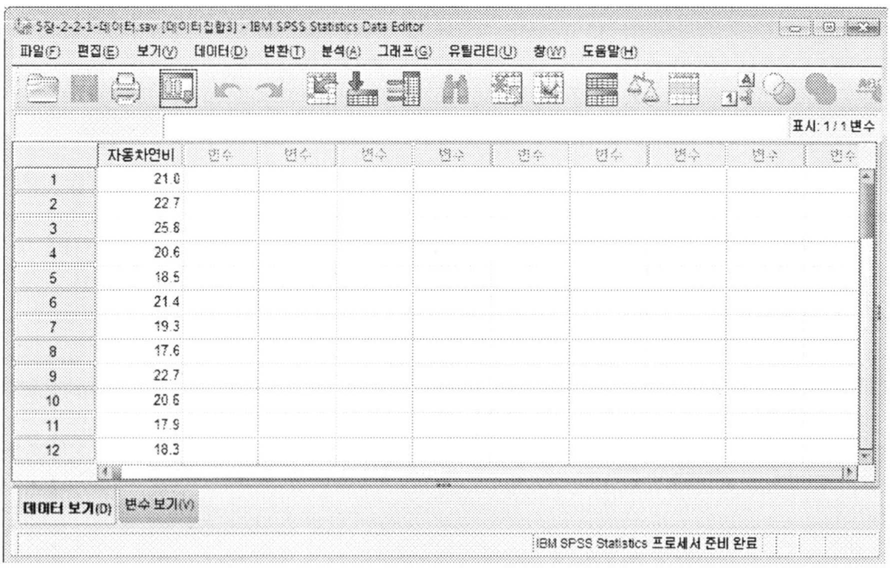

(3) 분석과정

STEP 01　하나의 표본에 대한 t-검정을 하기 위해서는 [분석] → [평균비교] → [일표본 T-검정]을 차례로 선택한다.

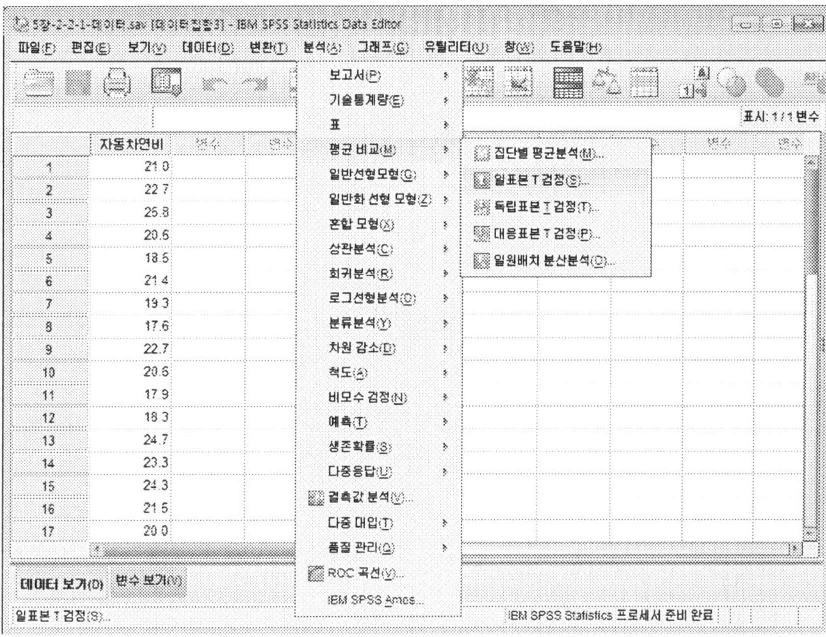

STEP 02　일표본 T-검정 화면에서 검정변수로 '자동차연비'를 지정하고, 검정값으로 비교하려는 기준 20을 입력한다. 입력이 완료되면 [확인] 버튼을 클릭한다.

(4) 결과해석

일표본 통계량

	N	평균	표준편차	평균의 표준오차
자동차연비	20	21.140	2.3383	.5229

일표본 검정

	검정값=20					
	t	자유도	유의확률 (양쪽)	평균차	차이의 95% 신뢰구간	
					하한	상한
자동차연비	2.180	19	.042	1.1400	.046	2.234

가설검정 결과를 살펴보면 다음과 같다. 먼저 가설 검정통계량은.

$$t = \frac{\overline{X} - \mu_0}{s/\sqrt{n}} = \frac{21.14 - 20}{2.34/\sqrt{20}} = 2.180$$

으로서, 양측검정의 유의확율이 0.042로 나타난다. 본 가설검정은 단측검정이므로 유의확률은 1/2인 0.021로서 현재의 귀무가설을 기각할 수 있다. 5%의 유의수준에서 연비가 20km/l 라는 귀무가설을 기각이 된다고 볼 수 있다. 따라서 현재 회사가 주장하듯이 연비는 20km/l 이상이라고 볼 수 있다.

2.3. 비율검정

(1) 분석개요

한 표본에 대한 비율검정은 성공, 실패 또는 불량률과 같이 비율에 대한 검정을 하는 것이다. 예를 들어 다음과 같은 조사기관의 문제를 생각해 보자

최근의 한 조사기관에서는 대학 졸업자 중에서 약 20%가 자신의 전공을 살릴 수 있는 직장에 입사한다고 발표하였다. 이 발표가 사실인가를 알아보기 위해 30명의 대학졸업자를 임의로 선발하여 조사한 결과 다음과 같이 결과가 제시되었다. 전공을 살리는 수 있는 경우를 1로 그렇지 않은 경우를 0으로 표시했다. 조사기간의 발표가 타당한가를 5% 유의 수준에서 검정하여라.

$$1\,0\,1\,0\,0\,0\,0\,1\,0\,0 \qquad 0\,1\,1\,1\,0\,0\,1\,1\,0\,0 \quad 1\,1\,0\,0\,1\,0\,1\,0\,1\,0$$

이 조사기관의 주장이 타당한 가에 대하여 5% 유의수준에서 검정해보자. 이 문제에 대한 귀무가설과 대립가설을 보면 다음과 같다

H_0 : 대학졸업자 중 자신의 전공을 살릴 수 있는 직장에 입사하는 비율이 20%이다($p_1 = p_0$).
H_1 : 대학졸업자 중 자신의 전공을 살릴 수 있는 직장에 입사하는 비율이 20%가 아니다 ($p_1 \neq p_0$).

(2) 분석데이터

대학 졸업자 중 자신의 전공을 살릴 수 있는 직장에 입사하는 비율에 대한 가설검정을 하기 위해서 직접 데이터를 입력했다. 입력된 데이터는 'C\Sample\Datasav' 폴더 내에 '5장−2−3−1−데이터.sav'라는 이름으로 저장되어 있다.

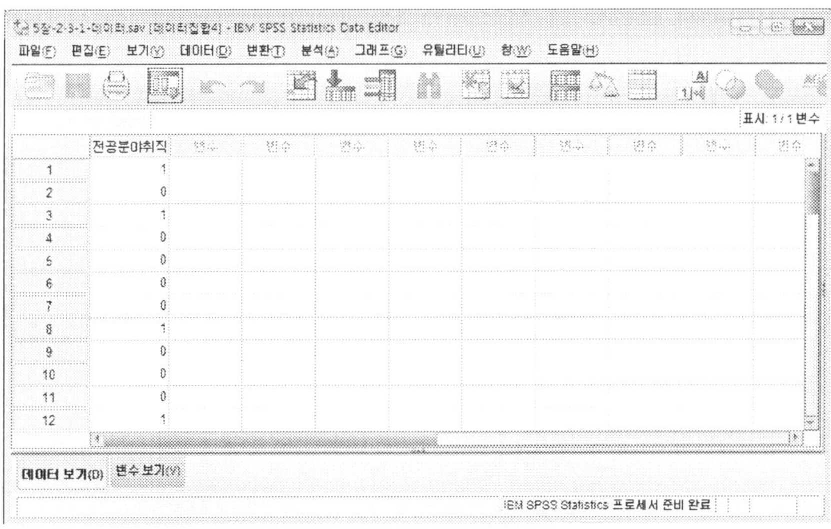

(3) 분석과정

한 표본의 비율에 대한 Z−검정을 검정하기 위해서는 다음과 같이 과정을 거쳐야 한다. 먼저 기술통계분석을 통해 평균값을 파악을 해야 한다. 다음으로 파악된 평균값을 기준으로 변수계산 방법을 통해 z값과 유의확률을 계산해야 한다.

STEP 01 비율을 계산하기 위해서는 [분석] → [기술통계량] → [기술통계] 메뉴들을 차
례로 클릭한다.

STEP 02 기술통계 화면에서 전공분야취직 변수에 대해 분석을 하기 위해 다음과 같이 입
력을 한다. 하단의 [확인] 버튼을 클릭한다.

기술통계분석의 결과가 아래와 같이 제시되어 있다.

기술통계량

	N	최소값	최대값	평균	표준편차
전공분야취직	30	0	1	.43	.504
유효수(목록별)	30				

STEP 03 다음으로 Z-검정을 위한 통계량들을 계산했다. z값은 아래와 같이 계산된다.

$$z = \frac{\hat{p} - p_0}{\sqrt{\dfrac{p_0(1 - p_0)}{n}}}$$

이를 계산하려면, [변환] → [변수 계산] 메뉴들을 차례로 클릭한다.

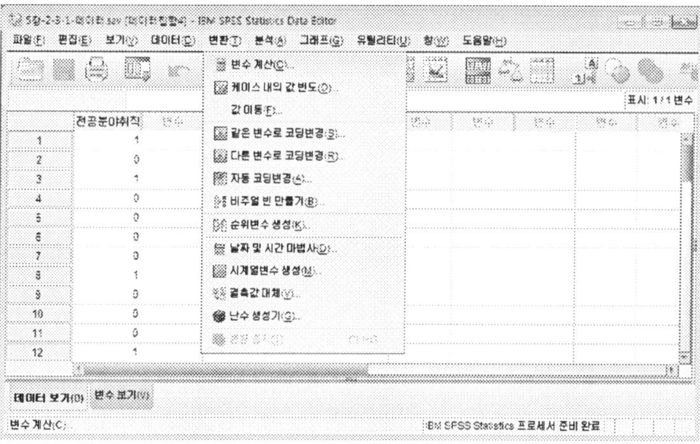

STEP 04 대상변수로 'z'를 입력한 후, 숫자표현식에 구체적인 숫자를 넣는다. 앞의 기술 통계분석에서 $\hat{p}=.43$, $p_0=.20$, $n=30$이므로 이를 표현하시는 수식을 다음 화면과 같이 입력했다. 수식 입력이 끝나면, [확인] 버튼을 클릭한다.

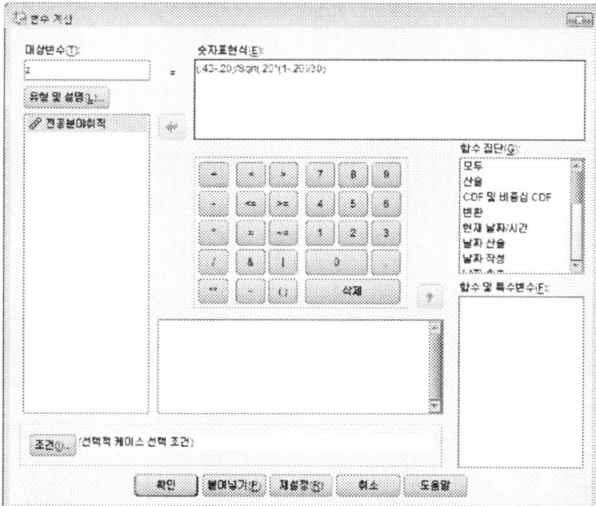

STEP 05   계산된 z값은 다음 화면에서 보듯이 박스 안에 3.15로 계산되어 있다.

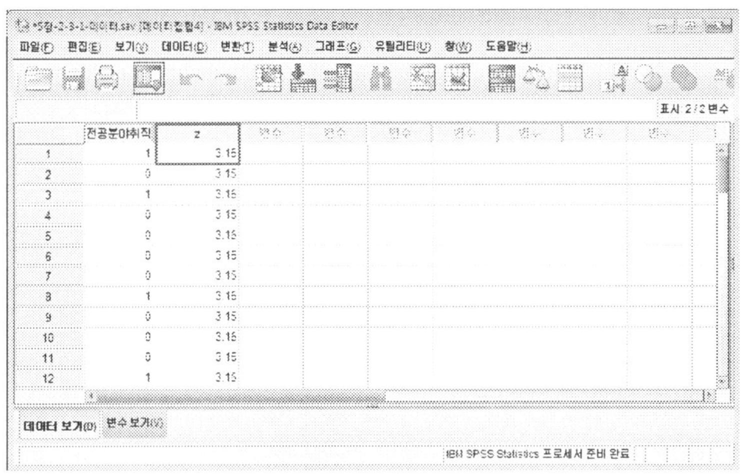

STEP 06   다음으로 계산한 z값에 대한 확률은 각각의 상황에 따라 다음 중에 하나로 계산이 될 수 있다. 상황에 따라 적절한 형태로 바꾸어서 입력해야 한다.

- 양측검정 : 유의확률 $= (1 - \mathrm{Cdf.Normal}(\hat{p},\ p_0,\ \sqrt{\dfrac{p_0(1-p_0)}{n}}))*2$

- 우측 단측검정 : 유의확률 $= (1 - \mathrm{Cdf.Normal}(\hat{p},\ p_0,\ \sqrt{\dfrac{p_0(1-p_0)}{n}}))$

- 좌측 단측검정 : 유의확률 $= \mathrm{Cdf.Normal}(\hat{p},\ p_0,\ \sqrt{\dfrac{p_0(1-p_0)}{n}})$

이를 계산하려면, [변환] → [변수 계산] 메뉴들을 차례로 클릭한다.

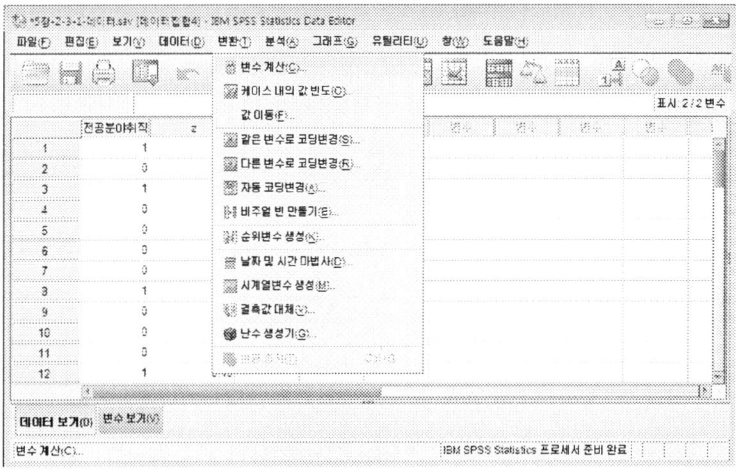

STEP 07 대상변수로 '유의확률'을 입력한 후, 앞에서 유의확률을 계산하는 숫자표현식을 입력한다. 수식 입력이 끝나면, [확인] 버튼을 클릭한다.

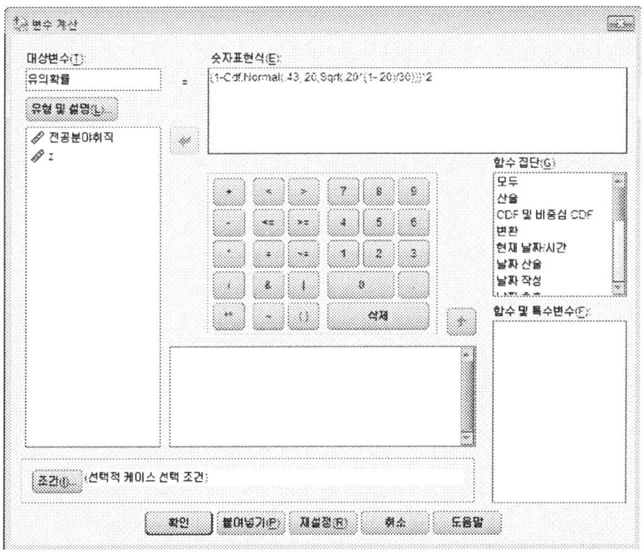

(4) 결과해석

앞의 과정을 통해 계산된 유의확률은 다음 화면에서 보듯이 박스 안에 0.0016으로 계산되어 있다. 유의확률을 더 자세히 보기 위해 '변수보기' 탭에서 소수점 이하 자릿수를 4자리로 했다. 분석결과는 'C : \Sample\Datasav' 폴더 내에 '5장-2-3-2-데이터.sav'로 저장되어 있다.

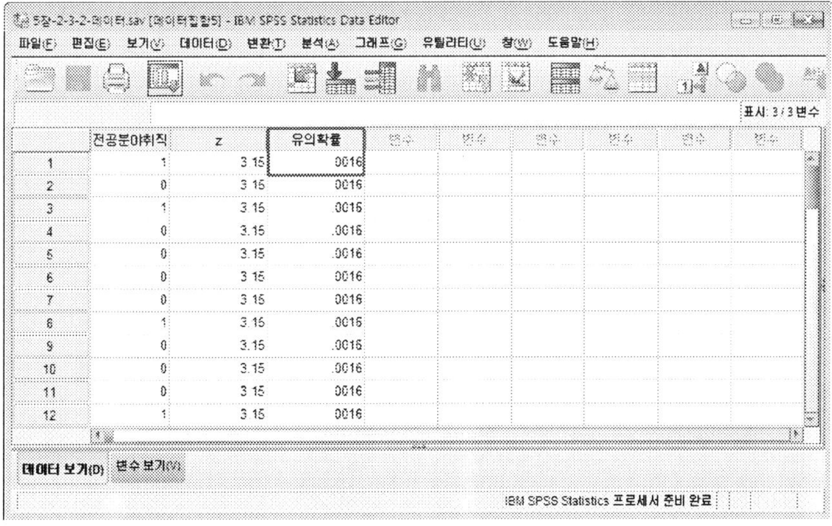

가설검정 결과를 살펴보면 다음과 같다. 먼저 가설 검정통계량은

$$z = \frac{\hat{p} - p_0}{\sqrt{\dfrac{p_0(1-p_0)}{n}}} = \frac{0.4333 - 0.20}{\sqrt{\dfrac{0.20(1-0.20)}{30}}} = 3.15$$

로서, 유의확률이 0.0016로 현재의 귀무가설을 기각할 수 있다. 따라서 5%의 유의수준에서
비율이 20%라는 귀무가설을 기각이 된다. 따라서 현재의 조사기관에서 주장하듯이 비율는
20%는 맞지 않다고 볼 수 있다.

2.4. 모분산검정

(1) 분석개요

한 표본에 대한 분산검정은 표본추출을 통해 나온 표본분산에 대해 기대하고 있는 모분산
과 같은지를 검정하는 것이다. 예를 들어 앞의 평균에 대한 데이터를 통해 가정으로 생각하
고 있는 분산 1과 일치하고 있는지를 조사해 보자

모분산이 1에 일치하는가를 5% 유의수준에서 검정해보면, 먼저 귀무가설과 대립가설을 보
면 다음과 같다.

H_0 : 모분산은 1이다 $(\sigma_1^2 = \sigma_0^2)$.
H_1 : 모분산은 1이 아니다 $(\sigma_1^2 \neq \sigma_0^2)$.

(2) 분석과정

분석데이터는 앞의 한 표본에서 평균에 대한 $Z-$검정의 10개의 데이터를 사용해서 모분산
에 대해 검정하고자 한다. 한 표본에 대한 모분산 검정을 검정하기 위해서는 다음과 같이 프
로그램을 작성해야 한다. 여기서는 모분산을 1로 지정했다.

한 표본의 분산에 대한 x^2 검정을 검정하기 위해서는 다음과 같이 과정을 거쳐야 한다. 먼
저 기술통계분석을 통해 표준편차를 파악을 해야 한다. 다음으로 파악된 표준편차를 기준으
로 변수계산 방법을 통해 x^2값과 유의확률을 계산해야 한다.

STEP 01 'C : \Sample\Datasav' 폴더 내의 '5장-2-1-1-데이터.sav' 데이터집합을 활용하여 표준편차를 계산하기 위해서는 [분석] → [기술통계량] → [기술통계] 메뉴들을 차례로 클릭한다.

STEP 02 기술통계 화면에서 음료수함량 변수에 대해 분석을 하기 위해 다음과 같이 입력을 한다. 하단의 [확인] 버튼을 클릭한다.

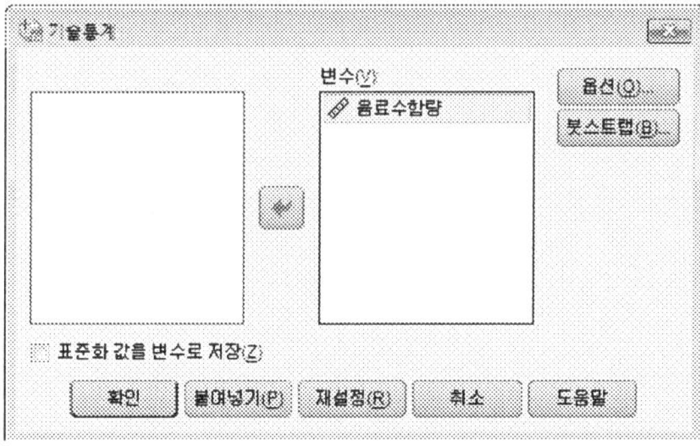

기술통계분석의 결과가 아래와 같이 제시되어 있다.

기술통계량

	N	최소값	최대값	평균	표준편차
음료수함량	10	348.3	352.2	350.280	1.2647
유효수(목록별)	10				

STEP 03 다음으로 x^2 검정을 위한 통계량들을 계산했다. x^2 값은 아래와 같이 계산된다.

$$x^2 = \frac{(n-1)S^2}{\sigma^2}$$

이를 계산하려면, [변환] → [변수 계산] 메뉴들을 차례로 클릭한다.

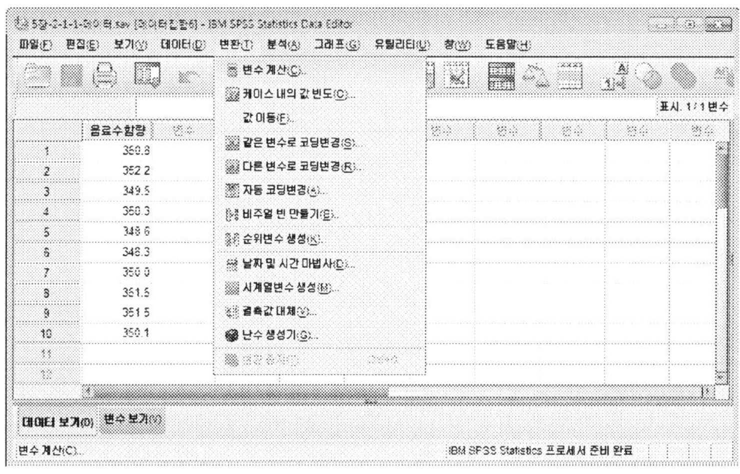

STEP 04 대상변수로 'x2'를 입력한 후, 숫자표현식에 구체적인 숫자를 넣는다. 앞의 기술통계분석에서 $S = 1.2647$, $\sigma = 1$, $n = 10$이므로 이를 표현하시는 수식을 다음 화면과 같이 입력했다. 수식 입력이 끝나면, [확인] 버튼을 클릭한다.

STEP 05 계산된 x^2값은 다음 화면에서 보듯이 박스 안에 14.40으로 계산되어 있다.

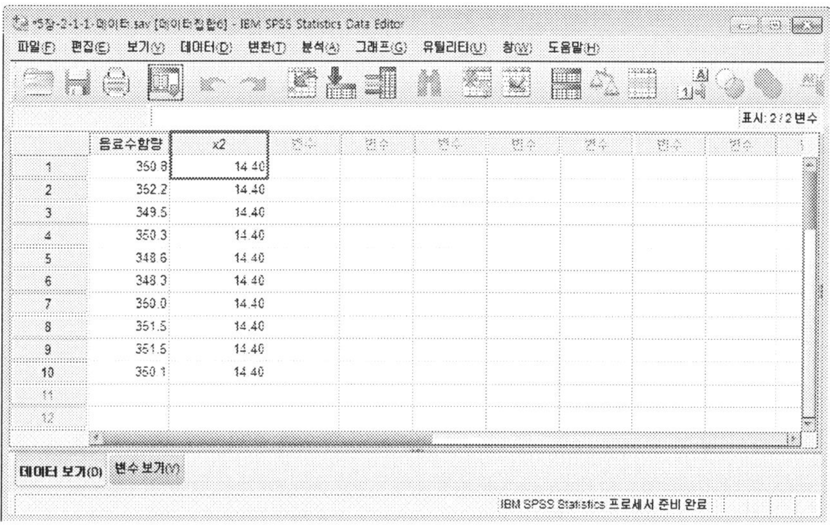

STEP 06 다음으로 계산한 x^2값에 대한 유의확률은 다음과 같이 계산이 될 수 있다.

• 유의확률 = $(1 - \text{Cdf.Chisq}(x^2$값, $(n-1)))$

이를 계산하려면, 다시 [변환] → [변수 계산] 메뉴들을 차례로 클릭한다.

STEP 07 대상변수로 '유의확률'을 입력한 후, 앞에서 유의확률을 계산하는 숫자표현식을 입력한다. 수식 입력이 끝나면, [확인] 버튼을 클릭한다.

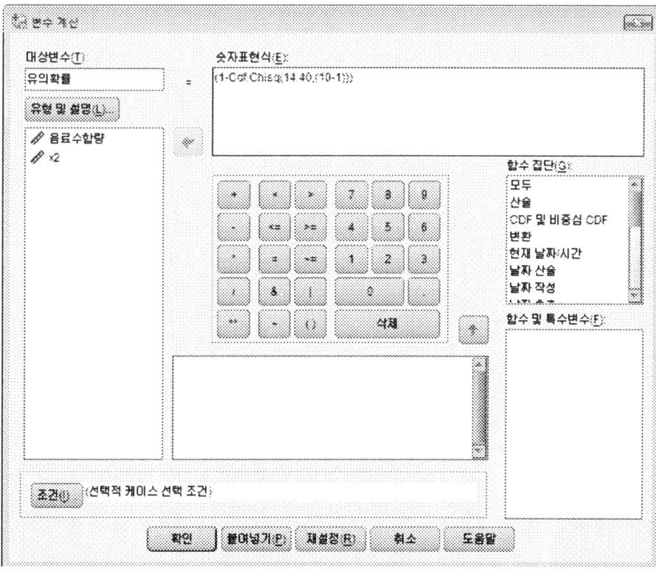

(3) 결과해석

앞의 과정을 통해 계산된 유의확률은 다음 화면에서 보듯이 박스 안에 0.11로 계산되어 있다. 분석결과는 'C : \Sample\Datasav\5장-2-1-3-데이터.sav'로 저장되어 있다.

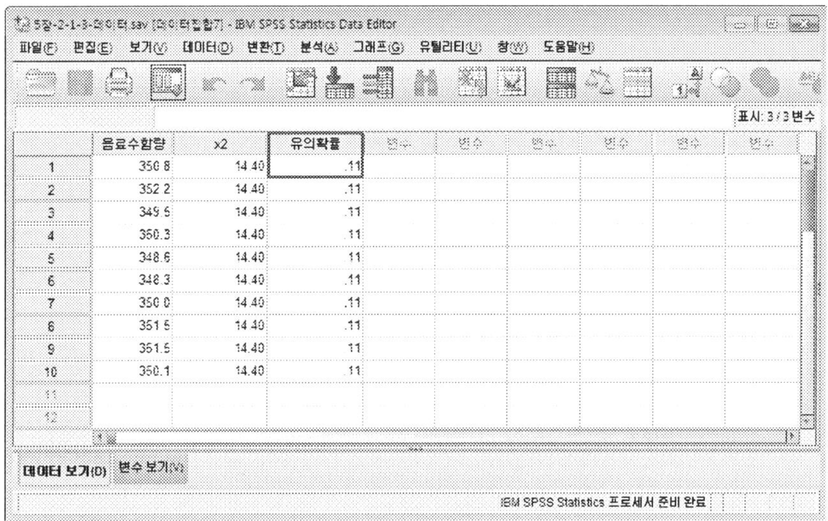

가설검정 결과를 살펴보면 다음과 같다. 먼저 가설 검정통계량은

$$x^2 = \frac{(n-1)S^2}{\sigma^2} = \frac{(10-1)(1.26474)^2}{1^2} = 14.40$$

으로서, 유의확률이 0.11로 현재의 귀무가설을 기각할 수 없다. 따라서 0.05의 유의수준에서 과거의 음료수병의 함량의 분산이 1이라는 귀무가설을 기각하지 못한다. 따라서 현재의 표본에서도 음료수병의 함량의 분산이 1로 계속 유지되고 있다고 볼 수 있다.

3 │ 두 표본에 대한 가설검정

3.1. t-검정

(1) 분석개요

두 표본에 대한 t-검정은 두 표본에 대해 평균의 차이를 검정하는 방법이다. 예를 들어 다음과 같은 마케팅 조사 담당자의 문제를 생각해보자.

커피자동판매기 업자는 커피자동판매기의 설치 장소에 따라서 판매량의 차이가 있다고 생각한다. 특정한 두 지역에 설치된 두 대의 자동판매기에서 8일 동안 관측한 평균 판매량이 다음과 같다고 할 때, 두 지역에 설치된 자동판매기의 판매량이 서로 다르다고 할 수 있는지에 대하여 유의수준 5%에서 검정을 해 보자.

지역1 : 12.9 12.4 14.7 13.8 14.2 15.4 11.8 13.3
지역2 : 13.0 15.1 13.7 16.6 15.2 12.3 14.8 15.8

이 업자의 주장이 타당한 가에 대하여 5% 유의수준에서 귀무가설과 대립가설을 보면 다음과 같다.

H_0 : 지역1과 지역2의 판매량은 동일하다($\mu_1 = \mu_2$).
H_1 : 지역1과 지역2의 판매량은 동일하지 않다($\mu_1 \neq \mu_2$).

(2) 분석데이터

지역별 판매량의 동일성에 대한 가설검정을 하기 위해서 직접 데이터를 입력했다. '지역1'은 1로, '지역2'는 2로 코딩을 해서 했으며, **변수보기** 화면에서 이에 대한 값 설명을 했다. 입력된 데이터는 'C\Sample\Datasav' 폴더 내에 '5장-3-1-1-데이터.sav'라는 이름으로 저장되어 있다.

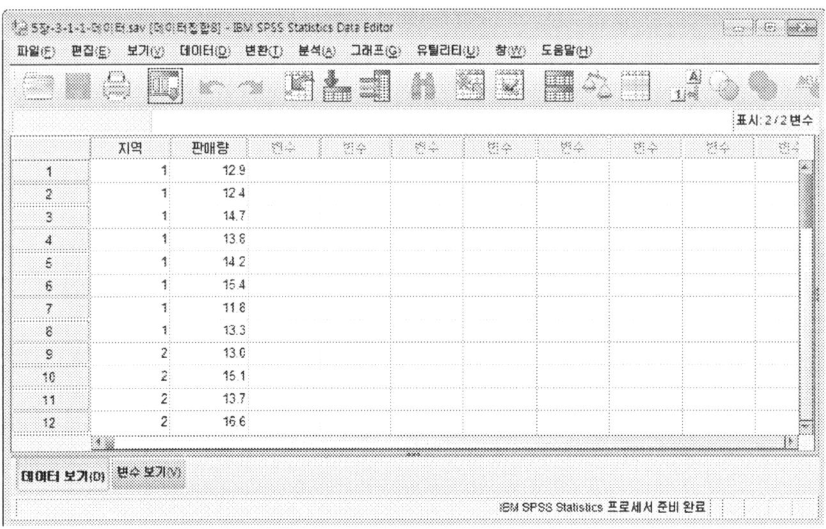

(3) 분석과정

STEP 01 하나의 표본에 대한 t-검정을 하기 위해서는 [분석] → [평균비교] → [독립표본 T-검정]을 차례로 선택한다.

STEP 02 검정변수로 '판매량'으로 지정하고, 집단변수를 '지역'으로 지정한다. 집단에 대한 정의를 하기 위해 하단의 [집단정의] 버튼을 클릭한다.

STEP 03 집단정의 화면에서 다음과 같이 집단의 지정값을 1과 2로 입력한다. 입력이 완료되면 [계속] 버튼을 클릭한다. 독립표본 T-검정 화면으로 돌아오면 [확인] 버튼을 클릭한다.

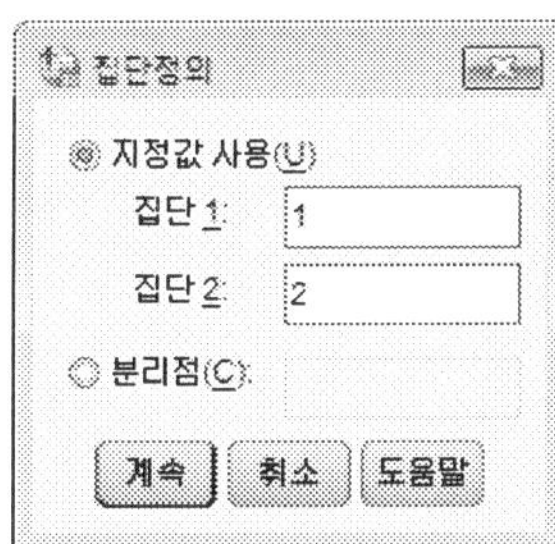

(4) 결과해석

가설검정 결과를 살펴보면 다음과 같다. 먼저 독립표본 검정의 'Levine의 등분산 가정'을 보면 유의확률이 .547로서 5% 유의수준에서 두 집단간에 분산이 같다는 귀무가설을 기각할 수 없다. 따라서 두 집단의 분산이 같다는 등분산이 가정된 분석을 보아야 한다.

집단통계량

	지역	N	평균	표준편차	평균의 표준오차
판매량	지역1	8	13.563	1.2011	.4247
	지역2	8	14.562	1.4510	.5130

독립표본 검정

		Levene의 등분산 검정		평균의 동일성에 대한 t-검정					차이의 95% 신뢰구간	
		F	유의확률	t	자유도	유의확률 (양쪽)	평균차	차이의 표준오차	하한	상한
판매량	등분산이 가정됨	.381	.547	−1.502	14	.155	−1.0000	.6660	−2.4284	.4284
	등분산이 가정되지 않음			−1.502	13.528	.156	−1.0000	.6660	−2.4331	.4331

가설 검정통계량은,

$$t = \frac{\overline{X_1} - \overline{X_2}}{S_p / \sqrt{n_1 + n_2}} = -1.502$$

로서, 유의확률 $> t$가 0.155로 현재의 귀무가설을 기각할 수 없다. 따라서 5%의 유의수준에서 지역별로 판매량이 차이가 없다는 귀무가설을 기각할 수 없다. 지역1의 판매량이 13.563이고, 지역2의 판매량이 14.562로 차이가 있지만 두 지역간의 판매량은 통계적으로 인정할만한 수준에서 차이여서 판매량이 차이가 있다고 주장할 수 없음을 알 수 있다.

3.2. 대응(쌍체) t-검정

(1) 분석개요

두 표본에 대한 대응(쌍체) t-검정은 짝지어진 표본에 대해 평균의 차이를 검정하는 방법이다. 예를 들어 심리학에서 성장 환경이 어린이의 지능발달에 영향을 미치는가를 조사하고자 할 때 우선 생각할 수 있는 검정방법은 성장환경이 좋은 지역의 어린이 n_1 명과 성장환경이 좋지 않은 지역의 어린이 n_2 명을 임으로 선발하여 동일한 지능검사를 실시한 뒤에 지능검사를 실시한 뒤에 지능검사에 차이가 있는지를 분석하여 검정할 수 있다. 그러나 이 경우에 문제점은 지능검사의 결과에 대한 요인이 단순히 성장환경의 차이인가에 대한 의문이다. 따라서 이 경우보다는 일란성 쌍둥이 n 명을 선택하여 다른 환경에서 자라도록 한 다음 실험을 한다면 원하는 결과를 얻을 수 있을 것이다. 다음과 같은 마케팅 문제를 생각해보자

두 종류의 타이어의 성능을 비교하기 위해 6대의 자동차를 임으로 선발하여 각 자동차의

뒷바퀴 중에서 한 쪽에는 A타이어를 그리고 다른 한 쪽에는 B타이어를 끼우고 5,000km를 주행 한 뒤에 타이어의 마모상태를 조사한 결과가 아래와 같다고 하자. 두 타이어의 마모율에 차이가 있는가를 유의수준 5%에서 검정을 해 보자.

자동차	A타이어	B타이어
1	10.6	10.2
2	9.4	9.8
3	12.3	11.8
4	9.7	9.1
5	9.7	9.1
6	8.3	8.8

이 주장이 타당한 가에 대하여 5% 유의수준에서 귀무가설과 대립가설을 보면 다음과 같다.

H_0 : 두 타이어의 마모율은 동일하다($\mu_1 - \mu_2 = 0$).
H_1 : 두 타이어의 마모율은 동일하지 않다($\mu_1 - \mu_2 \neq 0$).

(2) 분석데이터

자동차 타이어의 마모율에 대한 가설검정을 하기 위해서 직접 데이터를 입력했다. 입력된 데이터는 'C\Sample\Datasav' 폴더 내에 '5장-3-2-1-데이터.sav'라는 이름으로 저장되어 있다.

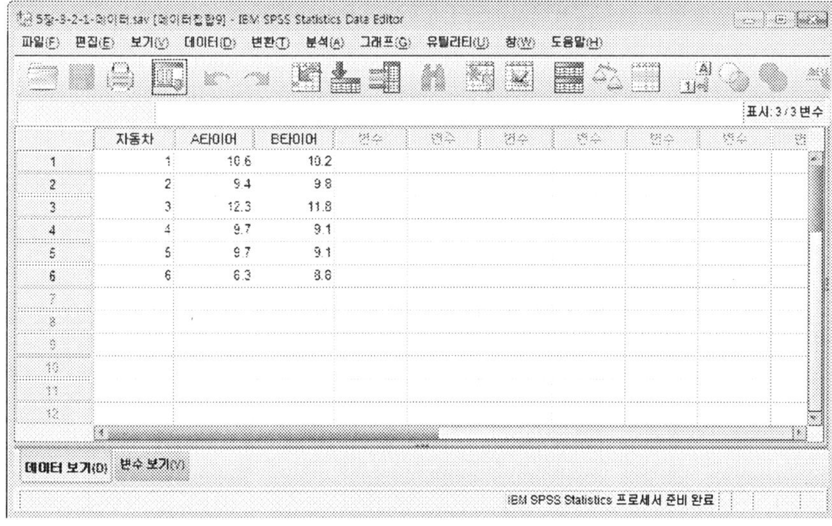

(3) 분석과정

STEP 01　하나의 표본에 대한 대응표본 t-검정을 하기 위해서는 [분석] → [평균비교] → [대응표본 T-검정]을 차례로 선택한다.

STEP 02　대응변수로 'A타이어 마모율', 'B타이어 마모율'을 차례로 지정한다. 하단의 [확인] 버튼을 클릭한다.

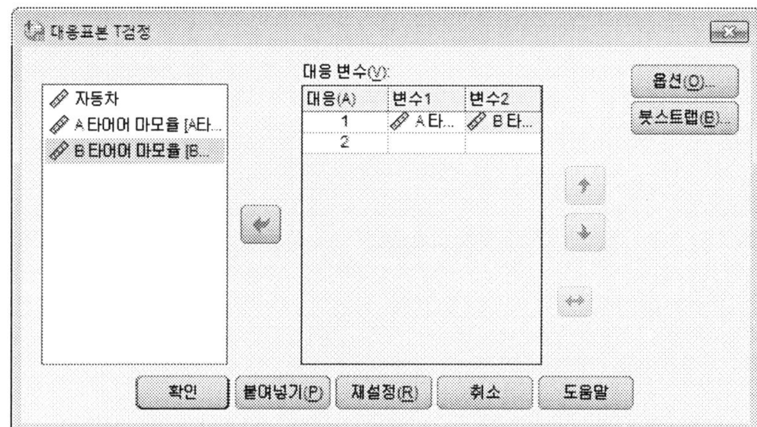

(4) 결과해석

대응표본 통계량

		평균	N	표준편차	평균의 표준오차
대응 1	A 타이어 마모율	10.000	6	1.3476	.5502
	B 타이어 마모율	9.800	6	1.1082	.4524

대응표본 상관계수

		N	상관계수	유의확률
대응 1	A 타이어 마모율 & B 타이어 마모율	6	.932	.007

대응표본 검정

		대응차					t	자유도	유의확률 (양쪽)
		평균	표준편차	평균의 표준오차	차이의 95% 신뢰구간				
					하한	상한			
대응 1	A 타이어 마모율 - B 타이어 마모율	.2000	.5099	.2082	-.3351	.7351	.961	5	.381

가설검정 결과를 살펴보면 다음과 같다. 먼저 가설 검정통계량은,

$$t = \frac{\left(\overline{X_d}\right) - 0}{S_d / \sqrt{n}} = 0.961$$

로서, 유의확률이 0.381로 현재의 귀무가설을 기각할 수 없다. 따라서 5%의 유의수준에서 타이어 별로 마모율이 차이가 없다는 귀무가설을 기각할 수 없다.

3.3. 비율검정

(1) 분석개요

두 표본에 대한 비율검정은 성공, 실패 또는 불량률과 같이 비율에 대해 두 집단간에 비교를 가설검정을 하는 것이다. 예를 들어 다음과 같은 조사기관의 문제를 생각해 보자.

한 공장에서 두 대의 기계 A, B가 동일한 제품을 생산한다. 두 기계에 의한 생산품의 불량률이 동일한가를 알아보기 위해 각각의 기계로부터 생산된 제품 중에서 임의로 30개씩 표본을 추출하여 조사한 결과 A기계의 생산품 중에는 9개의 불량품이 관측되었고 B기계의 생산품에는 5개의 불량품이 다음과 같이 관측되었다. 두 기계의 불량률에 대한 검정을 유의수준 5%하에서 실시해 보자.

> 기계A : 1 0 0 0 0 1 0 1 0 0   0 1 0 0 0 0 1 1 0 0 1 1 0 0 0 0 0 0 1 0
> 기계B : 0 0 0 0 0 0 1 0 0 0   0 0 1 0 0 0 1 0 0 0 1 1 0 0 0 0 0 0 0 0

이 문제에 대한 귀무가설과 대립가설을 보면 다음과 같다.

> H_0 : 두 기계의 불량률은 동일하다($p_1 = p_2$).
> H_1 : 지역1과 지역2의 판매량은 동일하지 않다($p_1 \neq p_2$).

(2) 분석데이터

기계의 불량률에 대한 가설검정을 하기 위해서 직접 데이터를 입력했다. 입력된 데이터는 'C\Sample\Datasav' 폴더 내에 '5장-3-3-1-데이터.sav'라는 이름으로 저장되어 있다.

	기계A	기계B	변수	변수	변수	변수	변수	변수	변수	변수
1	1	0								
2	0	0								
3	0	0								
4	0	0								
5	0	0								
6	1	0								
7	0	1								
8	1	0								
9	0	0								
10	0	0								
11	0	0								
12	1	0								

(3) 분석과정

두 표본의 비율의 차이에 대한 Z-검정을 검정하기 위해서는 다음과 같이 과정을 거쳐야 한다. 먼저 기술통계분석을 통해 평균값을 파악을 해야 한다. 다음으로 파악된 평균값을 기준으로 변수계산 방법을 통해 z값과 유의확률을 계산해야 한다.

STEP 01 비율을 계산하기 위해서는 [분석] → [기술통계량] → [기술통계] 메뉴들을 차례로 클릭한다.

STEP 02 기술통계 화면에서 기계의 불량률 변수에 대해 분석을 하기 위해 다음과 같이 두 변수를 입력을 한다. 하단의 [확인] 버튼을 클릭한다.

기술통계분석의 결과가 아래와 같이 제시되어 있다.

기술통계량

	N	최소값	최대값	평균	표준편차
기계A	30	0	1	.30	.466
기계B	30	0	1	.17	.379
유효수(목록별)	30				

STEP 03　Z 검정을 위한 통계량 z값은 아래와 같이 계산이 된다. 여기서 $\hat{p} = (.30+.17)/2$ $=.235$로 계산이 된다.

$$z = \frac{\hat{p}_1 - \hat{p}_2}{\sqrt{\hat{p}(1-\hat{p})\left(\dfrac{1}{n_1} + \dfrac{1}{n_2}\right)}}$$

이를 계산하려면, [변환] → [변수 계산] 메뉴들을 차례로 클릭한다.

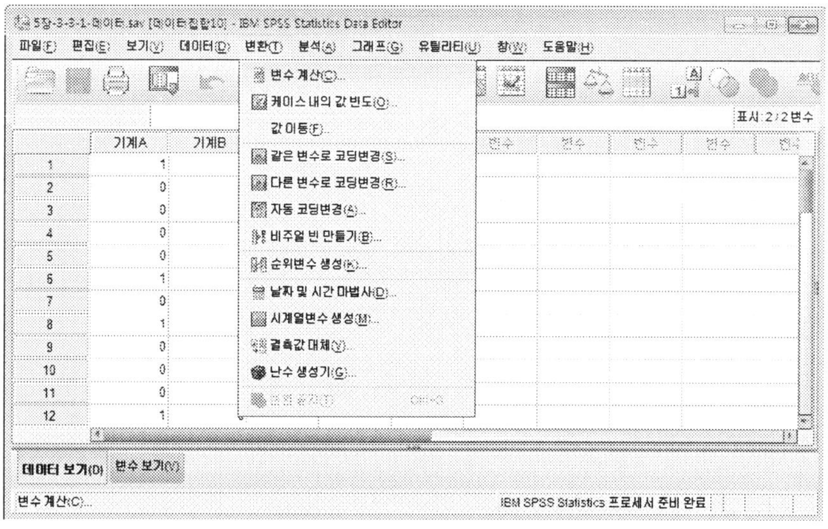

STEP 04 대상변수로 'z'를 입력한 후, 숫자표현식에 구체적인 숫자를 넣는다. 앞의 기술 통계분석에서 $\hat{p}_1 = .30$, $\hat{p}_2 = .17$, $\hat{p} = .235$, $n_1 = 30$, $n_2 = 30$이므로 이를 표현하시는 수식을 다음 화면과 같이 입력했다. 수식 입력이 끝나면, [확인] 버튼을 클릭한다.

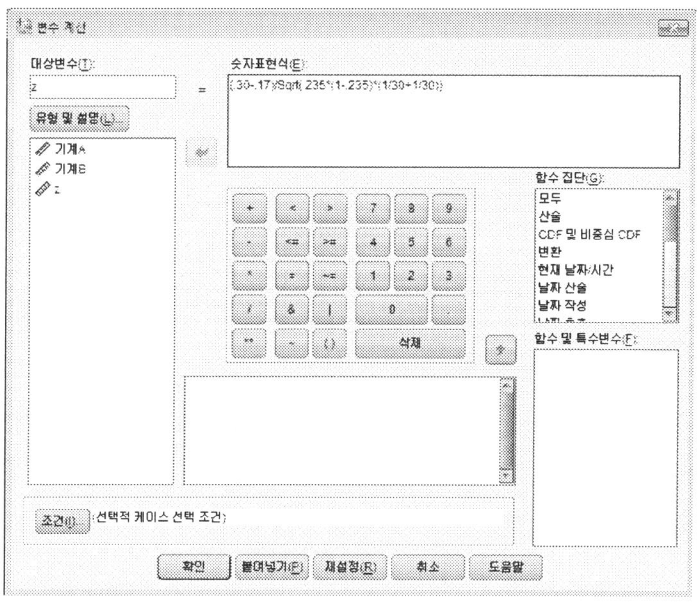

STEP 05 계산된 z값은 다음 화면에서 보듯이 박스 안에 1.19로 계산되어 있다.

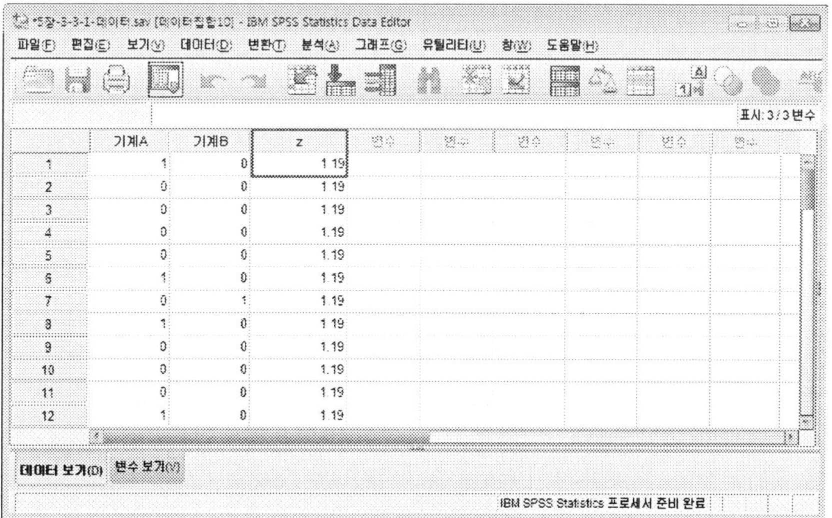

STEP 06 다음으로 계산한 z값에 대한 확률은 각각의 상황에 따라 다음 중에 하나로 계산이 될 수 있다. 상황에 따라 적절한 형태로 바꾸어서 입력해야 한다.

- 양측검정 : 유의확률 $= (1 - \text{Cdf.Normal}(\hat{p}_1,\ \hat{p}_2,\ \sqrt{\hat{p}(1-\hat{p})\left(\dfrac{1}{n_1}+\dfrac{1}{n_2}\right)}\,)) * 2$

- 우측 단측검정 : 유의확률 $= (1 - \text{Cdf.Normal}(\hat{p}_1,\ \hat{p}_2,\ \sqrt{\hat{p}(1-\hat{p})\left(\dfrac{1}{n_1}+\dfrac{1}{n_2}\right)}\,))$

- 좌측 단측검정 : 유의확률 $= \text{Cdf.Normal}(\hat{p}_1,\ \hat{p}_2,\ \sqrt{\hat{p}(1-\hat{p})\left(\dfrac{1}{n_1}+\dfrac{1}{n_2}\right)}\,)$

이를 계산하려면, [변환] → [변수 계산] 메뉴들을 차례로 클릭한다.

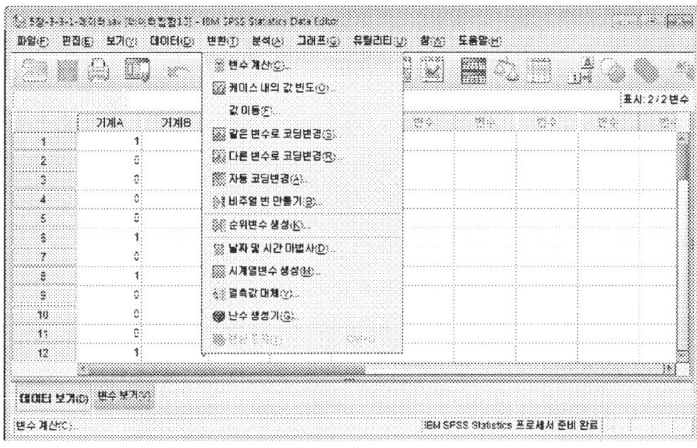

STEP 07 대상변수로 '유의확률'을 입력한 후, 앞에서 유의확률을 계산하는 숫자 표현식을 입력한다. 수식 입력이 끝나면, [확인] 버튼을 클릭한다.

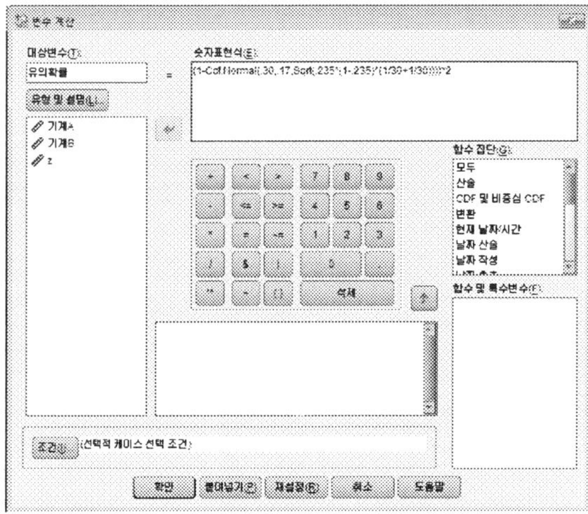

(4) 결과해석

앞의 과정을 통해 계산된 유의확률은 다음 화면에서 보듯이 박스 안에 0.2350으로 계산되어 있다. 분석결과는 'C : \Sample\Datasav' 폴더 내에 '5장-3-3-2-데이터.sav'로 저장되어 있다.

	기계A	기계B	z	유의확률	변수	변수	변수	변수	변수
1	1	0	1.19	.24					
2	0	0	1.19	.24					
3	0	0	1.19	.24					
4	0	0	1.19	.24					
5	0	0	1.19	.24					
6	1	0	1.19	.24					
7	0	1	1.19	.24					
8	1	0	1.19	.24					
9	0	0	1.19	.24					
10	0	0	1.19	.24					
11	0	0	1.19	.24					
12	1	0	1.19	.24					

가설검정 결과를 살펴보면 다음과 같다. 먼저 가설 검정통계량은,

$$z = \frac{\hat{p}_1 - \hat{p}_2}{\sqrt{\hat{p}(1-\hat{p})\left(\dfrac{1}{n_1} + \dfrac{1}{n_2}\right)}} = 1.19$$

로서, 유의확률이 0.24로 현재의 귀무가설을 기각할 수 없다. 따라서 5%의 유의수준에서 불량률이 다르다는 귀무가설이 기각되지 않으므로 두 기계간의 불량률은 같다고 볼 수 있다.

3.4. 모분산검정

(1) 분석개요

두 표본에 대한 모분산검정은 표본추출을 통해 나온 표본분산에 대해 분산과 같은지를 검정 하는 것이다. 예를 들어 앞의 두 표본의 평균에 대한 데이터를 통해 가정으로 생각하고

있는 집단 1과 집단 2의 분산이 일치하고 있는지를 조사해 보자. 여기서 $\sigma_1^2 = \sigma_2^2 = 1$로 가정했다.

이를 5% 유의수준에서 검정해보면, 먼저 귀무가설과 대립가설을 보면 다음과 같다.

H_0 : 두 지역의 분산은 같다($\sigma_1^2 = \sigma_2^2$).
H_1 : 두 지역의 분산은 같지 않다($\sigma_1^2 \neq \sigma_2^2$).

---

(2) 분석과정

분석데이터는 앞의 두 표본에서 평균에 대한 t-검정 데이터를 사용해서 모분산을 검정하고자 한다. 모분산 검정을 검정하기 위해서는 다음과 같이 프로그램을 작성해야 한다.

두 표본의 분산에 대한 F-검정을 검정하기 위해서는 다음과 같이 과정을 거쳐야 한다. 먼저 독립표본 t-검정을 통해 표준편차를 파악을 해야 한다. 다음으로 파악된 표준편차를 기준으로 변수계산 방법을 통해 F값과 유의확률을 계산해야 한다.

STEP 01 'C : \Sample\Datasav' 폴더 내의 '5장-3-1-1-데이터.sav' 데이터집합을 활용하여 표준편차를 계산하기 위해서는 [분석] → [평균 비교] → [독립표본 T-검정] 메뉴들을 차례로 클릭한다.

STEP 02 검정변수를 '판매량'으로, 집단변수를 '지역'으로 다음과 같이 입력을 한다. 하단 의 [집단정의] 버튼을 클릭한다.

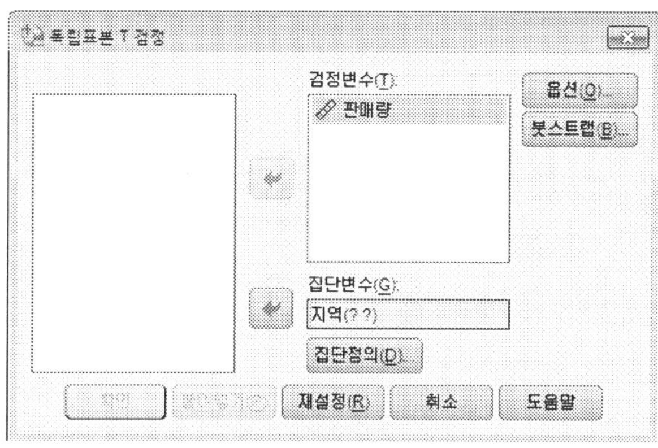

STEP 03 집단이 1과 2로 변하므로 다음과 같이 입력한다. 하단의 [계속] 버튼을 클릭한 다. 독립표본 T 검정 화면으로 돌아오면 [확인] 버튼을 클릭한다.

표준편차에 대한 분석의 결과가 아래와 같이 제시되어 있다.

집단통계량

	지역	N	평균	표준편차	평균의 표준오차
판매량	지역1	8	13.563	1.2011	.4247
	지역2	8	14.562	1.4510	.5130

STEP 04 다음으로 F값은 다음과 같은 공식으로 계산되기 때문에 이 공식을 적었다.

$$F = \frac{S_1^2/\sigma_1^2}{S_2^2/\sigma_2^2}$$

이를 계산하려면, [변환] → [변수 계산] 메뉴들을 차례로 클릭한다.

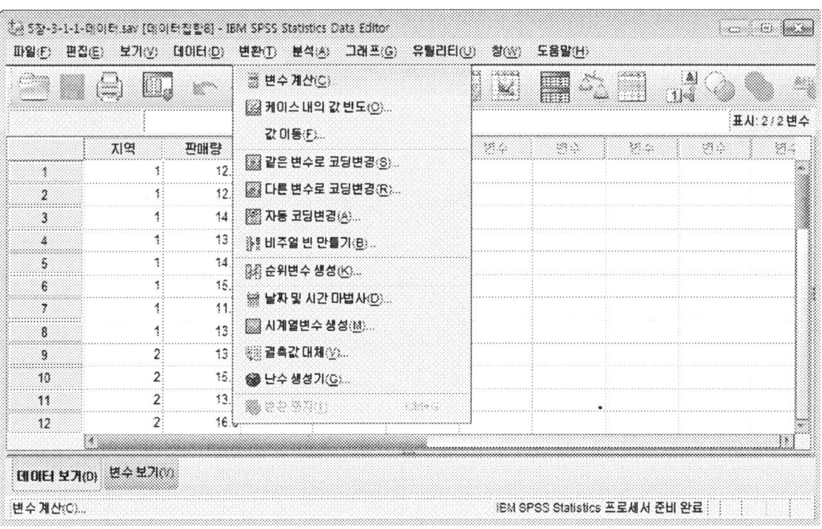

STEP 05   대상변수로 'F'를 입력한 후, 숫자 표현식에 구체적인 숫자를 넣는다. 앞의 기술
통계분석에서 $S_1 = 1.2011$, $S_2 = 1.4510$, $\sigma_1^2 = \sigma_2^2 = 1$ 이므로 이를 표현하시는
수식을 다음 화면과 같이 입력했다. 수식 입력이 끝나면, [확인] 버튼을 클릭한다.

STEP 06 계산된 *F*값은 다음 화면에서 보듯이 박스 안에 0.69로 계산되어 있다.

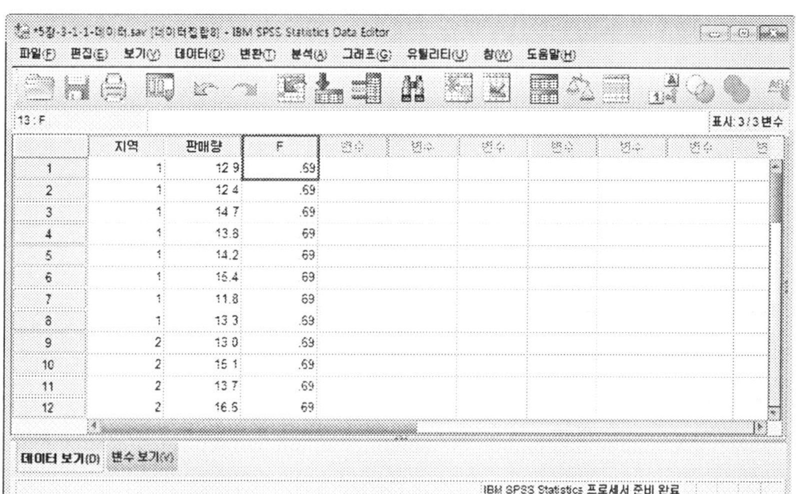

STEP 07 다음으로 계산한 *F*값에 대한 유의확률은 다음과 같이 계산이 될 수 있다.

- 유의확률 $= (1 - Cdf.F(F값, (n_1 - 1), (n_2 - 1)))$

이를 계산하려면, [변환] → [변수 계산] 메뉴들을 차례로 클릭한다. 대상변수로 '유의확률'을 입력한 후, 앞에서 유의확률을 계산하는 숫자표현식을 입력한다. 수식 입력이 끝나면, [확인] 버튼을 클릭한다.

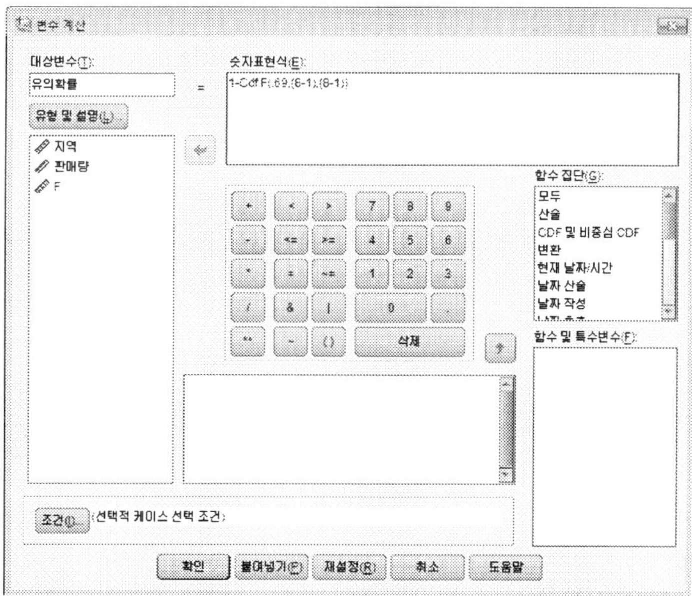

(3) 결과해석

이 과정을 통해 계산된 유의확률은 다음 화면에서 보듯이 박스 안에 0.6817로 계산되어 있다. 분석결과는 'C : \Sample\Datasav' 폴더 내에 '5장-3-1-2-데이터.sav'로 저장되어 있다.

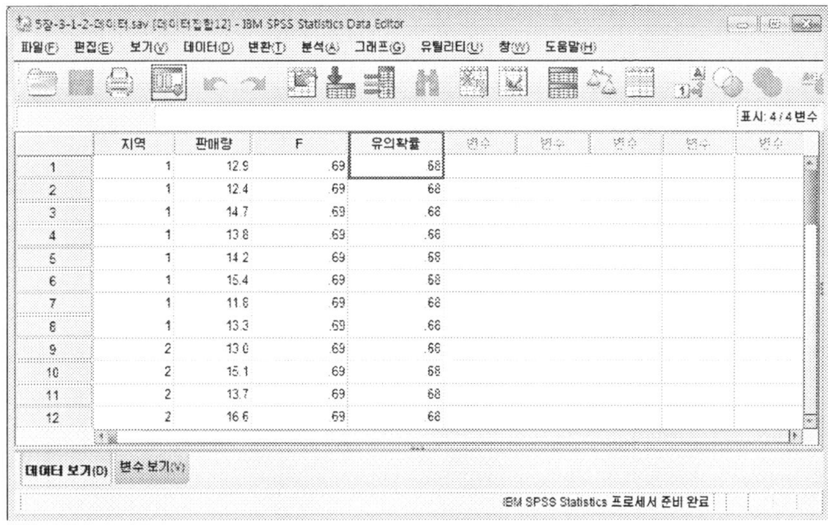

가설검정 결과를 살펴보면 다음과 같다. 먼저 가설 검정통계량은

$$F = \frac{S_1^2/\sigma_1^2}{S_2^2/\sigma_2^2} = 0.69$$

로서, 유의확률이 0.68로 현재의 귀무가설을 기각할 수 없다. 따라서 0.05의 유의수준에서 두 집단의 분산은 같다는 귀무가설을 기각하지 못한다. 따라서 분산이 동일하다고 볼 수 있다.

Chapter 06

비모수통계분석

01 비모수통계분석의 개요
02 단일표본 검정
03 대응표본 검정
04 독립표본 검정

1 비모수통계분석의 개요

1.1. 비모수통계분석이란

가설검정은 대표적인 모수통계분석(parametric statistics)으로 모집단(population)이 정규분포를 한다는 가정하에 모집단의 확률분포가 갖는 특성인 평균이나 분산과 같은 모수를 추론(inference)하는 것이다. 데이터의 척도 또한 등간이나 비율척도를 측정된 경우를 대상으로 한다. 검정은 주로 t-분포나 F-분포를 근거로 모수 검정하는 방법을 사용한다.

모집단이 정규분포를 하지 않거나 표본의 수가 크지 않은 경우 비모수통계분석(non-parametric statistics)을 하게 된다. 비모수통계분석은 기존의 모수통계분석에서와 같이 분포에 근거하여 분석을 하는 기법이 아니다. 일반적으로 표본수가 많지 않고 분포에 대한 가정이 없으며, 데이터가 명목이나 서열척도의 넌메트릭인 경우에 많이 사용된다.

비모수통계분석은 모집단에 대해서 정규분포 가정을 하지 않기 때문에 모집단의 분포에 대한 가정을 잘 모르는 경우에 많다. 즉 이 분석에서는 모집단에 대한 가정이 불필요하다고 볼 수 있다. 모수통계분석의 경우는 모집단의 분포가 정규분포를 이루어야 하며, 독립된 집단 간의 비교분석을 위해서는 두 집단간의 분산이 동일해야 한다는 가정이 필요하나, 비모수통계분석의 경우에는 이러한 가정이 필요 없다.

1.2. 비모수통계분석의 종류

비모수통계분석은 표본의 형태와 데이터의 척도에 따라 다음과 같이 분류해 볼 수 있다.

표본 형태	독립변수 (집단구분변수)	종속변수	
		명목척도	서열척도
단일표본	없음	• 단일표본 카이제곱 검정 • 이항분포 검정 • 런 검정(무작위성 검정)	콜모고로프－스미르노프 검정
2개의 대응표본	없음	맥네마르 검정	• 부호 검정 • 윌콕슨 부호순위 검정 • 스피어맨 서열상관분석

3개 이상 대응표본	없음	코크란 큐 검정	• 프리드만 검정 • 켄달의 일치도 검정
2개의 독립표본	명목척도	카이제곱 검정	• 맨-휘트니 검정 • 콜로고로프-스미르노프 검정 • 모세의 극단반동 검정 • 왈드-월포비츠검정
3개 이상 독립표본	명목척도	카이제곱 검정	• 메디안 검정 • 크루스칼-왈리스 검정

2 단일표본 검정

단일표본 검정에서 사용할 수 있는 방법들 중에서 명목 척도에 대해서 분석하는 단일표본 카이제곱, 검정, 이항분포 검정, 런 검정과 서열 척도 데이터에 대해서 분석하는 콜모고로프-스미르노프 검정에 대해서 살펴본다.

2.1. 카이제곱 검정

(1) 분석개요

카이제곱 검정(chi-square test)은 연구자가 피험자의 수, 대상의 수, 또는 응답의 수가 몇 개의 범주에 나누어져 분포하는 경우, 범주별로 예상한 분포를 갖는가 또는 어느 범주에 몰려있지 않은가에 관심을 갖는 경우에 사용한다. 구체적으로 카이제곱 검정은 독립성 검정, 적합도(goodness-of-fit) 검정을 하는데 사용할 수 있는 검정 기법이다. 관측빈도와 기대빈도 간의 차이에 대한 독립성이나 적합도를 검정하는 카이제곱 통계량을 계산하게 된다. 단일표본에 대한 검정통계량은,

$$\chi^2 = \sum_{i=1}^{n} \frac{(O_i - E_i)^2}{E_i}$$

여기서, O_i = 관측빈도, E_i = 기대빈도, n = 범주의 수

로 계산되며, $n-1$의 자유도를 갖는 χ^2분포를 따른다.

(2) 분석데이터

어느 경마장에서 말의 트랙 위치에 따라 다음과 같이 우승을 한 횟수가 발표되었다고 하자. 이 경우 말의 위치에 따라 우승 횟수가 독립적인가 아니면 독립적이지 않는가를 검정해 볼 수 있다(Siegel and Castellan, 1988).

트랙위치	1	2	3	4	5	6	7	8	합계
우승횟수	29	19	18	25	17	10	15	11	144
기대횟수	18	18	18	18	18	18	18	18	144

STEP 01　트랙 위치별로 실제 우승횟수를 다음과 같이 입력을 했다. 입력한 데이터는 'C:\Sample\Datasav' 폴더에 '6장-2-1-1-데이터.sav'로 저장되어 있다.

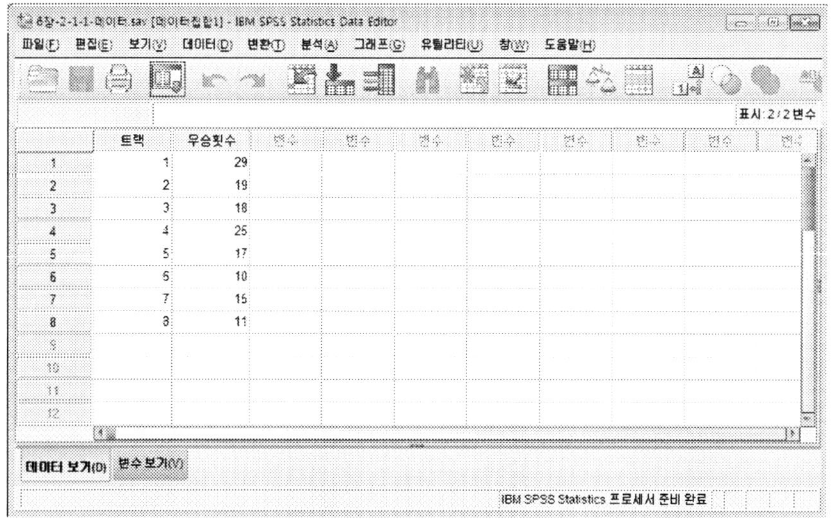

STEP 02 현재 데이터는 개별 데이터가 들어가 있지 않고 가중치 정보가 들어가 있기 때문에 카이제곱 검정을 하기 전에 먼저 각 케이스별로 가중치를 지정해 주어야 한다. 이를 수행하기 위해서는 [데이터] → [가중 케이스]를 차례로 클릭한다.

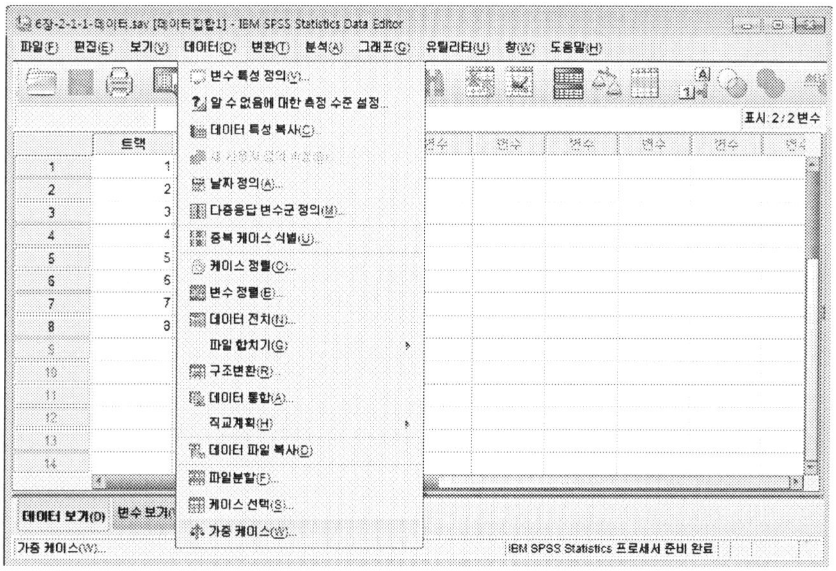

STEP 03 '가중 케이스를 지정'을 선택하고, 빈도변수로서 '우승횟수'를 지정한다. 지정이 끝나면, [확인] 버튼을 클릭한다.

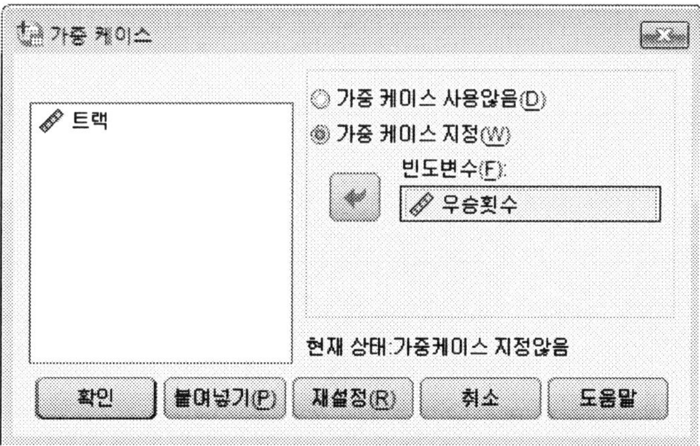

(3) 분석과정

STEP 01 카이제곱 검정을 수행하기 위해서는 [분석] → [비모수 검정] → [레거시 대화
상자] → [카이제곱검정]을 차례로 클릭한다.

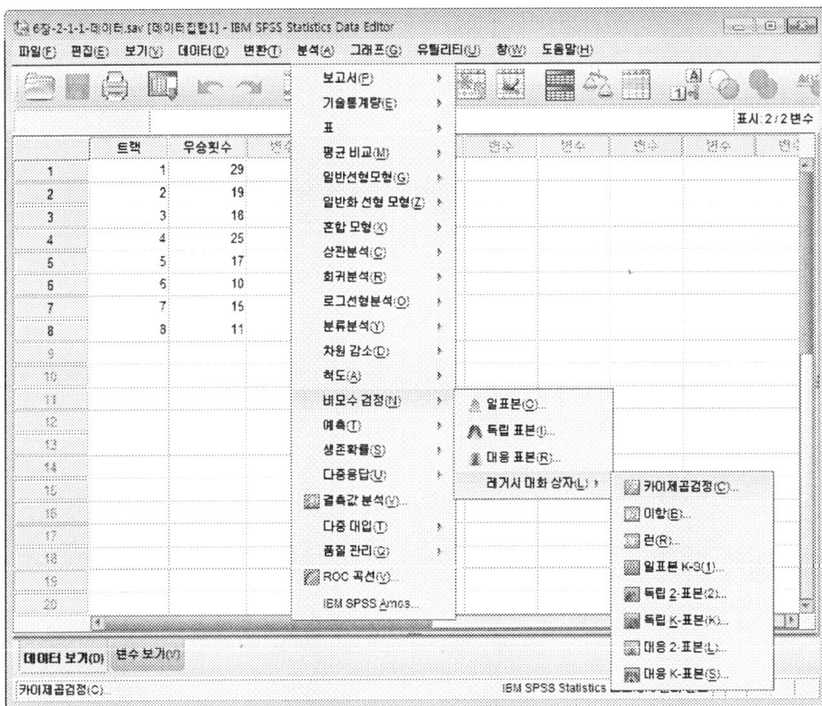

STEP 02 카이제곱검정 화면에서 검정변
수는 '트랙'을 지정한다. 하단에
서 기대값이 모든 범주에 대해서
동일하므로 현재와 같이 지정한
다. 동일하지 않으면 '값'을 선택
하고, 차례대로, 8개 범주의 값을
추가해야 한다. 이 과정이 끝나
면, 하단의 [확인] 버튼을 클릭
한다.

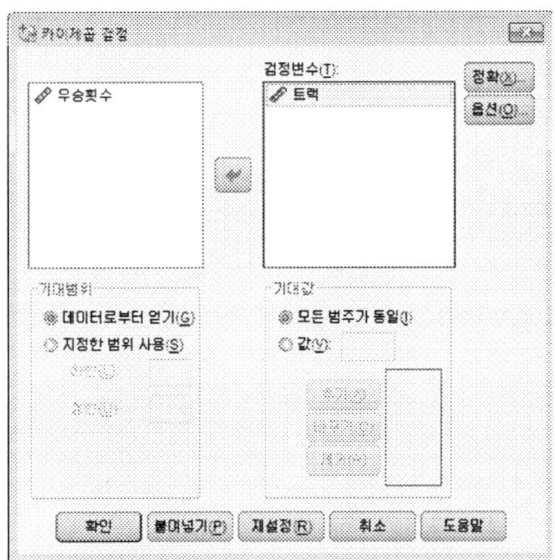

(4) 결과해석

단일표본 카이제곱 검정에서 우리가 유의해서 보아야 할 데이터는 카이제곱 값과 근사 유의확률이다. 카이제곱은 16.333이며, 이 때 자유도는 7, 유의확률은 0.022로 나타났다. 따라서 현재데이터는 관측수와 기대빈도간에 차이가 없다, 즉 각 트랙별로 우승횟수가 독립적이라는 귀무가설을 기각한다. 따라서 트랙별로 우승횟수가 차이가 있으며, 관측수가 높게 나타난 1번이나 4번트랙은 기대하는 것보다 우승횟수가 높으며, 6번이나 8번 트랙은 우승횟수가 낮음을 알 수 있다.

트랙

	관측수	기대빈도	잔차
1	29	18.0	11.0
2	19	18.0	1.0
3	18	18.0	.0
4	25	18.0	7.0
5	17	18.0	−1.0
6	10	18.0	−8.0
7	15	18.0	−3.0
8	11	18.0	−7.0
합계	144		

검정 통계량

	트랙
카이제곱	16.333[a]
자유도	7
근사 유의확률	.022

a. 0 셀 (.0%)은(는) 5보다 작은 기대빈도를 가집니다. 최소 셀 기대빈도는 18.0입니다.

2.2. 이항분포 검정

(1) 분석개요

이항분포 검정(binomial test)이란 연구자가 모집단의 비율에 관한 가설을 검정하기 위해사용되는 검정이다. 특별히 동전의 앞면과 뒷면, 남자나 여자, 회원이나 비회원과 같이 두 수준의 값(이항분포)을 가지고 있는 이항변수에 대해서 현재 관찰한 구성비율이 기대빈도와 일치하는지를 검정한다. 연구자는 이항분포 검정을 통해 표본에서 관찰하는 비율(빈도)들이 특정한 비율(빈도)를 가지고 있는 모집단으로부터 추출되었을 수 있는지를 검정해 볼 수 있다. 이항분포의 검정 통계량은 다음과 같이 계산이 된다. 총 표본수 n개에 대해 한 범주에서 x개, 다른 범주에서 $n-x$ 나타날 확률은 다음과 같이 계산된다.

$$P(x) = \binom{n}{k} p^k (1-p)^{n-k}$$

여기서, $p =$ 한 범주에서 기대되는 경우의 비율

검정 통계량은 한 범주에서 x개 이하로 발생될 확률의 합을 계산한다.

(2) 분석데이터

현재 특정지역에 남자가 15명, 여자가 5명이 있을 때 남자와 여자의 비율이 50%라고 할 수 있는가를 검정하는 것이다.

STEP 01 성별 관측수를 다음과 같이 입력을 했다. 입력한 데이터는 '6장-2-2-1-데이터.sav'로 저장되어 있다.

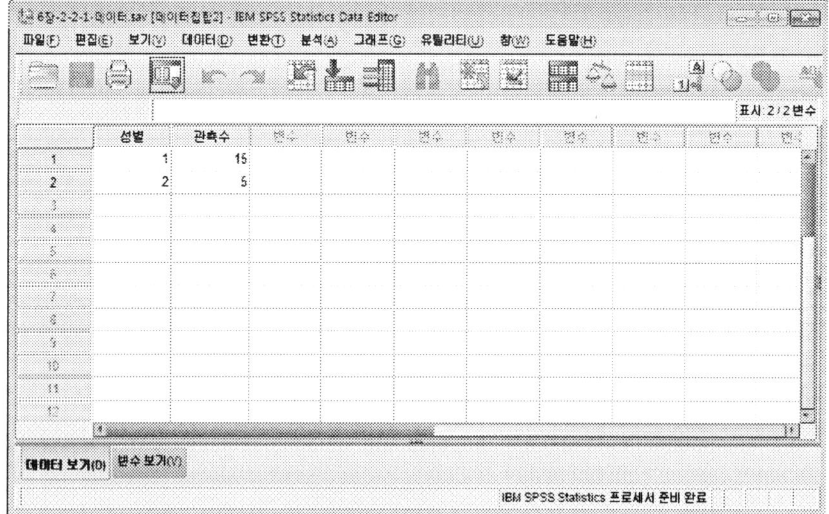

STEP 02 현재 데이터는 개별 데이터가 들어가 있지 않고 가중치 정보가 들어가 있기 때문에 이항분포 검정을 하기 전에 먼저 각 케이스별로 가중치를 지정해 주어야한다. 이를 수행하기 위해서는 [데이터] → [가중 케이스]를 차례로 클릭한다.

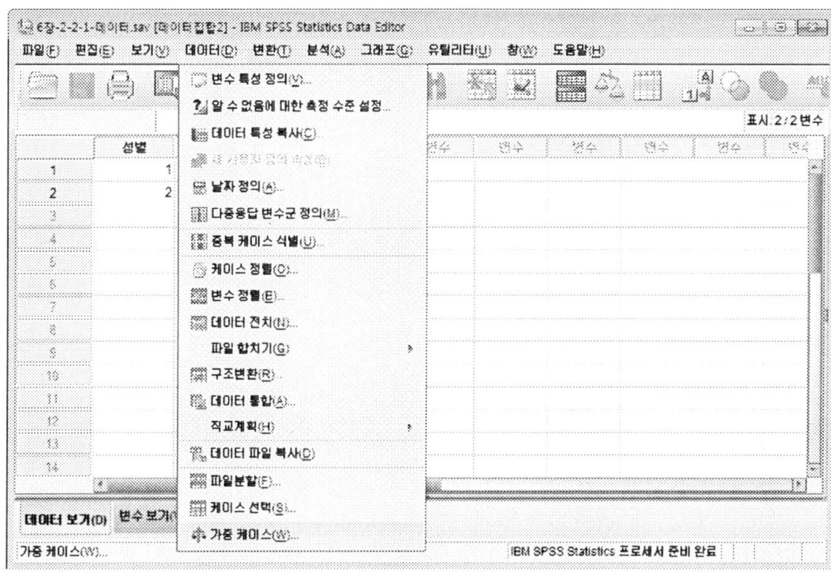

STEP 03 '가중 케이스를 지정'을 선택하고, 빈도변수로서 '관측수'를 지정한다. 지정이 끝나면, [확인] 버튼을 클릭한다.

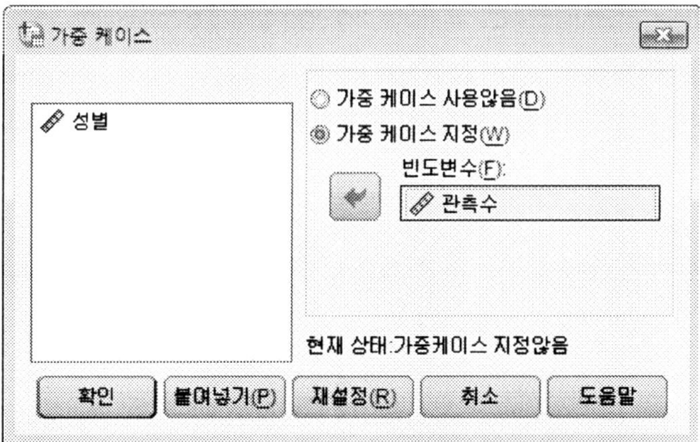

(3) 분석과정

STEP 01 이항분포 검정을 수행하기 위해서는 [분석] → [비모수 검정] → [레거시 대화
상자] → [이항]을 차례로 클릭한다.

STEP 02 이항검정 화면에서 검정변수는 '성별'로 지정한다. 하단에서 검정비율을 0.50으
로 되어 있기 때문에 그대로 놓아둔다. 이 과정이 끝나면, 하단의 [확인] 버튼을
클릭한다.

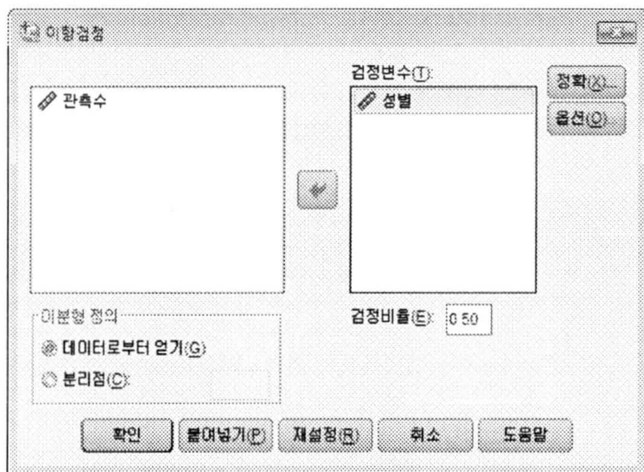

(4) 결과해석

이항검정

		범주	N	관측비율	검정 비율	정확한 유의확률(양측)
성별	집단 1	남자	15	.75	.50	.041
	집단 2	여자	5	.25		
	합계		20	1.00		

결과에서 정확한 유의확률(양측)을 보면 현재와 같이 남자가 15명 여자가 5명으로 나올 수 있는 비율이 0.041로 나타난다. 이는 유의수준 5%에서 남자와 여자의 비율이 50%라고 볼 수 없다.

2.3. 런 검정

(1) 분석개요

런 또는 무작위 검정(run test)은 두 가지의 값을 갖는 한 변수에 대하 케이스의 발생 순서가 무작위(random)로 선택되었는지의 여부를 검정하는 방법이다. 즉, 두 종류의 부호가 나열되어 있을 때, 이들 부호들의 순서가 무작위로 나열되었는가 그렇지 않는가를 검정한다. 연속된 부호의 나열을 런(run)이라고 한다. 다음과 같이 11/000/1/00/111과 같은 데이터가 있다면 5번의 연속적인 런을 갖게 된다. 런 검정에 대한 귀무가설은 "현재 데이터가 독립적이다"라는 것인데 정규분포화하여 검정한다(홍종선 1991).

런 검정의 검정통계량과 표준오차는 다음과 같이 계산된다.

$$\mu_r = \frac{2n_1 n_2}{n_1 + n_2} + 1$$

$$\sigma_r = \sqrt{\frac{2n_1 n_2 (2n_1 n_2 - n_1 - n_2)}{(n_1 + n_2)^2 (n_1 + n_2 - 1)}}$$

여기서, $n_1 =$ 유형1의 발생 수

$n_2 =$ 유형2의 발생 수

$r =$ 런의 수

(2) 분석데이터

모집단으로부터 성별에 관련없이 특정 프로그램에 참가하는 응모자 20명을 다음같이 추출하였을 때, 성별과 관련 없이 무작위로 추출되었는가 여부를 검정해 볼 수 있다. 아래의 밑줄이 쳐진 것들은 각각의 연속된 런들로 볼 수 있다.

남, 여, 남, 남, 남, 남, 남, 여, 남, 여, 남, 남, 여, 여, 여, 여, 남, 남, 여, 여

런 검정을 위해 다음과 같이 남자는 '1', 여자는 '2'로 코딩해서 20개의 연속된 데이터를 입력했다.

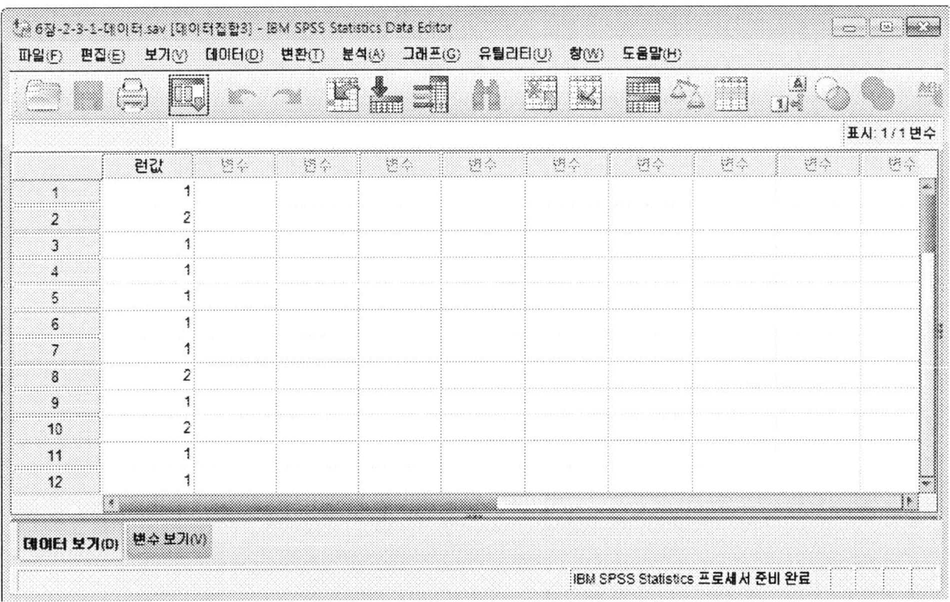

(3) 분석과정

STEP 01　런 검정을 수행하기 위해서는 [분석] → [비모수 검정] → [레거시 대화 상자] → [런]을 차례로 클릭한다.

STEP 02　런 검정 화면에서 검정변수는 '성별'로 지정한다. 하단에서 절단점을 평균으로 지정했다. 이 과정이 끝나면, 하단의 [확인] 버튼을 클릭한다.

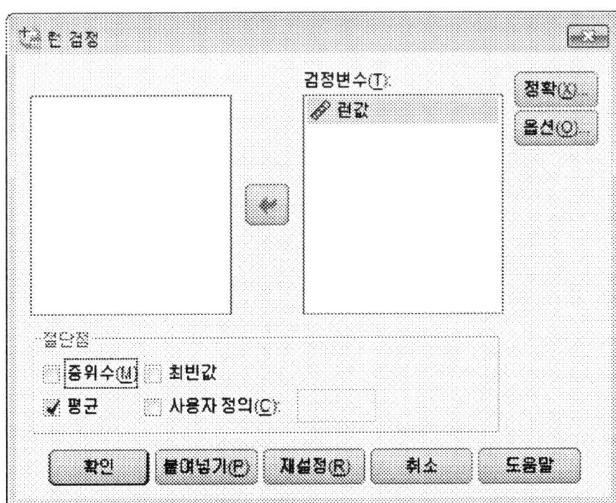

(4) 결과해석

결과를 보면, 런의 개수는 10개로서 검정값이 평균보다 작은 값이 11개 같거나 큰 값이 9개로 나타났다. 이에 대한 검정결과인 z값은 −.186으로서 유의확률이 .853이다. 따라서 5% 유의수준에서 데이터가 무작위로 움직인다는 귀무가설을 기각할 수 없다. 즉 현재 데이터는 무작위로 움직인다고 할 수 있다.

런 검정

	성별
검정값[a]	1.45
케이스 < 검정값	11
케이스 >= 검정값	9
전체 케이스	20
런의 수	10
Z	−.186
근사 유의확률(양측)	.853

a. 평균

2.4. 콜모고로프−스미르노프 검정

(1) 분석개요

단일표본에 대한 콜모고로프−스미르노프 검정(One−Sample Kolmogorov−Smirnov Test)은 관측된 변수의 누적분포함수를 정규, 균일, 또는 포아송의 특정 이론적 분포와 비교하는 것이다. 이 검정은 카이제곱검정과 마찬가지로 이론적인 빈도분포의 적합도를 측정하는 검정으로 볼 수 있다. 카이제곱검정보다 더 강력한 검정방법으로 알려져 있으며, 사용하기가 쉽다는 장점이 있다.

(2) 분석데이터

특정 통신회사에서 발신자의 통화수를 추적하는 자동응답장치를 개발하려고 한다. 교환원은 하루 3,754회의 전화를 받는다. 경영자는 자본투자 문제와 관련하여 '전화이용률 패턴이 포아송 분포를 이룬다'는 가설을 검정하고자 한다(정충영, 최이규, 2002).

단일표본 콜모고로프–스미리노프 검정을 위해 다음과 같이 데이터를 입력했다. 데이터는 '6장–2–4–1–데이터.sav'로 저장되어 있다.

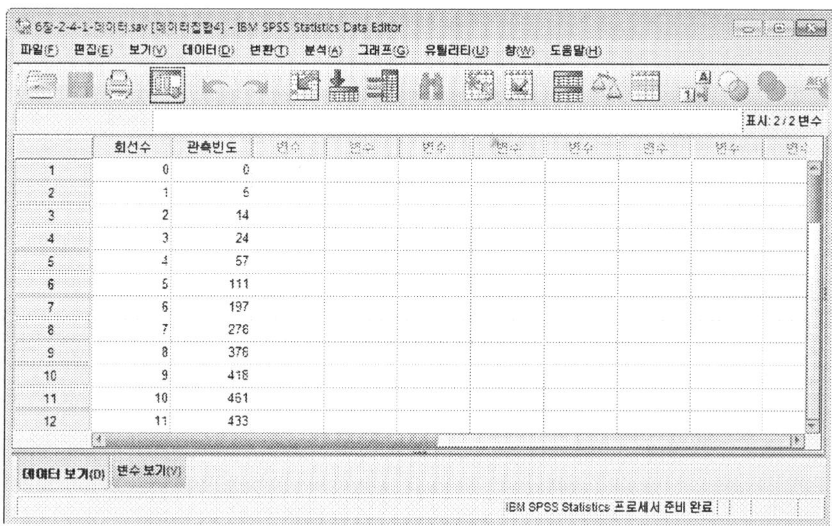

(3) 분석과정

STEP 01 단일표본 콜모고로프–스미르노프 검정을 수행하기 위해서는 [분석] → [비모수 검정] → [레거시 대화 상자] → [일표본 K–S]를 차례로 클릭한다.

STEP 02 검정 화면에서 검정변수는 '걸려온 전화 횟수'로 지정한다. 하단에서 검정분포
를 포아송 분포로 지정했다. 이 과정이 끝나면, 하단의 [**확인**] 버튼을 클릭한다.

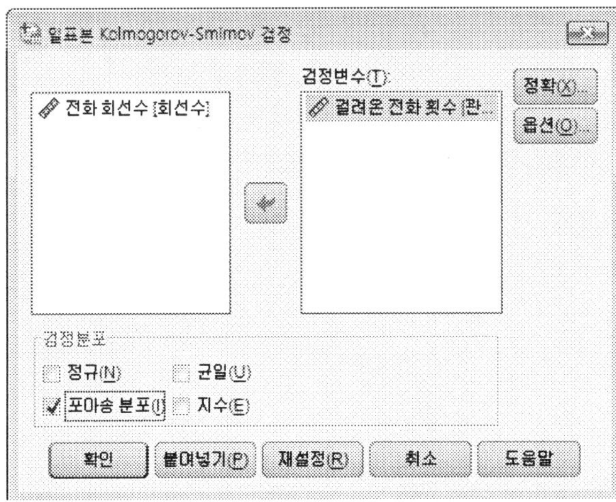

(4) 결과분석

결과를 보면, 포아송의 모수와 Kolmogorov–Smirnov의 Z값이 표시되어 있다. Z값이
2.7111로 유의확률이 유의수준 5%보다 작기 때문에 포아송 분포를 한다고 볼 수 있다.

일표본 Kolmogorov–Smirnov 검정

		걸려온 전화 횟수
N		23
포아송 모수[a,b]	평균	163.22
최대극단차	절대값	.565
	양수	.565
	음수	−.386
Kolmogorov–Smirnov의 Z		2.711
근사 유의확률(양측)		.000

a. 검정 분포가 포아송입니다.
b. 데이터로부터 계산

3 | 대응표본 검정

대응표본 검정에 사용하는 분석 방법들 중에서 명목척도에 대해서 분석하는 맥네마르 검정, 코크란 큐 검정과 서열척도에 대해서 분석하는 부호검정, 윌콕슨 검정, 프리드만 검정에 대해서 살펴보았다. 스피어만의 서열상관분석은 6장에서 다루어지기 때문에 여기에서 살펴보지 않았으며, 켄달의 일치도 검정은 프리드만 검정과 결과가 비슷하기 때문에 분석 예제를 제시하지 않았다.

3.1. 맥네마르 검정

(1) 분석개요

맥네마르 검정(McNemar test)은 사전사후 실험과 같이 실험 전과 후의 변화 여부를 파악하기 위해 2×2 교차표 형태로 작성된 데이터를 분석하는 방법이다. 측정은 명목 척도나 서열 척도로 된 경우이다. 구체적으로 판촉전략, 회의, 신문기사, 캠페인 연설, 개인 방문 등과 같은 특정한 처리나 사건의 효과를 검정한다.

(2) 분석데이터

다음 데이터는 기업에서 할인판매 후에 상품 구매 현황의 변화를 살펴본 것이다.

구분		할인판매 후		
		자사제품	타사제품	계
할인판매 전	자사제품	110	15	125
	타사제품	85	790	875
	계	195	805	1,000

STEP 01 맥네마르 검정을 위해 다음과 같이 데이터를 입력했다. 데이터는 '6장-3-1-1-데이터.sav'로 저장되어 있다.

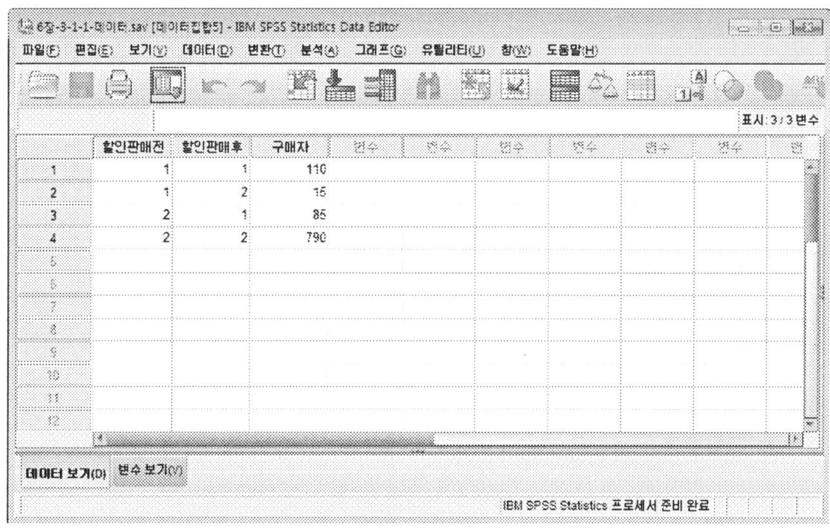

STEP 02 현재 데이터는 개별 데이터가 들어가 있지 않고 가중치 정보가 들어가 있기 때문에 카이제곱 검정을 하기 전에 먼저 각 케이스별로 가중치를 지정해 주어야 한다. 이를 수행하기 위해서는 [데이터] → [가중 케이스]를 차례로 클릭한다.

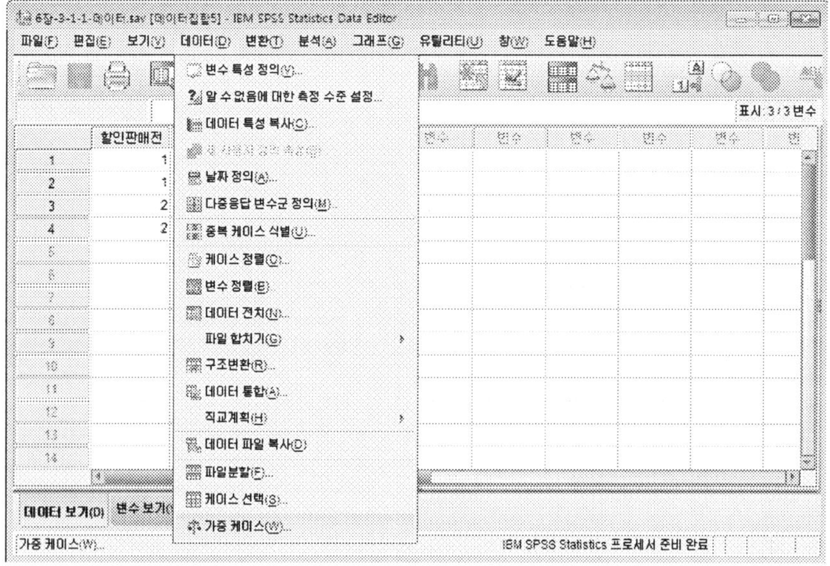

STEP 03 '가중 케이스를 지정'을 선택하고, 빈도변수로서 '구매자'를 지정한다. 지정이 끝나면, [확인] 버튼을 클릭한다.

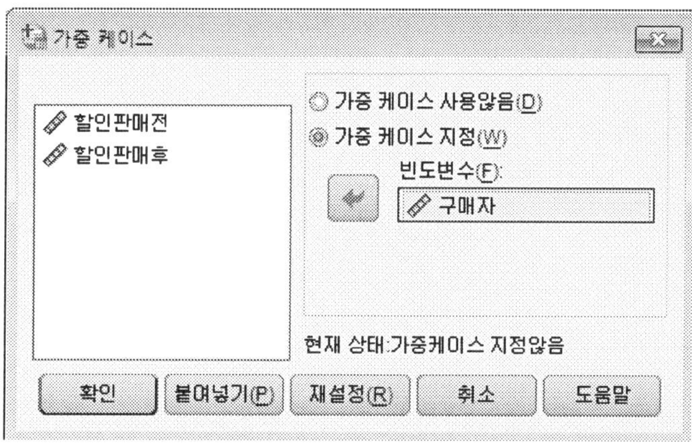

(3) 분석과정

STEP 01 맥네마르 검정을 수행하기 위해서는 [분석] → [비모수 검정] → [레거시 대화상자] → [대응 2-표본]을 차례로 클릭한다.

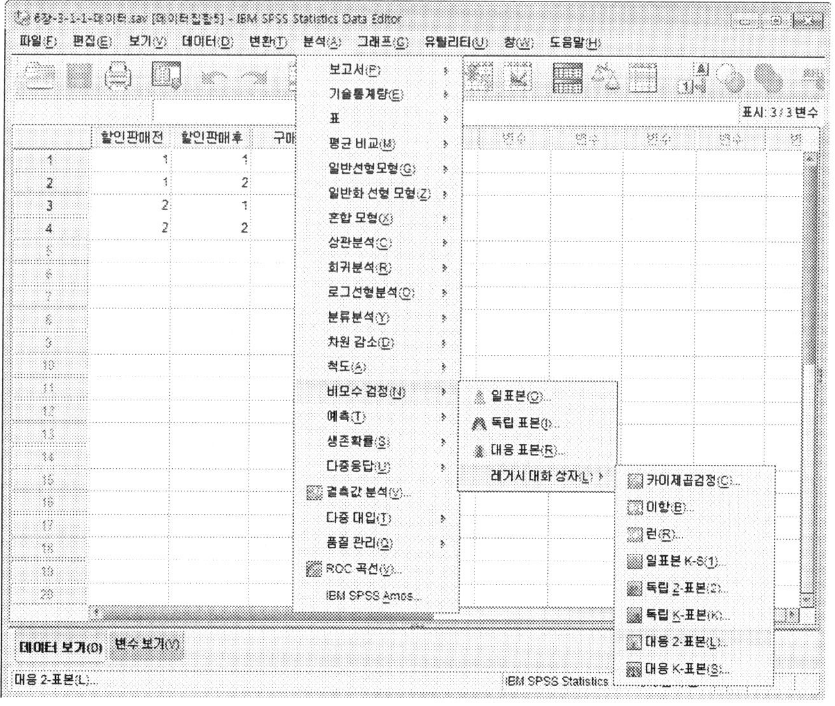

STEP 02　검정 화면에서 검정변수는 '할인판매전', '할인판매후'로 지정한다. 검정유형을 McNemar로 지정했다. 이 과정이 끝나면, 하단의 [확인] 버튼을 클릭한다.

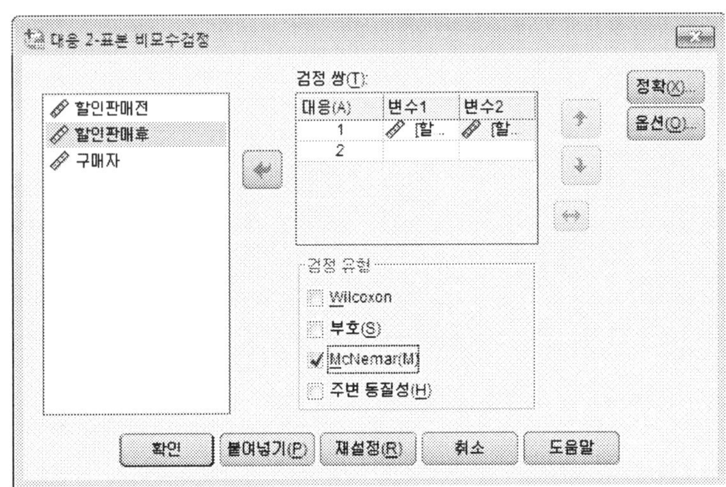

　만약에 McNemar 검정에서처럼 2×2로 구성된 이분형 응답이 아니고, n×n 형태의 다항 응답으로 확장된 경우라면, 검정 유형을 '주변의 동질성'을 선택한다. 이것은 카이제곱 분포를 사용하여 응답의 변화를 확인하고 전후 계획에서 실험 개입에 따라 응답에 나타나는 변화를 파악하는데 유용하게 사용할 수 있다.

(4) 결과분석

　결과를 보면, 카이제곱 검정 통계량이 47.619으로서 유의확률이 유의수준 5%보다 작기 때문에 할인 판매전 후에 자사제품 구매를 하는 비율이 더 높아졌다고 할 수 있다.

할인판매전 및 할인판매후

할인판매전	할인판매후	
	자사제품	타사제품
자사제품	110	15
타사제품	85	790

검정 통계량[b]

	할인판매전 및 할인판매후
N	1000
카이제곱[a]	47.610
근사 유의확률	.000

a. 연속수정
b. McNemar 검정

3.2. 부호 검정

(1) 분석개요

부호 검정(sign test)은 플러스와 마이너스 부호를 데이터로 사용하는 검정 방법이다. 이 검정 방법은 각 짝의 두 구성원들의 각각에 대해서 서열을 매길 수 있는 경우에 유용한 검정 방법이다. 특히 부호 검정은 연구자가 두 가지 측정 내용에 대해 조건을 다르게 설정할 때 유용한 방법이다. 부호 검정은 고려 대상 변수가 연속적인 분포를 가진다는 가정만을 한다.

(2) 분석데이터

다음 데이터는 17가정의 남편과 아내의 구매 의사결정과정의 역할에 대한 데이터이다. 부호 검정을 위해 다음과 같이 데이터를 입력했다. 데이터는 '6장-3-2-1-데이터.sav'로 저장되어 있다.

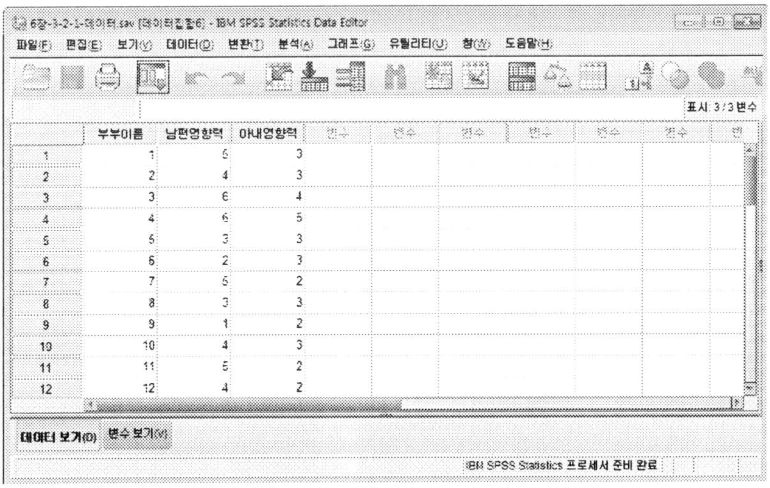

	부부이름	남편영향력	아내영향력
1	1	5	3
2	2	4	3
3	3	6	4
4	4	6	5
5	5	3	3
6	6	2	3
7	7	5	2
8	8	3	3
9	9	1	2
10	10	4	3
11	11	5	2
12	12	4	2

(3) 분석과정

STEP 01 부호 검정을 수행하기 위해서는 [분석] → [비모수 검정] → [레거시 대화 상자] → [대응 2 - 표본]을 차례로 클릭한다.

STEP 02 검정 화면에서 대응 검정변수들을 '남편영향력', '아내영향력'으로 지정한다. 검정유형을 부호로 지정했다. 이 과정이 끝나면, 하단의 [확인] 버튼을 클릭한다.

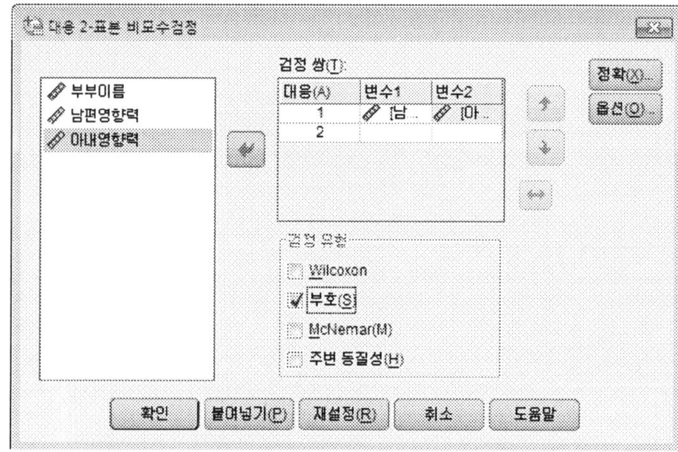

(4) 결과해석

결과를 보면, 부호 검정 통계량의 유의확률이 0.057로 나타났다. 만약 빈도분석을 보면 남편의 영향력이 아내의 영향력보다 큰 것으로 나타났는데, 만약에 가설을 '남편의 영향력이 아내의 영향력보다 크다'고 한다면 단측검정의 유의확률을 볼 수 있다. 이 경우 유의확률의 1/2이 적용되므로 0.0295로 나타난다. 따라서 유의수준 5%보다 작기 때문에 남편의 영향력이 아내의 영향력보다 더 높아졌다고 할 수 있다.

빈도 분석

		N
아내영향력 – 남편영향력	음수차[a]	11
	양수차[b]	3
	동률[c]	3
	합계	17

a. 아내영향력 < 남편영향력
b. 아내영향력 > 남편영향력
c. 아내영향력 = 남편영향력

검정 통계량[b]

	아내영향력 – 남편영향력
정확한 유의확률(양측)	.057[a]

a. 이항분포를 사용함.
b. 부호검정

3.3. 윌콕슨 부호순위 검정

(1) 분석개요

윌콕슨 부호순위 검정(Wilcoxon Signed Ranks Test)는 부호검정에서 부호만 분석하는 것이 아니라 부호와 차이의 크기를 검정하는 것이다. 이 검정법은 모집단의 분포가 중앙값을 중심으로 대칭을 이룬다는 가정을 하고 있다. 차이들에 대한 방향과 상대적인 크기를 고려하기 때문에 부호검정보다 더 강력한 검정방법이다.

(2) 분석데이터

부호 검정과 비교하기 위해서 부호검정에서 사용한 17가정의 남편과 아내의 구매 의사결정과정의 역할에 대한 데이터를 사용한다.

(3) 분석과정

STEP 01　윌콕슨 부호순위 검정을 수행하기 위해서는 [분석] → [비모수 검정] → [레거시 대화 상자] → [대응 2 – 표본]을 차례로 클릭한다.

STEP 02　검정 화면에서 대응 검정변수들을 '남편영향력', '아내영향력'으로 지정한다. 검정유형을 Wilcoxon으로 지정했다. 이 과정이 끝나면, 하단의 [**확인**] 버튼을 클릭한다.

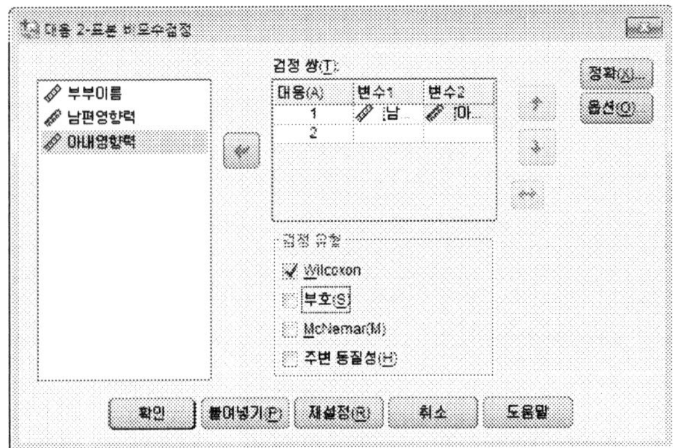

(4) 결과해석

　부호 검정의 결과와 비교를 보면, 부호뿐만 아니라 평균 순위, 순위합까지 반영이 된 결과를 제시하고 있다. 하단의 통계량 Z값은 -2.667로서 양의 순위를 기준으로 한 단측 검정이며 유의확률이 0.008로서 유의수준 5%에서 의미가 있다. 즉 구매 의사결정에 대한 영향력이 남편이 아내보다 높음을 보여주고 있다.

순위

		N	평균순위	순위합
아내영향력 - 남편영향력	음의 순위	11[a]	8.59	94.50
	양의 순위	3[b]	3.50	10.50
	동률	3[c]		
	합계	17		

a. 아내영향력 < 남편영향력
b. 아내영향력 > 남편영향력
c. 아내영향력 = 남편영향력

검정 통계량[b]

	아내영향력 - 남편영향력
Z	-2.667[a]
근사 유의확률(양측)	.008

a. 양의 순위를 기준으로
b. Wilcoxon 부호순위 검정

3.4. 코크란 큐 검정

(1) 분석개요

　코크란 큐 검정(Cochran Q Test)는 세 개 혹은 그 이상의 도수들 또는 비율들로 짝지어진 집합(matched sets of frequencies or proportions)에 대해 서로간에 우의적인 차이가 있는 지를 검정하는 것이다. 상이한 피험자들의 관련성을 기준으로 짝이 지어진다. 데이터가 명목척도나 서열척도에 유용하게 사용될 수 있다. 카이제곱 분포를 따르는 코크란 큐 검정 통계량은 아래와 같이 계산된다.

$$Q = \frac{k(k-1)\sum_{j=1}^{b}(G_j - \overline{G})^2}{k\sum_{i=1}^{N}L_i - \sum_{i=1}^{N}L_i^{\,2}}$$

여기서, $G_j = j$ 번째 열에 있는 "성공"의 총수

$\overline{G} = G$의 평균

$L_i = i$ 번째 행에 있는 "성공"의 총수

(2) 분석데이터

다음 데이터는 어느 조사기관에서 할인마트들간에 가격경쟁이 격화됨에 따라 경품권의 이용결정 여부를 조사한 데이터다. 15개의 할인마트들을 무작위로 선정하여 데이터를 수집한 결과가 다음과 같다.

할인마트	시장 상황		
	정상시기	가격경쟁시기	가격경쟁후
1	1	1	1
2	1	0	1
3	1	1	1
4	1	0	0
5	0	0	1
6	0	0	1
7	1	0	1
8	1	1	0
9	1	0	0
10	1	0	1
11	1	0	0
12	1	1	1
13	1	0	0
14	0	0	0
15	1	0	1

코크란 큐 검정을 위해 다음과 같이 데이터를 입력했다. 데이터는 '6장-3-4-1-데이터.sav'로 저장되어 있다.

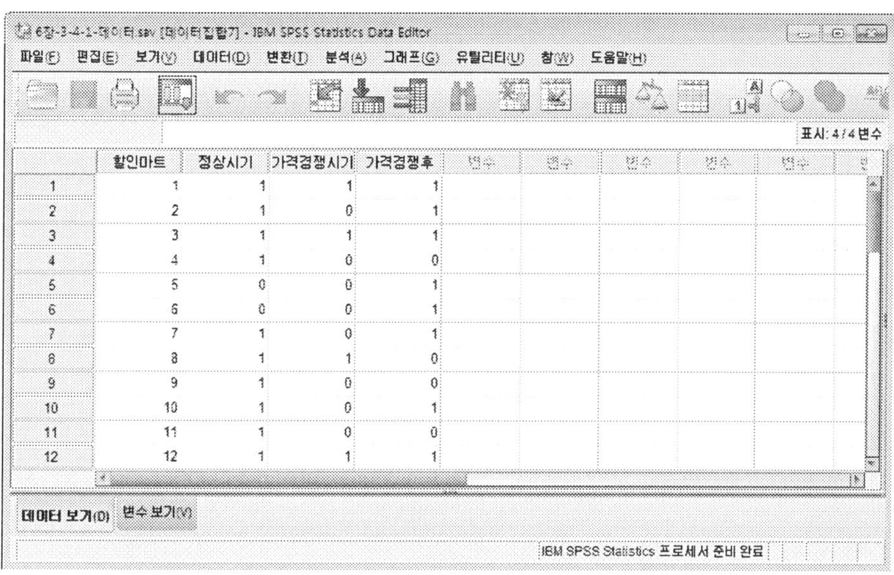

(3) 분석과정

STEP 01 코크란 큐 검정을 수행하기 위해서는 [분석] → [비모수 검정] → [레거시 대화
상자] → [대응 K – 표본]을 차례로 클릭한다.

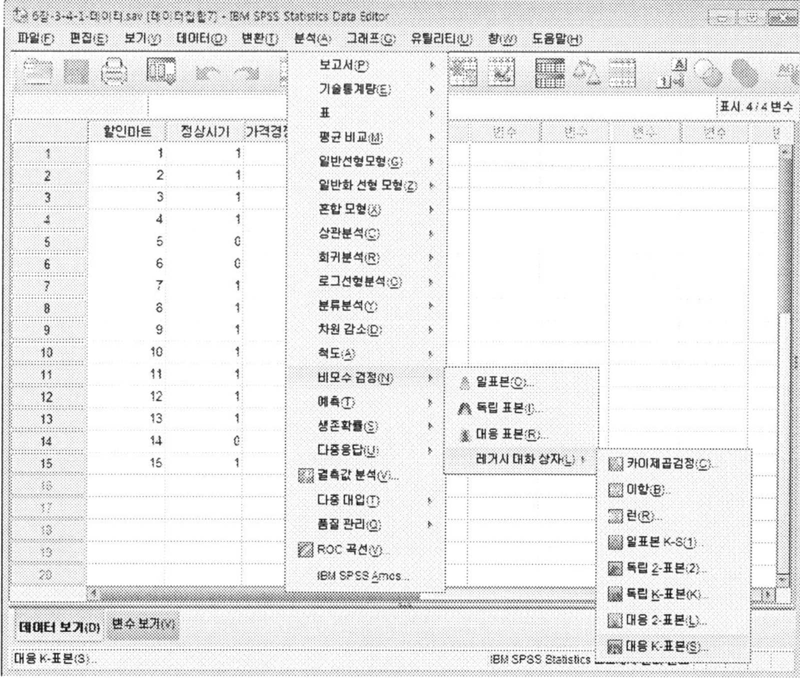

STEP 02 검정 화면에서 대응 검정변수들을 다음과 같이 지정한다. 검정유형을 Cochran 의 Q로 지정했다. 이 과정이 끝나면, 하단의 [확인] 버튼을 클릭한다.

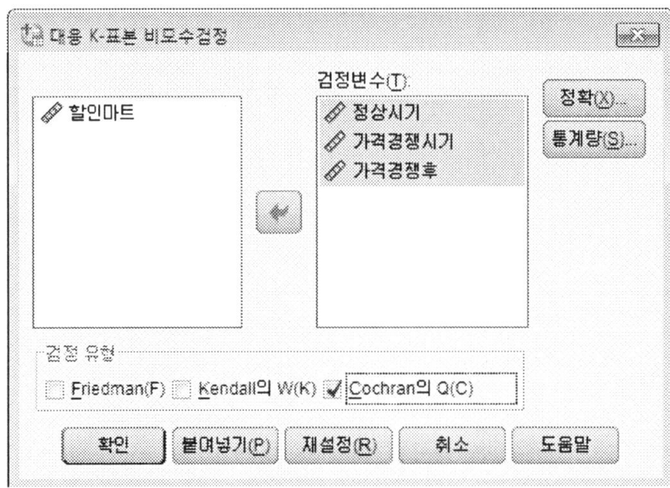

(4) 결과해석

결과를 보면, 코크란 큐 검정 통계량이 8.909로서 유의확률이 0.012로 나타났다. 유의수준 5%에서 시기에 따라 경품권 사용시기가 차이가 없다는 귀무가설을 기각하고 시기별로 경품 권 사용이 차이가 있음을 알 수 있다. 빈도분석을 보면 정상시가나 가격경쟁 후에 경품권을 더 사용하는 것으로 나타났다.

빈도 분석

	값	
	0	1
정상시기	3	12
가격경쟁시기	11	4
가격경쟁후	6	9

검정 통계량

N	15
Cochran의 Q	8.909^a
자유도	2
근사 유의확률	.012

a. 1은(는) 성공한 것으로 처리됩니다.

3.5. 프리드만 검정

(1) 분석개요

프리드만 검정(Friedman test)은 프리드만의 서열에 의한 이원분산분석(Friedman 2-way ANOVA by ranks)라고도 불린다. 서열척도로 측정된 데이터에 대해서 'k표개의 짝지어진 표본들이 동일한 모집단으로 추출되었다'고 하는 귀무가설을 검정하고자 할 때 사용한다. 프리드만의 검정 통계량은 다음과 같이 계산이 된다.

$$x_r^2 = \frac{12}{Nk(k-1)} \sum_{j=1}^{k} (R_j)^2 - 3N(k+1)$$

여기서, $N = $ 행의 수

$k = $ 열의 수

$R_j = j$번째 열에 있는 서열들의 합계

(2) 분석데이터

다음 데이터는 어느 회사의 보상프로그램의 효과를 보기 위해 실험한 결과이다. 18명의종업원들에 대해서 3번의 실험을 했다. 첫 번째는 보상하지 않음, 두 번째는 부분 보상, 세 번째는 완전(100%) 보상하는 경우에 대한 결과에 대한 보상 프로그램의 효과 순위이다.

종업원	보상 형태		
	보상 없음	부분 보상	완전 보상
1	1	3	2
2	2	3	1
3	1	3	2
4	1	2	3
5	3	1	2
6	2	3	1
7	3	2	1
8	1	3	2
9	3	1	2
10	3	1	2
11	2	3	1
12	2	3	1
13	3	2	1
14	2	3	1
15	2.5	2.5	1
16	3	2	1
17	3	2	1
18	2	3	1

프리드만 검정을 위해 다음과 같이 데이터를 입력했다. 데이터는 '6장-3-5-1-데이터.sav'로 저장되어 있다.

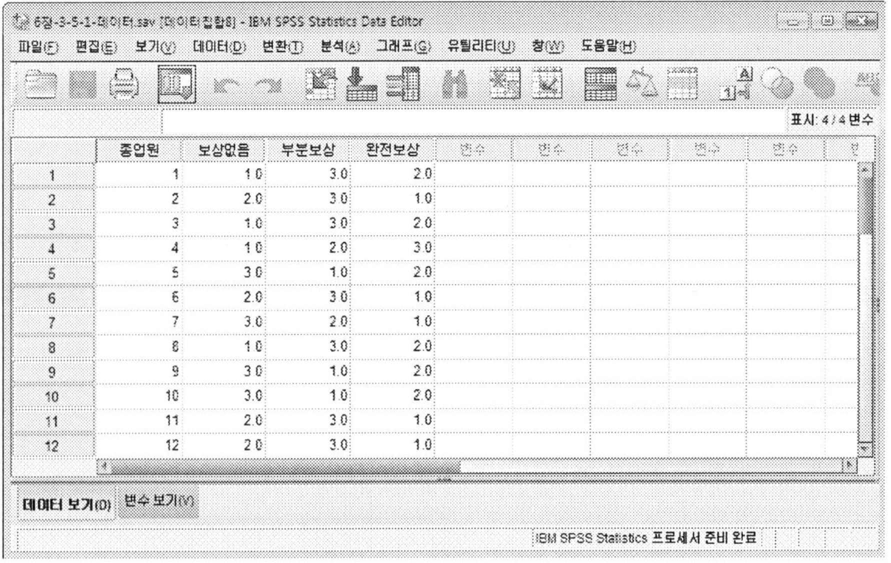

(3) 분석과정

STEP 01　프리드만 검정을 수행하기 위해서는 [분석] → [비모수 검정] → [레가시 대화 상자] → [대응 K - 표본]을 차례로 클릭한다.

STEP 02　검정 화면에서 대응 검정변수들을 다음과 같이 지정한다. 검정유형을 Friedman 으로 지정했다. 이 과정이 끝나면, 하단의 [확인] 버튼을 클릭한다.

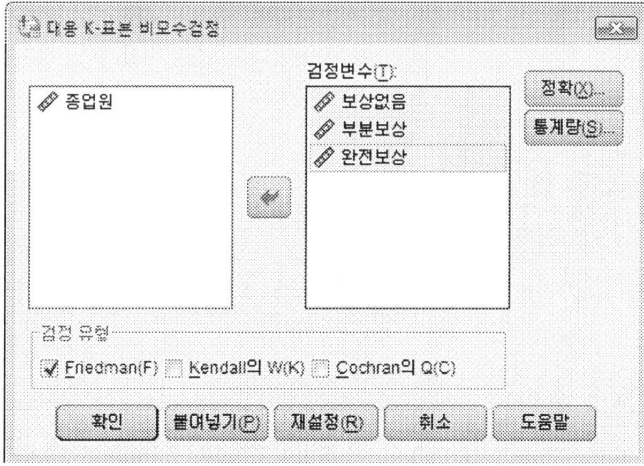

(4) 결과해석

결과를 보면, 프리드만 검정 통계량에 대한 카이제곱값이 8.704로서 유의확률이 0.013으로 나타났다. 유의수준 5%에서 시기에 따라 보상프로그램의 효과가 차이가 없다는 귀무가설을 기각하고 보상형태별로 효과가 차이가 있음을 알 수 있다. 순위에 대한 결과를 보면 완전보상이 평균 순위가 1등에 가까우며, 다음으로 보상 없음, 마지막으로 부분 보상을 하는 경우 순으로 효과 차이가 있는 것으로 나타났다.

순위

	평균순위
보상없음	2.19
부분보상	2.36
완전보상	1.44

검정 통계량[a]

N	18
카이제곱	8.704
자유도	2
근사 유의확률	.013

a. Friedman 검정

4　독립표본 검정

독립표본 검정 분석 방법 중에서 서열 척도 데이터 분석인 맨-휘트니 검정, 콜로고로프-스미르노프 검정, 모세의 극단반동 검정, 월드-월포비츠 검정, 메디안 검정크루스칼-왈리스 검정에 대해서 살펴 보았다. 카이제곱 검정은 6장에서 다루어지기 때문에 여기서는 분석 예제를 제시하지 않았다.

4.1. 2개의 독립집단에 대한 검정

(1) 분석개요

등간척도 이상의 데이터로 구성된 두 집단의 평균치가 동일한가를 검정하는 데는 t-검정을 사용할 수 있다. 하지만 데이터가 서열척도인 경우에는 맨-휘트니 검정(Mann-Whitney Test), 콜모고로프-스미르노프 검정, 모세의 극단반동 검정, 월드-월포비츠 검정을 활용할 수 있다.

(2) 분석데이터

다음 데이터는 어느 가전제품 회사에서 이 회사의 품질보증정책에 대한 만족도가 소비자들과 대리점간에 차이가 있는가를 알기 위해 조사한 데이터다(여운승, 1997).

독립표본에 대한 검정을 위해 다음과 같이 데이터를 입력했다. 데이터는 '6장-4-1-1-데이터.sav'로 저장되어 있다.

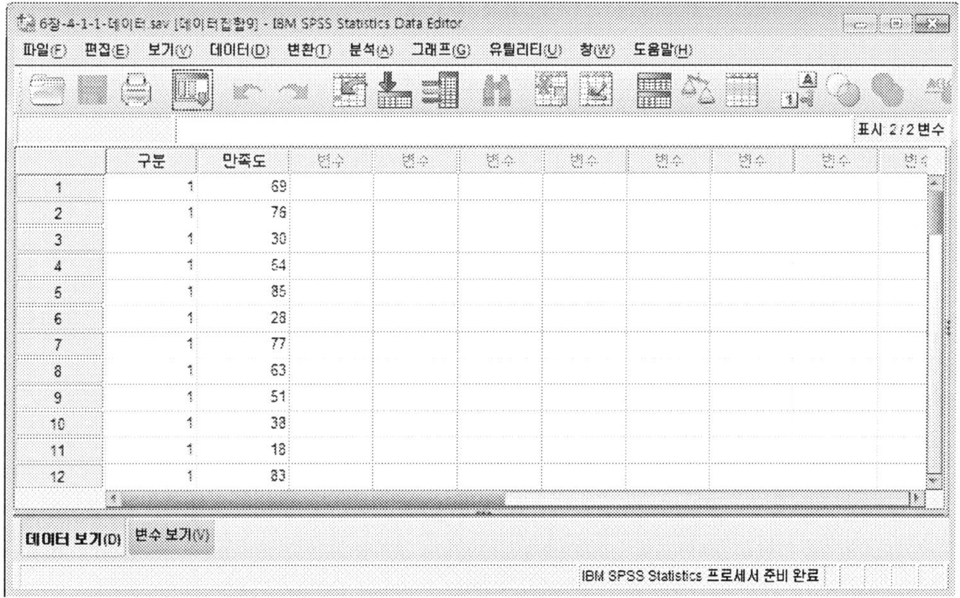

(3) 분석과정

STEP 01 2개의 독립집단에 대한 검정을 수행하기 위해서는 [분석] → [비모수 검정] → [레거시 대화 상자] → [독립 2 - 표본]을 차례로 클릭한다.

STEP 02 검정 화면에서 검정변수와 집단 변수를 다음과 같이 지정한다. 검정유형을 검정 유형의 모든 검정 통계량들을 지정했다. [집단정의] 버튼을 클릭해, 집단을 지정해 준다.

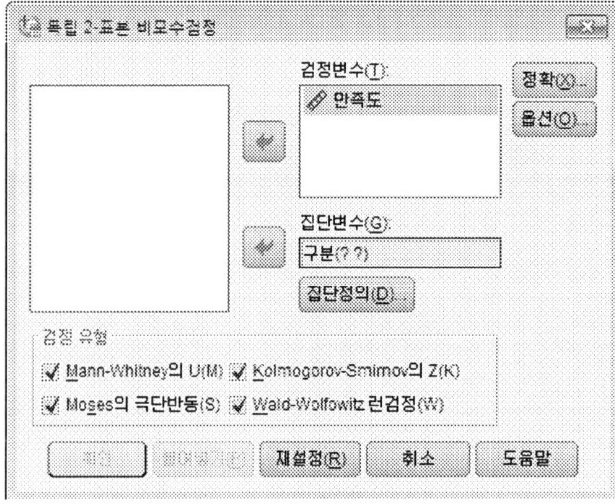

STEP 03 집단 값이 1과 2이므로 다음과 같이 지정한 후 [계속] 버튼을 클릭한다. 독립 2-표본 비모수 검정 화면으로 돌아오면, 하단의 [확인] 버튼을 클릭한다.

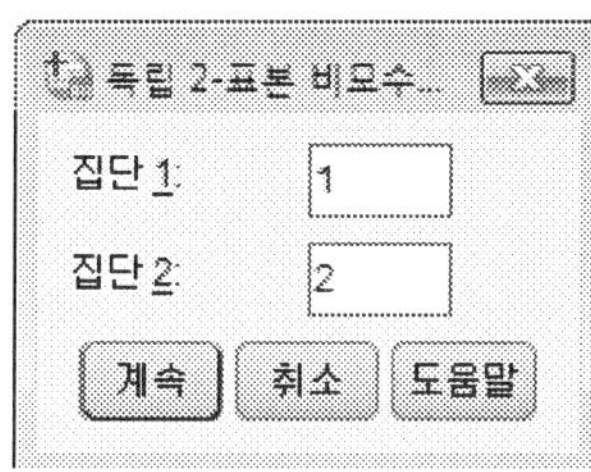

(4) 결과해석

[결과1]은 맨-휘트니 결과가 나와 있다. 5% 유의수준에서 귀무가설을 기각할 수 없다. [결과2]는 모세의 극단반동 결과를 보여주며, [결과3]은 콜모고로프-스미르노프 검정 결과를 보여주며, [결과4]는 왈드-월포위츠 검정 결과를 보여주고 있다. 전체적인 통계량을 살펴볼 경우 두 집단간의 만족도에 차이가 없다고 평가할 수 있다.

[결과1] 맨-휘트니 검정 결과

순위

		N	평균순위	순위합
만족도	소비자	20	24.10	482.00
	대리점	20	16.90	338.00
	합계	40		

검정 통계량[b]

	만족도
Mann-Whitney의 U	128.000
Wilcoxon의 W	338.000
Z	-1.948
근사 유의확률(양측)	.051
정확한 유의확률 [2*(단측 유의확률)]	.052a

a. 동률에 대해 수정된 사항이 없습니다.
b. 집단변수 : 구분

[결과2] 모세의 극단반동 검정 결과
빈도 분석

구분		N
만족도	소비자(통제)	20
	대리점(실험접근법)	20
	합계	40

검정 통계량[a,b]

	만족도
관측된 통제집단 계산너비	38
유의확률(단측)	.500
절삭된 통제집단 계산너비	33
유의확률(단측)	.347
각 끝에서 절삭된 이상값	1

a. Moses 검정
b. 집단변수 : 구분

[결과3] 콜모고로프–스미르노프 검정 결과
빈도 분석

구분		N
만족도	소비자	20
	대리점	20
	합계	40

검정 통계량[a]

		만족도
최대극단차	절대값	.350
	양수	.000
	음수	−.350
Kolmogorov–Smirnov의 Z		1.107
근사 유의확률(양측)		.172

a. 집단변수 : 구분

[결과4] 왈드 – 월포위츠 검정 결과

빈도 분석

구분		N
만족도	소비자	20
	대리점	20
	합계	40

검정 통계량b,c

		런의 수	Z	근사 유의확률(단측)
만족도	정확한 런의 수	20[a]	−.160	.436

a. 집단 – 내 동률이 없습니다.
b. Wald – Wolfowitz 검정
c. 집단변수 : 구분

4.2. 세집단 이상 독립표본 검정

(1) 분석개요

세 개 이상의 표본이 추출된 모집단의 분포가 동일한가의 여부를 검정하기 위해서 사용하는 방법이다. 이 방법은 중위수(median)를 이용해서 검정하는 메디안 검정과 크루스칼 – 왈리스 검정 방법 등이 있다. 메디안 검정의 근본원리는 두 표본의 데이터를 크기 순으로 하나의 분포를 만들고 중앙값을 산출한 다음 중앙값 이상이면 1로 하고 그 이하이면 0으로 하여 빈도수를 비교하여 분포의 동질성을 검정한다.

(2) 분석데이터

다음 데이터는 어느 회사에서 운영하고 있는 4개의 대리점 별 품질보증정책에 대한 소비자 만족도(100점 만점)을 조사한 결과이다.

세집단 이상의 독립표본 검정을 위해 다음과 같이 데이터를 입력했다. 데이터는 '6장 – 4 – 2 – 1 – 데이터.sav'로 저장되어 있다.

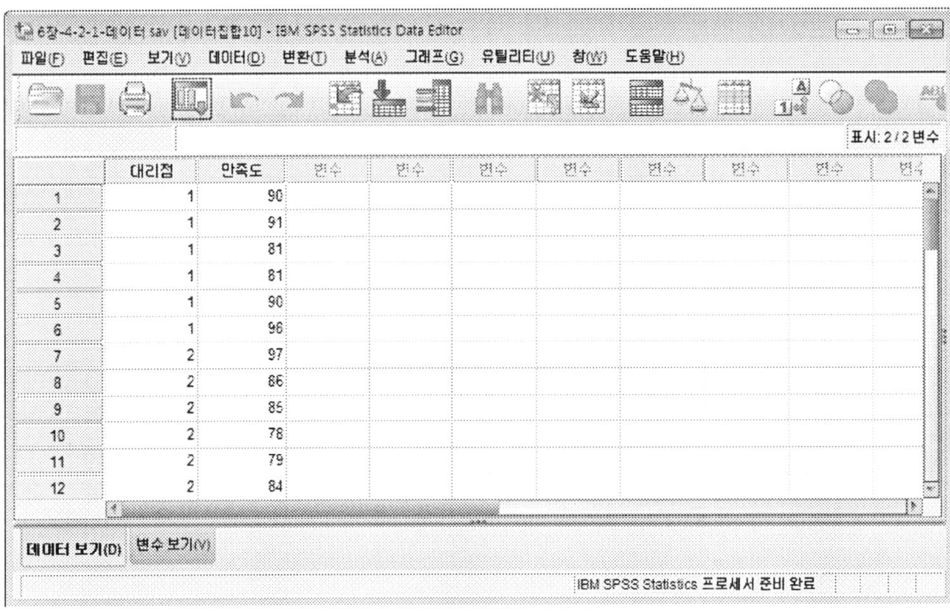

(3) 분석과정

STEP 01 3개 이상의 독립표본 검정을 수행하기 위해서는 [분석] → [비모수 검정] → [레가시 대화 상자] → [독립 K - 표본]을 차례로 클릭한다.

STEP 2 검정 화면에서 검정변수와 집단변수를 다음과 같이 지정한다. 검정유형을 모두 지정했다.

집단변수의 집단을 지정하기 위해서 [**범위지정**] 버튼을 클릭한다.

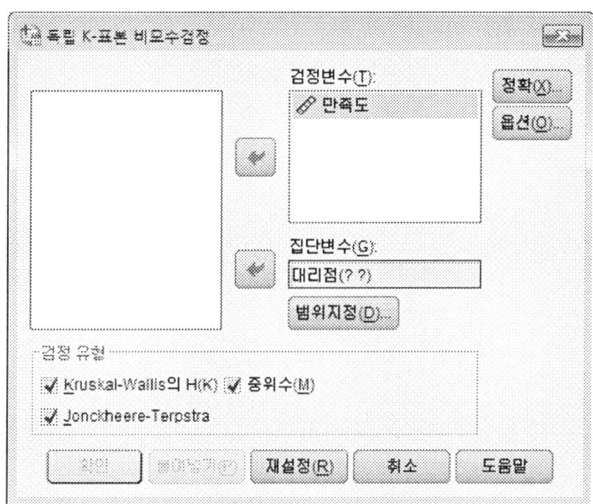

STEP 3 4개의집단이 1에서 4까지 되어 있음으로 다음과 같이 지정한 후, [**계속**] 버튼을 클릭한다. 다시 전 화면으로 돌아오면, 하단의 [**확인**] 버튼을 클릭한다.

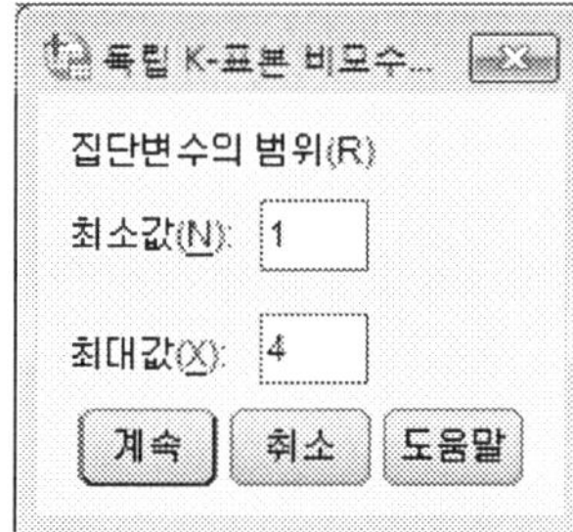

(4) 결과분석

[결과1]은 크루스칼-왈리스 검정 결과, [결과2]는 메디안 검정 결과, [결과3]은 잔키르-터프스트라 검정결과를 보여 주고 있다. 결과를 보면, 모든 검정에 대한 카이제곱값이나 검정통계량의 유의확률이 유의수준 5%에서 시기에 따라 대리점별로 만족도의 효과가 차이가 없다는 귀무가설을 기각하고 대리점별로 만족도가 차이가 있음을 알 수 있다. 특별히 메디안 분석을 보여주는 [결과2[의 빈도분석의 결과를 보면, 중위수보다 큰 것들이 대리점 1과 2이

며, 중위수보다 작은 것들이 대리점 3과 4로 나타나고 있다. 즉 대리점 1과 2가 대리점 3과 4보다 만족도가 높다는 것을 알 수 있다.

[결과1] 크루스칼–왈리스 검정 결과

순위

	대리점	N	평균순위
만족도	1	6	24.67
	2	7	20.43
	3	7	10.57
	4	9	7.78
	합계	29	

검정 통계량[a,b]

	만족도
카이제곱	18.989
자유도	3
근사 유의확률	.000

a. Kruskal Wallis 검정
b. 집단변수 : 대리점

[결과2] 메디안 검정 결과

빈도 분석

		대리점			
		1	2	3	4
만족도	> 중위수	6	6	0	1
	<= 중위수	0	1	7	8

검정 통계량[b]

	만족도
N	29
중위수	77.00
카이제곱	21.940[a]
자유도	3
근사 유의확률	.000

a. 7 셀 (87.5%)은(는) 5보다 작은 기대빈도를 가집니다. 최소 셀 기대빈도는 2.7입니다.
b. 집단변수 : 대리점

[결과3] 잔키르-터프스탈 검정 결과
Jonckheere-Terpstra 검정[a]

	만족도
대리점의 수준의 수	4
N	29
관측된 J-T 통계량	40.000
평균 J-T 통계량	156.500
J-T 통계량의 표준편차	25.623
표준화 J-T 통계량	−4.547
근사 유의확률(양측)	.000

a. 집단변수 : 대리점

Chapter 07

기술통계분석

01 기술통계분석
02 교차표에 대한 카이제곱 검정
03 상관관계분석

1 기술통계분석

기술통계분석에서는 두 변수간의 관련성을 분석하는데 사용하는 주요 분석 방법들을 설명하고 있다. 주요 데이터분석 방법은 카이제곱 검정과 상관관계분석이다.

기술통계분석은 3가지 형태로 나뉠 수가 있다.

- 넌메트릭 데이터인 경우에 두 변수간 관련성을 분석하기 위해 사용하는 교차표에 대한 카이제곱 검정
- 넌메트릭 데이터인데 서열척도 데이터인 경우에 사용할 수 있는 교차표에 대한 카이제곱 검정 및 서열척도 상관관계분석(스피어만 상관관계 계수 또는 켄달의 타우 계수)
- 메트릭 데이터에 대한 상관관계분석(피어슨의 상관관계 계수)

서열척도에 대한 상관관계분석은 Spearman 또는 Kendall의 상관관계 계수라 하며, 메트릭 데이터에 대한 상관관계 분석은 Pearson의 상관관계 계수라고 한다.

2 교차표에 대한 카이제곱 검정

2.1. 교차표에 대한 카이제곱 검정의 개요

교차표와 같이 제시된 데이터를 기초로 넌메트릭 데이터로 측정된 변수들간에 서로 영향을 주는가를 검정하는 독립성 검정(test of independence)을 하거나 두 명목 변수간에 분포가 동질적인가를 검정하는 동질성 검정(test of homogeneity)을 수행하는 것이 카이제곱 검정(Chi-square test)이다. 두 변수는 모두 넌메트릭 데이터로 측정이 되어야 한다. 만약 메트릭 데이터에 대해 카이제곱 분석을 하고자 하면 적절히 변수를 묶어서 넌메트릭 데이터로 나누면 된다.

카이제곱 검정은 아래의 표에서 보는 것처럼 교차표(cross-tabulation) 형태로 구성된다. 카이제곱 분석은 이들 각 셀의 관측치의 차이에 대해 분석이 진행된다.

구분		넌메트릭 변수$_2$		
		속성1	······	속성n
넌메트릭 변수$_2$	속성$_1$	관측치$_{11}$(%)	······	관측치$_{1n}$(%)
	······	······	······	······
	속성$_m$	관측치$_{m1}$(%)	······	관측치$_{mn}$(%)

2.2. 기본 분석 사례

(1) 분석개요

다음 데이터는 가구 생산업체에서 생산된 309개의 불량품을 생산방법에 따라 불량품 형태에 따라 불량품 수를 분류한 데이터다. 실험을 수행했던 생산방법은 3가지였으며 이에 따른 불량품의 형태는 아래와 같이 4가지 형태로 나타났다.

생산방법 ＼ 불량품의 형태	1	2	3	4	합계
1	15	21	45	13	94
2	26	31	34	5	96
3	33	17	49	20	119
합계	74	69	128	38	309

이 경우 생산방법에 따라 불량품의 형태가 독립적인가 아니면 관련성을 가지고 있는가를 보면 독립성 검정이 된다. 이에 따른 귀무가설(H_0)과 대립가설 (H_1)은 다음과 같이 설정되며, 이 때 카이제곱 검정은 독립성 검정의 예로서 사용이 된다.

H_0 : 생산방법과 불량품의 형태는 상호독립적이다.
H_1 : 생산방법과 불량품의 형태는 상호독립적이 아니다.

반면에 생산방법에 따라 불량품의 형태의 비율이 같은가 아니면 비율이 다른가를 보면 동질성 검정이 된다. 이에 따른 귀무가설(H_0)과 대립가설(H_1)은 다음과 같이 설정되며, 이 때 카이제곱 검정은 동질성 검정의 예로서 사용이 된다.

H_0 : 생산방법에 따른 불량품의 형태의 비율들은 서로 같다.
H_1 : 생산방법에 따른 불량품의 형태의 비율들 중 적어도 하나는 서로 다르다.

(2) 분석데이터

앞의 표의 데이터를 다음과 같이 생산방법, 불량품의 형태 및 불량품의 개수에 대한 입력을 했다.

생산방법과 불량품형태는 '명목 척도'로 입력했으며, 불량품개수는 메트릭 데이터인 '척도'로 입력했다.

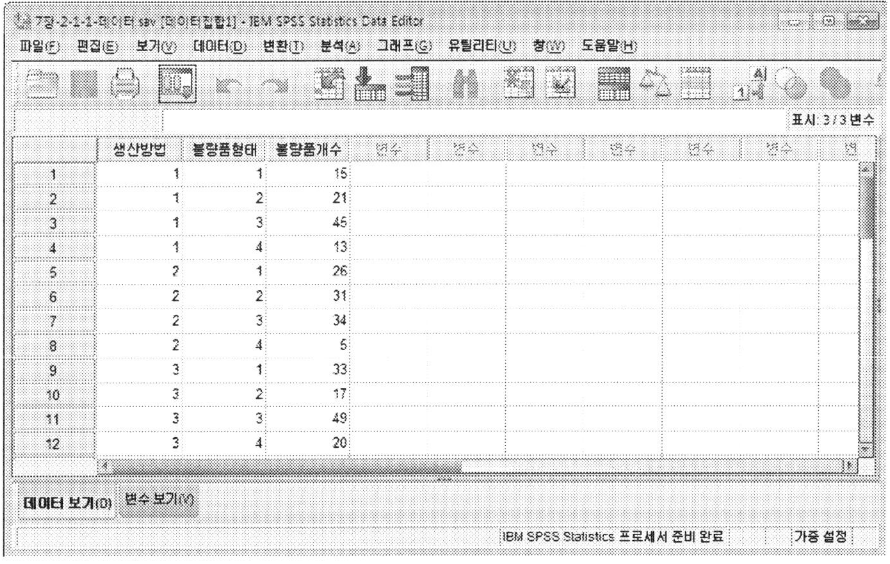

(3) 가중 케이스 지정

현재와 같이 각 셀마다 가중치 정보를 바로 입력한 경우에는 먼저, 교차분석을 하기 전에 각 셀마다 가중치에 대한 정보를 지정해야 한다. 이 과정을 살펴보면 다음과 같다.

STEP 01 [데이터] → [가중 케이스] 메뉴를 선택한다. 만약 각 셀마다 가중치 정보가 아 닌 각 셀의 개별 케이스를 입력한 경우에는 이 과정을 진행할 필요가 없고, '(4) 분석과정'에서와 같이 바로 교차분석을 하면 된다.

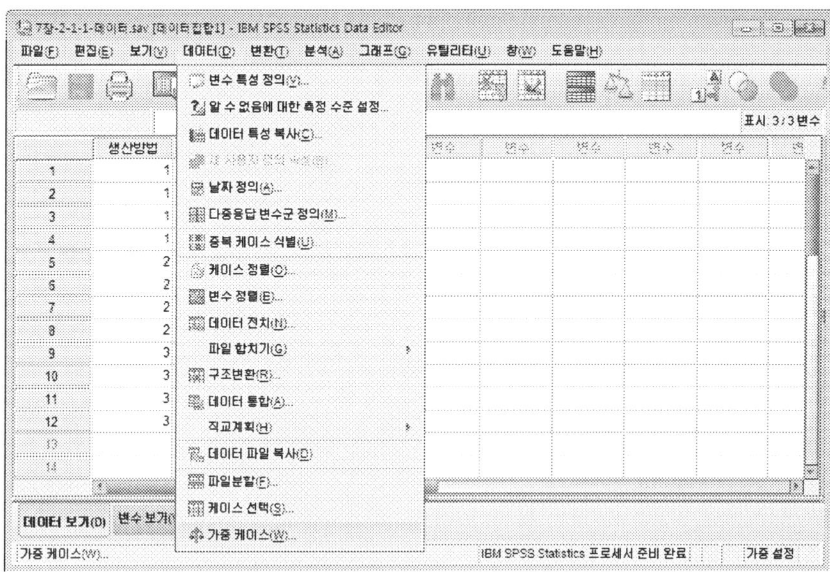

STEP 02 가중 케이스 화면에서 '가중 케이스 지정' 라디오 버튼을 선택하고, 빈도 변수로 서 '불량품개수'를 지정한다. 하단의 [확인] 탭을 클릭한다. 이로서 교차분석을 하기 위한 가중 케이스가 지정되었다.

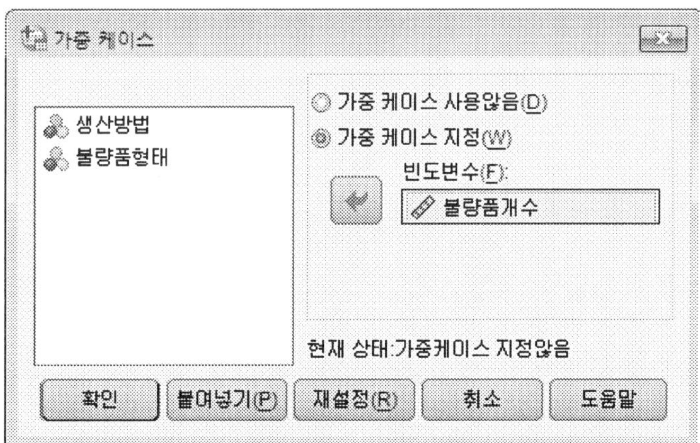

(4) 분석과정

STEP 01　교차분석을 하기 위해서는 [분석] → [기술통계량] → [교차분석]을 차례로 선택한다.

STEP 02　교차분석 화면이 나타나면, '행'에 '생산방법' 변수를 '열'에 '불량품형태' 변수를 지정한다. 지정이 끝나면, [**통계량**] 버튼을 클릭한다.

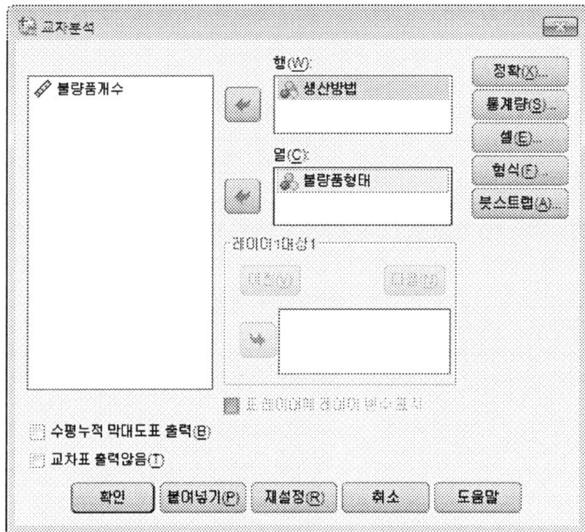

STEP 03 현재 데이터가 명목 척도의 데이터이므로 카이제곱에 대한 통계량을 체크한다.
하단의 [계속] 버튼을 클릭한다.

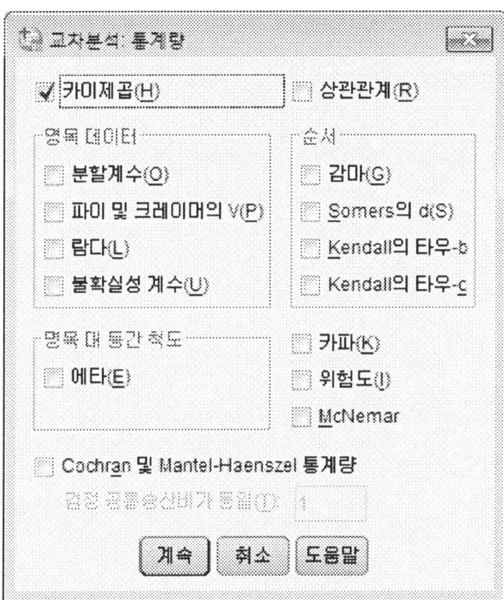

STEP 04 교차분석 화면으로 되돌아 오면 [셀] 버튼을 클릭해 교차분석표에 관측빈도와
퍼센트 관련 데이터가 출력되도록 체크를 한다. 하단의 [계속] 버튼 클릭한다.
교차분석 화면으로 되돌아 오면 하단의 [확인] 버튼을 클릭한다.

(5) 주요 분석 통계량 – Pearson χ^2통계량

교차표의 변수들간의 통계적 유의성과 관련성의 강도를 판단하는데 활용되는 가장 대표적인 통계량이다. 보통 카이제곱 통계량이라고 불려진다. 관련성의 정도는 통계적으로 유의할 때 관심이 되기 때문에 카이제곱 통계량의 유의수준을 확인해야 한다. 카이제곱 통계량을 다음과 같이 계산된다.

$$\chi^2 = \sum_{i=1}^{r} \sum_{j=1}^{c} \frac{(O_{ij} - Eij)^2}{E_{ij}}$$

여기서 r은 행의 갯수이며, c는 열의 갯수, O_{ij}는 ij셀의 관찰도수 E_{ij}는 ij셀의 기대도수이다. 근사적으로 $(r-1)(c-1)$의 자유도를 갖는 χ^2분포를 따른다.

(5) 결과해석

통계량이 나와 있는 곳을 보면 카이제곱이라고 쓰여진 부분에서 자유도(DF)가 6인 경우 카이제곱 통계량 값이 19.178이고 확률(p-value)가 0.004(p < 0.01)이어서 귀무가설이 기각된다는 것을 알 수 있다. 따라서 독립성 검정에 따른 가설검정 결과를 보면 생산방법에 따라 불량품 형태가 차이가 있다는 것을 알 수 있다.

구체적인 불량품 형태의 분포를 보기 위해 교차표를 살펴보면, 다음과 같다. 본 예제가 생산방법에 따른 불량품의 형태를 보기 때문에 교차표의 비율에 대한 결과 중 '생산방법 중 %'를 나타내는 곳을 보면 생산방법 1이나 3은 생산방법 2에 비해 불량품 형태 3이 많으며 (47.9%, 41.2% 대 35.4%), 생산방법 2는 1과 3에 비해 불량품 형태 2가 많다(32.3%대 22.3%, 14.3%). 같은 식으로 비율을 계속 비교해 볼 경우 생산방법 1은 생산방법 2과 3에 비해 불량품 형태 1이 작으며, 생산방법 2는 생산방법 1과 3에 비해 불량품 형태 4가 상대적으로 작음을 알 수 있다.

생산방법 * 불량품형태 교차표

			불량품형태				전체
			1	2	3	4	
생산방법	1	빈도	15	21	45	13	94
		생산방법 중 %	16.0%	22.3%	47.9%	13.8%	100.0%
		불량품형태 중 %	20.3%	30.4%	35.2%	34.2%	30.4%
		전체 %	4.9%	6.8%	14.6%	4.2%	30.4%
	2	빈도	26	31	34	5	96
		생산방법 중 %	27.1%	32.3%	35.4%	5.2%	100.0%
		불량품형태 중 %	35.1%	44.9%	26.6%	13.2%	31.1%
		전체 %	8.4%	10.0%	11.0%	1.6%	31.1%
	3	빈도	33	17	49	20	119
		생산방법 중 %	27.7%	14.3%	41.2%	16.8%	100.0%
		불량품형태 중 %	44.6%	24.6%	38.3%	52.6%	38.5%
		전체 %	10.7%	5.5%	15.9%	6.5%	38.5%
전체		빈도	74	69	128	38	309
		생산방법 중 %	23.9%	22.3%	41.4%	12.3%	100.0%
		불량품형태 중 %	100.0%	100.0%	100.0%	100.0%	100.0%
		전체 %	23.9%	22.3%	41.4%	12.3%	100.0%

카이제곱 검정

	값	자유도	점근 유의확률(양측검정)
Pearson 카이제곱	19.178a	6	.004
우도비	20.336	6	.002
선형 대 선형결합	.540	1	.463
유효 케이스 수	309		

a. 0 셀 (.0%)은(는) 5보다 작은 기대 빈도를 가지는 셀입니다. 최소 기대빈도는 11.56입니다.

2.3. 추가 분석 사례

(1) 분석개요

다음 데이터는 어느 제약회사에서 새로 개발한 약품에 대한 효과를 살펴보기 위해 투약여부에 따른 신체지수가 호전된 경우와 그렇지 않은 경우를 살펴본 데이터다.

투약여부	호전됨	변화 없음
투약 안함	10	14
투약함	20	7

이 경우 투약여부에 따라 신체지수 호전 여부가 독립적인가 아니면 관련성을 가지고 있는가를 보면 독립성 검정이 된다. 이에 따른 귀무가설(H_0)과 대립가설(H_1)은 다음과 같이 설정되며, 이 때 카이제곱 검정은 독립성 검정의 예로서 사용이 된다.

> H_0 : 투약여부와 신체지수 호전 형태는 관련이 없다.
> H_1 : 투약여부와 신체지수 호전 형태는 관련이 있다.

(2) 분석데이터

투약여부, 투약결과 및 반응개수에 대한 직접 입력을 했다. 투약여부와 투약결과는 '명목척도'로 입력했으며, 반응개수는 메트릭 데이터인 '척도'로 입력했다. 투약여부와 투약결과는 변수보기에서 변수 1과 2에 대해서 각 값을 지정했다.

	투약여부	투약결과	반응개수	변수	변수	변수	변수	변수	변수	
1	1	1	10							
2	1	2	14							
3	2	1	20							
4	2	2	7							

(3) 가중 케이스 지정

현재와 같이 각 셀에 대한 가중치 정보를 바로 입력한 경우에는 먼저, 교차분석을 하기 전에 각 셀에 대한 가중치 정보를 지정해야 한다.

STEP 01 앞에서도 살펴보았듯이 가중케이스를 지정하기 위해서는 [데이터] → [가중 케이스] 메뉴를 선택한다. 만약 각 셀에 대한 가중치 정보가 아닌 각 셀의 개별 케이스를 입력한 경우에는 이 과정을 생략하고 '(4) 분석과정'에서 바로 교차분석을 할 수 있다.

STEP 02 가중 케이스 화면에서 '가중 케이스 지정'를 선택하고, 빈도 변수로서 '반응개수'를 지정한다.
하단의 [확인] 버튼을 클릭한다. 이로서 교차분석을 하기 위한 가중 케이스가 지정되었다.

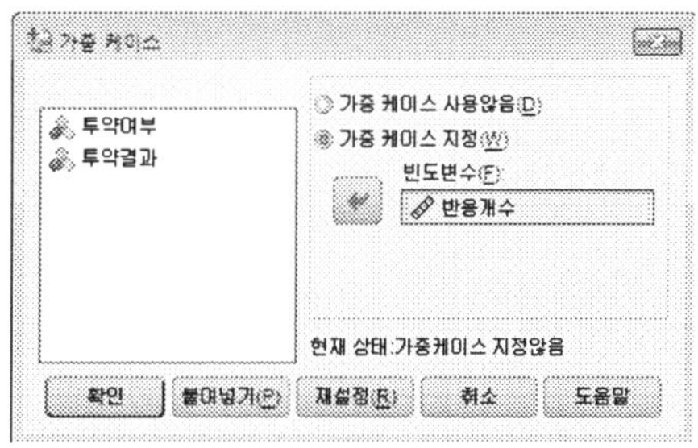

(4) 분석과정

STEP 01 교차분석을 하기 위해서는 먼저 [분석] → [기술통계량] → [교차분석]을 차례로 선택한다.

STEP 02 교차분석 화면이 나타나면, '행'에 '투약여부' 변수를 '열'에 '투약결과' 변수를 지정한다. [통계량] 버튼을 클릭한다.

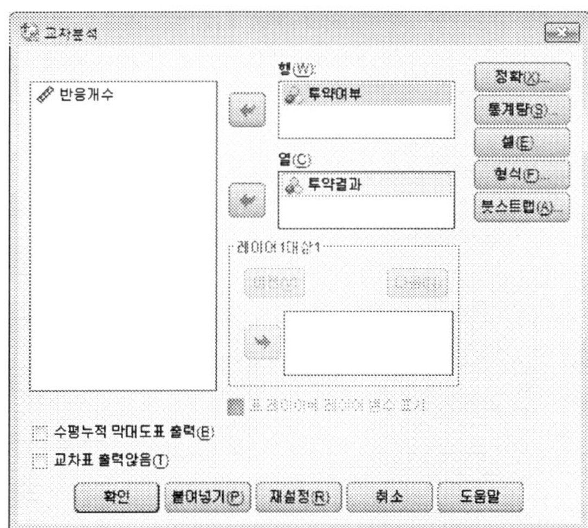

STEP 03　현재 데이터가 명목척도이므로 카이제곱과 명목데이터에 대한 통계량을 체크한다. 여기서는 순서(서열)척도에 대한 내용도 보기 위해서 다른 내용들도 체크를 했다. 하단의 [계속] 버튼을 클릭한다. **교차분석** 화면으로 다시 되돌아오면 [셀] 버튼을 클릭한다.

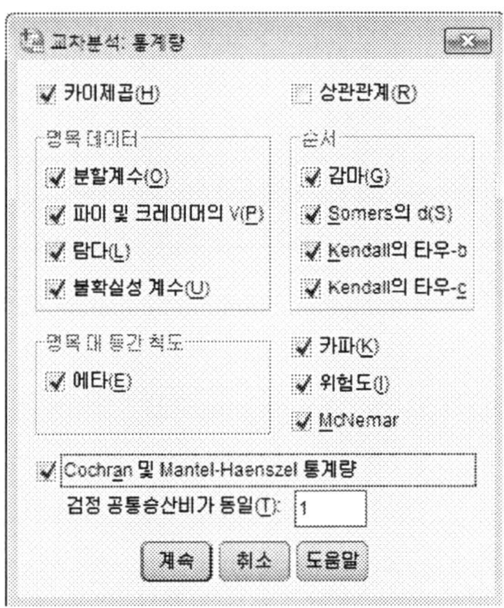

STEP 04　교차분석표에 관측빈도와 퍼센트 관련 데이터가 출력되도록 체크를 한다. 하단의 [계속] 버튼을 클릭한다. **교차분석** 화면이 나타나면 [확인]을 클릭한다.

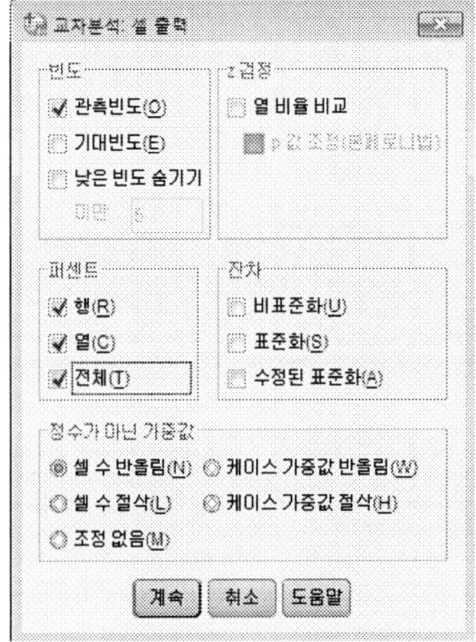

⑷ 주요 분석 통계량

가. 우도비 χ^2통계량

우도비 카이제곱(likelihood ratio chi-square) 통계량, 피어슨의 카이제곱 통계량과는 다른 형태로 추정한(우도비 추정) 통계량으로 G^2로 표시하는데 다음과 같이 계산된다.

$$G^2 = 2\sum_{i=1}^{r}\sum_{j=1}^{c} O_{ij}\log\left(\frac{O_{ij}}{E_{ij}}\right)$$

여기서 O_{ij}는 관찰도수, E_{ij}는 기대도수이며, 역시 근사적으로 $(r-1)(c-1)$의 자유도를 갖는 χ^2 분포를 따른다.

나. 파이계수

파이계수(Phi Coefficient)는 χ^2통계량을 표본크기 n으로 나눈 값의 제곱근으로 2 X 2 교차표에서 관련성의 강도를 계산하기 위해 활용된다. 적절한 범위는 $[-1,1]$이다. 0일 때는 아무런 관련성도 없다는 것을 나타내며, 완벽한 관련성을 나타낼 때는 1, 완벽하게 반대의 관련성을 가질 때는 -1을 갖는다. 파이계수는 카이제곱 통계량의 제곱근에 비례하며, 크기가 n인 표본에 대해 아래와 같이 계산이 된다.

$$\phi = \sqrt{\chi^2/n}$$

다. 분할계수

파이계수는 2 X 2 교차표에 한정하여 적용하지만 분할계수(contingency coefficient)는 모든 경우의 교차표에 적용할 수 있다. 분할계수는 χ^2통계량을 χ^2통계량에 표본크기 n을 더한 값으로 나눈 값의 제곱근으로 $[0,1]$사이의 값을 갖는다. 0의 값은 어떠한 관련성도 없는 경우이며(즉 변수들이 통계적으로 독립적이며), 1은 완벽하게 관련성이 있을 때를 말한다. 분할계수의 최대값은 교차표의 크기에 의존하기 때문에 동일한 교차표들을 비교할 때 사용해야 한다.

$$\xi = \sqrt{\chi^2/(\chi^2+n)}$$

라. 크래머의 V

크래머의 V (Cramer's V)는 파이계수의 수정된 버전으로 2 X 2 교차표보다 큰 경우 계산할 수 있는 통계량이다. χ^2통계량을 표본크기 n과 행의 수 $(r-1)$와 열의 수 $(c-1)$ 중 작은 값으로 나눈 값의 제곱근으로 $[-1,1]$사이의 값을 갖는다.

$$\nu = \sqrt{\frac{\chi^2/n}{\min(R-1,\ C-1)}}$$

마. 감마

감마(gamma) 또는 Yule's Q라고도 일컬어지며, 관찰치 쌍들의 일치(concordance) 또는 불일치(discordance)의 수에 근거하여 계산이 된다. Kendall의 타우 b나 c와는 달리 행과 열의 개수의 영향을 받지 않는다. $[0,1]$사이에 있으면 양의 상관관계이고, $[-1,0]$사이에 있으면 음의 상관관계를 갖는다.

바. Kendall의 타우-b

Kendall의 타우-b (Kendall's tau-b)는 관찰치 쌍들의 일치/불일치에 의해 데이터들간의 상관관계를 구한다. $[0,1]$사이에 있으면 양의 상관관계이고, $[-1,0]$사이에 있으면 음의 상관관계를 갖는다.

사. Stuart 타우-c

Stuart 타우-c(Stuart's tau-c)는 분할표의 크기와 같은 값(tie)에 대한 조정을 통해 계산된다. 의미는 Kendall의 타우-b와 같다.

아. Sommer's D

Sommer's D는 앞의 Kendall의 타우-b나 Stuart 타우-c값을 행을 독립변수로 하고 열을 독립변수로 할 경우 C|R 통계량과 행을 종속변수로 하고 열을 독립변수로 할 경우 R|C로 나누어서 결과를 보여주는 통계량이다. 독립변수상에서 같은 값(tie)이 없는 쌍들의 수만을 계산한다.

자. Pearson 상관계수와 Spearman 상관계수

스피어만 상관계수는 데이터가 서열 척도일 경우에 서열 상관관계를 보여주며, 피어슨 상관계수는 데이터가 등간 척도 이상일 때의 상관관계를 보여준다.

차. 람다(Lambda)

람다(lambda)는 행 또는 열의 변수(독립변수)로부터 열 또는 행의 변수(종속변수)를 예측한다고 했을 때, 예측 값이 어느 정도 개선을 가져 올 수 있는지를 보여준다. 행을 독립변수로 열을 종속변수로 한 것이 람다 비대칭 C|R(lambda asymmetric C|R)이며, 열을 독립변수로 행을 종속변수로 한 것이 람다 비대칭 R|C(lambda asymmetric R|C) 이다. 어떤 변수가 종속변수인지 독립변수인지를 파악할 수 없을 때는 람다 대칭(lambda symmetric) 값을 사용한다. 구체적인 값은 특정 독립변수로 종속변수를 예측했을 때 오류의 감소를 가져올 수 있는 확률을 의미한다. 값의 범위는 [0,1]사이이다.

카. 불확실 계수(uncertainty coefficient)

불확실 계수(uncertainty coefficient)는 위의 람다 값과 비슷한 의미로서 독립변수의 주어진 정보로서 종속변수의 불확실성(엔트로피)을 어느 정도 감소시킬 수 있는지를 의미한다. 해석은 위의 람다와 같다.

타. 코호트값

코호트값(Cohort)는 $E = yes$가 첫 번째 행이고 $D = yes$가 첫 번째 열에 위치하는 경우에는 칼럼1 리스크이며, 이와 다른 경우에는 칼럼2 리스크를 보아야 한다.

(5) 결과해석

[결과1]은 교차표를 보여 주고 있다. 먼저 [결과2]의 카이제곱과 관련된 통계량들을 살펴보자. 결과를 보면 χ^2값이 5.51로서 매우 의미가 있으며(p < 0.019), Fisher의 정확한 검정 결과를 볼 경우에도 의미가 있는 것으로 나타났다.

[결과1] 투약여부 * 투약결과 교차표

			투약결과		전체
			호전됨	변화없음	
투약여부	투약 안함	빈도	10	14	24
		투약여부 중 %	41.7%	58.3%	100.0%
		투약결과 중 %	33.3%	66.7%	47.1%
		전체 %	19.6%	27.5%	47.1%
	투약함	빈도	20	7	27
		투약여부 중 %	74.1%	25.9%	100.0%
		투약결과 중 %	66.7%	33.3%	52.9%
		전체 %	39.2%	13.7%	52.9%
전체		빈도	30	21	51
		투약여부 중 %	58.8%	41.2%	100.0%
		투약결과 중 %	100.0%	100.0%	100.0%
		전체 %	58.8%	41.2%	100.0%

[결과2] 카이제곱 검정

	값	자유도	점근 유의확률 (양측검정)	정확한 유의확률 (양측검정)	정확한 유의확률 (단측검정)
Pearson 카이제곱	5.509[a]	1	.019		
연속수정[b]	4.253	1	.039		
우도비	5.600	1	.018		
Fisher의 정확한 검정				.025	.019
선형 대 선형결합	5.401	1	.020		
McNemar 검정				.392[c]	
유효 케이스 수	51				

a. 0 셀 (.0%)은(는) 5보다 작은 기대 빈도를 가지는 셀입니다. 최소 기대빈도는 9.88입니다.
b. 2x2 표에 대해서만 계산됨
c. 이항분포를 사용함.

　[결과3]에는 방향성 측도에 의해 구해지는 통계량들이 제시되고 있다. 이들 통계량들을 보면 변수가 서로 종속적이거나 연관성을 가지고 있는지 여부를 보여준다. 명목척도 대 명목척도의 값을 보면 람다 값에 대한 유의확률은 0.05보다 높게 나타났으나, 타우 계수나 불확실성 계수는 유의한 것으로 나타나 투약여부가 투약결과에 영향을 미치는 것으로 보인다. 순서척도인 경우나 명목척도 대 등간척도인 경우에는 이에 상응하는 값들을 살펴보면 된다.

[결과3] 방향성 측도

			값	점근 표준오차[a]	근사 T 값[b]	근사 유의확률
명목척도 대 명목척도	람다	대칭적	.244	.170	1.309	.191
		투약여부 종속	.292	.161	1.564	.118
		투약결과 종속	.190	.210	.822	.411
	Goodman과 Kruskal 타우	투약여부 종속	.108	.087		.020[c]
		투약결과 종속	.108	.087		.020[c]
	불확실성 계수	대칭적	.080	.066	1.217	.018[d]
		투약여부 종속	.079	.065	1.217	.018[d]
		투약결과 종속	.081	.066	1.217	.018[d]
순서척도 대 순서척도	Somers의 d	대칭적	−.329	.132	−2.466	.014
		투약여부 종속	−.333	.134	−2.466	.014
		투약결과 종속	−.324	.131	−2.466	.014
명목척도 대 등간척도	에타	투약여부 종속	.329			
		투약결과 종속	.329			

a. 영가설을 가정하지 않음.
b. 영가설을 가정하는 점근 표준오차 사용
c. 카이제곱 근사법을 기준으로
d. 우도비 카이제곱 확률.

　[결과4]의 파이 계수, 크래머 V값도 유의한 것으로 보아 투약 전에는 '변화 없음'의 가능성 높으며, 투약 후에는 '호전됨'의 가능성이 있음을 볼 수가 있다. 데이터가 서열이라고 가정할 경우에는 Kendall의 타우 b, Stuart의 타우 c값 등을 보아야 하는 데, t값이 모두 2보다 크기 때문에($p < 0.05$) 투약 전에는 '변화없음'이 많고 투약 후에는 '호전됨'이 많다고 할 수 있다.

[결과4] 대칭적 측도

		값	점근 표준오차[a]	근사 T 값[b]	근사 유의확률
명목척도 대 명목척도	파이	−.329			.019
	Cramer의 V	.329			.019
	분할계수	.312			.019
순서척도 대 순서척도	Kendall의 타우−b	−.329	.132	−2.466	.014
	Kendall의 타우−c	−.323	.131	−2.466	.014
	감마	−.600	.193	−2.466	.014
일치 측도	카파	−.320	.131	−2.347	.019
유효 케이스 수		51			

a. 영가설을 가정하지 않음.
b. 영가설을 가정하는 점근 표준오차 사용

　[결과5]의 위험도 추정값에 대한 설명 중 코호트 값이 제시되어 있는데, 이는 Yule's Q라는 용어로도 사용된다. 0에서 멀어질수록 서로 관련성이 있다고 할 수 있다. 여기서는 이 값이 0.4167으로서 변수가 상관관계형태를 가지고 있다는 것을 나타낸다. [결과6], [결과7], [결과8]에서 앞에서 살펴본 결과들과 비슷한 결과를 보여주고 있다.

[결과5] 위험도 추정값

	값	95% 신뢰구간	
		하한	상한
투약여부(투약 안함 / 투약함)에 대한 승산비	.250	.077	.816
코호트 투약결과＝호전됨	.563	.333	.949
코호트 투약결과＝변화없음	2.250	1.093	4.630
유효 케이스 수	51		

[결과6] 승산비의 동질성 검정

	카이제곱	자유도	근사 유의확률 (양측검정)
Breslow−Day	.000	0	.
Tarone의	.000	0	.

[결과7] 조건부 독립성 검정

	카이제곱	자유도	근사 유의확률 (양측검정)
Cochran의	5.509	1	.019
Mantel – Haenzel	4.169	1	.041

조건부 독립성 가정하에서 Mantel – Haenszel 통계량은 자유도 1인 카이제곱 분포를 항상 근사적으로 따르는 반면, Cochran의 통계량은 계층 수가 고정되어 있을 경우에만 자유도 1인 카이제곱 분포를 근사적으로 따릅니다. 관측값과 예측값 차이의 합이 0일 때 Mantel – Haenszel 통계량에서 연속수정이 제거됩니다.

[결과8] Mantel – Haenszel 공통승산비

추정값			.250
자연로그(추정값)			−1.386
자연로그(추정값)의 표준오차			.604
근사 유의확률 (양측검정)			.022
95% 근사 신뢰구간	공통승산비	하한	.077
		상한	.816
	자연로그(공통승산비)	하한	−2.569
		상한	− .203

Mantel – Haenszel 공통승산비 추정값은 공통승산비가 1.000이라는 가정하에서 근사적으로 정규분포를 따르므로 추정값의 자연로그도 근사적으로 정규분포를 따릅니다.

3 │ 상관관계분석

    상관관계분석(correlation analysis)은 두 변수간의 상호 선형관계를 갖는 정도를 분석한다. 하나의 변수가 다른 변수와 어느 정도 밀접한 관련성을 갖고 변화하는가를 알아보기 위해 사용된다. 예를 들어 소득에 따른 레저 소비(여행, 스포츠 등에 소비한 액수)가 관련성이 있는지 여부와 관련성의 크기를 분석하는데 사용된다. 데이터가 순위척도(ordinal scale 또는 rank scale)인 경우는 스피어만 서열 상관계수나 일치도 검정(concordance or discordance test)으로서 Kendall의 $tau-b$를 계산하며, 데이터가 등간 척도(interval scale) 이상인 경우는 피어슨 상관계수를 계산한다.

3.1. 메트릭 데이터의 상관관계 분석

(1) 분석개요

일반적으로 알려진 상관계수는 데이터가 등간 척도 이상의 메트릭 데이터에 대해 계산하는 Pearson 상관계수이다. 이는 확률변수 X와 Y의 분산을 각각 $Var(X)$, $Var(Y)$라 하고, X와 Y의 공분산(covariance)을 $Cov(X, Y)$라 하는 경우 위의 상관관계계수는 다음과 같이 정의된다.

$$\rho_{xy} = \frac{Cov(X, Y)}{\sqrt{Var(X)\ Var(Y)}}$$

그러나 실제 모평균과 모분산을 계산할 수 없기 때문에 표본평균과 표본분산을 통해 다음과 같은 표본상관관계계수를 계산한다.

$$\gamma_{xy} = \frac{\Sigma(x_i - \overline{X}(y_i - \overline{Y})}{\sqrt{\Sigma(x_i - \overline{X})^2\ \Sigma(y_i - \overline{Y})^2}}$$

위의 식의 특징을 살펴보면 다음과 같다. (1) $-1 \leq \gamma_{xy} \leq 1$이고, (2) X와 Y가 독립이라면 $\gamma_{xy} = 0$이며, (3) γ_{xy}가 1에 가까우면 X와 Y는 양의 상관관계를 갖게 되며, -1에 가까우면 X와 Y는 음의 상관관계를 갖게 된다. (4) 또한 γ_{xy}는 측정단위와 무관하게 계산된다. 상관계수가 0인지 아닌지를 검정하는 방법은 아래와 같은 검정 통계량을 통해 검정을 한다.

$$t = \frac{\gamma_{xy}\sqrt{(n-2)}}{\sqrt{(1-\gamma_{xy}^2)}}$$

위 식의 t 통계량의 절대값이 큰 경우 상관관계계수가 0이 아니라는 것을 의미한다.

상관관계계수와 그래프의 형태를 보면 위와 같이 제시된다. 상관관계계수가 0에서 1인 경우는 값의 변화 방향이 같으며, -1에서 0인 경우는 반대로 나타난다. 또한 -1 또는 1인 경우는 일직선으로 나타난다.

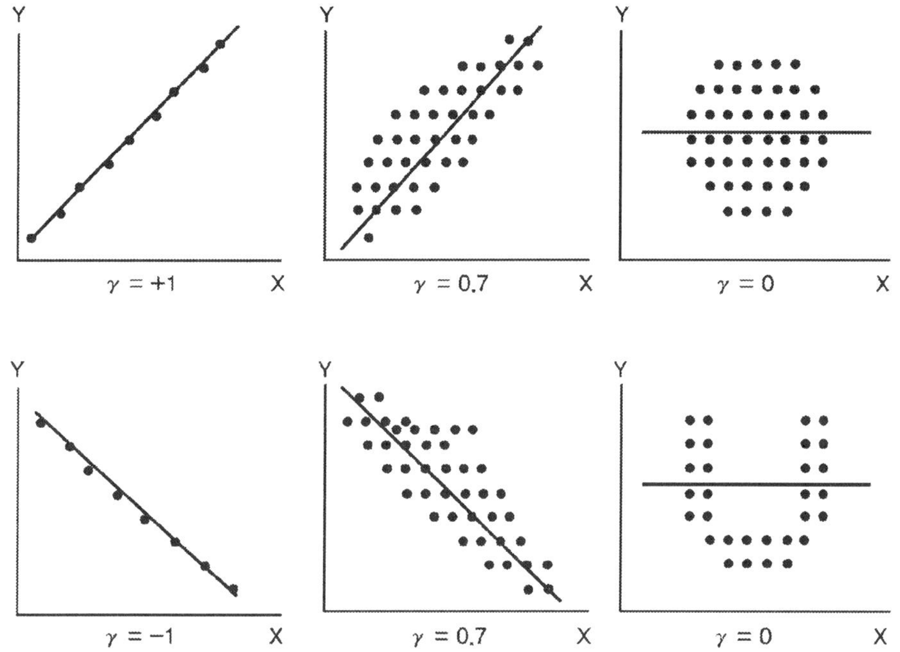

(2) 분석데이터

상관관계 분석을 위해 4장의 알파 회사의 데이터를 이용했다. 앞에서 제시된 데이터를 통해 타이어의 구매의도간에 서로 관련성이 있는지 없는지에 대한 가설검정을 해보고자 한다. 예를 들어 알파타이어와 베타타이어간에 관련성이 있는지를 보기 위해 귀무가설(H_0)과 대립가설(H_1)은 다음과 같이 설정할 수 있다.

H_0 : 알파타이어와 베타타이어의 구매의도간에 관련성이 없다.
H_1 : 알파타이어와 베타타이어의 구매의도간에 관련성이 있다.

(3) 분석과정

상관관계 분석을 위해 5장의 알파 회사의 데이터인 '4장-7-1-1-데이터.sav'를 이용했다. 분석과정을 살펴보면 다음과 같다.

STEP 01 이를 분석하기 위해서는 [분석] → [상관분석] → [이변량 상관계수]를 차례로 클릭한다.

STEP 02 이변량 상관계수 화면에서 각 타이어의 신뢰성에 관한 변수들을 다음 화면과 같이 지정한다. 지정이 끝이 나면, 하단의 [확인] 버튼을 클릭한다.

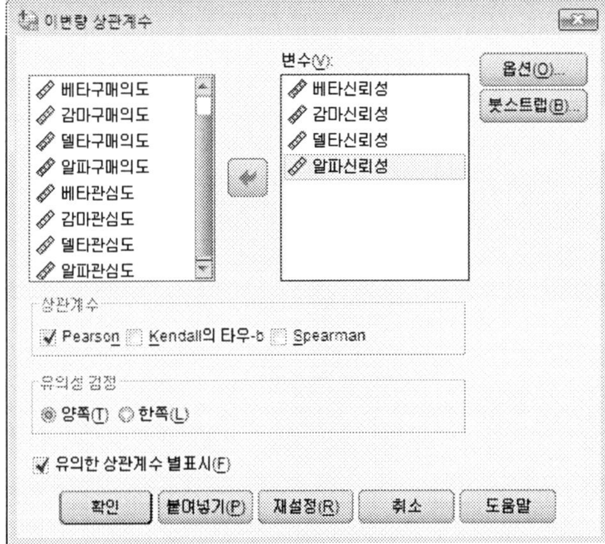

⑷ 결과해석

출력 결과를 보면 각 변수의 조합간에 상관계수를 볼 수 있는데 델타의 신뢰성과 알파의 신뢰도성이 0.543로 가장 높음을 알 수 있다. 가장 낮은 상관계수 값은 베타의 신뢰성과 감마의 신뢰성간의 상관계수로 값이 0.112이다. 상관계수 아래 줄인 유의확률(양쪽)은 상관계수가 0인지에 대한 검정이다. 전체적으로 보아 베타의 신뢰성과 감마의 신뢰성간의 상관계수가 의미가 없어 0이라고 볼 수 있을 뿐, 나머지 값들은 유의수준 0.01에서 의미가 있는 상관계수라고 할 수 있다. 따라서 베타의 신뢰도와 감마의 신뢰도를 제외한 나머지 변수들간의 상관관계는 0이라는 귀무가설이 기각되어, 상관계수들이 의미가 있다고 볼 수 있다.

상관계수

		베타신뢰성	감마신뢰성	델타신뢰성	알파신뢰성
베타신뢰성	Pearson 상관계수	1	.112	.392**	.416**
	유의확률 (양쪽)		.393	.002	.001
	N	60	60	60	60
감마신뢰성	Pearson 상관계수	.112	1	.387**	.490**
	유의확률 (양쪽)	.393		.002	.000
	N	60	60	60	60
델타신뢰성	Pearson 상관계수	.392**	.387**	1	.543**
	유의확률 (양쪽)	.002	.002		.000
	N	60	60	60	60
알파신뢰성	Pearson 상관계수	.416**	.490**	.543**	1
	유의확률 (양쪽)	.001	.000	.000	
	N	60	60	60	60

** 상관계수는 0.01 수준(양쪽)에서 유의합니다.

3.2. 넌메트릭 데이터의 상관관계분석

(1) 분석개요

순위척도로 측정된 넌메트릭 데이터에 대한 상관관계분석은 Spearman 상관계수 또는 Kendall의 타우-b를 통해 진행한다.

Spearman 상관계수는 계산은 다음과 같다.

$$\delta_{xy} = \frac{\Sigma(R_i - \overline{R})(S_i - \overline{S})}{\sqrt{\Sigma(R_i - \overline{R})^2 \ \Sigma(R_i - \overline{R})^2}}$$

여기서 R_i나 S_i는 각각 X_i와 Y_i의 등수이며, $\overline{R}$ 과 $\overline{S}$ 는 각각의 평균 등수를 의미한다. 두 데이터가 동등한 값(tie)을 가질 때는 평균 등수가 사용된다.

Kendall의 타우-b는 일치도 검정이라고도 하며, 변수들간에 그 크기의 순서가 일치하는가 그렇지 아니한가의 개수에 따라 서로의 상관관계계수를 구하는 방법이다. 예를 들어 $(X_i > X_j)$이고 $(Y_i > Y_j)$이면(또는 부등호가 둘 다 <인 경우) 두 데이터가 서로 일치하고 그렇지 않으면 일치하지 않는다고 본다. 상관계수는 일치하는 경우의 개수와 그렇지 않는 경우의 개수로 구한다. 상관관계계수 정의는 다음과 같다.

$$\tau_{xy} = \frac{\sum_{i<j} \mathrm{sgn}(x_i - x_j)\mathrm{sgn}(y_i - y_j)}{\sqrt{\left(\frac{n(n-1)}{2} - \sum t_i(t_i - 1)\right)\left(\frac{n(n-1)}{2} - \sum u_i(u_i - 1)\right)}}$$

여기서 t_i와 u_i는 각각 X와 Y의 i번째 쌍에 대해 동등한 값(tie)을 갖는 경우의 개수이며, n은 관찰치의 수, $\mathrm{sgn}(z)$는 z가 0보다 큰 경우는 1을, 0보다 작은 경우는 −1을, 0인 경우는 0을 갖는다.

(2) 분석데이터

권위주의에 대한 태도와 신분에 적절한 제품을 구매하는 여부를 통해 알아본 신분추구 행위에 대한 12명의 순위 데이터를 다음과 같이 수집하였다(Siegel and Castellan, 1988). 여기서 각 값이 1에 가까울수록 권위주의적이며, 12에 가까울수록 덜 권위주의적이다. 또한 신분추구행위도 1에 가까울수록 신분추구를 하며, 12에 가까울수록 신분추구를 덜 한다는 의미이다.

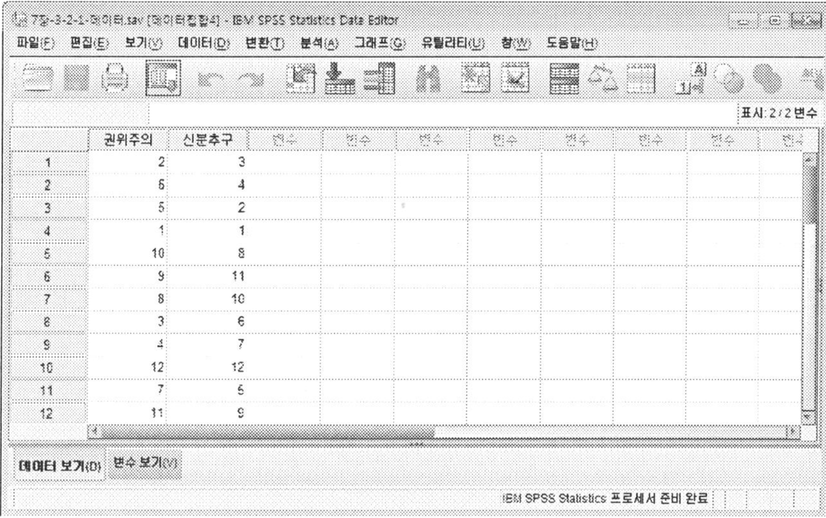

이를 통해 권위주의에 대한 의식과 신분추구 행위가 서로 관련성이 있는지 없는지에 대한 가설검정을 해보고자 한다. 이에 관련성이 있는지를 보기 위해 귀무가설(H_0)과 대립가설(H_1)은 다음과 같이 설정할 수 있다.

H_0 : 권위주의에 대한 태도와 신분추구 행위간에 관련성이 없다.
H_1 : 권위주의에 대한 태도와 신분추구 행위간에 관련성이 있다.

(3) 분석과정

STEP 01　넌메트릭 데이터에 대한 상관분석하기 위해서는 [분석] → [상관분석] → [이변량 상관계수]를 차례로 클릭한다.

STEP 02　이변량 상관계수 화면에서 각 타이어의 신뢰성에 관한 변수들을 지정한다. 상관계수로 Kendall의 타우−b와 Spearman을 체크한다. 지정이 끝이 나면, [확인] 버튼을 클릭한다.

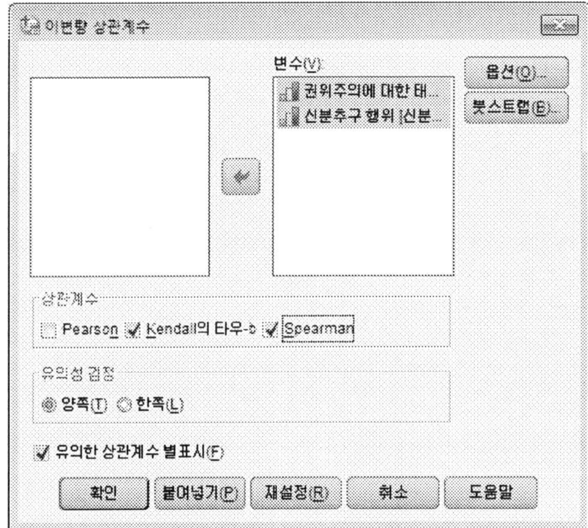

(3) 결과해석

켄달의 일치도 검정으로서 0.667로 계산되었으며, Spearman 상관계수는 .818로 계산이 되었다. 두 변수간에 상관계수에 대한 유의확률(양측)을 보면, 모두 0.01 수준에서 의미가 있다. 따라서 귀무가설이 기각되고, 대립가설이 채택 가능하기 때문에 권위주의에 대한 태도와 신분추구 행위는 상당히 관련성이 있다고 볼 수 있을 것이다.

상관계수

			권위주의에 대한 태도	신분추구 행위
Kendall의 tau_b	권위주의에 대한 태도	상관계수	1.000	.667**
		유의확률(양측)	.	.003
		N	12	12
	신분추구 행위	상관계수	.667**	1.000
		유의확률(양측)	.003	.
		N	12	12
Spearman의 rho	권위주의에 대한 태도	상관계수	1.000	.818**
		유의확률(양측)	.	.001
		N	12	12
	신분추구 행위	상관계수	.818**	1.000
		유의확률(양측)	.001	.
		N	12	12

** 상관 유의수준이 0.01입니다(양측).

3.3. 편상관관계 분석

(1) 분석개요

편상관분석(partial correlation analysis)란 두 변수들 간의 관련성을 조사할 때, 제3의 변수의 영향을 제외하고 순수한 두 변수간의 관련성을 살펴보는 방법이다. 예를 들어 광고비와 판매액의 관계를 규명할 때, 광고비 외에도 판매액에 영향을 줄 수 있는 판매촉진 활동, 가격, 서비스 정도, 제품 품질 등을 통제하고 살펴보는 것이다. 여기서 x_1을 광고비 지출액, x_2를 매출액, x_3를 가격 수준이라 할 경우, 가격을 통제한 x_1과 x_2의 상관관계는 다음과 같이 계산된다.

$$\gamma_{x1x2x3} = \frac{\gamma_{x1x2} - \gamma_{x1x3}\gamma_{x2x3}}{\sqrt{1 - \gamma_{x1x2}^2}\ \sqrt{1 - \gamma_{x2x3}^2}}$$

(2) 분석데이터

최근 우리 사회는 이혼율이 급증하고 있다. 이에 따라 자녀의 수, 월 평균 가처분소득(단위 : 만원/월), 이혼건수에 대한 데이터를 수집하였다. 자녀의 수가 이혼과 관련성이 있을 것으로 보여, 자녀의 수를 통제하고 가처분소득과 이혼건수의 관계를 보기 원한다.

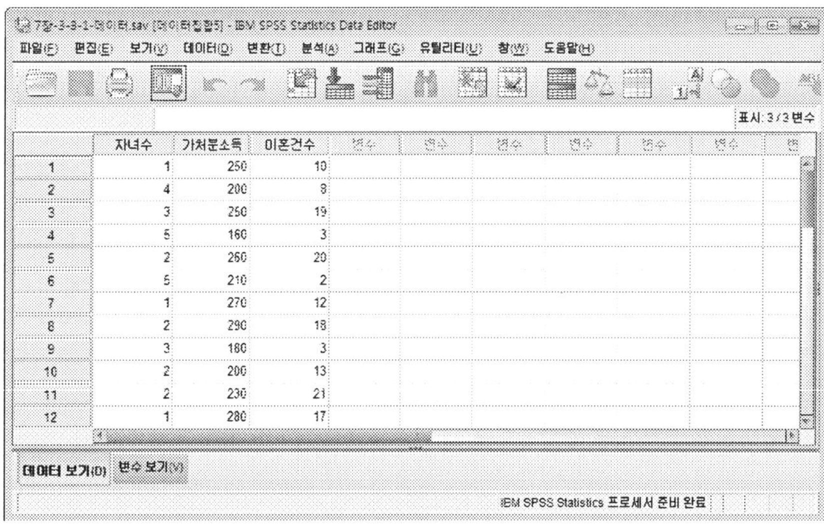

이를 통해 자녀의 수를 통제한 상태에서 가처분소득과 이혼건수가 서로 관련성이 있는지 없는지에 대한 가설검정을 해보고자 한다. 이에 관련성이 있는지를 보기 위해 귀무가설(H_0)과 대립가설(H_1)은 다음과 같이 설정할 수 있다.

H_0 : 자녀의 수를 통제한 상태에서 가처분소득과 이혼건수간에는 관련성이 없다.
H_1 : 자녀의 수를 통제한 상태에서 가처분소득과 이혼건수간에는 관련성이 있다.

(3) 상관관계분석 과정 및 결과

STEP 01 먼저 두 변수에 대한 상관관계분석하기 위해서는 [분석] → [상관분석] → [이 변량 상관계수]를 차례로 클릭한다.

STEP 02 이변량 상관계수 화면에서 각 타이어의 신뢰성에 관한 변수들을 지정한다. 지정이 끝이 나면, [확인] 버튼을 클릭한다.

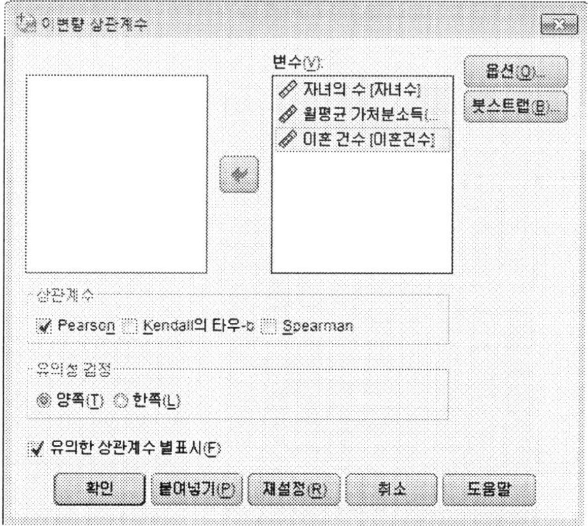

결과를 살펴보면, 상관관계계수는 자녀의 수와 이혼 건수가 −.596, 가처분소득과 이혼 건수가 .679, 자녀의 수와 가처분 소득이 −.756으로 계산되었다. 두 변수간에 상관관계계수에 대한 유의확률(양측)을 보면, 모두 0.01 수준에서 의미가 있다. 따라서 모든 상관관계계수가 서로 관련성이 있음을 알 수 있다. 현재의 결과만으로 볼 때는 이혼 건수에 영향을 주는 것은 자녀의 수, 가처분소득 모두 영향을 준다고 볼 수 있을 것이다.

상관계수

		자녀의 수	월평균 가처분 소득(만원)	이혼 건수
자녀의 수	Pearson 상관계수	1	−.756**	−.596*
	유의확률 (양쪽)		.002	.024
	N	14	14	14
월평균 가처분소득(만원)	Pearson 상관계수	−.756**	1	.679**
	유의확률 (양쪽)	.002		.008
	N	14	14	14
이혼 건수	Pearson 상관계수	−.596*	.679**	1
	유의확률 (양쪽)	.024	.008	
	N	14	14	14

** 상관계수는 0.01 수준(양쪽)에서 유의합니다.
 * 상관계수는 0.05 수준(양쪽)에서 유의합니다.

(4) 편상관관계분석 과정 및 결과

자녀의 수를 통제하고, 순수한 가처분소득과 이혼 건수의 관련성을 보기 위해 편상관계수를 계산하였다.

STEP 01 편상관관계분석을 하기 위해서는 [분석] → [상관분석] → [편상관계수]를 차
례로 클릭한다.

STEP 02 편상관계수 화면에서 각 자녀의 수를 제어변수로 가처분소득과 이혼건수를 편
상관관계 분석변수로 지정한다. 지정이 끝이 나면, [확인] 버튼을 클릭한다.

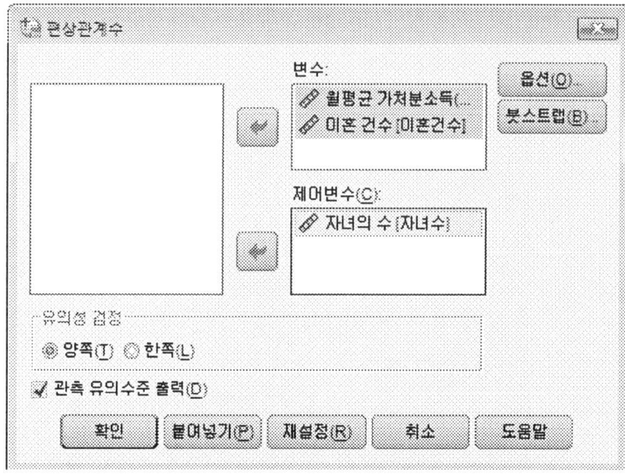

결과를 보면 가처분소득과 이혼 건수의 편상관관계계수는 0.435로 계산되었다. 두 변수간
에 상관관계계수에 대한 유의확률(양측)을 보면, 0.05 수준에서 의미가 없다. 따라서 귀무가

설을 기각할 수 없기 때문에, 자녀의 수를 통제한 상태에서 월 평균 가처분소득과 이혼건수
는 관련성이 없다고 볼 수 있을 것이다. 이런 결과는 단순하게 이변량 상관관계만 보았을 때
와는 다른 결과임을 알 수 있다.

상관

통제변수			월평균 가처분 소득(만원)	이혼 건수
자녀의 수	월평균 가처분소득(만원)	상관	1.000	.435
		유의수준(양측)	.	.137
		df	0	11
	이혼 건수	상관	.435	1.000
		유의수준(양측)	.137	.
		df	11	0

Part 03
다변량데이터분석

Chapter 08 회귀분석

Chapter 09 분산분석

Chapter 10 판별분석

Chapter 11 요인분석

Chapter 12 군집분석

Chapter 13 다차원척도법

Chapter 14 대응일치분석

Chapter 15 결합분석

Chapter 08
회귀분석

01 회귀분석의 개요
02 단순 회귀분석
03 다중 회귀분석
04 비선형 회귀분석

1 회귀분석의 개요

1.1. 회귀분석이란

회귀분석(regression analysis)은 1개 또는 그 이상의 독립(또는 설명) 변수들과 1개의 종속변수들의 선형관계를 파악하기 위한 기법이다. 회귀분석을 하는 주요 목적을 보면 다음과 같다.

- 독립변수와 종속변수간의 선형 상관관련성 여부
- 상관관계가 있다면 관계의 크기 및 유의도
- 변수들간의 종속관계의 성격(+ 또는 −)
- 회귀분석은 독립변수들과 종속변수와의 "선형결합관계"를 유도

선형 관계란 다음 그림에서 보듯이 독립변수(들)과 종속변수가 일직선의 관계를 가지고 있는 것을 의미한다. 따라서 선형관계의 형태는 종속변수와 각 독립변수의 계수가 선형관계를 의미하기 때문에 다음과 같은 회귀식에 있어서 선형관계가 유지된다.

$$y_i = \beta_0 + \beta_1 x_{1i} + \beta_2 x_{2i} + \cdots + \beta_k x_{ki} + \varepsilon_i$$

또한 다음과 같은 제곱 항이 있을지라도 x_i^2을 하나의 다른 변수(x_i')로 치환해서 볼 경우 선형관계가 유지되기 때문에 선형관계가 형성된다.

$$y_i = \beta_0 + \beta_1 x_i + \beta_2 x_i^2 + \varepsilon_i$$

두 변수의 곱에 대한 항이 있을지라도 위에서와 같이 이를 하나의 다른 변수로 치환해서 볼 경우 선형관계가 유지되기 때문에 선형관계가 형성된다.

$$y_i = \beta_0 + \beta_1 x_{1i} + \beta_2 x_{1i} x_{2i} + \varepsilon_i$$

또한 다음과 같이 로그 변환된 변수에 대한 항이 있을지라도 위에서와 같이 이를 하나의 다른 변수로 치환해서 볼 경우 선형관계가 유지되기 때문에 선형관계가 형성된다.

$$y_i = \beta_0 + \beta_1 \ln x_{1i} + \beta_2 \ln x_{2i} + \varepsilon_i$$

종속변수가 로그 변환된 변수이고 독립변수가 분수관계인 형태일지라도 위에서와 같이 각
변수를 하나의 다른 변수로 볼 경우 선형관계가 유지되기 때문에 선형관계가 형성된다.

$$\ln y_i = \beta_0 + \beta_1 \left(\frac{1}{x_{1i}} \right) + \beta_2 \left(\frac{1}{x_{2i}} \right) + \varepsilon_i$$

반면에 다음과 같은 형태들은 선형관계로 치환해 만들 수 없기 때문에 비선형관계이며, 이
를 해결하고자 하면 비선형회귀분석(nonlinear regression analysis)을 해야 하는 경우이다.

$$y_i = \beta_0 + \beta_1 x_{1i}^{\gamma_1} + \beta_2 x_{2i}^{\gamma_2} + \varepsilon_i$$

$$y_i = \frac{\beta_0}{1 + e^{-(\beta_1 x_1 + \beta_2 x_2)}} + \varepsilon_i$$

회귀분석을 하기 위해서는 종속변수와 독립변수라는 두 종류의 변수로서 등간척도나 비율
척도로 측정된 변수이어야 한다. 독립변수가 명목척도인 경우에는 더미 변수(dummy
variable)를 이용한 회귀분석을 수행한다. 또한 종속변수와 독립변수들간의 관계가 선형
(linearity) 관계여야 한다. 기업에서 회귀분석을 활용할 수 있는 주요 사례를 보면 다음과 같다.

- 기업들은 어떠한 특성을 갖는 소비자들이 자사제품을 구매하는가를 파악하기 위하여 소
  비자들의 여러 인구통계적, 사회경제적 특성을 조사하여 이들과 구매성향간의 관계를 파
  악하려 한다.
- 기업의 광고담당자는 광고액에 따른 매출액의 변화와 어떤 광고매체가 매출액에 더 많
  은 영향을 미치는가를 정확히 파악하여야만 체계적인 광고전략을 수립할 수 있다.
- 기업의 매출액은 제품가격과 광고의 양 또는 제품취급 점포의 수 등의 영향을 받게 된다.
  이러한 각각의 변수들이 매출액에 어떠한 영향을 미치는지, 또 얼마나 강한 영향을 미치
  는지를 파악하는 것이 기업전략 수립의 기본이 된다.
- 판매원 관리에 있어 근무기간, 상여금, 교육 등과 같은 업적향상에 영향을 미치는 변수들
  중 어떠한 변수가 판매원의 사기와 업적에 가장 큰 영향을 미치는가를 파악할 수 있다면
  보다 효율적은 판매원 관리를 꾀할 수 있을 것이다.

1.2. 회귀분석의 종류

회귀분석은 종속변수의 척도, 독립변수의 개수, 종속변수와 독립변수의 선형성에 따라 다음과 같은 형태로 나뉘어 진다.

- **단순 회귀분석** : 독립변수가 1개로서 척도가 메트릭이며, 종속변수의 척도가 메트릭인 경우로서 독립변수와 종속변수가 선형이라고 가정한다. 다음과 같은 회귀식의 모양을 갖는다.

$$y_i = \beta_0 + \beta_1 x_i + \varepsilon_i$$

- **다중 회귀분석** : 독립변수가 2개 이상이며, 종속변수의 척도가 메트릭인 경우로서 독립변수들과 종속변수가 선형이라고 가정한다. 다음과 같은 회귀식의 모양을 갖는다.

$$y_i = \beta_0 + \beta_1 x_{1i} + \beta_2 x_{2i} + \cdots + \beta_k x_{ki} + \varepsilon_i$$

- **더미 회귀분석** : 기본적으로 단순 또는 다중회귀분석과 같은 형태이나 독립변수 중에 넌메트릭 척도를 가지고 있는 경우이다. 다음과 같은 회귀식을 갖는다. 여기서 x로 표시된 변수는 메트릭 척도를 갖는 변수이며, d로 표현된 변수들은 1과 0 중에 하나의 값을 갖는 더미 변수이다. 다음과 같은 회귀식의 모양을 갖는다.

$$y_i = \beta_0 + \beta_1 x_{1i} + \cdots + \beta_k x_{ki} + \beta_{d1} d_{d1i} + \cdots + \beta_{dl} d_{dli} + \varepsilon_i$$

- **로지스틱 회귀분석** : 독립변수는 메트릭 또는 넌메트릭 척도가 모두 가능하나 종속변수가 넌메트릭 척도인 경우이다. 다음과 같은 회귀식의 모양을 갖는다. 로지스틱 회귀분석 모형에 대한 사례는 11장의 판별분석에서 다루고 있다.

$$P_z = \frac{1}{1 + e^{c-z}}$$

$$Z = \beta_0 + \beta_1 x_{1i} + \beta_2 x_{2i} + \cdots + \beta_p x_p$$

$$\ln\left(\frac{P_z}{1 - P_z}\right) = \beta_0 + \beta_1 x_{1i} + \beta_2 x_{2i} + \cdots + \beta_p x_p + \varepsilon_i$$

- 다항 회귀분석 : 종속변수에 대해 다항 형태(polynomial)를 갖는 경우이다. 다음과 같은 회귀식의 모양을 갖는다.

$$y_i = \beta_0 + \beta_1 x_i + \beta_2 x_i^2 + \cdots + \beta_p x_i^{\,p} + \varepsilon_i$$

- 비선형 회귀분석 : 단순 또는 다중회귀분석으로서 종속변수와 독립변수가 선형관계가 아닌 경우이다. 다음과 같은 회귀식의 모양을 갖는다.

$$y_i = \beta_0 \left(1 - e^{-\beta_1 x_i}\right)$$

2 단순 회귀분석

2.1. 모형의 개요

단순회귀분석은 가장 간단한 형태의 회귀분석으로서 한 개의 종속변수와 한 개의 독립변수와의 선형관계를 파악하는 방법이다. 근본적으로 이 방법은 두 변수간의 상관관계분석과 동일하다. 단순회귀의 기본 모형을 살펴보면 다음과 같다.

$$y_i = \beta_0 + \beta_1 x_i + \varepsilon_i$$

여기서 y_i는 i번째 관찰치의 종속변수이며, x_i는 i번째 관찰치의 독립변수이고, ε_i는 i번째 관찰치의 오차를 의미한다. 여기서 β_0, β_1의 계수를 구하는 방법으로 다음 그림과 같이 실제 관찰치 y_i와 모형에 의한 예측치 $\hat{y}_i$의 거리인 오차를 최소로 하는 모형으로서 일반적으로 오차 제곱$(y_i - \hat{y}_i)^2$의 합을 최소화하는 최소자승법(OLS : Ordinary Least Squares)이 많이 사용된다. 즉,

$$\min \sum (y_i - \hat{y}_i)^2 = \min \sum (y_i - (\beta_0 + \beta_1 x_i))^2$$

로서 보통 β_0, β_1의 계수의 추정치 $\hat{\beta}_0$, $\hat{\beta}_1$의 값은

$$\hat{\beta}_0 = \bar{y} - \hat{\beta}_1 \bar{x}$$

$$\hat{\beta}_1 = \frac{\sum (x_i - \bar{x})(y_i - \bar{y})}{\sum (x_i - \bar{x})^2}$$

로 추정된다.

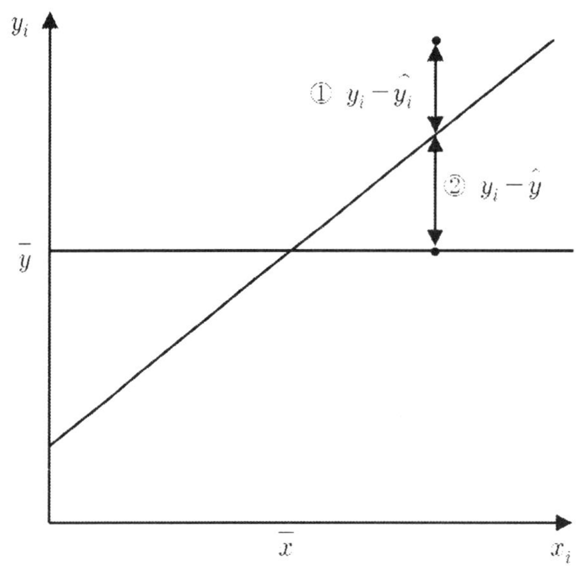

2.2. 단순 회귀분석 사례

(1) 분석데이터

다음 자료는 매장의 면적과 월간 매출액(백만 원)과의 관계이다. 매장의 면적과 월간 매출액이 어떤 관계가 있는가를 회귀분석을 통해 분석해 본다.

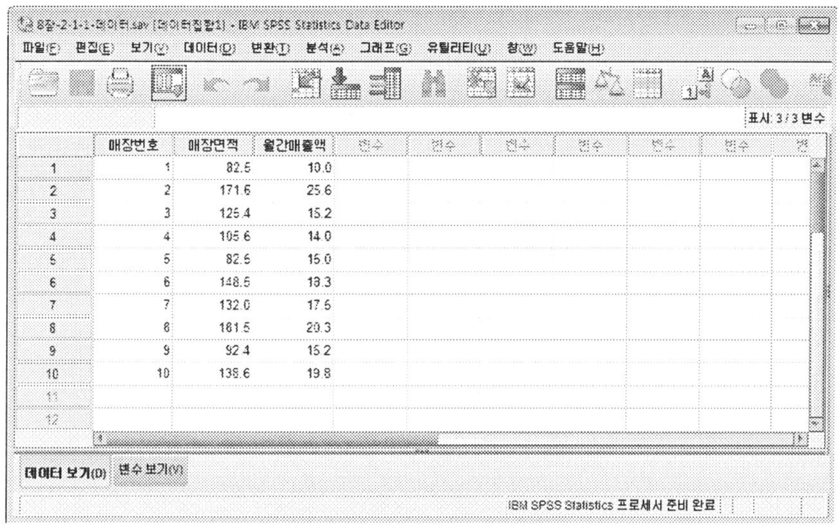

(2) 분석과정

STEP 01 단순 회귀분석을 하려면 [분석] → [회귀분석] → [선형]을 차례로 클릭한다.

STEP 02 선도표 회귀 모형 화면에서 독립변수로 '매장면적'을 지정하고, 종속변수로 '월 간매출액'으로 지정한다. 지정이 끝나면 [확인] 버튼을 클릭한다.

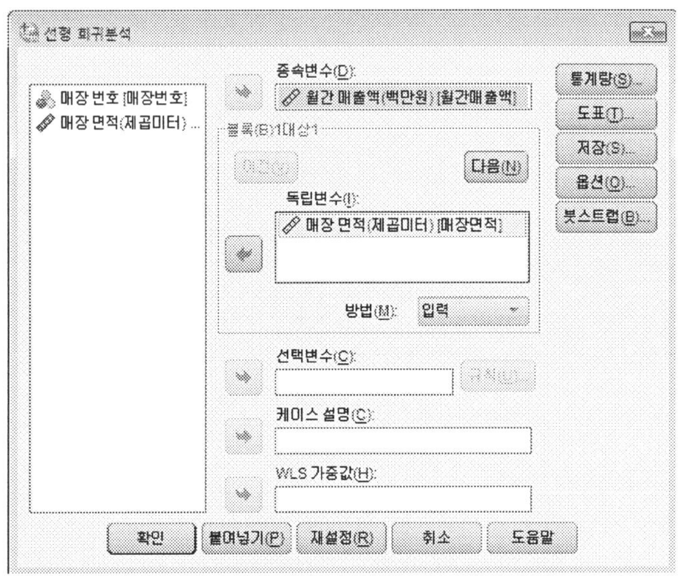

(3) 결과해석

회귀분석에 대한 결과는 먼저 모형에 대한 전체적인 적합도 판정과 다음으로 분산분석표 상의 적합도 판정이 먼저 진행된다. 그리고 개별 변수에 대한 계수의 적합도 판정을 수행한다.

가. 결정계수에 의한 전체적인 적합도 판정

추정된 회귀식의 적합성은 일반적으로 결정계수(coefficient of determination)를 보고 결정 한다. 결정계수란, 추정된 회귀식이 주어진 데이터를 얼마나 잘 설명할 수 있는가를 판단해 주는 기준으로서 추정된 회귀식이 회귀식으로 설명되는 분산과 설명이 되지 않는 분산 중, 회귀식으로 설명되는 분산 정도를 의미한다. 일반적으로 회귀식으로 설명되는 분산을 총분산 으로 나누어 산출한다.

$$R^2 = \frac{\sum (\hat{y}_i - \bar{y})^2}{\sum (y_i - \bar{y})^2} = 1 - \frac{\sum (y_i - \hat{y}_i)^2}{\sum (y_i - \bar{y})^2}$$

나. 분산분석표를 이용한 적합도 판정

회귀식에서 설명이 안 되는 분산을 잔차 또는 자승합(SSE)이라 하며, 회귀식에 의해 설명이 되는 분산을 회귀모형의 자승합(SSR)이라고 한다. 분산분석표는 추정된 회귀식 모형에 대한 유용성을 평가하기 위해 결정계수와 같이 자승합에 대한 회귀자승합의 크기를 검정통계량 F값을 이용한다. 보통 검정통계량 F값을 구하는 데는 자승합과 회귀자승합을 자유도(df)로 조정한 값을 이용한다. F값이 크게 되면 회귀식이 설명할 수 있는 부분이 상대적으로 많다는 의미가 된다. F값은 아래와 같은 가설을 검정하기 위한 것이다.

$$H_0 : \beta_1 = 0$$
$$H_1 : \beta_1 \neq 0$$

단순 회귀분석에서는 분산분석의 적합도 검정과 회귀계수 β_1의 계수에 대한 검정이 일치한다.

모형 요약

모형	R	R 제곱	수정된 R 제곱	추정값의 표준오차
1	.857[a]	.734	.701	2.3291

a. 예측값 : (상수), 매장 면적(제곱미터)

분산분석[a]

모형		제곱합	자유도	평균 제곱	F	유의확률
1	회귀 모형	119.633	1	119.633	22.054	.002[b]
	잔차	43.396	8	5.425		
	합계	163.029	9			

a. 종속변수 : 월간 매출액(백만원)
b. 예측값 : (상수), 매장 면적(제곱미터)

먼저 회귀모형에 대한 적합도를 보면 R^2(R-square) 값이 0.734로서 총분산에 대해 73% 정도 설명력이 있다. 또한 분산분석표를 볼 경우에 F값(F Value)이 22.054로 유의 수준 0.01에서 유의 하다고 볼 수 있다. 따라서 귀무가설이 기각된다. 즉 $\beta_1 = 0$이라는 귀무가설이 기각되므로 0이 아니라고 볼 수 있다. 이 점에서 보아 추정된 회귀모형은 적절한 것으로 볼 수 있다.

계수[a]

모형		비표준화 계수		표준화 계수	t	유의확률
		B	표준오차	베타		
1	(상수)	4.056	2.872		1.413	.195
	매장 면적(제곱미터)	.103	.022	.857	4.696	.002

a. 종속변수 : 월간 매출액(백만원)

다음으로 $\beta_i = 0$ 이라는 가설을 검정하기 위해 분산분석표의 잔차에 대한 평균 제곱값이으로 σ^2 의 추정량 $\hat{\sigma}^2$ 을 살펴보면,

$$\hat{\sigma}^2 = \frac{1}{n-2} SSE = \frac{1}{n-2} \sum (y_i - \hat{y})^2$$

$$= \frac{1}{10-2} 44.396 = 5.425$$

으로 나타났다. 각 추정치에 대한 표준오차(standard error)는 모수 추정치(parameter estimate) 난에 제시되어 있다. β_0, β_1 에 대한 표준오차는 각각,

$$\sqrt{\widehat{Var(\hat{\beta}_0)}} = \sqrt{\hat{\sigma}^2 \left(\frac{1}{n} + \frac{\overline{x^2}}{\sum (x_i - \overline{x})^2} \right)} = 2.872$$

$$\sqrt{\widehat{Var(\hat{\beta}_1)}} = \sqrt{\frac{\hat{\sigma}^2}{\sum (x_i - \overline{x})^2}} = 0.022$$

이다. 또한 각 모수 추정치에 대한 가설의 검정통계량은,

$$t(\hat{\beta}_0) = \frac{\hat{\beta}_0 - 0}{\sqrt{\widehat{Var(\hat{\beta}_0)}}} = 1.413$$

$$t(\hat{\beta}_1) = \frac{\hat{\beta}_1 - 0}{\sqrt{\widehat{Var(\hat{\beta}_1)}}} = 4.696$$

로서 β_1만이 유의수준 0.01에서 통계적으로 유의하다. 따라서 각각의 귀무가설이 기각이 되기 때문에 각 추정치의 값들이 0이 아니라고 할 수 있다. 특히 β_1의 추정치는 t값=root F 값으로 통계적인 유의도가 0.002로 같다는 것을 볼 수 있다. 본 회귀모형에서 추정된 회귀모형을 살펴보면 다음과 같다. 각 모수 추정치 아래의 ( )안의 값은 표준오차를 의미한다.

$$y_i = 4.056 + 0.103x_i \quad (R^2 = 0.701)$$
$$(2.872) \quad (0.022)$$

3 다중 회귀분석

3.1. 모형의 개요

다중회귀분석은 한 개의 종속변수와 두 개 이상의 독립변수와의 선형관계를 파악하는 방법이다. 다중회귀분석 모형을 살펴보면,

$$y_i = \beta_0 + \beta_1 x_{1i} + \beta_2 x_{2i} + \cdots + \beta_k x_{ki} + \varepsilon_i$$

이다. 여기서 y_i는 i번째 관찰치의 종속변수 값이며, x_{1i}는 i번째 관찰치의 첫 번째 독립변수 값이고, x_{2i}는 i번째 관찰치의 두 번째 독립변수 값이고, x_{ki}는 i번째 관찰치의 k번째 독립변수 값이고, ε_i는 i번째 관찰치의 오차를 의미한다. 가장 간단한 다중회귀분석은 독립변수가 두 개 있는 모형인데, 이를 살펴보면,

$$y_i = \beta_0 + \beta_1 x_{1i} + \beta_2 x_{2i} + \varepsilon_i$$

이때 β_0, β_1, β_2의 계수를 구하는 방법도 앞에서 제시된 단순회귀 모형의 추정방법에서처럼 최소자승법(OLS : Ordinary Least Squares)이 많이 사용된다.

3.2. 다중 회귀분석 사례

(1) 분석데이터

어느 광고회사에서 라디오 광고와 TV 광고의 효과를 알아보기 위해서 라디오 광고의 횟수와 TV 광고의 횟수에 대한 광고내용의 기억 정도를 측정했다. 광고횟수와 광고 회상율에 대한 영향을 파악하고자 한다.

(2) 분석과정

STEP 01　다중 회귀분석을 하려면 [분석] → [회귀분석] → [선형]을 차례로 클릭한다.

STEP 02 독립변수로 '라디오광고'와 'TV광고'를 지정하고, 종속변수로 '광고회상율'로 지
정한다.
지정이 끝나면 [확인] 버튼을 클릭한다.

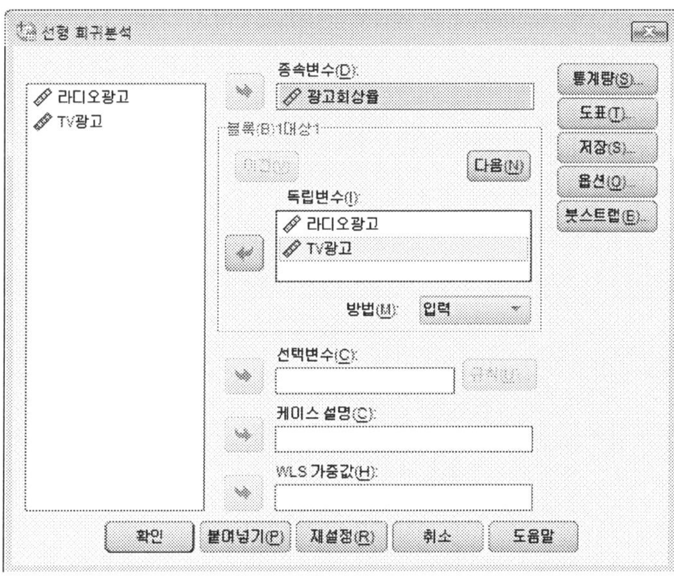

(3) 결과해석

먼저 모형의 적절성에 대한 검정을 해 보자.

가. 모형의 분산분석결과

모형의 모수 추정치들에 대한 귀무가설과 대립가설은,

$$H_0 : \beta_i = 0, \ i = 1, \cdots, p$$
$$H_1 : \text{적어도 하나의 } i \text{에 대해서 } \beta_i \neq 0, \ i = 1, \cdots, p$$

이에 대한 검정결과를 보기 위해 분산분석표를 보면 F값이 11.575(p < 0.001)이다. 따라서
현재의 귀무가설을 기각할 수 있다. 즉 이에 대한 대립가설 "H_1 : 적어도 하나 이상의 β_i는
0이 아니다"라고 볼 수 있다.

나. R^2 또는 조정 R^2

R^2가 0.640이고 또는 조정 R^2가 0.585이어서 매우 높다고 할 수 있다. R^2의 계산식은

$$R^2 = \frac{SSR}{SST} = \frac{(SST - SSRE)}{SST} = 1 - \frac{SSR}{SST}$$

$$= 1 - \frac{93.50}{260.00} = 0.640$$

로 계산이 되며, 조정 R^2의 계산식은

$$조정 \ R^2 = \frac{(n-1)R^2 - p}{n - k - 1}$$

$$= \frac{15 \times 0.6404 - 2}{13} = 0.585$$

로 계산이 된다. 그러나 조정 R^2는 독립변수의 개수가 다른 모델간 비교시 이용할 수 있는 통계량으로서 현재의 모델에서는 의미가 없다.

모형 요약

모형	R	R 제곱	수정된 R 제곱	표준 오차 추정값의 표준오차
1	.800a	.640	.585	2.682

a. 예측값 : (상수), TV광고, 라디오광고

분산분석[b]

모형		제곱합	자유도	평균 제곱	F	유의확률
1	회귀 모형	166.500	2	83.250	11.575	.001[a]
	잔차	93.500	13	7.192		
	합계	260.000	15			

a. 예측값 : (상수), TV광고, 라디오광고
b. 종속변수 : 광고회상율

다. 각 모수 추정치의 유의도

계수^a

모형		비표준화 계수		표준화 계수	t	유의확률
		B	표준 오차 오류	베타		
1	(상수)	53.750	2.224		24.172	.000
	라디오광고	1.350	.600	.374	2.251	.042
	TV광고	1.275	.300	.707	4.252	.001

a. 종속변수 : 광고회상율

각 추정치에 대한 유의도를 알아보고자 각 추정치에 대한 t값의 유의도를 보았다. 각 모수에 대한 t값이 모두 $p < 0.05$ 수준에서 의미가 있다.

라. 전반적인 모형의 적절성

이러한 결과들로 보아 우리가 세운 모형은 어느 정도 적절하다고 할 수 있다. 그러나 모형이 정말 적합한지를 보고자 하면, 잔차에 대한 검정을 실시해야 한다.

회귀분석을 통한 추정모형은 다음과 같이 정리할 수 있다. 아래의 괄호 안에 있는 숫자는 추정치에 대한 표준오차이다.

$$광고회상율 = 53.750 + 1.350\,라디오광고 + 1.275\,TV광고$$
$$(2.224) \qquad (0.600) \qquad\qquad (0.300)$$

계속해서 '표준화 계수'에 대한 결과를 보면 라디오광고 변수의 중요도가 0.374정도이며 TV광고 변수의 중요도가 0.707로서 TV광고가 광고회상율에 더 영향을 미치는 것으로 볼 수 있으며, 그 영향을 미치는 정도가 약 2배 정도라고 할 수 있다. 표준화된 모수에 의한 추정식은 다음과 같다. 회귀식은 절편이 없는 식이며 각 변수들은 각 변수의 평균을 빼 주고 각 변수의 표준편차로 나누어 준 표준화된 값(이런 의미에서 각 변수에 "'"를 표시)이다.

$$광고회상율' = 0.374\,라디오광고' + 0.707\,TV광고'$$

3.3. 오차항의 독립성, 정규성 검정

(1) 분석개요

회귀분석에서는 오차항 ε_i들은 서로 독립이며 정규분포를 한다는 가정을 하고 있다. 먼저 오차항이 서로 독립이라는 의미는 오차항간에는 상관관계가 없어야 한다는 의미이다 ($Corr(\varepsilon_i, \varepsilon_j) = 0$, 여기서 $i \neq j$). 오차항들간에 서로 상관관계가 존재하는지 여부에 따라 여러 가지 오차도가 나타난다.

다음 그림에서처럼 자기 상관관계가 없으면 오차항이 (가)와 같은 형태로 나타나며, 양의 상관관계가 있으면 (나)와 같은 형태로 나타나며, 음의 상관관계가 있으면 (다)와 같은 형태로 나타난다.

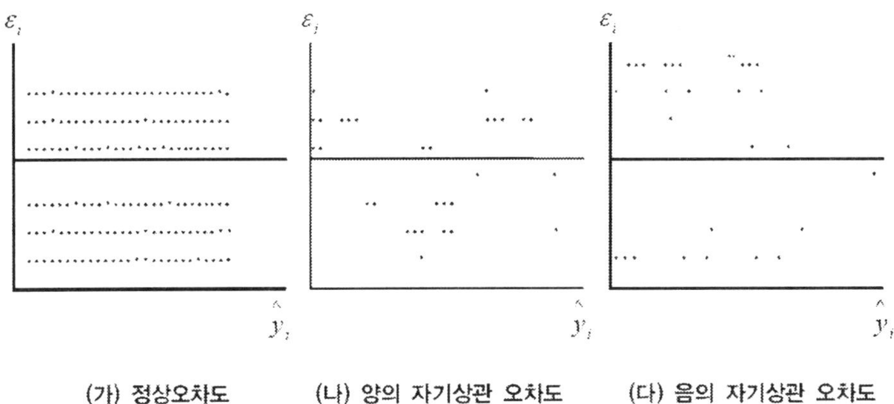

(가) 정상오차도　　**(나) 양의 자기상관 오차도**　　**(다) 음의 자기상관 오차도**

오차항들이 독립적이지 못하면 오차항들 간에 상관관계를 갖는 자기상관(autocorrelation)이 존재한다. 즉 오차항들을 나타내는 산포도가 그림에서 (나), (다) 형태와 같이 일정한 경향을 나타내면 자기상관이 높다고 할 수 있다. 오차항들 간에 자기상관정도는 더빈-왓슨(Durbin-Watson) 검정통계량으로 파악할 수 있다. 자기상관관계 검정통계량인 더빈-왓슨 검정통계량은 다음과 같이 계산이 된다.

$$DW = \frac{\sum_{i=2}^{n}(e_i - e_{i-1})^2}{\sum_{i=1}^{n}e_i^2}$$
$$= 2(1-\rho)$$

여기서 e_i는 i번째 관찰치의 오차$(= y_i - \hat{y}_i)$이며, ρ는 오차항의 상관관계 계수이다. 이 값은 ρ값에 따라서 변화되는데 ρ가 -1에서 1사이의 값을 갖기 때문에 0에서 4까지 변하는 구간을 갖게 된다. 그리고 0에 가까울수록 양의 자기상관이 있다는 것을 의미하며, 4에 가까울수록 음의 자기 상관이 있다는 것을 의미한다. 그리고 $\rho = 0$이면 $DW = 2$이므로 더빈－왓슨 검정통계량이 2인 경우 오차항간에 상관관계가 없는 정상 오차도일 가능성이 높다는 것을 의미한다. 자기상관이 있는지 없는지에 대한 판단은 아래와 같이 DW값의 변화를 보고 판단한다. d_L, d_U값은 통계학 책들의 뒤쪽에 나와 있는 더빗－왓슨 통계표에서 독립변수의 수(k의 수)와 관찰치의 개수에 제시된 값을 구한다.

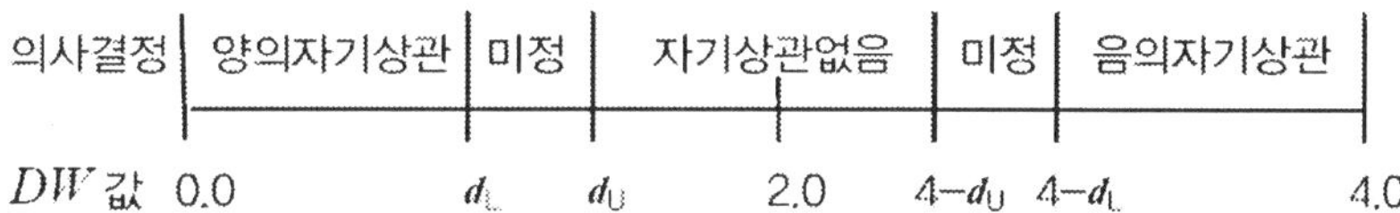

(2) 분석과정

STEP 01 다중 회귀분석을 하려면 [분석] → [회귀분석] → [선형]을 차례로 클릭한다. 독립변수로 '라디오광고'와 'TV광고'를 지정하고, 종속변수로 '광고회상율'로 지정한다. 오차항의 독립성을 보기 위해 [통계량] 버튼을 클릭한다.

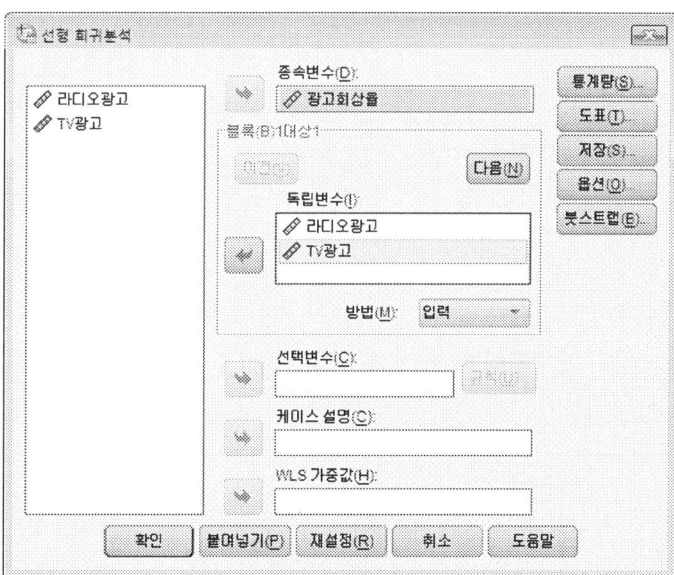

STEP 02 선형 회귀분석 : 통계량 화면에서 'Durbin – Watson(U)'통계량을 산출하도록 선택한다. 하단의 [계속] 버튼을 클릭한다. 선도표 회귀 모형 화면으로 되돌아가면, [확인] 버튼을 클릭한다.

(3) 결과해석

모형 요약[b]

모형	R	R 제곱	수정된 R 제곱	표준 오차 추정값의 표준오차	Durbin – Watson
1	.800[a]	.640	.585	2.682	1.918

a. 예측값 : (상수), TV광고, 라디오광고
b. 종속변수 : 광고회상율

잔차 통계량[a]

	최소값	최대값	평균	표준 오차 편차	N
예측값	57.65	69.35	63.50	3.332	16
잔차	−4.350	4.550	.000	2.497	16
표준 오차 예측값	−1.756	1.756	.000	1.000	16
표준 오차 잔차	−1.622	1.697	.000	.931	16

a. 종속변수 : 광고회상율

출력 결과를 보면 오차에 대한 더빈 – 왓슨값은 1.918로서 기준값이 2이므로 매우 적절하다고 할 수 있다. 즉 오차항들이 관련성이 없다고 볼 수 있다. 또한 오차항에 대한 1차 자기상관계수 값도 -0.132로서 낮은 값이다. 더빈 $-$ 와슨값은 $DW = 2(1-\rho)$로서 2인 경우에 오차항에 대한 상관관계가 없음을 알 수 있으며, 0에 가까울수록 양의 상관관계를 나타내며 4에 가까울수록 음의 상관관계를 나타낸다. DW값이 0에 가깝거나 4에 가까우면 오차항들간에 상관관계가 있어 모형이 적합하다고 할 수 없다. 따라서 본 모형은 이러한 기준에서 볼 때 적절하다고 볼 수 있다.

3.4. 다중공선성 분석

(1) 분석개요

다중공선성(multicollinearity)이란 다중회귀분석에서 독립변수들간에 상관관계가 있는 경우이다. 독립변수들간에 상관관계가 있게 되면 독립변수들간에 선형관계가 존재하게 되는데, 이 경우 독립변수들 각각이 미치는 영향을 구분하기 어려운 상황이 된다. 극단적으로 독립변수들 중, 상관관계가 -1이나 1인 경우와 같이 완전상관관계가 존재하면 모수들이 추정되지 않는다. 독립변수들 중에 절대값이 0.95 이상으로 높은 상관관계가 있을 경우에는 R^2 는 높으나 추정된 베타 값들이 유의하지 않은 형태로 나타난다. 따라서 독립변수들 중 상관관계가 높은 변수가 있을 경우에는 R^2와 β값을 보아 다중공선성에 대한 의사결정을 할 수 있다. 반면에 독립변수들간에 상관관계가 0인 경우에는 다중공선성의 문제는 없지만 다중회귀분석의 결과는 단순회귀분석결과의 합으로 표시될 수 있다.

다중공선성은 진단 통계량(collinearity diagnositics)을 통해 분석할 수 있다. 다중공선성을 진단할 수 있는 주요 통계량들은 고유값(eigen value)이나 상태지표값(condition number)이 제시된다. 일반적으로 고유값이 0.01이하이거나 상태지표 값이 100이상인 독립변수가 있으면 다중공선성이 있다고 판단한다. 분산팽창요인(Variance Inflation Factor)은 일반적으로 10이상인 독립변수가 있으면 다중공선성이 있다고 판단한다. 허용도(tolerance)는 0.1값보다 작은 독립변수가 있으면 다중공선성이 있다고 판단한다.

다중공선성을 해결하기 위해서는 ① 근본적으로 데이터 수집과정을 살펴보아 데이터를 다시 수집하거나, ② 상관관계가 높은 독립변수 중 타당하거나 설명력이 높을 것으로 생각하는 변수를 제외하고 나머지 변수들을 모형에서 빼 버리거나, ③ 주성분 요인분석(principal component factor analysis)과 같은 방법을 이용하여 상관관계가 높은 변수들을 하나의 요인으로 처리하거나, ④ 단계별 회귀분석(stepwise regression)과 같은 변수 제거 방법을 통해 다중공선성이 있는 변수들 중에서 가장 설명력이 높은 변수를 모형에 포함시킨다.

(2) 분석데이터

독립변수 $x_1 - x_4$와 종속변수 y를 갖는 13개 관찰치로 구성된 데이터는 '8장-3-4-1-데이터.sav'라는 이름으로 저장되어 있다.

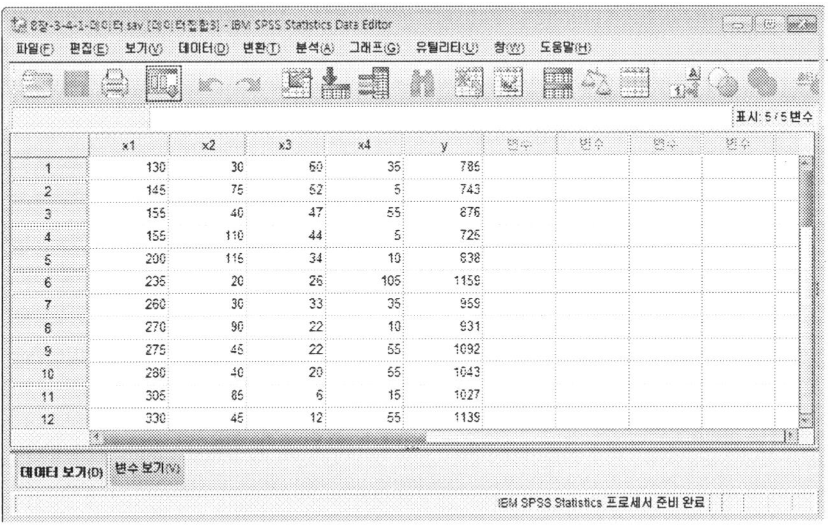

(3) 분석과정

STEP 01   다중공선성을 위한 회귀분석을 하려면 [분석] → [회귀분석] → [선형]을 차례로 클릭한다. 독립변수로 $x_1 - x_4$를 지정하고, 종속변수로 y를 지정한다. 다중공선성을 보기 위해 [통계량] 버튼을 클릭한다.

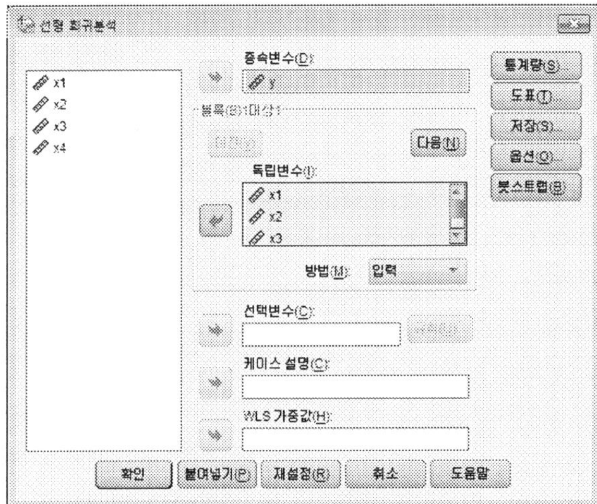

STEP 02 통계량 중에서 '공선성 진단(L)'을 선택한 후 [계속] 버튼을 클릭한다. 다음으로 선도표 회귀 모형 화면으로 되돌아오면, [확인] 버튼을 클릭한다.

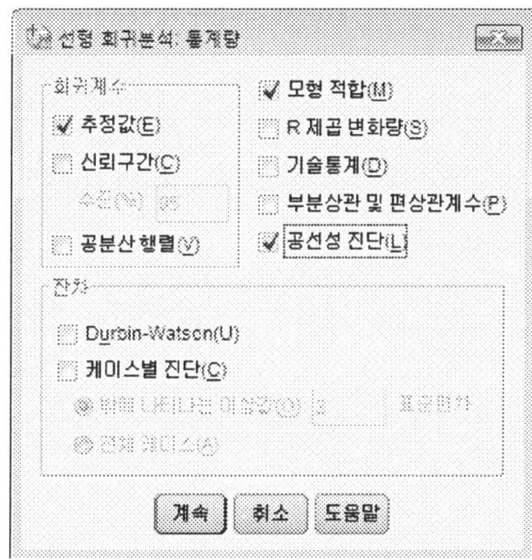

(4) 결과해석

[결과1, 2, 3]을 보면 분산분석표에서 모형의 적합성을 나타내는 F값이 124.45 (p < 0.001)이고 R^2값이 0.9842로서 매우 높다는 것을 알 수 있다. 각 독립변수에 대한 모수추정치의 결과를 보면 유의한 변수가 별로 없음을 알 수 있다. 특히 다음 쪽의 결과에서 독립변수 x_1과 x_3는 종속변수 y와 상관계수가 높게 나타났음에도 불구하고 유의하지 않게 나타났다. 이러한 경우에는 다중공선성을 의심하지 않을 수 없다.

[결과1] 모형 요약

모형	R	R 제곱	수정된 R 제곱	표준 오차 추정값의 표준오차
1	.992[a]	.984	.976	23.264

a. 예측값 : (상수), x4, x3, x2, x1

[결과2] 분산분석[b]

모형		제곱합	자유도	평균 제곱	F	유의확률
1	회귀 모형	269425.070	4	67356.268	124.454	.000a
	잔차	4329.699	8	541.212		
	합계	273754.769	12			

a. 예측값 : (상수), x4, x3, x2, x1
b. 종속변수 : y

[결과3] 계수^a

모형	비표준화 계수		표준화 계수	t	유의확률	공선성 통계량	
	B	표준 오차 오류	베타			공차	VIF
1 (상수)	878.199	248.964		3.527	.008		
x1	.541	.544	.261	.995	.349	.029	34.701
x2	−.390	.622	−.083	−.626	.549	.114	8.806
x3	−4.081	2.445	−.452	−1.669	.134	.027	37.124
x4	2.487	.584	.477	4.259	.003	.157	6.351

a. 종속변수 : y

　[결과3]의 분산팽창요인(VIF)의 값을 보면, 변수 x_1과 x_3가 10보다 높게 나타났다. [결과4]의 고유값(eigen value)이 0.01보다 작거나 상태지수(Condition Number)가 100이상인 경우에는 다중공선성이 있다고 볼 수 있는데 여기에서도 비슷한 결과가 나타났다. 특히 분산비율에 관한 정보에서도 변수 x_1과 x_3가 값이 크기 때문에 관련성이 높은 것으로 볼 수 있다.

[결과4] 공선성 진단^a

모형	차원	고유값	상태지수	분산비율				
				(상수)	x1	x2	x3	x4
1	1	4.142	1.000	.00	.00	.00	.00	.00
	2	.542	2.764	.00	.00	.01	.00	.06
	3	.277	3.870	.00	.00	.01	.01	.00
	4	.039	10.313	.00	.02	.22	.01	.35
	5	.000	93.618	1.00	.98	.75	.98	.59

a. 종속변수 : y

　다중공선성이 나타난 경우에는 x_1이나 x_2 중에 하나의 변수를 제거시키고 변수를 추정하든지(여러 가지 값이 x_3가 나쁜 것으로 나타나 x_3를 먼저 제거시키는 것이 바람직할 것 같다), 변수선정방법에 의해 변수를 제거시키는 방법을 사용할 수 있다.

　어쩔 수 없이 변수간에 상관관계가 높을 수밖에 없는 상황(예 소득과 소비가 모두 독립변수로 취급될 때)에는 주성분 요인분석(principal component factor analysis)을 통해 다중공선성을 줄일 수 있는 방법으로 회귀분석을 수행해야 할 것이다.

3.5. 최적 회귀모형의 선정

(1) 분석개요

다중회귀모형의 경우 독립변수의 수가 작으면서도 모형 적합도가 높은 모형이 좋다. 최적 모형선택방법은 여러 가지가 있으나 주로 사용되는 방법은 세 가지인데, 이를 간단히 살펴보면 다음과 같다.

- **후진**(backward) : 모든 변수가 포함된 완전(full) 모형에서 출발하여 독립변수들 중에 모형이 삭제되었을 경우, 회귀모형 적합에 가장 작게 기여를 하는(R^2등을 최소로 감소시키는) 변수를 단계적으로 삭제시켜나가는 방법이다.
- **전진**(forward) : 남아 있는 독립변수들 모형이 추가되었을 경우에 회귀모형 적합에 가장 큰 기여를 할 수 있는(R^2등을 최대로 증가시키는) 변수를 단계적으로 추가시켜나가는 방법이다.
- 단계(stepwise) : 앞의 두 가지 방법의 개념을 합한 것으로 회귀모형의 R^2를 증가시킬 수 있는 변수를 추가시키기도 하고, 일단 모형에 추가되었어도 모형의 적합하지 않은 변수는 삭제하는 방법이다.

(2) 분석과정

STEP 01   다중공선성을 위한 회귀분석을 하려면 [분석] → [회귀분석] → [선형]을 차례로 클릭한다. 독립변수로 $x_1 - x_4$를 지정하고, 종속변수로 y를 지정한다.

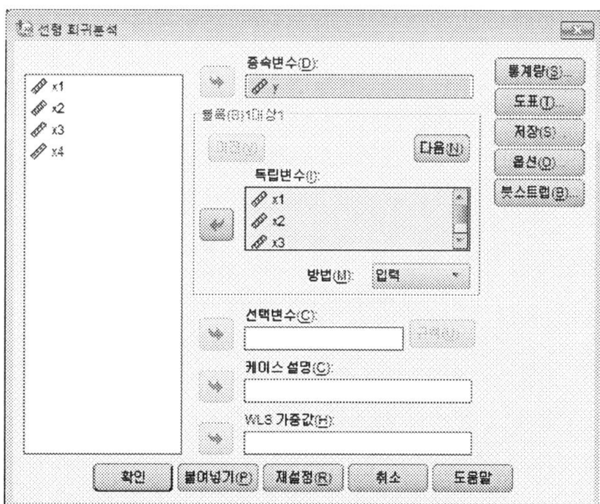

STEP 02 독립변수 하단의 [입력] 버튼을 클릭한다. 입력 방법 중에 [전진] 버튼을 클릭한다. 여기서 [입력] 버튼은 모든 변수를 포함시킨 회귀분석을 하라는 옵션이고, [제거] 버튼은 모든 변수를 제외시킨 회귀분석으로 상수항만 포함한 회귀분석을 하려는 옵션이다. 다른 옵션들은 앞에서 본 것들과 같다. [통계량] 버튼을 클릭한다.

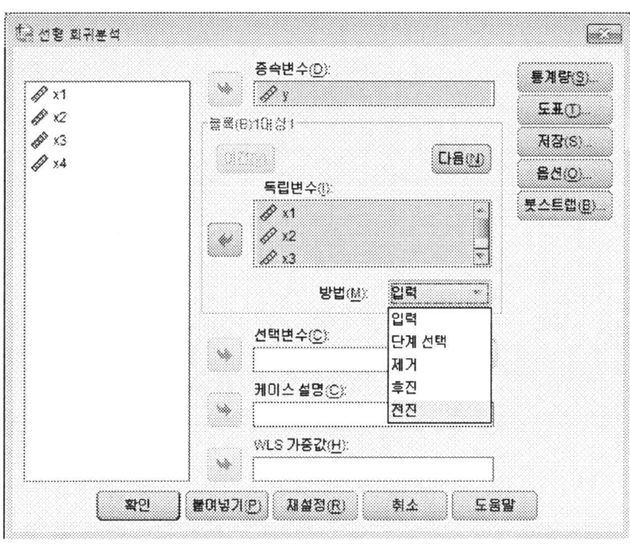

STEP 03 통계량 중에서 '공선성 진단(L)'을 선택한 후 [계속] 버튼을 클릭한다. 다음으로 '선도표 회귀 모형' 화면으로 돌아오면 [확인] 버튼을 클릭한다.

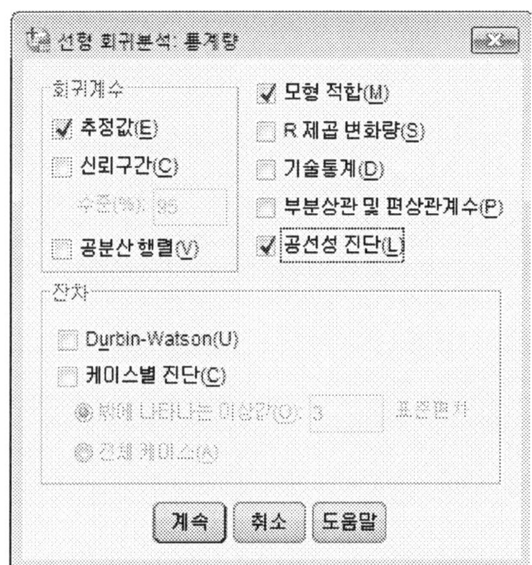

(3) 결과해석

[결과1, 2, 3, 4]에는 각 단계에서 진입된 변수와 모형에 대한 요약 결과를 제시하고 있다. 제일 먼저 변수 x_1이 진입되었으며, 다음으로 변수 x_4가 진입되었다. R^2도 첫 단계에서는 .716이었지만, 두 번째 단계에서는 .975로 높아졌음을 알 수 있다. 두 변수가 진입된 후 단계별 모형분석이 끝이 났음을 알 수 있다. 전진 선택법에 의해 추정된 모형은 아래와 같이 제시된다.

$$y = 508.650 + 1.442x_1 + 2.770x_4$$
$$(25.574) \qquad (0.107) \qquad (0.269)$$

전체적으로 보아 R^2도 0.9075로서 매우 높고, 모형적합성에 대한 분산분석결과도 F 값이 198.664 (p < 0.000)로서 매우 의미가 있다고 볼 수 있다.

[결과5]에는 전진선택법에 의해 제외된 변수들의 리스트와 통계량이 제시되어 있다. [결과4, 6]에 변수선택 후 최종 회귀분석 결과를 보여 주고 있다. 결과를 보면 VIF 등 전체적인 통계량이 다중공선성이 없음을 보여 주고 있다.

[결과1] 진입/제거된 변수[a]

모형	진입된 변수	제거된 변수	방법
1	x1	.	전진(기준 : 입력할 F 확률〈= .050)
2	x4	.	전진(기준 : 입력할 F 확률〈= .050)

a. 종속변수 : y

[결과2] 모형 요약

모형	R	R 제곱	수정된 R 제곱	표준 오차 추정값의 표준오차
1	.846[a]	.716	.690	84.108
2	.988[b]	.975	.971	25.924

a. 예측값 : (상수), x1
b. 예측값 : (상수), x1, x4

[결과3] 분산분석[c]

모형		제곱합	자유도	평균 제곱	F	유의확률
1	회귀 모형	195938.184	1	195938.184	27.697	.000a
	잔차	77816.585	11	7074.235		
	합계	273754.769	12			
2	회귀 모형	267034.010	2	133517.005	198.664	.000b
	잔차	6720.760	10	672.076		
	합계	273754.769	12			

a. 예측값 : (상수), x1
b. 예측값 : (상수), x1, x4
c. 종속변수 : y

[결과4] 계수[a]

모형		비표준화 계수		표준화 계수	t	유의확률	공선성 통계량	
		B	표준 오차 오류	베타			공차	VIF
1	(상수)	538.602	82.432		6.534	.000		
	x1	1.756	.334	.846	5.263	.000	1.000	1.000
2	(상수)	508.650	25.574		19.889	.000		
	x1	1.442	.107	.695	13.438	.000	.919	1.088
	x4	2.770	.269	.532	10.285	.000	.919	1.088

a. 종속변수 : y

[결과5] 제외된 변수[c]

모형		베타 입력	t	유의확률	편상관계수	공선성 통계량		
						공차	VIF	최소공차한계
1	x2	−.383a	− 3.141	.011	−.705	.962	1.040	.962
	x3	−.133a	− .226	.826	−.071	.082	12.248	.082
	x4	.532a	10.285	.000	.956	.919	1.088	.919
2	x2	.097b	1.166	.273	.362	.341	2.935	.326
	x3	−.314b	− 2.078	.067	−.569	.081	12.371	.079

a. 모형내의 예측값 : (상수), x1
b. 모형내의 예측값 : (상수), x1, x4
c. 종속변수 : y

[결과6] 공선성 진단[a]

모형	차원	고유값	상태지수	분산비율		
				(상수)	x1	x4
1	1	1.959	1.000	.02	.02	
	2	.041	6.923	.98	.98	
2	1	2.724	1.000	.01	.01	.04
	2	.236	3.399	.06	.04	.95
	3	.040	8.205	.93	.95	.01

a. 종속변수 : y

3.6. 곡선 추정 회귀모형

(1) 분석개요

일반적인 회귀분석이라면 독립변수에 대한 종속변수의 산포도가 선형적인 경우를 의미한다. 독립변수와 종속변수간의 관계가 2차 함수 또는 여러 가지 다른 형태의 모양을 보일 때는 이를 반영하는 모형을 분석할 수 있다. 특별히 2차 항이 포함된 모형을 일반적으로 2차 항이 있는(quadratic) 회귀분석이라 한다. 이는,

$$y_i = \beta_0 + \beta_1 x_1 + \beta_2 x_1^2 + \varepsilon_i$$

로 정의할 수 있다. 만약에 2차항이 있는 변수가 여러 개이면 이에 맞게 이 식을 확장할 수 있을 것이다. 2차항이 있는 회귀분석에 대한 가정도 일반적인 선형회귀분석의 가정과 일치한다고 볼 수 있다.

(2) 분석데이터

STEP 01 다음은 곡선 추정을 위한 12명의 두 변수간의 데이터를 보여 주고 있다.

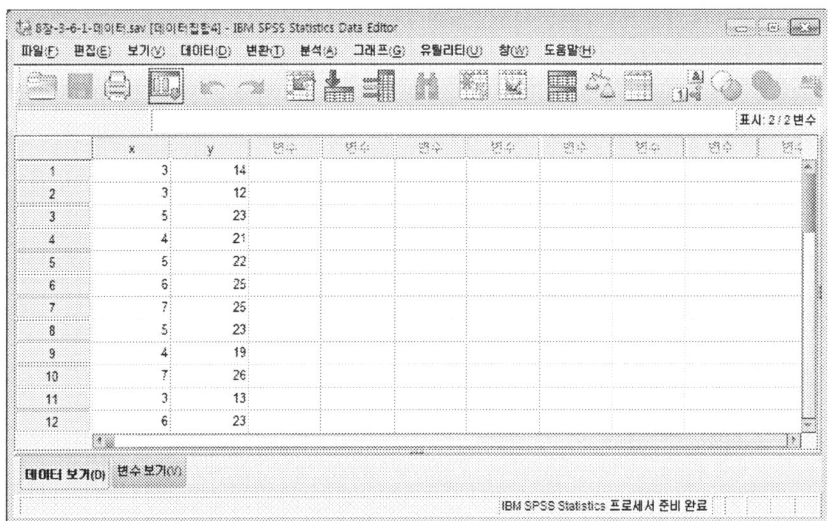

STEP 02 곡선추정 회귀분석을 하기 전에 잔차분석을 위해 회귀분석을 수행해본다. [분석] → [회귀분석] → [선형]을 차례로 클릭한다. 독립변수로 x를 지정하고, 종속변수로 y를 지정한다. 잔차 도표를 보기 위해 [도표] 버튼을 클릭한다.

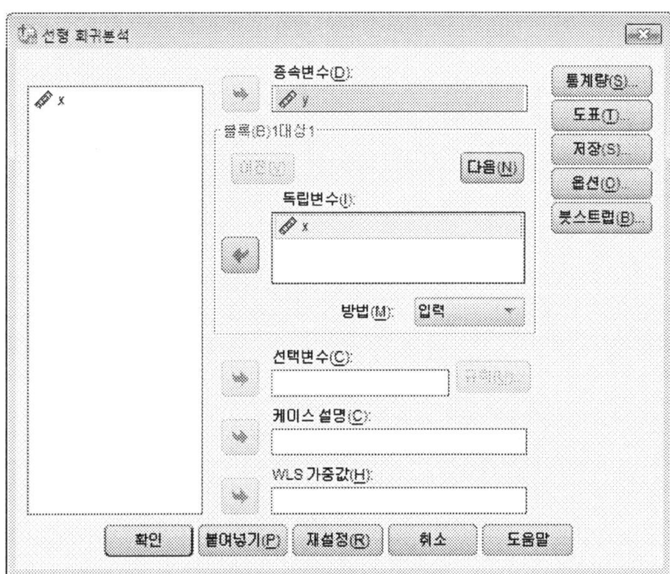

STEP 03　2차항이 있는 회귀분석이 적절한가를 살펴보기 위해 회귀분석에서 잔차에 대해서 그려보면 좌측과 같이 표시된다. 잔차를 그리기 위해서는 예측치와 예측치의 잔차에 대해서 산점도 도표를 그린다. 하단의 [계속] 버튼을 클릭한다. 선도표 회귀 모형 화면으로 되돌아오면 [확인] 버튼을 클릭한다.

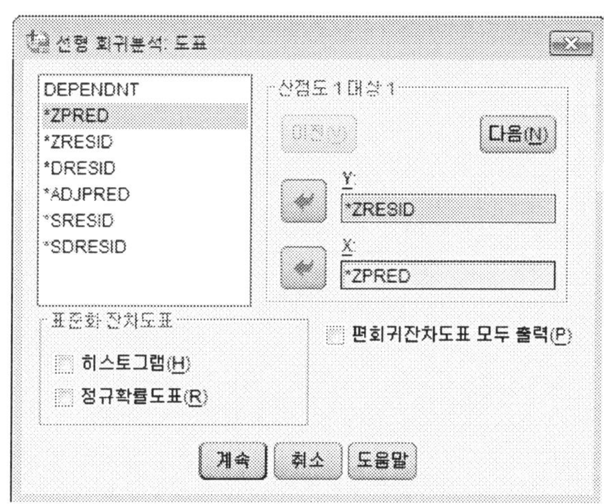

결과를 살펴보면 오차항에 대한 산점도 그래프를 보면, 예측치에 대해서 잔차가 골고루 분포되어 있는 것이 아니라 포물선 형태의 곡선으로 분포가 되어 있음을 알 수 있다. 따라서 2차항이 있는 형태의 곡선추정이 가능하다.

산점도

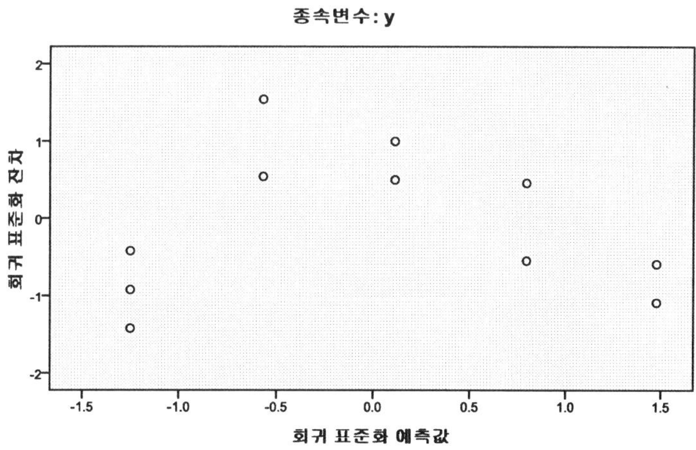

(3) 분석과정

STEP 01   곡선추정 회귀분석을 하기 위해 [분석] → [회귀분석] → [곡선추정]을 차례로 클릭한다.

STEP 02   곡선추정 화면이 나타나면 y를 종속변수로, x를 독립변수로 지정한다. 아래 부분의 모형에서 선형모형과 2차 모형을 체크한 후, 분산분석표를 출력할 수 있도록 체크한다. 곡선 모형은 화면에서 보듯이 다양한 형태가 있음을 알 수 있다. 모든 과정이 끝나면 [확인] 버튼을 클릭한다.

(4) 결과해석

분석결과는 선형회귀모형, 2차항이 이는 곡선모형, 그리고 회귀식과 곡선모형식과 실제 종속변수들 값에 대한 그래프가 차례로 제시된다. 먼저 [결과1, 2, 3]을 보면 선형 모형에 대한 결과가 제시되어 있다. 이 결과를 볼 경우, 모형으로서는 타당성이 있음을 알 수 있다. 하지만 앞의 잔차 도표에서 보았듯이 잔차의 분포가 포물선 형태로서 문제가 있음을 알 수 있다.

[결과1] 모형 요약

R	R 제곱	수정된 R 제곱	표준 오차 추정값의 표준오차
.922	.850	.835	1.996

※ 독립변수는 x입니다.

[결과2] 분산분석

모형	제곱합	자유도	평균 제곱	거짓	유의확률
회귀 모형	225.169	1	225.169	56.531	.000
잔차	39.831	10	3.983		
합계	265.000	11			

※ 독립변수는 x입니다.

[결과3] 계수

	비표준화 계수		표준화 계수	t	유의확률
	B	표준 오차 오차	베타		
x	3.085	.410	.922	7.519	.000
(상수)	5.592	2.065		2.708	.022

[결과4, 5, 6]을 보면 2차항이 포함된 곡선모형의 추정결과를 보여준다. 1차항만 포함된 모형에 비해, R^2도 증가했으며, 분산분석표의 결과도 모형이 적합할 뿐만 아니라 더 의미가 있음을 알 수 있다.

[결과4] 모형 요약

R	R 제곱	수정된 R 제곱	표준 오차 추정값의 표준오차
.978	.957	.947	1.128

※ 독립변수는 x입니다.

[결과5] 분산분석

모형	제곱합	자유도	평균 제곱	거짓	유의확률
회귀 모형	253.549	2	126.774	99.636	.000
잔차	11.451	9	1.272		
합계	265.000	11			

※ 독립변수는 x입니다.

[결과6] 계수

	비표준화 계수		표준화 계수	t	유의확률
	B	표준 오차 오차	베타		
x	11.896	1.880	3.555	6.327	.000
x ** 2	−.896	.190	−2.654	−4.723	.001
(상수)	−14.292	4.369		−3.271	.010

　[결과7]의 오차에 대한 그림을 보면 선형 회귀식보다는 2차항이 포함된 곡선모형이 데이터의 값이 비슷하게 추정됨을 알 수 있다.

[결과7]

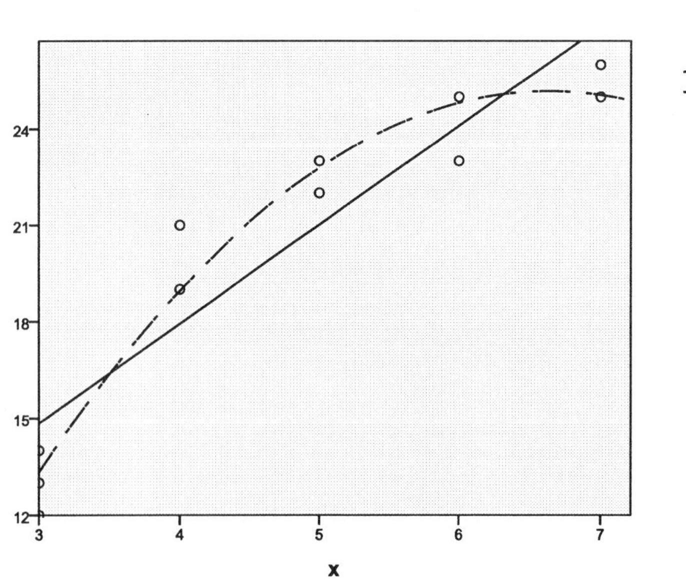

3.7. 더미변수 회귀모형

(1) 분석개요

독립변수의 척도가 명목(nominal)이거나 서열(ordinal)인 것과 같이 정성적인 척도는 이를 단순히 하나의 변수로 처리하는 것이 아니라 각 값이 하나의 변수를 나타내는 형태로 몇 개의 더미 변수로 표현한다. 예를 들어 화재가 심한 정도가 약간, 중간, 심함 등과 같은 서열척도는 2개의 더미변수로 표현하며, 봄, 여름, 가을, 겨울과 같은 변수는 3개의 더미변수로 표현할 수 있다. 한 변수에 대한 더미변수의 개수는 변수간의 선형종속 때문에(변수의 수준 수 − 1개)의 더미변수가 필요하다.

가. 하나의 수준이 다른 수준들과 비교기준으로 사용된 경우

비교기준이 되는 독립변수의 수준과 차이를 보고자 할 때는 다음과 같이 표현한다. 예를 들어 '봄, 여름, 가을, 겨울'을 표현하는 데 있어 겨울이 다른 수준들과 비교하는 기준으로 사용된다면,

계절변수(Season)	더미변수 : d_1	더미변수 : d_2	더미변수 : d_3
봄	1	0	0
여름	0	1	0
가을	0	0	1
겨울	0	0	0

이렇게 해서 구성된 회귀식은

$$y_i = \beta_0 + \beta_1 x_1 + \cdots + \beta_k x_k + \beta_{p+1} d_1 + \beta_{p+2} d_2 + \beta_{p+3} d_3 + \varepsilon_i$$

이며, 이로부터 각 수준에 따른 절편의 변화는 다음과 같다.

- 겨울 : $y_i = (\beta_0) + \beta_1 x_1 + \cdots + \beta_k x_k + \varepsilon_i$
- 봄 : $y_i = (\beta_0 + \beta_{p+1}) + \beta_1 x_1 + \cdots + \beta_k x_k + \varepsilon_i$
- 여름 : $y_i = (\beta_0 + \beta_{p+2}) + \beta_1 x_1 + \cdots + \beta_k x_k + \varepsilon_i$
- 가을 : $y_i = (\beta_0 + \beta_{p+3}) + \beta_1 x_1 + \cdots + \beta_k x_k + \varepsilon_i$

각 더미 변수에 대한 회귀식의 모수 추정치가 양수이고, 각 더미 변수에 대한 모수 추정치의 값이 d_1보다는 d_2가 크고, d_2보다는 d_3가 크다면, 그림과 같은 형태로 관계가 나타날 것이다.

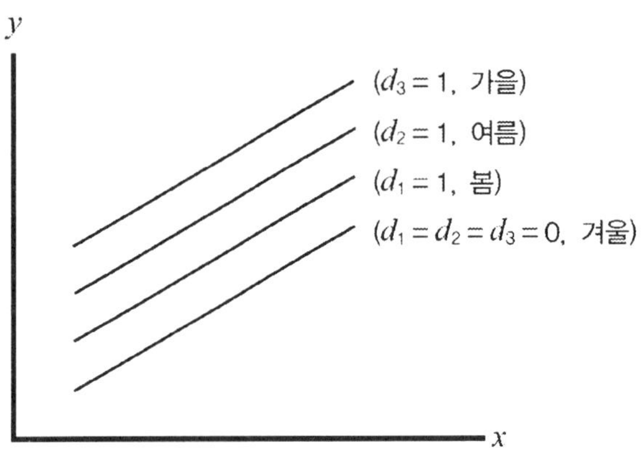

나. 비교기준뿐만 아니라 특정 두 수준간의 차이를 보고자 하는 경우

기준이 되는 비교수준은 겨울이고 겨울에서 봄의 차이, 봄에서 여름의 차이, 여름에서 가을의 차이를 보는 식으로 그 차이의 정도를 보고자 하면 더미변수는 아래와 같이 만들어야 한다. 이는 모형의 곡선형태를 검정하고자 할 때 사용할 수 있다. 모형이 그림과 같은 경우 봄에서 여름의 반응량이 유의하게 증가하고, 여름에서 가을의 반응량이 거의 없고, 가을에서 겨울로 반응량이 유의하게 감소하는지를 검정하는데 사용할 수 있다.

계절변수(Season)	더미변수 : d_1	더미변수 : d_2	더미변수 : d_3
봄	1	1	1
여름	0	1	1
가을	0	0	1
겨울	0	0	0

이와 같이 더미변수를 주는 경우에 회귀식과 각 수준에 따른 절편의 변화는 다음과 같다.

$$y_i = \beta_0 + \beta_1 x_1 + \cdots + \beta_k x_k + \beta_{p+1} d_1 + \beta_{p+2} d_2 + \beta_{p+3} d_3 + \varepsilon_i$$

이며, 이로부터 각 수준에 따른 절편의 변화는 다음과 같다.

- 겨울 : $y_i = (\beta_0) + \beta_1 x_1 + \cdots + \beta_k x_k + \varepsilon_i$
- 봄 : $y_i = (\beta_0 + \beta_{p+1}) + \beta_1 x_1 + \cdots + \beta_k x_k + \varepsilon_i$
- 여름 : $y_i = (\beta_0 + \beta_{p+1} + \beta_{p+2}) + \beta_1 x_1 + \cdots + \beta_k x_k + \varepsilon_i$
- 가을 : $y_i = (\beta_0 + \beta_{p+1} + \beta_{p+2} + \beta_{p+3}) + \beta_1 x_1 + \cdots + \beta_k x_k + \varepsilon_i$

따라서 각 회귀식간의 차이를 볼 경우 각 수준간의 차이에 대한 검정을 한다고 볼 수 있다. 위와 같은 예제에서 더미변수 d_1과 d_3가 유의하고 d_2의 결과가 유의하지 않고 d_1의 계수가 양수, d_3의 계수가 음수를 갖는다면 우리의 모형이 적절하다는 것을 입증하는 결과가 된다.

다. 기준이 되는 수준이 없는 경우

기준이 되는 비교수준이 없는 경우에는 특정 수준을 선택하지 않고 각 수준의 평균과 비교하는 경우이다. 이 경우는 겨울 또는 다른 수준에 모두 -1값을 부여한다.

계절변수(Season)	더미변수 : d_1	더미변수 : d_2	더미변수 : d_3
봄	1	0	0
여름	0	1	0
가을	0	0	1
겨울	-1	-1	-1

이 경우에는 회귀식은

$$y_i = \beta_0 + \beta_1 x_1 + \cdots + \beta_k x_k + \beta_{p+1} d_1 + \beta_{p+2} d_2 + \beta_{p+3} d_3 + \varepsilon_i$$

로 정리되며, 각 더미변수의 계수들이 의미가 있을 경우에는 그 더미변수의 수준이 전체수준의 평균값과 차이가 있음을 나타낸다.

라. 더미변수와 상호작용(interaction)이 있는 모형

더미변수와 상호작용(interaction)이 있는 모형은 더미변수와 상호작용이 있는 변수간에 상호작용효과를 표현하는 변수를 새로 만들어야 한다. 예를 들어 모형의 더미변수가 d이고 이와 상호작용효과가 있는 변수가 x라면 xd 변수를 만들면 된다.

이 경우 모형은 다음과 같이 정리되며 더미변수 d가 1인 경우가 남자, 0인 경우가 여자라면 이식은 다음과 같이 표현된다.

$$y = \beta_0 + \beta_1 x + \beta_2 d + \beta_3 x d + \varepsilon$$

- 여자 : $y = \beta_0 + \beta_1 x + \varepsilon$
- 남자 : $y = (\beta_0 + \beta_2) + (\beta_1 + \beta_3)x + \varepsilon$

마. 회귀식의 기울기(Slope)가 변하는 회귀모형의 더미변수

회귀모형 가운데는 특정값에서 회귀식의 기울기가 변하는 경우가 있다. 이 경우에도 더미변수를 통해 표현할 수 있는데 더미변수를 독립변수값을 기준으로 표현함으로써 해결할 수 있다.

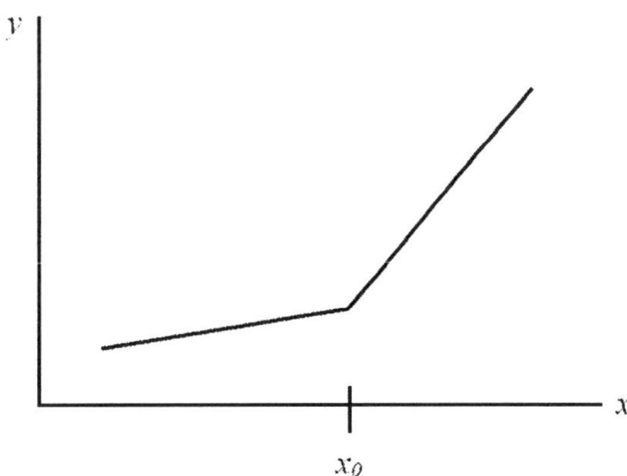

더미변수 d는

$$d = \begin{cases} 0, & x \leq x_0 \\ 1, & x > x_0 \end{cases}$$

따라서 추정된 회귀식은

$$y_i = \beta_0 + \beta_1 x + \beta_2 d + \beta_3 x d + \varepsilon_i$$

이며, 더미 값에 따라 각 식의 x에 대한 기울기는 다음과 같이 변한다.

$$x \leqq 10, \quad y = \beta_0 + \beta_1 x + \varepsilon$$
$$x > 10, \quad y = (\beta_0 + \beta_2) + (\beta_1 + \beta_3)x + \varepsilon$$

⑵ 분석데이터

데이터는 18명의 남 여 단골 고객들이 장소가 다른 3군데의 대규모 음식점 체인에 대한 서비스를 평가한 데이터이다. 장소에 대한 표시는 1, 2, 3으로 되어 있으며, 성은 0인 경우 남자, 1인 경우 여자이다(Johnson and Wichern, 1992, p. 303).

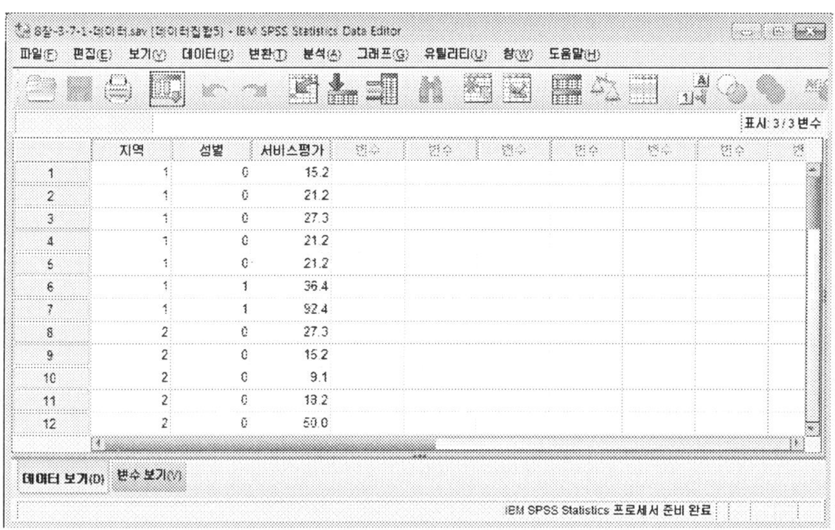

본 예제에서는 지역과 성에 따라서 서비스 평가가 어떻게 달라지는가를 보고자 한다. "성" 변수는 0 또는 1이기 때문에 변수 자체가 더미변수로 처리되어 있어 문제가 되지 않는다. 그러나 "지역" 변수는 명목 변수이기 때문에 더미변수로 처리해야 한다. 여기서는 지역이 3인 경우를 기준해서 분석을 한다. 이를 위해 다음과 같이 더미변수 2개를 만들어야 한다.

(3) 분석과정

STEP 01 더미변수를 만들기 위해 [변환] → [다른 변수로 코딩변경]을 차례로 클릭한다.

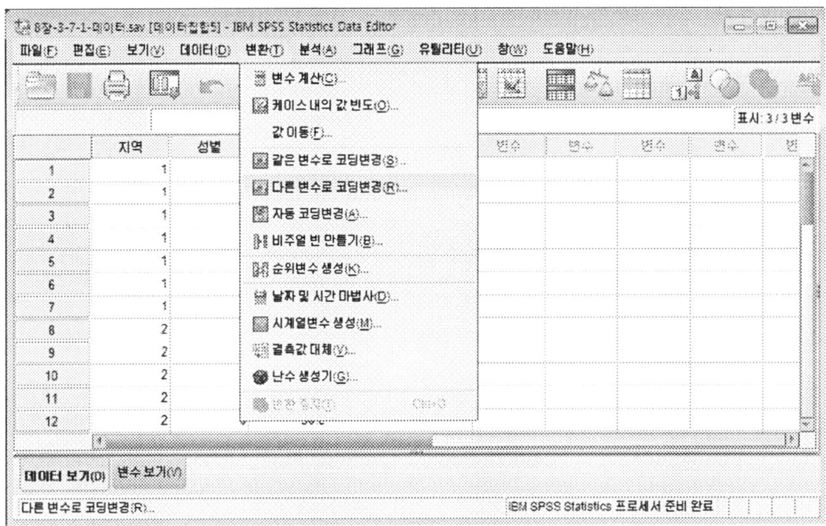

STEP 02 코딩변경 화면에서 출력변수를 '지역1'로 지정하고, [바꾸기] 버튼을 클릭한다.

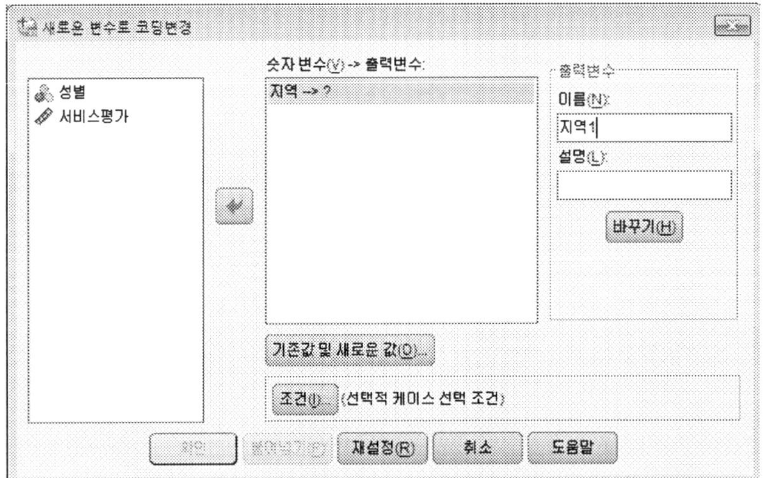

STEP 03 [기존값 및 새로운 값] 버튼을 클릭해서 다음과 같이 지역이 1인 경우에는 1로 나머지 값은 0으로 바꿀 수 있도록 지정한다. 지정이 끝나면 [계속] 버튼을 클릭한다. 마찬가지로 '지역2' 변수는 지역값이 2인 경우에만 1로 하고, 나머지는 0으로 하는 형태로 코딩값을 변환시켜야 한다.

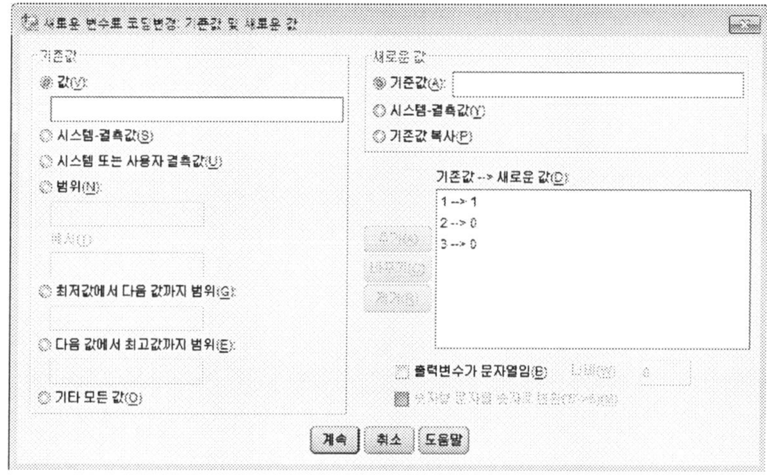

STEP 04 전체적으로 변환된 데이터의 모습을 보면 다음과 같다. 변환된 데이터집합은 '8장-3-7-2-데이터.sav'로 저장되어 있다.

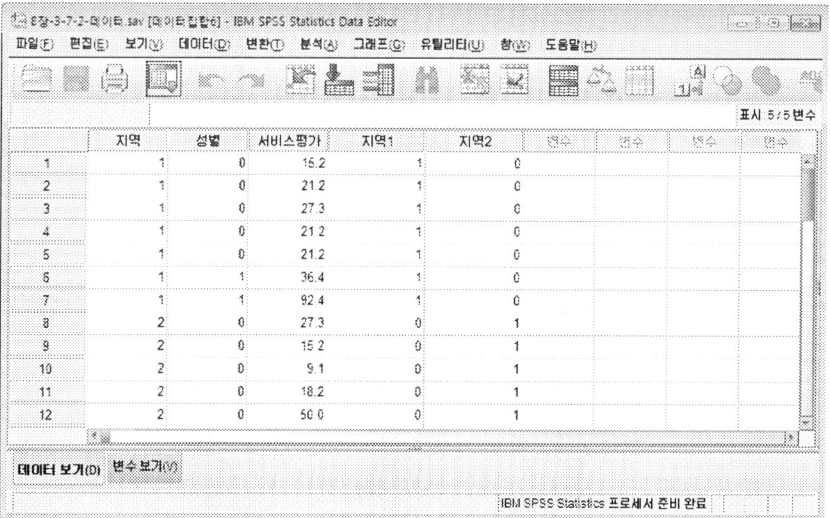

STEP 05 더미변수 회귀분석을 하기 위해 [분석] → [회귀분석] → [선형]을 차례로 클릭한다.

STEP 06 종속변수와 독립변수들을 다음과 같이 지정하고 [확인] 버튼을 클릭한다.

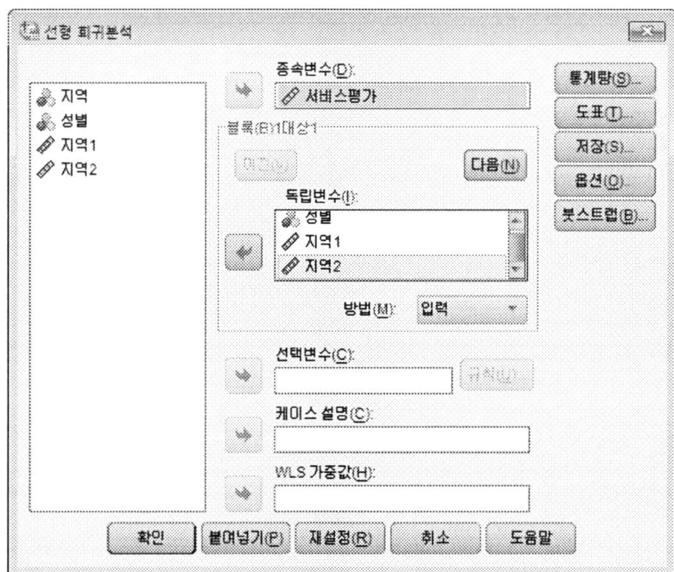

(4) 결과해석

결과를 보면 전체 모형은 적합하다고 볼 수 있다. 성별에 의한 차이가 보이며 여성인 경우, 서비스 점수를 더 높게 평가하는 경향이 보인다. 반면에 지역별 차이는 없는 것으로 보인다. 즉, 지역 3에 비해 지역 1이나 지역 2는 서비스 평가 정도 차이가 없는 것으로 나타났다.

모형 요약

모형	R	R 제곱	수정된 R 제곱	표준 오차 추정값의 표준오차
1	.724a	.524	.422	15.6277

a. 예측값 : (상수), 지역2, 성별, 지역1

분산분석[b]

모형		제곱합	자유도	평균 제곱	F	유의확률
1	회귀 모형	3767.462	3	1255.821	5.142	.013[a]
	잔차	3419.147	14	244.225		
	합계	7186.609	17			

a. 예측값 : (상수), 지역2, 성별, 지역1
b. 종속변수 : 서비스평가

계수[a]

모형		비표준화 계수		표준화 계수	t	유의확률
		B	표준 오차 오류	베타		
1	(상수)	15.117	8.768		1.724	.107
	성별	31.167	7.957	.735	3.917	.002
	지역1	9.536	9.942	.233	.959	.354
	지역2	8.464	9.942	.207	.851	.409

a. 종속변수 : 서비스평가

4 비선형 회귀분석

4.1. 비선형 회귀분석의 개요

선형회귀분석과는 달리 비선형회귀분석은 종속변수와 독립변수간에 선형관계가 유지되지 않는 경우에 사용된다. 다음과 같은 비선형회귀분석의 예제를 살펴보자. 다음 예제는 음지수 성장곡선(negative exponential curve)에 대한 모수추정치를 구하기 위한 예제이다. 음지수 성장곡선이 다음과 같은 경우를 분석해 보자

$$y = \beta_0 (1 - e^{-\beta_1 x})$$

4.2. 비선형 회귀분석의 사례

(1) 분석데이터

음지수 성장곡선의 계수를 예측하기 위해 다음과 같은 데이터를 수집해 입력을 했다. 데이터집합은 '8장-4-1-데이터.sav'로 저장되어 있다.

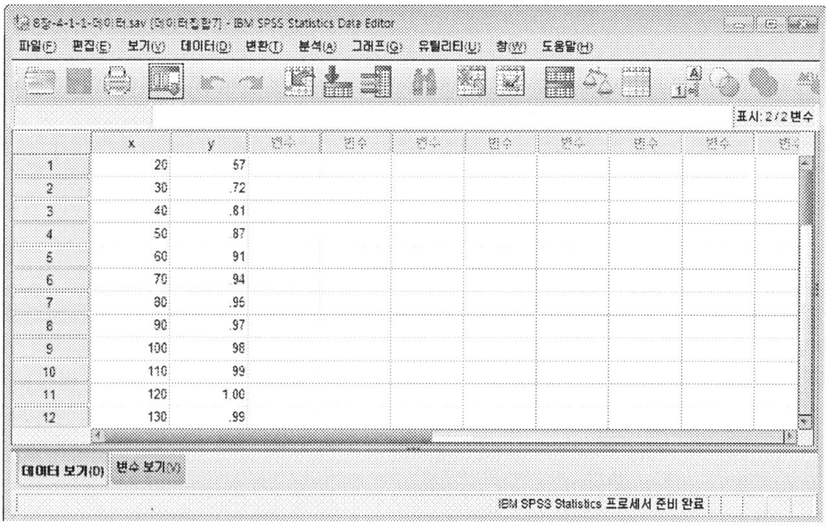

	x	y
1	20	.57
2	30	.72
3	40	.81
4	50	.87
5	60	.91
6	70	.94
7	80	.95
8	90	.97
9	100	.98
10	110	.99
11	120	1.00
12	130	.99

(2) 분석과정

STEP 01　비선형 회귀분석을 하기 위해 [분석] → [회귀분석] → [비선형]을 차례로 클릭
한다.

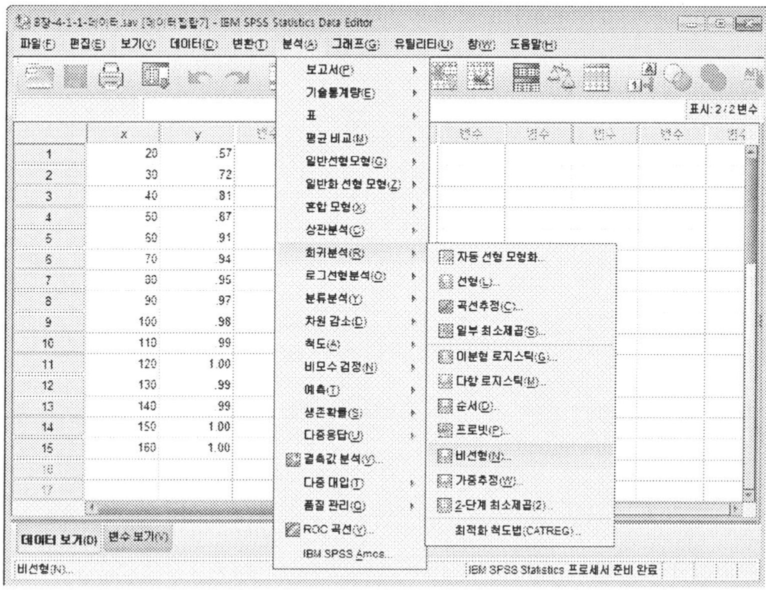

STEP 02　종속변수를 y로 지정한 후, 모수를 지정하기 위해 좌측중앙의 [모수] 버튼을 클
릭한다.

STEP 03 본 예제에서 사용되는 모수는 b0와 b1이므로 아래와 같이 지정을 해 준다. 비선형 회귀분석에서는 시작값을 지정해야 하는 것이 중요하다. 시작값을 잘못 지정하면 추정이 되지 않을 수 있다. 과거의 경험으로 음지수 모형은 b0과 1근처이며, b1이 0.1이하이므로 시작값을 각각 1과 0.1로 지정했다.

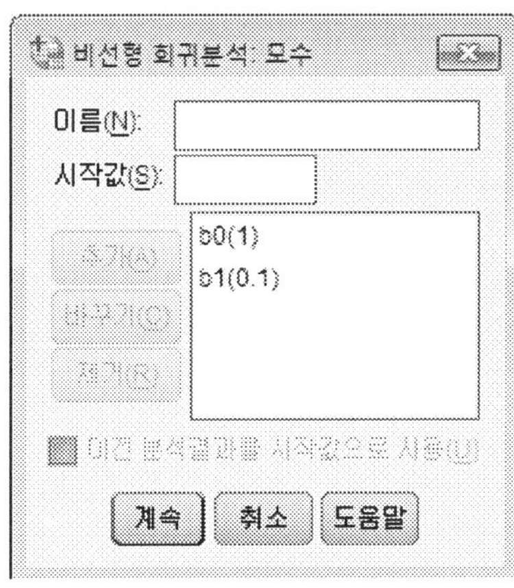

STEP 04 비선형 회귀분석의 수식을 다음 화면에 보는 것처럼 독립변수에 지정했다. 지정을 한 후에는 [확인] 버튼을 클릭한다.

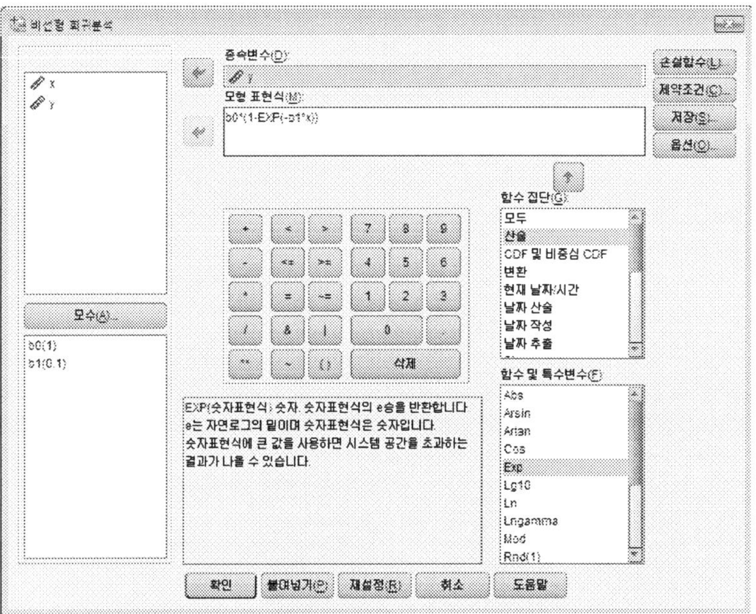

(3) 결과해석

[결과1] 을 보면 8번의 반복 수행 만에 최적해를 찾았음을 알 수 있다. 또한 추정에 대한 모수 변화 결과가 제시되어 있다.

[결과1] 반복계산 정보[b]

반복 수[a]	잔차 제곱합	모수	
		b0	b1
1.0	.200	1.000	.100
1.1	332.564	.968	−.014
1.2	.160	.995	.090
2.0	.160	.995	.090
2.1	.090	.985	.073
3.0	.090	.985	.073
3.1	.008	.973	.049
4.0	.008	.973	.049
4.1	.001	.994	.041
5.0	.001	.994	.041
5.1	.000	.996	.042
6.0	.000	.996	.042
6.1	.000	.996	.042
7.0	.000	.996	.042
7.1	.000	.996	.042
8.0	.000	.996	.042
8.1	.000	.996	.042

※ 도함수가 숫자로 계산됩니다.
a. 주 반복계산 수는 소수점 왼쪽에 표시되고 보조 반복계산 수는 소수점 오른쪽에 표시됩니다.
b. 연속적인 잔차 제곱합 간 상대적 축소가 최대 SSCON=1.00E−008이기 때문에 17번의 모형 평가 및 8번의 도함수 평가 후 실행이 중지되었습니다.

[결과2, 3, 4]는 잔차에 대한 추정치의 합과 모수추정치, 모수 추정치의 표준오차, 모수추정치 의 95% 신뢰구간이 제시되어 있다. 각 모수 추정치간에 상관계수가 제시되어 있다. 분산분석에 서 잔차를 볼 경우, 매우 정확하게 예측되었음을 알 수 있다. 즉 잔차가 0.000이며, 추정된 식은

$$y = 0.996\left(1 - e^{-0.042x}\right)$$

이다.

[결과2] 모수 추정값

모수	추정값	표준 오차 오차	95% 신뢰구간	
			하한값	상한값
b0	.996	.002	.991	1.001
b1	.042	.000	.041	.043

[결과3] 모수 추정값의 상관관계

	b0	b1
b0	1.000	−.649
b1	−.649	1.000

[결과4] 분산분석[a]

소스	제곱합	자유도	평균 제곱
회귀 모형	12.712	2	6.356
잔차	.000	13	.000
비수정 합계	12.712	15	
수정 합계	.218	14	

※ 종속 변수 : y
a. R 제곱=1−(잔차 제곱합)/(수정된 제곱합)=.998입니다.

Chapter 09
분산분석

01 분산분석의 개요
02 집단간 분산분석
03 집단 내 집단간 분산분석
04 기타 분산분석

1 분산분석의 개요

1.1. 분산분석이란

분산분석(analysis of variance)은 실험데이터(experimental data)를 분석하는 기법이다. 이 분석기법은 연속데이터변수인 종속변수가 분류변수라 일컬어지는 독립변수에 의해 만들어진 다양한 실험조건에서 측정이 된 경우이다. 실험디자인의 셀은 각 독립변수 수준의 조합을 나타낸다.

실험의 예로서 지역에 따라 세 가지의 서로 다른 체중조절 프로그램에 참가했을 때 체중의 변화를 보는 경우를 들 수 있다. 여기서는 지역(강남, 강북)과 프로그램(a_1, a_2, a_3)에 의해서 6개의 cell이 형성된다. 이 경우에 강남과 강북간에 체중 변화의 차이, 프로그램 별로 체중 변화의 차이, 지역과 프로그램간의 변화에 따른[지역과 프로그램의 상호작용(interaction)] 체중변화의 집단간 평균차이를 보는 것이 분산분석이다.

분산분석은 2개 이상의 집단간 평균차이를 검정할 때 사용된다. 분산분석이라는 말의 유래는 집단간의 평균차이를 검정하기 위해서 집단간(between-group)/집단내(within-group)의 평균분산의 비율을 사용하기 때문이다.

(1) 다중 t-검정과 분산분석

집단간 분석이기 때문에 집단간 평균차이를 검정할 수 있는 t-검정을 각 집단의 조합에 대해서 하더라도 마찬가지 결과가 나올 것으로 예상할 수도 있다. 그러나 실제로는 각 집단간에 독립성(independence)이 유지되지 않는 경우가 대부분이다. 통제집단(c)과 실험집단(a, b)을 비교하는 경우에 a가 c보다 차이가 큰 평균값을 가지고 있고, b가 a보다 차이가 큰 평균값을 가지고 있다면 당연히 b는 a에 비해 c보다 훨씬 큰 차이를 보이리라고 예상할 수 있다. 단순히 다중 t-검정을 하게 되면 이러한 차이가 잘 나타나지 않는다.

또한 다중 t-검정은 제1종 오류(Type I error)를 크게 한다. 예를 들어 각 집단간 차이를 보고자 유의수준을 $\alpha = 0.05$에서 정했다면, 전체집단에 대한 유의수준은 0.05로서 유지가 되는 것이 아니다. 즉,

$$p(제1종\ 오류) = 1 - (1 - \alpha)^C$$

로서, 앞의 예와 같이 집단이 3개의 수준인 경우

$$p(\text{제1종 오류}) = 1 - (1-\alpha)^C$$
$$= 1 - (1-0.05)^3 = 1 - 0.86 = 0.14$$

로서 제1종 오류를 범할 가능성이 더 높아진다. 따라서 집단이 3개 이상인 경우에는 분산분석을 사용한다. 집단의 수가 2개인 경우에는 t-검정과 같은 결과를 나타낸다.

$$F_{(1,df)} = t_{(df)}^2$$

(2) 분산분석에 있어 데이터의 조건

분산분석을 하려면 독립변수(실험 조건 또는 인자라고 칭함)들의 척도는 명목 또는 서열 척도이어야 하며 종속변수는 등간 또는 비율척도이어야 한다. 코베리엣(covariate)은 등간 또는 비율척도의 데이터만 사용할 수 있다.

- 연구자가 관심 있는 인자의 모든 수준(level)을 포함해야 한다.
- 각 표본은 한 집단에만 포함되어 있어야 한다.
- 인자의 수준은 정성적인 것과 정량적인 것 두 종류가 있다.

(3) 분산분석의 가설

분산분석의 기본적인 가설은 두 집단 이상의 평균의 차이를 검증하기 위한 것이다. 귀무가설과 대립가설은

- 귀무가설(H_0) : 각 집단의 평균들이 동일하다.
$$H_0 : \mu_0 = \mu_1 = \cdots = \mu_k$$
- 대립가설(H_1) : 각 집단의 평균들이 차이가 있다.
$$H_1 : \mu_i \neq \mu_j, \text{ 적어도 하나의 서로 다른 } i \text{와 } j \text{에 대해}$$

이다. 또한 분산분석에서 가정은 다음과 같다.

- 독립성(Independence) : 특정 표본의 측정치가 다른 표본의 측정치와 서로 독립적이어야 한다.
- 정규성(Normality) : 측정치의 분포가 정규분포에서 나온 것이어야 한다.
- 분산의 동일성(Homogeneity of Variance) : 집단간 분산이 동일하다.

1.2. 분산분석에서 분산의 개념

집단간 분산과 집단내 분산을 통해 집단간 평균차이를 검정하는 데, 주로 사용되는 분산의
형태는 다음과 같다.

(1) 집단내 분산(within-group variance)

집단내 분산이란 각 집단의 평균치를 중심으로 그 집단에 속하는 표본들의 측정치가 얼마
나 퍼져 있는가를 측정하는 개념이다. 이를 SSW라고 하는데 다음과 같은 식으로 표현한다.

$$SSW = \sum_i \sum_j (y_{ij} - y_{.j})^2$$

여기서, y_{ij} : j집단의 i표본의 측정치

$y_{.j}$: j집단의 평균

(2) 집단간 분산(between-group variance)

집단간 분산이란 각 집단의 평균들이 전체평균으로부터 얼마나 떨어져 있는가를 측정하는
개념이다. 이를 SSB라고 하는데 다음 식으로 계산된다.

$$SSB = \sum_j n_j (y_{.j} - y_{..})^2$$

여기서, $y_{.j}$: j집단의 평균

$y_{..}$: 전체 평균

(3) 전체분산(total variance)

전체 분산이란 각 표본의 측정치가 전체 평균으로부터 얼마나 퍼져 있는가를 측정하는 개
념이다. 이를 SST라고 하는데 다음과 같은 식으로 표현한다.

$$SST = \sum_i \sum_j (y_{ij} - y_{..})^2$$

여기서, y_{ij} : j 집단의 i 표본의 측정치

$y_{..}$: 전체 평균

(4) 각 분산의 합

다음과 같이 집단내 분산과 집단간 분산을 합하면 전체분산이 된다.

$$SST = SSW + SSB$$

1.3. 모형의 인자표현

(1) 인자(effects)

실험의 데이터를 여러 개의 실험집단으로 나누는 변수를 말한다. 각각의 실험집단은 인자의 수준이라고 한다. 앞의 설명에서 "지역"의 경우 "강남, 강북"은 "지역"이라는 인자의 각 수준을 나타내며, "프로그램"의 경우 "b_1, b_2, b_3"는 "프로그램"이라는 인자의 각 수준을 나타낸다.

(2) 분지(nested)

a 라는 인자와 b 라는 인자가 있을 때, a 인자의 각 수준에 대해서 b 인자의 수준들이 구성된 경우이다. 예를 들어 a 가 지역을 나타내는 변수로서 강남(a_1)과 강북(a_2)의 두 수준을 나타내고, b 가 프로그램을 나타내는 수준인데 b_1, b_2, b_3 라는 수준으로 정해져 있는 앞의 예제에서 실험계획이 그림과 같이 계획된다면 분지 실험이 된다.

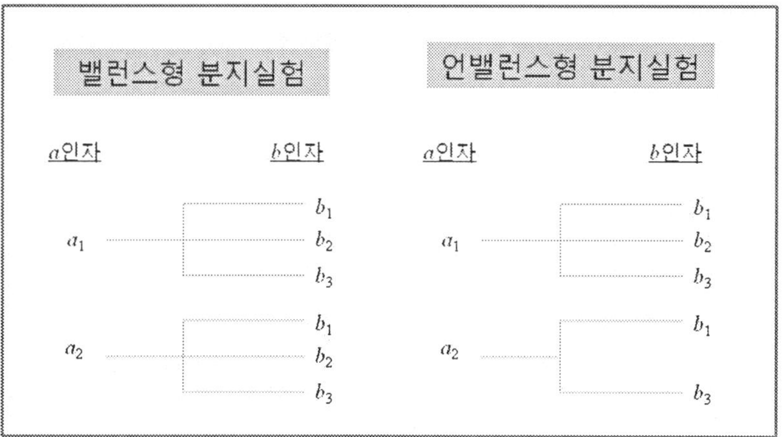

(3) 크로스(crossed)

a라는 인자와 b라는 인자가 있을 때, 각 인자가 다른 인자에 분지 되어 있지 않은 경우이다. 즉 각각의 인자가 1 대 1 대응하는 경우이다.

(4) 상호작용인자(interaction effects)

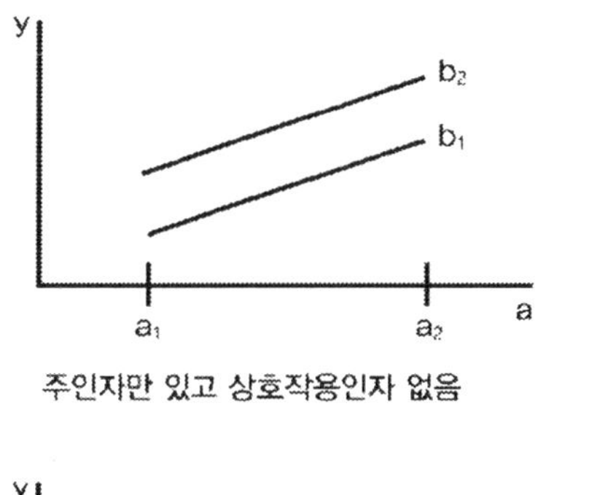

주인자만 있고 상호작용인자 없음

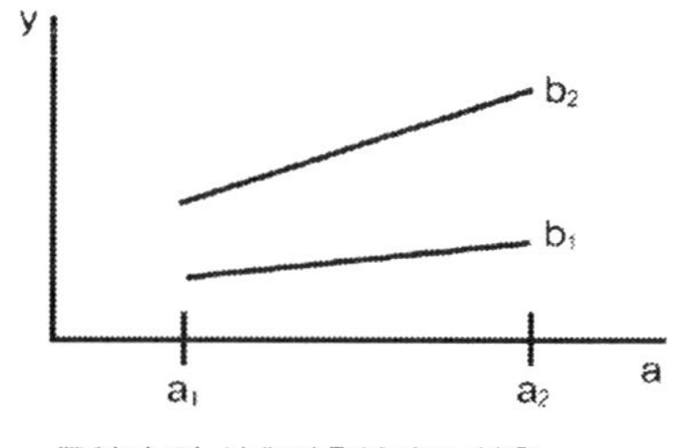

주인자 및 상호작용인자가 있음

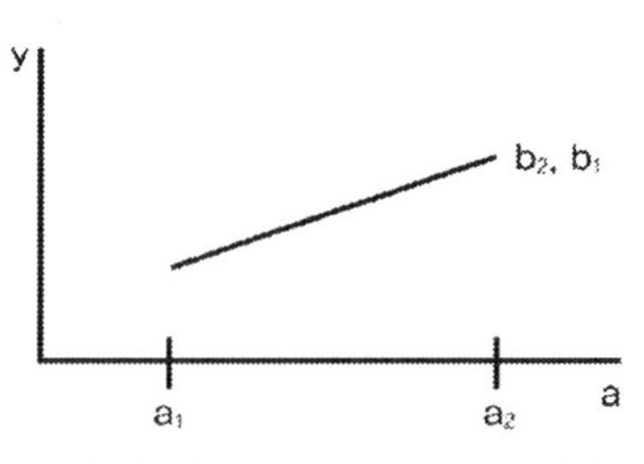

a의 주인자만 있고 b나 상호작용 인자가 없음

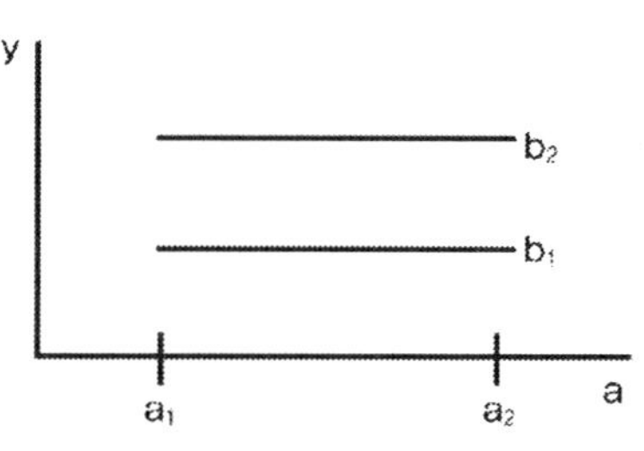

b의 주인자만 있고 a나 상호작용인자가 없음

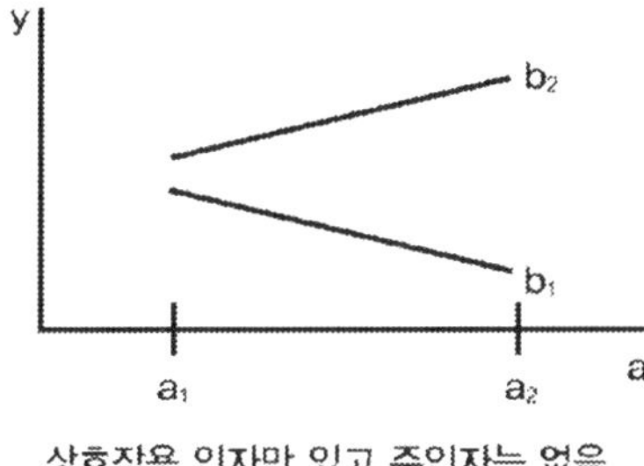

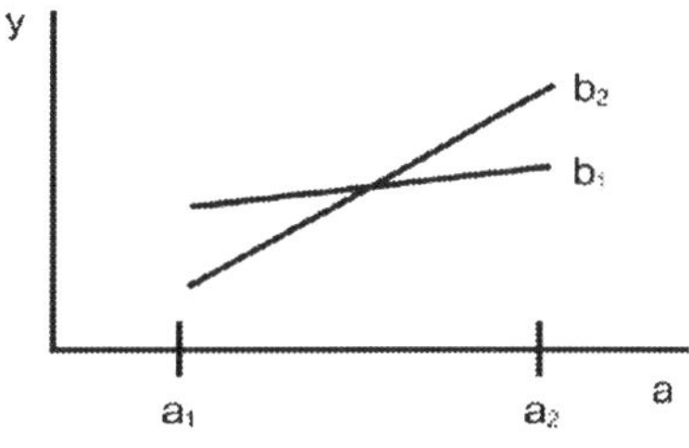

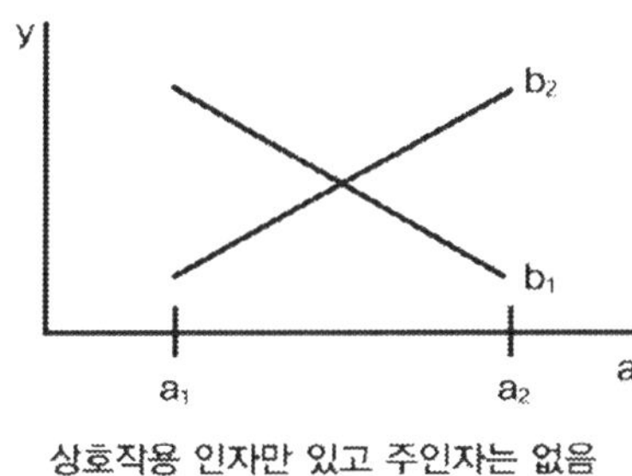

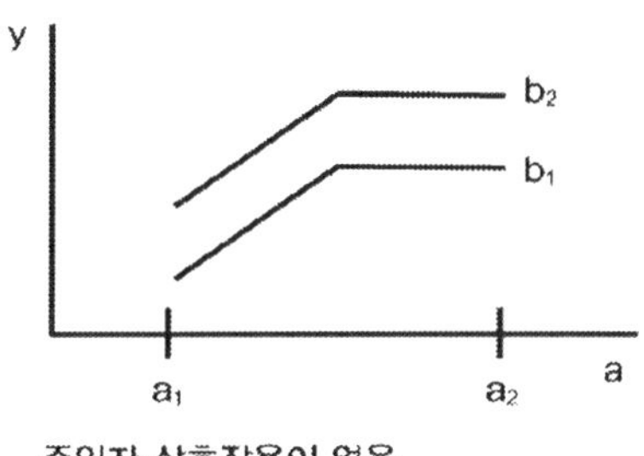

인자에 대한 상호작용(interaction) 효과는 한 cell에 대해서 반복측정을 한 경우에 하나의 인자보다는 두 인자의 결합에 의해 종속변수에 더 영향을 미치는 경우이다.

예를 들어 슈퍼마켓에서 음악(음악이 있을 때/없을 때) 과 진열장의 배치(A형태와 B형태)간에 인자를 생각해 볼 수 있다. 순수하게 음악이 있느냐 없느냐 만의 인자의 차이를 알아보는 것과 진열장이 A형태냐 B형태냐 만의 차이를 알아보는 것을 일반적으로 주인자(main effects)라고 부른다. 반면에 음악의 여부 및 진열장의 형태가 동시에 미치는 영향을 보는 경우를 상호작용이라고 한다. 상호작용인자는 그림과 같이 여러 가지가 있다.

각 인자의 표현은 다음과 같이 한다.

- 주인자(main effects) : a b c
- 상호작용인자(interactions effects) : $a*b$ $b*c$ $a*b*c$
- 분지인자(nested effects) : $b(a)$ $c(b\ a)$ $d*e(c\ b\ a)$

분산분석 변수의 유의수준을 보기 위해서는 상호작용효과를 고려하지 않은 모형은 Type III형태의 제곱합을 보며, 상호작용효과를 고려한 모형은 Type II형태의 제곱합을 본다(김영민 1991).

1.4. 주요 분산분석의 형태

(1) 분산분석 모형의 구분 요소

실험계획을 하는데 있어 고려해야 할 점은 인자의 성격을 나타내는 변수로서, 인자가 집단간 변수(between‒group) 인가, 집단내 변수(within‒group)인가를 구분하는 것이다(Shavelson 1988; Winer 1971).

집단간 변수라는 것은 한 표본이 각 인자 수준에 해당되는 cell에 하나씩만 배분이 된 경우이다. 예를 들어 광고효과를 조사하는데 있어 광고타입이 4가지가 있는 경우에 각 타입마다 서로 다른 사람들을 대상으로 실험을 하는 경우이다. 실험대상에 해당되는 사람들이 각 광고타입마다 동등하다고 생각되기 때문에 가능하다. 각 표본은 특정 cell에서 단 한번의 측정과정을 거치게 된다. 다시 말해서 특정 광고타입을 보고 이에 대한 반응을 한번만 측정하는 경우이다.

그러나 현실적으로 사람들마다 생활 환경, 성격, 교육, 학력 등의 차이가 있기 때문에 일반인을 대상으로 하는 실험에서는 문제가 있을 것이다. 오히려 이러한 집단간 실험이 가능한 경우는 고등학생을 대상으로 하는 실험이라든지, 대학생과 같은 비슷한 환경 및 특성을 가지고 있는 경우에 적절하다고 할 수 있다. 이러한 측면의 문제점을 해결하기 위해서는 집단내 변수를 사용해서 실험을 해야 한다.

집단내 실험은 실험전/후 측정을 하는 디자인에서와 같이 한 사람에 대해서 반복측정을 하는 형태에서 출발했다. 이러한 형태가 발달이 되어서 비슷한 환경과 특성을 조합한 표본 집단들을 무작위로 각 인자의 수준에 배치한 형태로 발전되었다(난괴법).

집단내 실험은 크게 세 가지 형태로 나뉘어진다.

- 반복실험의 형태로서 모든 실험조건에 대해서 측정
- 실험 전과 실험 후로 두 번 반복측정 : 실험전‒실험 후 사전실험설계(pretest-posttest pre-experimental design)라함.
- 각 개인의 특성이 비슷한 사람들을 대응(match)시켜 각 실험조건에 무작위로 배치

이러한 형태는 난괴법(randomized block design)이나, 스플릿‒플랏 실험 계획법(split-plot design)에서 사용되곤 한다. 스플릿‒플랏 실험계획법은 집단내 변수와 집단간 변수가 서로 조합이 되어 실험이 된 경우로서 이에 대한 설명을 참조하기 바란다.

(2) 집단간(between-group) 실험계획법

집단간 실험계획방법들은 각 셀 또는 처리수준의 조합에 해당되는 표본들간에 동질성을 가정하고 실험한 경우이다. 즉 표본들간의 차이는 고려하지 않는다.

- 일원배치 분산분석(one-way ANOVA)
- 반복측정치가 없는 이원배치 분산분석(two-way ANOVA without interaction)
- 반복측정치가 있는 이원배치 분산분석(two-way ANOVA with interaction)/팩토리알 (factorial) 분산분석
- 반복측정치가 없는 다원배치 분산분석(three or more-way ANOVA without interaction)
- 반복측정치가 있는 다원배치 분산분석(three or more-way ANOVA with interaction)

(3) 집단내 및 집단간(within-group and between-group) 실험계획법

다음 실험계획들은 집단내 및 집단간 변수들이 혼합된 형태의 실험계획법들이다. 예를 들어 난괴법의 경우에 한 표본이 각 인자의 수준에 대해서 모두 응답한 경우에는 순수한 의미에서 반복측정을 한 실험계획법으로서 집단내 변수만을 포함하고 있지만, 앞의 집단내 실험형태의 종류에서 보았듯이, 대응(match) 표본을 기준으로 실험한 경우에는 집단내 실험형태이면서, 각 표본들이 각 셀에 대해서 무작위로 배분되기 때문에 집단간 실험조건도 포함되어 있다.

- 난괴법(randomized block design) 분산분석
- 스플릿-플랏 설계(split-plot design) 분산분석
- 반복측정 분산분석(repeated measures Analysis of Variance)

(4) 기타 실험계획법

- 라틴 설계(Latin Square design) 분산분석
- 그레코-라틴 설계(Greco-Latin Square design) 분산분석
- 공분산분석(ANCOVA : Analysis of Covariance)
- 다변량 분산분석(MANOVA : Multivariate Analysis of Variance)

2 집단간 분산분석

2.1. 일원배치 분산분석

(1) 분석개요

일원배치 분산분석(one-way ANOVA)은 실험을 하나의 인자에 의해 배치한 경우이다. 예를 들어 동질적인 세 집단에 각각 광고형태 a_1, a_2, a_3를 보여 주고, 각 집단(광고형태를 나타냄)에 따라 광고에 대한 반응이 차이가 있는지를 보고자 하는 경우이다. 일원배치 분산분석에서 추구하는 것은 광고반응이 광고형태에 따라 차이가 있는가를 실험한 경우이다.

일원배치 분산분석에서는 실험에 대한 배치를 다음과 같이 한다. 인자 a의 수준이 a_1에서 a_i까지 있고 각각의 집단(인자의 수준)에 대해서 j명씩 측정을 했다면, 다음과 같은 형태로 표시된다.

반복 \ 인자	인 자 의 수 준			
	a_1	a_2	$\cdots$	a_i
1	y_{11}	y_{21}		y_{i1}
2	y_{12}	y_{22}	$\cdots$	y_{i2}
$\vdots$	$\vdots$	$\vdots$		$\vdots$
j	y_{1j}	y_{2j}		y_{ij}

(2) 분석데이터

다음 예제는 호텔(인터컨티넨털, 리츠칼튼, 르네상스)의 객실 이용일수에 대한 영향을 알아보기 위해서 4명의 고객들을 무작위로 파악해서 조사한 자료이다.

고객 \ 호텔	인터컨티넨털	리츠칼튼	르네상스
1	16	8	8
2	12	14	6
3	13	3	5
4	11	7	1
평균	13	8	5

각 호텔에서 4명의 고객들이 무작위로 추출해서 배분되었다. 이에 따라 나타난 객실 이용 일수 데이터는 다음과 같다. 평균값을 그래프로 그려 보면 아래와 같이 나타나는데 눈으로 보아서도 호텔간에 차이가 있는 것처럼 보인다.

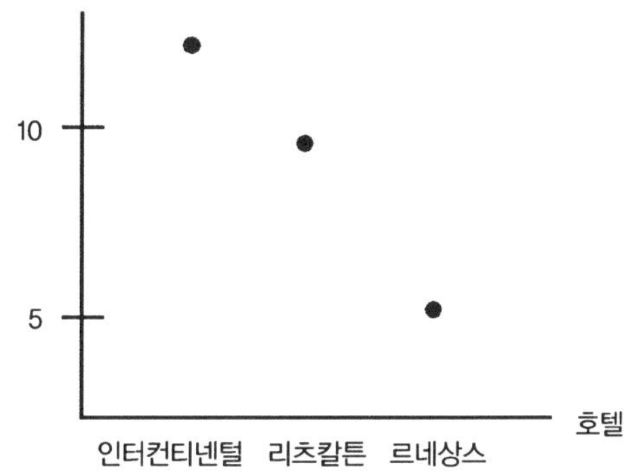

앞의 표의 데이터를 직접 입력해 다음과 같이 데이터집합을 구성했다. 호텔의 값에 대한 설명은 변수보기 화면에서 '1'은 '인터컨티넨털', '2'는 '리츠칼튼', '3'은 '르네상스'로 지정했다.

	호텔	객실이용일수	변수	변수	변수	변수	변수	변수	변수	변수
1	1	16								
2	1	12								
3	1	13								
4	1	11								
5	2	8								
6	2	14								
7	2	3								
8	2	7								
9	3	8								
10	3	6								
11	3	5								
12	3	1								

(3) 분석과정

STEP 01 일원배치 분산분석을 수행하기 위해서는 [분석] → [평균비교] → [일원배치 분산분석]을 차례로 클릭한다.

STEP 02 종속변수는 '객실이용일수', 독립변수는 '호텔'로 지정한다. 여기서 대비 버튼은 각 요인수준값별 비교를 하고자 하는 경우에 사용하는 버튼이다. 다음으로 [옵션] 우측 상단의 버튼을 클릭한다.

STEP 03　기술통계와 분산의 동질성, 평균의 동질성에 대한
통계량을 출력할 수 있도록 한다. 옵션 선택이 끝
이 나면 [계속] 버튼을 클릭한다. 일원배치 분산분
석 화면으로 돌아오면, [확인] 버튼을 클릭한다.

(4) 결과해석

[결과1] 기술통계

객실이용일수

		N	평균	표준편차	표준오차	평균에 대한 95% 신뢰구간		최소값	최대값	성분－간 분산
						하한값	상한값			
인터컨티넨털		4	13.00	2.160	1.080	9.56	16.44	11	16	
리츠칼튼		4	8.00	4.546	2.273	.77	15.23	3	14	
르네상스		4	5.00	2.944	1.472	.32	9.68	1	8	
합계		12	8.67	4.599	1.328	5.74	11.59	1	16	
모형	고정 효과			3.367	.972	6.47	10.87			
	변량효과				2.333	−1.37	18.71			13.500

[결과1]에는 첫 부분에는 분산분석을 하고자 하는 인자에 대한 각 인자수준의 정보가 제시
되어 있다. 전체 표본수, 평균, 표준 오차편차, 표준 오차오류, 신뢰구간, 최소값과 최대값이
제시되어 있다.

[결과2] 분산의 동질성 검정

객실이용일수

Levene 통계량	df1	df2	유의확률
.512	2	9	.616

[결과3] 분산분석

객실이용일수

	제곱합	df	평균 제곱	거짓	유의확률
집단-간	130.667	2	65.333	5.765	.024
집단-내	102.000	9	11.333		
합계	232.667	11			

[결과2]에는 각 집단 별로 분산이 동일한지에 대한 분산의 동질성 검정 결과가 나와 있다. Levene의 통계량을 보면, 모두 분산이 동일하다는 가설을 기각할 수 없음으로 (p > 0.05), 동일 분산이라고 볼 수 있다. [결과3]의 분산분석의 결과를 보면 다음과 같다. 분산분석의 귀무가설은 "집단간 평균의 차이가 없다"인데 현재 결과를 볼 경우 5%유의 수준에서 F값이 의미 있다. 따라서 집단간 평균차이가 없다는 귀무가설이 기각된다. 따라서 적어도 한 집단 이상의 평균이 차이가 있다고 볼 수 있다. 위의 결과를 보고 분산분석표를 작성해 보면,

분산의 원천	분산	자유도	평균분산	F값	p값
호텔	130.667	2	65.333	5.765	0.024
잔차	102.000	9	11.333		
전체	232.667	11			

와 같이 정리된다.

여기서 F-검정은 단순히 호텔간 차이가 우연한 차이인가 아닌가를 나타내는 개념이다. 따라서 호텔간 차이 정도를 보고자 하면 인자처리의 강도(strength of association)를 보아야 한다(Shavelson 1988). F-검정과 인자 처리의 강도간의 차이는 마치 공분산과 상관관계와의 차이와 비슷하다. 공분산은 측정 measure에 영향을 받지만 상관관계는 측정 measure와 관련 없이 항상 일정하게 해석될 수 있다(상관계수는 −1에서 1사이이며, 값에 따른 상관관계 정도는 항상 일정하게 해석될 수 있지만 공분산 자체로는 어느 정도 관련성이 있는지를

알 수 없다). 인자처리의 강도는 오메가제곱값(omega $-$ square : ω^2)으로 측정이 된다. 이 값은 회귀분석에서 R^2값과 비슷한 의미이다. 이는,

$$\omega^2 = \frac{SSB - (k-1)MSW}{SST + MSW}$$

$$= \frac{130.67 - (2)(11.33)}{232.67 + 11.33} = 0.4430$$

로 계산된다. 따라서 전체 변화의 44%정도를 호텔이 설명하고 있다고 볼 수 있다.

[결과4]에는 평균의 동질성 검정 결과인 Welch와 Brown $-$ Forsythe의 검정결과를 볼 경우 모두 유의한 결과를 보여(p $<$ 0.05), 평균이 서로 차이가 있음을 알 수 있다.

[결과4] 평균의 동질성 검정 300

객실이용일수

	통계량[a]	df1	df2	Sig.
Welch	8.942	2	5.591	.018
Brown $-$ Forsythe	5.765	2	6.618	.036

a. 자동으로 F 분배합니다.

[결과5]는 호텔별로 객실 이용일수의 평균에 대한 도표를 보여주고 있다.

[결과5]

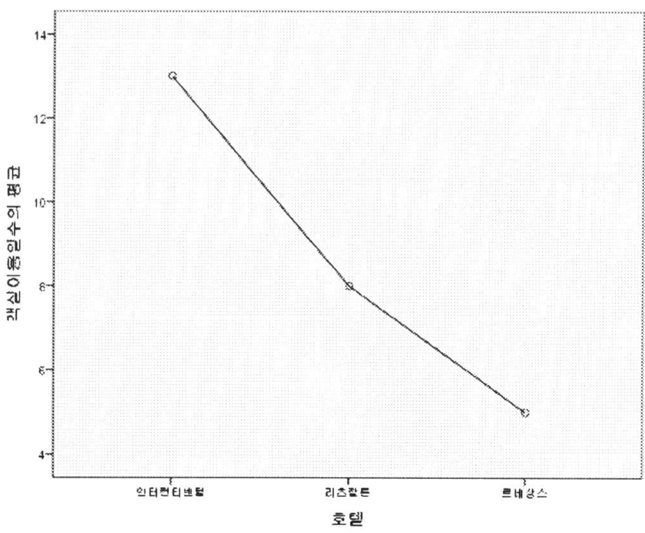

(5) 사후분석

앞의 결과를 보면, 평균간에 차이가 있는 것을 알 수 있다. 이러한 차이에 대해서 정확히 알기 위해서는 사후분석(다중비교) 검정을 해야 한다. 다양한 사후분석을 위한 다중비교 방법 중에서 Scheffe 방법, Turkey 방법, Bonferroni 방법을 사용하는 것이 좋다. 세 가지의 결과는 비슷하지만, 각 집단의 크기가 모두 같으면 Turkey 방법이 좋다. 표본의 크기가 다를 경우에는 Scheffe 방법이 좋다. 주요 다중비교 방법을 살펴보면 다음과 같다(정영해 외, 2008).

- LSD 방법 : 상당히 보수적인 방법으로 유의한 결과를 얻기 힘든 방법으로 알려져 있다. 피셔(R. A. Fisher)가 제안한 방법으로 가능한 모든 짝 비교의 개수를 감안하여 새 유의수준 α를 정한 후 매번 짝을 비교할 때마다 α에 해당하는 계수를 이용한다. k개의 평균을 비교하는 경우 짝 비교의 개수는 $k(k-1)/1$이다. 최근에는 짝을 비교하는 방법을 설명하는 목적으로 주로 쓰인다.
- Scheffe 방법 : 가장 보수적인 방법 중에 하나이다. 이 방법은 매우 일반적인 문제까지도 적용할 수 있다. 예를 들어 평균들의 선형결합식간을 비교할 수도 있다. 약간의 대가를 치러야 하지만 이것저것 시험해보고자 할 경우 적절한 방법이다.
- Turkey 방법 : 대체적으로 보수적인 방법으로 분류된다. 원래는 모든 집단의 크기가 동일한 경우를 중심으로 개발되었으나, 이제는 서로 다른 경우에도 적용이 가능하게 발전되었다. 계수는 집단의 개수와 표본의 크기에 따라 개발되어 있다. 평균간의 비교를 할 때 널리 쓰이는 방법 중에 하나이다.
- Bonferroni 방법 : 일반적으로 쓰이는 방법 중에 하나이다. 짝을 비교하는 횟수로 유의수준을 조절해 준다. 특히 여러 개의 관련된 변수들에 대해 반복적으로 t-검정을 할 때도 활용할 수 있다. Scheffe 방법이나 Turkey 방법과 같이 많이 쓰이는 방법이지만 상당히 보수적인 방법 중에 하나이다.
- Duncan 방법 : 너무 보수적이어서 검정력이 낮은 문제를 해결하기 위해 개발된 방법이다. 유의한 결과를 비교적 쉽게 얻을 수 있는 장점이 있다. 많은 연구분야에서 환영을 받고 있지만 통계학자들은 이 방법을 별로 권하지 않는다.

STEP 01 이를 위해서는 다시 [분석] → [평균비교] → [일원배치 분산분석]을 차례로 클릭한다. 여기서 나타나는 '일원배치 분산분석' 화면에서 [사후분석] 버튼을 클릭한다. 등분산을 가정하는 경우 다중비교와 등분산을 가정하지 않은 경우의 다중비교로 나뉘어 진다. 다양한 다중비교 방법 중에서 일반적으로 많이 쓰이는 던칸의 다중비교 방법을 살펴보기 위해 Duncan의 방법에 체크를 했다. [계속] 버튼을 클릭한 후, 일원배치 분산분석 화면으로 돌아오면 [확인] 버튼을 클릭한다.

[결과6] 판매량

Duncana

호텔	N	유의수준=0.05에 대한 부집단	
		1	2
르네상스	4	5.00	
리츠칼튼	4	8.00	8.00
인터컨티넨털	4		13.00
유의확률		.239	.065

※ 동일 집단군에 있는 집단에 대한 평균이 표시됩니다.
a. 조화평균 표본 크기 4.000을(를) 사용합니다.

　[결과6]의 던칸 검정 결과를 볼 때 각 집단의 평균값은 앞의 표의 평균값과 같다. 결과를 보면 '르네상스', '리츠칼튼'이 동일한 평균 집단이며, '리츠칼튼', '인터컨티넨털'이 동일한 평균집단으로 구분되고 있다. 평균간의 차이에 대한 검정을 나타내는 유의확률도 모두 ($p >$ 0.05) 이상이다. 따라서 '인터컨티넨털' 호텔과 '리츠칼튼' 호텔간에는 평균차이가 없다고 볼

수 있으며, 마찬가지로 '리츠칼튼' 호텔과 '르네상스' 호텔간에도 차이가 없다는 것을 알 수 있다. 그러나 '인터컨티넨털' 호텔과 '르네상스' 호텔간에는 다른 집단에 표기되어 있어, 두 집단간에 평균 차이가 있다고 할 수 있다. 던칸 검정 결과는 표는 다음과 같이 정리하는 것이 눈에 보기 좋다. 같은 문자로 표기된 집단간에는 차이가 없다는 것을 표기하기 위해 "−"표시를 하며, 다른 문자로 표기된 집단간에는 차이가 있다는 것을 표기하기 위해 "*"표시를 한다.

	인터컨티넨털	리츠칼튼	르네상스
인터컨티넨털	−		
리츠칼튼	−	−	
르네상스	*	−	−

2.2. 반복측정치가 없는 이원배치 분산분석

(1) 분석개요

반복측정치가 없는 이원배치 분산분석은 실험을 두 개의 인자에 의해 배치한 경우로서 각 cell 당 한 표본씩을 측정한 경우이다.

예를 들어 광고형태 a_1, a_2, a_3와 성별(남, 여)에 따라 보여 주고, 광고형태 및 성별에 따라 광고에 대한 반응이 차이가 있는지를 보고자 하는 경우이다. 반복이 없는 이원 분산분석에서 추구하는 것은 광고반응이 광고형태 및 성별에 따라 차이가 있는가를 실험한 경우이다. 이 배치법은 광고와 성별의 조합이 광고반응에 영향을 어떻게 주는지에 대한 상호작용인자는 검정하지 않는다. 반복측정치가 없는 이원 분산분석에서는 실험에 대한 배치를 앞의 표와 같이 한다. 인자 a의 수준이 a_1에서 a_i까지 있고, 인자 b가 b_1에서 b_j까지 있고, 각각의 집단(인자의 수준)에 대해서 1명씩 측정을 했다면, 다음 표와 같이 배치가 된다.

인자 b ＼ 인자 a		인자 a의 수준			
		a_1	a_2	$\cdots$	a_i
인자 b의 수준	b_1	y_{11}	y_{21}		y_{i1}
	b_2	y_{12}	y_{22}	$\cdots$	y_{i2}
	$\vdots$	$\vdots$	$\vdots$		$\vdots$
	b_j	y_{1j}	y_{2j}		y_{ij}

(2) 분석데이터

다음 예제는 지역에 따라 디스플레이 전략을 달리 했을 때 나타나는 판매액의 변화이다. 지역과 디스플레이 전략이라는 두 가지 인자가 개재된 반복이 없는 실험이다.

지 역	디스플레이 전략	
	가	나
서 울	140.1	32.1
부 산	110.9	40.8
광 주	80.8	24.4

표의 데이터를 직접 입력해 데이터집합을 다음과 같이 구성했다. 변수보기 화면에서 디스플레이 전략은 값을 '1'은 '가'로, '2'는 '나'로 지정했으며, 지역의 값은 '1'은 '서울'로, '2'는 '부산'으로 '3'은 '광주'로 지정했다.

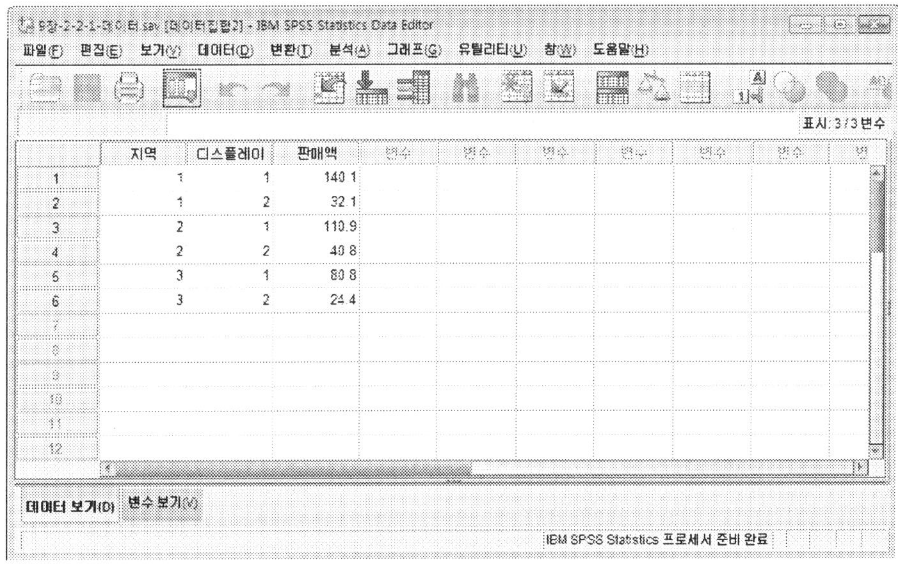

(3) 분석과정

STEP 01 반복측정치가 없는 이원배치 분산분석을 수행하기 위해서는 [분석] → [일반선형모형] → [일변량]을 차례로 클릭한다.

STEP 02 종속변수는 '판매량', 모수 요인은 '디스플레이 전략', '판매지역'으로 지정한다. 다음으로 [모형] 버튼을 클릭한다.

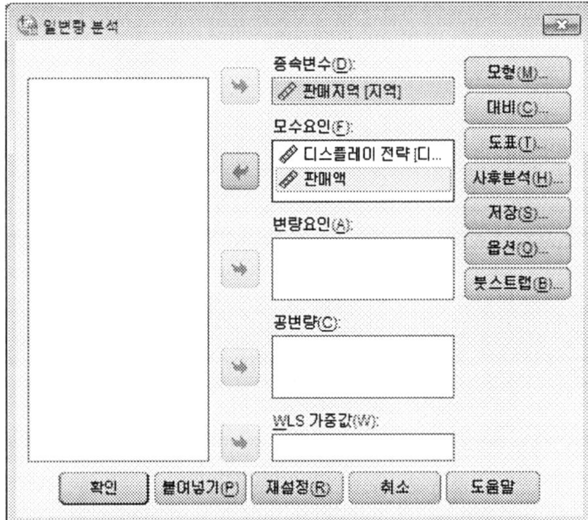

STEP 03 모형설정을 '사용자 정의'로 선택하고 모형을 '디스플레이'와 '판매지역'을 지정한다. 유형은 '주 효과'만 보는 형태로 지정한 후, [계속] 버튼을 클릭한다. 일변량 분석 화면으로 돌아오면, [확인] 버튼을 클릭한다.

(4) 결과해석

[결과1]에는 분산분석과 관련된 표본의 통계량이 제시되어 있다. 각 인자의 레벨 수와 전체 관찰치의 수가 제시되어 있다.

[결과1] 개체-간 요인

		변수값 설명	N
판매지역	1	서울	2
	2	부산	2
	3	광주	2
디스플레이 전략	1	가	3
	2	나	3

[결과2] 개체-간 효과 검정

종속 변수 : 판매액

소스	제 Ⅲ 유형 제곱합	자유도	평균 제곱	F	유의확률
수정 모형	10343.625[a]	3	3447.875	9.652	.095
절편	30687.802	1	30687.802	85.907	.011
지역	1178.583	2	589.292	1.650	.377
디스플레이	9165.042	1	9165.042	25.656	.037
오류	714.443	2	357.222		
합계	41745.870	6			
수정 합계	11058.068	5			

a. R제곱=.935(수정된 R제곱=.838)

[결과2]를 보면 지역의 영향은 없으나 디스플레이 타입에 따라 판매량에 영향을 준다고 볼 수 있다. 결과로부터 분산분석표를 작성해보면 다음과 같다.

분산의 원천	분산	자유도	평균분산	F값	p값
모형	10343.63	3	3447.88	9.65	0.095
지역	1178.58	2	589.29	1.65	0.377
디스플레이	9165.04	1	9165.04	25.66	0.037
잔차	714.44	2	357.22		
전체	11058.07	5			

현재와 같이 인자들이 모두 유의하지 않은 경우 인자처리의 강도를 구하는 것은 별 의미가 없다. 인자처리는 의미 있는 인자들에 대해서만 구해줄 수 있기 때문에 '지역' 인자를 제외한 "디스플레이" 만의 인자모형을 구한 후에 일원분산분석에서와 같이 구해 줄 수 있다. 각각 인자에 대한 오메가제곱값(omega-square : ω^2)은 (Shavelson 1988) 다음과 같다.

$$\omega^2_{지역} = \frac{SSB_{지역} - df_{지역} MSW}{SST + MSW}$$

$$= \frac{1149.75 - (2)(372.31)}{11137.74 + 372.31} = 0.0352$$

$$\omega^2_{\text{디스플레이}} = \frac{SSB_{\text{디스플레이}} - df_{\text{디스플레이}} MSW}{SST + MSW}$$

$$= \frac{9243.38 - (1)(372.31)}{11137.74 + 372.31} = 0.7707$$

디스플레이의 경우는 전체설명력의 77%를 설명하고 있으나, 지역의 경우는 거의 의미가 없다는 것을 알 수 있다.

본 모형은 반복측정을 하지 않았기 때문에 두 변수간에 상호작용을 반영하지 못하는 측면이 있다. 지역이 "광주"인 경우는 타 지역에 비해 디스플레이 타입이 "가"인 경우에는 판매량이 다른 지역보다 작을 가능성이 있고, 디스플레이 타입이 "나"인 경우에는 타 지역보다 판매량이 많을 가능성이 있음에도 불구하고 이를 잘 반영해 주지 못하고 있는 것이다. 따라서 이러한 효과까지도 파악하기 위해서는 반복이 있는 이원배치 분산분석을 해야 하는 것이다.

2.3. 반복측정치가 있는 이원배치 분산분석

(1) 분석개요

반복이 있는 이원배치 분산분석은 각 셀 당 여러 표본을 측정한 것을 제외하고는 반복이 없는 이원배치 분산분석과 같다. 실험을 두 개의 인자에 의해 배치한 경우로서 각 cell 당 여러 표본씩을 측정한 경우이다. 예를 들어 광고형태 a_1, a_2, a_3와 성별(남, 여)에 따라 보고, 광고형태 및 성별에 따라 광고에 대한 반응이 차이가 있는지를 보고자 하는 경우로서 한 셀 당 여러 명이 측정된다. 반복이 있는 이원 분산분석에서 추구하는 것은 광고반응이 광고형태 및 성별에 따라 차이가 있는가를 실험한 경우이다. 반복측정이 있기 때문에 광고와 성별의 조합이 광고반응에 영향을 어떻게 주는지에 대한 상호작용인자도 검정한다. 일반적으로 상호작용인자를 측정할 수 있게 디자인한 모형을 팩토리얼(factorial) 분산분석이라고 한다.

반복이 있는 이원배치 분산분석에서는 실험에 대한 배치를 다음과 같이 한다. 인자 a의 수준이 a_1에서 a_i까지 있고, 인자 b가 b_1에서 b_j까지 있고, 각각의 집단(인자의 수준)에 대해서 k명씩 측정을 했다면, 다음 표와 같이 구성된다.

인자b ＼ 인자a		인자 a의 수준			
		a_1	a_2	$\cdots$	a_i
인자 b의 수준	b_1	$y_{111} \cdots y_{11k}$	$y_{21k} \cdots y_{21k}$	$\cdots$	$y_{i11} \cdots y_{i1k}$
	b_2	$y_{121} \cdots y_{12k}$	$y_{22k} \cdots y_{21k}$	$\cdots$	$y_{i21} \cdots y_{i2k}$
	$\vdots$	$\vdots$	$\vdots$	$\cdots$	$\vdots$
	b_j	$y_{1j1} \cdots y_{1jk}$	$y_{2k} \cdots y_{2jk}$	$\cdots$	$y_{ij1} \cdots y_{ijk}$

(2) 분석데이터

다음 예제는 앞의 반복이 있는 이원배치 분산분석에서 지역과 디스플레이 전략의 상호작용 효과를 보기 위해 각 집단마다 세 가게씩을 대상으로 실험을 했을 때 나타나는 판매액의 변화이다. 지역과 디스플레이 전략이라는 두 가지 인자 및 상호작용까지 파악할 수 있는 반복이 있는 실험이다.

지역	디스플레이 전략	
	가	나
서　울	140, 100, 160	70, 100, 80
부　산	110,　90, 105	40,　80, 40
광　주	40,　50,　75	60,　80, 70

표의 데이터를 직접 입력해 데이터집합을 다음과 같이 구성했다.

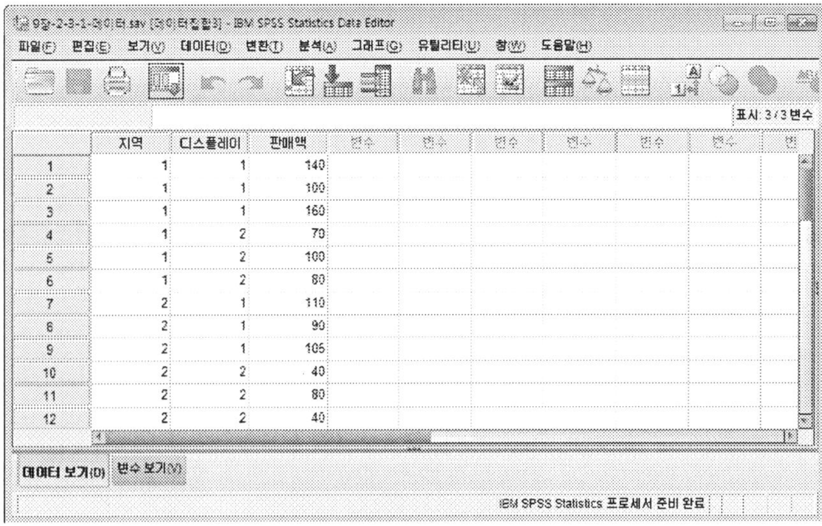

(3) 분석과정

STEP 01　반복측정치가 있는 이원배치 분산분석을 수행하기 위해서는 [분석] → [일반선형모형] → [일변량]을 차례로 클릭한다.

STEP 02　종속변수는 '판매량', 모수 요인은 '디스플레이 전략', '판매지역'으로 지정한다. [사후분석] 버튼을 클릭한다.

STEP 03 디스플레이는 2수준이나, 3수준 이상인 판매지역에 대한 집단별 차이에 대한 분석을 하기 위해서 던칸 분석의 사례를 살펴보고 있다. 하단의 [계속] 버튼을 클릭한다. 일변량 분석 화면으로 되돌아오면, [확인] 버튼을 클릭한다.

(4) 결과해석

[결과1]에는 데이터를 통해 디스플레이 전략과 지역이 서로 판매액에 어떻게 영향을 미치는지를 보고자 하는 반복측정치가 있는 이원배치 분산분석의 각 인자의 수준과 전체 표본의 수가 출력되어 있다. 하단에는 전체모형에 대한 F-검정과 각 인자별 분석 결과가 나와 있다. 전체적으로 인자들이 의미가 있는 것으로 나타나고 있다.

[결과1] 개체-간 효과 검정

종속 변수 : 판매액

소스	제 Ⅲ 유형 제곱합	자유도	평균 제곱	F	유의확률
수정 모형	14144.444[a]	5	2828.889	7.600	.002
절편	123338.889	1	123338.889	331.358	.000
지역	6552.778	2	3276.389	8.802	.004
디스플레이	3472.222	1	3472.222	9.328	.010
지역 * 디스플레이	4119.444	2	2059.722	5.534	.020

오류	4466.667	12	372.222		
합계	141950.000	18			
수정 합계	18611.111	17			

a. R제곱=.760 (수정된 R제곱=.660)

이 결과를 보고 분산분석표를 작성해 보면 다음과 같다.

분산의 원천	분산	자유도	평균분산	F값	p값
모형	14144.44	5	2828.89	7.60	0.002
지역	6552.78	2	3276.22	1.65	0.004
디스플레이	3472.22	1	3472.22	25.66	0.010
지역*디스플레이	4119.44	2	2059.72	25.66	0.020
잔차	4466.67	12	372.22		
전체	18611.11	17			

지역, 디스플레이에 따라서 판매량이 달라지며, 지역과 디스플레이간에 상호작용 효과가 있다는 것을 알 수 있다. 현재 결과와는 다르게 상호작용이 없을 경우에는 상호작용 효과를 제외한 나머지 주효과를 보는 모형에 대해서만 분산분석을 한다. 인자처리의 강도에 대한 오메가제곱값(omega-square : ω^2)은 아래와 같다.

$$\omega^2_{지역} = \frac{SSB_{지역} - df_{지역} MSW}{SST + MSW}$$

$$= \frac{6552.78 - (2)(372.22)}{18611.11 + 372.22} = 0.3060$$

$$\omega^2_{디스플레이} = \frac{SSB_{디스플레이} - df_{디스플레이} MSW}{SST + MSW}$$

$$= \frac{3472.22 - (1)(372.22)}{18611.11 + 372.22} = 0.1633$$

$$\omega^2_{\text{상호작용}} = \frac{SSB_{\text{상호작용}} - df_{\text{상호작용}} MSW}{SST + MSW} \cdot$$

$$= \frac{4119.44 - (1)(372.22)}{18611.11 + 372.22} = 0.1778$$

전체분산에 대해 "지역"이라는 인자의 설명 정도가 약 31% 정도로 가장 높다고 할 수 있으며, 다음으로 상호작용 인자, "디스플레이" 인자 순으로 설명 정도가 높다고 할 수 있다.

[결과2] 판매액

Duncan[a,b]

판매지역	N	집단군	
		1	2
광주	6	62.50	
부산	6	77.50	
서울	6		108.33
유의확률		.203	1.000

※ • 동일 집단군에 있는 집단에 대한 평균이 표시됩니다.
　• 관측평균을 기준으로 합니다.
　• 오류 조건은 평균 제곱(오류)＝372.222입니다.
a. 조화평균 표본 크기 6.000을(를) 사용합니다.
b. 유의수준＝0.05.

[결과2]에서는 판매지역 변수에 따라서 평균의 차이가 있는지에 대한 던칸 검정을 했다. 결과를 보면, 서울과 부산, 서울과 광주 사이는 평균 판매량이 차이가 있으나, 부산과 광주 사이에는 평균판매량이 서로 차이가 없는 것으로 나타났다.

3 집단 내 집단간 분산분석

3.1. 난괴법 분산분석

(1) 분석개요

　난괴법(randomized block design) 분산분석은 사회과학 분야의 실험에 많이 사용할 수 있다. 사회과학 분야의 실험은 일반적으로 사람을 대상으로 하는 경우가 많다. 이 경우에는 각 사람들의 사회적 배경, 경험 등의 차이로 인한 분산이 존재하게 된다. 분산은 실험 이전에 사전적으로 존재한다고 할 수 있다. 이 경우 이러한 분산은 잔차로서 인식이 되기 때문에 잔차를 크게 한다. 따라서 비슷한 개인환경 및 경험을 가지고 있는 사람들을 인자 수준의 수만큼 대응시켜 각 표본에 대해서 각 인자 수준에 무작위로 배분을 하는 과정을 거치게 된다. 이러한 의미에서 randomized block이라는 말이 사용된다. 한 사람이 각 인자의 수준에 대해서 모두 반복 측정될 수도 있지만, 그러한 경우보다는 전자가 많다고 할 수 있다. 개인차에 의한 분산은 따로 분리되기 때문에 실험에 따른 효과는 개인차가 포함되지 않은 형태가 된다. 만약에 실험 전－실험 후 사전실험 설계(pretest－posttest pre－experimental design)와 같이 한 표본에 대해서 두 번의 측정을 할 수도 있는데 반복측정이 있는 인자실험(factor experiments with repeated design)이라고도 한다.

　난괴법은 실험을 하기 위해서는 각 표본들을 동질적인가 그렇지 않은가의 여부를 파악할 수 있는 여러 가지 특성들(학력, 경제력, 언어구사력 …)을 기준으로 동질적인 표본들을 먼저 구성해야 한다. 다음으로 각 인자 수준에 배분될 표본으로 구성된 여러 개의 블록(block : 일반적으로 블록의 수는 반복횟수만큼이며 각 블록의 표본 수는 인자 수준 수)으로 나누게 되는데, 각각의 블록에는 유사한 성질을 가지고 있거나 같다고 보는 표본을 배분한다. 다음으로 각 블록 안의 표본들을 무작위로 각 인자 수준에 배분한다. 난괴법의 배치를 보면, 인자 a에 대해서 k번씩 반복을 한다면, 다음과 같다.

인자 반복	a인자의 수준			
	a_1	a_2	...	a_i
1	y_{11}	y_{21}	...	y_{i1}
2	y_{12}	y_{22}	...	y_{i2}
$\vdots$	$\vdots$	$\vdots$	...	$\vdots$
k	y_{1k}	y_{2k}	...	y_{ik}

(2) 분석데이터

다음 예제는 4가지 광고타입에 대한 판매량을 알아본 것이다. 광고에 대한 효과를 보기 위해서 각 광고타입마다 특성이 다르다고 생각하는 6명에 대해서 광고에 대한 기억 정도를 측정한 결과이다. 광고에 대한 평균차이의 효과를 보기 위해 쉐페(Scheffe) 방법에 의한 평균차이 검정을 실시하였다.

실험 대상자	광고 형태			
	가	나	다	라
1	122	139	113	105
2	126	130	115	100
3	122	133	116	104
4	124	130	117	100
5	126	131	115	102
6	129	135	115	102

표의 데이터를 직접 입력해 데이터집합을 다음과 같이 구성했다. 광고형태는 '1'은 '가', '2'는 '나', '3'은 '다', '4'는 '라'를 의미한다.

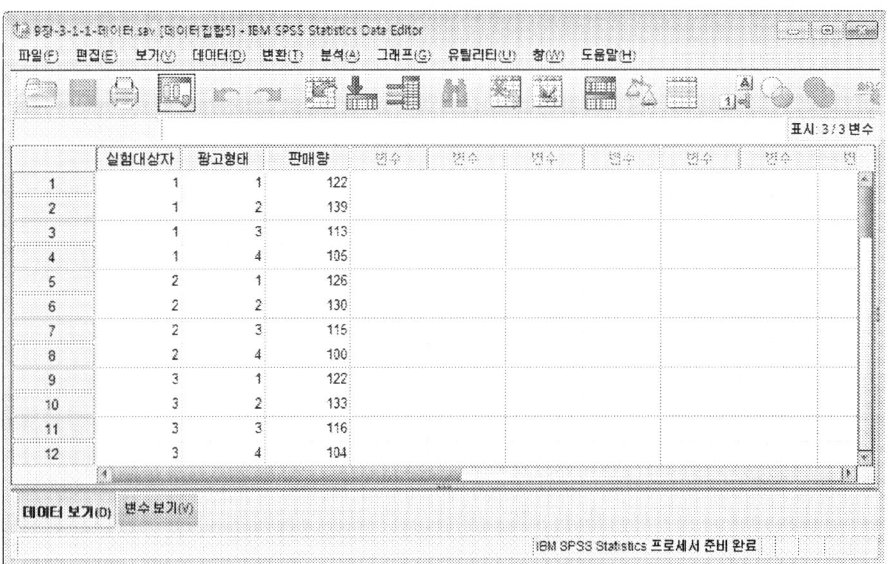

(3) 분석과정

STEP 01 난괴법 분산분석을 수행하기 위해서는 [분석] → [일반선형모형] → [일변량]을 차례로 클릭한다.

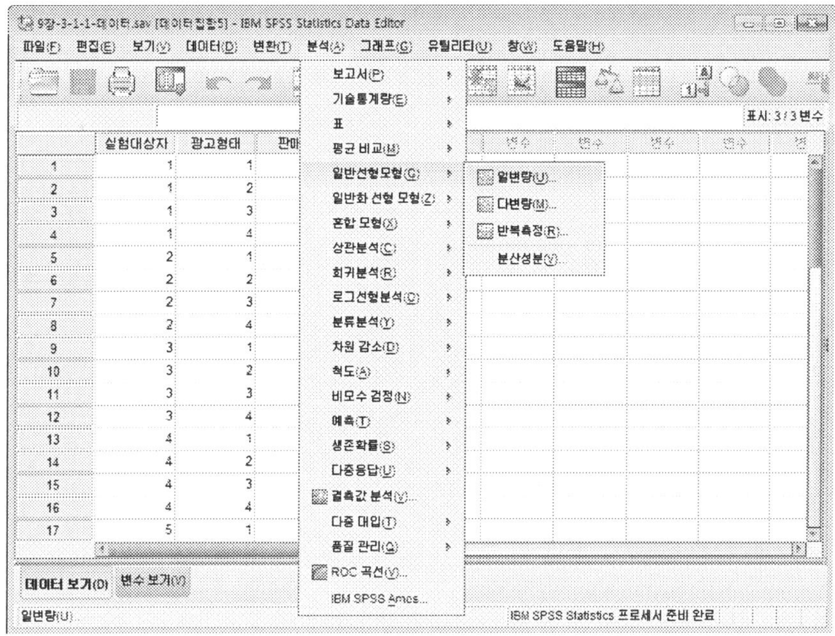

STEP 02 다음과 같이 종속변수는 '판매량'으로 모수요인은 '실험대상자'와 '광고형태'로 지정한다. 다음으로 [모형] 버튼을 클릭한다.

STEP 03 모형설정을 '사용자 정의'로 하고 모형을 '실험대상자'와 '광고형태'를 지정하고,
유형은 '주 효과'만 보는 형태로 지정한다. 하단의 [계속] 버튼을 클릭한다. 일변
량 분석 화면으로 돌아오면, [사후분석] 버튼을 클릭한다.

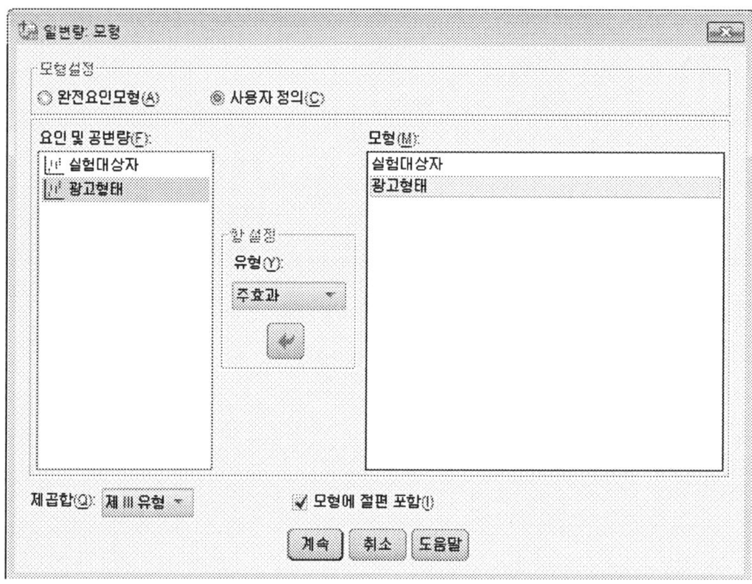

STEP 04 '광고형태'에 대해서 Scheffe검정을 지정하고, [계속] 버튼을 클릭한다. 일변량
분석 화면으로 돌아오면, [확인] 버튼을 클릭한다.

(4) 결과해석

[결과1]은 각 인자에 대한 수준과 전체 표본수에 관한 정보가 제시되어 있다. 현재의 모형은 난괴법에 의한 모형으로서 광고에 대해서 6번씩 측정을 반복한 경우이다.

[결과1] 개체-간 요인

		변수값 설명	N
실험대상자	1		4
	2		4
	3		4
	4		4
	5		4
	6		4
광고형태	1	가	6
	2	나	6
	3	다	6
	4	라	6

[결과2]를 보면 모형이 타당하다는 것을 알 수 있다. 그러나 반복에 의한 효과는 존재하지 않는다. 결국은 우리가 대상으로 한 표본들간에는 차이가 없다고 할 수 있다. 본 데이터와 같이 반복해서 측정을 했으나 의미가 없는 경우는 일원분산분석을 해도 거의 비슷한 결과가 나타날 것이다. 반복에 대한 효과가 있는 경우는 개인차가 반복인자에 나타나게 된다. 따라서 잔차는 순수한 광고에 의한 잔차만을 나타내게 된다. 집단내(사람들내)의 잔차합은 107.29＋3167.46＝3274.75로 계산되며 이 때 자유도는 15＋3＝18이 된다.

분산의 원천	분산	자유도	평균자승합	F값	p값
집단간(응답자간)	21.21	5	4.24		
집단내(응답자내)	3274.75	18	181.93		
광고타입	3167.46	3	1055.82	147.61	0.0001
잔차	107.29	15	7.15		
전체	3295.96	23			

[결과2] 개체-간 효과 검정

종속 변수 : 판매량

소스	제 Ⅲ 유형 제곱합	자유도	평균 제곱	F	유의확률
수정 모형	3188.667[a]	8	398.583	55.724	.000
절편	338675.042	1	338675.042	47348.744	.000
실험대상자	21.208	5	4.242	.593	.706
광고형태	3167.458	3	1055.819	147.610	.000
오류	107.292	15	7.153		
합계	341971.000	24			
수정 합계	3295.958	23			

a. R제곱=.967(수정된 R제곱=.950)

[결과] 다중 비교

판매량 Scheffe

(I) 광고형태	(J) 광고형태	평균차 (I-J)	표준 오차 오류	유의확률	95% 신뢰구간 하한값	95% 신뢰구간 상한값
가	나	-8.17*	1.544	.001	-13.02	-3.32
	다	9.67*	1.544	.000	4.82	14.52
	라	22.67*	1.544	.000	17.82	27.52
나	가	8.17*	1.544	.001	3.32	13.02
	다	17.83*	1.544	.000	12.98	22.68
	라	30.83*	1.544	.000	25.98	35.68
다	가	-9.67*	1.544	.000	-14.52	-4.82
	나	-17.83*	1.544	.000	-22.68	-12.98
	라	13.00*	1.544	.000	8.15	17.85
라	가	-22.67*	1.544	.000	-27.52	-17.82
	나	-30.83*	1.544	.000	-35.68	-25.98
	다	-13.00*	1.544	.000	-17.85	-8.15

※ • 관측평균을 기준으로 합니다.
　　• 오류 조건은 평균 제곱(오류)=7.153입니다.
* 평균차는 0.05 수준에서 유의합니다.

[결과4] 판매량

Scheffe[a,b]

광고형태	N	집단군			
		1	2	3	4
라	6	102.17			
다	6		115.17		
가	6			124.83	
나	6				133.00
유의확률		1.000	1.000	1.000	1.000

※ ・동일 집단군에 있는 집단에 대한 평균이 표시됩니다.
　　・관측평균을 기준으로 합니다.
　　・오류 조건은 평균 제곱(오류)=7.153입니다.
a. 조화평균 표본 크기 6.000을(를) 사용합니다.
b. 유의수준=0.05.

　[결과3, 4]에는 광고에 대한 차이를 보기 위해 쉐페방법에 의한 검정결과가 제시되어 있는데 광고량의 형태는 "가"에서 "나"는 증가하며 그 차이가 의미가 있다. "나"에서 "다"는 감소하며 유의한 차이가 있다. "다"에서 "라"의 결과도 감소하며 유의한 차이를 보이고 있다. 따라서 모든 인자 수준 간에 서로 차이가 있다고 할 수 있다. 이를 표로 정리해 보면 다음과 같다.

	가	나	다	라
가	−			
나	*	−		
다	*	*	−	
라	*	*	*	−

4 기타 분산분석

4.1. 공분산분석

(1) 분석개요

공분산분석(ANCOVA : Analysis of Covariance)은 분산분석이 특정 인자 수준의 효과만을 보는 것에 비해 특정 인자의 효과 이외에도 메트릭 변수의 효과까지 보고자 하는 경우이다. 앞의 분산분석 예제들은 표본들간의 특성이 유사하거나 동등하다고 인정되는 경우의 분석방법들이지만 공분산분석은 표본들간에 특성이 유사하지 않은 점이 있을 때 분석한다.

표본들간의 특성이 비슷하지 않은 것을 코베리엇(covariate)이라고 하는데 실험계획에서 잘 통제가 된다면 문제시되지는 않는다. 그러나 나이, 소득 등과 같은 인구통계학변수 및 기타 변수들 중에는 때로는 통제를 하기가 어려운 경우가 많다. 이 경우 각 표본마다 영향변수들 때문에 분산분석 자체가 영향을 받게 되는데, 이를 반영해 주는 것이 공분산분석이다.

(2) 분석데이터

예제는 약품(가, 나, 다)에 신체지수의 변화를 알아보고자 하는 것이다. 추가적으로 약품을 투여하기 전의 환자의 신체지수를 측정했는데, 코베리엇으로 영향을 미치는지를 파악하고자 한다.

	약품	투약전	투약후
1	1	11	6
2	1	6	0
3	1	5	2
4	1	14	6
5	1	19	11
6	1	6	4
7	1	10	13
8	1	6	1
9	1	11	8
10	1	3	0
11	2	6	0
12	2	6	2

(3) 분석과정

STEP 01　공분산 분산분석을 수행하기 위해서는 [분석] → [일반선형모형] → [일변량]을 차례로 클릭한다.

STEP 02　종속변수에 '투약후 신체지수', 모수요인에 '약품 형태', 공변량에 '투약전 신체지수'를 지정한다. [옵션] 버튼을 클릭한다.

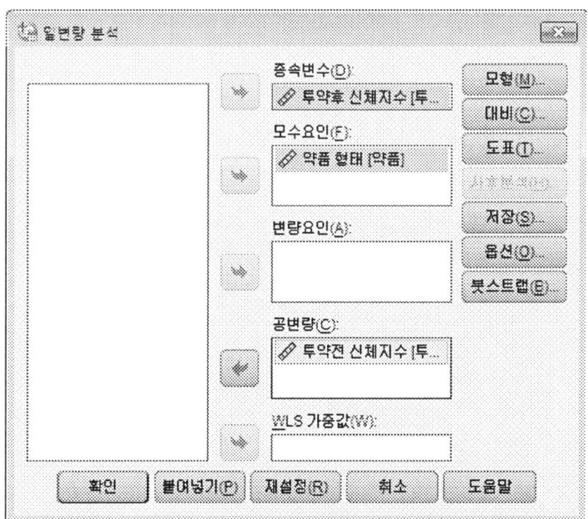

STEP 03 평균 출력 기준 변수로서 '약품' 변수를 지정하고, 주효과 비교에 체크를 한다.
[계속] 버튼을 클릭한다. 일변량 분석 화면으로 돌아오면, [확인] 버튼을 클릭한다.

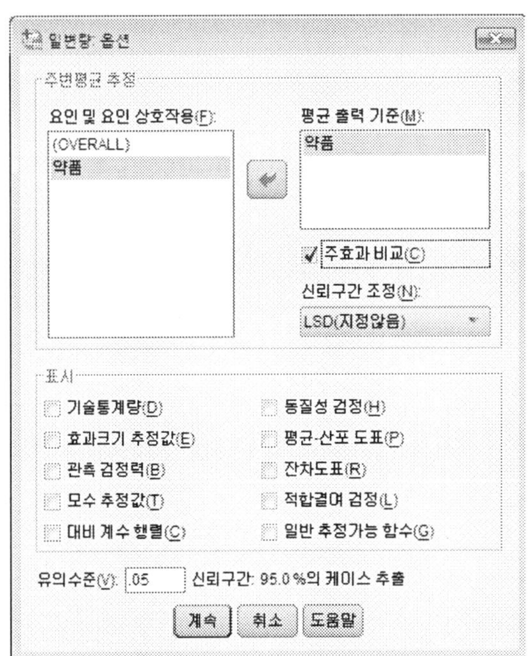

(4) 결과해석

[결과1] 개체-간 요인

		변수값 설명	N
약품 형태	1	가	10
	2	나	10
	3	다	10

[결과1]은 약품 형태라는 요인 수준에 관한 정보와 표본 수가 출력되어 있다.

[결과2]는 전체분산분석결과이다. 여기서는 Type Ⅲ의 경우를 보아야 한다(김영민 1991).
코베리엣으로 조정한 경우 약품에 대한 차이가 없게 나타났다. 따라서 현재 모형은 코베리엣
의 영향으로 볼 수 있다.

[결과2] 개체-간 효과 검정

종속 변수 : 투약후 신체지수

소스	제 III 유형 제곱합	자유도	평균 제곱	F	유의확률
수정 모형	871.497[a]	3	290.499	18.104	.000
절편	31.929	1	31.929	1.990	.170
투약전	577.897	1	577.897	36.014	.000
약품	68.554	2	34.277	2.136	.138
오류	417.203	26	16.046		
합계	3161.000	30			
수정 합계	1288.700	29			

a. R제곱=.676(수정된 R제곱=.639)

　[결과3]은 각 약품형태볼로 평균과 표준오차, 95% 신뢰구간을 보여주고 있다. 이어서 [결과4]는 약품 형태별 상호비교를 보여 주고 있다. 전체적으로 모든 비교에 대해서 유의확률 5%에서는 차이가 없는 것으로 나타난다.

[결과3] 추정값

종속 변수 : 투약후 신체지수

약품 형태	평균	표준 오차 오류	95% 신뢰구간	
			하한값	상한값
가	6.715[a]	1.288	4.066	9.364
나	6.824[a]	1.272	4.208	9.440
다	10.161[a]	1.316	7.456	12.866

a. 모형에 나타나는 공변량은 다음 값에 대해 계산됩니다. : 투약전 신체지수=10.73.

[결과4] 대응별 비교

종속 변수 : 투약후 신체지수

(I) 약품 형태	(J) 약품 형태	평균차(I-J)	표준 오차 오류	유의확률[a]	차이에 대한 95% 신뢰구간[a]	
					하한값	상한값
가	나	−.109	1.795	.952	−3.799	3.581
	다	−3.446	1.887	.079	−7.324	.432
나	가	.109	1.795	.952	−3.581	3.799
	다	−3.337	1.854	.083	−7.148	.474
다	가	3.446	1.887	.079	−.432	7.324
	나	3.337	1.854	.083	−.474	7.148

※ 추정된 주변평균을 기준으로
a. 다중비교에 대한 조정 : 최소유의차(조정하지 않은 상태와 동일합니다.)

[결과5] 일변량 검정

종속 변수 : 투약후 신체지수

	제곱합	자유도	평균 제곱	F	유의확률
대비	68.554	2	34.277	2.136	.138
오류	417.203	26	16.046		

※ F−검정으로 효과 약품 형태을(를) 검정합니다. 이 검정은 추정되는 주변 평균 사이의 일차독립 대응별
비교에 기초합니다.

　[결과5]는 공분산분석의 결과를 보여준다. 이 결과를 볼 경우 투약 전후의 신체지수의 차
이는 약품 형태의 차이라기 보다는 투약 전 신체지수가 중요한 요인임을 보여 주고 있다.

4.2. 다변량 분산분석

(1) 분석개요

　다변량 분산분석(MANOVA : Multivariate Analysis of variance)은 특정 인자를 두 개 이
상의 반응(종속) 변수에 의해서 측정을 했을 때 사용하는 방법이다. 예를 들어 광고형태에
따른 광고반응을 알아보기 위해서 광고에 대한 기억 정도와 광고에 대한 호감도 라는 두 가
지 변수로 측정했다면, 정준상관분석(canonical correlation analysis)에서와 마찬가지로 광고
에 대한 기억 정도와 광고에 대한 호감도는 서로 상관관계가 있다고 할 수 있다. 이에 해당되
는 데이터를 분석하는 방법이 다변량 분산분석이다.

(2) 분석데이터

6개의 광고에 대한 효과를 알아보기 위해서 광고효과를 측정할 수 있는 4가지 기준을 가지고 측정한 결과이다.

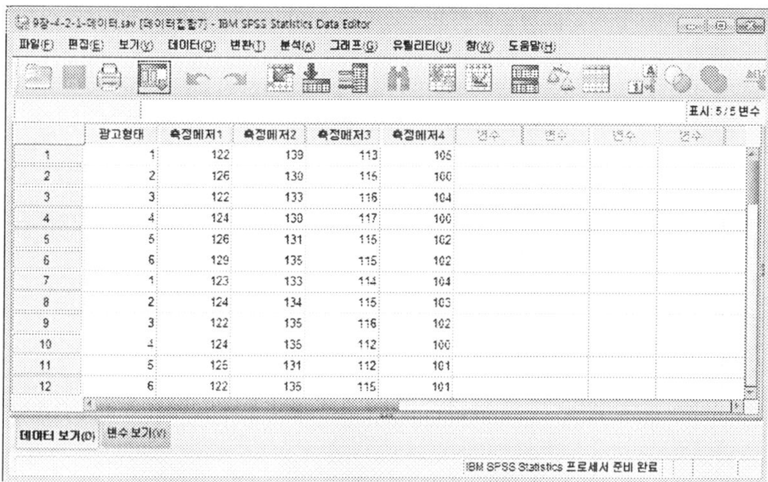

(3) 분석과정

STEP 01 다변량 분산분석을 수행하기 위해서는 [분석] → [일반선형모형] → [다변량]을 차례로 클릭한다.

STEP 02   종속변수에 측정 메저들을 지정하고, 모수 요인에 '광고 형태'를 지정한다. [모형] 버튼을 클릭한다.

STEP 03   모형에 절편을 포함시키지 않는 모형을 계산한다. 하단의 [계속] 버튼을 클릭한다. 일변량 분석 화면으로 돌아오면, [확인] 버튼을 클릭한다.

(4) 결과해석

[결과1] 개체-간 요인

		변수값 설명	N
광고형태	1	A	4
	2	B	4
	3	C	4
	4	D	4
	5	E	4
	6	F	4

[결과1]에는 분석대상 데이터집합의 요인수, 표본수에 관한 정보가 출력되어 있다.

[결과2] 다변량 검정[b]

효과		값	F	가설 자유도	오차 자유도	유의확률
광고형태	Pillai의 트레이스	2.534	5.183	24.000	72.000	.000
	Wilks의 람다	.000	94.382	24.000	53.539	.000
	Hotelling의 트레이스	47088.717	26487.403	24.000	54.000	.000
	Roy의 최대근	47084.442	141253.326[a]	6.000	18.000	.000

a. 해당 유의수준에서 하한값을 발생하는 통계량은 F에서 상한값입니다.
b. Design : 광고형태

[결과2]는 다변량 통계량이 제시되어 있다. 전체적으로 보아 다변량식이 의미가 있다. 광고에 따라 광고효과를 측정하는 측정치간에 관련성이 높으며, 집단간에도 차이가 있음을 알 수 있다. 이어서 [결과3]은 개별 측정메저별로 유의확률을 보여주고 있다. 전체적으로 보아 각 측정메저별로도 의미가 있게 결과가 제시되고 있다.

[결과3] 개체-간 효과 검정

소스	종속 변수	제 III 유형 제곱합	자유도	평균 제곱	F	유의확률
모형	측정메저1	369808.250[a]	6	61634.708	18883.826	.000
	측정메저2	428337.000[b]	6	71389.500	17602.890	.000
	측정메저3	314438.250[c]	6	52406.375	35264.103	.000
	측정메저4	250145.000[d]	6	41690.833	39496.579	.000

광고형태	측정메저1	369808.250	6	61634.708	18883.826	.000
	측정메저2	428337.000	6	71389.500	17602.890	.000
	측정메저3	314438.250	6	52406.375	35264.103	.000
	측정메저4	250145.000	6	41690.833	39496.579	.000
오류	측정메저1	58.750	18	3.264		
	측정메저2	73.000	18	4.056		
	측정메저3	26.750	18	1.486		
	측정메저4	19.000	18	1.056		
합계	측정메저1	369867.000	24			
	측정메저2	428410.000	24			
	측정메저3	314465.000	24			
	측정메저4	250164.000	24			

a. R제곱=1.000(수정된 R제곱=1.000)
b. R제곱=1.000(수정된 R제곱=1.000)
c. R제곱=1.000(수정된 R제곱=1.000)
d. R제곱=1.000(수정된 R제곱=1.000)

판별분석

01 판별분석의 개요

02 가설검정을 위한 판별분석

03 모형선택을 위한 판별분석

04 로지스틱 회귀분석

1 판별분석의 개요

1.1. 판별분석이란

(1) 판별분석의 기본 개념

판별분석(discriminant analysis)는 피셔(Fisher)가 개발 했다. 집단을 구분할 수 있는 설명변수를 통하여 집단 구분 함수식(판별식)을 도출하고, 소속된 집단을 예측하는 목적으로 사용된다. 따라서 등간척도나 비율 척도(메트릭)로 측정된 독립변수를 이용해 명목척도 또는 서열척도(메트릭)로 측정된 종속변수를 분류하는데 사용할 수 있다.

예를 들어 종속변수가 남자 또는 여자, 높음 또는 낮음과 같은 2개인 집단이거나 낮음, 중간, 높음과 같은 3개 집단 이상의 구분을 하는데 사용한다. 이를 식으로 표현하면 다음과 같다.

$$y = x_1 + x_2 + x_3 + \cdots + x_n$$
(넌메트릭)　　　　(메트릭)

판별분석의 목적을 정리해 보면 다음과 같다.

- 설명변수들의 정보에 근거하여 관찰치가 속하는 집단을 분류할 수 있는 판별함수(discriminant function)를 이끌어 낸다.
- 집단간에 차이를 잘 나타낼 수 있는 설명함수로 구성된 선형결합의 집합을 이끌어 낸다.
- 집단간의 차이를 잘 나타낼 수 있는 설명변수의 부분집합을 이끌어 낸다.

(2) 판별식의 도출

판별식은 다음과 같은 조건에 맞는 선형조합식을 찾아 내는 것이다. 즉, 사전에 정의된 집단을 구분할 수 있는 두 개 이상의 독립변수의 선형 조합식(linear combination)을 찾아내는 것이다. 이 식은 집단간 분산(between-group variance)/집단내 분산(within-group variance)을 최대화시키는 방법에 의해 선형조합식(선형판별식 또는 판별함수; discriminant function이라 함)을 구하는 것이다. 선형판별식(linear discriminant function)은 아래와 같이 표현된다.

$$z = a + w_1 x_1 + w_2 x_2 + w_3 x_3 + \cdots + w_n x_n$$

여기서, z = 판별점수(discriminant score)

a = 절편(intercept)

w_j = j번째 독립변수의 가중치(discriminant weights)

x_j = j번째 독립변수(independent variables)

(3) 판별분석의 종류

판별분석은 다음과 같이 두 종류로 나뉘어 진다.

- 종속변수의 집단수가 2개인 경우 : 판별분석(discriminant analysis)
- 종속변수의 집단수가 3개 이상인 경우 : 다중판별분석(multiple discriminant analysis : MDA)

이러한 형태를 갖는 판별분석의 주요 사례를 보면 다음과 같다.

- 카드소지자와 비소지자를 각 사람의 개인적인 특성 및 인구통계학 변수에 의해 구분하고자 하는 경우
- 특정클럽에 가입한 사람과 그렇지 않은 사람들을 인구통계학변수 및 기타 개인의 사회지향성 변수로 구분하고자 하는 경우
- 은행에서 대부를 주고자 할 때, 가족수입과 가족구성원수 등과 같은 개인특성변수를 통해 고객에 대한 신용도가 좋은 사람과 그렇지 않은 사람으로 구분하고자 할 경우

(4) 판별분석의 가설 및 가정

판별분석에서 사용하는 가설을 살펴보면 다음과 같다.

- 귀무가설 : 두 개 또는 그 이상의 집단의 평균이 동일하다.
- 대립가설 : 두 개 또는 그 이상의 집단의 평균이 동일하지 않다.

판별분석의 주요 가정을 살펴보면 다음과 같다.

- 각각의 모집단이 다변량 정규분포를 이룬다.
- 각각의 모집단의 공분산 행렬이 같아야 한다.

가정에 따른 판별분석의 주요 고려 사항을 보면 다음과 같다.

- 독립변수들간의 다중공선성 : 단계별 판별분석
- 유효표본의 크기 : 한 독립변수당 20개 이상

1.2. 판별분석의 기본 원리

(1) 변수에 의해 집단을 구분하는 예

먼저 구분하는 변수가 소득과 같이 하나인 경우에 다음과 같은 수식에 의해 집단을 구분할 수 있을 것이다.

$$c = \frac{\overline{x}_I + \overline{x}_{II}}{2}$$

실제 속하는 집단	소득에 의한 분류결과		분류정확도(%)
	외향적인 집단	내향적인 집단	
외향적인 집단	123	121	50.4
내향적인 집단	19	31	62.0
전체	142	152	52.4

반면에 소득, 연령과 같이 2 변수이상을 이용한 집단 구분식은 판별함수도에 의해 다음 그림과 같이 구분할 수 있을 것이다.

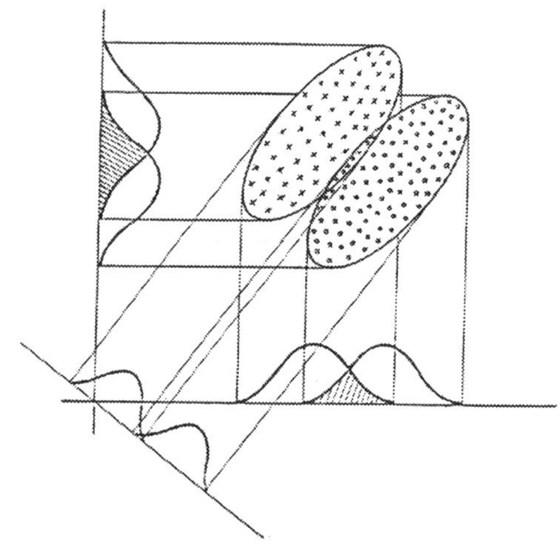

이를 피셔의 판별식이라 할 수 있으며, 피셔의 판별식은 다음과 같이 만들어진다.

$$z = w_1 x_1 + w_2 x_2$$

$$z = w_1 x_1 + w_2 x_2 + \cdots + w_p x_p$$

$$z_c = \frac{\bar{z}_I + \bar{x}_{II}}{2}$$

⑵ 판별분석, 로지스틱 회귀분석, 맥파든의 로짓분석과의 구분

가. 판별분석

• 독립변수에 대한 가정이 정규분포 → 등간 또는 비율과 같은 메트릭 척도를 가정한다.
• 독립변수가 넌메트릭을 포함하고 있는 경우는 로지스틱 회귀분석이 적절한 것으로 볼 수 있다.

나. 로지스틱 회귀분석

• 회귀분석과 비슷한 성질을 갖고 있으며, 계수 또한 회귀분석과 같은 형태로 해석이 가능하다.
• 판별분석의 기본적인 가정이 유지되면 두 분석방법의 결과는 같다.
• 독립변수의 정규성 가정이 어긋나는 경우(더미변수와 같은 넌메트릭변수를 포함한 경우)에 회귀분석에서와 같이 더 나은 결과를 갖게 된다.
• 일반적으로 두 집단인 경우에 많이 사용된다.

다. 맥파든 로짓분석

• 일반적으로 한 응답자의 특성에 의해 집단 구분시에는 판별분석이나 로지스틱 회귀분석을 사용한다.
• 일반적으로 응답자의 특성보다는 여러 제품을 비교해 제품선택하는 상황에 사용(각 제품에 대한 평가 데이터와 그 제품 중 선택 데이터가 있는 경우, 여기에 응답자 특성을 포함시키기도 함) 한다.
• 선택모형(choice model) 분석이라고도 한다.

1.3. 판별분석의 절차

(1) 단계 1 : 변수의 선정

먼저 종속변수는 다음과 같은 형태로 선정된다.

- 전체 대상을 몇 개의 집단으로 나누어 분석할 것인가를 결정
  - 낮음/높음 또는 낮음/중간/높음
  - 좋음/나쁨 또는 변호사/물리학자/교수
- 종속변수가 메트릭인 경우에도 집단 구분을 통해 사용가능
  - 콜라 소비량을 기준으로
      2집단 구분
          하루 5잔 미만/그 이상
      3집단 구분
          하루 1~2잔을 light users
          하루 3~5잔을 medium users
          하루 6잔 이상을 heavy users

종속변수는 일반적으로 4집단 이내의 구분을 많이 사용한다. 이들 집단들은 사전에 집단들에 대한 조사를 하거나 다른 연구결과들을 참조한다. 각 집단들은 상호 배타적이어야 하고 어느 대상이던 한 집단에만 소속되어야 한다(mutually exclusive and exhaustive).

다음으로 독립변수는 다음과 같은 형태로 선정된다. 독립변수는 사전연구나 문헌들을 통하여 종속변수에 의미 있는 영향을 미치는 변수들을 선정되며, 연구자의 직관이 작용되는 단점이 있다.

(2) 단계 2 : 표본의 선정

표본의 추출이나 선정과정은 일반적인 표본추출기법을 준수해야 한다. 일반적으로 분석표본(analysis sample)과 유보표본(holdout sample)로 구분하여 사용한다. 분석표본과 유보표본은 따로 수집할 수도 있으나 일반적으로 한 표본을 수집 이중 일부(약 40에서 25%정도)를 유보표본으로 사용(split-sample or cross-validation approach)한다. 이들 표본을 구분해 보면, 다음과 같다.

- 분석표본 : 판별식을 유도하는 표본
- 유보표본 : 판별식의 타당성을 검토하는 표본

⑶ 단계 3 : 판별식의 추정

판별식의 추정에 있어 가장 이상적인 형태는 전체 집단을 정확히 구분하는 하나의 판별식이다. 그러나 집단이나 독립변수의 수가 증가하면 판별식의 수는 증가한다. 여러 개의 판별식이 도출되는 경우 첫 번째 판별식으로 집단을 가장 잘 구분할 수 있다.

$$n(판별식) = Min(g-1, p)_n$$
$$g : n(집단)$$
$$p : n(독립변수)$$

먼저 판별식의 몇 가지 추정방법을 보면 다음과 같다.

- 전체 독립변수 이용법
- 단계별 독립변수 선택법 : 일반적으로 단계별 독립변수 선택법이 전체 독립변수 이용법보다 좋거나 더 나은 것으로 나타난다. 이는 변수들 간에 다중공성선이 존재하기 때문이라고 볼 수 있다.
- 단계별 독립변수 선택시 일반적인 변수 유의도(significance level)의 기준은 0.05이나 상황에 따라 0.2나 0.3도 사용할 수 있다.

다음으로 추정된 판별식의 타당성 검정은 분석표본과 유보표본간 다음과 같은 통계량들을 통해 비교할 수 있다.

- 판별식의 유의도 : 카이제곱(chi-square) 통계량이나 Mahalanobis D^2 통계량을 보고 판단한다. 그러나 이 통계량은 표본수가 증가하면 유의하게 나타나기 때문에 분류표를 이용한 분석이 적절하다. 여기서 분류표의 hit ratio는 회귀분석의 R^2의 의미가 동일하다.
- cutting score(critical Z value)
  - 두 집단의 표본크기가 같은 경우

$$z_C = \frac{\bar{z}_I + \bar{z}_{II}}{2}$$

　－ 두 집단의 표본크기가 다른 경우

$$z_C = \frac{n_I \bar{z}_I + n_{II} \bar{z}_{II}}{n_I + n_{II}}$$

　－ 분류방법

　　$z_n \leq z_c$이면 집단 I로 구분

　　$z_n > z_c$이면 집단 II로 구분

• 분류표(분류행렬)의 유의수준을 이용한 분석표본과 유의표본간 비교를 한다.

　－ 여러 가지 비교 통계량

$$적중률(\text{Hit Ratio}) = \frac{정확히\ 분류된\ 표본수}{전체표본의\ 표본수}$$

$$C_{max} = \frac{표본수가\ 가장\ 많은\ 집단\ 표본수}{전체집단의\ 표본수}$$

$$C_{pro} = \alpha^2 + (1-\alpha)^2$$

$$\alpha = \frac{한\ 집단의\ 표본수}{전체집단의\ 표본수}$$

　－ t - 검정

$$t = \frac{p - 0.5}{\sqrt{\dfrac{0.5(1-0.5)}{n}}}$$

　여기서, p = 정확히 분류된 비율(적중률 : Hit ratio)

　　　　n = 표본수

⑷ 단계 4 : 판별식의 해석

판별계수(discriminant coefficient / discriminant weight/ standardized canonical coefficient)의 해석은 다음과 같이 한다.

• 절대값이 클수록 집단판별에 더 기여하는 변수로 판단한다.
• 회귀분석의 회귀계수의 의미와 비슷하다.

판별적재량(discriminant loadings/canonical loadings)은 다음과 같이 해석한다.

- 판별식과 독립변수의 상관관계 의미이다.
- 요인분석의 요인적재량(factor loadings)과 같은 의미이다.

Partial F값에 대한 해석은 다음과 같이 한다.

- Stepwise 방법에서 변수의 중요도를 평가한다.
- F값이 클수록 판별력이 크다는 것을 의미한다.

2 가설검정을 위한 판별분석

2.1. 분석개요

가설검정을 위한 판별분석은 판별분석을 위해 설명변수로 선택된 변수들이 판별집단에 해당되는 종속변수에 대해 영향을 미치는 정도를 보기 위한 것이다.

분석결과는 각 변수들의 유의도, 전체 모형의 유의도, Fisher의 판별식, 판별식에 따른 분류 결과를 볼 수 있다.

2.2. 분석데이터

회사에서 해외브랜드 패밀리 레스토랑을 선호하는 소비자와 국내 자생 브랜드 패밀리 레스토랑을 선호하는 소비자의 특성을 파악하기 위하여 10명의 해외 패밀리 레스토랑 선호자와 10명의 국내 자생 브랜드 패밀리 레스토랑 선호자의 구매를 조사하였다. 선호하는 기준으로 선택시 이색적 분위기와 가격의 중요성을 11점 척도로 측정했다.

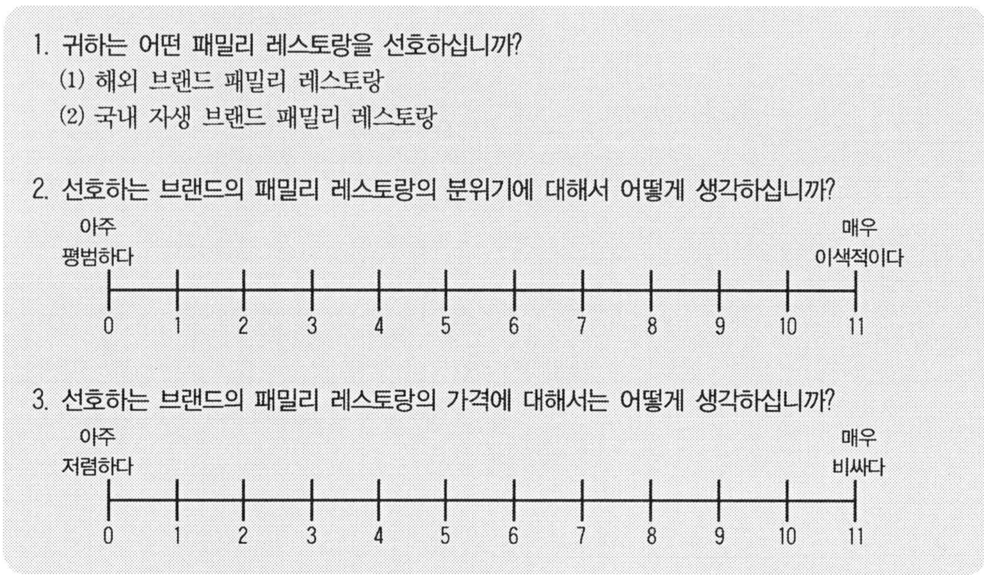

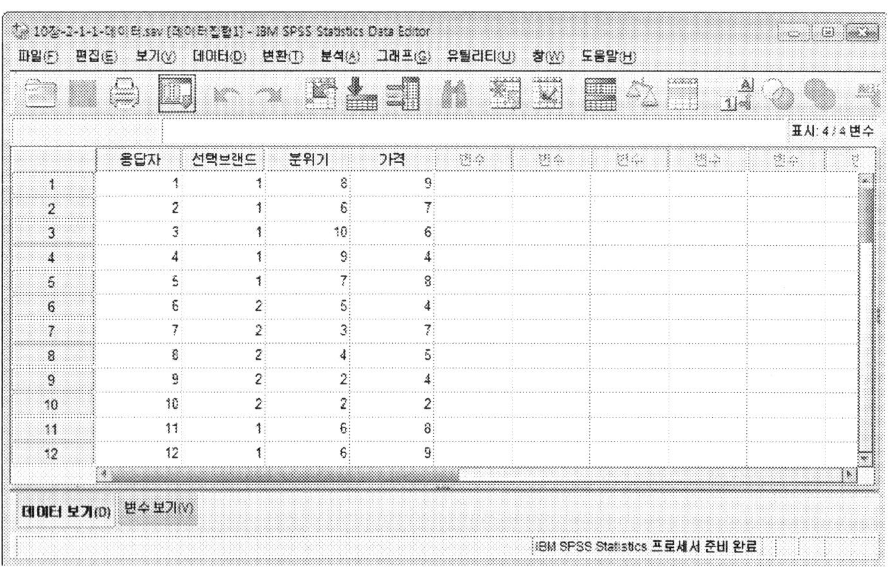

10장-2-1-1-데이터.sav [데이터집합1] - IBM SPSS Statistics Data Editor

파일(F) 편집(E) 보기(V) 데이터(D) 변환(T) 분석(A) 그래프(G) 유틸리티(U) 창(W) 도움말(H)

표시: 4 / 4 변수

	응답자	선택브랜드	분위기	가격	변수	변수	변수	변수	변수	변
1	1	1	8	9						
2	2	1	6	7						
3	3	1	10	6						
4	4	1	9	4						
5	5	1	7	8						
6	6	2	5	4						
7	7	2	3	7						
8	8	2	1	5						
9	9	2	2	4						
10	10	2	2	2						
11	11	1	6	8						
12	12	1	6	9						

데이터 보기(D) 변수 보기(V)

IBM SPSS Statistics 프로세서 준비 완료

2.3. 분석과정

STEP 01 판별분석을 수행하기 위해서는 [분석] → [분류분석] → [판별분석]을 차례로 클릭한다.

STEP 02 판별분석 화면에서 집단변수로서 '선택브랜드', 독립변수로서 '분위기', '가격'을 지정한다. 다음으로 집단변수 하단에 있는 [범위지정] 버튼을 클릭한다. 버튼을 클릭할 수 없으면, 집단변수로 지정된 변수인 '선택 브랜드'를 한 번 더 클릭하면 된다.

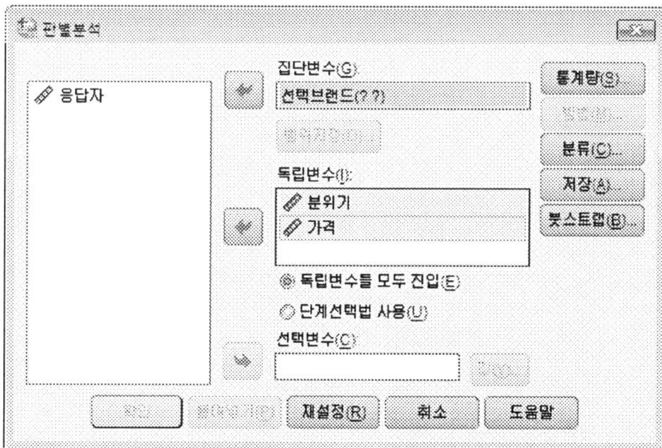

STEP 03 집단을 구분하는 값인 1을 최소값으로 2를 최대값으로 지정한다. 지정이 끝이 나면 하단의 [계속] 버튼을 클릭한다. 판별분석 화면으로 돌아오면 우측의 [**통계량**] 버튼을 클릭한다.

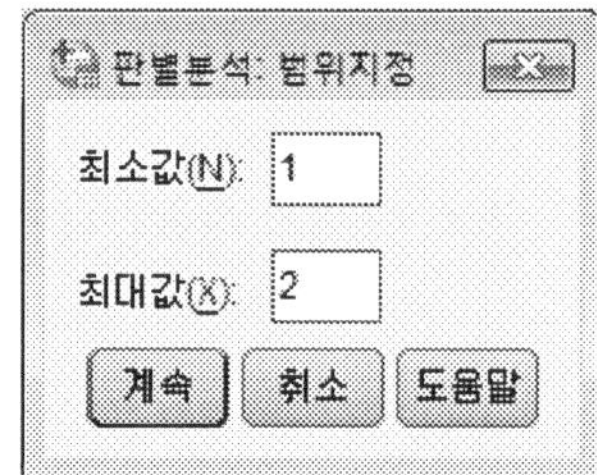

STEP 04 모든 통계량을 선택한다. 하단의 [**계속**] 버튼을 클릭한다. 판별분석 화면으로 돌아오면 우측의 [**분류**] 버튼을 클릭한다.

STEP 05 집단 별 표본 수가 같은 경우에는 '모든 집단이 동일'을 선택하고, 다른 경우에는 '집단표본크기로 계산'을 선택한다. 공분산 행렬 사용은 집단별 분산이 같을 경우에는 '집단-내'를, 다를 경우에는 '개별-집단'을 선택한다. 표시는 각 케이스별 분류 결과를 보여주는 선택항목이다. 도표는 분류 결과를 도표로 보여준다. 현재와 같이 선택한 후, [**계속**] 버튼을 클릭하고, 판별분석 화면으로 돌아오면, [**확인**] 버튼을 클릭한다.

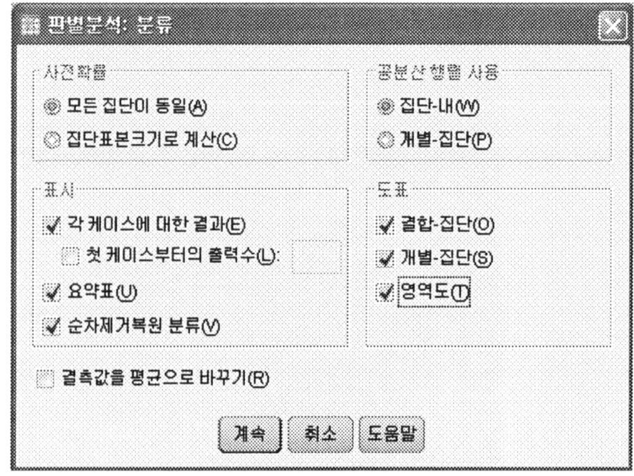

2.4. 결과해석

[결과1] 분석 케이스 처리 요약

가중되지 않은 케이스		N	퍼센트
유효		20	100.0
제외	결측되었거나 범위를 벗어난 집단코드	0	.0
	적어도 하나 이상의 결측 판별변수	0	.0
	집단코드와 최소 하나 이상의 결측 판별변수가 누락되었거나 범위를 벗어남	0	.0
	전체	0	.0
전체		20	100.0

　[결과1]을 보면, 분석대상 표본에 대한 유효 관찰치의 수와 분류항목별로 각 관찰치별로 제외된 관찰 수에 대한 정보이다.

　[결과2]는 각 변수에 대해서 전체 표본과 각 집단별로 기술 통계량을 보여주고 있다. 출력 결과를 정리해 보면,

설명변수	국내브랜드	해외브랜드	차이
분위기	3.50(1.84)	6.90(2.28)	−3.40
가격	4.50(2.12)	7.10(2.23)	−2.60

로서 분위기와 가격에 따라 집단별로 차이가 있을 것으로 생각된다. 특히 분위기가 더 영향력 있는 변수인 것으로 보인다.

　각 변수에 대한 통계량을 볼 경우, 두 변수 모두 F값이 의미가 있다. 각 변수에 대한 Wilks 람다(λ)는 분위기는 0.572이며, 가격은 0.716이다. 유의확률도 5%에서 모두 유의하다. 전체적으로 두 변수에 대한 다변량 통계량을 본 결과 Wilks 람다 값이 의미 있다.

[결과2] 집단 통계량

선택브랜드		평균	표준편차	유효수(목록별)	
				가중되지 않음	가중됨
해외	분위기	6.90	2.283	10	10.000
	가격	7.10	2.234	10	10.000
국내	분위기	3.50	1.841	10	10.000
	가격	4.50	2.121	10	10.000
합계	분위기	5.20	2.668	20	20.000
	가격	5.80	2.505	20	20.000

집단평균의 동질성에 대한 검정

	Wilks 람다	F	자유도1	자유도2	유의확률
분위기	.572	13.442	1	18	.002
가격	.716	7.124	1	18	.016

[결과3] 집단-내 통합 행렬[a]

		분위기	가격
공분산	분위기	4.300	2.200
	가격	2.200	4.744
상관	분위기	1.000	.487
	가격	.487	1.000

a. 공분산행렬의 자유도는 18입니다.

공분산행렬[a]

선택브랜드		분위기	가격
해외	분위기	5.211	1.789
	가격	1.789	4.989
국내	분위기	3.389	2.611
	가격	2.611	4.500
합계	분위기	7.116	4.411
	가격	4.411	6.274

a. 전체 공분산행렬은 19의 자유도를 가집니다.

[결과3]에서는 공분산과 상관관계에 대한 통계량이 제시되어 있다. [결과4]에는 각 집단별 분산행렬의 결정값(Determinant)의 자연로그 값이 제시되어 있다. 국내 집단의 자연로그 값은 2.132, 해외 집단에 대한 자연로그 값은 3.127, 집단을 합쳐서 평가한 경우(Pooled)는 2.745로 계산되어 있다. 이에 대한 테스트 결과는 다음에 제시된다. 집단의 공분산행렬의 차이에 대한 검정이다. 공분산 행렬이 서로 같은지를 살펴보기 위해서 Box M 테스트를 진행했으며, 이 값이 2.078이고, 이에 대한 유결과를 볼 경우 $\chi^2 = 1.83(p > 0.61)$으로서 유의 수준 0.05에서 각 집단의 공분산 행렬이 서의확률이 0.609로 공분산행렬이 같다는 가설을 기각할 수 없다. 따라서 판별분석의 계산은 합동공분산 행렬을 사용하게 된다. 만약 현재의 귀무가설이 기각되면, 각 집단의 공분산 행렬이 판별분석 계산에 사용해야 한다.

[결과4] 로그 행렬식

선택브랜드	순위	로그 행렬식
해외	2	3.127
국내	2	2.132
집단-내 통합값	2	2.745

※ 인쇄된 판별값의 순위와 자연로그는 집단 공분산행렬의 순위 및 자연로그를 나타냅니다.

검정 결과

Box의 M		2.078
F	근사법	.609
	자유도1	3
	자유도2	58320.000
	유의확률	.609

※ 모집단 공분산행렬이 동일하다는 영가설을 검정합니다.

[결과5]를 보면, 현재의 판별식에 대한 정준분석(canonical correlation) 결과가 나와 있다. 구분해야 할 집단의 수에서 −1개 만큼의 고유값과 정준식이 표시된다. 현재는 집단이 2개로서 한 개의 정준식의 정준분석결과가 제시되어 있다. 정준상관관계가 0.667로서 높게 나타났다. 전체 정준식에 대한 평가는 윌크스 람다 값으로 제시되어 있는데, 이에 대한 검정결과에 대한 결과를 보면, 유의확률이 0.007로서 의미가 있다. 따라서 현재 판별식이 적절하게 추정되었다. 표준화 정준판별함수 계수과 구조행렬을 보면, 분위기 변수의 계수는 0.816, 상관관수는 0.964이고 가격 변수의 계수는 0.304, 상관계수는 0.702인 것으로 보아 분위기 변수가 가

격 변수보다 집단을 구분하는데 더 유용하다고 볼 수 있다.

정준판별식이 나와 있는데 이 경우에 정준판별식은

$$판별점수 = 0.393(분위기) + 0.140(가격)$$

로 계산된다. 정준판별식을 통한 각 집단의 중심점(centroid)은

- 국내 브랜드를 선택한 경우 : −0.850
- 해외 브랜드를 선택한 경우 : 0.850

로서 서로 대칭으로 나타났다.

[결과5] 고유값

함수	고유값	분산의 %	누적 %	정준 상관
1	.804a	100.0	100.0	.667

a. 첫 번째 1 정준 판별함수가 분석에 사용되었습니다.

Wilks의 람다

함수의 검정	Wilks의 람다	카이제곱	자유도	유의확률
1	.554	10.026	2	.007

표준화 정준 판별함수 계수

	함수
	1
분위기	.816
가격	.304

구조행렬

	함수
	1
분위기	.964
가격	.702

※ 판별변수와 표준화 정준 판별함수 간의 집단-내 통합 상관행렬. 변수는 함수내 상관행렬의 절대값 크기순으로 정렬되어 있습니다.

정준 판별함수 계수

	함수
	1
분위기	.393
가격	.140
(상수)	−2.856

※ 표준화하지 않은 계수

함수의 집단중심점

선택브랜드	함수
	1
해외	.850
국내	−.850

※표준화하지 않은 정준 판별함수가 집단 평균에 대해 계산되었습니다.

[결과6]은 집단에 사전 확률과 선형판별식을 나타낸 것으로 이를 통해 피셔 판별식(Fisher Discriminant Function)을 제시하고 있다. 선형 판별식 z는

$$z = (0.43092 - 1.09996)(분위기) + (0.74866 - 0.98643)(가격)$$
$$= -0.66904(분위기) - 0.20777(가격)$$

판별점수(cutting score) C는 이와는 달리 역으로 계산되며, $-7.98986 - (-3.13174) = -4.85812$로서 위 식으로 계산된 결과가 이 값보다 작으면 해외 브랜드 패밀리 레스토랑을 선호하는 집단으로 분류가 되며, 이 값보다 크면 국내 자생 브랜드 패밀리 레스토랑을 선호하는 집단으로 구분된다. 즉

- $z \leq -4.85812$ → 해외 브랜드 패밀리 레스토랑을 선호하는 집단으로 분류됨
- $z > -4.85812$ → 국내 자생 브랜드 패밀리 레스토랑을 선호하는 집단으로 분류됨

피셔의 판별식은 위와 같이 판별식을 구하지 않고도 국내와 해외에 관련된 두 식에 대해서 값을 구하고 그 중에 큰 값이 있는 쪽으로 분류를 해도 마찬가지의 결과를 가져 온다.

[결과6] 집단에 대한 사전확률

선택브랜드	사전확률	분석에 사용된 케이스	
		가중되지 않음	가중됨
해외	.500	10	10.000
국내	.500	10	10.000
합계	1.000	20	20.000

분류 함수 계수

	선택브랜드	
	해외	국내
분위기	1.100	.431
가격	.986	.749
(상수)	−7.990	−3.132

※ Fisher의 선형 판별함수

[결과7]은 각 관찰치에 대한 판별식 분류결과이다. 베이지안 추정에 의해 분류한 결과로서 셋째 열의 13번 관찰치와 19번 관찰치가 현재의 판별식으로 분류했을 때 다른 집단으로 분류되었다는 것을 의미한다. [결과8]과 [결과9]에서는 각 관찰치별로 정준함수 값을 그래프로 보여주고 있다. 그래프를 보면 두 집단의 정준함수값이 차이가 있다. 현재는 표본수가 많지 않기 때문에 그래프로서 정규분포 여부를 파악하기는 힘들다.

[결과7] 케이스별 통계량

	케이스 수	최대집단						두 번째로 큰 최대집단			판별 점수
		실제 집단	예측 집단	P(D>d | G=g)		P(G=g | D=d)	중심값 까지의 제곱 Mahalanobis 거리	집단	P(G=g | D=d)	중심값 까지의 제곱 Mahalanobis 거리	함수 1
				확률	자유도						
원래값	1	1	1	.485	1	.933	.488	2	.067	5.756	1.549
	2	1	1	.713	1	.694	.135	2	.306	1.777	.482
	3	1	1	.287	1	.963	1.136	2	.037	7.654	1.916

4	1	1	.695	1	.892	.154	2	.108	4.383	1.243
5	1	1	.869	1	.849	.027	2	.151	3.482	1.016
6	2	2	.603	1	.637	.271	1	.363	1.394	−.330
7	2	2	.879	1	.766	.023	1	.234	2.397	−.698
8	2	2	.790	1	.730	.071	1	.270	2.057	−.584
9	2	2	.509	1	.929	.436	1	.071	5.573	−1.510
10	2	2	.347	1	.955	.883	1	.045	6.972	−1.790
11	1	1	.819	1	.742	.052	2	.258	2.169	.622
12	1	1	.930	1	.785	.008	2	.215	2.600	.762
13	1	2**	.424	1	.943	.640	1	.057	6.253	−1.650
14	1	1	.713	1	.694	.135	2	.306	1.777	.482
15	1	1	.218	1	.972	1.516	2	.028	8.599	2.082
16	2	2	.899	1	.774	.016	1	.226	2.478	−.724
17	2	2	.424	1	.522	.640	1	.478	.812	−.051
18	2	2	.280	1	.964	1.165	1	.036	7.729	−1.930
19	2	1**	.869	1	.849	.027	2	.151	3.482	1.016
20	2	2	.292	1	.962	1.109	1	.038	7.585	−1.904
교차 유효값ᵃ　1	1	1	.622	2	.924	.950	2	.076	5.944	
2	1	1	.876	2	.680	.265	2	.320	1.771	
3	1	1	.036	2	.960	6.672	2	.040	13.029	
4	1	1	.005	2	.796	10.650	2	.204	13.373	
5	1	1	.888	2	.834	.238	2	.166	3.467	
6	2	2	.549	2	.596	1.199	1	.404	1.975	
7	2	2	.234	2	.692	2.901	1	.308	4.520	
8	2	2	.957	2	.718	.087	1	.282	1.955	
9	2	2	.721	2	.920	.655	1	.080	5.533	
10	2	2	.423	2	.949	1.721	1	.051	7.582	
11	1	1	.653	2	.712	.853	2	.288	2.666	
12	1	1	.324	2	.730	2.255	2	.270	4.243	
13	1	2**	.598	2	.996	1.027	1	.004	11.973	
14	1	1	.876	2	.680	.265	2	.320	1.771	

15	1	1	.275	2	.971	2.580	2	.029	9.609
16	2	2	.880	2	.757	.255	1	.243	2.529
17	2	2	.665	2	.501	.817	1	.499	.826
18	2	2	.166	2	.961	3.589	1	.039	9.999
19	2	1**	.901	2	.934	.208	2	.066	5.506
20	2	2	.350	2	.959	2.101	1	.041	8.402

※ 원래 데이터의 경우 제곱 Mahalanobis 거리는 정준 함수를 기준으로 결정됩니다. 교차유효화 데이터의 경우 제곱 Mahalanobis 거리는 관측에 따라 결정됩니다.

** 오분류 케이스

a. 분석시 해당 케이스에 대해서만 교차유효화가 수행됩니다. 교차유효화시 각 케이스는 해당 케이스를 제외한 모든 케이스로부터 파생된 함수별로 분류됩니다.

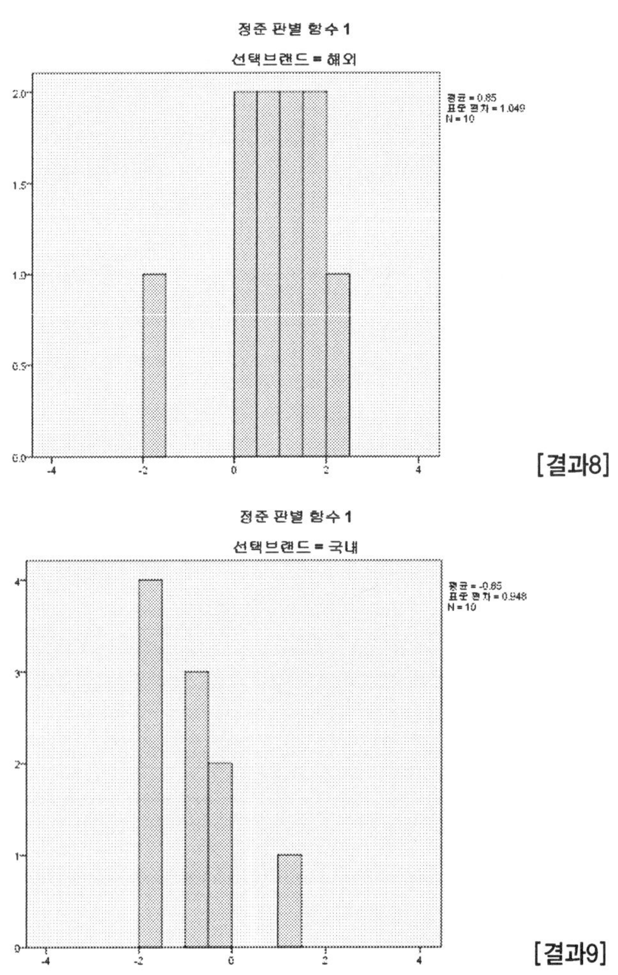

[결과8]

[결과9]

[결과10] 분류결과[b,c]

		선택브랜드	예측 소속집단		전체
			해외	국내	
원래값	빈도	해외	9	1	10
		국내	1	9	10
	%	해외	90.0	10.0	100.0
		국내	10.0	90.0	100.0
교차 유효값[a]	빈도	해외	9	1	10
		국내	1	9	10
	%	해외	90.0	10.0	100.0
		국내	10.0	90.0	100.0

a. 분석시 해당 케이스에 대해서만 교차유효화가 수행됩니다. 교차유효화시 각 케이스는 해당 케이스를 제외한 모든 케이스로부터 파생된 함수별로 분류됩니다.
b. 원래의 집단 케이스 중 90.0%이(가) 올바로 분류되었습니다.
c. 교차유효화 집단 케이스 중 90.0%이(가) 올바로 분류되었습니다.

[결과10]은 판별식에 의해 분류된 최종결과이다. 결과를 볼 경우 90%가 정확히 분류되었다는 것을 알 수 있다. 여러 가지 통계량을 더 구할 수 있는데, 회귀분석의 적합도 검정(R^2)과 같은 개념인 적중률(Hit Ratio), C_{max}, C_{pro}가 있다. 각 통계량은 다음과 같이 계산된다. 적중률 0.90은 C_{max}나 $C_{pro} = 0.50$에 비해 상당히 높다.

$$\text{적중률(Hit Ratio)} = \frac{\text{정확히 분류된 표본수}}{\text{전체표본의 표본수}} = \frac{18}{20} = .90$$

$$C_{max} = \frac{\text{표본수가 가장 많은 집단 표본수}}{\text{전체집단의 표본수}} = \frac{10}{20} = .50$$

$$C_{pro} = \alpha^2 + (1-\alpha)^2 = .50^2 + (1-.50)^2 = .50$$

3 | 모형선택을 위한 판별분석

3.1. 분석개요

모형선택을 위한 판별분석은 추후에 모형 예측을 목적으로 분석하고자 하는 적절한 판별식을 구하는 것이다. 최소의 설명변수로 가장 적절하게 판별 결과를 산출해 낼 수 있는 수식을 구하는 것이 중요하다. 따라서 판별분석식을 구하기 위한 변수선택 과정과 유보 표본에 대해서 분석한 결과가 잘 맞는지를 평가하는 것이 매우 중요하다.

변수		설명	척도
Hatco 회사에 대한 인식	x_1(오더 처리속도)	10점 그래픽 척도	메트릭
	x_2(가격수준)	10점 그래픽 척도	메트릭
	x_3(가격유연성)	10점 그래픽 척도	메트릭
	x_4(제조자 이미지)	10점 그래픽 척도	메트릭
	x_5(전체 서비스 수준)	10점 그래픽 척도	메트릭
	x_6(판매사원 이미지)	10점 그래픽 척도	메트릭
	x_7(제품 품질)	10점 그래픽 척도	메트릭
바이어 특성	x_{11}(구매평가특성)	1=전체적인 구매 가치 평가 0=스펙 구매 평가	넌메트릭

본 사례에서는 4장에 제시된 Hatco 데이터(C : \Sample\Datasav\4장−4−4−1.sav)에서 구매평가특성을 예측하기 위해서 7개의 선택된 설명변수 중에 어떠한 변수들이 스펙 구매 평가 집단인지, 전체 구매 가치 평가 집단인지를 평가하는데 활용하고 있다(Hair, Anderson, Tatham, Black 2000).

3.2. 1단계 : 표본 구분

먼저 분석을 하기 위해서는 유보표본과 분석표본을 구분해야 한다. 분석표본과 유보표본을 별도로 수집하는 것이 좋은데, 많은 경비와 시간이 들어 가는 경우가 많다. 따라서 수집한 데이터를 기준으로 유보표본과 분석표본을 구분하는 것이 일반적이다. 표본구분은 난수

(random number)를 발생시켜 표본을 구분할 수 있다. 여기서는 난수는 특정 관측치가 뽑힐 가능성이 똑 같기 때문에 균등분포(Uniform Distribution) 처리를 한다.

STEP 01 본 책의 분석결과와 일치시키기 위해 난수 생성 초기값을 지정해야 하는데, 이를 위해 [변환] → [난수 생성기]을 차례로 클릭한다.

STEP 02 시작점 설정을 체크하고, 고정값(seed)값으로 '54321'로 지정했다. 다른 값들을 지정하면 다른 결과가 나타난다. [확인] 버튼을 클릭한다.

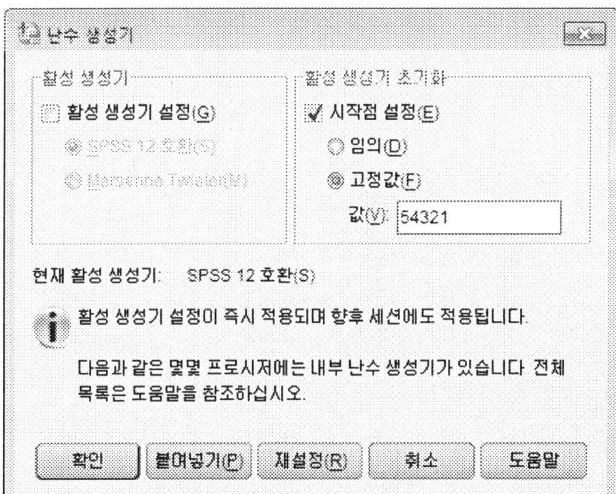

STEP 03   난수값에 따라 표본을 구분하기 위해서 [변환] → [변수 계산]을 차례로 클릭한다.

STEP 04   유보표본과 분석표본을 6 : 4로 구분하기 위해 균등분포 난수값 계산 함수인 RV.UNIFORM(0,1)을 지정하였다. 6 : 4의 비율로 나누기 위해 0.65까지는 분석표본으로 나머지는 유보표본으로 '표본구분'이라는 함수에 저장하도록 했다. 입력이 끝나면 [확인] 버튼을 클릭한다.

STEP 05 계산이 끝이 나면 변수들의 끝에 '표본구분'이라는 변수가 생성되며, '0'인 값은
분석표본, '1'은 유보표본으로 구분이 된다. 빈도분석을 해 보면 분석표본이 60,
유보표본이 40개로 구분이 되어 있음을 알 수 있다. 결과는 'C : \Sample\
Data.sav' 폴더 내에 '4장-4-1-3-데이터.sav'로 저장되어 있다.

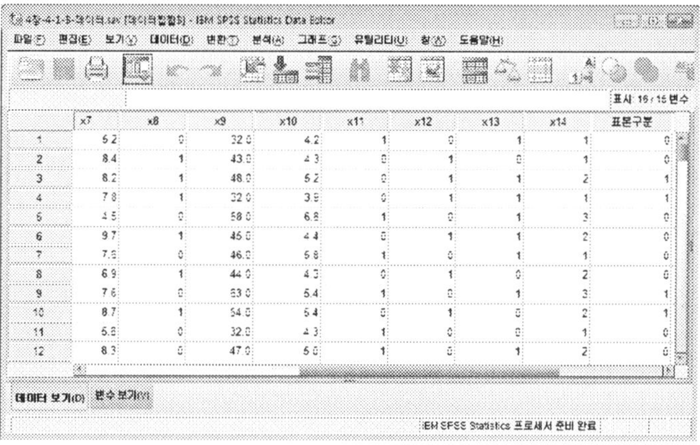

3.3. 2단계 : 분석표본의 기초 분석

(1) 분석과정

STEP 01 판별분석을 수행하기 위해서는 [분석] → [분류분석] → [판별분석]을 차례로
클릭한다.

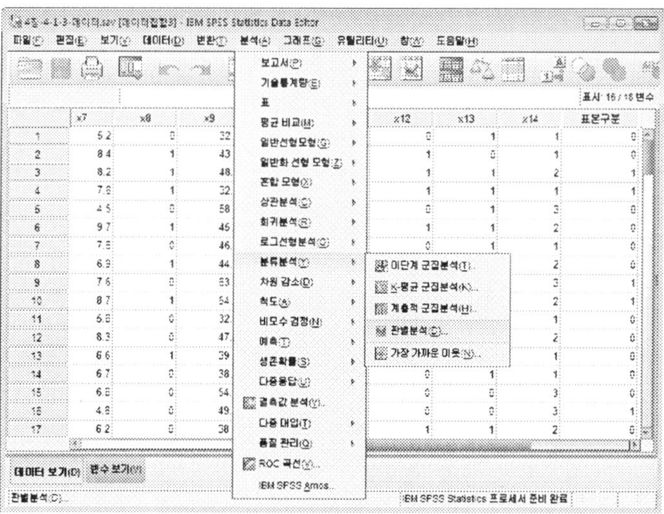

STEP 02 판별분석 화면에서 집단변수와 독립변수를 좌측과 같이 지정한다. 다음으로 집 단변수 하단에 있는 [범위지정] 버튼을 클릭한다. 좌측과 같이 버튼을 클릭할 수 없으면, 집단변수로 지정된 변수인 'x11'을 한 번 더 클릭하면 된다.

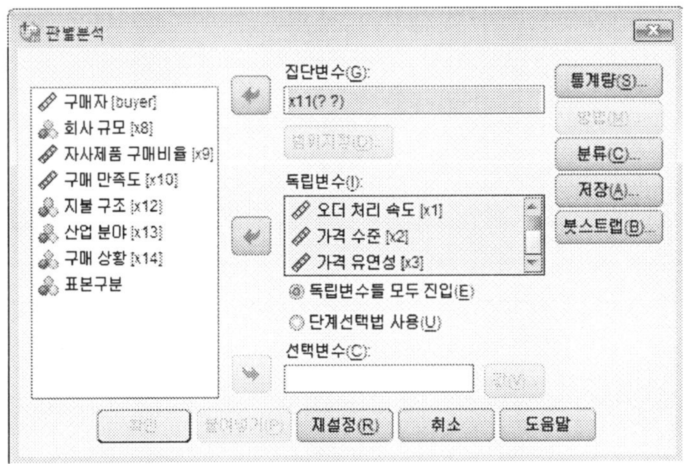

STEP 03 집단을 구분하는 값인 0을 최소값으로 1를 최대 값으로 지정한다. 지정이 끝이 나면 하단의 [계 속] 버튼을 클릭한다. 판별분석 화면으로 돌아오 면 우측의 [통계량] 버튼을 클릭한다.

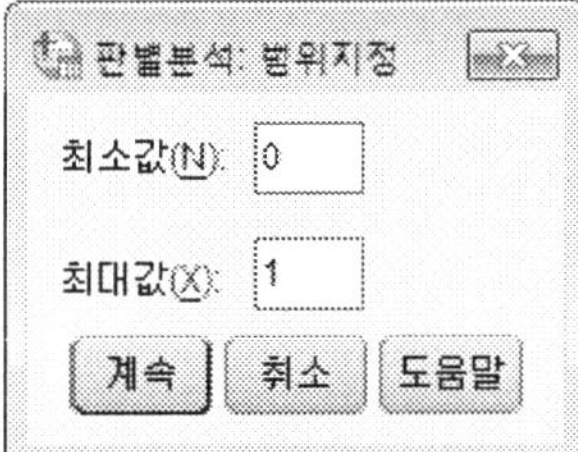

STEP 04 모든 통계량을 좌측과 같이 기술통계 항목들을 선택한다. [계속] 버튼을 클릭한다.

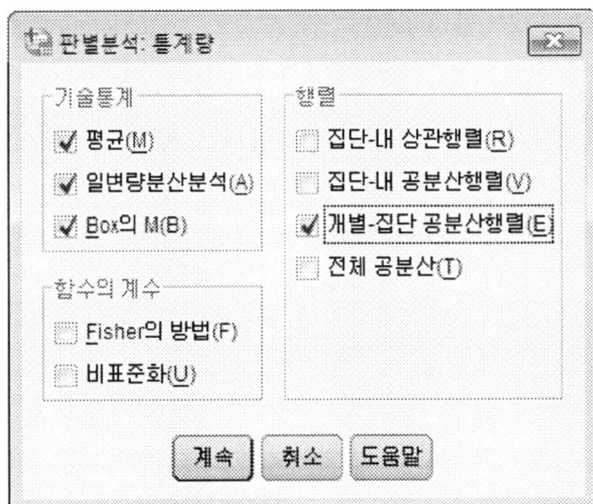

STEP 05 선택변수로서 '표본구분'변수를 지정하고, [값] 버튼을 클릭한다.

STEP 06 분석표본을 의미하는 값인 '0'을 지정하고, [계속] 버튼을 클릭한다. 판별분석 화면으로 돌아오면 [확인] 버튼을 클릭한다.

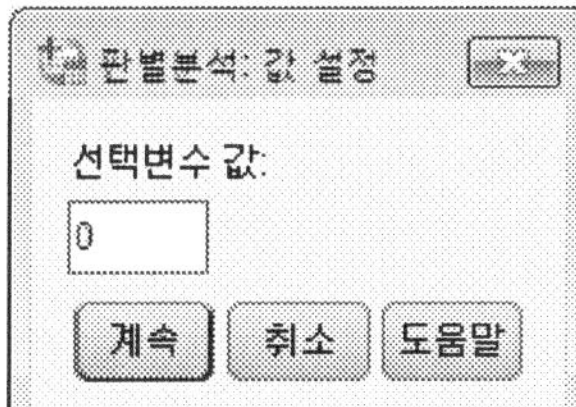

(2) 결과해석

[결과1] 분석 케이스 처리 요약

가중되지 않은 케이스		N	퍼센트
유효		60	60.0
제외	결측되었거나 범위를 벗어난 집단코드	0	.0
	적어도 하나 이상의 결측 판별변수	0	.0
	집단코드와 최소 하나 이상의 결측 판별변수가 누락되었거나 범위를 벗어남	0	.0
	선택되지 않음	40	40.0
	전체	40	40.0
전체		100	100.0

[결과1]을 보면, 표본에 대한 설명이 나와 있다. 전체 표본 중에 60개가 분석에 사용되고 40개가 분석에서 제외되었음을 알 수 있다.

[결과2] 집단 통계량

구매 평가 방법		평균	표준편차	유효수(목록별)	
				가중되지 않음	가중됨
스펙 구매에 대한 평가	오더 처리 속도	2.227	1.0534	22	22.000
	가격 수준	2.973	1.1873	22	22.000
	가격 유연성	6.873	.7629	22	22.000
	제조자 이미지	5.155	.8146	22	22.000
	전체 서비스 수준	2.577	.9355	22	22.000
	판매사원 이미지	2.555	.5804	22	22.000
	제품 품질	8.464	.9449	22	22.000
전체적인 구매 가치 평가	오더 처리 속도	4.255	1.1023	38	38.000
	가격 수준	2.082	1.1188	38	38.000
	가격 유연성	8.568	1.2804	38	38.000
	제조자 이미지	5.437	1.3190	38	38.000
	전체 서비스 수준	3.179	.5009	38	38.000
	판매사원 이미지	2.832	.9186	38	38.000
	제품 품질	6.013	1.3220	38	38.000
합계	오더 처리 속도	3.512	1.4588	60	60.000
	가격 수준	2.408	1.2142	60	60.000
	가격 유연성	7.947	1.3836	60	60.000
	제조자 이미지	5.333	1.1602	60	60.000
	전체 서비스 수준	2.958	.7445	60	60.000
	판매사원 이미지	2.730	.8168	60	60.000
	제품 품질	6.912	1.6828	60	60.000

[결과2]는 각 변수에 대해서 전체 표본과 각 집단별로 기술통계량을 보여주고 있다. 결과를 정리해 보면 다음 표와 같이 제시된다. 전체 변수 중에 오더처리속도, 가격수준, 가격유연성, 제품품질 등이 판별식 결정에 직접적인 영향을 줄 가능성이 높다. 이에 대한 자세한 결과는 다음에 개별 변수별 분산분석 결과에 자세히 제시된다.

설명변수	스펙 구매 평가	전체 구매 가치	차이
오더처리속도	2.45(0.96)	4.26(1.10)	−1.81
가격수준	3.10(1.19)	1.98(1.12)	1.02
가격유연성	6.70(0.92	8.61(1.17)	1.89
제조자이미지	5.28(0.85)	5.25(1.40)	−0.03
전체 서비스수준	2.76(0.85)	3.08(0.65)	0.34
판매사원이미지	2.55(0.51)	2.73(0.93)	−0.18
제품품질	8.36(0.76)	6.33(1.28)	2.03

* 평균과 ( ) 안에는 표준편차가 제시되어 있다.

[결과3]은 각 변수에 대한 단일변수 통계량과 모든 변수를 합한 다변량 통계량이다. 먼저 단일변수에 대한 통계량을 볼 경우, 오더 처리 속도, 가격 수준, 가격 유연성과 제품 품질의 F값이 의미가 있다.

[결과4]는 각 집단의 공분산 행렬에 로그 행렬식과 이에 대한 검정이다. 결과를 볼 경우 유의확률 0.05에서 각 집단의 공분산 행렬이 서로 같다는 가설을 기각이 된다. 따라서 판별분석의 계산은 각 집단의 공분산 행렬이 판별분석 계산에 사용해야 함을 보여 준다.

[결과3] 집단평균의 동질성에 대한 검정

	Wilks 람다	F	자유도1	자유도2	유의확률
오더 처리 속도	.544	48.693	1	58	.000
가격 수준	.873	8.453	1	58	.005
가격 유연성	.645	31.881	1	58	.000
제조자 이미지	.986	.822	1	58	.368
전체 서비스 수준	.846	10.576	1	58	.002
판매사원 이미지	.973	1.620	1	58	.208
제품 품질	.499	58.176	1	58	.000

[결과4] 로그 행렬식

구매 평가 방법	순위	로그 행렬식
스펙 구매에 대한 평가	7	−7.709
전체적인 구매 가치 평가	7	−6.227
집단-내 통합값	7	−5.786

※ 인쇄된 판별값의 순위와 자연로그는 집단 공분산행렬의 순위 및 자연로그를 나타냅니다.

검정 결과

Box의 M		56.705
F	근사법	1.731
	자유도1	28
	자유도2	6830.447
	유의확률	.010

※ 모집단 공분산행렬이 동일하다는 영가설을 검정합니다.

　[결과5]는 전체 판별식 모형에 대한 고유값과 정준상관계수가 의미가 있으며, Wilks 람다 값 등이 유의하게 나타나 판별분석을 하는 것이 적절함을 알 수 있다. 그런데 일부 변수들이 유의하지 않기 때문에 이들 변수들 중에 유의한 변수들을 선택해야 할 것이다.

[결과5] 고유값

함수	고유값	분산의 %	누적 %	정준 상관
1	2.232^a	100.0	100.0	.831

a. 첫 번째 1 정준 판별함수가 분석에 사용되었습니다.

Wilks의 람다

함수의 검정	Wilks의 람다	카이제곱	자유도	유의확률
1	.309	63.928	7	.000

3.4. 3단계 : 분석표본의 유의한 변수 선택

(I) 분석과정

STEP 01 변수 선택을 위한 판별분석을 수행하기 위해서는 다시 [분석] → [분류분석] → [판별분석]을 차례로 클릭한다. 판별분석 화면에서 '단계선택법 사용'을 체크한다. 다음으로 우측의 [방법] 버튼을 클릭한다.

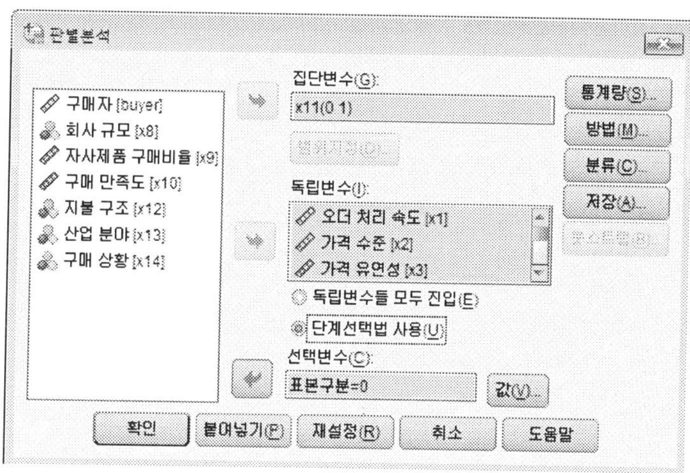

STEP 02 다양한 단계선택법들이 소개되어 있다. 이중에서 한 가지 방법을 선택하면 된다. 현재는 지정된 형태대로 그대로 수행했다. 하단의 [계속] 버튼을 클릭한다. 판별분석 화면이 나타나면, [확인] 버튼을 클릭한다.

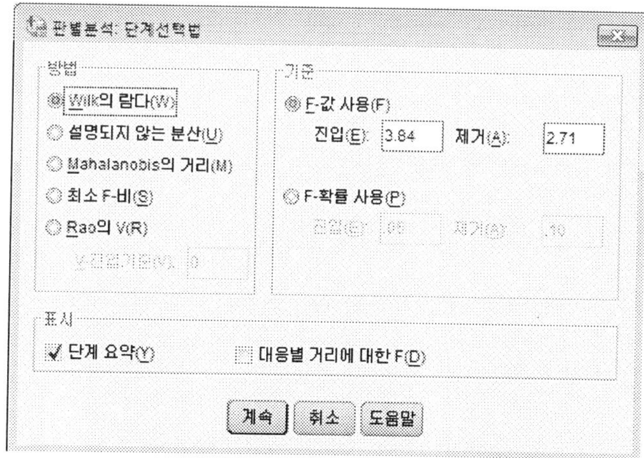

(2) 결과해석

[결과1] 진입된/제거된 변수[a,b,c,d]

단계		Wilks 람다							
							정확한 F		
	진입된	통계량	자유도1	자유도2	자유도3	통계량	자유도1	자유도2	유의확률
1	제품 품질	.499	1	1	58.000	58.176	1	58.000	.000
2	가격 유연성	.378	2	1	58.000	46.810	2	57.000	.000
3	오더 처리 속도	.331	3	1	58.000	37.726	3	56.000	.000

※ 각 단계에서 전체 Wilks의 람다를 최소화하는 변수가 입력됩니다.
a. 최대 단계 수는 14입니다.
b. 입력할 최소 부분 F는 3.84입니다.
c. 제거할 최대 부분 F는 2.71입니다.
d. F수준, 공차한계 또는 VIN 부족으로 계산을 더 수행할 수 없습니다.

[결과1]은 단계별로 진입된 변수에 대해서 보여주고 있다. 제품 품질, 가격 유연성, 오더 처리 속도라는 세 변수가 각 단계별로 추가되었음을 보여준다. 전체 표를 Wilks 람다 값과 이에 따른 F값 및 유의확률을 보여주고 있다.

[결과2]는 각 단계별로 진입변수와 F값, Wilks 람다 값의 변화를 보여준다.

[결과2] 분석할 변수

단계		공차한계	제거할 F	Wilks 람다
1	제품 품질	1.000	58.176	
2	제품 품질	.997	40.195	.645
	가격 유연성	.997	18.196	.499
3	제품 품질	.966	21.912	.461
	가격 유연성	.955	9.340	.386
	오더 처리 속도	.934	8.023	.378

[결과3] 분석할 변수 없음

단계		공차한계	최소 공차한계	입력할 F	Wilks 람다
0	오더 처리 속도	1.000	1.000	48.693	.544
	가격 수준	1.000	1.000	8.453	.873
	가격 유연성	1.000	1.000	31.881	.645
	제조자 이미지	1.000	1.000	.822	.986
	전체 서비스 수준	1.000	1.000	10.576	.846
	판매사원 이미지	1.000	1.000	1.620	.973
	제품 품질	1.000	1.000	58.176	.499
1	오더 처리 속도	.974	.974	16.680	.386
	가격 수준	.933	.933	.454	.495
	가격 유연성	.997	.997	18.196	.378
	제조자 이미지	.963	.963	2.874	.475
	전체 서비스 수준	.994	.994	7.203	.443
	판매사원 이미지	.962	.962	3.896	.467
2	오더 처리 속도	.934	.934	8.023	.331
	가격 수준	.809	.809	.661	.374
	제조자 이미지	.946	.946	3.884	.354
	전체 서비스 수준	.980	.980	7.770	.332
	판매사원 이미지	.959	.958	3.557	.356
3	가격 수준	.788	.788	1.432	.323
	제조자 이미지	.937	.922	2.483	.317
	전체 서비스 수준	.571	.545	1.354	.323
	판매사원 이미지	.958	.927	2.666	.316

[결과4] Wilks의 람다

단계	변수의 수	람다	자유도1	자유도2	자유도3	정확한 F		
						통계량	자유도1	자유도2	유의확률
1	1	.499	1	1	58	58.176	1	58.000	.000
2	2	.378	2	1	58	46.810	2	57.000	.000
3	3	.331	3	1	58	37.726	3	56.000	.000

[결과3]은 분석 모형에 포함되지 않은 변수들에 대한 F값과 Wilks 람다 값의 변화를 단계별로 보여주고 있다. 마지막으로 [결과4]에서는 각 단계별 Wilks 람다의 변화를 보여준다. 최종적으로 선택된 변수들은 앞에서 살펴보았듯이 제품 품질, 가격 유연성, 오더 처리 속도라는 변수들이다.

3.5. 4단계 : 선정된 변수를 적용한 판별식 검정

(1) 분석과정

앞의 변수선정결과로 x_1(오더처리속도), x_3(가격 유연성), x_7(제품 품질) 이라는 3개의 변수가 중요한 설명변수로 선정되었다. 이 변수들을 중심으로 판별분석을 수행해 보면 다음과 같다.

STEP 01 판별분석을 수행하기 위해서는 [분석] → [분류분석] → [판별분석]을 차례로 클릭한다. 판별분석 화면에서 집단변수와 앞에서 선택된 독립변수를 다음과 같이 지정한다. 범위지정이나 선택변수는 이전에 살펴보았던 대로 진행한다. 우측의 [**통계량**] 버튼을 클릭한다.

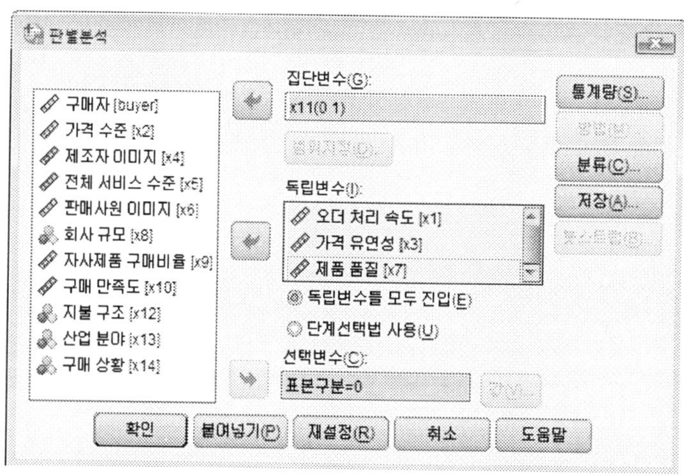

STEP 02　다음과 같이 기술통계 항목들과 Fisher의 방법을 선택할 수 있도록 한다. [계속] 버튼을 클릭한다. 판별분석 화면으로 돌아오면, 우측의 [분류] 버튼을 클릭한다.

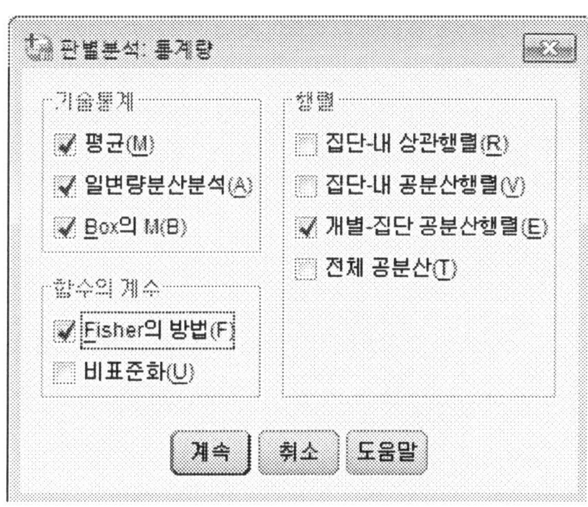

STEP 03　사전확률을 '집단표본크기로 계산'으로 선택하고, 요약표를 제시하도록 한다. [계속] 버튼을 클릭한 후, 판별분석 화면으로 돌아오면 [확인] 버튼을 클릭한다

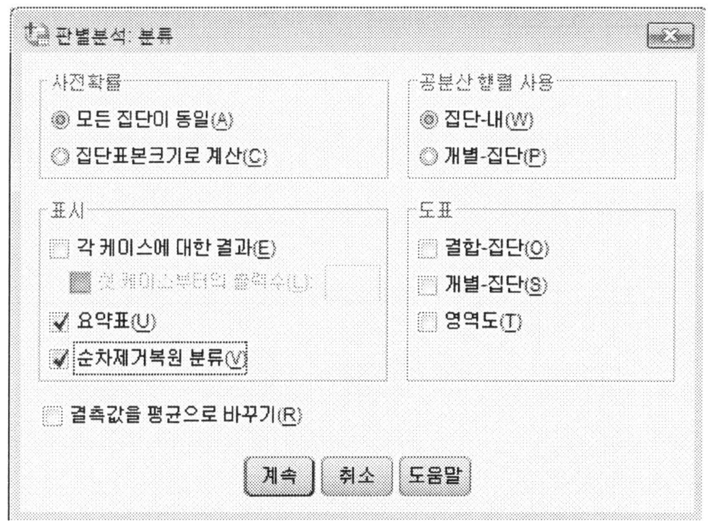

(2) 결과해석

[결과1]을 보면, 각 변수에 대해서 전체 표본과 각 집단별로 기술 통계량을 보여주고 있다. 출력결과를 정리해 보면,

설명변수	스펙 구매 평가	전체 구매가치	차이
오더처리속도	2.23(1.05)	4.26(1.10)	−2.03
가격유연성	6.87(0.76)	8.57(1.28)	−1.70
제품품질	8.46(0.94)	6.03(1.32)	2.43

로서 각 집단별로 차이가 있다. 특히 제품 품질이 더 영향력 있는 변수인 것으로 보인다.

[결과1] 집단 통계량

구매 평가 방법		평균	표준편차	유효수(목록별)	
				가중되지 않음	가중됨
스펙 구매에 대한 평가	오더 처리 속도	2.227	1.0534	22	22.000
	가격 유연성	6.873	.7629	22	22.000
	제품 품질	8.464	.9449	22	22.000
전체적인 구매 가치 평가	오더 처리 속도	4.255	1.1023	38	38.000
	가격 유연성	8.568	1.2804	38	38.000
	제품 품질	6.013	1.3220	38	38.000
합계	오더 처리 속도	3.512	1.4588	60	60.000
	가격 유연성	7.947	1.3836	60	60.000
	제품 품질	6.912	1.6828	60	60.000

[결과2]는 집단평균 동질성에 대한 검정 결과이다. 세 변수 모두 Wilks 람다 값도 높으며, F값도 의미가 있다.

[결과2] 집단평균의 동질성에 대한 검정

	Wilks 람다	F	자유도1	자유도2	유의확률
오더 처리 속도	.544	48.693	1	58	.000
가격 유연성	.645	31.881	1	58	.000
제품 품질	.499	58.176	1	58	.000

[결과3]은 각 집단의 공분산행렬의 차이에 대한 검정이다. 윗부분에는 공분산행렬을 보여주고 있다. 이에 대해 각 집단별 분산행렬의 결정값(determinant)의 자연로그 값에 대한 로그 행렬식을 보여주고 있다. 스펙 구매는 −.601, 전체적인 구매는 1.097, 집단내 통합값은 .683으로 제시되어 있다. 이에 대한 검정결과를 볼 경우 Box의 M값이 11.629이며, F값은

1.817, 유의확률이 0.092로서 5% 유의수준을 기준으로 각 집단의 공분산 행렬이 서로 같다는 가설을 기각할 수 없다. 따라서 판별분석의 계산은 합동공분산 행렬을 사용하게 된다. 만약 현재의 귀무가설이 기각되면, 각 집단의 공분산 행렬이 판별분석 계산에 사용한다.

[결과3] 공분산행렬

구매 평가 방법		오더 처리 속도	가격 유연성	제품 품질
스펙 구매에 대한 평가	오더 처리 속도	1.110	−.131	−.088
	가격 유연성	−.131	.582	.099
	제품 품질	−.088	.099	.893
전체적인 구매 가치 평가	오더 처리 속도	1.215	.441	−.277
	가격 유연성	.441	1.640	.063
	제품 품질	−.277	.063	1.748

로그 행렬식

구매 평가 방법	순위	로그 행렬식
스펙 구매에 대한 평가	3	−.601
전체적인 구매 가치 평가	3	1.097
집단－내 통합값	3	.683

※ 인쇄된 판별값의 순위와 자연로그는 집단 공분산행렬의 순위 및 자연로그를 나타냅니다.

검정 결과

Box의 M		11.629
F	근사법	1.817
	자유도1	6
	자유도2	12620.653
	유의확률	.092

※ 모집단 공분산행렬이 동일하다는 영가설을 검정합니다.

[결과4]는 전체 모형에 대한 고유값과 정준상관계수, Wilks 람다 값들을 보여준다. Wilks 람다 값을 볼 경우의 유의확률이 5% 유의수준에서 의미가 있다. 현재의 판별식에 대한 정준분석(canonical correlation) 결과가 나와 있다. 정준분석결과 정준상관관계가 0.818이다. 따라서 현재 모형은 적절한 판별분석식이라고 볼 수 있다.

[결과4] 고유값

함수	고유값	분산의 %	누적 %	정준 상관
1	2.021[a]	100.0	100.0	.818

a. 첫 번째 1 정준 판별함수가 분석에 사용되었습니다.

Wilks의 람다

함수의 검정	Wilks의 람다	카이제곱	자유도	유의확률
1	.331	62.466	3	.000

[결과5]에서 표준화된 정준판별식의 계수들이 나와 있는데 이 경우에 정준판별식은

$$판별점수 = 0.448(오더\ 처리\ 속도) + 0.473(가격\ 유연성) - 0.660(제품품질)$$

로 정리된다.

다음으로 구조행렬을 보면 오더 처리 속도 변수의 상관관계가 0.645이고, 가격 유연성 변수가 0.522, 제품품질 변수가 −0.704로 나타나 3 변수 모두 비슷한 설명력을 갖고 있다고 볼 수 있다.

마지막으로 정준판별식을 통한 각 집단의 중심값(centroid)은

- 스펙 구매 평가를 선택한 경우 : −1.837
- 전체 구매가치 평가를 선택한 경우 : 1.064

로서 서로 차이가 있으며 약간 값의 크기가 달라 비대칭인 것으로 나타났다.

[결과5] 표준화 정준 판별함수 계수

	함수
	1
오더 처리 속도	.448
가격 유연성	.473
제품 품질	−.660

구조행렬

	함수
	1
제품 품질	−.704
오더 처리 속도	.645
가격 유연성	.522

※ 판별변수와 표준화 정준 판별함수 간의 집단−내 통합 상관행렬. 변수는 함수내 상관행렬의 절대값 크기순으로 정렬되어 있습니다.

함수의 집단중심점

구매 평가 방법	함수
	1
스펙 구매에 대한 평가	−1.837
전체적인 구매 가치 평가	1.064

※ 표준화하지 않은 정준 판별함수가 집단 평균에 대해 계산되었습니다.

[결과6]은 표본수를 기준으로 한 집단에 대한 사전확률과 선형판별식을 나타낸 것으로 이를 통해 피셔 판별식(Fisher Discriminant Function)을 구할 수 있다. 선형 판별식 z는

$$z = (2.002 - 3.199)\text{오더 처리 속도} + (4.737 - 5.960)\text{가격 유연성} + (5.923 - 4.328)\text{제품 품질}$$
$$= -1.197 \text{ 오더 처리 속도} - 1.223 \text{ 가격유연성} + 1.595 \text{ 제품품질}$$

판별점수(cutting score) C는 이와는 달리 역으로 계산되며, $-45.812 - (-44.576) = -1.236$으로서 위 식으로 계산된 결과가 이 값보다 작으면 스펙 구매 평가 집단으로 분류가 되며, 이 값보다 크면 전체 구매가치 평가 집단으로 구분된다. 즉

- $z \leqq -1.236 \rightarrow$ 스펙 구매 평가 집단으로 분류됨
- $z > -1.236 \rightarrow$ 전체 구매가치 평가 집단으로 분류됨

피셔의 판별식은 위와 같이 판별식을 구하지 않고도 스펙 구매 평가과 전체 구매가치 평가에 관련된 두 식에 대해서 값을 구하고 그 중에 큰 값이 있는 쪽으로 분류를 해도 마찬가지의 결과를 가져 온다.

[결과6] 분류 처리 요약

처리		100
제외	집단 코드가 누락되었거나 범위를 벗어남	0
	누락된 판별변수가 적어도 하나 이상 있음	0
출력시 사용됨		100

집단에 대한 사전확률

구매 평가 방법	사전확률	분석에 사용된 케이스	
		가중되지 않음	가중됨
스펙 구매에 대한 평가	.367	22	22.000
전체적인 구매 가치 평가	.633	38	38.000
합계	1.000	60	60.000

분류 함수 계수

	구매 평가 방법	
	스펙 구매에 대한 평가	전체적인 구매 가치 평가
오더 처리 속도	2.002	3.199
가격 유연성	4.737	5.960
제품 품질	5.923	4.328
(상수)	−44.576	−45.812

※ Fisher의 선형 판별함수

[결과7]은 피셔의 판별식에 의해 분류된 최종결과이다. 먼저 분석에 선택된 케이스들의 결과를 볼 경우 90%가 정확히 분류되었다는 것을 알 수 있다. 여러 가지 통계량을 더 구할 수 있는데, 회귀분석의 적합도 검정(R^2)과 같은 개념인 적중률(Hit Ratio), C_{max}, C_{pro}가 있다. 각 통계량은 다음과 같이 계산된다.

$$적중률(\text{Hit Ration}) = \frac{53}{60} = .88$$

$$C_{max} = \frac{38}{60} = .63$$

$$C_{pro} = .63^2 + (1 - .63)^2 = .53$$

적중률 0.88은 $C_{\max}=0.63$나 $C_{pro}=0.53$에 비해 상당히 높다.

하단에 선택되지 않은 케이스에 대한 결과를 보여 주고 있다. 전체 40개 중에 6개의 관찰치가 잘 못 분류되어 있으며, 결과를 볼 경우 약간 높은 수치를 보이고 있다. 전체적으로 보아 현재 구해진 판별식은 큰 문제가 없음을 알 수 있다.

[결과7] 분류결과[b,c,d]

			구매 평가 방법	예측 소속집단		전체
				스펙 구매에 대한 평가	전체적인 구매 가치 평가	
선택된 케이스	원래값	빈도	스펙 구매에 대한 평가	21	1	22
			전체적인 구매 가치 평가	6	32	38
		%	스펙 구매에 대한 평가	95.5	4.5	100.0
			전체적인 구매 가치 평가	15.8	84.2	100.0
	교차 유효값[a]	빈도	스펙 구매에 대한 평가	21	1	22
			전체적인 구매 가치 평가	7	31	38
		%	스펙 구매에 대한 평가	95.5	4.5	100.0
			전체적인 구매 가치 평가	18.4	81.6	100.0
선택되지 않은 케이스	원래값	빈도	스펙 구매에 대한 평가	15	3	18
			전체적인 구매 가치 평가	3	19	22
		%	스펙 구매에 대한 평가	83.3	16.7	100.0
			전체적인 구매 가치 평가	13.6	86.4	100.0

a. 분석시 해당 케이스에 대해서만 교차유효화가 수행됩니다. 교차유효화시 각 케이스는 해당 케이스를 제외한 모든 케이스로부터 파생된 함수별로 분류됩니다.

b. 원래의 선택 집단 케이스 중 88.3%이(가) 올바로 분류되었습니다.

c. 원래의 비선택 집단 케이스 중 85.0%이(가) 올바로 분류되었습니다.

d. 선택 교차유효화 집단 케이스 중 86.7%이(가) 올바로 분류되었습니다.

4 ┃ 로지스틱 회귀분석

4.1. 로지스틱 회귀분석이란

로지스틱 회귀분석(logistic regression)은 회귀분석의 특수한 형태로서 종속변수가 넌메트릭 척도로 측정된 경우이다. 이 점에서 보면 판별분석(discriminant analysis)과 비슷한 모형이다.

일반적으로 독립변수들이 등간척도 이상이고 변수들이 다변량 정규분포(multivariate normal distribution)를 하는 경우에는 판별분석을 사용한다. 반면에 로지스틱 회귀분석은 판별분석에 비해 독립변수가 명목척도 또는 서열척도와 같은 정성적인 척도와 등간척도가 섞여 있으면서 변수들이 다변량 정규분포를 한다는 가정이 불명확할 때 사용할 수 있다. 변수들이 다변량 정규분포를 한다면 판별분석 모형이 더 좋은 예측치와 시간절약을 가져다 줄 것이다. 물론 판별분석에서도 다변량 정규분포가 아닌 경우에 비모수추정(nonparametric estimation)에 의해 분석을 할 수 있다(Afifi and Clark 1990).

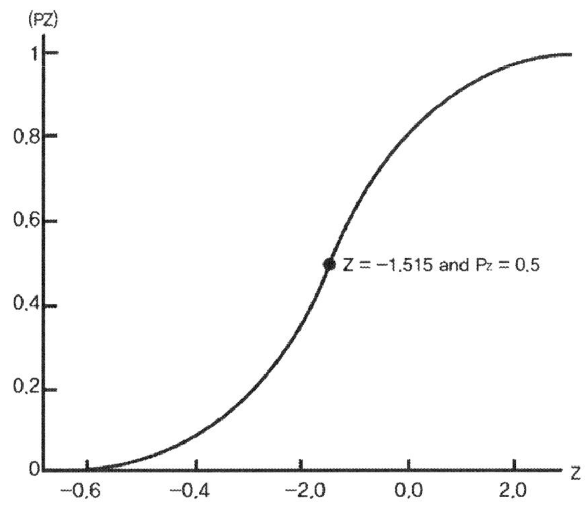

로지스틱 회귀분석에서 두 번째 가정은 그림에서 보듯이 선택확률이 로지스틱 함수(logistic function) 형태를 한다는 것이다.

로지스틱 회귀분석의 사용은 판별분석을 사용하는 것과 마찬가지로 (1) 두 집단 이상의 표본에 대해 각 표본이 속하는 집단을 구분하거나, (2) 집단을 구분하는 식에서 어느 변수가 중요한지를 찾아내는데 사용한다.

로지스틱 회귀분석은 분석형태를 보면 회귀분석과 비슷하다. 종속변수를 로그(log)로 변형하면 일반적인 선형회귀식 형태로 표현되기 때문이다. 로짓에서 가정하고 있는 모형은,

$$P_z = \frac{1}{1 + e^{c-z}}$$

$$Z = \beta_0 + \beta_1 X_{1i} + \beta_2 X_{2i} + \cdots + \beta_p X_p$$

로 표현되며, 식을 조정하면,

$$\ln\left(\frac{P_Z}{1 - P_Z}\right) = \beta_0 + \beta_1 X_{1i} + bets_2 X_{2i} + \cdots + \beta_p X_p$$

로 정리된다. 로지스틱 회귀분석에서 추구하는 내용은 이 식의 모수들을 회귀분석과 비슷하게 추정하는 것이다.

모수추정방법은 최우법(maximum likelihood method) 중 피셔점수법(Fisher's scoring method)을 사용한다. 따라서 일반적인 선형회귀식의 추정에 비해 특이한 관찰치가 모수추정에 미치는 영향력이 적다(robust)고 할 수 있다. 독립변수들에 범주형 데이터가 포함된 경우에는 판별분석에 의한 추정결과를 보면 로짓분석보다 모수추정치를 더 작게 추정하고(underestimation), 종속변수의 선택확률이 더 작은 것으로 나타났다(O'hara, T. F., Hosmer, D. W., Lemeshow, S. and Hartz, S. C. 1982).

4.2. 로지스틱 회귀분석 사례

(1) 분석데이터

예제는 지난 1주 동안 자가용을 이용한 시간과 대중교통을 이용한 시간을 통해 특정인이 자가용을 이용할 것인가 대중교통수단을 이용할 것인가를 예측하는 모형이다. 데이터는 'C:\Sample\Datasav' 폴더 내에 '10장-4-2-1-데이터.sav'로 저장되어 있다.

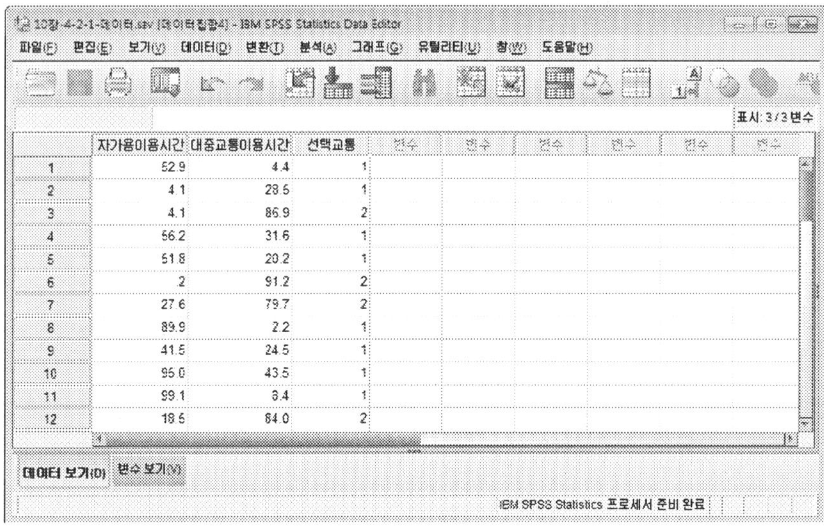

(2) 분석과정

STEP 01 로지스틱 회귀분석을 수행하기 위해서는 [분석] → [회귀분석] → [이분형 로지스틱]을 차례로 클릭한다.

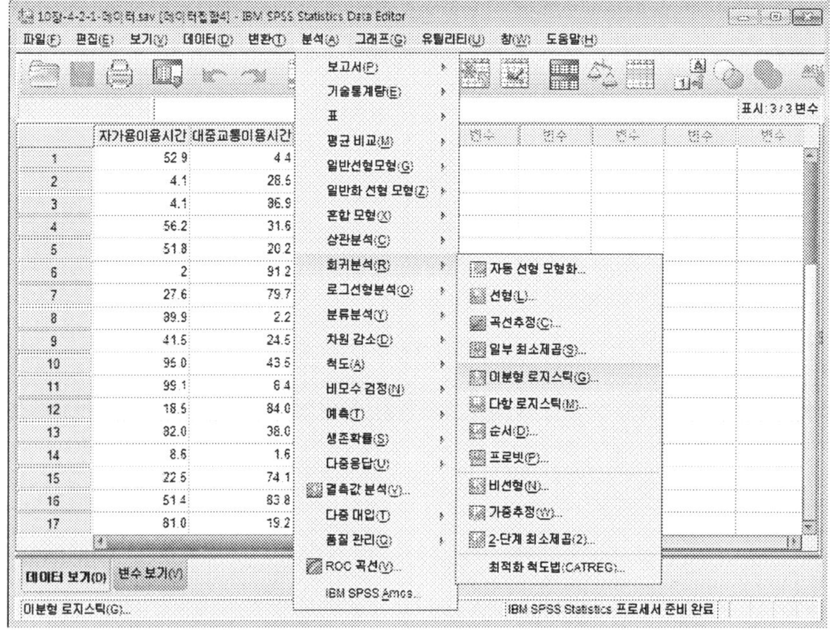

STEP 02　종속변수로서 '선택교통'을 공변량으로 '자가용이용시간'과 '대중교통이용시간'
을 지정한다. 만약 공변량에 범주형 변수가 있다면 [범주형] 버튼을 클릭해 변
수를 지정한다. 출력 내용을 지정하기 위해 [옵션] 버튼을 클릭한다.

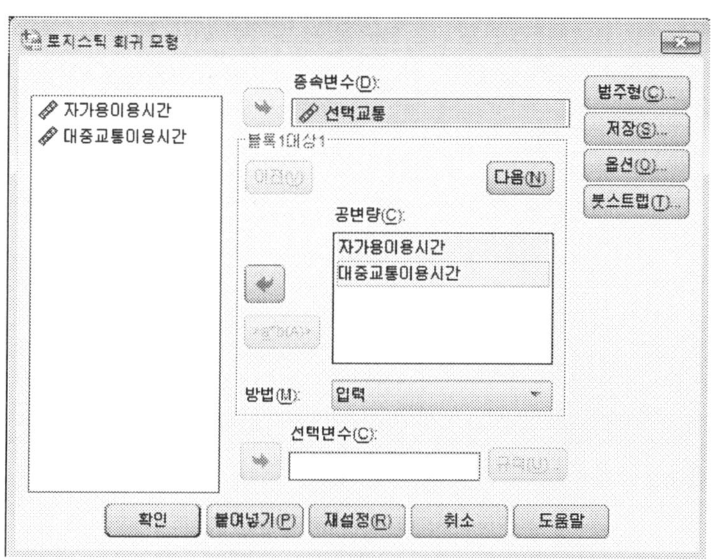

STEP 03　좌측과 같이 다양한 통계량을 출력할 수 있도록 하며, 하단의 '모형에 상수 포함'
을 해제해서 상수가 포함되지 않은 모형을 분석한다. [계속] 버튼을 클릭한 후,
로지스틱 회귀모형 화면으로 돌아오면, [확인] 버튼을 클릭한다.

(3) 결과해석

[결과1]은 데이터집합에 대한 설명이다. 반응 수준이 2(자동차, 대중교통) 이며, 전체 관찰치 수는 21개이며, 종속변수가 코딩이 대중교통은 0, 자가용은 1로서 입력이 되어 계산이 된 것을 알 수 있다. 즉 자가용을 기준으로 계산이 된다.

[결과1] 케이스 처리 요약

가중되지 않은 케이스a		N	퍼센트
선택 케이스	분석에 포함	21	100.0
	결측 케이스	0	.0
	합계	21	100.0
비선택 케이스		0	.0
합계		21	100.0

a. 가중값을 사용하는 경우에는 전체 케이스 수의 분류표를 참조하십시오.

종속변수 코딩

원래 값	내부 값
대중교통	0
자가용	1

[결과2]는 반복 계산된 결과들을 보여 준다. 하단의 내용을 보면, 5번의 반복과정을 통해 모형에 예측되었음을 보여준다.

[결과2] 분류표[a,b,c]

감시됨			예측		
			선택교통		분류정확 %
			대중교통	자가용	
0 단계	선택교통	대중교통	0	11	.0
		자가용	0	10	100.0
	전체 퍼센트				47.6

a. 모형에 포함된 항이 없습니다.
b. 초기 로그-우도 함수 : -2 로그 우도=29.112
c. 절단값은 .500입니다.

방정식에 포함되지 않은 변수

			점수	자유도	유의확률
0 단계	변수	자가용이용시간	1.367	1	.242
		대중교통이용시간	4.924	1	.026
	전체 통계량		13.180	2	.001

반복계산 정보a,b,c

반복계산		−2 Log 우도	계수	
			자가용이용시간	대중교통이용시간
1단계	1	14.157	−.026	.031
	2	12.117	−.039	.048
	3	11.780	−.046	.058
	4	11.759	−.048	.061
	5	11.759	−.048	.062

a. 방법 : 입력
b. 초기 −2 Log 우도 : 29.112
c. 모수 추정값이 .001보다 작게 변경되어 계산반복수 5에서 추정을 종료하였습니다.

[결과3]을 보면 모형에 대한 통계량이 나와 있다.

[결과3] 모형 계수 전체 테스트

		카이제곱	자유도	유의확률
1단계	단계	17.354	2	.000
	블록	17.354	2	.000
	모형	17.354	2	.000

모형 요약

단계	−2 Log 우도	Cox와 Snell의 R−제곱	Nagelkerke R−제곱
1	11.759a	.562	.750

a. 모수 추정값이 .001보다 작게 변경되어 계산반복수 5에서 추정을 종료하였습니다.

[결과3]을 보면 모형의 적합도와 관찰치간의 분류통계량이 나와 있다. Hosmer−Lemeshow 적합도 통계량은 로지스틱 회귀분석, 특히 연속형 공변량을 포함하는 모형과 표

본 크기가 작은 연구에 전통적인 적합도 통계량보다 더 효과적인 평가방법이다. 이 방법은
케이스를 위험도의 10분위수로 집단화하고 각 10분위수 내의 관측 확률을 기대 확률에 비교
한다. 현재 모형의 유의확률을 보면 .616으로서 5% 유의수준에서 볼 경우 모형이 적합함을
알 수 있다. 하단의 10등분 검정분할표를 보더라도, 낮은 단계에서는 대중교통으로 높은 단계
에서는 자가용으로 분류가 될 가능성을 잘 보여주고 있다.

[결과3] Hosmer와 Lemeshow 검정

단계	카이제곱	자유도	유의확률
1	6.279	8	.616

Hesmer와 Lemeshow 검정에 대한 분할표

		선택교통＝대중교통		선택교통＝자가용		합계
		감시됨	예상됨	감시됨	예상됨	
1단계	1	2	1.971	0	.029	2
	2	2	1.899	0	.101	2
	3	2	1.775	0	.225	2
	4	1	1.608	1	.392	2
	5	2	1.298	0	.702	2
	6	2	.751	0	1.249	2
	7	0	.133	2	1.867	2
	8	0	.087	2	1.913	2
	9	0	.052	2	1.948	2
	10	0	.023	3	2.977	3

[결과4]의 분류표 결과를 보면 현재 모형으로 관찰치를 정확히 예측한 비율이 95.5%로서
전체 21개 중에 19개이며 4.5%(2개)는 관찰치와는 다른 결과가 나왔다.

[결과4] 분류표[a]

			예측		
			선택교통		분류정확 %
감시됨			대중교통	자가용	
1단계	선택교통	대중교통	10	1	90.9
		자가용	1	9	90.0
	전체 퍼센트				90.5

a. 절단값은 .500입니다.

[결과5]는 모형의 예측결과를 보여주고 있다. 두 변수의 유의확률을 보면 모두 5%에서 유의하다. 두 변수간의 상관행렬을 보면, 상관계수가 −.745로서 음의 관련성이 높음을 알 수 있다. 추정된 모형을 살펴보면 다음과 같다.

$$E(\text{the logit}) = -0.048 \ \text{자가용이용시간} + 0.062 \ \text{대중교통이용시간}$$

[결과5] 방정식에 포함된 변수

		B	S.E,	Wals	자유도	유의확률	Exp(B)	EXP(B)에 대한 95% 신뢰구간	
								하한	상한
1단계[a]	자가용이용시간	−.048	.020	5.561	1	.018	.953	.916	.992
	대중교통이용시간	.062	.027	5.157	1	.023	1.064	1.008	1.122

a. 변수가 1 : 단계에 진입했습니다. 자가용이용시간, 대중교통이용시간, 자가용이용시간, 대중교통이용시간

상관행렬

		자가용이용시간	대중교통이용시간
1단계	자가용이용시간	1.000	−.745
	대중교통이용시간	−.745	1.000

[결과6,7]은 각 관찰치에 대한 예측에 대한 도표와 잔차분석의 결과이다. [결과6]의 도표를 보면, 대중교통과 자가용 그룹에서 각각 1개의 관찰치가 분류상의 문제가 있음을 보여준다. 또한 [결과7]을 보면 13번의 관찰치의 잔차에 대한 값이 2보다 큰 값으로 나타나 이 값들이 잘못 예측된 값이라는 것을 알 수 있다. 관찰치 13은 자가용임에도 대중교통으로 예측이 되었음을 보여준다.

[결과5]

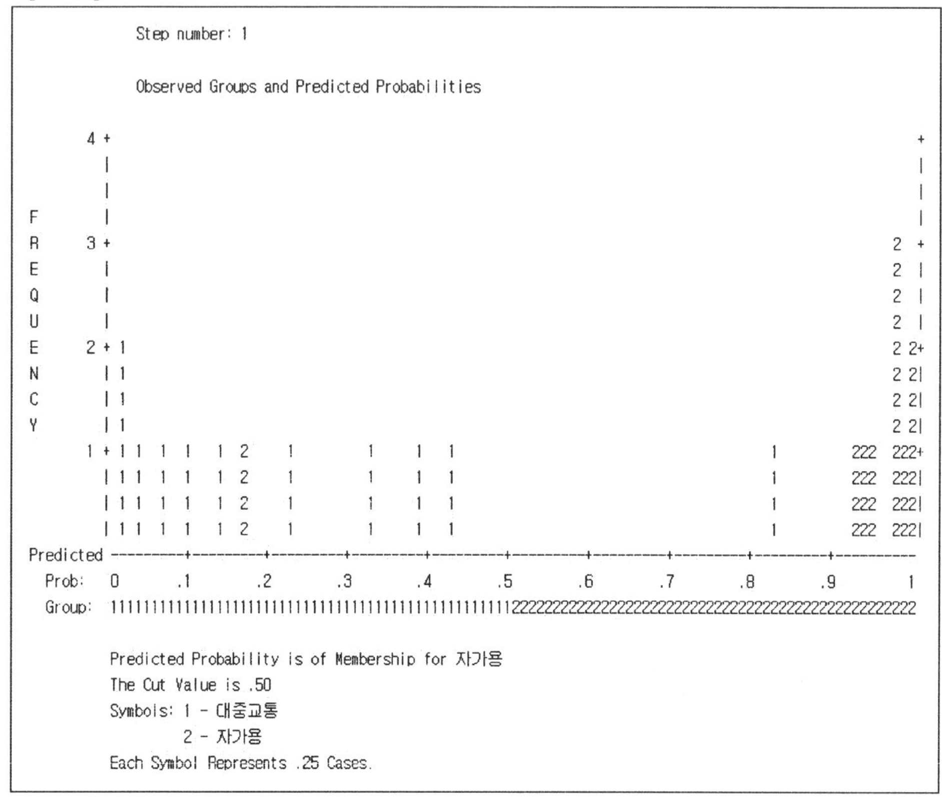

[결과6] 케이스별 목록[b]

케이스	선택 상태[a]	감시됨 선택교통	예측	예측집단	임시변수 잔차	임시변수 Z잔차
13	S	2**	.168	1	.832	2.222

a. S=선택 케이스, U=비선택 케이스, **=잘못 분류된 케이스.
b. 2.000보다 큰 스튜던트화 잔차의 케이스가 기록되었습니다.

Chapter 11

요인분석

01 요인분석의 개요

02 요인분석의 예제

03 요인분석을 활용한 다변량분석

1 요인분석의 개요

1.1. 요인분석이란

요인분석(factor analysis)은 다변량분석(multivariate analysis) 방법의 하나로서 고려해야 할 변수의 수가 증가하면서 변수들의 구조와 상호관계에 관하여 더 많은 지식을 파악하고자 등장한 기법이다. 흔히 조사자들은 복잡한 다차원적인 관계를 단순하게 개념적으로 규정하고, 설명하기를 원한다. 이 경우 요인분석은 변수들간에 종속변수 또는 독립변수로 구분을 하지 않고 단순히 변수들간의 관계를 찾아 낼 때 사용한다.

요인분석이란 하나의 데이터 행렬에서 그 배후구조를 규정하는데 주 목적이 있는 통계분석 방법으로 규정된 배후구조가 요인(factor)이라고 하는 상호관계 구조를 설명하는 새로운 개념변수가 만들어 진다.

요인분석은 n개의 관찰 가능한 양적 변수들 사이의 공분산 관계 내지는 상관관계를 설명할 수 있는 $q(< n)$개의 요인(factor)이라고 불리는, 관측되지 않는 가설적인 변수를 찾는 다변량 분석기법이다. 변수가 여러 개 있는 경우에 비슷한 특성을 가진(상관관계가 높은) 변수들끼리 모아 몇 개의 집단으로 나눈 후 각 집단을 대표할 수 있는 새로운 요인들을 찾는다. 따라서 원래의 변수 n개보다 요인의 수는 q개로 작아지는 변수축소법의 한 가지라고 할 수 있다. 이를 정리하면 다음과 같다.

- 여러 개의 변수로 측정된 데이터를 변수들간에 공분산 관계 및 상관관계를 이용하여 이해하기 쉬운 형태로 축소/요약하는데 사용한다.
- 타당성(Validity) 검정의 일부로서 많은 항목들이 어떠한 개념이나 현상을 측정하였을 때 과연 각 변수들이 모두 동일한 개념을 측정하였는가를 확인하는데 사용한다.
- 측정한 개념의 타당성을 저해하는 변수들을 추출하는데 사용한다.

1.2. 요인분석 과정

(1) 제1단계 : 요인분석의 목적

조사 문제가 무엇인가를 규정하는 것으로 요인분석은 상관관계가 높은 변수들을 동질적인 몇 개의 집단으로 묶어주며 주로 다음과 같은 목적으로 사용된다(채서일, 김범종, 이성근, 1992).

가. 데이터 요약

대상을 설명하는 변수가 여러 개인 경우, 변수들을 몇 개의 동질적인 요인으로 묶어 줌으로써 데이터에 대한 복잡성을 줄이고 정보를 쉽게 요약할 수 있다.

나. 변수간 구조 파악

변수간 구조파악 측면에서 요인분석에는 크게 두 가지 형태로 분류될 수 있다. 현재 제시된 요인분석 방법은 여러 변수들에 의해 이들 변수들을 설명할 수 있는 요인들을 통해 변수들 내에 존재하는 상호독립적인 특성(차원)을 파악하는 데 이용된다.

다른 요인분석 방법으로 사전요인분석(confirmatory factor analysis) 방법이 있다. 이 방법은 사전적으로 변수들간의 구조를 가정하고 이 구조에 대한 가정이 적절한 지를 검정하는 방법이다.

다. 불필요한 변수의 제거

대상을 설명하는 변수들 중에 대상 설명과 관련된 변수들은 변수군(요인)으로 묶이게 되는데 이 과정에서 묶이지 않은 변수들을 제거함으로써 중요하지 않은 변수(신뢰도가 낮은 변수)들을 선별할 수 있다.

라. 측정도구의 타당성(validity) 검정

한 가지 또는 여러 가지 개념을 측정하기 위한 변수들 가운데 동일한 개념을 측정하기 위한 변수들 간에는 상관관계가 높게 나타나야 한다. 동일한 개념을 측정하는 변수들이 동일한 요인으로 묶이는지 여부를 확인하는 과정에서 타당성을 검정할 수 있다.

마. 추가적인 분석방법에 요인점수(factor score)의 이용

다수의 변수들을 이용하거나 상관관계가 높은 변수들을 이용한 회귀분석이나 판별분석을 하는 경우, 여러 가지 문제가 발생할 수 있다. 변수의 수가 많으면 시간, 비용 분석의 복잡성이 증가된다. 또한 상관관계가 높은 변수들을 이용할 경우, 다중공선성(multicollinearity)이 발생하기 쉽다(7장의 회귀분석 참조). 요인분석을 통해 얻어진 요인들을 변수로 이용하면 포함되는 변수의 수를 줄이거나, 다중공선성 문제를 어느 정도 해결할 수 있다. 반면에 요인분석을 통해 회귀분석이나 판별분석을 하게 되면 정보의 손실이 발생할 가능성이 높다.

요인은 변수들을 선형 결합하여 보다 적은 수의 요인으로 표현하게 되는데 이 과정에서 정보의 손실이 발생한다. 특히 산출된 요인들을 통해 변수들의 설명 정도를 나타내는 공통성 (communality)이 낮을 경우 이러한 경향은 더 커진다.

(2) 제2단계 : 데이터의 수집 및 입력

데이터에 포함되어야 할 변수들은 연구대상과 관련된 가능한 모든 변수를 포함하는 것이 원칙이다. 또한 컴퓨터의 처리능력, 데이터 수집 비용 및 처리 비용 등도 고려되어야 한다. 보통 표본 수는 변수의 수에 4, 5배 정도가 필요하다. 예를 들어 40개의 변수를 요인분석을 하고자 하면, 약 160에서 200개 정도의 관찰치가 필요하다고 볼 수 있다(채서일, 김범종, 이성 근, 1992).

변수는 기본적으로 등간이나 비율로 측정된 메트릭 데이터여야 한다. 경우에 따라서는 데 이터가 5점 척도나 7점 척도와 같이 서로 다르게 수집될 수도 있으나 원 데이터는 그대로 입 력하면 된다. 데이터는 요인분석을 할 때 표준화되어 분석된다.

(3) 제3단계 : 요인추출모델의 결정

$x' = (x_1, \cdots, x_n)$가 평균 μ, 공분산행렬 Σ를 갖는 다변량 정규분포를 갖는다고 할 때, 각 변수는 공통요인(common factor)으로서 F_1, F_2, $\cdots$, F_q와 특정요인(specific factor)으로서 ε_1, ε_2, $\cdots$, ε_n으로 나눌 수 있다. 이를 일반적인 식으로 나타내면 다음과 같다.

$$x - \mu_i = b_{i1}F_1 + b_{i2}F_2 + \cdots + b_{iq}F_q + \varepsilon_i, \quad i = 1, 2, \cdots n$$

이는 다시 다음과 같이 정리할 수 있다.

$$x - \mu = BF + \varepsilon$$

〈가정〉
- F_j들은 서로 독립이며 평균이 0, 분산이 1인 관찰 불가능한 확률변수이다.
- ε_i들은 서로 독립이며 분산이 ϕ_i인 관찰 불가능한 확률변수이다.
- F와 ε는 서로 독립이다.

위와 같은 가정하에서 x_i의 분산은

$$var(x_i) = b_{i1}^2 + b_{i2}^2 + \cdots + b_{iq}^2 + \phi_i$$

가 되며, $h_i^2 = b_{i1}^2 + b_{i2}^2 + \cdots + b_{iq}^2 + \phi_i$을 공통요인분산(common factor variance) 또는 공통성(communality)이라고 하고 ϕ_i를 특정분산(specific variance)이라고 한다.

x_i와 F_j의 상관관계 $cov(x_i, F_j) = b_{ij}$가 된다. 이 상관관계를 요인적재량(factor loading)이라고 한다. 공통성은 특정변수의 모든 요인적재량을 제곱하여 합한 값이라는 것을 알 수 있다. 반면에 특정요인의 설명 정도를 나타내는 고유값(Eigen value)은 특정 요인에 대해 모든 변수의 요인적재량을 제곱하여 합한 값이다.

요인추출모델은 다음과 같이 크게 3가지가 가능하다. 이 중에서 주로 주성분분석방법을 많이 사용하나 되도록이면 최우법으로 추정하는 것이 좋다.

가. 주성분분석(principal component analysis)

q개의 주성분을 이용하여 공분산 행렬을 근사시키는 방법이다.

$$\sum = BB' + \phi$$

나. 주요인분석(principal factor analysis)

주성분분석과 같은 원리를 사용하되, 표본상관행렬 R의 대각선 행렬 h_i^2로 대치한 후에 식을 근사시키는 방법이다.

$$RR' \cong BB'$$

다. 최우법 요인분석(maximum－likelihood factor analysis)

통계적으로 여러 가지 좋은 성질들을 갖는 최우법 추정에 의해 b_{ij}를 추정한다. 이 방법은 요인추출을 하는데 많은 시간이 걸린다는 점이 단점이다.

(4) 제4단계 : 요인 추출 및 요인수의 결정

요인 수를 결정하는 방법은 크게 4가지가 있다.

가. 고유값(Eigen value)을 기준으로 결정하는 방법

고유 값을 기준으로 하는 경우는 고유 값이 1이상인 경우의 요인들의 수만큼을 추출하는 방식이다. 고유 값이란 각 요인이 설명해 주는 분산의 양을 의미하며 1이상이라는 의미는 하나의 요인이 변수 1개 이상 설명 가능하다는 의미이다. 변수의 수가 20개에서 50개 사이에 있을 때에는 요인의 수를 결정하기 위한 기준으로 고유값을 이용하는 것이 가장 적절하다. 변수의 수가 20개 이하일 때는 요인들의 수를 지나치게 적게 추출하는 경향이 있는 반면에 50개 이상일 경우에는 추출되는 요인들의 수가 지나치게 많아지는 경우가 있다. 일반적으로 고유값을 기준으로 하는 방식이 많이 사용되며, 다음 난의 스크리 검정과 비교하여 적절한 요인 수를 결정한다.

나. 스크리 검정(scree test)을 통해 결정하는 방법

Cattell(1966)의 스크리 검정은 요인들의 고유 값들을 크기에 따라 XY좌표축 그림으로 나타냈을 경우 굴절이 되는 점을 기준으로 굴절이 되는 점보다 높은 고유 값을 갖는 요인들의 수만큼을 추출하는 방식이다. 다음 그림에서와 같이 고유 값이 1.0인 값을 기준으로 요인 값의 패턴에 따라 두 개의 선을 그은 후 굴절이 되는 점을 보면 적절한 요인 수가 3개임을 알 수 있다.

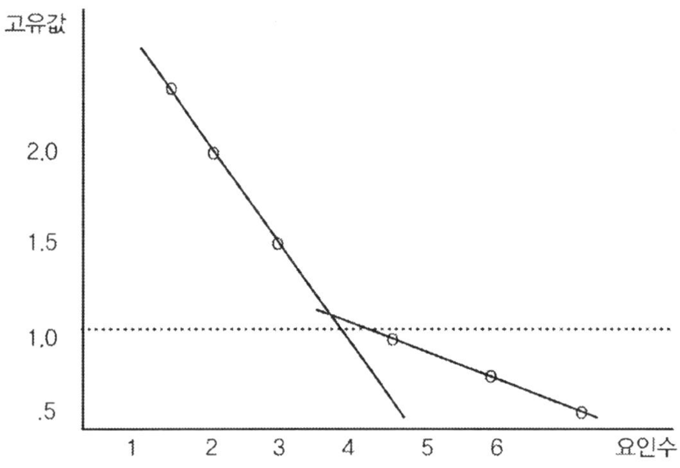

다. 총분산에서 요인이 설명해 주는 정도를 기준으로 하는 방법

분산을 기준으로 하는 경우에는 사회과학에서는 60%정도 설명을 해 주는 요인들의 수만큼을 선택하며, 자연과학에서는 95%정도 설명해 주는 요인들의 수만큼을 선택한다. 즉 총 분산 중에 현재 선택된 요인들의 설명 정도를 60% 내지 95%로 정해 설명되지 않은 분산의 수를 최소화하기 위한 방법이다.

라. 연구자가 사전에 요인 수를 결정하는 방법

마지막으로 연구자가 사전에 요인 수를 정하는 경우는 연구자의 연구이론이나 가설에 따라서 요인수가 사전에 정해져 있는 경우에 요인수가 적절한지를 보기 위해서 많이 사용한다. 보통 조사자가 요인분석을 시도하기 전에 추출할 요인들의 수를 이미 알고 있으며, 조사자가 원하는 만큼의 요인 수를 추출하였을 때, 가설과 적합한지를 살펴보게 된다.

(5) 제5단계 : 요인 적재량 산출 및 요인회전

요인 분석에서 x_i와 F_j의 상관관계 $cov(x_i,\ F_j) = b_{ij}$가 된다. 이 상관관계를 요인적재량(factor loading)이라고 한다. Gorsuch(1983)은 요인적재량이 0.3 이상인 경우에 의미가 있다. 그러나 의미 있는 요인적재량이 0.3이상이고 요인적재량간에 크기가 거의 차이가 없으면서 두 개 이상의 요인에 적재되어 있는 경우에는 보통 이 변수를 요인분석에서 제거한다.

> 0.3이하면 유의성이 낮다고 보며,
> 0.4이하면 중간 정도의 유의성이 있다고 보며,
> 0.5이상이면 유의성이 높다고 본다.

상관관계를 의미하는 요인적재량의 제곱값은 각 요인에 대한 설명 정도로서 결정계수를 의미하며 따라서 요인적재량이 높은 변수가 해당 요인에서 중요한 변수라고 할 수 있다. 특정변수의 요인적재량의 제곱값의 합은 앞에서 제시한 공통성(communality)과 같다.

초기의 요인적재량을 볼 경우, 요인적재량이 어느 특정한 요인에 집중되어 나타나거나 분산되어 나타나는 경우가 많은데 이 경우 어느 변수가 어느 요인을 설명하는 변수인가를 잘 파악할 수 없다. 이러한 경우 요인에 대한 설명력을 높이기 위해 하나의 요인에 높은 적재량 값을 갖도록 하고 나머지 요인들에는 낮은 적재량 값을 갖도록 하는 방법이 요인회전(factor rotation)이다. 요인회전은 직교회전방법으로 Quartimax, Varimax, Equimax 방법이 있으며, 빗각회전방법으로 OBLIMIN 등이 있다. 이 중에서 대표적인 두 가지 방법인 Quartimax와 Varimax에 대해서 설명한다.

가. Quartimax

Quartimax 회전은 요인행렬의 행들을 단순화 시키는데 있다. 최초의 요인을 회전시켜 한 요인에 대한 특정한 변수의 요인 적재량을 가능한 한 크게 만들고, 여타의 모든 요인들에 대해서는 가능한 한 적게 만드는데 초점을 둔다. 이렇게 하면 동일한 요인들에 대하여 다수 변수들의 요인 적재량이 커지게 된다. 하지만 이 방법은 첫 번째 요인에 대해 대부분의 변수들이 높은 적재량을 갖게 된다는 단점이 있다.

나. Varimax

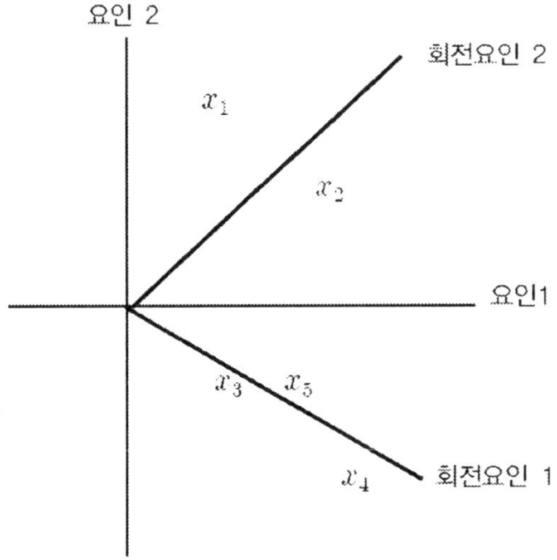

Varimax는 Quartimax와 달리 요인행렬의 열을 단순화시키는 데 목적이 있다. 이 방법을 이용하면 하나의 열에 1과 0의 값들만 있다면 최대로 단순화시킬 수 있는 장점이 있다. 즉, 요인행렬에서 요구되는 요인 적재량의 분산합계를 극대화시킴으로 요인 회전의 최적해를 제시하게 된다. 이 방법도 Quartimax 회전 방법처럼, 각 행에서 다수 변수의 요인 적재량이 높게 나타나거나 일부 요인 적재량은 0에 가까운 것으로 나타나는 경향이 있다.

요인회전방법은 여러 가지가 있으나 일반적으로 많이 사용되는 방법은 Varimax 방법이다. 다음 그림은 요인회전전과 회전후의 요인간에 비교이다. 요인 회전 전에는 x_1, x_2 나 x_3, x_4, x_5 모두 어느 요인에도 높게 적재되어 있지 못하다. 그러나 회전 요인을 기준으로 볼 경우 x_1, x_2는 회전요인 2에 높이 적재되어 있으며, x_3, x_4, x_5는 회전요인 1에 높이 적재되어 있다는 것을 알 수 있다.

(6) 제6단계 : 요인해석, 요인점수를 이용한 추가 분석

요인이 추출되면 같은 요인으로 묶여진 변수들의 특성을 조사하여 연구자가 주관적으로 요인에 대한 이름을 지정하거나, 요인점수를 종속변수로 하고 각 변수의 값을 독립변수들로 하여 회귀분석을 실시함으로써 이를 통해 얻어진 회귀계수를 가지고 요인에 대한 이름을 지정할 수 있다.

요인의 해석은 연구자마다 상이할 가능성이 높고 주관적인 판단에 많이 의존하는 경향이 높다. 또한 요인점수를 이용하여 각 요인을 새로운 독립변수로 취하고 다른 종속변수에 대해 분석을 하는 형태로 회귀분석이나 판별분석 등에 이용할 수 있다.

2 ┃ 요인분석의 예제

2.1. 요인분석

(I) 분석개요

다음은 40명의 소비자들을 임의로 추출하여 운동화 구매할 때 중요하게 생각하는 5개의 속성들(편안함, 디자인, 수명, 색상, 세탁의 용이성)을 설문 조사하였다. 각 속성들은 아주 중요하게 생각하는 경우를 7점, 전혀 중요하게 생각하지 않는 경우를 1점으로 하는 7점 리커트 척도(Likert Scale)로 측정하였다.

1. 운동화 평가와 관련된 문항들입니다. 각 문항에 대한 본인의 생각을 표시하여 주십시오.

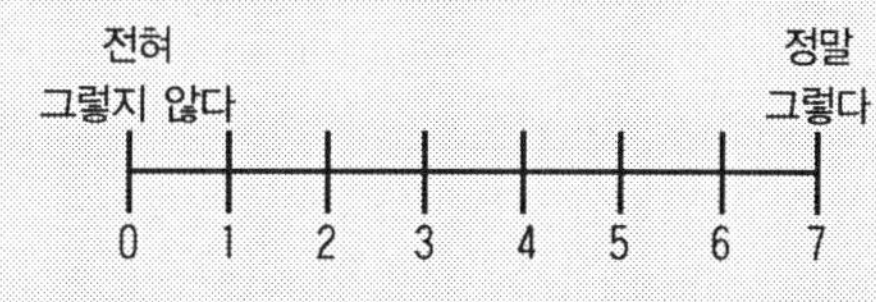

데이터는 다음과 같다. 다음 데이터를 이용하여 속성이 다시 몇 개의 차원으로 구분되는가를 분석한다.

40명의 설문조사 데이터(순서 : 번호, 5개 속성에 대한 평가)			
01 1 5 1 5 3	02 2 5 1 4 4	03 3 6 2 5 4	04 3 5 3 5 3
05 2 4 2 4 3	06 4 3 5 2 4	07 5 3 5 3 4	08 4 1 4 1 5
09 3 2 4 1 6	10 4 2 6 2 5	11 5 1 5 1 5	12 6 2 7 3 4
13 6 3 6 3 3	14 7 4 7 4 2	15 5 5 6 4 4	16 3 4 5 3 5
17 4 3 4 2 6	18 3 2 3 2 7	19 4 1 3 2 6	20 3 2 4 1 6
21 3 1 3 1 4	22 6 1 5 2 2	23 5 2 6 2 3	24 4 3 4 3 3
25 6 3 5 2 2	26 5 1 6 2 1	27 6 2 6 2 1	28 5 2 4 3 2
29 3 3 5 3 1	30 4 3 5 4 3	31 3 4 2 5 4	32 2 5 2 6 6
33 1 5 1 5 7	34 2 4 1 4 5	35 3 4 1 4 6	36 4 3 2 3 5
37 3 2 2 2 4	38 3 2 3 2 4	39 4 1 3 2 4	40 3 1 4 1 5

(2) 분석데이터

앞의 표의 데이터를 직접 입력해 데이터집합을 구성했다. 텍스트 데이터는 'C : \Sample\ Data' 폴더 내에 '운동화평가.txt'로 저장되어 있다.

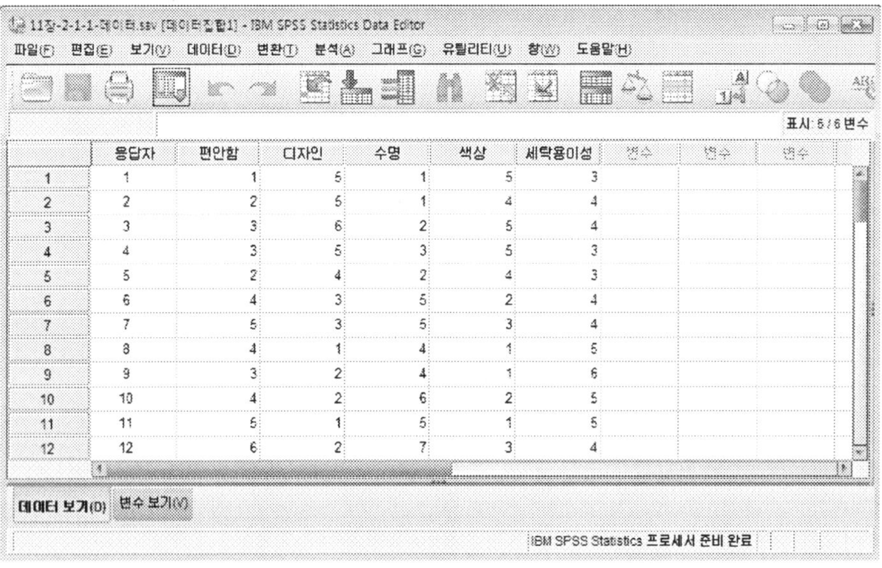

(3) 분석과정

STEP 01 요인분석을 수행하기 위해서는 [분석] → [차원 감소] → [요인분석]을 차례로 클릭한다.

STEP 02 요인분석 화면에서 분석할 변수들을 지정한다. 다음으로 [기술통계] 버튼을 클릭한다.

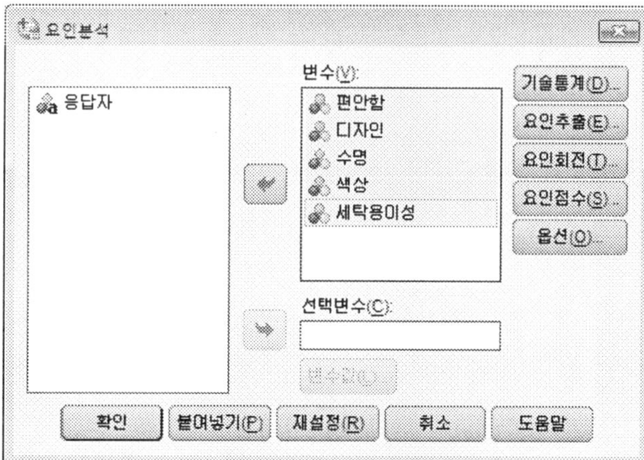

STEP 03 기술통계에서 일변량 기술통계, 상관행렬의 계수, 유의수준, KMO와 Bartlett의 구형성 검정을 체크한다. 하단의 [계속] 버튼을 클릭한다. 요인분석 화면으로 돌아오면, [요인추출] 버튼을 클릭한다.

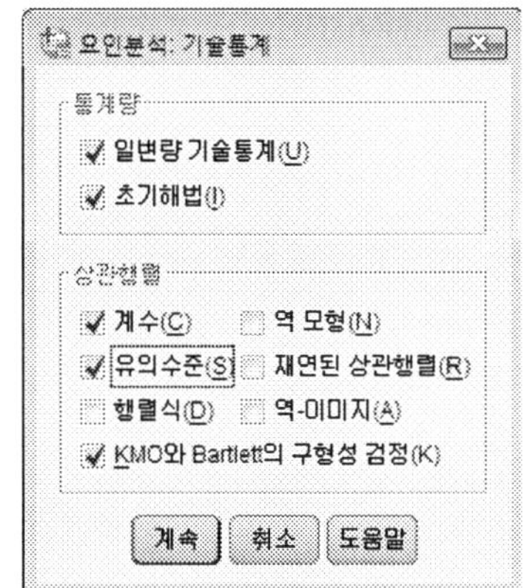

STEP 04 요인추출 방법을 지정한다. 여기서는 주성분 분석으로 지정되어 있는데, 다른 추출방법도 지정할 수 있다. 스크리 도표를 출력하도록 한다. 적절한 요인 수를 추출하는 방법도 고유값이 아닌 고정된 요인의 수를 지정할 수도 있다. 하단의 [계속] 버튼을 클릭한다. 요인분석 화면으로 돌아오면, 요인회전 버튼을 클릭한다.

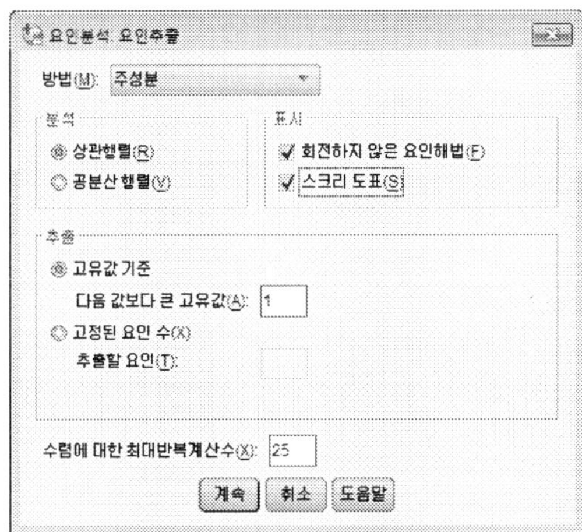

STEP 05 요인회전 방법을 지정한다. 여기서는 베리맥스 방법으로 지정했으며, 적재값 도표도 출력하도록 했다. 하단의 [계속] 버튼을 클릭한다. 요인분석 화면으로 돌아오면, [요인점수] 버튼을 클릭한다.

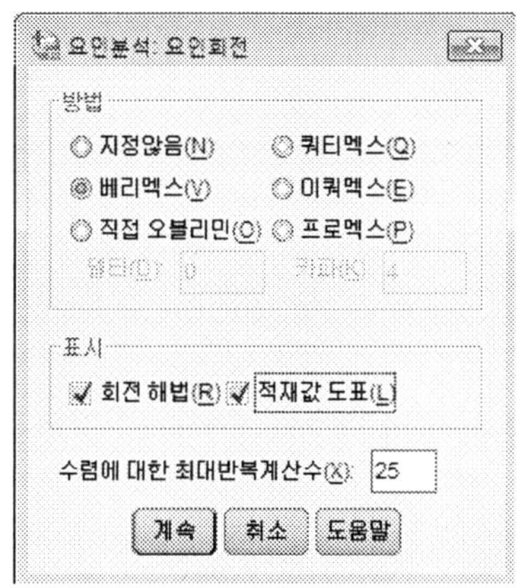

STEP 06　요인점수 계산과 저장을 지정한다. 요인점수 계수행렬 출력을 통해 점수를 출력하도록 했다. 하단의 [계속] 버튼을 클릭한다. 요인분석 화면으로 돌아오면, [확인] 버튼을 클릭한다.

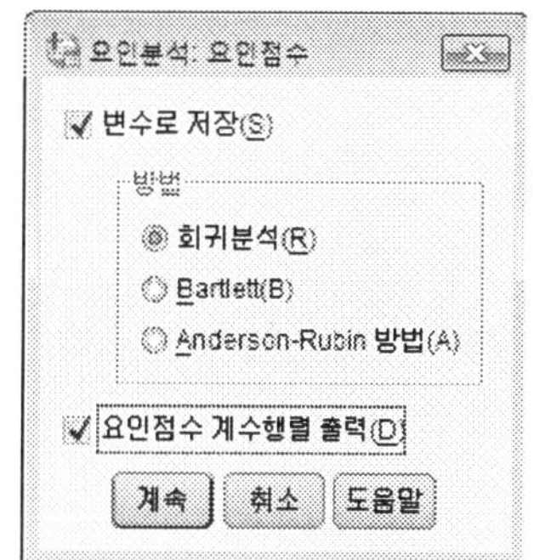

(4) 결과해석

[결과1]에서는 각 변수에 대한 기술통계량이 제시되어 있다. 제시된 통계량은 평균, 표준편차, 분석수이다. [결과2]는 상관행렬로서 각변수들간의 계수를 보여준다. 요인분석은 변수간에 어느 정도 상관관계가 존재하지 않으면 분석결과가 무의미하다. 어느 정도의 상관관계가 있어야만 요인분석을 할 수 있다. 이에 대해 [결과3]에서 보듯이 표본 적합도에 대한 Kaiser – Meyer – Olkin 측도는 변수 간 편상관계수가 작은지 여부를 검정 결과를 보여준다. 또한 Bartlett의 구형성 검정은 상관행렬이 요인 모형이 부적합함을 나타내는 단위 행렬인지 여부를 검정한 결과를 보여준다. 이들 검정 결과를 볼 경우 현재 데이터는 요인 분석을 하기에 적절하다는 것을 보여준다.

[결과1] 기술통계량

	평균	표준 오차 편차	분석수
편안함	3.80	1.436	40
디자인	2.88	1.436	40
수명	3.83	1.781	40
색상	2.88	1.362	40
세탁용이성	4.03	1.593	40

[결과2] 상관행렬

		편안함	디자인	수명	색상	세탁용이성
상관계수	편안함	1.000	-.411	.828	-.354	-.491
	디자인	-.411	1.000	-.400	.883	.057
	수명	.828	-.400	1.000	-.411	-.441
	색상	-.354	.883	-.411	1.000	-.046
	세탁용이성	-.491	.057	-.441	-.046	1.000

유의확률 (단측)	편안함		.004	.000	.013	.001
	디자인	.004		.005	.000	.362
	수명	.000	.005		.004	.002
	색상	.013	.000	.004		.390
	세탁용이성	.001	.362	.002	.390	

[결과3] KMO와 Bartlett의 검정

표준형성 적절성의 Kaiser −Meyer −Olkin 측도.		.609
Bartlett의 구형성 검정	근사 카이제곱	121.302
	자유도	10
	유의확률	.000

[결과4] 공통성

	초기	추출
편안함	1.000	.845
디자인	1.000	.900
수명	1.000	.818
색상	1.000	.933
세탁용이성	1.000	.713

※ 추출 방법 : 주성분 분석.

[결과5] 설명된 총분산

성분	초기 고유값			추출 제곱합 적재값			회전 제곱합 적재값		
	합계	% 분산	% 누적	합계	% 분산	% 누적	합계	% 분산	% 누적
1	2.775	55.497	55.497	2.775	55.497	55.497	2.116	42.322	42.322
2	1.433	28.655	84.152	1.433	28.655	84.152	2.091	41.830	84.152
3	.514	10.271	94.422						
4	.182	3.636	98.059						
5	.097	1.941	100.000						

※ 추출 방법 : 주성분 분석

[결과4]에서는 각 요인에 대한 초기 고유값(Eigenvalue)과 요인 [결과5]에서 보듯이 요인 2개를 추출했을 때의 설명되는 고유값의 정도를 보여준다. [결과5]에서는 요인간 고유값의 차이, 각 요인의 분산에 대한 설명정도를 비율로 표시하고 있다. 요인이 2개 추출되었다는 것을 나타내고 있다. 요인추출 후에 각 요인에 대한 고유값과 추출한 요인들에 의해 각 변수의 설명정도(공통성 : Communality)를 제시하고 있다. 전반적으로 두 요인에 의한 설명정도가 70%이상으로 매우 높게 나타났다. 따라서 현재 요인분석에 의한 분석은 전체적인 설명정도가 84%이며, 각 변수에 대한 설명정도도 70%이상으로 매우 높은 수치이다. 뒤에서 설명이 되겠지만 베리맥스 회전을 하는 경우 각 요인에 대한 고유값은 변했을지라도, 요인 고유값의 합과 공통성은 변화되지 않았다는 것을 주의 깊게 보기 바란다. 즉, 베리맥스 방법은 전체설명정도와 각 변수의 공통성을 그대로 유지하면서 요인을 회전하는 방법이라는 것을 알 수 있다. 그리고 각 요인의 중요도를 보면 요인 1의 고유값이 2.12이고 요인 2의 고유값이 2.09으로 나타나 서로 비슷하게 중요하다는 것을 알 수 있다.

고유값을 기준으로 선택한 요인들은 일반적으로 누적된 설명정도가

> 사회과학의 경우는 0.60이상이어야 하며, 자연과학의 경우는 0.95이어야 한다.

[결과6]에서는 요인수에 따른 고유값의 변화를 그래프화한 것이다. 이를 스크리 그래프라고 한다.

[결과6]

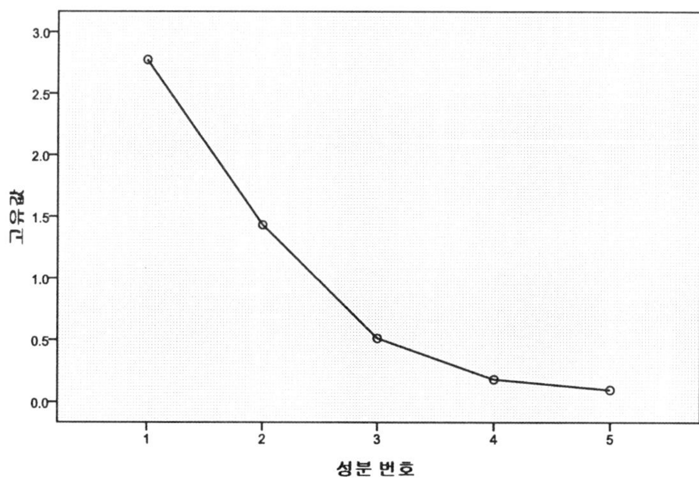

그래프를 통해 검증하는 방법을 스크리 검정(scree test)이라고 한다. 그래프를 보는 법은 그래프에서 제시된 것과 같이 1과 2점을 연결하는 선과 3, 4, 5를 연결선이 만나는 점이 2와 3사이에 있으므로 적절한 요인의 수를 2개로 볼 수 있다. 고유값 1.0기준과 서로 일치하기 때문에 요인추출이 안정적이라고 할 수 있다.

[결과7]에서는 추출한 요인을 회전(rotation)시키지 않고 본 요인행렬로서 요인적재값(factor loading)을 나타내는 행렬인 성분행렬(Factor Pattern Matrix)이다. 행렬을 볼 경우 모든 변수가 요인 1에는 매우 높게 관련되어 있으며(요인적재량이 모두 0.40 이상이다), 요인 2에는 디자인, 색상, 세탁의 용이성이 관련성 있게 나타났다. 요인과 변수간에 구분이 잘 되지 않기 때문에(예를 들어 디자인이나 색상 등은 요인 1과 2에 모두 요인적재값이 높다) 더 잘 설명할 수 있는 구조로서 회전(Rotation)하는 것이 필요하다.

[결과7] 성분행렬[a]

	성분	
	1	2
편안함	−.846	.359
디자인	.768	.556
수명	−.850	.308
생명	.736	.625
세탁용이성	.451	−.713

※ 요인추출 방법 : 주성분 분석
a. 추출된 2 성분

회전방법으로 많이 사용되는 것은 베리맥스(Varimax)방법으로 직교회전(Orthogonal Rotation) 방법 중에 하나이다. 이 방법은 요인들과 요인에 높게 적재되는 변수의 수를 줄여서 요인의 해석을 쉽게 하는데 중점을 두고 있다. 기타 직교회전 방법으로는 쿼티맥스(Quaritmax), 에쿼맥스(Equamax) 등이 있다. 이외에도 직접 오브리민(Oblique Rotation)도 사용할 수 있다.

[결과8]에서는 요인과 변수간의 해석을 쉽게 하기 위해서 베리맥스 회전방법에 의해 회전을 한 결과이다. 회전 후 성분행렬이 제시되어 있다. [결과9]에는 성분변환행렬이 제시되고 있다.

[결과8] 회전된 성분행렬[a]

	성분	
	1	2
편안함	.855	-.336
디자인	-.159	.935
수명	.822	-.376
생명	-.087	.962
세탁용이성	-.822	-.193

※ • 요인추출 방법 : 주성분 분석
　• 회전 방법 : Kaiser 정규화가 있는 베리멕스
a. 3 반복계산에서 요인회전이 수렴되었습니다.

[결과9] 성분 변환행렬

성분	1	2
1	-.714	.701
2	.701	.714

※ • 요인추출 방법 : 주성분 분석
　• 회전 방법 : Kaiser 정규화가 있는 베리멕스.

[결과10]

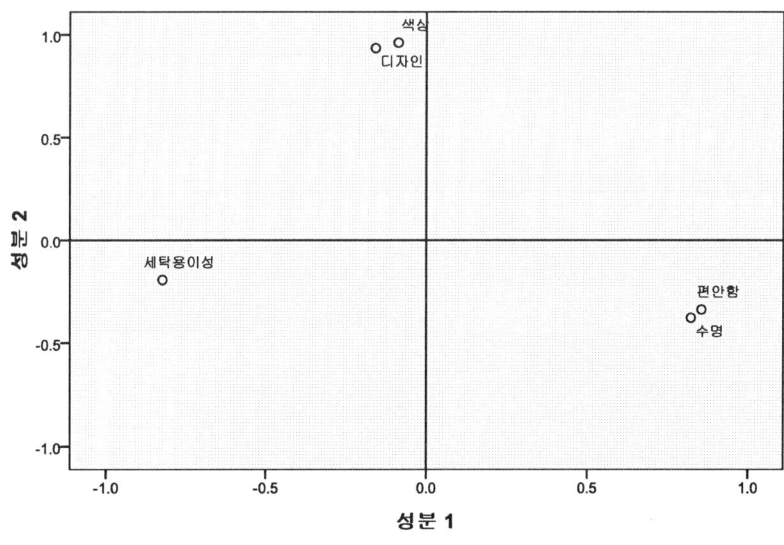

　[결과10]에서는 각 요인에 대한 각 변수들의 요인적재량을 가지고 변수와 요인의 이미지 지도를 그린 것이다. 그림을 볼 경우 편안함이라는 변수와 수명이라는 변수에 대해서 서로 비슷하게 인식하고 있으며, 색상이라는 변수와 디자인이라는 변수가 서로 비슷하게 인식되고 있다. 반면에 세탁의 용이성은 다른 형태의 그룹핑을 하고 있는 것으로 나타났다. 요인 1차원은 이 요인의 값이 커질수록 편안함과 수명이 중요하다고 보는 것과 세탁이 용이하지 않은 것으로 인식하며, 요인 2는 이 값이 커질수록 색상과 디자인이 중요한 것으로 인식한다.

　전체적으로 보아, [결과8, 10]을 기준으로 요인 1과 관련된 변수는 편안함, 수명, 세탁의 용이성 등으로 "신발의 실용성"이라는 요인 이름을 정해 보았으며, 요인 2와 관련된 변수는 색상과 디자인으로서 "신발의 미적인 가치"라는 요인이름으로 정해 보았다. 이름은 구성되는 변수를 보고 연구자가 적절하게 정해야 하는 임의성이 있다.

　[결과11]에서는 표준화된 요인계수를 나타낸다. 요인들을 기준으로 요인 점수를 구하는 식은

$$factor1 = .39x_1' + .07x_2' + .38x_3' + .12x_4' - .46x_5'$$

$$factor2 = -.03x_1' + .47x_2' + .06x_3' + .50x_4' - .24x_5'$$

로 정리할 수 있다. 물론 여기서 각 변수에 "'" 표시를 한 이유는 각 변수가 표준화된 값이라는 의미이다. [결과12]에는 성분점수의 공분산행렬을 보여주고 있다. 베리맥스 회전방법을 사용했기 때문에 자기 요인과의 관계는 1이며 다른 요인과의 관계는 0으로 나와 있다.

[결과11] 성분점수 계수행렬

	성분	
	1	2
편안함	.393	−.035
디자인	.074	.471
수명	.369	−.061
생명	.116	.497
세탁용이성	−.465	−.241

※　• 요인추출 방법 : 주성분 분석
　　• 회전 방법 : Kaiser 정규화가 있는 베리멕스
　　• 요인 점수

[결과12] 성분점수 공분산행렬

성분	1	2
1	1.000	.000
2	.000	1.000

※ • 요인추출 방법 : 주성분 분석
　 • 회전 방법 : Kaiser 정규화가 있는 베리멕스
　 • 요인 점수

각 관찰치별 요인점수는 데이터집합에 표시되며, 현재 데이터집합의 요인점수는 '
C : 'Sample\Datasav' 폴더 내에 '11장-2-1-2-데이터.sav'에 저장되어 있다.

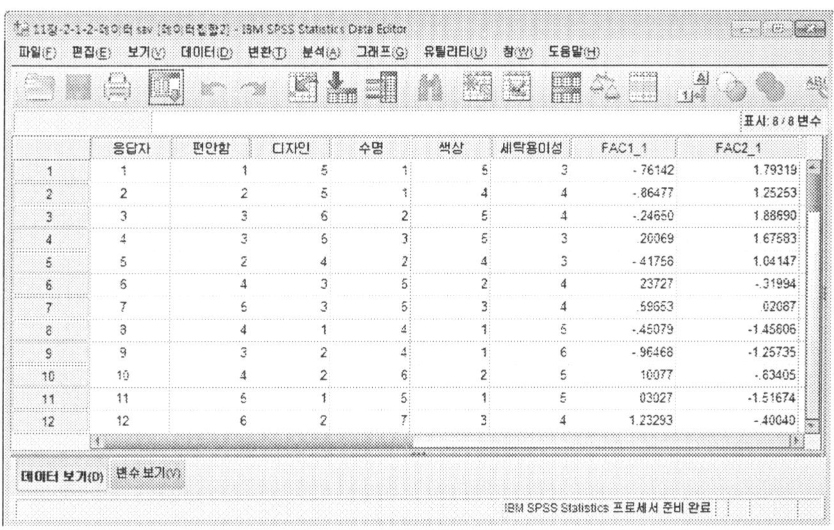

3 ┃ 요인분석을 활용한 다변량분석

3.1. 분석데이터의 준비

분석 데이터는 앞의 사례에서 보듯이 요인분석에서 요인점수를 계산할 때 저장이 된다. 앞
의 데이터의 요인점수는 'C : \Sample\Datasav' 폴더 내에 '9장-2-1-2-데이터.sav'로 저
장되어 있다. 이 사례를 활용하여 기술통계량과 군집분석을 하는 사례를 살펴보고자 한다.

3.2. 각 요인의 기술통계량

(1) 분석개요

요인의 기술통계량은 요인값의 최대, 최소, 평균, 표준편차와 같은 통계량뿐만 아니라, 요인들에 대한 정규성 검정을 할 수도 있다. 여기서는 최대, 최소, 평균, 표준편차 값을 구하는 예이다.

(2) 분석과정

STEP 01   기술통계분석을 수행하기 위해서는 [분석] → [기술통계량] → [기술통계]를 차례로 클릭한다.

STEP 02   기술통계 화면에서 분석할 요인 변수들을 지정한다. 다음으로 [확인] 버튼을 클릭한다.

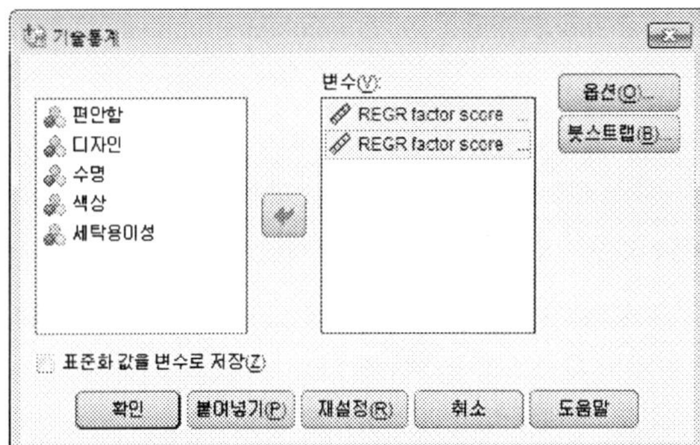

(3) 결과해석

다음 결과를 보면, 요인 1과 2에 대해서 최소, 최대값이 나와 있다. 각 요인의 평균은 0이고 표준편차는 1로 나와 있다. 표준화되어 있다는 것을 알 수 있다.

기술통계량

	N	최소값	최대값	평균	표준편차
REGR factor score 1 for analysis 1	40	−1.92881	2.27955	.0000000	1.00000000
REGR factor score 2 for analysis 1	40	−1.51674	1.88690	.0000000	1.00000000
유효수(목록별)	40				

3.3. 요인변수를 이용한 군집분석

(1) 분석개요

요인분석을 통해 만들어진 요인을 가지고 각 관찰치를 군집분석을 하는 경우가 있다. 군집분석에 대한 내용은 군집분석을 참조하기 바란다.

(2) 분석과정

STEP 01 군집분석을 수행하기 위해서는 [분석] → [분류분석] → [계층적 군집분석]을 차례로 클릭한다.

STEP 02　계층적 군집분석 화면에서 분석할 요인점수 변수들을 지정하고, 케이스 설명 기준변수를 '응답자'로 지정한다. 다음으로 [확인] 버튼을 클릭한다.

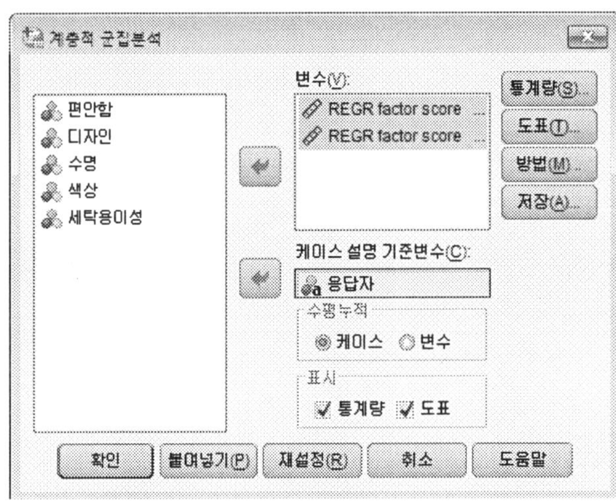

(3) 결과해석

[결과2]를 보면 군집을 3개 정도로 나누어도 적절한 것으로 보인다. 자세한 내용은 군집분석란을 참조하기 바란다.

[결과1] 군집화 일정표

단계	결합 군집		계수	처음 나타나는 군집의 단계		다음 단계
	군집 1	군집 2		군집 1	군집 2	
1	9	20	.000	0	0	3
2	17	38	.004	0	0	6
3	9	19	.012	1	0	15
4	34	35	.031	0	0	30
5	13	25	.032	0	0	23
6	17	37	.037	2	0	25
7	5	31	.040	0	0	28
8	21	40	.042	0	0	11
9	29	30	.052	0	0	22
10	22	26	.071	0	0	17

11	8	21	.078	0	8	15
12	7	24	.080	0	0	18
13	12	23	.099	0	0	17
14	1	32	.118	0	0	21
15	8	9	.150	11	3	27
16	10	39	.151	0	0	25
17	12	22	.152	13	10	26
18	7	28	.205	12	0	24
19	16	36	.221	0	0	36
20	3	4	.245	0	0	32
21	1	2	.250	14	0	28
22	15	29	.262	0	9	31
23	13	27	.298	5	0	26
24	6	7	.389	0	18	31
25	10	17	.395	16	6	29
26	12	13	.436	17	23	34
27	8	18	.507	15	0	29
28	1	5	.527	21	7	32
29	8	10	.760	27	25	33
30	33	34	.766	0	4	35
31	6	15	.777	24	22	34
32	1	3	.814	28	20	35
33	8	11	.956	29	0	36
34	6	12	1.247	31	26	37
35	1	33	1.755	32	30	39
36	8	16	1.769	33	19	38
37	6	14	2.857	34	0	38
38	6	8	4.643	37	36	39
39	1	6	6.046	35	38	0

[결과2]

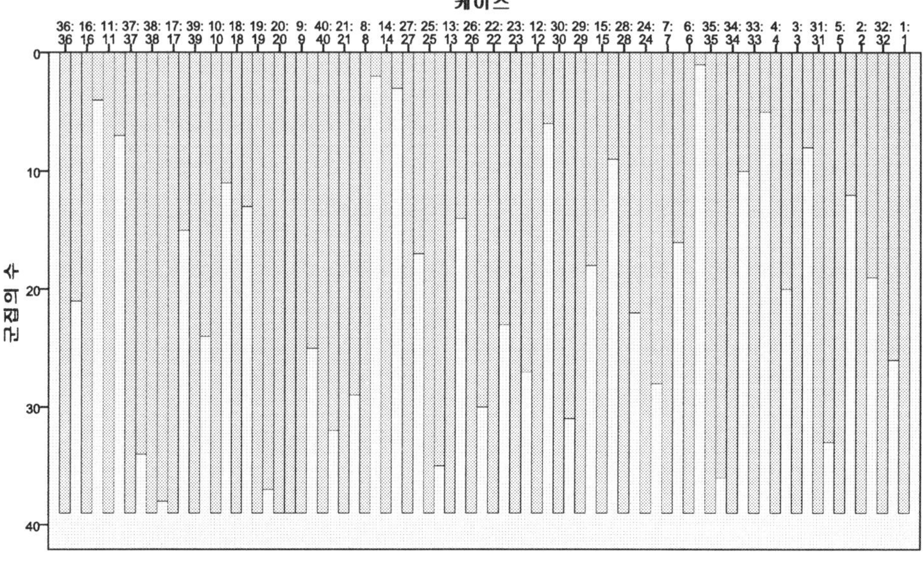

3.4. 요인변수를 이용한 회귀분석

(1) 분석개요

요인분석을 통해 만들어진 요인을 가지고 각 관찰치의 특성을 측정하는 다른 변수에 대해
회귀분석을 하는 경우가 있다. 다음 예제는 회귀분석의 다중공선성 검정을 할 때 사용하던
예제로서, 독립변수간에 다중공선성을 요인분석을 통해 해결하고자 한 경우이다.

(2) 분석데이터

다중공선성이 존재하는 데이터는 먼저 요인분석 과정을 통해 다중공선성을 줄여줄 수 있는 데이터를 구성할 수 있다. 이를 구성하는 과정을 살펴보면 다음과 같다.

STEP 01　요인분석을 수행하기 위해서는 [분석] → [차원 감소] → [요인분석]을 차례로 클릭한다.

STEP 02　요인분석 화면에서 분석할 변수들을 지정한다. 다음으로 [요인회전] 버튼을 클릭한다.

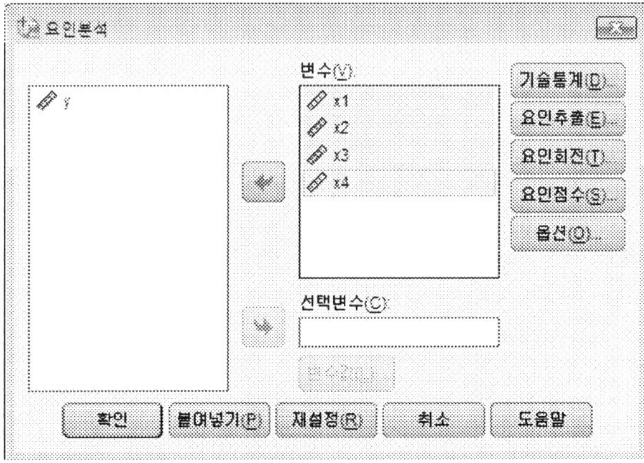

STEP 03 요인회전 방법을 지정한다. 여기서는 베리맥스 방법으로 지정했으며, 적재값 도표도 출력하도록 했다. 하단의 [계속] 버튼을 클릭한다. 요인분석 화면으로 돌아오면, [요인점수] 버튼을 클릭한다.

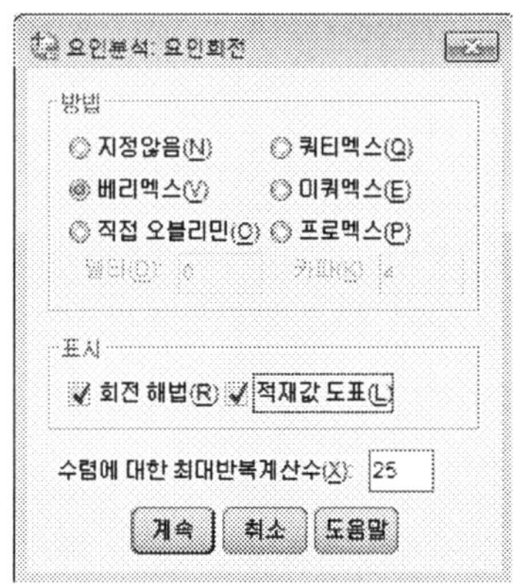

STEP 04 요인점수 계산과 저장을 지정한다. 요인점수 계수행렬 출력을 통해 점수를 출력하도록 했다. 하단의 [계속] 버튼을 클릭한다. 요인분석 화면으로 돌아오면, [확인] 버튼을 클릭한다.

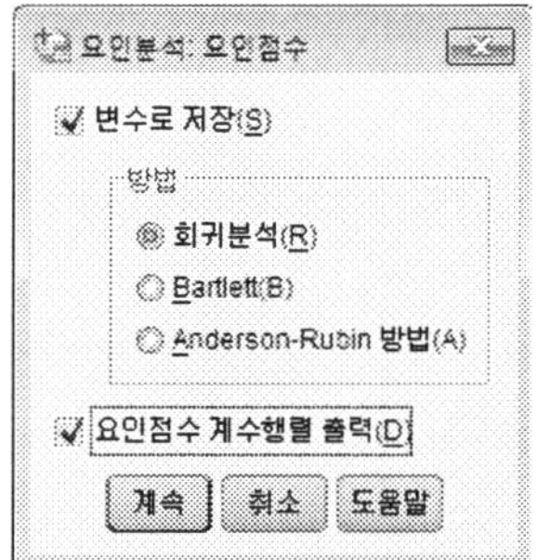

STEP 05 이 과정을 통해 계산된 요인점수의 데이터집합이 'C : \Sample\Datasav' 폴더 내에 '8장-3-4-2-데이터.sav'로 저장되어 있다.

	x1	x2	x3	x4	y	FAC1_1	FAC2_1	변수
1	130	30	60	35	765	-1.75218	.62300	
2	145	75	52	5	743	-1.25756	-.72375	
3	155	40	47	55	876	-1.14931	.73508	
4	155	110	44	5	725	-.83237	-1.36579	
5	200	115	34	10	838	-.19913	-1.42386	
6	235	20	26	105	1159	-.01876	1.83967	
7	260	30	33	35	959	-.02413	.45579	
8	270	90	22	10	931	.57514	-1.07303	
9	275	45	22	55	1092	.46367	.49474	
10	280	40	20	55	1043	.54451	.56906	
11	305	85	6	15	1027	1.29527	-.98779	
12	330	45	12	55	1139	1.15059	.43118	

(3) 분석과정

STEP 01 회귀분석을 수행하기 위해서는 [분석] → [회귀분석] → [선형]을 차례로 클릭
한다.

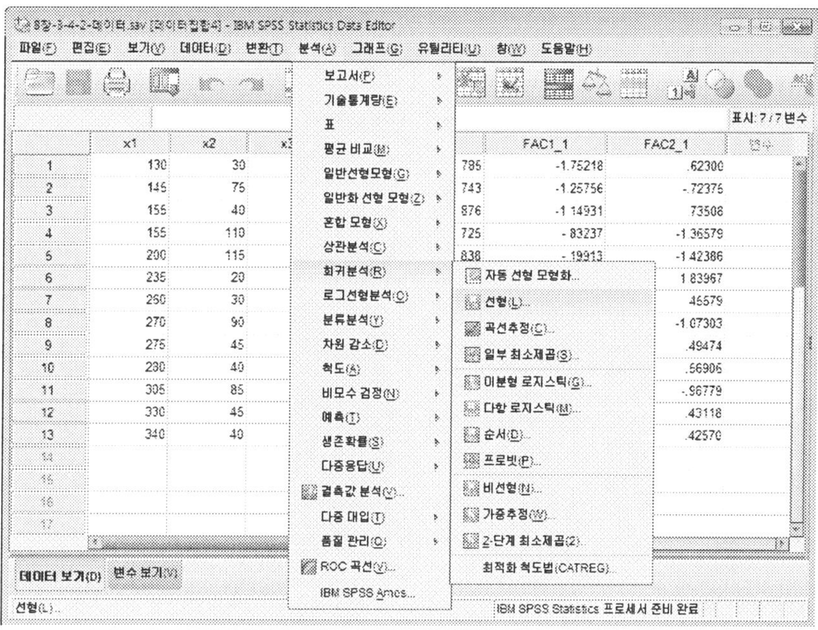

STEP 02 선도표 회귀모형 화면에서 종속변수는 'y', 독립변수들은 요인점수 변수들을 지
정한다. 다음으로 [확인] 버튼을 클릭한다.

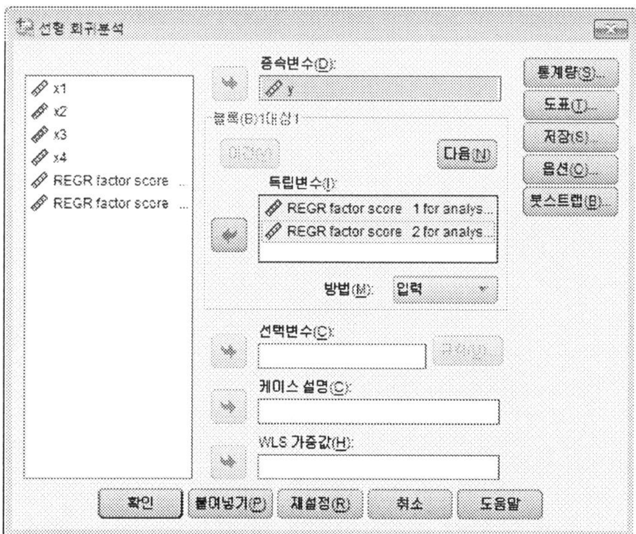

(4) 결과해석

회귀분석에 대한 분석결과가 [결과 1, 2, 3]에 제시되어 있다. 결과를 볼 경우 상당히 의미가 있으며 유의도도 매우 높음을 알 수 있다. 이와 같이 회귀분석에서 다중공선성(multi-collinearity)이 있는 경우 요인분석을 통해 다중공선성을 줄일 수 있다.

[결과1] 모형 요약

모형	R	R 제곱	수정된 R 제곱	표준 오차 추정값의 표준오차
1	.984[a]	.969	.962	29.261

a. 예측값 : (상수), REGR factor score 2 for analysis 1, REGR factor score 1 for analysis 1

[결과2] 분산분석[b]

모형		제곱합	자유도	평균 제곱	F	유의확률
1	회귀 모형	265192.700	2	132596.350	154.865	.000[a]
	잔차	8562.069	10	856.207		
	합계	273754.769	12			

a. 예측값 : (상수), REGR factor score 2 for analysis 1, REGR factor score 1 for analysis 1
b. 종속변수 : y

[결과3] 계수[a]

모형		비표준화 계수		표준화 계수	t	유의확률
		B	표준 오차 오류	베타		
1	(상수)	954.692	8.116		117.637	.000
	REGR factor score 1 for analysis 1	119.674	8.447	.792	14.168	.000
	REGR factor score 2 for analysis 1	88.191	8.447	.584	10.441	.000

a. 종속변수 : y

Chapter **12**

군집분석

01 군집분석의 개요

02 군집분석 예제

1 군집분석의 개요

1.1. 군집분석이란

군집분석(cluster analysis)은 대상들 또는 사례들이 지니고 있는 다양한 특성의 유사성을 바탕으로 동질적인 군집(cluster)으로 묶거나 다수의 대상들이나 사례들을 몇 개의 동질적인 군집으로 구분해 동일 군집 내에 속해 있는 대상들이나 사례들의 공통된 특성들을 조사하는 경우에 사용한다. 이런 의미에서 군집분석을 분류분석(classification analysis) 또는 수량분류(numerical taxonomy)로 부른다. 군집분석을 통해 만들어진 군집 내의 대상들은 서로 유사한 경향이 있고 다른 군집에 있는 대상들은 유사하지 않은 경향을 보인다. 다음 그림은 이상적인 군집화와 실제 많은 경우에 나타나는 군집화 형태를 보여주고 있다. (가)처럼 이상적으로 군집화된 경우는 군집간의 특성이 명확하게 나타나지만, (나)와 같은 경우에는 군집들의 경계선을 잘 구분하지 못하기 때문에 대상들의 많은 수가 다른 군집으로 분류될 수 있다.

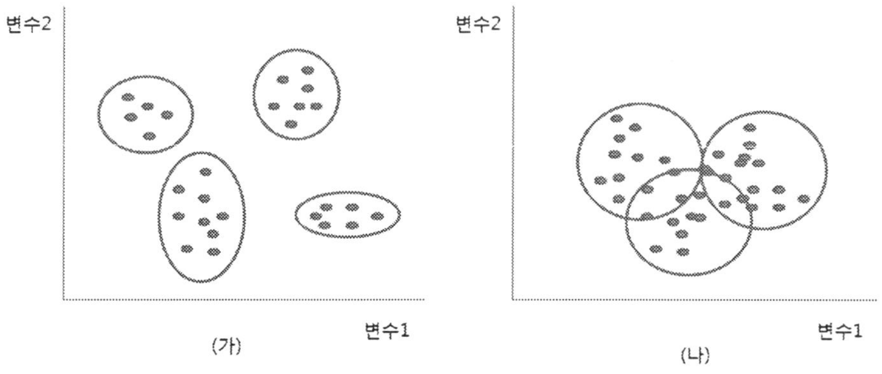

군집분석에서 만들어진 군집은 계층적(hierarchical) 또는 비연결(disjoint) 형태의 군집이다. 군집분석에서는 대상들을 군집화하기 위해서 각 대상들이 얼마나 비슷한가를 나타내는 유사성 척도 내지는 설명변수들이 있어야만 한다. 군집분석에 사용되는 변수들은 메트릭 변수이어야 하며, 군집분석은 군집들에 대한 사전적인 정보를 가지고 분석하지는 않는다. 이러한 측면에서 판별분석(discriminant analysis)과 비교해 볼 때, 판별분석에서는 대상들의 집단구분이 이루어져 있는 상황에서 집단구분에 유의한 변수를 선정한다는 점이 다르다.

군집분석은 다음과 같은 여러 가지 목적에 의해 활용된다.

- 시장세분화 : 소비자들을 제품의 구매로부터 얻어지는 이점을 근거로 군집을 구분한다. 각 군집은 그 군집에 속한 소비자들이 추구하는 이점이 상대적으로 유사하게 군집화된다. 이를 편익세분화(benefit segmentation)이라 한다.
- 구매행동의 이해 : 동질적인 구매를 하는 구매자 집단을 파악하는데 군집분석을 활용할 수 있다. 각 집단의 구매행동에 사용된 선택기준을 근거로 군집화된다.
- 신제품 기회 확인 : 상표와 제품들을 군집화함으로써 시장 내의 경쟁자 집합을 파악할 수 있다. 동일한 군집 내에 있는 상표들은 다른 군집에 있는 상표들보다 경쟁이 치열하게 진행된다.
- 시험시장 선택 : 동질적인 특성을 갖는 도시들을 군집으로 묶어서 각 군집에서 적절한 도시를 몇 개를 선정해 제품을 시험해 볼 수 있다.
- 데이터 축소 : 군집분석은 개개 관찰치보다 더 관리하기 좋은 데이터의 하위집단 혹은 군집을 개발하기 위한 데이터축소 도구로 활용할 수 있다. 축소된 데이터에 대해 다양한 형태의 다변량 분석이 활용된다. 예를 들어 소비자들의 구매행동의 차이를 보기 위해 소비자들을 몇 개의 집단으로 군집화하고, 이에 대해 다중판별분석을 수행해 볼 수 있다.

1.2. 군집분석 가능한 데이터의 형태

- 행과 열이 모두 군집분석에 사용될 변수로 구성된 경우로 제곱거리(square distance) 행렬 또는 유사성(similarity) 행렬 형태의 데이터다. 유사성 행렬의 대표적인 예로서는 상관관계행렬을 들 수 있다.
- 데이터집합에서처럼 행은 관찰치, 열은 변수들로 표현된 XY축 행렬(coordinate matrix), 관찰치, 변수 또는 두 가지 모두가 군집분석의 대상으로 사용될 수 있다.

1.3. 군집분석 과정

군집분석 과정은 크게 3가지 과정으로 나뉘어 질 수 있다(채서일, 김범종, 이성근, 1992).

- 변수의 선정
- 유사성 측정
- 군집화를 통한 군집 추출

(1) 변수의 선정은 중요한 변수가 빠지거나 불필요한 변수가 추가되지 않게 해야 한다. 만약 중요한 변수가 빠지면 적절한 군집을 나타낼 수 없다. 반면에 불필요한 변수가 추가되면 변수들이 동일한 비중으로 영향을 주며, 회귀분석이나 판별분석 등에서와 같이 중요한 변수를 찾아낼 수 있는 변수선택법이 없기 때문에 적절한 군집을 계산할 수 없다. 또한 다른 분석방법에서와 같이 통계적인 유의성을 검증할 수 있는 일반적인 통계량이 없기 때문에 더욱 문제가 된다.

(2) 유사성 측정은 각 대상이 지니고 있는 특성에 대한 측정치들을 거리로 환산하는 방법이다. 거리 측정 방법은 유클리디안 거리(Euclidean distance), 유클리디안 제곱거리(Squared Euclidean distance), 도시-블록 거리(City-block distance), 민코브스키 거리(Minkowski distance) 등이 있다. 이들 중에 일반적으로 많이 사용되는 방법은 유클리디안 거리이다. 이는 다음과 같이 계산된다.

$$d(A,\ B) = \sqrt{\sum_{i=1}^{n}(X_{Ai} - X_{Bi})^2}$$

여기서, $d(A,\ B)$ = 대상 A와 B사이의 거리

$\qquad X_{ji}$ = 대상 j의 변수 i의 좌표

$\qquad n$ = 측정 변수의 갯수

거리는 계산시 변수값을 표준화해야 한다. 그렇지 않으면 변수의 단위에 따라 상이한 결과를 초래할 수 있다. 즉, 거리를 km로 계산을 했는가 m로 측정했는가에 따라 거리에 반영된 크기는 달라진다.

(3) 군집화를 통한 군집 추출은 여러 가지 가능한 군집분석 형태가 있다. 가능한 형태의 군집분석은 아래와 같다.

- 하나의 관찰치나 변수 또는 개체(object)를 하나의 군집에 배분하는 비연결 군집분석(disjoint cluster analysis).
- 하나의 군집이 다른 군집에 모두 포함이 되지만, 다른 형태의 군집과는 겹쳐지지 않는(not overlapping) 계층적 군집분석(hierarchical cluster analysis).
- 두 개 정도의 군집에 동시에 속할 수 있게 개체(objects)의 갯수에 제한을 두거나, 다른 군집구성원들과 겹칠 수 있는 정도에 제한을 두지 않은 겹침군집분석(overlapping cluster analysis).

- 각 군집안에서 개체의 구성원으로서의 자격정도나 확률을 통해 군집분석을 하는 퍼지군집분석(fuzzy cluster analysis). 퍼지군집에는 비연결, 계층, 겹침군집이 모두 가능하다.

본 책에서 다루어지는 내용은 주로 계층 군집방법과 비연결 군집방법이다. 데이터는 XY축 (coordinate)이나 거리를 나타내는 경우 모두 사용할 수 있다. 유클리디안 거리(Euclidean distance)를 통해 계산을 수행할 수도 있다.

1.4. 계층 군집분석과 비연결 군집분석

(1) 계층 군집분석

계층 군집의 추출 방법으로 사용 가능한 형태는 다음과 같이 11개가 있다. 이들 군집 추출 방법 중에 주로 사용되는 추출 방법들은 완전연결, 센트로이드, 단순연결, 평균 연결, 워드의 최소분산 방법이 비교적 많이 사용된다.

군집계산방법으로 사용가능한 형태는 다음과 같이 11개가 있다.

- 평균연결(average linkage) 방법
- 센트로이드(centroid) 방법
- 완전연결(complete linkage) 방법
- 확률밀도연결(density) 방법(이 방법에는 Wong's hybrid와 kth-nearest-neighbor 방법도 포함이 된다)
- 구형태(spherical) 다변량 정규분포(분산이 동등해야 하나 동등하지
- 않은 경우도 가능)를 이용한 최우법(maximum-likelihood method)
- 베타(flexible-beta) 방법
- 맥퀴티 유사성 분석(McQuitty's similarity analysis) 방법
- 메디안(median) 방법
- 단순 연결(single linkage) 방법
- 2단계 확률밀도 연결(two-stage density linkage) 방법
- 워드의 최소 분산(Ward's minimum-variance) 방법

각 군집분석 방법 중에 대표적인 3가지 군집분석 방법을 보면 다음과 같다(채서일, 김범종, 이성근, 1992).

- **단일연결**(single linkage, nearest neighbor) **방법** : 기존의 군집에 속해 있는 대상 중에서 어느 하나와 가장 가까운 대상부터 군집에 편입시키는 방법이다. 그림에서 A와 C가 가장 가까우므로 제 1단계에서 군집화가 되며, 다음 단계에서는 A 또는 C 중 어느 하나에 가장 가까운 B가 군집에 편입되도록 하는 방법이다.

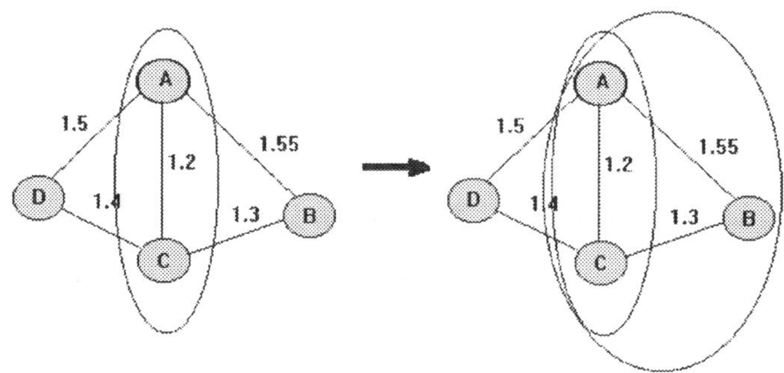

- **완전연결**(complete linkage, furthest neighbor) **방법** : 기존의 군집에 포함되어 있는 모든 대상에 대해서 일정거리 이내에 들어와야만 동일한 군집에 편입되는 방식이다. 또한 군집 간의 거리는 각 군집에 속해 있는 대상간에 가장 먼 거리로 산정된다. 따라서 새로운 대상을 편입시킬 때도 가장 먼 거리에 있는 대상과 비교하여 그 거리가 가장 가까운 군집으로 편입된다. 그림에서 전체 거리 중, A와 C간에 거리가 가장 가깝기 때문에 먼저 묶이며, 다음으로 이들 A, C 군집에 B는 A와의 거리 1.55가 가장 거리가 멀다고 볼 수 있으며, D는 A와의 거리 1.5가 가장 거리가 멀다고 볼 수 있다. 따라서 D가 같은 군집으로 먼저 묶인다.

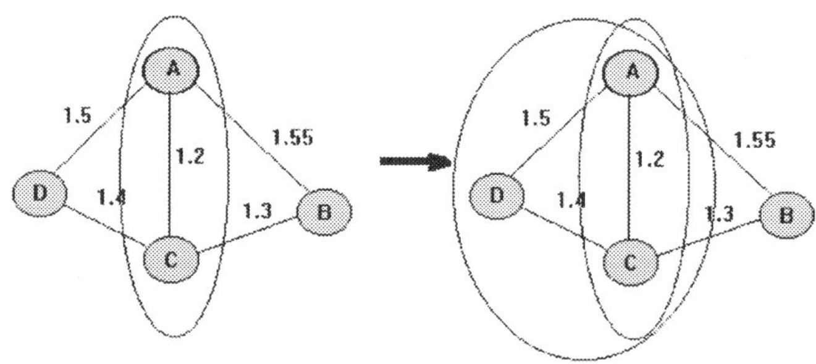

- **평균연결**(average linkage) **방법** : 새로운 대상이 기존의 군집에 편입될 때 기존의 군집 내에 있는 모든 대상과의 평균거리가 가장 가까운 군집에 편입되는 방법이다. 즉 A와 C가 군집으로 묶여 있는 상황에서 B의 평균 거리는 $1.425[=(1.55+1.3)/2]$이고 D의 평균 거리는 $1.45[=(1.5+1.4)/2]$이므로 B가 먼저 같은 군집에 포함된다.

이들 군집 분석 방법들 중 군집형태는 군집분석 방법들 간에 서로 상이한 결과를 가져오기 때문에 여러 가지 군집분석 방법을 수행해보고 일치된 결과를 찾도록 한다.

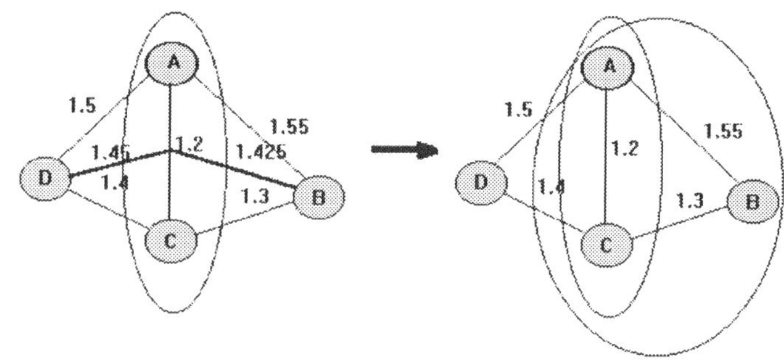

(2) 비연결 군집분석

비연결 군집은 많은 양의 관찰치(100개에서 100,000까지)를 갖는 데이터집합에 대한 비연결군집(disjoint clusters)을 찾아낸다. 이 프로시저의 특징은 데이터에 대한 두세 번의 처리를 통해 해석이 쉬운 군집을 찾을 수 있다는 점이다.

유클리디안 거리(Euclidean distance)에 근거하여 비연결 군집분석(disjoint cluster analysis)을 하며, 군집에 대한 간단한 요약만을 출력하기 때문에 더 자세한 정보가 필요하면, 군집구성원 변수가 포함된 데이터집합을 구할 수도 있다.

비연결 군집 추출 방법은 여러 가지가 있으나 이들 중에 가장 많이 사용되는 방법이 k-means algorithm이며, 이 프로시저에서 사용되는 방법은 Hartigan's leader algorithm과 MacQueen's k-means algorithm의 영향을 받은 방법으로서 Anderson에 의해서 nearest centroid sorting이라고 불리는 방법이다. 이 방법은 군집평균으로부터 제곱거리합을 최소화시키는 표준 반복 추정 앨고리즘(standard iterative algorithm)을 사용한다.

2　군집분석 예제

2.1. 소수표본의 군집분석

(1) 분석개요

여행사에서 여행 목적지별로 분류를 하려고 한다. 관광객들이 관광지를 선택할 때 가장 중요하게 하게 고려하는 두 가지 결정 요인을 여행 목적지의 즐거운 경험 정도와 여행 목적지의 분위기 평가로 보고, 대표적인 20개 관광지를 조사하였다. 두 변수에 대해 7점 리커트 척도로 측정하였으며, 두 변수에 대한 30명의 평균값을 입력하면 다음과 같이 제시된다.

관광지	즐거움	분위기	관광지	즐거움	분위기
A	3.5	6.1	B	6.1	6.2
C	4.2	5.9	D	5.9	3.8
E	6.6	5.9	F	3.7	6.3
G	6.1	4.3	H	3.5	5.7
I	5.8	3.8	J	6.1	3.2
K	5.8	6.2	L	6.7	5.9
M	4.1	5.8	N	5.6	6.5
O	5.8	6.5	P	5.7	3.9
Q	4.1	6.0	R	3.8	6.4
S	5.8	5.8	T	6.2	4.1

(2) 분석데이터

앞의 표의 데이터를 다음과 같이 직접 입력해 데이터집합을 구성했다.

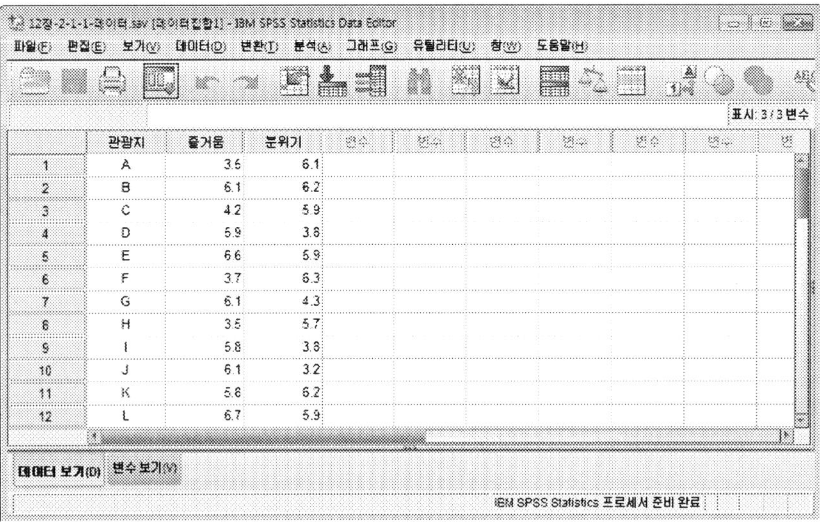

(3) 분석과정

STEP 01　계층적 군집분석을 수행하기 위해서는 [분석] → [분류분석] → [계층적 군집분석]을 차례로 클릭한다.

STEP 02　계층적 군집분석 화면에서 분류기준 변수로서 '즐거움'과 '분위기'를 선택하고, 케이스 설명 기준변수로서 '관광지'를 지정한다. 화면 우측의 [방법] 버튼을 클릭한다.

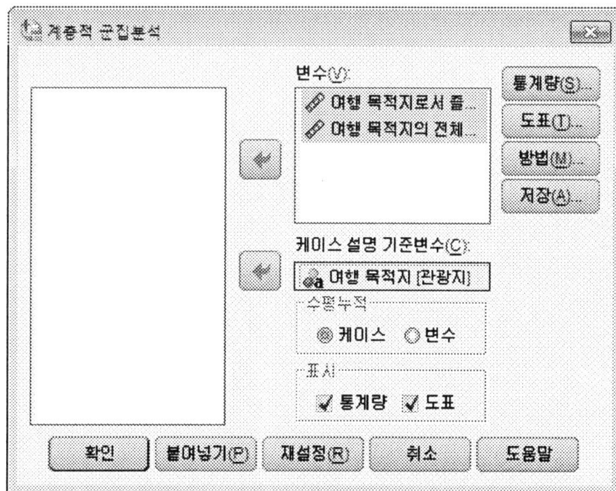

STEP 03 다양한 군집분석 방법들을 선택할 수 있다. 군집방법과 측도에 따라서 다양한 분석을 진행할 수 있다. 측도는 등간, 빈도, 이분형으로 구분된다. 변수가 표준화되어 있지 않기 때문에 값 변환에서 Z점수를 기준으로 표준화를 했다. 하단의 [계속] 버튼을 클릭한다. 계층적 군집분석 화면으로 돌아오면 우측 화면의 [통계량] 버튼을 클릭한다.

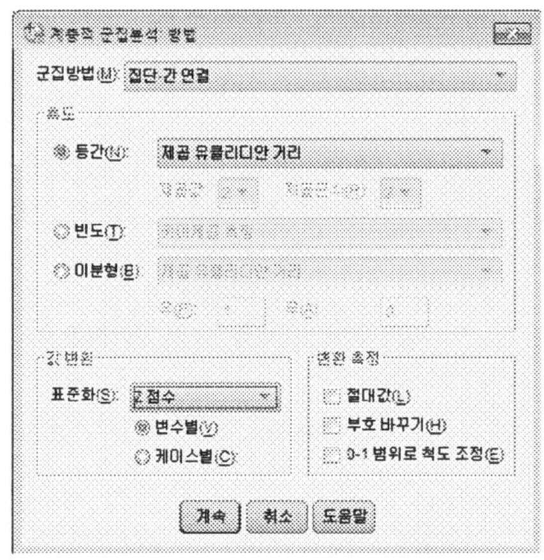

STEP 04 군집화 관련 통계와 추출할 군집 개수를 지정할 수 있다. 하단의 [계속] 버튼을 클릭한다. 계층적 군집분석 화면으로 돌아오면 우측 화면의 [도표] 버튼을 클릭한다.

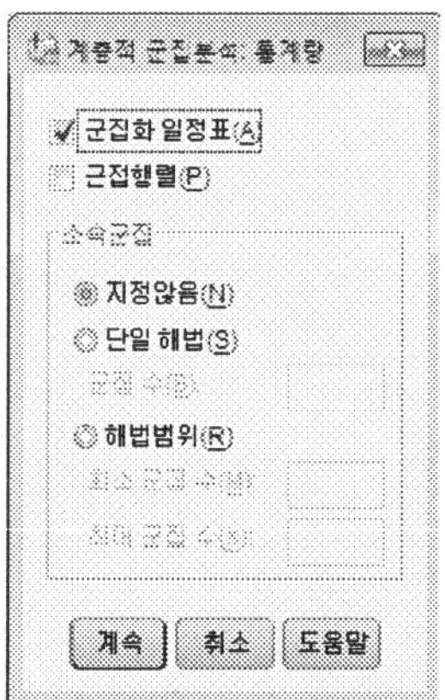

STEP 05 덴드로그램을 출력할 수 있도록 체크한다. 하단의 [계속] 버튼을 클릭한다. 계층적 군집분석 화면으로 돌아오면 우측 화면의 [확인] 버튼을 클릭한다.

(4) 결과해석

[결과1]을 보면, 유클리디안 거리를 사용한 (집단-간) 평균연결법에 의한 추정결과라는 것을 보여 준다. [결과2]는 군집이 묶이는 순서를 나타낸다. 현재 데이터의 7번과 10번째인 관광지가 묶였으며, 다음으로 3번과 16번 관광지가 묶였다.

[결과1] 케이스 처리 요약[a]

케이스

유효		결측		합계	
N	퍼센트	N	퍼센트	N	퍼센트
20	100.0%	0	0.0%	20	100.0%

a. 제곱 유클리디안 거리 사용됨

[결과2] 군집화 일정표

	결합 군집		계수	처음 나타나는 군집의 단계		다음 단계
	군집 1	군집 2		군집 1	군집 2	
1	13	19	.000	0	0	7
2	5	12	.008	0	0	17
3	4	9	.008	0	0	6
4	3	17	.008	0	0	7
5	6	18	.016	0	0	11
6	4	16	.028	3	0	13
7	3	13	.029	4	1	15
8	14	15	.032	0	0	12
9	7	20	.042	0	0	13
10	2	11	.071	0	0	12
11	1	6	.106	0	5	14
12	2	14	.151	10	8	17
13	4	7	.227	6	9	16
14	1	8	.317	11	0	15

15	1	3	.352	14	7	18
16	4	10	.590	13	0	19
17	2	5	.755	12	2	18
18	1	2	4.202	15	17	19
19	1	4	6.431	18	16	0

[결과3]은 앞의 군집화 일정표를 가지고 수직고드름 도표를 보여주고 있으며, [결과4]는 덴드로그램을 보여주고 있다. 결과를 볼 경우 관광지 M, S, C, Q, R, F, A, H가 하나의 군집으로 묶이고, 관광지 E, L, N, O, B, K가 다른 군집으로, 관광지 D, I, P, G, T, J가 마지막 군집으로 묶임을 알 수 있다. 즉, 현재의 데이터상 군집을 크게 3개로 구분하는 것이 나을 것 같다.

[결과3]

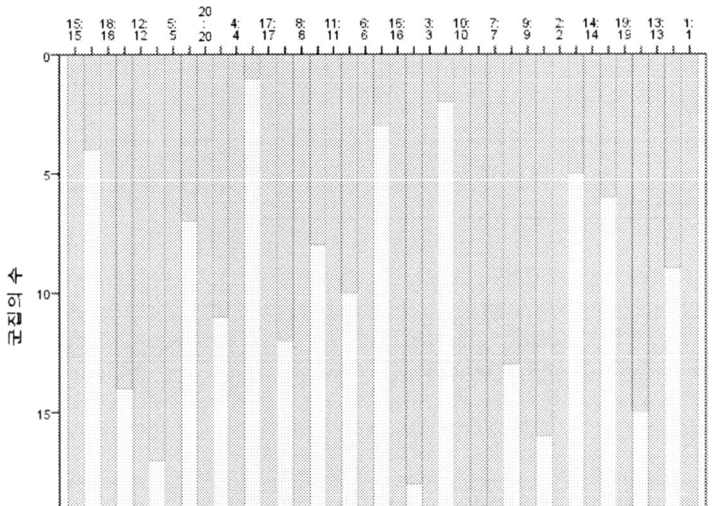

[결과4]

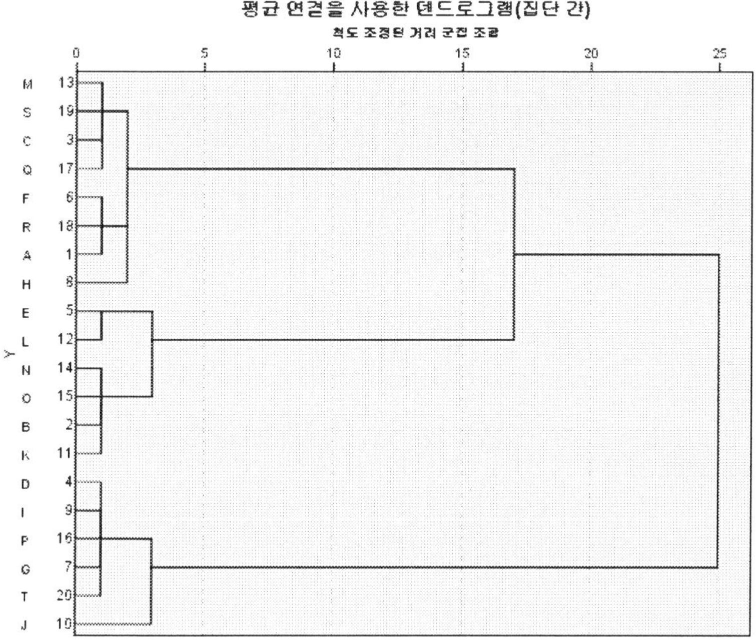

　　결과들을 통해 3개 정도의 군집이 적절한 것으로 보이는데, 이를 더 자세히 알아보기 위해 계층적 군집분석 화면에서 다음과 같이 추가적인 분석을 진행한다.

STEP　01　이를 진행하기 위해서는 계층적 군집분석 화면에서 우측 메뉴의 [통계량] 버튼을 클릭한다. 소속군집에 단일해법을 선택하고 군집 수를 3으로 지정한다. 하단의 [계속] 버튼을 클릭한다. 계층적 군집분석 화면으로 돌아오면 우측 화면의 [확인] 버튼을 클릭한다.

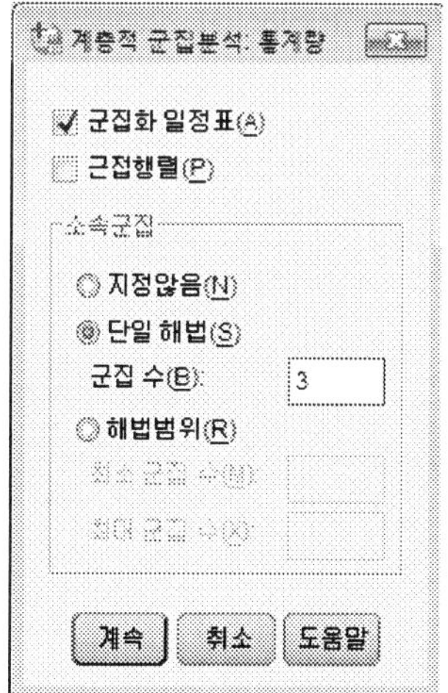

STEP 02 또 군집분석에 대한 결과를 저장하려면 [저장] 버튼을 클릭해 저장할 군집의 수를 지정한다.

[결과5]를 살펴보면, 그림에서 나누었듯이 구체적으로 군집별 자동차 형태가 정리되어 있다.

[결과5] 소속군집

케이스	3 군집
1 : A	1
2 : B	2
3 : C	1
4 : D	3
5 : E	2
6 : F	1
7 : G	3
8 : H	1
9 : I	3
10 : J	3
11 : K	2
12 : L	2
13 : M	1
14 : N	2
15 : O	2
16 : P	3
17 : Q	1
18 : R	1
19 : S	1
20 : T	3

이에 대한 군집 분류 데이터는 '12장-2-1-2-데이터.sav'와 같이 저장된다.

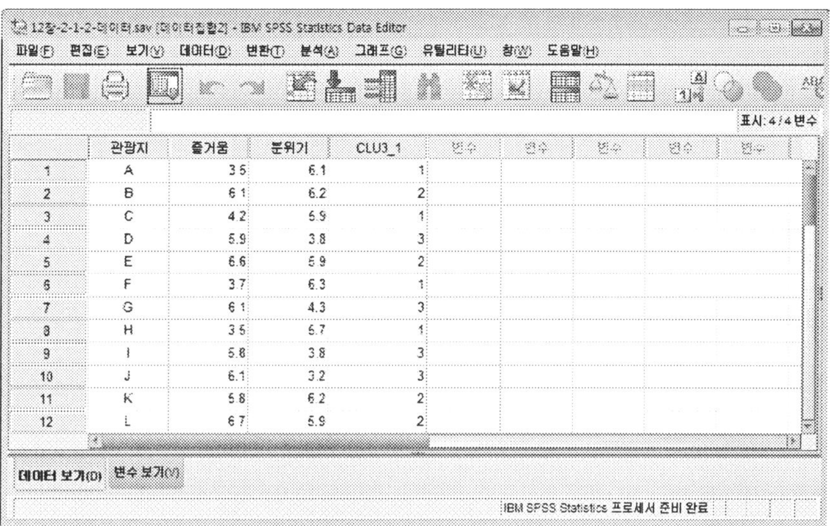

STEP 03 각 군집별 특성을 분석하기 위해서는 [분석] → [평균비교] → [집단별 평균분석]을 차례로 클릭한다.

STEP 04 화면에서 종속 변수로서 '즐거움'과 '분위기'를 선택하고, 독립변수로서 'Average Linkage'와 같은 군집 정보를 가지고 있는 변수를 지정한다. 화면 하단의 [확인] 버튼을 클릭한다.

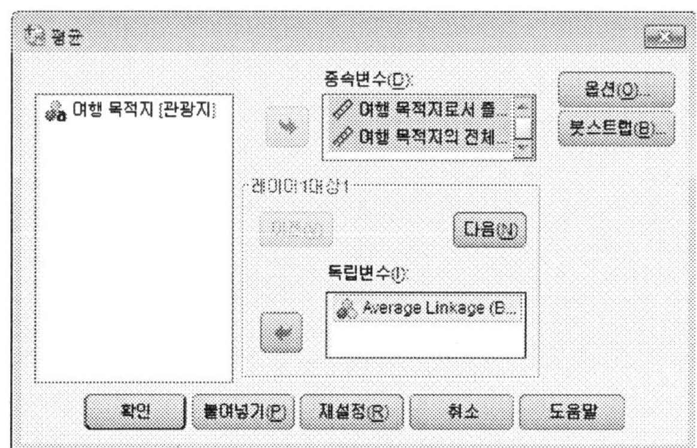

[결과6]에는 각 군집별 변수들의 평균 값들이 나와 있다. 이를 보면 첫 번째 군집은 즐거움이 3.9, 분위기는 6.0, 두 번째 군집은 즐거움이 6.1, 분위기가 6.2이며, 세 번째 군집은 즐거운 6.0, 분위기가 3.9인 경우이다. 따라서 첫 번째 군집은 즐거움에 비해 분위기가 좋은 관광지, 두 번째 군집은 즐거움과 분위기가 둘 다 좋은 곳, 세 번째 군집은 분위기보다는 즐거움이 있는 곳임을 알 수 있다.

[결과 6] 보고서

Average Linkage (Between Groups)		여행 목적지로서 즐거운 경험 정도	여행 목적지의 전체적인 분위기 평가
1	평균	3.887	6.000
	N	8	8
	표준편차	.2997	.2507
2	평균	6.100	6.200
	N	6	6
	표준편차	.4561	.2683
3	평균	5.967	3.850
	N	6	6
	표준편차	.1966	.3728
합계	평균	5.175	5.415
	N	20	20
	표준편차	1.1243	1.0912

2.2. 다수표본의 군집분석

(1) 분석데이터

다수표본에 대한 군집분석은 관찰치가 100개 이상인 경우에 수행한다. 다음 데이터는 피셔 (Fisher)의 아일랜드 꽃의 종 구분에 관한 데이터이다. 종을 구분할 수 있는 4개 변수와 실제 종 구분간의 어떤 차이점이 있는지를 보고자 한다. 종을 구분하기 위해 조사된 변수들은 꽃 받침의 길이와 넓이, 꽃잎의 길이와 넓이에 대한 데이터집합은 다음과 같다.

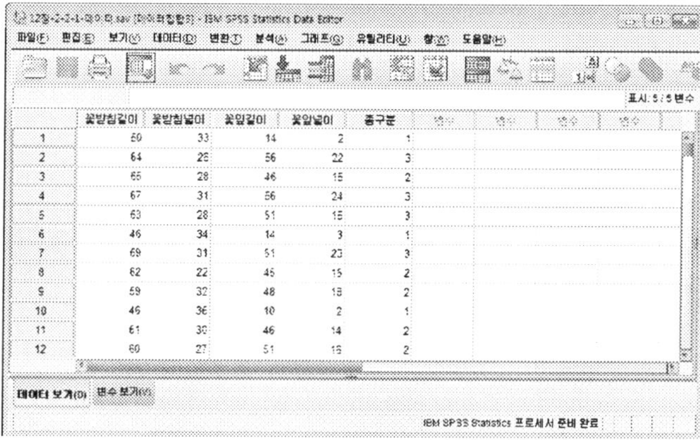

(2) 분석과정

STEP 01 다수표본에 대한 군집분석을 수행하기 위해서는 [분석] → [분류분석] → [K - 평균 군집분석]을 차례로 클릭한다.

STEP 02 다수표본에 대한 군집분석을 을 위한 변수로서 꽃받침의 길이와 넓이, 꽃잎의 길이와 넓이를 지정했으며, 각 케이스 설명 기준변수로서 종에 대한 구분 변수를 입력했다. 우측에 있는 [옵션] 버튼을 클릭한다.

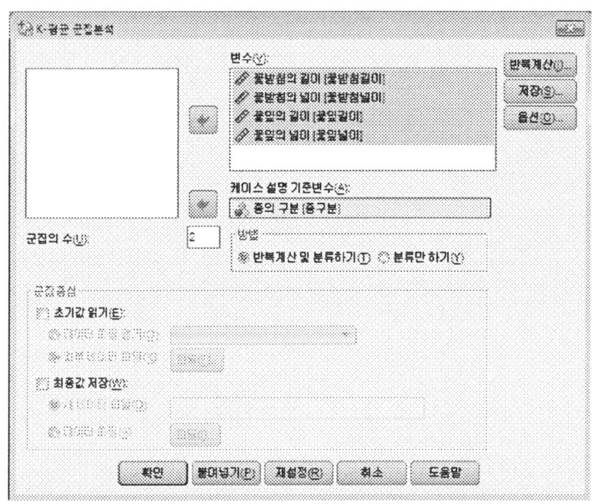

STEP 03 분산분석표에 체크한다. 각 케이스의 군집정보를 체크하면 각 케이스별로 분류정보가 표시된다. 하단의 [계속] 버튼을 클릭한다. K-평균 군집분석 화면으로 돌아오면, 우측에 있는 [저장] 버튼을 클릭한다.

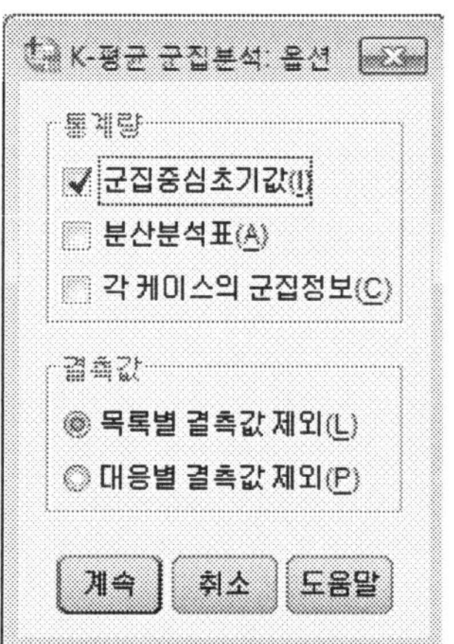

STEP 04 저장 내용 중에서 소속군집을 저장하도록 체크한다. 하단의 [계속] 버튼을 클릭한다. K-평균 군집분석 화면으로 돌아오면, 우측에 있는 [확인] 버튼을 클릭한다.

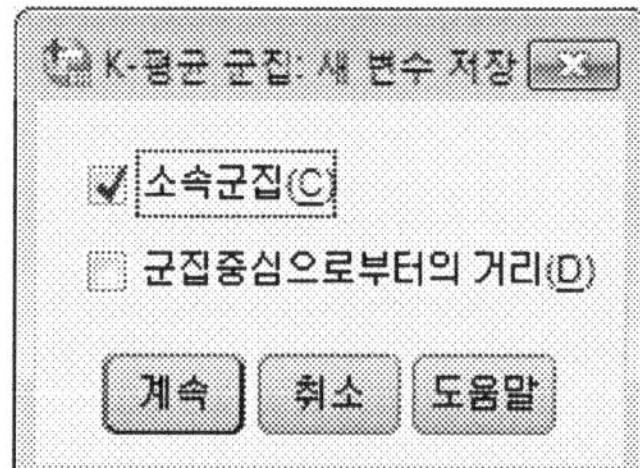

(3) 결과해석

[결과1] 초기 군집중심

	군집		
	1	2	3
꽃받침의 길이	58	77	49
꽃받침의 넓이	40	38	25
꽃잎의 길이	12	67	45
꽃잎의 넓이	2	22	17

[결과2] 반복계산정보[a]

	군집중심의 변화량		
반복계산	1	2	3
1	10.141	12.257	11.415
2	.000	1.753	1.212
3	.000	.698	.473
4	.000	.497	.328
5	.000	.000	.000

a. 군집 중심값의 변화가 없거나 작아 수렴이 일어났습니다. 모든 중심에 대한 최대 절대 좌표 변경은 .000입니다. 현재 반복계산은 5입니다. 초기 중심 간의 최소 거리는 38.236입니다.

[결과1]은 K-평균 군집분석의 각 변수에 대해 두 군집에 대한 초기 시작값과 두 집단간의 거리를 보여 주고 있다. [결과2]는 반복계산정보(Iteration) 5회만에 최적해를 찾았다는 것을 보여 주고 있다.

[결과3] 최종 군집중심

	군집		
	1	2	3
꽃받침의 길이	50	69	59
꽃받침의 넓이	34	31	27
꽃잎의 길이	15	57	44
꽃잎의 넓이	2	21	14

[결과4] 분산분석

	군집		오차		F	유의확률
	평균제곱	자유도	평균제곱	자유도		
꽃받침의 길이	3688.765	2	19.315	147	190.979	.000
꽃받침의 넓이	639.881	2	10.551	147	60.649	.000
꽃잎의 길이	21910.877	2	17.760	147	1233.690	.000
꽃잎의 넓이	3886.435	2	6.014	147	646.184	.000

※ 다른 군집의 여러 케이스 간 차이를 최대화하기 위해 군집을 선택했으므로 F 검정은 기술통계를 목적으로만 사용되어야 합니다. 이 경우 관측유의수준은 수정되지 않으므로 군집평균이 동일하다는 가설을 검정하는 것으로 해석될 수 없습니다.

[결과5] 각 군집의 케이스 수

군집	1	50.000
	2	38.000
	3	62.000
유효		150.000
결측		.000

[결과3]은 각 변수별 최종 군집에 관련된 정보를 보여준다. 각 군집별로 꽃받침의 길이와 넓이, 꽃잎의 길이와 넓이가 서로 차이가 있음을 알 수 있다.

[결과4]는 각 변수별 유의수준과 유의확률이 제시되어 있다. 전체적으로 유의확률 5%에서 의미가 있어 모든 변수가 의미가 있음을 알 수 있다.

[결과5]는 각 군집별 케이스의 수가 제시되어 있다. 전체 150개의 케이스 중에 군집1은 50개, 군집 2는 38개, 군집 3은 62개가 구분되었다. 이렇게 분류된 군집은 다음과 같은 데이터집합으로 저장된다. 이 데이터를 가지고 군집분석이 잘 되었는가를 보기 위해 교차분석을 수행해 볼 수 있다.

STEP 01 K - 평균 군집분석 결과로 분류된 군집들에 대한 정보가 QCL_1이라는 변수로 저장되어 있다. 이 결과는 'C : \Sample\Datasav' 폴더 내에 '12장 - 2 - 2 - 데이터.sav'로 저장되어 있다.

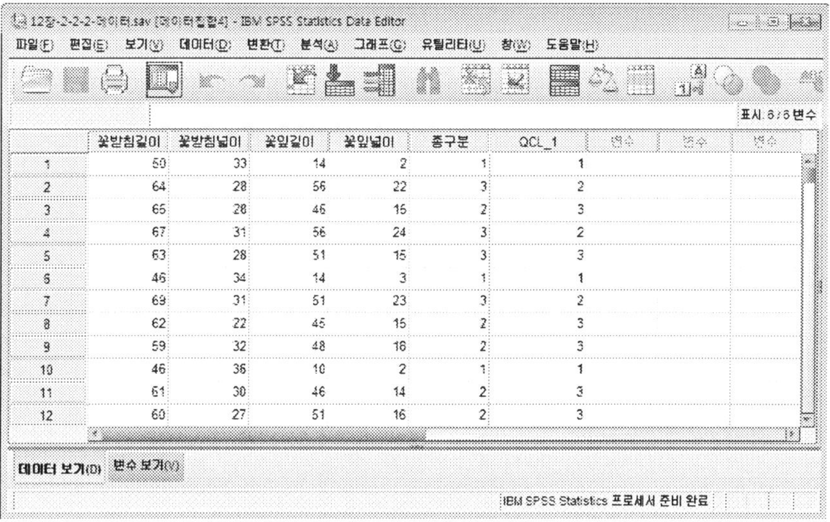

STEP 02 교차분석을 수행하기 위해서는 [분석] → [기술통계량] → [교차분석]을 차례로 클릭한다.

STEP 03   행 변수로 '종의 구분', 열 변수로 '케이스 군집 번호'를 입력한다. [셀] 버튼을
클릭한다.

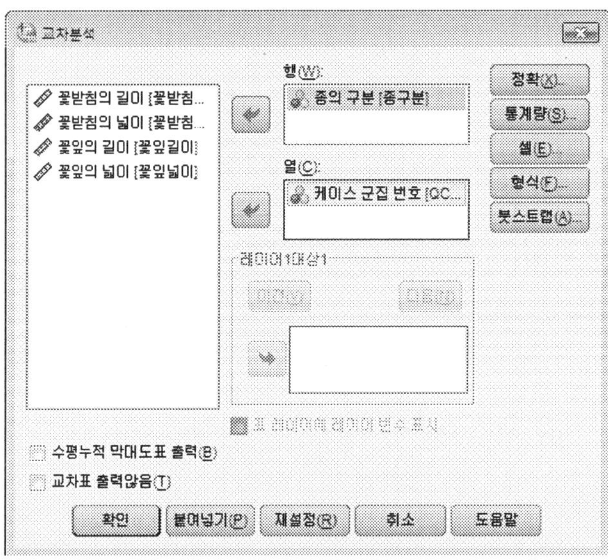

STEP 04   퍼센트 데이터를 출력하도록 행, 열, 전체를 체크한다. 하단의 [계속] 버튼을 클
릭한다. 교차분석 화면으로 돌아오면 [확인] 버튼을 클릭한다.

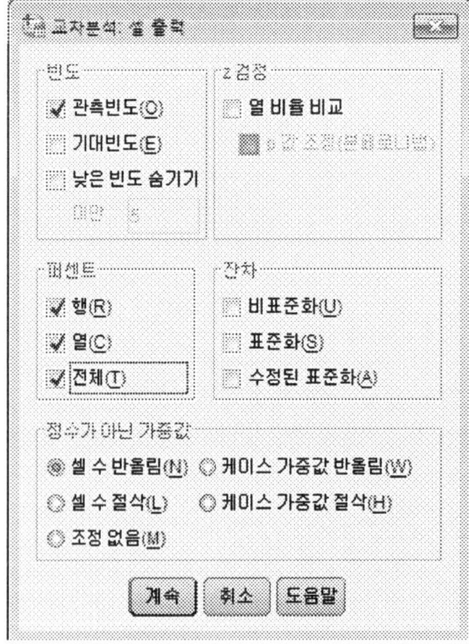

[결과6]는 각 군집과 종족을 분류한 교차표를 보여 주고 있다. 전체적으로 분류가 잘 되어 있다. 특히 세토사 종은 정확하게 분류가 되었다. 버시칼라 종도 어느 정도 정확하게 분류되어 있다. 그러나 버지니카 종에 대한 구분은 불명확하다.

[결과6] 종의 구분 * 케이스 군집 번호 교차표

			케이스 군집 번호			전체
			1	2	3	
종의 구분	세토사	빈도	50	0	0	50
		종의 구분 중 %	100.0%	.0%	.0%	100.0%
		케이스 군집 번호 중 %	100.0%	.0%	.0%	33.3%
		전체 %	33.3%	.0%	.0%	33.3%
	버시칼라	빈도	0	2	48	50
		종의 구분 중 %	.0%	4.0%	96.0%	100.0%
		케이스 군집 번호 중 %	.0%	5.3%	77.4%	33.3%
		전체 %	.0%	1.3%	32.0%	33.3%
	버지니카	빈도	0	36	14	50
		종의 구분 중 %	.0%	72.0%	28.0%	100.0%
		케이스 군집 번호 중 %	.0%	94.7%	22.6%	33.3%
		전체 %	.0%	24.0%	9.3%	33.3%
전체		빈도	50	38	62	150
		종의 구분 중 %	33.3%	25.3%	41.3%	100.0%
		케이스 군집 번호 중 %	100.0%	100.0%	100.0%	100.0%
		전체 %	33.3%	25.3%	41.3%	100.0%

Chapter 13
다차원척도법

01 다차원척도법의 개요
02 다차원척도법의 사례

1 | 다차원척도법의 개요

1.1. 다차원척도법이란

인지도(perceptual map) 분석으로도 알려진 다차원척도법(multidimensional scaling : MDS)은 Richardson(1938)에 의해 처음으로 응용 사례를 소개했다. Torgerson (1952, 1958)은 등간과 비율 척도로 측정된 데이터에 대해서 분석하는 메트릭 다차원척도법(metric MDS)을 개발하였고, 이후 1960년대에는 Shepard(1962)와 Kruskal(1964)가 서열척도로 측정된 데이터에 대해서 분석하는 넌메트릭 다차원척도법(nonmetric MDS)를 제시하였다. Carroll and Chang(1970)은 개개인의 유사성을 반영하는 메트릭 데이터에 대해서 분석하는 INDSCAL을 개발했으며, Takane, Young, and De Leeuw(1977)은 넌메트릭 데이터를 분석할 수 있는 ALSCAL을 개발했다. 개개인의 차이는 공간상 차원 개개의 속성에 가중치를 주는 방법으로 속성차이를 설명하는 방법이다. 이후에도 비대칭 데이터 MDS, 최대우도법 MDS, Latent Class MDS 등이 개발되었다.

마케팅 분야는 1960~70년부터 응용이 되기 시작했다(Green 1975). 마케팅 분야에서 다차원척도법은 제품 포지셔닝과 제품 디자인 분야에 많이 활용된다. 인지도는 특정 대상에 대하여 사람들이 어떻게 느끼고 있는가를 파악할 수 있는 데이터를 제공한다.

다차원척도법은 응답자들이 지각하는 대상들(기업, 상품, 개념, 아이디어 등 공통적으로 지각될 수 있는 모든 사항에 대해 가능)의 관계를 2차원 이상의 공간(인지도)에 표시하는 방법이다. 이를 위해 대상들에 대한 유사성/상이성 또는 선호도 데이터나 대상을 설명하고자 하는 속성들에 대한 데이터를 수집한다. 다차원척도법은 두 대상간에 유사성 또는 속성에 대한 값들의 척도가 서열척도 또는 등간척도 이상이 되어야 한다는 점에서 명목척도에 대해서 분석하는 대응분석 방법과 차이가 있다고 할 수 있다.

다차원척도법은 다음과 같은 분야에 적용할 수 있다(Clarke 1978; Green 1975; Wind and Robinson 1972).

- 소비자가 중요하게 생각하는 제품의 특성파악
- 소비자들이 좋아하는 제품개발
- 제품의 시장영역 추출
- 자사제품과 경쟁사제품의 위치파악을 통한 기회/위협의 포착

- 시장세분화 전략
- 광고효과의 측정

1.2. 다차원척도법의 기본 개념

(1) 기본 가정 및 특징

다차원척도법은 다음과 같은 가정을 하고 있다.

- 인간은 인지능력의 한계로 인하여 모든 요소를 고려하여 대상을 평가하기 보다는 자신에게 중요한 몇 가지 요인에 의해 대상을 평가한다.
- 평가자의 내면적인 사고에 의해 평가된 결과만이 구체적인 형태로 표출될 뿐, 평가과정에서의 기준이나 평가기준의 가중치는 표출되지 않고 평가자의 의식 속에 내재된다.

(2) 인지도

다차원척도법은 총체적인 평가에 의해서 얻어진 데이터를 이용하여 평가 대상간에 내재하고 있는 관계를 다차원적으로 분해해 내는 기법으로서, 대상물을 평가할 수 있는 차원을 도출해서 대상물을 인지도에 나타낸다.

가장 일반적인 인지도는 다음과 같이 대상물만을 인지도에 표현하는 방법이다. 여기서 A, B, C, D, E, F 는 대상물의 인지도의 위치를 의미한다. 가까이 있을수록 비슷한 인식을 가지고 있는 대상물들이며, 거리가 멀어질수록 다른 인식을 가지고 있는 대상물이다.

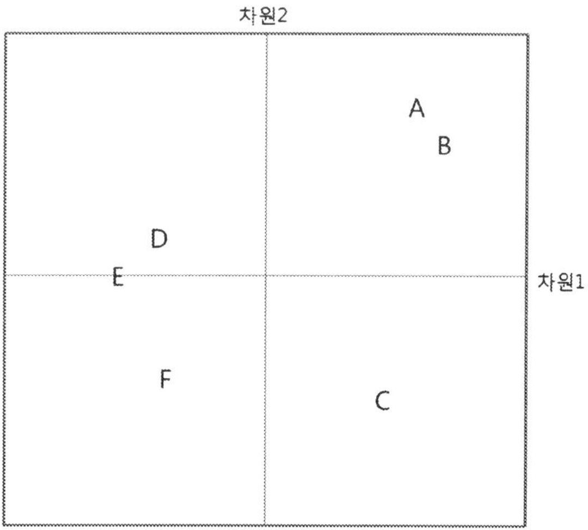

또한 대상물과 응답자의 이상점 또는 속성에 대한 이상점을 같이 표현하는 인지도를 들 수 있다. 이러한 형태의 인지도는 유사성 – 선호도 인지도(similarity – preference perceptual map)이다. 앞에서 살펴보았듯이, A, B, C, D, E, F는 대상물이며, 1, 2, 3, 4, 5, 6, 7, 8, 9, 10은 대상물을 평가한 응답자 또는 대상물의 평가하는 속성의 이상점이다. 응답자 또는 속성의 이상점에 가까운 대상물일수록 응답자 또는 속성에 가까운 이상점이다. 반면에 멀수록 응답자 또는 속성의 이상점에서 먼 대상물이다.

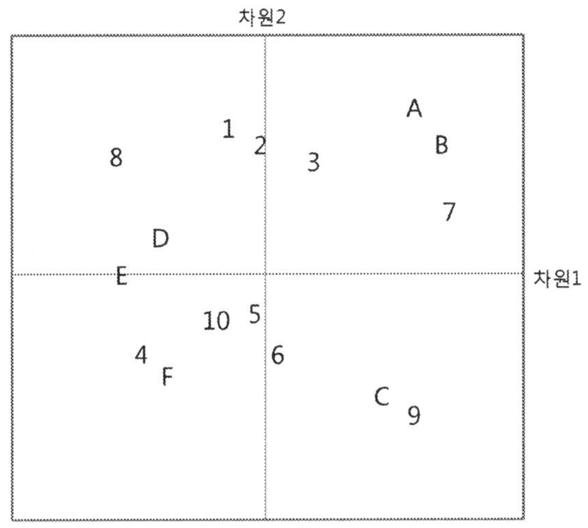

다차원척도법에서 제시하는 인지도 계산에 사용된 축과 관련된 특징들을 살펴보면 다음과 같다(Lehmann 1989).

- 다차원척도법의 축은 항상 정해진 것이 아니다. 설명의 필요성에 따라서 축을 회전시키거나, 축을 뒤집을 수가 있다.
- 항상 같은 축이 계산되지 않는다. 계산하는 방법에 따라 현재 데이터의 순위에 대한 거리를 유지하면서도 다른 축이 만들어 질 수 있다.
- 축의 수를 결정하는 방법이 힘들다. 앞에서도 제시되었지만 축의 수를 정하는 일정한 방법이 없으며, 바람직한 방법 중의 하나는 요인분석에서 스크리 검정을 하는 것과 같이 스트레스가 많이 줄어드는 차원의 수와 그 차원 이후의 스트레스의 감소 정도가 작은 차원의 수 사이에서 결정하는 것이 바람직하다.

분석해야 할 대상물이 많아지는 경우에는 대상물 쌍간에 비교하는 개수가 매우 많아진다. 즉 대상물이 20개인 경우에 190개의 쌍을 비교해야 한다.

인지도는 소비자가 대상을 인지하거나 평가할 때 어떠한 기준에 의해서 인식하게 되는가를 분석한다. 또한 인지도에서 노출된 각 차원에서 평가대상이 어떠한 위치에 포지션 되는가를 분석해 준다. 인지도는 주로 초기에 여러 가지 대상물간의 유사성에 대한 차이를 가지고 대상물을 2개에서 3개 정도의 차원에 표시하는 형태가 많이 사용되었다. 이 과정에서 유사성 측정은 두 개의 대상물의 유사성을 7점이나 9점과 같은 리커트 형태로 물어 보던지 아니면 비슷한 정도에 대한 등수를 매기게 하는 방법을 활용하였다.

(3) 다차원척도법의 종류

다차원척도법은 데이터의 형태에 따라서 달라지게 된다. 데이터가 등수에 관한 데이터인 경우에는 넌메트릭 데이터(정성적인 데이터) 다차원척도법과 데이터가 등간 척도 이상의 리커트 타입 형태인 메트릭 데이터(정량적인 데이터) 다차원척도법으로 나뉜다. 넌메트릭 데이터 다차원척도법은 Shepard (1962)에 의해 처음 이용이 된 후, 유사성 또는 선호도 데이터에 대한 넌메트릭 또는 메트릭 데이터를 분석할 수 있는 다차원척도법으로 발전되었다. 데이터에 대한 인지도를 그리는데 있어 단순히 대상물간의 관계만을 그래프로 나타내는 형태와 대상물과 이를 설명하는 속성 또는 응답자들을 하나의 그래프로 나타내는 방법이 있다. 각 다차원척도법의 특징을 보면 다음과 같다.

- 한 명의 유사성/상이성 데이터(KYST)
  - 인지도 : 평가대상의 위치만을 표시
  - 필요데이터 : 쌍 비교에 의한 유사성 또는 상이성 데이터

  다차원척도법 가운데서 가장 많이 알려진 방법이다. 평가대상들간에 근접성(proximities) 데이터인 유사성 또는 상이성 데이터를 기준으로 2차원 이상의 공간에 대상들의 위치를 표시한다. 근접성 데이터는 서열척도로 측정된 넌메트릭 데이터와 등간 또는 비율척도로 측정된 메트릭 데이터로 구분이 될 수 있다. KYST에 의해서 구해진 인지도는 응답자들에게 근접성 데이터만을 질문하여 만들어졌기 때문에 차원이 어떠한 의미인지를 해석하는데 어려움이 있다.

- 두 명 이상의 유사성/상이성 데이터(INDSCAL)
  - 인지도 : 평가대상의 위치 이외에 개인적인 차이를 파악
  - 필요데이터 : 쌍 비교에 의한 유사성 또는 상이성(데이터는 2인 이상) 데이터

  Caroll and Chang (1970)에 의해 개발된 방법으로 응답자가 2인 이상인 경우 개인차이를

고려한 인지도를 보여준다. 개인차이를 고려했다는 의미에서 3차원(three-way) 다차원 척도법으로 부른다. 각 응답자별 근접성을 평가한 행렬 데이터가 사용이 된다. 인지도는 응답자들이 보편적으로 판단하는데 활용되는 차원을 보여주며, 각 평가차원의 상대적 중요도를 제시해 준다. 또한 평가 대상을 평가하는데 있어 개인에 의해 사용되는 차원의 중요성을 나타내는 가중치도 산출해 주며, 각 인지도상에서 평가대상이 차지하는 위치를 보여준다.

• 선도호 데이터(MDPREF)
 – 인지도 : 평가자(또는 평가속성) 및 평가대상을 동시에 표현
 – 필요데이터 : 평가대상들X속성들, 평가대상들X응답자, 속성들X응답자를 기준으로 한 선호도 데이터

평가대상들가 응답자의 속성별 선호도 벡터를 하나의 공간 위에 나타내 주는 방법으로 속성에 대해서 인지도에 나타내면 개별 응답자에 대한 분석을 보여주며, 각 응답자를 인지도에 나타내면 응답자에 대한 분석이 된다. MDPREF는 평가 대상과 속성벡터를 중심으로 표현되는 인지도를 보여 주기 때문에 벡터모델로 알려져 있다.

• 대상 좌표 데이터와 선호도 데이터(PREFMAP)
 – 인지도 : 평가대상, 평가자, 속성위치 파악
 – 필요데이터 : KYST 또는 INDSCAL에 의한 좌표 데이터와 선호도 평가 데이터

선호도 데이터를 평가대상물의 공간에 결합시키는 방법이다. 평가대상물의 공간은 KYST나 INDSCAL 등의 프로그램에 의해 제공되며, PREFMAP을 통해 선호벡터와 이상점 모델들을 산출하게 된다. 각 평가대상자가 평가대상에 대해 순위를 매긴 선호순위들을 활용한다. MDPREF와 PREFMAP은 모두 선호도 데이터를 분석한다는 점에서 공통점이 있다. 하지만 MDPREF는 이상점이 무한한 곳에 존재하는 벡터모델이며, 하나의 데이터집합을 이용하는 내재적(internal)인 넌메트릭 분석방법이다. 반면에 PREFMAP은 이상점 모델(ideal point model)이며, 유사성 데이터로부터 얻어진 평가대상의 좌표와 개인 또는 집단별 선호 데이터라는 두 개 데이터 집합이 필요한 외부적(external) 메트릭 또는 넌메트릭 분석방법(external analysis)이다.

• 대상 좌표 데이터와 속성 데이터(PROFIT)
 – 인지도 : 평가대상과 속성 위치 파악
 – 필요데이터 : KYST 또는 INDSCAL에 의한 좌표 데이터와 속성 평가데이터

이미 만들어진 평가대상물들의 위치에 평가대상의 속성을 투사시킨 인지도를 보여준다. KYST나 INDSCAL에 의해 얻어진 평가대상물들의 좌표에 평가대상들의 중요한 속성을 결합시키는 외부적(external) 분석방법이다. 평가대상물의 좌표와 평가대상들의 속성이 결합되기 때문에 인지도에서 축의 의미를 객관적으로 찾아낼 수 있다. 평가대상들의 속성은 평가할 때 중요하게 생각하는 속성이어야 한다. 평가대상들의 좌표를 속성평가 벡터와 결합시키는 벡터모델이며 두 개의 데이터를 단계적으로 결합시키는 외부적 분석기법이다.

SPSS에서 사용되는 분석기법과 입력 데이터, 주요 인지도와 관련된 출력 결과를 보면 다음과 같다.

모형	SPSS 분석기법	입력 데이터	인지도 관련 출력 결과
KYST	ALSCAL PROXICAL	• 내용 : 대상들간의 유사성 평가 데이터 • 형태 : 대상×대상 형태의 삼각형 행렬	대상들의 차원별 좌표점
INDSCAL	ALSCAL PROXICAL	• 내용 : 여러 명의 대상들간의 유사성 평가 데이터 • 형태 : 각 응답자별 대상×대상 형태의 삼각형 행렬	대상들의 차원별 좌표점 각 응답자들의 좌표점
MDPREF	ALSCAL PREFSCAL	• 내용 : 대상들을 특정한 속성에 대해 평가한 데이터 • 형태 : 속성×대상 형태의 직사각형 행렬	대상들의 좌표점 특정한 속성의 좌표점
		• 내용 : 응답자들이 대상들에 대한 선호도를 평가한 데이터 • 형태 : 응답자의 속성×대상 형태의 직사각형 행렬	대상들의 좌표점 응답자들의 이상점
		• 내용 : 응답자들이 대상의 속성들에 평가한 데이터 • 형태 : 응답자×속성	대상 속성들의 좌표점 응답자들의 이상점
PREFMAP	회귀분석	• 내용 : 대상들의 좌표값과 대상들을 특정한 속성에 대하여 평가한 데이터 • 형태 : 대상×속성, 속성×대상 형태의 직사각형 행렬	특정한 속성을 표시하는 속성 벡터
PROFIT	회귀분석	• 내용 : 대상들의 좌표값과 대상들을 특정한 속성에 대하여 평가한 데이터 • 형태 : 대상×속성, 속성×대상 형태의 직사각형 행렬	특정한 속성을 표시하는 속성 벡터

1.3. 다차원척도법의 분석진행 절차

(1) 단계1 : 대상물 선택

다차원척도법의 대상물은 먼저 비교할 대상을 선정하는 과정에서 시작된다. 대상은 회사간 비교, 제품이나 서비스간 비교, 기타 다른 대상물간 비교 등 비교가 가능한 것들을 선택한다. 이들 대상물은 서로 관련성이 있어야 하는데 이에 대해서는 연구자가 판단해야 하며, 비교 대상이 되는 대상물을 포함하지 않을 경우 분석결과가 큰 영향을 받는 것이 특징이다.

따라서 대상은 다음과 같은 기준을 통해 신중하게 선택한다.

- 비교 가능한 대안을 선택
- 적절한 수의 대안 선택 : 응답자 입장에서 평가의 용이성과 안정적인 다차원 척도 해를 얻기 위해 필요한 대상의 개수와 평가해야 하는 대안의 조합 개수간에 밸런스가 필요
- 보통 분석하고자 하는 차원보다 4배 이상의 대상수가 필요 : 대상수가 작은 경우 적절한 해보다 부풀려진 예측치가 나옴, 따라서 스트레스 값이 상당히 낮게 나오는 경향이 있음

(2) 단계2 : 대상물의 유사성/상이성 또는 선호도 측정

다차원척도법 분석을 위해서는 유사성 데이터 또는 선호도 데이터가 필요하다. 다차원척도법은 유사성 데이터를 기초로 개발된 기법이다. 유사성 데이터는 대상물간의 속성간 유사성 계산하는 방법이며, 선호도 데이터는 대상물에 대한 선호 평가, 선호 대안을 반영한 데이터다.

가. 유사성/상이성 데이터

유사성 데이터란 응답자의 '심리적 거리'를 측정한다. 여기서 숫자가 커질수록 두 비교 대상간에 유사하다고 응답하는 데이터를 말하며, 상이성 데이터란 숫자가 커질수록 두 비교 대상간에 유사하지 않다고 응답하는 데이터를 말한다. 유사성/상이성 데이터는 직접적으로 측정하거나 간접적으로 측정할 수 있다. 직접 측정하는 데이터는 유사성/상이성을 직접 물어보는 방법이며, 간접적인 측정 방법은 두 대상물을 보여주고 이것이 같은지 아니면 다른지를 응답자들에게 물어봄으로서 생긴 혼란정도(confusablity)를 활용한다든가, 개인, 그룹, 주체들 간의 커뮤니케이션과 상호작용 정도를 측정하여 활용할 수도 있다. 먼저 직접적으로 측정하는 유사성/상이성 데이터는 다음과 같은 절차를 통해 측정이 되는데 이를 보면 다음과 같다.

- 비교해야 하는 각 대상간의 모든 조합을 카드에 기록한다.

  예 6개 상품(A, B, C, D, E, F)에 대한 데이터 수집의 경우

  아래와 같은 형태의 총 15개의 카드 조합을 구성한다.

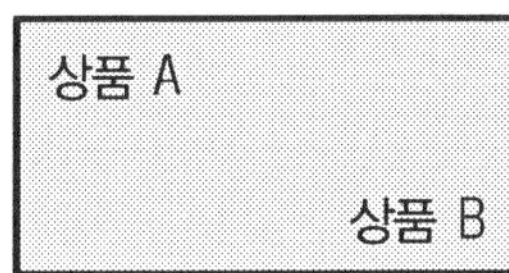

- 카드를 가장 비슷한 것부터 가장 다른 것 순으로 분류한다. 이 과정을 통해 넌메트릭 데 이터 산출한다. 카드 중 가장 비슷하다고 생각하는 카드를 1 등으로 가장 비슷하지 않은 카드를 15등으로 점수를 매긴 다음 아래와 같이 데이터를 정리한다(이 경우는 유사성 데 이터를 측정했지만 상이성 데이터가 된다).

상품	A	B	C	D	E	F
A	–					
B	2	–				
C	13	12	–			
D	4	6	9	–		
E	3	5	10	1	–	
F	8	7	11	14	15	–

만약 카드 개수가 많아 동시에 분류할 수 없다면 이를 먼저 가장 비슷하다고 생각되는 카드들의 집단, 중간 정도 비슷하다고 생각하는 카드들의 집단, 가장 비슷하자 않다고 생 각하는 카드들의 집단 등으로 먼저 구분한다.

다음으로 가장 먼저 비슷하다고 생각하는 집단에서부터 위에서 제시된 방법과 같이 카 드를 비슷한 정도에 따라 등수를 매기고, 다음으로 비슷하다고 생각하는 집단에 대해 등수를 매기는 식으로 최종 카드까지 등수를 매긴 다음 앞에서와 같이 데이터를 정리 한다.

- 또는 아래와 같이 카드의 Likert 척도를 활용해 유사성을 직접 측정한다 이 경우에는 메 트릭 데이터 산출된다.

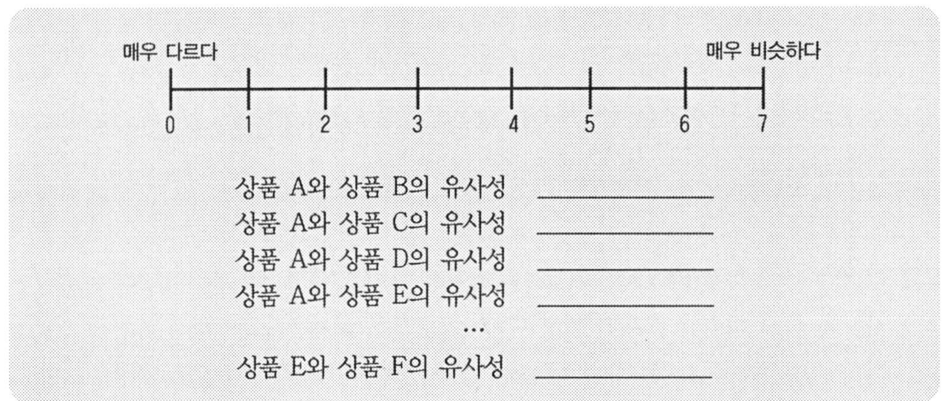

카드가 많은 경우에는 앞에서 제시되었던 정렬 방법과 비슷하게 데이터를 수집한다. 이때는 위에서 제시된 스케일의 각 숫자에 들어간다고 생각되는 카드를 분류하게 한 후, 각 숫자에 대해서 앞에서와 같이 행렬 형태로 정리한다.

상품	A	B	C	D	E	F
A	–					
B	5	–				
C	3	4	–			
D	5	2	3	–		
E	2	3	4	3	–	
F	1	4	5	2	4	–

반면에 간접적으로 유사성/상이성 데이터를 측정하는 방법은 다음과 같다. 먼저 응답자로 하여금 대상들을 여러 가지 속성을 기준으로 평가하게 한다. 다음으로 이를 근거로 간접적으로 대상들간에 유사성을 유도해 내는 방법이다. 이 방법은 응답자에게 어떤 속성들을 제시할 것인지에 대해 조사자가 사전지식이 있어야 한다. 속성들을 제시해 유사성/상이성을 측정하는 경우 각 차원에 대한 이해를 쉽게 할 수 있는 장점이 있다.

나. 선호도 데이터

선호도 측정 데이터는 다음과 같은 과정을 통해 만들어 진다. 선호도에 의해 인지도를 구하는 MDPREF 같은 경우에는 유사성/상이성으로 측정한 인지도와 다른 결과를 가져올 수도 있다. 즉 유사하다고 생각할지라도 선호도가 다를 수 있으며, 유사하지 않다고 생각할지라도 선호도가 높을 수도 있다.

먼저 넌메트릭 데이터 산출하는 과정은 다음과 같이 만들어 진다.

• **직접등수를 매기는 방법**(direct ranking) : 아래의 5개 상품에 대해서 가장 선호하는 상품 1등에서 가장 싫어하는 상품 5등까지 등수를 매긴다.

상품 A ___________
상품 B ___________
상품 C ___________
상품 D ___________
상품 E ___________

• **쌍비교 방법**(paired comparisons) : 아래와 같이 쌍으로 대상을 제시하고 두 상품 중 선호하는 것에 체크하게 한다.

A   B
A   C
A   D
A   E
B   C
B   D
B   E
C   D
C   E
D   E

여기서 분석된 선호 관계를 통해 각 제품의 선호 관계를 1등에서 5등까지 매긴다. 또는 다음과 같이 카드의 선호도를 Likert 척도를 통해 직접 측정해 메트릭 데이터를 만들 수도 있다.

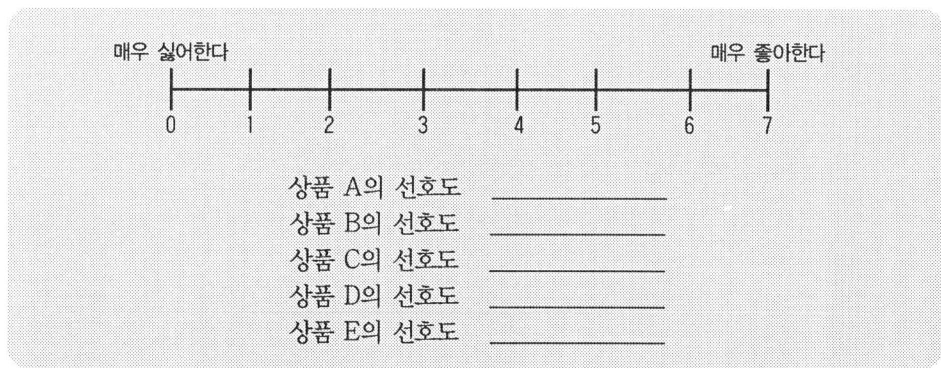

앞에서와 같이 여러 명의 응답자에 대해서 이와 같은 과정을 통해서 정해진 등수들이나 선호도들은 다음과 같이 정리될 수 있다.

응답자	A	B	C	D	E	F
1	5	3	2	1	6	4
2	3	4	2	1	5	6
$\vdots$			$\vdots$			
n	4	3	2	5	6	1

다. 여러 명의 데이터

여러 명에 대해서 위와 같은 행렬 형태로 데이터가 수집되었을 때는 INDSCAL, MDPREF 등에 의해 개인별 차이를 반영한 다차원척도법 분석을 한다. 만약 여러 명의 데이터를 KYST, PROFIT, PREFMAP과 같이 하나의 행렬 형태로 만들고자 하면, 다수 응답자의 평균값이 입력 데이터로 사용된다.

경우에 따라서는 군집분석 등을 통해 응답자의 특성에 따라 몇 개의 세분시장으로 나누고, 각 세분시장별로 분석해 볼 수 있다. 이 경우 각 세분시장별로 응답자의 평균값을 활용해 행렬을 구성한 후 데이터 분석을 할 수 있다.

(3) 단계3 : 추정 및 해석

다차원척도법의 모수 추정방법은 실제거리와 예측된 거리간의 차이를 가장 적게 하면서, 데이터가 서열 이상의 값이기 때문에 서열을 유지할 수 있는 형태로 모수를 추정한다.

유사성의 측정은 측정 대상간의 인지적 거리를 측정한다. 다음 식은 Minkowski metric으로 $r = 1$이면 city block 거리이며, $r = 2$이면 유클리디안(Euclidean) 거리이다.

$$d_{ij} = \left[\sum_{k=1}^{p} |x_{ik} - x_{jk}|^r \right]^{1/r}$$

여기서, $x_{ik} =$ 대상 i의 k번째 차원에서의 수치

$p =$ 유도된 차원의 수

가장 일반적인 방법은 유클리디안 거리 측정하는 방법이다(Togerson 1958; Young and

Householder 1938; Eckart and Young 1936).

여기서 계산된 유클리디안 거리와 유사성 평가 데이터간에 관련 함수를 유도해 추정한다.

$$f(s_{ij}) = d_{ij}$$

서열 데이터인 넌메트릭 데이터의 대표적인 추정방법은 모노톤(monotone) 추정 방법이다. 모노톤 추정방법은 추정한 거리의 서열(변환된 서열)과 응답자가 응답한 실제 서열이 근접하도록 추정한다. 예를 들어, 응답자가 실제 서열이 x이고 변환된 추정 서열이 y라 하면 다음과 같은 서열 관계가 그대로 유지되도록 한다.

$$x_2 > x_1 \Rightarrow y_2 > y_1$$

반면에 등간 척도와 같은 메트릭 데이터는 선형 변환과 같은 방법을 사용할 수 있다. 예를 들어, 응답자가 실제 값이 x이고 변환된 추정 값이 y라하면 다음과 같은 서열 관계가 그대로 유지되도록 한다.

$$y = a + bx ; \qquad b > 0$$

그런데, 추정한 거리와 실제 서열을 비교해 달라진 경우는 추정이 잘못된 경우라고 볼 수 있다. 이에 대한 통계량으로 스트레스(STRESS) 값을 제공한다. 스트레스 값은 Kruskal(1965)에 의해 개발되었는데 다음과 같이 계산된다.

$$S = \sqrt{\frac{\sum\left(d_{ij} - \hat{d}_{ij}\right)^2}{\sum\left(d_{ij} - \bar{d}\right)^2}}$$

KYST를 통해서 나온 스트레스(Kruskal의 스트레스) 값은 다음과 같이 해석된다. 0.2이상이면 아주 나쁘다고 볼 수 있으며, 0.1~0.2사이면 나쁘다고 보며, 0.05~0.1사이면 보통이며, 0.025~0.05사이면 좋은 편이며, 0.025이하이면 아주 좋다고 볼 수 있고, 0이면 완벽하다고 볼 수 있다.

반면에 SPSS에서 많이 사용되는 ALSCAL 프로시저에서는 Young이 개발한 S-스트레스와 R^2(RSQ) 통계량이 계산되어서 이 기준과는 다른 통계량이 산출된다. 전체적으로 SPSS

에서는 각 모형에 대해 데이터 행렬, 최적으로 측정된 데이터 행렬, S-스트레스(Young의 스트레스), 스트레스(Kruskal의 스트레스), RSQ, 자극 좌표, 각 자극에 대한 평균 스트레스와 RSQ(RMDS 모형) 등이 산출된다. 개별 차이(INDSCAL) 모형에 대해 각 개체에 대한 개체 가중값과 불운지수가 산출된다. 반복된 다차원척도법 모형의 각 행렬에 대해 각 자극에 대한 스트레스와 RSQ가 산출된다. S-스트레스(Takane-Young-de Leeuw 공식)는 다음과 같은 식으로 산출이 된다.

$$S-Stress\,(1) = S = \left[\frac{1}{m}\sum_{k=1}^{m}\left[\frac{\sum_i\sum_j\left(d_{ijk}^2 - d_{ijk}^{*2^2}\right)}{\sum_i\sum_j d_{ijk}^{*4}}\right]\right]^{1/2}$$

다음으로 축의 개수를 선택한다. 축의 개수는 대상물의 개수에 따라 달라진다. 보통 스트레스값의 스크리 검정(scree test)을 통한 차원을 결정한다. 일반적으로 Shiffman, Reynolds, and Young(1981)은 대상물이 12개인 경우 2개, 18개인 경우 3개 정도의 축이 적절한 것으로 제시하였다. 반면, Kruskal and Wish(1978)는 대상물이 9개인 경우 2개, 13개인 경우는 3개, 17개인 경우 4개의 축이 적절한 것으로 제시하였다.

2 다차원척도법의 사례

2.1. KYST : 한 명의 유사성/상이성 데이터 분석

(1) 분석개요

한 명에 대한 유사성 또는 상이성 데이터를 분석하는 모형을 KYST라고 한다. 여러 명에 대해서 조사했을지라도 여러 명의 평균값을 구해 유사성 또는 상이성 행렬을 하나로 만들었다면 이 데이터는 한 명에 대해서 분석하는 모형이 된다.

KYST는 유사성(similarity) 다차원척도법으로 다차원척도법 가운데에서 가장 많이 알려져 있는 방법이다. Kruskal, Young, and Seery (1973)에 의해 소개된 기법으로 가장 유연성이 있는 기법이다. 유사성(similarity) 또는 상이성(dissimilarity) 다차원척도법의 기본원칙은 Richardson(1938)에 근거하고 있다. 이 원칙은 심리적 개념인 유사성 또는 상이성과 공간개념으로서 거리가 비슷하다고 본다. KYST는 평가대상(objects, stimuli)간의 근접성(proximities)을 기준으로 인지도를 도출한다. 근접성은 주로 유사성이나 상이성 정도로 측정한다. 유사성 또는 상이성 데이터를 활용해 다차원척도법을 통해 인지도 상에 평가대상들의 위치를 표시해 준다.

유사성이 높은(상이성이 낮은) 대상들은 인지도 상에서 서로 가깝게 위치하고 유사성이 상대적으로 낮은(상이성이 상대적으로 높은) 대상들은 서로 멀리 떨어져 인지도에 표시가 된다. 인지도에서 가깝게 위치한 대상들은 응답자들이 서로 경쟁관계에 있는 대상들로 생각하고 있다는 의미이며, 인지도상에 멀리 떨어져 있는 대상들은 응답자들이 서로 다른 것으로 인식하고 경쟁관계도 미약하다고 생각한다. 이런 과정을 통해 전반적인 시장구조를 효과적으로 파악할 수 있다.

(2) 분석데이터

다음은 한국의 대표적인 호텔 7곳에 대한 상이성 평가 데이터이다. 이 데이터는 호텔에 관련해 수집한 데이터(이훈영, 2006)를 서열 척도로 다시 변환한 데이터이다. 이 데이터를 직접적으로 수집할 수 있는데, 수집을 하려면 다음과 같은 설문을 진행하면 된다.

> 다음은 우리나라의 호텔을 2개씩 쌍으로 구성한 표입니다. 귀하께서 판단하시기에 가장 유사하다고 생각하는 쌍의 순서대로 1에서 21등까지 순위를 매겨주시기 바랍니다(1등 : 가장 유사한 쌍, 21 : 가장 유사하지 않은 쌍).
>
> (인터콘티넨털, 리츠칼튼)　　＿＿＿＿＿＿＿
> (인터콘티넨털, 르네상스)　　＿＿＿＿＿＿＿
>
> …
>
> (롯데, 매리어트)　　＿＿＿＿＿＿＿

이 설문서를 수집한 상이성 데이터는 호텔들간의 쌍비교를 통해 가장 유사한 것을 1등으로 가장 유사하지 않은 것을 21등으로 하는 서열척도 데이터이다. 만약에 1들이 가장 유사하지 않은 것이고 21등이 가장 유사한 것이라면, 즉 등수가 높을수록 유사하다면 이 데이터는 유사성 데이터가 된다. 이렇게 수집한 데이터는 다음에서 보듯이 삼각형 형태로 입력하면 된다. 쌍비교에 의한 삼각형 형태의 상이성 등수 데이터를 다음과 같이 입력했다. 데이터는 'C : \Samle\Datasav' 폴더 내에 '13장-2-1-1-데이터.sav'로 저장되어 있다.

　　다차원척도법은 범주 프로시저(PROXSCAL)와 척도법 프로시저(ALSCAL)라는 방법으로 분석할 수 있다. 범주 다차원척도법 프로시저(PROXSCAL)를 사용하면 옵션에서 사용할 수 있는 척도법 프로시저(ALSCAL)가 개선된 모형으로 척도법 프로시저(ALSCAL)를 사용할 때에 비해 여러 가지 이점을 얻을 수 있다.

　　PROXSCAL은 유사성과 상이성 모두를 분석할 수 있다. ALSCAL은 상이성 데이터에 대해서만 분석할 수 있다. 만약 유사성 데이터를 분석하려면 유사성 데이터를 상이성 데이터로 바꾸어서 작성된 데이터를 사용해야 한다. 또한 PROXSCAL은 특정 모형에 대해 속도가 향상된 알고리즘을 제공하며 이를 통해 공통공간에 제약을 둘 수 있다. 그리고 PROXSCAL에서는 긴장이라고도 하는 S−스트레스 대신 정규화된 원래 스트레스를 최소화하는 시도도 한다. 정규화된 원래 스트레스는 거리를 기반으로 한 측도인 반면 S−스트레스는 제곱거리를 기반으로 하므로 일반적으로 정규화된 원래 스트레스를 사용하는 것이 좋다.

　　본 예제 분석은 ALSCAL, PROXSCAL이라는 두 프로시저 모두에 대해 분석해 본다. 먼저 PROXSCAL 프로시저의 사례를 살펴보면 다음과 같다.

(3) 분석과정 : PROXSCAL의 경우

STEP 01 다차원척도법 분석을 수행하기 위해서는 [분석] → [척도] → [다차원척도법 (PROXSCAL)]을 차례로 클릭한다.

STEP 02 데이터 형식 화면이 나타난다. 이미 데이터가 유사성을 나타내는 행렬이므로 '데이터가 근접행렬', 데이터 행렬이 하나이므로 '단일행렬 소스', 데이터가 하나 의 행렬이므로 '한조의 열에서 근접행렬'로 선택된 화면대로 지정을 한다. 선택 이 완료되면 하단의 [정의] 버튼을 클릭한다.

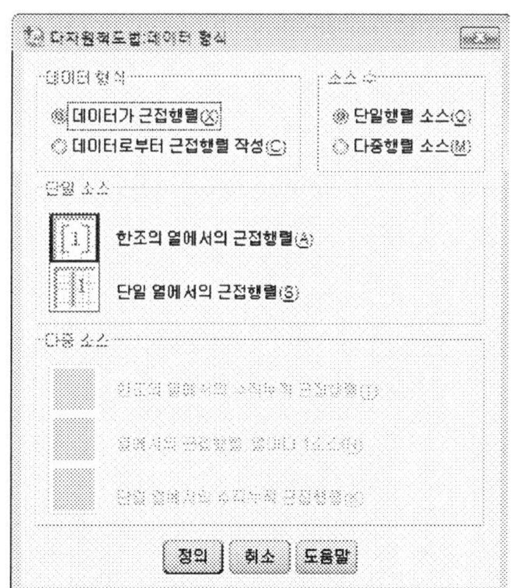

STEP 03 분석 대상이 되는 호텔들의 변수명들을 '근접도'에 지정한다. 지정이 끝나면 [모형] 버튼을 클릭한다.

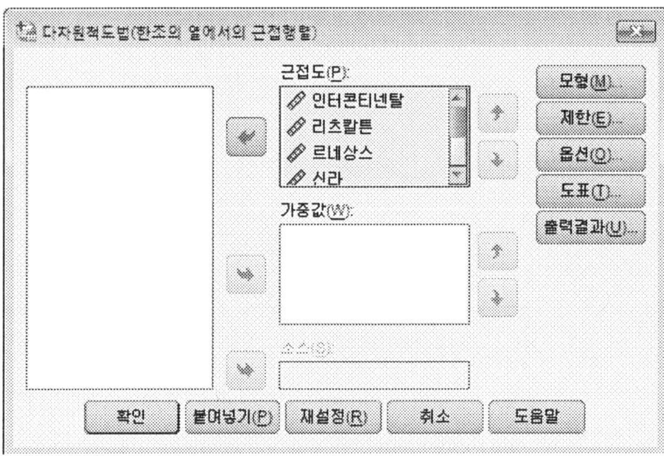

STEP 04 근접도 데이터는 서열 척도로 측정된 데이터이므로 '순서'로 지정한다. 데이터의 형태는 현재와 같이 하부–삼각행렬 형태이므로 현재 지정된 형태도 놓아둔다. 또한 변수의 값이 커질수록 두 호텔간에 유사하지 않으므로 '상이성 측도'를 선택한다. 만약 변수의 값이 커질수록 두 호텔간에 유사하다면 '유사성 측도'를 선택해야 한다. 하단의 [계속] 버튼을 클릭한다. 다차원척도법 화면에서 우측 상단의 [옵션] 버튼을 클릭한다.

STEP 05   초기 해를 구하는 방법을 선택한다. 여기서는 지정된 형태인 '심플렉스'를 그대로 선택했다. 그 이외에도 전통적인 추정 방법인 Torgerson이나 다른 추정 방법을 선택할 수 있다. 하단의 [계속] 버튼을 클릭한다. 다차원척도법 화면으로 돌아오면, 우측 상단의 [도표] 버튼을 클릭한다.

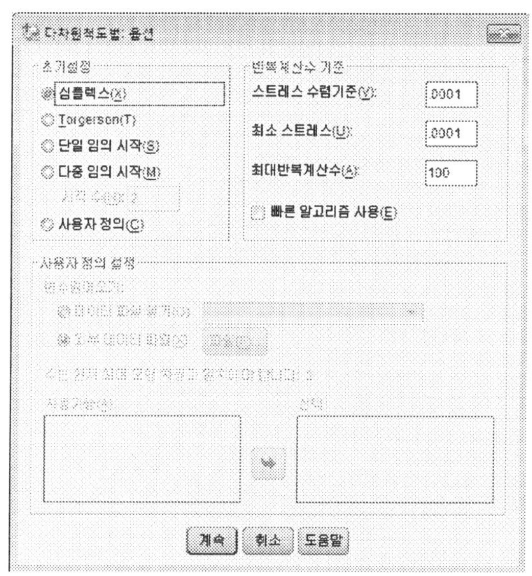

STEP 06   '공통공간 도표' 이외에도 '원래 및 변환된 근접도 도표', '변환된 근접도 및 거리 도표'를 출력하도록 지정한다. 하단의 [계속] 버튼을 클릭한다. 다차원척도법 화면으로 돌아오면, 우측 상단의 [확인] 버튼을 클릭한다.

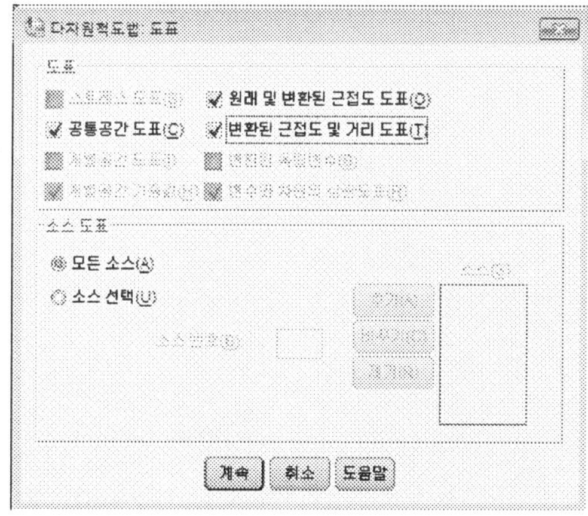

다음으로 ALSCAL에 의해 분석하는 과정을 살펴보면 다음과 같다.

(4) 분석과정 : ALSCAL의 경우

STEP 01　다차원척도법 분석을 수행하기 위해서는 [분석] → [척도] → [다차원척도법 (ALSCAL)]을 차례로 클릭한다. 여기서 숫자가 커질수록 더 유사한 관계를 나타내는 유사성 데이터라면, 이를 상이성 데이터로 바꾸어주어야 한다. 즉 1등이 21등으로, 21등이 1등으로 바뀌는 것과 같이 리코딩 해야 한다. 현재의 데이터가 유사성 데이터라면 (상이성 측정값=22 - 유사성 측정값)과 같은 식으로 바꾸어 줄 수 있을 것이다.

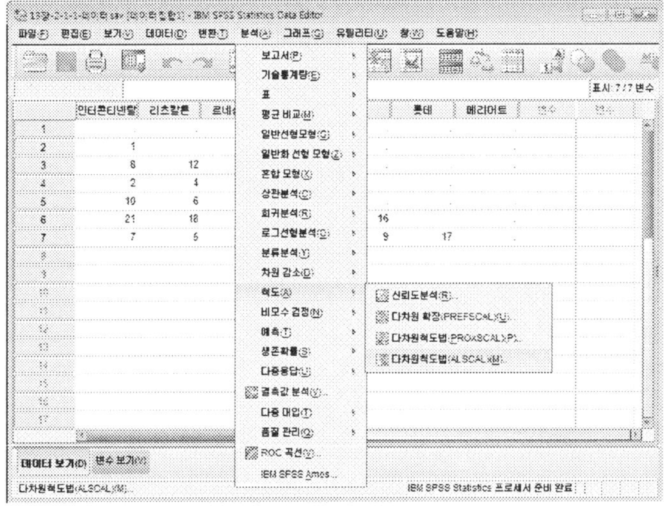

STEP 02　분석 대상이 되는 호텔들의 변수명들을 변수란에 지정한다. 데이터의 행렬의 형태를 지정하기 위해서 [행렬모양] 버튼을 클릭한다.

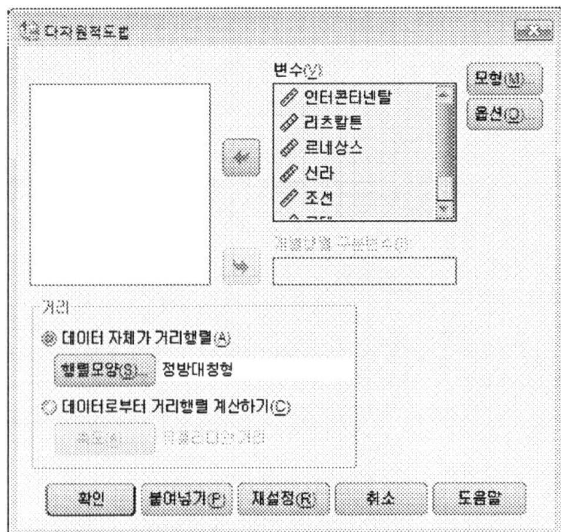

STEP 03 데이터의 형태는 현재와 같이 삼각형으로 들어가는 경우에는 정방대칭형 데이터이다. 하단의 [계속] 버튼을 클릭한다. 다차원척도법 화면에서 우측 상단의 [모형] 버튼을 클릭한다.

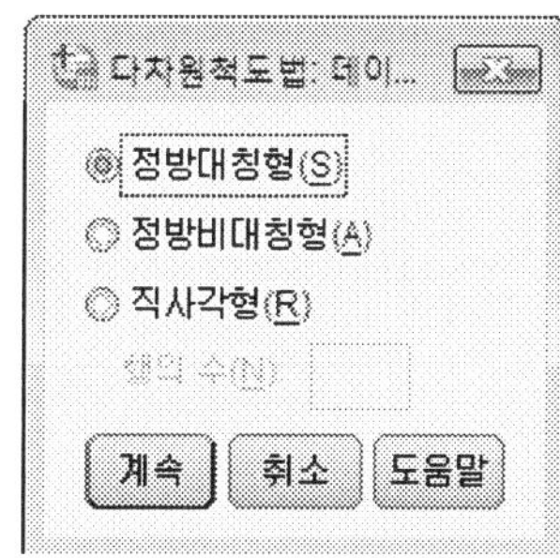

STEP 04 현재의 척도는 서열척도로서 측정수준을 순서로 지정한다. 차원은 현재는 2개 차원으로 지정했다. 3차원 이상이면 해석이 어려워지는 문제가 있다. ALSCAL에는 모형을 추정할 수 있는 옵션이 따로 없다. 지정이 끝나면 하단의 [계속] 버튼을 클릭한다. 다차원척도법 화면으로 돌아오면, 우측 상단의 [옵션] 버튼을 클릭한다.

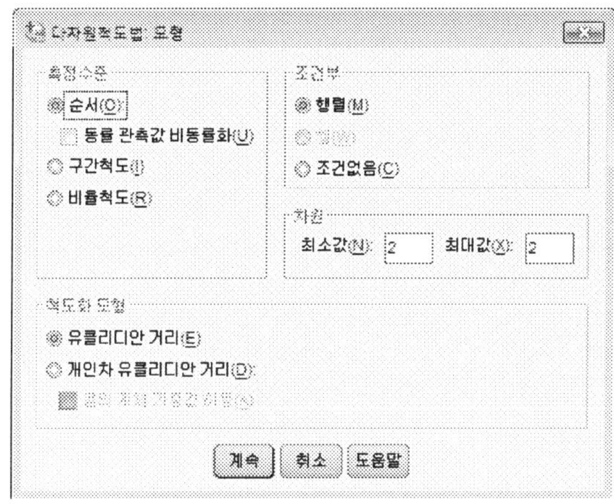

STEP 05 집단 도표(인지도)를 출력하도록 지정한다. 하단의 [계속] 버튼을 클릭한다. 다차원척도법 화면으로 돌아오면, 우측 상단의 [확인] 버튼을 클릭한다.

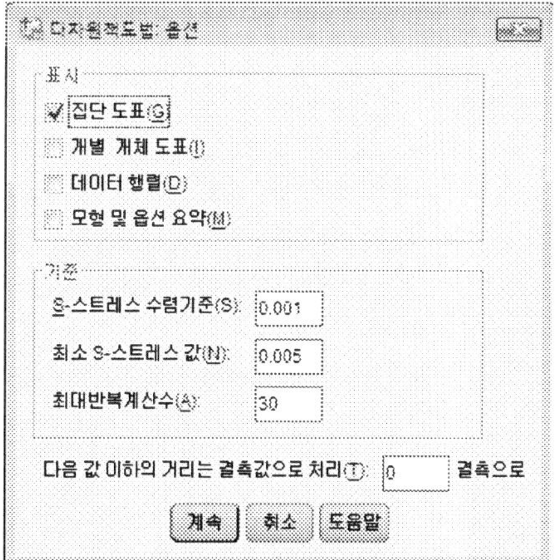

(5) 결과해석

[결과2]을 보면 PROXICAL 예측에 따른 다양한 스트레스 예측결과들을 보여주고 있다. 예측을 할 때 PROXCAL은 Kruskal(1964)의 스트레스를 기준으로 예측을 한다. 전체적은 스트레스 예측을 보면 낮은 값이며, 설명된 산포나 Turker의 적합계수가 .99이상으로 높은 값이어서 현재 모형이 잘 예측되었음을 알 수 있다.

[결과1] 스트레스 및 적합도 측정

정규화된 원래 스트레스	.00537
스트레스 - I	.07327[a]
스트레스 - II	.17955[a]
S - 스트레스	.01990[b]
설명된 산포	.99463
Turcker의 적합계수	.99731

※ PROXSCAL은(는) 정규화된 원래 스트레스를 최소화합니다.
a. 최적척도 요인=1.005.
b. 최적척도 요인=.993.

[결과2]는 ALSCAL의 모형 예측에 대한 반복 추정 히스토리를 보여 주고 있다. 전체적으로 5번의 반복 추정을 통해 모형이 예측되었음을 보여 주고 있다. 모형 예측에 대한 여러 통계량을 보여 주고 있다. 여기서 S-스트레스 값이 0.127에 R제곱 값이 0.924로서 어느 정도 적합한 예측력을 보여주고 있음을 알 수 있다. 전체적인 결과는 PROXSCAL과 비슷한 패턴을 보이고 있다.

[결과2]

```
Iteration history for the 2 dimensional solution (in squared distances)

            Young's S-stress formula 1 is used.


        Iteration    S-stress    Improvement

            1          .15444
            2          .13289       .02155
            3          .11833       .01456
```

```
          4          .10970          .00863
          5          .10861          .00109
          6          .10845          .00016


                 Iterations stopped because
         S-stress improvement is less than    .001000



           Stress and squared correlation (RSQ) in distances

       RSQ values are the proportion of variance of the scaled data (disparities)
              in the partition (row, matrix, or entire data) which
              is accounted for by their corresponding distances.
                   Stress values are Kruskal's stress formula 1.


              For   matrix
      Stress   =   .12744       RSQ  =  .92425
```

[결과3]은 PROXSCAL, [결과4]는 ALSCAL 모형 예측 후에 각 분석대상 자동차의 각 차원별 축의 값을 보여준다. 이 값을 기준으로 인지도가 그려진다.

[결과3] 최종좌표

	차원	
	1	2
인터콘티넨탈	−.139	.334
리츠칼튼	−.383	.172
르네상스	.596	.681
신라	−.074	−.113
조선	−.206	−.486
롯데	.901	−.508
메리어트	−.694	−.080

[결과4]

```
Stimulus  Coordinates


                      Dimension

Stimulus   Stimulus    1         2
 Number      Name


    1       인터콘티    -.3306      .8143
    2       리츠칼튼    -.8027      .3302
    3       르네상스    1.3830     1.4623
    4       신라       -.3276     -.3224
    5       조선       -.8401     -.7557
    6       롯데       2.0584    -1.1029
    7       메리어트   -1.1404     -.4258


Abbreviated   Extended
Name          Name


인터콘티     인터콘티넨탈
```

　[결과5]는 PROXSCAL, [결과6]은 ALSCAL 분석의 인지도를 나타낸다. 두 분석결과의 인지도가 거의 비슷한 결과를 보이고 있다. [결과5]에서 점선은 편의상 그려 넣었다. 인지도를 볼 경우 차원1은 메리어트, 조선, 신라, 리츠칼튼, 인터콘티넨털을 설명하는 차원이고, 우측은 르네상스와 롯데 호텔을 설명하는 차원이다. 즉 왼쪽으로 갈수록 서비스가 좋고 품위가 있는 호텔로 인식되고 오른쪽으로 갈수록 서비스가 떨어지고 품위가 낮아지는 호텔로 인식하는 것으로 보인다. 이렇게 차원의 의미를 넣는 것은 주관적이어서 보는 사람마다 다른 특징을 넣을 수 있다.

　차원 2은 위쪽은 르네상스, 인터콘넨털 등을 설명하는 차원이고, 아래쪽은 롯데, 조선 등을 설명하는 차원이다. 즉 위로 갈수록 해외브랜드 체인 호텔로 인식될 가능성이 있으며, 아래로 갈수록 국내 브랜드 호텔로 인식되는 것으로 보인다. 전체적으로 인터콘티넨털, 리츠칼튼 등이 경쟁관계이며, 조선, 신라 등이 경쟁관계임을 보여주고 있다.

[결과5]

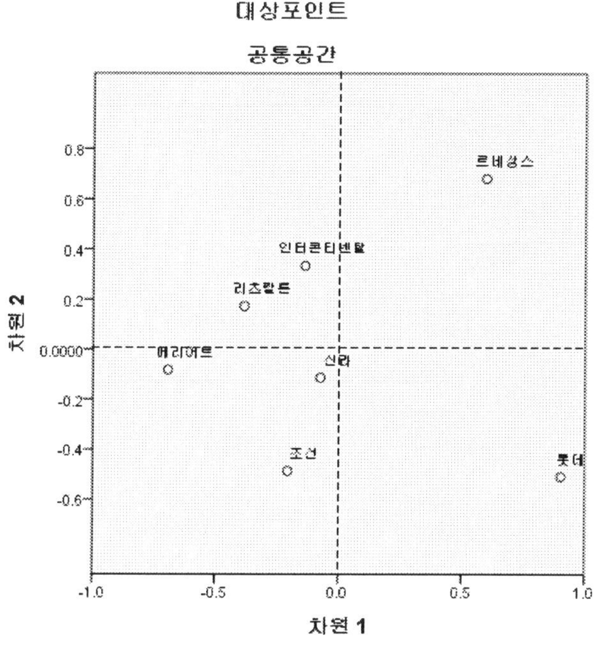

[결과6]

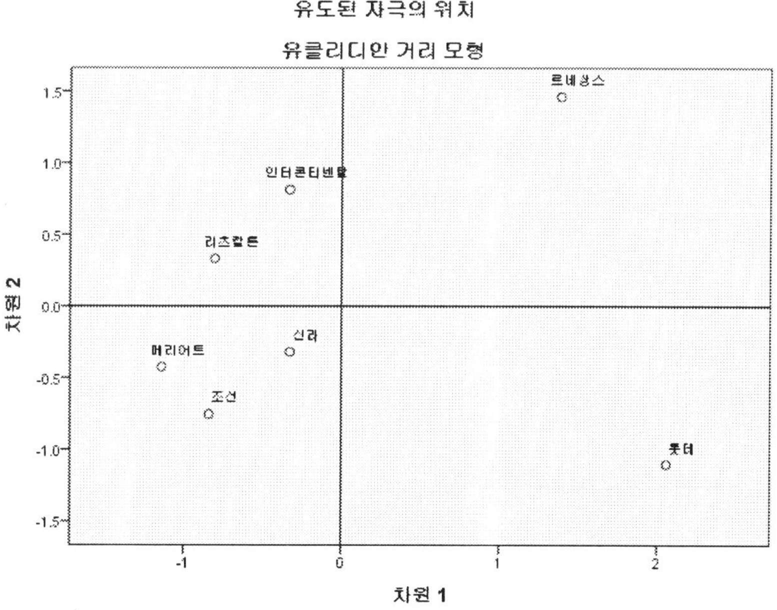

[결과 7, 8]은 PROXSCAL 분석의 결과를, [결과 9, 10, 11]은 ALSCAL 분석의 결과를 보여준다. 여기에서 응답자들이 인식하고 있는 대상들 간의 상이성과 맵상의 거리를 축으로

하는 2차원의 평면상의 대상들의 산포도를 표시했다. 대체적으로 대각선상으로 일치하고 있음으로 비교적 적합하게 추정되었음을 보여준다.

[결과7]

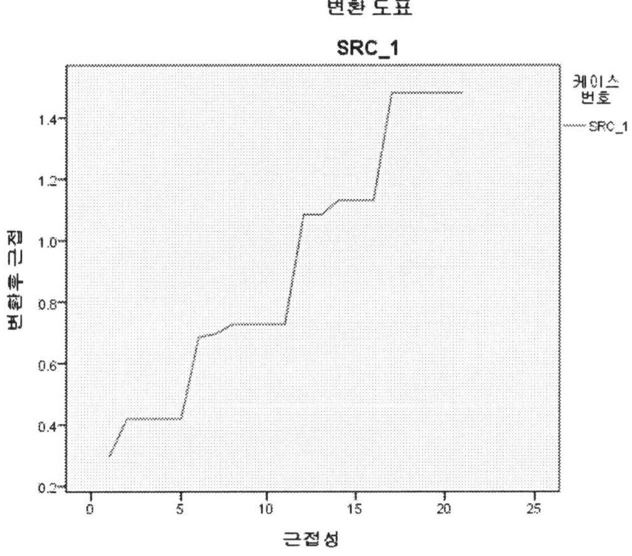

[결과8]

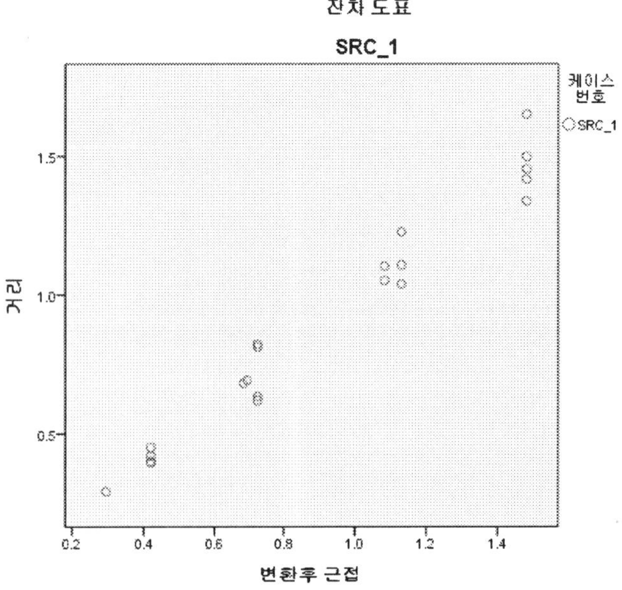

[결과9]

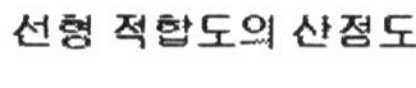
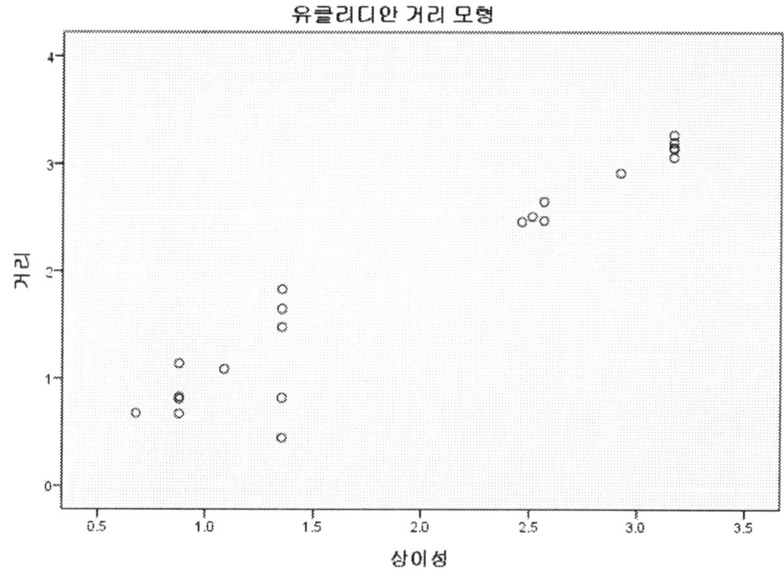

[결과10]

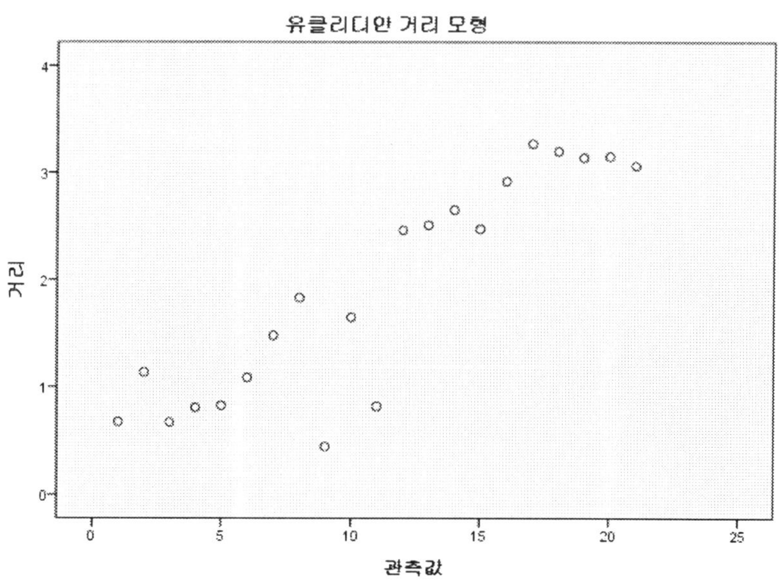

[결과11]

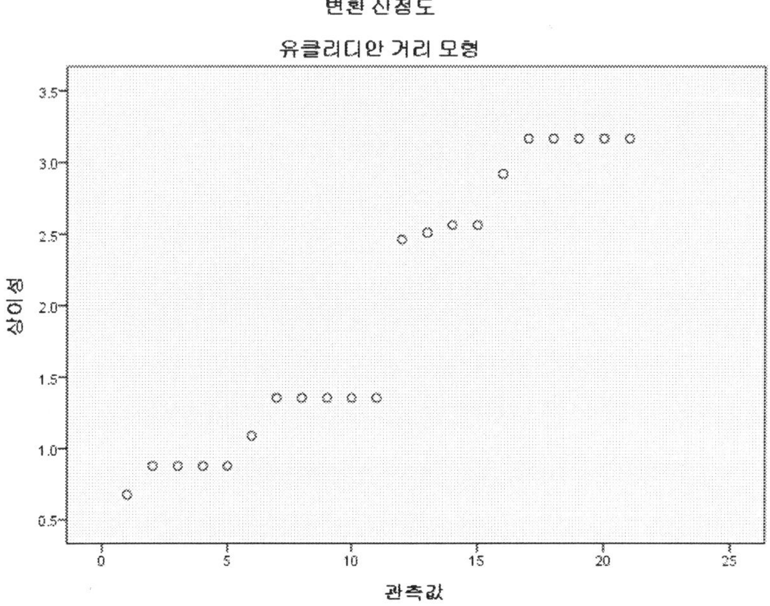

2.2. INDSCAL : 여러 명의 유사성/상이성 데이터 분석

(1) 분석개요

INDSCAL(Canonical Decomposition of N−Way Tables and Individual Differences in Multidimensional Scaling)은 Carroll and Chang(1970)에서 개발된 다차원척도법으로서 분석 대상물에 대한 응답자들의 지각차이를 반영한 분석방법이다. KYST에서는 한 응답자의 유사 성/상이성 행렬이나 집단인 경우에는 여러 응답자의 지각이 동일하다고 가정하고 유사성/상 이성 행렬들의 평균값으로 구성한 한 개의 유사성/상이성 행렬을 이용한다. 하지만 INDSCAL은 개인별, 그룹별 유사성/상이성 행렬을 입력하여 상표나 자극물의 인지도를 구 할 수 있다.

(2) 분석데이터

　다음과 같이 미국에서 판매되고 있는 대표적인 10개의 음료수에서 3명이 평가한 상이성 평가 데이터가 있다고 하자. 상이성 데이터는 앞의 KYST에서 수집한 형태와 같이 음료수간 쌍 비교를 통해 가장 유사한 것을 1등으로 가장 유사하지 않은 것을 45등으로 하는 서열 데이터를 준비했다. 즉 값이 커질수록 더 유사하지 않기 때문에 상이성 데이터이다. 데이터집합 화면에서 삼각형 형태로 3명의 데이터를 연속해서 입력하면 된다.

　삼각형 형태의 유사성 등수 데이터를 다음과 같이 입력했다. 데이터는 'C : \Sample\ Datasav' 폴더 내에 '13장-2-2-1-데이터.sav'로 저장되어 있다.

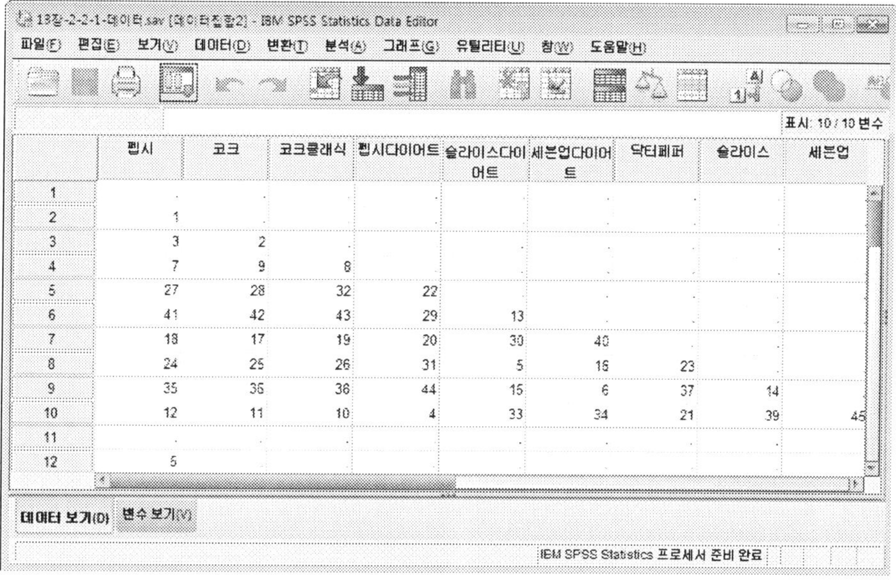

	핍시	코크	코크클래식	핍시다이어트	슬라이스다이어트	세븐업다이어트	닥터페퍼	슬라이스	세븐업
1									
2	1								
3	3	2							
4	7	9	8						
5	27	28	32	22					
6	41	42	43	29	13				
7	18	17	19	20	30	40			
8	24	25	26	31	5	16	23		
9	35	36	36	44	15	6	37	14	
10	12	11	10	4	33	34	21	39	45
11									
12	5								

　이에 대한 분석의 경우에도 PROXSCAL과 ALSCAL에 대해 모두 살펴보았다. ALSCAL 은 앞에서도 살펴보았듯이 상이성 데이터에 대해서만 분석할 수 있다. 따라서 유사성 데이터를 분석하려면 상이성 데이터로 바꾸어(리코딩) 주어야 한다.

(3) 분석과정 : PROXSCAL의 경우

STEP 01   다차원척도법 분석을 수행하기 위해서는 [분석] → [척도] → [다차원척도법 (PROXSCAL)]을 차례로 클릭한다.

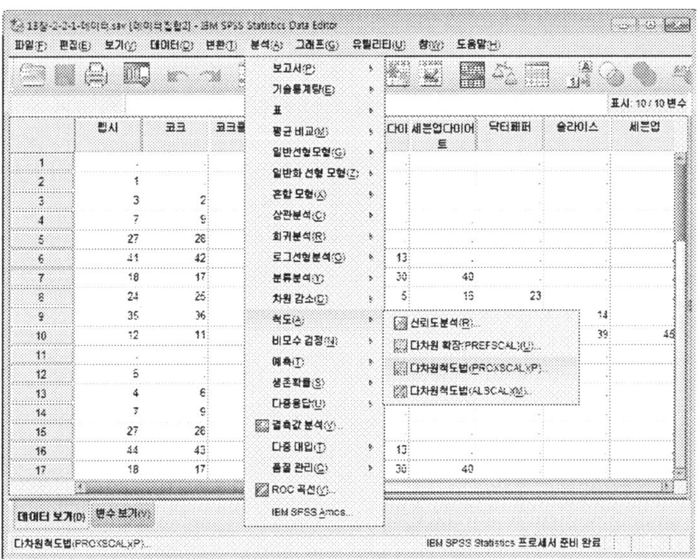

STEP 02   데이터 형식 화면이 나타난다. 이미 데이터가 상이성을 나타내는 행렬이므로 '데이터가 근접행렬', 데이터 행렬이 세 개이므로 '다중행렬 소스', 데이터가 다중 소스에서 각각의 행렬이므로 '한조의 열에서 근접행렬'로 선택된 화면대로 지정을 한다. 선택이 완료되면 하단의 [정의] 버튼을 클릭한다.

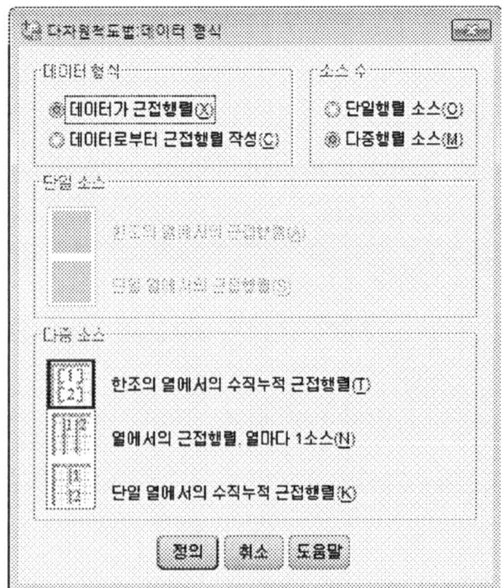

STEP 03 분석 대상이 되는 호텔들의 변수명들을 '근접도'에 지정한다. 지정이 끝나면 [모형] 버튼을 클릭한다. 행렬을 구분하는 소스변수가 있는 경우 소스란에 소스를 구분하는 변수를 지정할 수도 있다. 현재는 없으므로 지정하지 않는다.

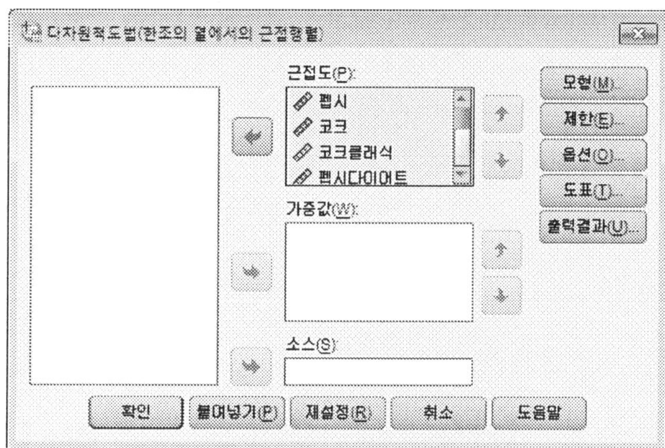

STEP 04 근접도 데이터는 서열 척도로 측정된 데이터이므로 '순서'로 지정한다. 데이터의 형태는 현재와 같이 하부-삼각행렬 형태이므로 현재 지정된 형태도 놓아둔다. 근접도가 상이성 데이터가 아닌 유사성 데이터이면 유사성으로 선택해 주어야 한다. 지정이 끝나면 하단의 [계속] 버튼을 클릭한다. 다차원척도법 화면에서 우측 상단의 [옵션] 버튼을 클릭한다.

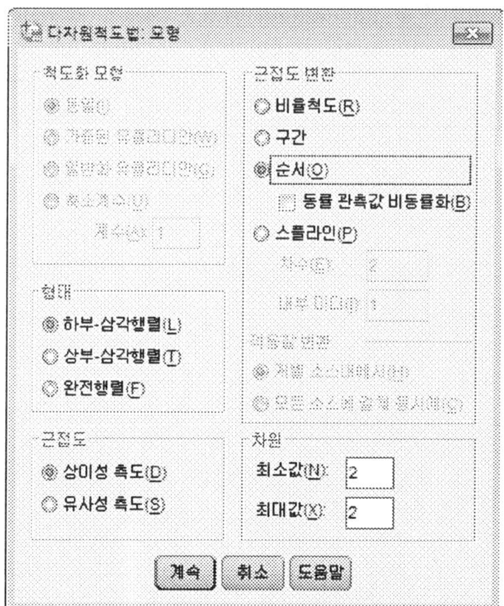

STEP 05   초기 해를 구하는 방법을 선택한다. 여기서는 지정된 형태인 '심플렉스'를 그대로 선택했다. 하단의 [계속] 버튼을 클릭한다. 다차원척도법 화면으로 돌아오면, 우측 상단의 [도표] 버튼을 클릭한다.

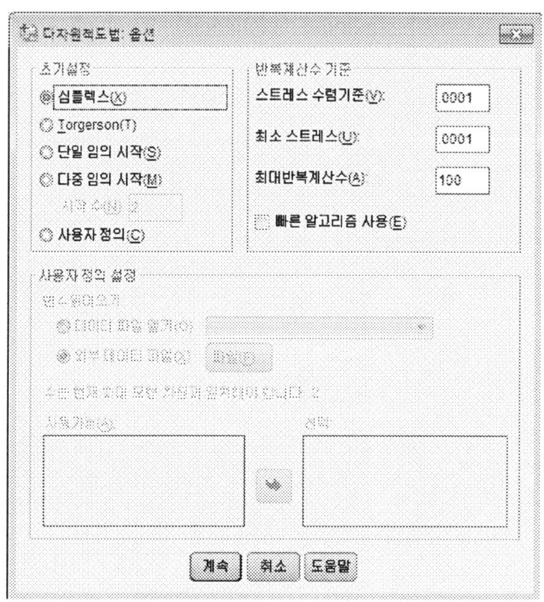

STEP 06   '공통공간 도표' 이외에도 '원래 및 변환된 근접도 도표', '변환된 근접도 및 거리 도표'를 출력하도록 지정한다. 하단의 [계속] 버튼을 클릭한다. 다차원척도법 화면으로 돌아오면, 우측 상단의 [확인] 버튼을 클릭한다.

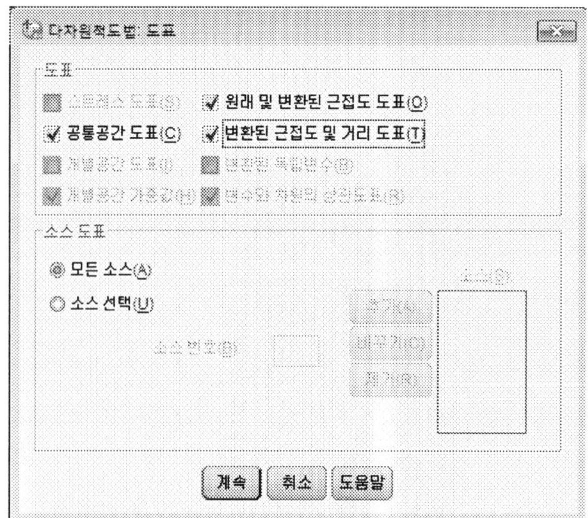

⑷ 분석과정 : ALSCAL의 경우

STEP 01   다차원척도법 분석을 수행하기 위해서는 [분석] → [척도] → [다차원척도법 (ALSCAL)]을 차례로 클릭한다. 유사성 데이터는 분석할 수 없으므로, 앞에서 지적했듯이 상이성 데이터로 바꾸어준 다음에 분석해야 한다.

STEP 02   분석 대상이 되는 음료수의 변수명들을 변수란에 지정한다. 데이터의 행렬의 형태를 지정하기 위해서 [행렬모양] 버튼을 클릭한다.

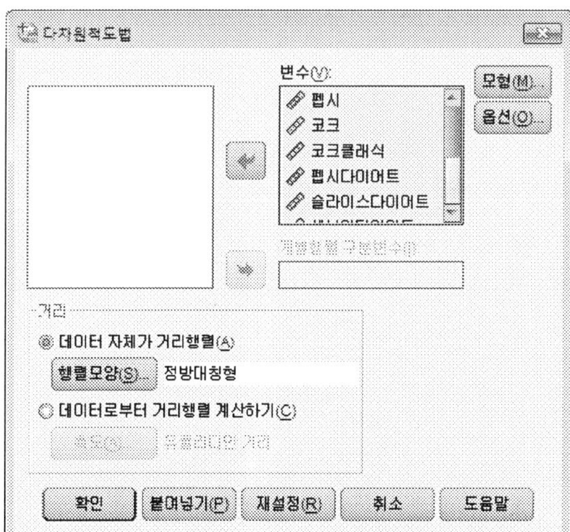

STEP 03 데이터의 형태는 현재와 같이 삼각형으로 들어가
는 경우에는 정방대칭형 데이터다. 하단의 [계
속] 버튼을 클릭한다. 다차원척도법 화면에서 우
측 상단의 [모형] 버튼을 클릭한다.

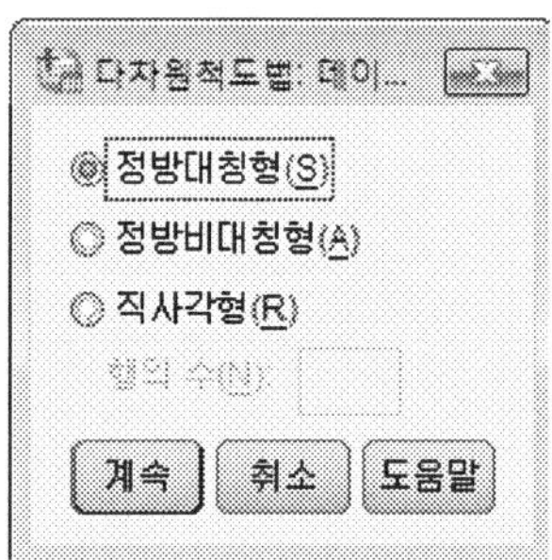

STEP 04 현재의 척도는 서열척도로서 측정수준을 순서로 지정한다. 차원은 현재는 2개
차원으로 지정했다. 3차원 이상이면 해석이 어려워지는 문제가 있다. 척도화 모
형은 '개인차 유클리디안 거리'를 클릭한다. 하단의 [계속] 버튼을 클릭한다. 다
차원척도법 화면으로 돌아오면, 우측 상단의 [옵션] 버튼을 클릭한다.

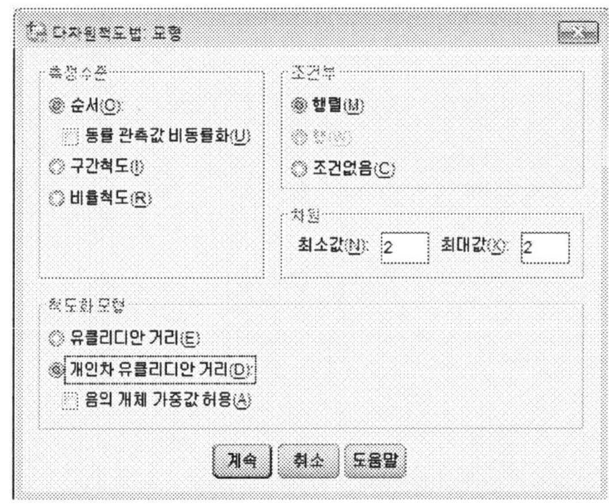

STEP 05 집단 도표(인지도)를 출력하도록 지
정한다. 하단의 [계속] 버튼을 클릭
한다. 다차원척도법 화면으로 돌아오
면, 우측 상단의 [확인] 버튼을 클릭
한다.

(5) 결과해석

[결과1]은 PROXCAL의 스트레스 및 적합도를 보여준다. 전체적으로 보아 스트레스 값들이 0.002~0.085로 매우 낮고, 설명된 산포와 Turcker의 적합계수 모드 0.99이상으로 매우 잘 예측이 되었음을 알 수 있다.

[결과1] 스트레스 및 적합도 측정

정규화된 원래 스트레스	.00171
스트레스 -I	.04139[a]
스트레스 -II	.08505[a]
S-스트레스	.00331[b]
설명된 산포	.99829
Turcker의 적합계수	.99914

※ PROXSCAL은(는) 정규화된 원래 스트레스를 최소화합니다.
a. 최적척도 요인=1.002.
b. 최적척도 요인=1.000.

[결과2]는 ALSCAL 모형 예측에 대한 반복 추정 히스토리를 보여 주고 있다. 전체적으로 14의 반복 추정을 통해 모형이 예측되었음을 보여 주고 있다. 모형 예측에 대한 여러 통계량을 보여 주고 있다. 여기서 Badness-of-Fit(Kruskal and Carmone 1969; Kruskal and Carroll 1969; Percy 1975)에서 제시된 값이 스트레스 값을 나타내는 것이다. 현재 0.034로서 좋은 예측력을 보여주고 있다. [결과6]의 도표에서 일직선으로 나타나서 결과 예측이 잘 되었다는 것을 보여준다.

[결과2]

```
Iteration history for the 2 dimensional solution (in squared distances)

        Young's S-stress formula 1 is used.

    Iteration      S-stress      Improvement

        0           .14533
        1           .11958
        2           .08436        .03522
        3           .06516        .01920
```

<pre>
            4   .05250   .01266
            5   .04707   .00543
            6   .04496   .00211
            7   .04336   .00160
            8   .04193   .00142
            9   .04062   .00131
           10   .03939   .00123
           11   .03822   .00117
           12   .03712   .00110
           13   .03607   .00105
           14   .03510   .00097

                    Iterations stopped because
           S-stress improvement is less than   .001000

            Stress and squared correlation (RSQ) in distances

       RSQ values are the proportion of variance of the scaled data (disparities)
              in the partition (row, matrix, or entire data) which
              is accounted for by their corresponding distances.
              Stress values are Kruskal's stress formula 1.

 Matrix   Stress   RSQ   Matrix   Stress   RSQ   Matrix   Stress   RSQ
   1   .034   .995   2   .065   .984   3   .065   .984

            Averaged (rms) over matrices
       Stress =   .05686   RSQ = .98755

       Configuration derived in 2 dimensions
</pre>

[결과3]은 PROXSCAL, [결과4]는 ALSCAL에서 모형 예측 후에 각 분석대상 음료수의 각 차원별 축의 값을 보여준다. 이 값을 기준으로 인지도가 그려진다.

[결과3] 최종좌표

	차원	
	1	2
펩시	−.507	−.083
코크	−.504	−.028
코크클래식	−.558	−.013
펩시다이어트	−.417	.333
슬라이스다이어트	.598	.028
세븐업다이어트	.841	.233
닥터페퍼	−.367	−.591
슬라이스	.609	−.184
세븐업	.928	−.033
탭	−.624	.338

[결과4]

```
                    Stimulus  Coordinates

                         Dimension

Stimulus   Stimulus     1         2
Number       Name


    1       펩시       -.8851    -.5927
    2       코크       -.8852    -.5924
    3       코크클래    -.8962    -.5909
    4       펩시다이    -.3075   -1.2529
    5       슬라이_1    1.0851     .7314
    6       세븐업다    1.5236     .6211
    7       닥터페퍼   -1.1528     .4909
    8       슬라이스     .7619    1.3834
    9       세븐업      1.3377    1.3646
   10       탭          -.5814   -1.5625
```

[결과5]는 ALSCAL 분석에서 예측에 있어 개인별 영향을 보여주고 있다. 값을 볼 경우 첫 번째 응답자의 기여도가 높으나, 큰 값이 아니어서 전체적으로 3명의 응답자가 비슷한 기여(Weight)를 하고 있음을 알 수 있다.

[결과5]

```
Subject weights measure the importance of each dimension to each subject.
Squared weights sum to RSQ.

A subject with weights proportional to the average weights has a weirdness of
zero, the minimum value.
A subject with one large weight and many low weights has a weirdness near one.
A subject with exactly one positive weight has a weirdness of one,
the maximum value for nonnegative weights.

                        Subject Weights

                          Dimension
   Subject   Weird -        1        2
   Number     ness

      1       .0009      .8683    .4913
      2       .0005      .8637    .4876
      3       .0005      .8637    .4876

Overall importance of
each dimension :         .7486    .2390


                   Flattened Subject Weights

                         Variable
   Subject   Plot      1
    Number   Symbol
      1        1      -1.4142
      2        2        .7071
      3        3        .7071
```

[결과6]은 PROXCAL, [결과7]은 ALSCAL의 인지도를 나타낸다. ALSCAL의 인지도를 볼 경우 차원 1은 우측에는 색이 없는 음료이며, 좌측에는 색이 있는 음료이다. 또한 차원 2는 아래쪽으로는 콜라류, 윗쪽으로는 비 콜라류에 해당되는 것으로 보인다. 또한 각 음료수를 보면 경쟁관계를 파악할 수 있다. 다이어트 펩시와 탭, 펩시, 코크와 코크 클래식, 슬라이스와 다이어트

슬라이스, 세븐업과 다이어트 세븐업 등이 서로 경쟁관계로 인식되는 제품이라는 것을 알 수 있다. 우측 상한의 1, 2, 3은 응답자를 표시하는데, 응답자별로 큰 차이가 없음을 알 수 있다.

[결과6]

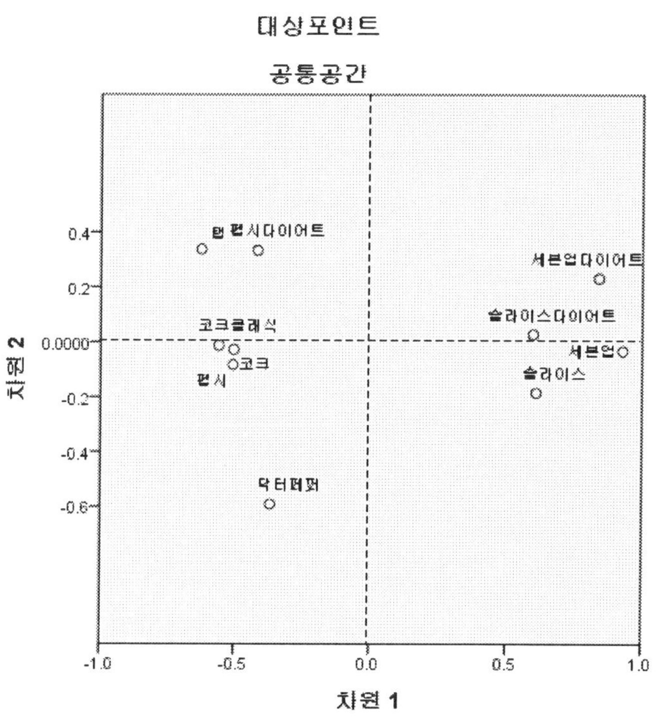

[결과7]

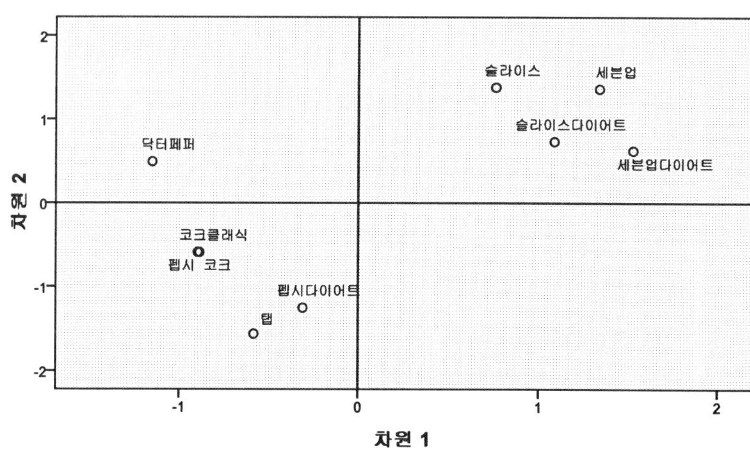

[결과8, 9]는 개인적 차이에 대한 도표에도 나타나 있다. 각 개인별로 값의 차이는 크지 않다고 볼 수 있다.

[결과8]

유도된 개체 가중값

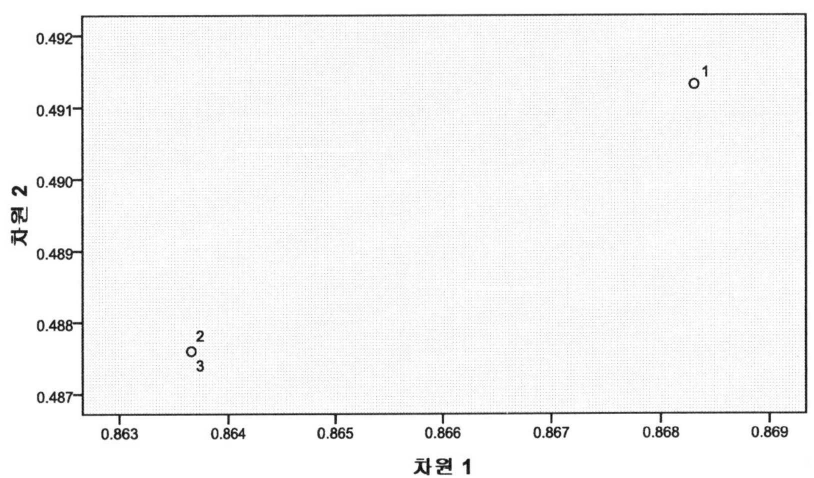

[결과9]

평면화된 개체 가중값

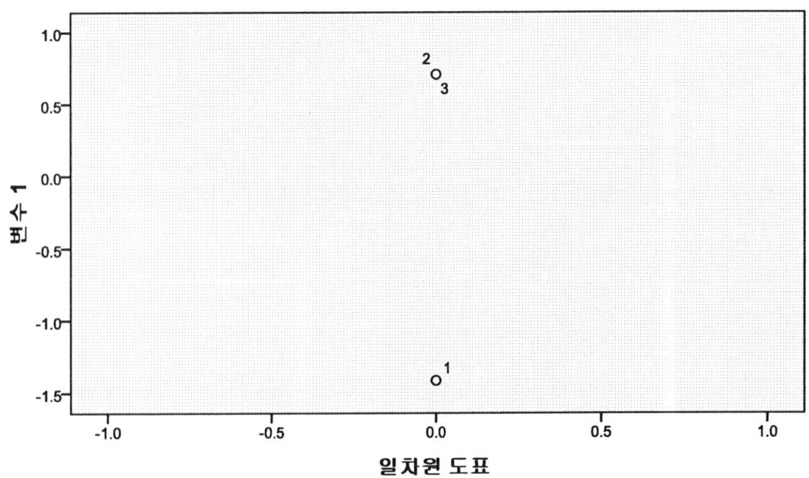

[결과10, 11]은 PROXSCAL, [결과12]는 ALSCAL의 예측에 대한 변환 후 잔차 또는 근접도 분석 결과를 보여주고 있다. 전체적으로 예측 패턴이 잘 추정되었음을 보여준다.

[결과10]

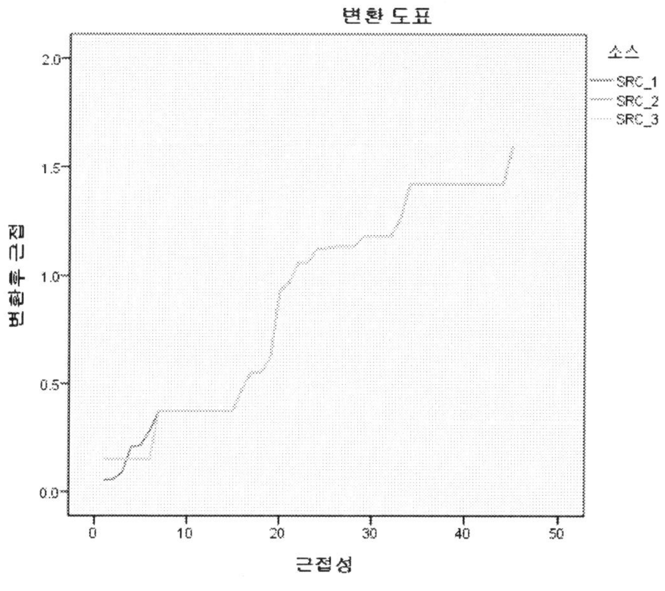

[결과11]

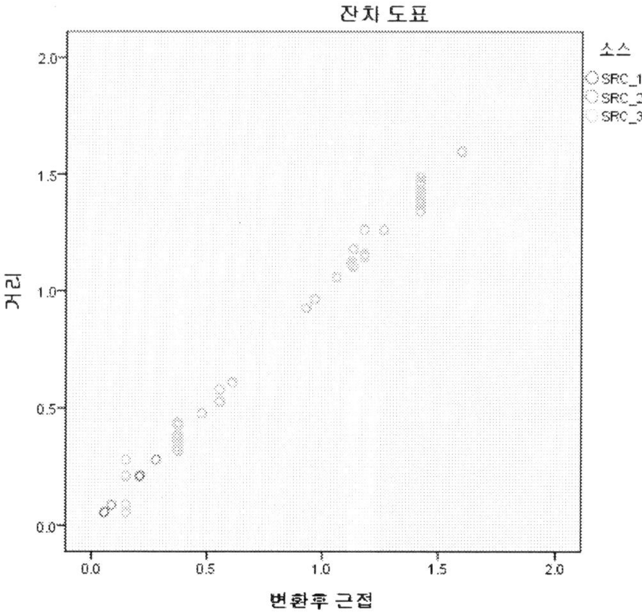

[결과12]

선형 적합도의 산점도

개별 차(가중된) 유클리디안 거리 모형

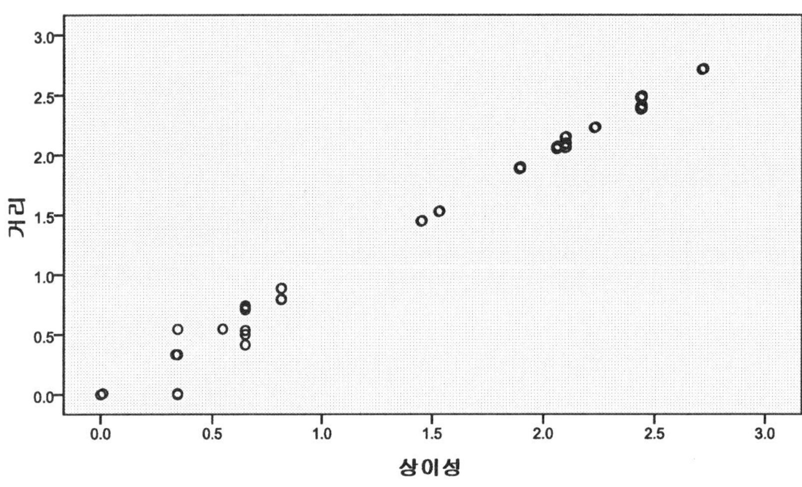

2.3. MDPREF : 선호도 데이터의 다차원척도법

(I) 분석개요

MDPREF(Multidimensional Analysis of Preference Data)는 평가대상들과 응답자의 선호도 벡터(응답자×대상 행렬 데이터)를 하나의 공간 위에 나타내 주는 방법이다. 복수의 응답자들의 선호도를 하나의 형태로 결합하여 선호도라는 공간 위에 그림으로 보여준다. 여기서 응답자는 사람뿐만 아니라 대상을 평가하는 속성이 될 수도 있다. 브랜드에 대해서 평가하는 경우 데이터 열은 브랜드이며 데이터 행은 주로 각 브랜드를 설명하는 속성들에 대한 평가 데이터이다. 선호도는 각 브랜드의 선호 등수나 각 브랜드에 대한 5점 또는 7점 척도와 같은 형태로 측정이 된다.

MDPREF는 벡터모델(Vector Model)로 알려져 있는데, 이 분석법의 목적이 평가자와 대상들을 인지도로 표현하기 때문이다. 벡터모델은 응답자의 벡터 끝이 선호가 최대가 되는 점이며, 벡터의 원점에서 각 응답자의 벡터를 나타내기 위해서 원점으로부터 각 응답자의 점까지 선을 그으면 된다. 다음으로 평가대상에 해당하는 점들이 MDPREF에 의해서 응답자 벡터 위에 찍히게 된다.

(2) 분석데이터

다음 예제는 미국의 주요 자동차에 대한 25명 소비자들의 선호도 데이터다. 선호도는 0점에서 9점까지 리커트 척도로 측정되었다(선호도를 등수로 측정해도 마찬가지 방법을 사용한다). 여기서는 소비자 25명에 대해서 조사를 했다. 따라서 각 소비자들이 생각하는 이상적인 자동차의 위치를 볼 수 있다. 반면에 소비자가 아닌 각 자동차의 속성에 대해서 선호도 등을 조사한다면, 자동차 속성의 이상점들을 파악할 수 있다.

직사각형 형태의 선호도 데이터를 다음과 같이 입력했다. 데이터는 'C : \Sample\Datasav' 폴더 내에 '13장-2-3-1-데이터.sav'로 저장되어 있다.

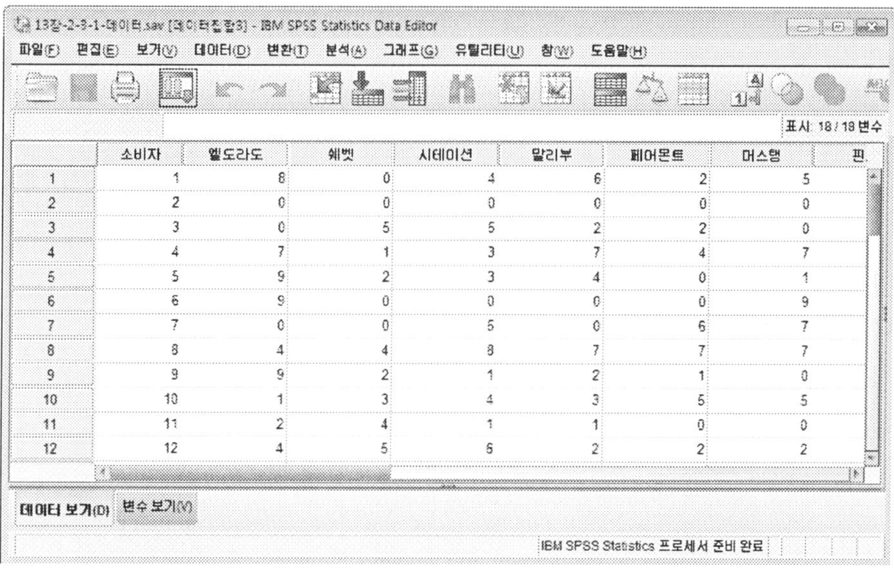

SPSS에서 MDPREF 모델은 다차원확장법인 PREFSCAL 프로시저와 다차원척도법인 ALSCAL에서 분석을 할 수 있다. ALSCAL은 퇴해(degeneracy) 문제가 발생할 수 있는데 비해 PREFSCAL은 퇴해 문제를 해결하기 위해 페널티(penalty)를 도입해 분석한다. 퇴해는 MDPREF와 같은 직사각형 형태의 선호데이터에서 발생할 수 있다. 퇴해가 발생하는 경우는 스트레스 등의 값을 보면 최적해로 보이나, 인지도에 제시된 대상들의 위치가 의미가 없는 경우를 말한다. 예를 들면 스트레스 값은 0에 가까운 값인데 인지도에서 대상들이 한 그룹은 왼쪽으로 몰려있고, 다른 그룹은 오른쪽으로 몰려있는 경우와 같은 현상이 발생한다.

(3) 분석과정 : PREFSCAL의 경우

STEP 01 다차원척도법 분석을 수행하기 위해서는 [분석] → [척도] → [다차원확장 (PREFSCAL)]을 차례로 클릭한다.

STEP 02 분석 대상이 되는 음료수의 변수명들을 근접도란에 지정한다. 행 변수로 '소비자'를 지정한다. 모형을 지정하기 위해 우측의 [모형] 버튼을 클릭한다.

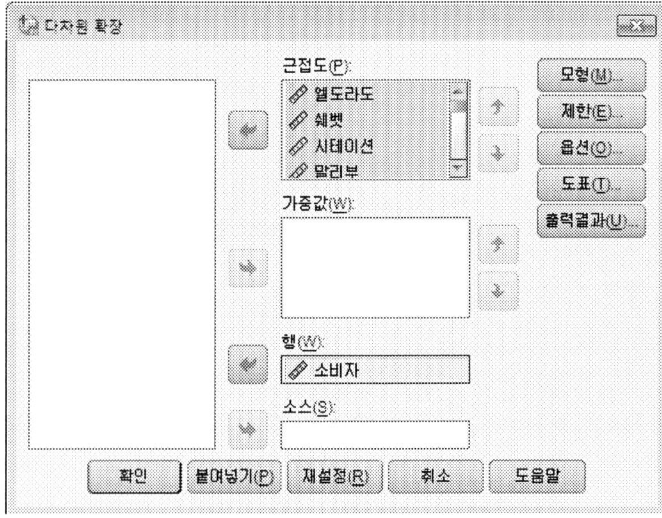

STEP 03 모형에 대한 옵션에서, 현재 데이터는 값이 커질수록 선호도가 높아지는 데이터이므로 근접도에서 유사성 측도로 지정하고, 근접도 변환은 리커트 척도로 측정되어 있는 메트릭 데이터로 선형모형으로 지정한다. [계속] 버튼을 클릭한다. 다른 내용들을 그대로 두고 **다차원확장 : 모형** 화면에서 우측 상단의 [확인] 버튼을 클릭한다.

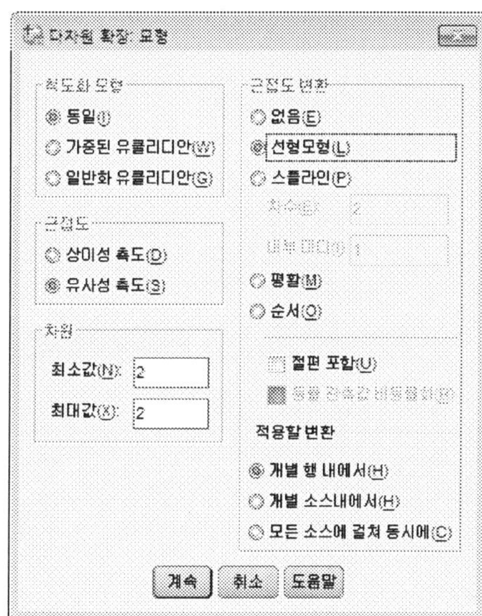

(4) 결과해석

[결과1]을 보면, PREFSCAL 추정 정보가 표시된다. 35번 만에 추정이 완료되었다

[결과1] 반복계산정보

반복계산	벌점 스트레스	차분	스트레스	벌점
0	.9017321		.3744927	2.1712597
35	.8357386	8E−7[a]	.3216837	2.1712597

a. 연속된 벌점 스트레스 값의 차이가 DIFFSTRESS 기준보다 작습니다.

[결과2]의 스트레스값은 .10로 아주 좋은 편이 아니다. 하지만 변동계수의 변동근접도와 변동 변환된 근접도의 값이 비슷하고 감소지수에서 DeSarbo의 혼합지수가 0에 가까운 낮은 값이며, Shepard 근사 비감소지수가 .67로 약 67%의 설명력을 갖기 때문에 현재 구해진 해가 퇴해(degeneracy)값이 아님을 보여준다. PREFSCAL은 ALSCAL에 비해 이런 다양한 통계들을 통해 현재 구해진 해가 퇴해가 아닌지를 평가할 수 있는 장점이 있다.

[결과2] 측정변수

반복계산		35
최종 함수 값		.8357386
함수 값 부분	스트레스 부분	.3216837
	벌점 부분	2.1712597
부적합도	정규화된 스트레스	.1024482
	Kruskal의 Stress-I	.3200753
	Kruskal의 Stress-II	.9426182
	Young의 S-Stress-I	.4175118
	Young의 S-Stress-II	.6275410
적합도	설명되는 산포	.8975518
	설명된 분산	.6377303
	복구된 기본 설정 순서	.8600000
	Spearman의 Rho	.7380434
변동 계수	Kendall의 타우-b	.6010780
	변동 근접도	.5684090
	변동 변환된 근접도	.5684090
	변동 거리	.4269559
감소 지수	DeSarbo의 혼합 지수 제곱합	.0503236
	Shepard의 근사 비감소 지수	.6720588

[결과3] 최종 행 좌표

	차원	
	1	2
1	-.434	-2.823
2	4.659	-1.074
3	3.474	2.407
4	.096	-2.455
5	.402	-3.191
6	-.691	-3.903

7	3.075	.826
8	2.239	3.421
9	−4.874	−4.650
10	3.309	1.104
11	3.659	−2.114
12	2.768	.384
13	4.588	−.196
14	2.086	−.723
15	4.421	.355
16	−2.011	−4.316
17	−1.321	−1.337
18	.908	−1.677
19	2.098	−1.219
20	1.572	1.615
21	−.905	−2.786
22	.600	2.739
23	−4.804	−.907
24	−.444	5.438
25	−3.795	−.072

[결과4] 최종 열 좌표

	차원	
	1	2
엘도라도	−2.877	−2.606
쉐벳	−2.708	4.344
시테이션	−1.153	2.903
말리부	−2.614	1.487
페어몬트	−2.061	3.299
머스탱	−2.428	1.890
핀토	−3.480	4.414

어코드	1.283	-.277
씨빅	2.276	.195
컨티넨털	-2.974	-2.734
그랑프리	-4.208	1.061
호라이즌	-2.409	2.474
볼레어	-2.785	2.111
파이어버드	-3.121	-1.063
대셔	3.199	-1.549
래빗	3.186	-.327
디엘	2.198	-.468

[결과3]은 각 소비자에 대해서, [결과4]는 각 자동차에 대해서 차원의 값을 나타낸다.

[결과5]

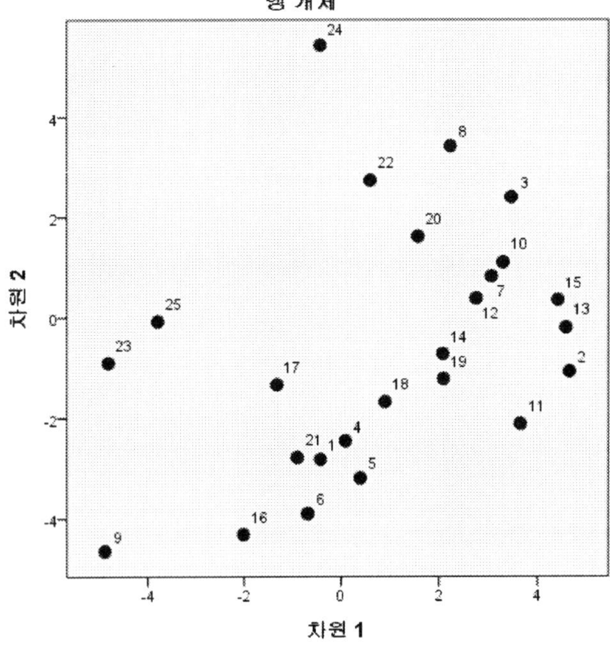

[결과6]

열 개체
차원 2
핀토
쉐벗
페어몬트
시테이션
호라이즌
블러어
머스탱
그랑프리
말리부
씨빅
어코드
디젤
래빗
파이어버드
대셔
컨티넨털
엘도라도
-4
-2
0
2
차원 1

[결과7]

결합 도표
차원 2
24
핀토
쉐벗
페어몬트
8
시테이션
22
호라이즌
3
블러어
20
머스탱
10
그랑프리
말리부
15
25
씨빅
7
어코드
디젤
12 래빗
13
23
파이어버드
17
19
4
2
18
대셔
11
컨티넨털
21 1
4
엘도라도
5
16
6
9
-4
-2
0
2
4
차원 1

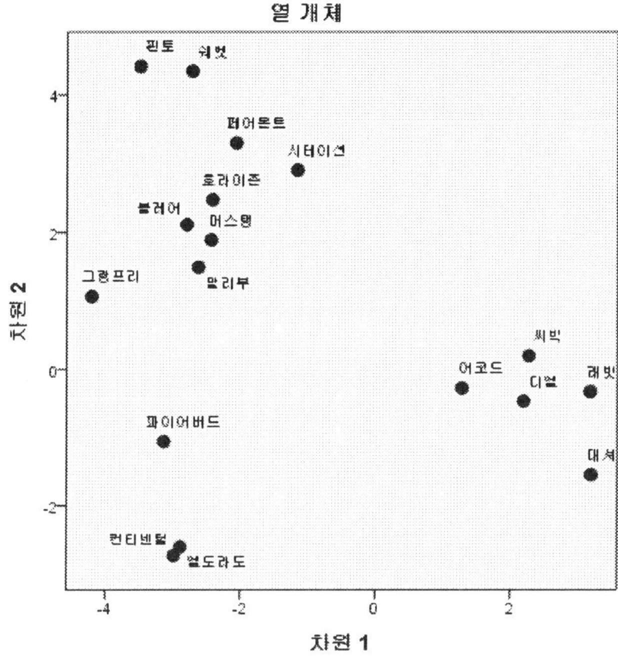

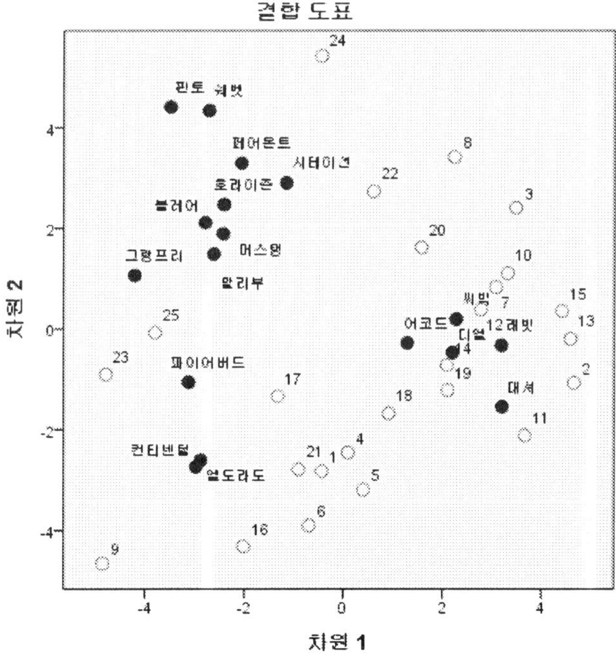

[결과5]는 각 소비자의 좌표점을 나타낸 인지도이며, [결과6]은 각 자동차의 인지도, [결과7]은 자동차와 소비자의 결합 인지도를 나타낸다. [결과7]을 볼 경우 미국계 자동차들(엘도라도, 컨티넨털, 핀토, 그랑프리, 머스탱 등)은 왼쪽에 표시되어 있다. 반면에 일본 및 유럽계 자동차들(디엘, 대셔, 어코드, 래빗, 씨빅)은 오른쪽에 표시되어 있다. 그래서 차원 1은 국산(미국에서는 국산으로 인식)/외제차원이다. 차원 2는 아랫쪽에 엘도라도, 컨티넨털과 같이 비싼 가격의 차이고, 윗쪽이 씨빅, 래빗과 같은 저렴한 가격의 차이기 때문에 가격차원이다. 인지도를 보면 자동차에 대해서 소비자가 생각하는 군집을 세 개 정도 나눌 수 있다. 엘도라도와 컨티넨털은 비싼 가격의 미제차 군집이다. 파이어버드, 그랑프리, 머스탱, 핀토 등은 중간 정도 가격의 미제차 군집이다. 대셔, 어코드, 래빗, 디엘, 씨빅 등은 저렴한 가격의 외제차 군집이다. 숫자로 표시된 것들은 각 소비자들이 생각하는 이상적인 자동차의 위치라고 볼 수 있다. 숫자에 가까운 자동차일수록 각 숫자에 해당되는 소비자가 이상적으로 생각하는 자동차에 가까운 자동차들이며, 멀어질수록 각 숫자에 해당되는 소비자가 생각하는 이상적인 자동차에서 멀어지는 자동차들이다. 만약 소비자들이 아니고 속성이 평가되었다면 이 값은 자동차의 이상적인 속성에 가까운 자동차들이라고 볼 수 있다.

Chapter 14

대응일치분석

01 대응일치분석의 개요

02 대응일치분석의 사례

1　대응일치분석의 개요

1.1. 대응일치분석이란

대응일치분석(correspondence analysis)은 프랑스의 언어학자들에 의해 개발되었는데, 다차원척도법(Multidimensional Scaling : MDS)의 일종으로 인지도를 작성하기 위한 새로운 수단으로 등장한 분석방법이다. 이 방법은 다차원 공간상에서 데이터를 기하학적으로 해석하는데 응용되었으며, 최근에는 마케팅뿐만 아니라 사회학, 생태학, 인구학 등의 분야에서 광범하게 응용되고 있다.

정준상관관계분석처럼 두 종류의 변수 집합간에 관련성을 분석하거나 범주형 빈도데이터(categorical frequency data)로 이루어진 교차표 형태의 데이터를 분석해 두 종류의 변수 집합을 하나의 인지도(perceptual map)에 나타낸다(Hoffman and Franke 1986). 이러한 점에서 다차원척도법에서처럼 비슷하게 관찰대상이 되는 종속변수 및 설문대상자를 하나의 인지도에 나타내는 형태와 같은 방법이다. 대응일치분석은 종속변수 및 독립변수가 일반적으로 명목척도이며, 행과 열 형태의 교차표로 나타낼 수 있는 데이터(예를 들어 브랜드와 속성)을 공동의 공간에 나타낼 수 있다.

대응일치분석의 기원은 1935년부터 다양한 이름으로 개발되어 활용되었다. 이 분석은 프랑스의 Benzécri (1969)와 그의 동료들에서 유래되었다. 대응일치분석은 프랑스어의 "analyse factorielle des correspondences"라는 말의 영어식 번역어로 correspondence analysis로 불리게 되었다. 미국에서는 최적척도법(optimal scaling), 캐나다에서는 이중척도법(dual scaling), 네델란드에서는 동일성분석(homogeneity analysis), 일본에서는 수량화 방법(quantification method) 등으로 불리고 있다. 통계학자나 심리통계학자들간에도 상호평균법(reciprocal averaging), 상황표의 정준상관분석(canonical correlation analysis of contingency table), 범주형 판별분석(categorical discriminant analysis) 등 여러 가지 이름으로 소개되었다(Greenacre 1984; Teenhaus and Young 1985). 대응일치분석에 대한 역사적 발전 과정에 대해서는 Greenacre (1984), Nishisato (1980) 등의 문헌을 참조할 수 있다.

대응일치분석은 두 가지 형태의 변수의 집합을 하나의 인지도에 표현하는 기법으로서 가장 흔하게 사용하는 사례는 여러 종류의 음료수집합과 이들을 설명하는 속성들의 집합이 있을 때, 이들을 하나의 인지도에 모두 표현하는 경우이다. 따라서 어느 음료수가 어느 속성에 가까운가를 파악할 수 있을 뿐만 아니라 각 음료수들과 속성들과의 의한 관련성까지도 파악할 수 있다.

이 분석기법을 주로 사용할 수 있는 곳을 보면 (Green, Carmone and Smith 1989),

- 시장세분화(market segmentation) : 개인을 설명할 수 있는 여러 가지 속성들과 각 개인들을 하나의 인지도에 표현함으로써 동질적인 개인들의 집단을 파악한다.
- 제품위치화(product positioning) : 제품을 설명할 수 있는 여러 가지 속성들과 각 제품들을 하나의 인지도에 표현함으로써 제품간의 인식(perception)을 통해 특정 제품을 위치화하는 근거로서 사용된다.
- 광고캠페인의 효과 측정 : 광고캠페인을 하기 전의 제품들과 속성들의 인지도와 광고캠페인을 하고 난 후의 제품들과 속성들의 인지도를 가지고 광고캠페인의 효과를 측정한다.
- 신제품개발(new-product development) : 사전에 제품들과 속성들을 이용한 인지도를 가지고 제품들을 세분화한 정보는 신제품 개발에 대한 지침을 줄 수 있을 뿐만 아니라 중요하게 생각하는 속성들을 파악해서 마케팅전략에 응용한다.
- 제품개념검정(product-concept testing) : 제품개발단계에서 여러 가지 제품에 대한 개념들이 있을 때, 속성들을 통한 제품개념들의 인지도를 파악하고, 이들 중에 가장 좋다고 생각되는 개념을 새로운 제품개발에 응용한다.

1.2. 대응일치분석의 기본 개념

대응일치분석의 기본적인 데이터 형태는 일반적인 직사각형 형태의 데이터행렬 (rectangular data matrix)이라고 할 수 있다. 일반적으로 이용되는 데이터는 종속변수나 독립변수 모두 데이터의 척도가 범주형(정성적, 넌메트릭) 데이터를 기본으로 한다.

대응일치분석을 이용하는 주요 상황을 보면 다음과 같다.

- 크로스탭 (교차표) 형태의 데이터를 인지도에 표현하여 각 대상과 대상에 대한 설명변수간의 관련성 파악하고자 하는 경우
  예 응답자의 제품 선호도와 인구통계변수(성별, 소득, 직업 분류)
  　선호하는 각 제품별과 각 인구통계변수 수준을 봄
- 여러 종류의 제품집합과 이들을 설명하는 속성들의 집합이 있을 때, 이들을 하나의 인지도에 모두 표현하는 경우
- 어느 제품이 어느 속성에 가까운가를 파악할 수 있을 뿐만 아니라 제품들간의 속성에 의한 관련성까지도 파악

가상적으로 아래와 같이 3가지 제품과 이 제품을 설명할 수 있는 6개의 속성을 들 수 있다.
데이터의 특성을 보면, (1) 직사각형 형태의 데이터 행렬(rectangular data matrix)로서, (2) 종
속변수나 독립변수 모두 데이터의 척도가 범주형(정성적, 넌메트릭) 데이터인 경우이다.

(단위 : 명)

속성 브랜드	속성 1		속성 2		속성 3		속성 4		속성 5		속성 6	
	있다	없다	있다	없다	있다	없다	있다	없다	있다	없다	있다	없다
A	16	39	11	44	10	45	13	42	11	44	7	48
B	14	41	8	47	14	41	16	39	5	50	19	36
C	14	41	14	41	17	38	11	44	8	47	13	42

이 경우에 브랜드와 속성을 하나의 인지도에 표시하는 것이 대응일치분석과 다른 분석들
과의 차이점이다. 예를 들어 가상적인 데이터를 가지고 두 차원에 대해서 다음과 같이 그래
프를 그려 보면 속성과 제품이 하나의 인지도에 나타나 있는 것을 알 수 있다.

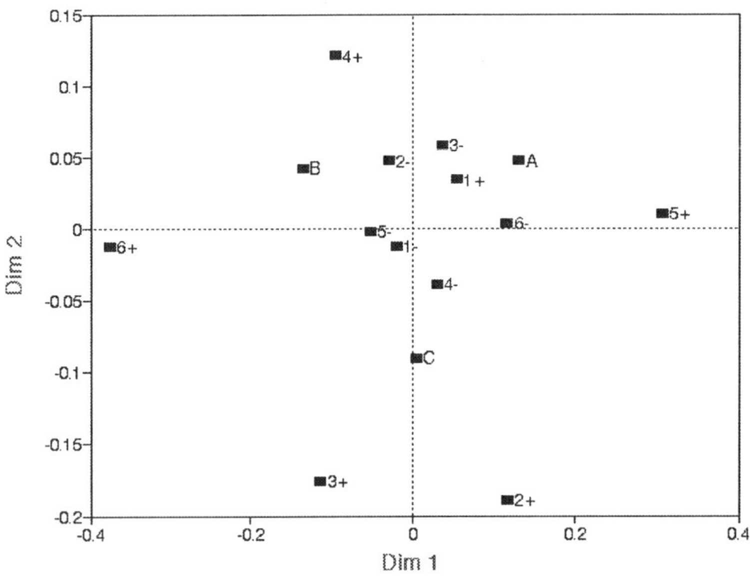

그림을 볼 경우에 제품 A와 B가 차원 2에서 서로 경쟁하는 제품이며, 제품 A는 속성 1이
있고, 속성 3과 6이 없는 제품이라고 사람들이 인식을 하고 있는 사람들이 많다. 반면에 제품
B는 속성 2와 5가 없고, 속성 4가 있다고 인식하고 있는 사람들이 많다. 제품 C는 제품 A,
B와는 서로 다른 제품으로 인식된다. 즉 속성 4가 없고, 속성 2와 3이 있는 제품이라고 인식

하는 사람들이 많다. 또한 차원 1(그림에서 가로축)의 값이 작을수록 속성 6이 있다고 보는 차원이며, 속성 5가 있는 것을 반대되는 개념으로 생각한다. 차원 2의 값이 작아질수록 속성 2나 3이 있는 경우이다. 반면에 차원 2값이 커질수록 속성 4가 있는 경우이다. 이러한 점에서 대응일치분석은 인지도에 나타나는 속성들을 통해 차원 이름을 정할 수 있을 뿐만 아니라, 각 제품이 가지고 있는 속성들에 대해서도 파악할 수 있는 방법이다.

1.3. 대응일치분석의 분석절차

(1) 단계1 : 데이터 준비

먼저 대응일치분석을 하기 위해서는 다음과 같은 데이터를 준비해야 한다. 일반적으로 데이터의 특성은 대상과 대상의 특성을 나타내는 변수들의 결합인 경우이다.

- 음수 값을 갖고 있지 않은 교차표(crosstabulation 또는 cotingency table) 형태의 직사각형 데이터 행렬을 준비
- 넌메트릭 형태로 데이터가 구분됨 (가로 또는 세로 모두 두 변수 이상의 변수수준의 조합을 사용할 수도 있다. 예를 들어 성별과 연령을 조합해 교차표의 칼럼을 다음과 같이 구성할 수도 있다. 남/여/20대/30–40대/50이상)

(2) 단계2 : 분석 및 해석

대응일치분석의 프로그램은 Lebart, Morineau, and Warwick (1982), Greenacre (1986)가 개발한 전통적 척도법과, Carroll, Green, and Schaffer (1987)가 전통적 척도법의 단점을 보안하여 결합공간(joint space)에서 열과 행의 해석이 가능하도록 한 보안 척도법이 있다. 보통 전자의 전통적인 방법을 프랑스척도법, 후자를 CGS 척도법이라고 한다. 데이터를 입력한 후 다음과 같은 과정을 거쳐 데이터를 분석한다.

- 주변확률에 근거한 특정 셀의 빈도수와 다른 셀의 빈도수간에 관련성 계산, 카이스퀘어 값에 근사한 조건기대치 계산한다.
- 조건기대치의 평준화를 한다.
- 요인분석 형태로 차원과 각 변수들 수준간에 관련성을 분석한다.

데이터분석 후 데이터를 해석해야 하는데 주로 보아야 할 변수들은 다음과 같다. 먼저 차원수 계산 및 차원의 중요성 확인해야 한다. 차원수 및 중요성은 각 축의 고유 값, 관성

(inertia), 카이스퀘어, 설명 정도를 보고 차원수 결정하고 및 각 차원의 중요성을 확인한다 (Gifi 1981).

다음으로 관성(inertia)값을 통해 각 행과 열의 각 수준에 대한 중요도 파악한다. 각 관성 (inertia) 값들은 다음과 같이 계산된다. 인자 (i, j)에서 p_{ij}가 (i, j)셀의 센트로이드, r_i가 i행의 센트로이드, c_j가 j열의 센트로이드라면, 전체모형과 각 셀에 대한 설명 정도를 나타내는 통계량은 관성(inertia)는 다음 식에 의해 구해진다(Hoffman and Franke 1986).

$$관성(전체) = \sum_i \sum_j \frac{(p_{ij} - r_i c_j)^2}{r_i c_j}$$

$$관성(행) = \sum_i r_i \left(\frac{\sum_j 1}{c(j(p_{ij}/r_i - c_j)^2)} \right)$$

$$관성(열) = \sum_j c_j \left(\frac{\sum_i 1}{r_i(p_{ij}/c_j - r_i)^2} \right)$$

다음으로 선택된 차원을 이용한 인지도 분석 및 추후 분석을 한다.

2 | 대응일치분석의 사례

2.1. 교차표 데이터분석

(1) 분석데이터

다음 데이터는 스트레스 정도와 직장에서의 직위에 관한 데이터다. 이 데이터를 통해서 각 직급 별로 어느 정도 스트레스를 받는지를 보고자 한다.

직 급	없음	약간	중간	심함
이 사	4	2	3	2
부 장	4	3	7	4
과 장	25	10	12	4

사 원	18	24	33	13
비 서	10	6	7	2

STEP 01　데이터집합 화면에 직급 코드값과 스테레스 코드값, 그리고 응답자 수를 직접 입력했다. 데이터는 'C : \Sample\Datasav' 폴더 내에 '14장-2-1-1-데이터.sav'로 저장되어 있다.

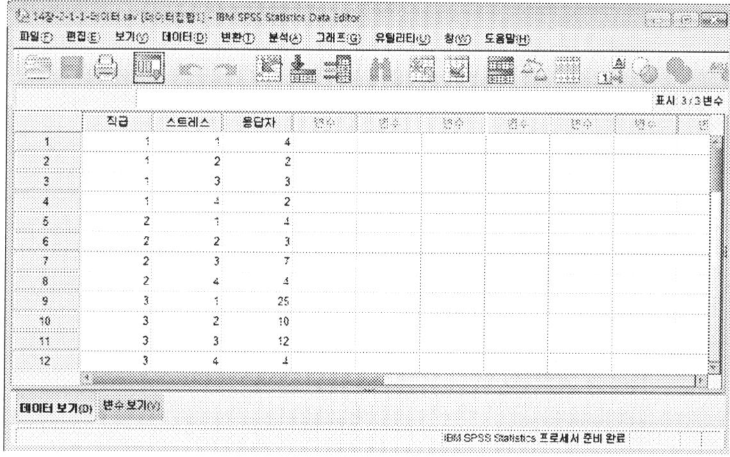

STEP 02　현재 데이터는 개별 데이터가 들어가 있지 않고 가중치 정보가 들어가 있기 때문에 대응일치분석을 하기 전에 먼저 각 케이스별로 가중치를 지정해 주어야 한다. 이를 수행하기 위해서는 [데이터] → [가중 케이스]를 차례로 클릭한다.

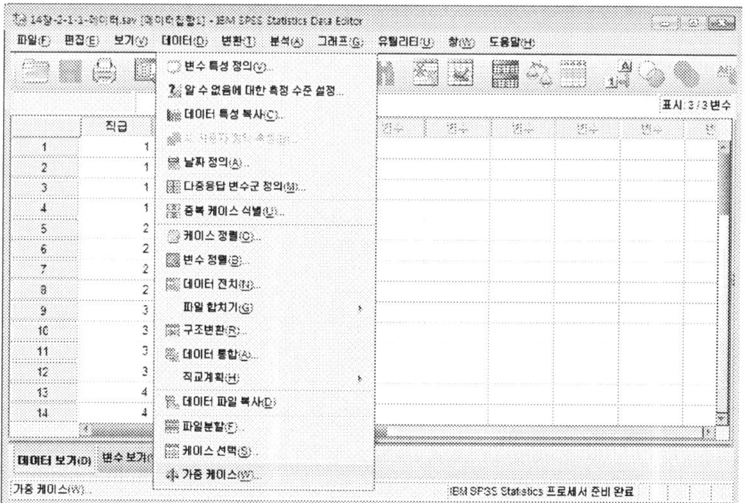

STEP 03 '가중 케이스를 지정'을 선택하고, 빈도변수로서 '우승횟수'를 지정한다. 지정이 끝나면, 하단의 [확인] 버튼을 클릭한다.

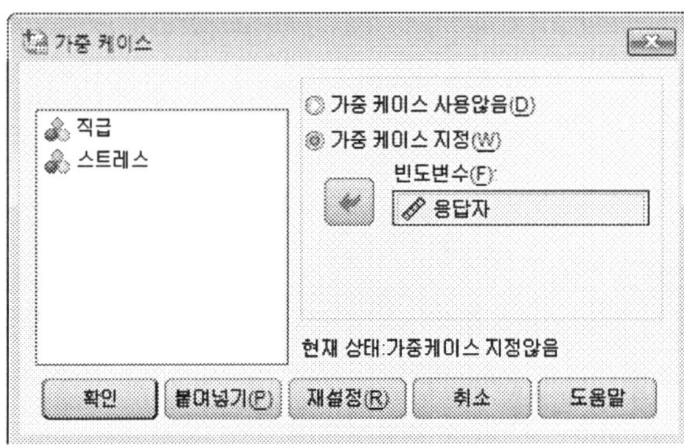

(2) 분석과정

STEP 01 대응일치분석을 수행하기 위해서는 [분석] → [차원 감소] → [대응일치 분석]을 차례로 클릭한다.

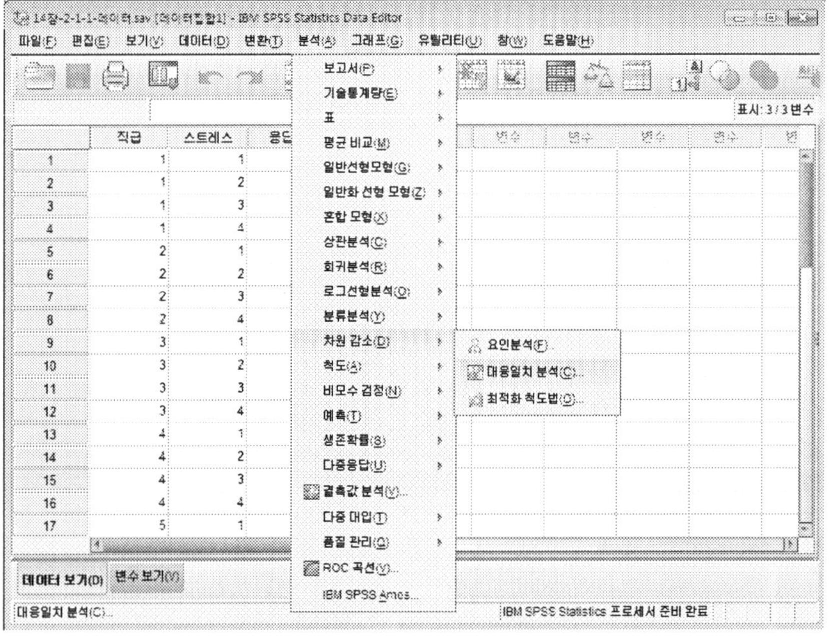

STEP 02 대응일치분석 화면에서 행 변수로 '직급'을 지정한다. 다음으로 범위를 지정하기 위해 바로 아래에 있는 [범위지정] 버튼을 클릭한다.

STEP 03 행 변수의 범주 범위가 1(이사)에서 5(비서)까지 변화하므로 다음과 같이 입력하고, [갱신] 버튼을 클릭한 후, 하단의 [계속] 버튼을 클릭한다.

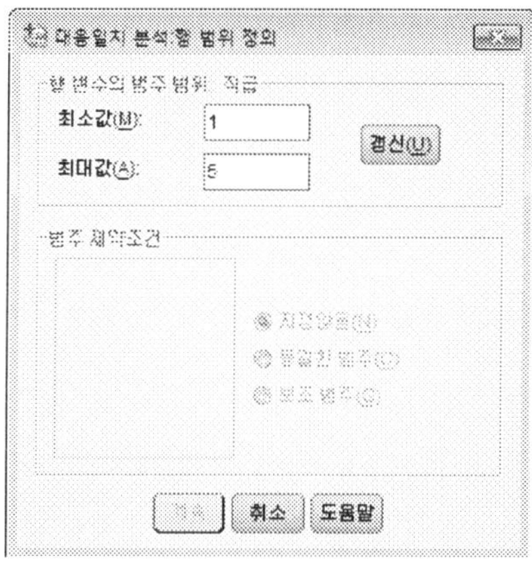

STEP 04 다시 대응일치분석 화면에서 열 변수로 '스트레스'를 지정한다. 다음으로 범위를 지정하기 위해 바로 아래에 있는 [범위지정] 버튼을 클릭한다.

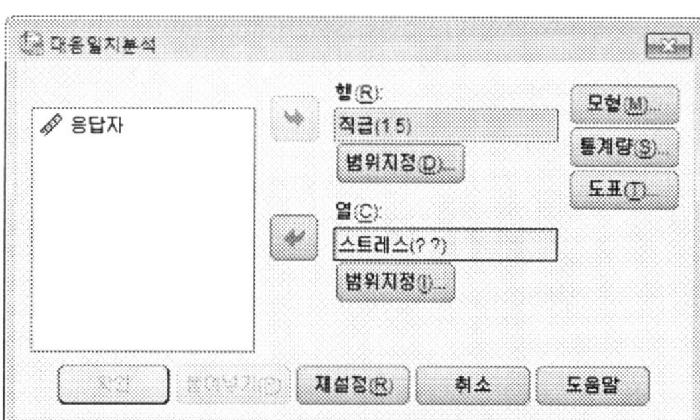

STEP 05 열 변수의 범주 범위가 1(없음)에서 4(심함)까지 변화하므로 다음과 같이 입력하고, [갱신] 버튼을 클릭한 후, 하단의 [계속] 버튼을 클릭한다. 대응일치분석 화면으로 돌아오면, [확인] 버튼을 클릭한다.

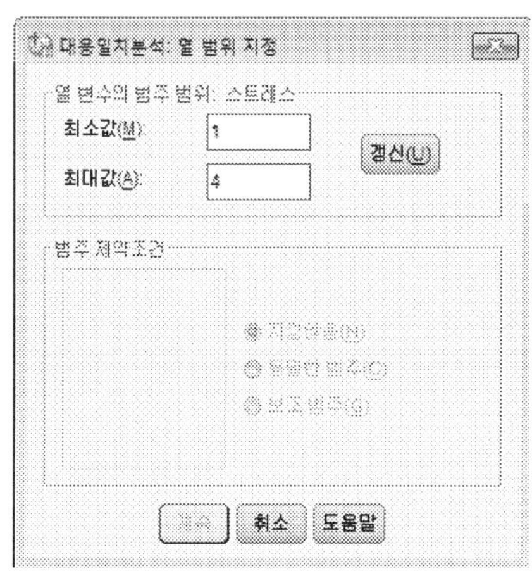

(3) 결과해석

먼저 대응일치표의 결과를 보면 입력 데이터에 대한 표를 보여주고 있다. 액티브 주변은 세로/가로의 합이다.

대응일치표

직급	스트레스				
	없음	약간	중간	심함	액티브 주변
이사	4	2	3	2	11
부장	4	3	7	4	18
과장	25	10	12	4	51
사원	18	24	33	13	88
비서	10	6	7	2	25
액티브 주변	61	45	62	25	193

전체 모형에 관한 데이터와 각 행 데이터에 관한 값들이다. 이 값을 볼 경우 차원 1의 관성은 0.075로서 약 87.8%의 설명력을 가지고 있다. 두 번째 차원의 관성은 0.010으로서 11.8%정도의 설명력이 있다. 그러나 세 번째 차원의 관성은 그 값도 매우 작으며 설명력도 낮다. 따라

서 인지도를 그리는데 있어 2차원이면 충분할 것으로 생각할 수 있다. 또한 이 차원들의 χ^2 값이 16.442으로서 자유도 12에서 $p > 0.20$으로 나타나 큰 의미는 없다고 볼 수 있다.

요약

차원					관성비율		신뢰 비정칙값	상관계수
	비정칙값	요약 관성	카이제곱	유의확률	설명됨	누적	표준편차	2
1	.273	.075			.878	.878	.070	.020
2	.100	.010			.118	.995	.076	
3	.020	.000			.005	1.000		
전체		.085	16.442	.172a	1.000	1.000		

a. 자유도 12

다음으로 행 포인트 개요 결과로 대응일치표에서 각 행의 차원에 대한 결과들을 보여준다. 기여도를 볼 경우 차원 1은 과장, 사원 순으로 중요하며 차원2는 부장, 이사 순으로 기여도가 높은 것으로 나타난다.

행 포인트 개요[a]

직급		차원의 점수			기여도				
					차원의 관성에 대한 포인트		포인트의 관성에 대한 차원		
	매스	1	2	요약 관성	1	2	1	2	전체
이사	.057	−.126	.612	.003	.003	.214	.092	.800	.893
부장	.093	.495	.769	.012	.084	.551	.526	.465	.991
과장	.264	−.728	.034	.038	.512	.003	.999	.001	1.000
사원	.456	.446	−.183	.026	.331	.152	.942	.058	1.000
비서	.130	−.385	−.249	.006	.070	.081	.865	.133	.999
액티브 전체	1.000			.085	1.000	1.000			

a. 대칭 정규화

다음으로 열 포인트 개요 결과로 대응일치표에서 각 행의 차원에 대한 결과들을 보여준다. 기여도를 볼 경우 차원 1은 없음이 기여도가 높으며, 차원2는 심함과 약함 순으로 기여도가 높은 것으로 나타난다.

열 포인트 개요[a]

스트레스		차원의 점수			기여도				
					차원의 관성에 대한 포인트		포인트의 관성에 대한 차원		
	매스	1	2	요약 관성	1	2	1	2	전체
없음	.316	−.752	.096	.049	.654	.029	.994	.006	1.000
약간	.233	.190	−.446	.007	.031	.463	.327	.657	.984
중간	.321	.375	−.023	.013	.166	.002	.982	.001	.983
심함	.130	.562	.625	.016	.150	.506	.684	.310	.995
액티브 전체	1.000			.085	1.000	1.000			

a. 대칭 정규화

　다음 결과는 두 가지 데이터를 하나의 인지도로 표시한 결과이다. 인지도를 보면 앞의 데이터로부터 차원 1의 좌측은 스트레스를 덜 받는 사람이며, 우측은 스트레스를 중간 또는 많이 받는 사람들이다. 그리고 차원 2는 설명력이 약하기는 하나 음의 계수를 가질수록 스트레스를 약하게 받는 사람들의 비율이 높다. 스트레스를 안 받는 사람들은 과장이나 비서이며, 스트레스를 가장 많이 받는 사람들은 부장이고 중간 정도 받는 사람들은 사원인 것으로 볼 수 있다. 특히 이사는 스트레스를 많이 받는 사람들의 비율도 높으나 안 받는 사람의 비율이 부장이나 사원보다 많다고 할 수 있다.

행점 및 열점

대칭적 정규화

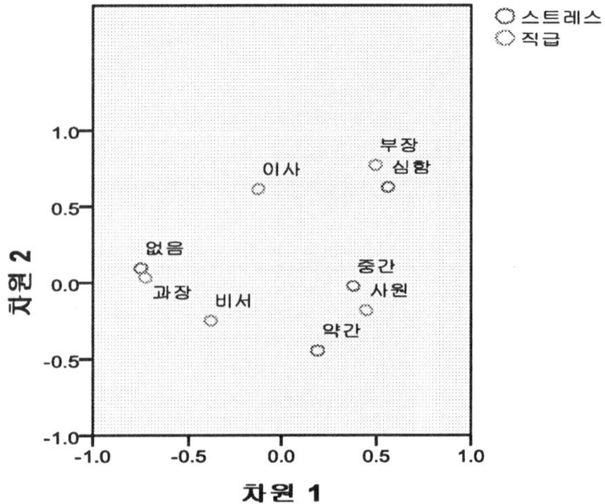

2.2. 여러 개의 넌메트릭 변수들에 대한 분석

(1) 분석데이터

다음 예제는 주요 8개 음료수에 대한 구매경험여부와 주요 음료수에 대해서 구매경험에 의한 음료수의 인지도와 이에 대한 소비자들을 군집화를 하고자 하는 경우이다. 데이터의 형태가 2인 경우 과거에 구매경험이 있으며, 1인 경우 과거에 구매경험이 없다. 음료수는 1(코카콜라), 2(다이어트 코카콜라), 3(다이어트 펩시), 4(다이어트 세븐업), 5(펩시), 6(스프라이트), 7(탭), 8(세븐업)이다.

소비자	1	2	3	4	5	6	7	8	소비자	1	2	3	4	5	6	7	8
1	2	1	1	1	2	2	1	2	18	2	2	1	1	2	1	1	1
2	2	1	1	1	2	1	1	1	19	2	1	1	1	1	1	1	2
3	2	1	1	1	2	1	1	1	20	2	2	2	1	2	1	1	1
4	1	2	1	2	1	1	2	1	21	2	1	1	1	2	1	1	1
5	2	1	1	1	2	1	1	1	22	2	1	1	1	2	1	1	1
6	2	1	1	1	2	2	1	1	23	1	2	1	2	1	1	2	1
7	1	2	2	2	1	1	2	1	24	2	2	1	1	2	1	1	1
8	2	2	1	1	2	2	1	2	25	1	2	2	2	1	1	1	1
9	2	2	1	1	1	2	2	2	26	1	2	1	2	1	1	2	1
11	2	1	1	1	2	1	1	2	27	1	2	1	1	1	1	2	1
11	2	1	1	1	2	2	1	1	28	2	1	1	1	1	2	1	2
12	1	2	1	1	1	1	2	1	29	2	1	1	1	1	1	1	1
13	1	1	2	2	1	2	1	2	30	1	2	2	1	1	1	2	1
14	2	1	1	1	1	2	1	1	31	2	1	1	1	2	1	1	2
15	1	2	1	1	1	1	2	1	32	1	2	2	1	1	1	2	1
16	1	1	1	1	2	2	1	1	33	2	1	1	1	2	1	1	2
17	1	2	2	1	1	2	1	1	34	1	2	2	2	1	1	2	1

데이터집합 화면에 음료수 코드값과 소비자별 구매여부를 직접 입력했다. 데이터는 '14장-2-2-1-데이터.sav'로 저장되어 있다.

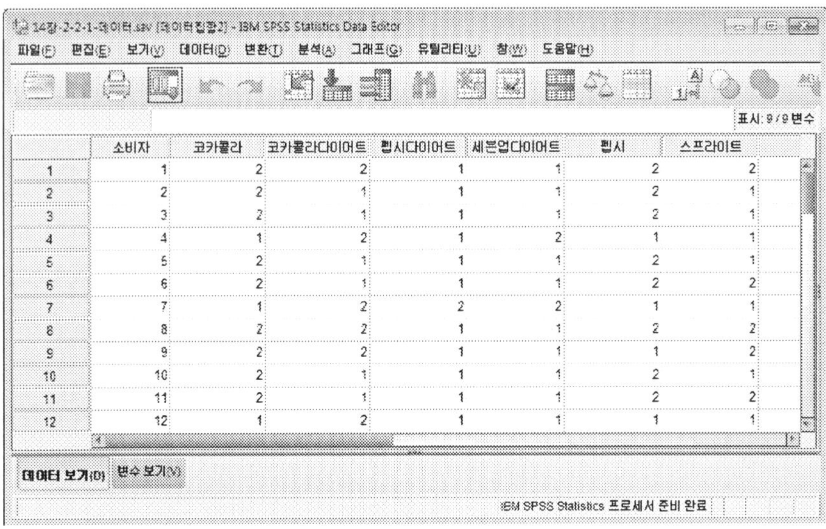

(2) 분석과정

STEP 01 대응일치분석을 수행하기 위해서는 [분석] → [차원 감소] → [최적화 척도법]을 차례로 클릭한다.

STEP 02 최적화 척도법 화면에서 '모든 변수가 다중명목변수'를 선택하고, 변수군의 수를 '단일 군'으로 선택한다. 다음으로 [정의] 버튼을 클릭한다. 최적척도 수준과 변수군의 수에 따라 다중 대응일치분석, 범주형 주성분분석, 비선형 정준상관분석으로 변화가 된다.

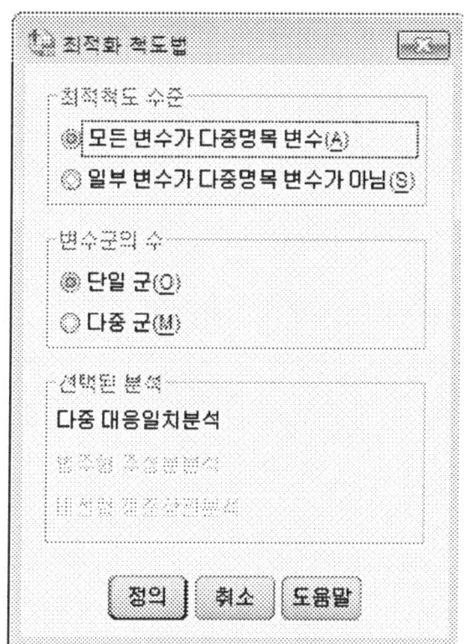

STEP 03 분석변수로 명목변수들을 입력하고, 변수 설명 지정으로 소비자를 입력한다. 다중 대응일치분석 화면으로 돌아오면, [확인] 버튼을 클릭한다.

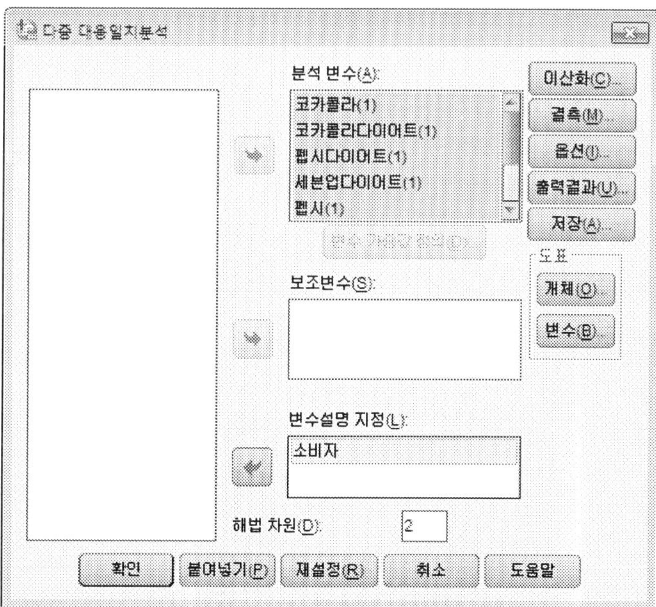

(3) 결과해석

먼저 [결과1]을 보면 반복계산정보와 모형 요약 결과가 나타난다. 총 26번 반복 추정을 거쳤으며, 현재 축들 중에 첫 번째 축의 설명력은 약 47.011%정도이다. 두 번째 축 이후의 설명력은 14.983%보다 약간 큰 정도이다. 전체적으로 보아 두 축의 설명력은 약 63%정도로 높은 편은 아니다.

[결과1] 반복계산정보

반복 수	설명된 분산		손실
	전체	증가량	
26[a]	2.479734	.000010	5.520266

a. 수렴 검정 값에 도달하여 반복계산 프로세스가 중지되었습니다.

모형 요약

차원	Cronbach의 알파	설명된 분산		
		전체(고유값)	요약 관성	% 분산
1	.839	3.761	.470	47.011
2	.189	1.199	.150	14.983
전체		4.959	.620	
평균	.682[a]	2.480	.310	30.997

a. 평균 Cronbach의 알파는 평균 고유값에 기준합니다.

[결과2]에는 각 음료수에 상관관계를 보여주고 있다. 이 값을 통해 어떤 음료수가 밀접한 관계가 있는가를 파악해 볼 수 있다. 코카콜라는 코카콜라다이어트, 펩시다이어트, 세븐업다이어트, 펩시, 탭 등과 밀접한 관련성이 있음을 보여준다. 반면에 코카콜라다이어트는 코카콜라, 탭과 관련이 있어 보인다. 같은 식으로 다른 음료수들에 대해서도 상관계수가 높으면, 관련성이 높은 관계로 볼 수 있다.

[결과2] 변환된 변수간의 상관관계

차원 : 1

	코카콜라	코카콜라 다이어트	펩시 다이어트	세븐업 다이어트	펩시	스프라이트	탭	세븐업
코카콜라	1.000	.549	.522	.609	.669	.195	.699	.367
코카콜라다이어트	.549	1.000	.384	.334	.410	.230	.652	.236
펩시다이어트	.522	.384	1.000	.403	.384	.235	.357	.176
세븐업다이어트	.609	.334	.403	1.000	.480	.197	.425	.141
펩시	.669	.410	.384	.480	1.000	-.022	.652	.102
스프라이트	.195	.230	.235	.197	-.022	1.000	.344	.298
탭	.699	.652	.357	.425	.652	.344	1.000	.272
세븐업	.367	.236	.176	.141	.102	.298	.272	1.000
차원	1	2	3	4	5	6	7	8
고유값	3.761	1.199	.790	.737	.626	.471	.232	.184

[결과3]은 소비자별 위치를 보여준다. 소비자가 몰려 있는 곳이 비슷한 성향을 가진 소비자 그룹이다.

[결과3]

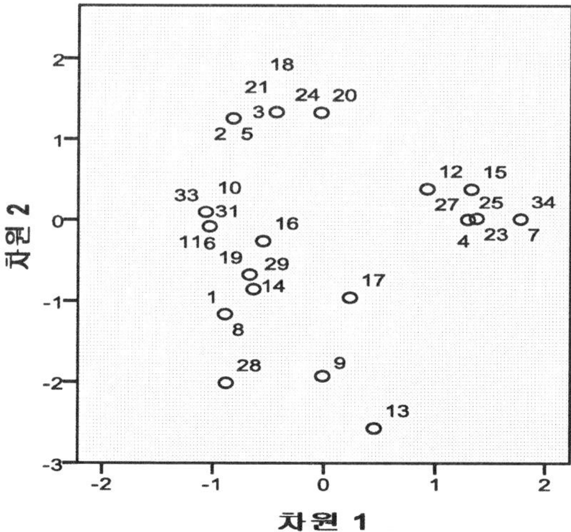

[결과4]에서는 음료수에 대한 차원1과 차원2의 축의 판별측도 값이 나와 있다. 인지도에서 이 값의 위치에 표시를 한다. 이 값은 요인분석의 요인적재량과 비슷한 개념으로서 행 변수의 각 수준과 각 차원의 상관 정도라고 해석해도 무리가 없다. 계속해서 각 음료수들이 Inertia 값을 기준으로 어느 차원 쪽에 가까운지를 보여 주고 있다. 펩시, 스프라이트, 세븐 업 등은 차원 2쪽 설명에 기여를 많이 하고 있으며, 나머지 음료수들은 차원 1쪽 설명에 많은 기여를 하고 있음을 알 수 있다.

[결과4] 판별측도

	차원		평균
	1	2	
코카콜라	.792	.011	.402
코카콜라다이어트	.524	.002	.263
펩시다이어트	.408	.000	.204
세븐업다이어트	.467	.033	.250
펩시	.552	.214	.383
스프라이트	.137	.562	.349
탭	.715	.000	.358
세븐업	.165	.377	.271
액티브 전체	3.761	1.199	2.480
% 분산	47.011	14.983	30.997

[결과5]의 인지도 그림을 보면, 다이어트류 계통의 음료수가 같은 군집으로 묶여 있으며, 코카콜라와 펩시콜라가 같은 군집으로 묶여 있다. 또한 스프라이트나 세븐업이 같은 군집으로 묶여 있다. 따라서 축 1은 "다이어트 음료수 여부"에 관한 것이며, 축 2는 "음료수의 색"과 관한 것이다. 즉 스프라이트나, 세븐업은 콜라 중에서도 맑은 색을 가지고 있는 콜라류이다.

[결과5]

판별측도

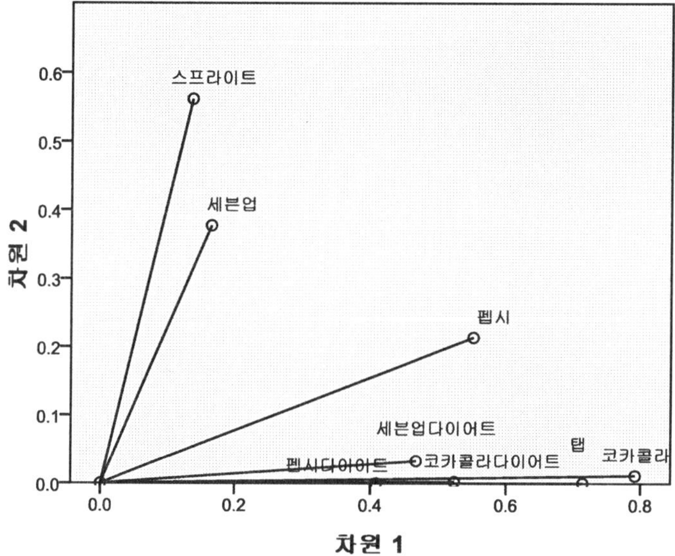

변수 주성분 정규화

Chapter **15**
결합분석

01 결합분석의 개요

02 직교계획

03 한 명에 대한 결합분석

04 두 명 이상에 대한 결합분석

1 결합분석의 개요

1.1. 결합분석이란

결합분석(conjoint analysis)은 "여러 가지 속성을 가진 제품 또는 서비스에 대한 소비자들의 전체적인 선호를 조사하여 분석함으로써, 개별 속성들이 소비자에게 주는 효용 및 상대적인 중요성을 파악하는 기법"이다(Green and Srinivasan 1978; Green and Wind 1973, 1975; Johnson 1974). 미국, 일본 등지에서 1970년대부터 이미 그 효용성을 인정받아 활용되어 왔으며, 국내에서는 1980년대 중반 이후에 주목을 받은 후 여러 분야에서 활용되어 왔다.

이 분석은 대상들의 선호도 등수데이터(rank data)나 선호점수를 가지고 제품을 선택할 때 소비자들이 가장 중요하게 생각하는 속성이 어떠한 속성이고, 속성값(attribute value) 중에 어떠한 값들을 더 좋아하는지를 알아내고자 할 때 사용한다. 궁극적으로 이를 통해 신제품개발, 가격전략, 시장세분화전략, 광고전략, 유통전략을 세우는데 그 목적이 있다고 할 수 있다. 결합분석의 이용이 증가하게 된 것은 다수의 속성으로 결합되어 있는 여러 가지 형태의 제품과 서비스 중에서 소비자들이 어느 것을 선택할 것인가를 예측하기 위하여 소비자들에 의해 평가되는 독립변수 값들의 결합들을 만들어 내는 것부터 시작하여 모의실험 선택 장치를 고안하는데 이르기까지 전체 과정을 통합하는 컴퓨터 프로그램이 널리 보급되면서부터이다.

결합분석을 기본적인 종속모델로 표현한다면 다음과 같다.

$$y = x_1 + x_2 + x_3 + \cdots + x_n$$
$$\text{(메트릭 또는 넌메트릭)} \quad \text{(넌메트릭)}$$

결합분석은 잠재적 제품이나 서비스를 나타내고 있는 속성의 결합을 사전에 결정해 놓고 이에 대한 소비자들의 반응과 평가를 이해하는데 가장 적합한 방법이다. 결합분석은 고도의 현실성을 유지하면서 소비자의 선호도가 어떻게 구성되어 있는가를 심도 있게 이해할 수 있는 기법이다. 결합분석은 종속변수가 메트릭이든 넌메트릭이든 어떠한 형태도 수용 가능하고, 넌메트릭 독립변수를 이용하여 독립변수와 종속변수의 관계를 산출하는데 있다.

1.2. 주요 적용 사례

결합분석에 대한 활용 사례는 다양한 분야로 나뉠 수 있다(Wittink and Cattin 1989). 이 중에서 대표적인 3분야를 소개하면 다음과 같다.

(1) 소비자 욕구의 파악

목표시장에 대한 새로운 제품들이 많이 등장하여 경쟁이 심해지거나 소비자의 선호가 변화한 경우, 시장점유율을 지속적으로 유지하기 위해서는 기존의 제품에 소비자가 원하는 새로운 속성을 추가하거나 제품속성의 조합을 바꾸어 제품의 효용을 증대시키는 제품차별화 전략을 수행하여야 한다. 예를 들어 기존의 운동화 시장이 포화상태에 이르러 경쟁이 치열한 경우 소비자의 욕구가 가벼운 운동화, 원색 운동화라는 방향으로 변화고 있다면, 이를 반영한 제품을 생산함으로써 치열한 경쟁에 적절히 대처하고 지속적인 성장을 도모하는 것이다. 이상의 전략을 성공적으로 수행하기 위해서는 변화하는 소비자 욕구나 자사제품에 대한 소비자의 인식을 계속적으로 파악하고 있어야 한다.

(2) 시장세분화

오늘날 기업에 있어 가장 의미 있는 시장세분화 방법 중의 하나는 제품의 효용에 따른 세분화이다. 이는 전체시장을 세분화할 경우 제품이용에 있어 비슷한 효용을 추구하는 집단을 하나의 세분시장(세그먼트)로 분류하여 이들 중 기업의 목적에 맞는 목표시장을 찾아내도록 하는 것인데, 이를 위해서는 소비자들이 추구하는 효용파악이 선행되어야 한다.

(3) 유통전략

새로운 유통기구를 설립하기 위해서는 취급품목, 매장의 크기, 제품의 전반적인 가격수준과 같은 유통기구의 여러 특성을 고려하여야 한다. 이러한 요소들의 최적 배합을 위해서는 유통기구가 세워질 지역의 상권 내 소비자들이 지닌 특성을 파악해야 하며, 그들의 요구에 의해 재래시장, 슈퍼마켓, 또는 백화점 등의 유통기구형태가 결정되어야 한다.

1.3. 결합분석의 기본 원리

결합분석의 기본목적은 2개 이상의 독립변수들이 종속변수의 순위나 가치를 부여하는데 어느 정도의 영향을 미치는가를 분석하는데 있다. 다시 말하자면, 독립변수들이 선호도에 대한 등수(rank)나 7점 척도와 같은 리커트형태의 척도를 사용하여 측정된 선호점수로 측정한 종속변수에 어느 정도 영향을 미치는지를 살펴보고자 하는데 있다(채서일 1989).

즉 종속변수로 신체적인 아름다움을 주관적으로 평가할 때, 이에 영향을 미치는 독립변수로 키, 허리둘레, 가슴둘레를 선정하였다. 각 독립변수들을 물리적인 척도에 의해 측정하였을 때, 각 측정치가 주관적으로 판단한 신체적인 아름다움에 어떠한 영향을 미치는지 분석하고자 한다.

결합분석의 기본가정을 살펴보면, 각 독립변수가 주관적인 판단인 종속변수에 영향을 미치고 있으며, 이들간에는 일정한 합성법칙이 존재한다고 가정하면, 이들간에 관계식은 다음과 같이 설정할 수 있다.

$$V(x) = H(h) + W(w) + B(b)$$

위의 식은 각 독립변수들이 전체평가에 영향을 미친 정도를 합한 것이 바로 전체적인 평가가치가 되고, 속성별 측정치가 상이한 대상에 대한 아름다움의 순위가 결정된다는 것이다.

결합분석을 위한 대상의 구분 및 데이터의 수집은 다음과 같이 진행된다.

- 만약 각 독립변수를 각각 3개의 수준으로 등급을 부여하였다면 평가대상이 가질 수 있는 모든 상태는 3×3×3=27가지가 될 것이다.
- 가능한 27개 평가대상에 대하여 순위(선호도)를 매기면 서열척도(등간척도)로 종속변수의 데이터를 얻게 된다.
    - 종속변수 : 각 대상의 순위 또는 선호도($V(x)$)
    - 독립변수 : 각 독립변수별 수준
- 두 가지 변수의 데이터와 합성법칙을 바탕으로 각 변수들에 부여되는 가치, 즉 순위척도(등간척도)로 평가된 종합적인 평가에 각 독립변수가 공헌하는 정도를 측정

예를 들어 자동차를 평가하는 다음과 같은 두 개의 속성으로 구성된 12개의 자동차 대안(profile)을 생각해 보자. 대안이란 연비가 11-15이며 트렁크 크기가 7-10인 자동차와 같은 형태의 조합으로 구성된 자동차 각각을 말한다(Lehmann 1989). 각 cell에는 각 자동차에 대한 등수가 제시되어 있다. 이 경우에 결합분석은 연비라는 속성의 각 수준이 어느 정도 중요한가를 효용(utility)형태로 계산해 준다. 뿐만 아니라 각 속성의 중요성까지 계산해 준다. 예

제에서는 연비가 높을수록, 트렁크 크기가 클수록 등수가 높은 것으로 보아 더 선호하는 속
성수준임을 알 수 있다.

트렁크 크기	연비(mpg)			
	11-15	16-20	21-25	26-30
7-10	12	10	6	3
11-14	11	9	5	2
15-18	8	7	4	1

앞의 표에서 결합분석은 각 속성 수준을 더미형태로 표현한 후에 각 대안에 대한 등수를
종속변수로 하여 회귀분석을 할 수도 있다. 일반적인 분석방법은 MONANOVA(Kruskal
1965)를 사용한다. 응답자들은 가상의 제품에 대한 판단을 내리는데 있어 하나의 선호도가
형성한다. 선호도 형성시에는 좋은 특성과 나쁜 특성을 모두 고려하기 때문에 결합분석을 보
상분석(trade-off analysis)라고도 한다. 여기서 응답자의 선호도를 형성하는 선호구조
(preference structure)는 각 속성의 효용을 통해 파악된다. 속성에서 각 수준의 효용으로서
부분가치(part-worth)를 계산한다. 특정 대안의 전체 효용은 각 속성 수준의 효용의 합으로
표현된다. 이러한 의미에서 결합분석이라고 하며, 부가모델(additive model)로 불린다.

$$\text{대안의 효용} = \Sigma(\text{대안의 각 속성 수준의 효용})$$

대안의 효용이 높을수록 더 선호되는 대안으로 생각할 수 있다. 속성에서 효용이 가장 큰
수준과 가장 작은 수준간의 차이(속성의 범위)를 구한 값을 각 속성에 대해서 합한 후에 이
총합으로 각 속성의 범위를 나누어 주면 그 속성의 중요도가 구해진다.

1.4. 결합분석의 종류

주요 결합분석 모형을 살펴보면 다음과 같다.

(1) 벡터 모형(Vector Model)

특정 속성이 많으면 많을수록, 또는 적으면 적을수록 선호도가 높아진다고 가정한다.

(2) 이상점 모형(Ideal-Point Model)

각 속성에는 이상적인 수준이 있어 그 수준에서 멀어지면 선호도가 감소한다고 가정한다.

(3) 부분가치함수모형(Part-Worth Function Model)

속성수준에 따라 선호도의 증감이 달라진다고 가정한다.

(4) 혼합모형(Mixed Model)

위의 모형을 모두 혼합한 형태이다.

주요 결합분석과 관련된 컴퓨터 프로그램은 다음과 같다.

- 메트릭 데이터 : 다중회귀분석(기본적으로 Vector Model)
- 넌메트릭 데이터 : LINMAP(Part – Worth)
  MONANOVA(Part – Worth)
  PREMAP(Ideal – Point)
- 선택확률 이용 : Logit/Probit(기본적으로 Vector Model)

등이다.

1.5. 결합분석의 절차

결합분석은 개인간의 선호도나 효용의 평가는 개인간 차이가 크므로 컨조인트분석은 개인차원에서 분석한다. 여기서 각 속성의 합성법칙은 모든 개인에 대해 동일하다고 가정한다. 따라서 모형을 통해 추정되는 모수(영향 정도)만이 개인마다 다르게 측정한다. Green and Srinivasan(1978, 1990) 등의 논문을 참고로 결합분석에서 중요한 5단계를 살펴 보면 다음과 같다.

(1) 단계1 : 속성의 선정

대안을 구성하기 위해서는 중요한 속성을 파악해야 한다. 중요한 속성을 파악하는 방법은 소그룹 면접(focus group study), 예비 연구(pilot study), 경영자의 판단, 요인분석 등을 사용할 수 있다. 속성의 수가 너무 많은 경우 평가대상의 수 또한 기하급수적으로 증가하기 때문에 중요한 몇 개의 속성으로 축소하는 것이 바람직하다.

(2) 단계2 : 속성 수준의 선정

속성의 수준이 선형(linear)이라고 생각되면 적절한 속성의 범위에서 2개의 수준을 선정하며, 선형이 아니라고(nonlinear) 생각하면 3개의 수준 또는 그 이상의 수준을 선정한다. 수준간 적정 차이를 고려해야 하는데, 속성의 수와 마찬가지로 너무 많으면 평가 대상의 수도 증가하므로 중요한 몇 개의 속성 수준으로 구분하는 것이 좋다.

(3) 단계3 : 대안의 구성

속성과 속성수준을 정한 후에는 대안을 구성해야 한다. 앞의 예제에서 보았듯이 하나의 속성 수준이 3이고, 다른 속성 수준이 4인 경우 총 12개($= 3^1 \times 4^1$)의 대안이 구성될 수 있다. 대안들을 설명하고자 하는 속성의 갯수가 예제와 같이 적고, 속성 수준의 갯수도 많지 않을 때는 가능한 모든 대안에 대해서 조사를 할 수도 있다. 그러나 속성수준이 3개인 속성이 3개이고 속성수준이 2개인 속성이 3개인 경우에는 대안의 갯수는 기하급수적으로 늘어난다($216 = 3^3 \times 2^3$). 대안의 갯수가 많은 경우 한 사람이 모든 대안을 평가하는 것은 사실상 불가능하다. 이를 해결하는 방법은 여러 가지가 있으나(Lehmann 1989), 일반적으로 직교디자인(orthogonal design)을 통해 평가해야 할 대상의 수를 줄인다(Addleman 1962; Bose and Bush, 1952; Green 1974; Plackett and Burman 1946).

직교디자인 방법은 Addleman(1962)에 의해 제시된 표가 많이 사용된다. 주로 자주 사용되는 직교디자인으로 BASIC PLAN $7 : 3^7 : 2^7 : 18$ 대안(속성수준이 2 또는 3개로 조합된 속성이 7개 이하인 경우에 사용)과 BASIC PLAN $8 : 2^{19} : 20$ 대안(속성수준이 2인 속성이 19개 미만인 경우)은 다음 표와 같이 구성된다.

BASIC PLAN $7 : 3^7 : 2^7 : 18$대안		BASIC PLAN $8 : 2^{19} : 20$대안	
속성수준 3	속성수준 2	속성수준이 모두 2인 경우	
1234567	1234567	1234567890	123456789
0000000	0000000	0000000000	000000000
0112111	0110111	1100111101	010000110
0221222	0001000	0110011110	101000011
1011120	1011100	1011001111	010100001
1120201	1100001	1101100111	101010000
1202012	1000010	0110110011	110101000

2022102	0000100	0011011001	111010100
2101210	0101010	0001101100	111101010
2210021	0010001	0000110110	011110101
0021011	0001011	1000011011	001111010
0100122	0100100	0100001101	100111101
0212200	0010000	1010000110	110011110
1002221	1000001	0101000011	011001111
1111002	1111000	1010100001	101100111
1220110	1000110	1101010000	110110011
2010212	0010010	1110101000	011011001
2122020	0100000	1111010100	001101100
2201101	0001101	0111101010	000110110
		0011110101	000011011
		1001111010	100001101

이 표를 보는 방법은 수준이 3인 속성의 갯수가 3개이고 수준이 2인 속성의 갯수가 2개라면, BASIC PLAN 7에서 첫번째 속성수준 3에 관한 열 123과 속성수준 2에 관한 열 45의 조합으로 18개의 대안을 구성한다. 이와는 반대로 속성수준 3에 관한 열 345와 속성수준 2에 관한 열 12의 조합으로 구성해도 되고, 이들을 무작위로 하나씩 선택하는 형식으로 해도 된다.

(4) 단계4 : 제시형태 선정

평가대상의 수가 적은 경우에는 모든 평가대상을 제시하고 이들의 선호를 서열로 측정하는 방법이 일반적이다. 평가대상의 수가 많은 경우 전체대상들을 우선 '가장선호', '중간선호', '가장혐오'로 크게 대상집단을 분류한 후 각 집단 내에서 대상들을 선호 순위를 정하고 각 집단의 경계분분에 있는 대상들을 비교하여 순위를 확정한다. 속성의 수가 많아 평가대상이 많은 경우 두 속성씩 비교한다. 각 자극들의 선호도를 양적 판단법이나 리커트 형태의 척도에 의해 구한 후 이를 다시 서열척도로 변환한다.

가상적인 대안에 대한 설명을 하는 형태로 할 것인가 아니면 실제 대안을 보여주는 형태로 할 것인가를 결정한다. 엔지니어 입장에서 제품을 설명하는 것보다는 소비자 입장에서 제품에 대한 설명이 중요하다.

2 | 직교계획

2.1. 직교계획 생성

(1) 생성데이터

다음 예제는 타이어에 대한 결합분석을 하기 위해 결합분석을 위한 직교 디자인을 하는 프로그램이다. 타이어에 대한 분석결과 중요한 변수로는 타이어의 브랜드(brand), 가격, 수명, 위험가능성 등이 소비자 의사결정 기준으로 판명이 되었다. 조사 결과 소비자들이 의사결정에 있어서 다음과 같은 속성 수준에 대해서 중요하게 생각하고 있는 것으로 나타났다.

속성	속성수준		
브랜드	굿스톤	피로지	마시노
가격($)	69.99	74.99	79.99
수명(Miles)	50,000	60,000	70,000
위험가능성	예,	아니오	

이들 데이터를 통해 적절한 직교계획 프로파일을 생성하고자 한다.

(2) 직교계획 생성

STEP 01　직교계획을 생성하기 위해서는 [데이터] → [직교계획] → [생성]을 차례로 클릭한다.

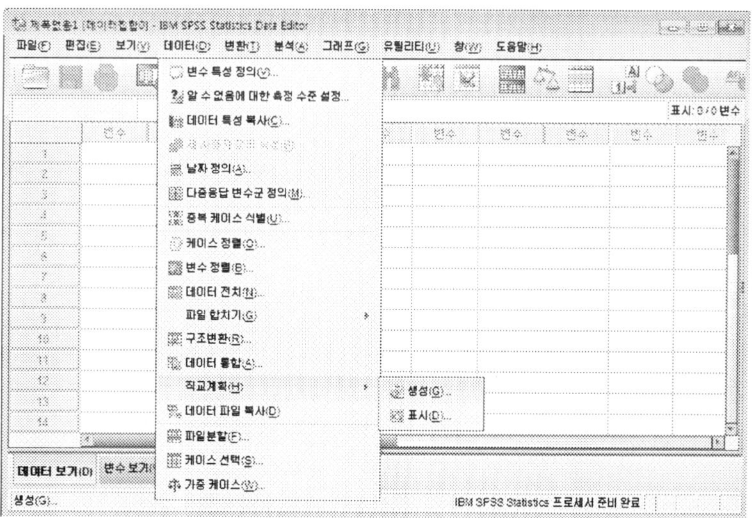

STEP 02　첫 번째 속성인 '브랜드'를 요인 이름으로 지정하고, 요인 설명을 '타이어 브랜드명'으로 지정한다. 좌측의 [추가] 버튼을 클릭한다.

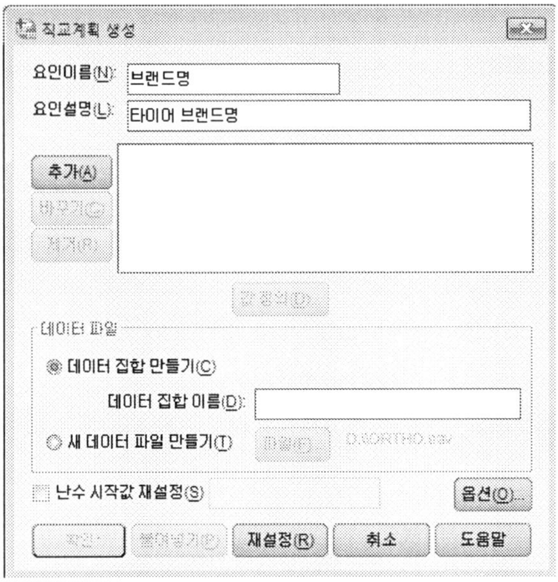

STEP 03　변수를 다음과 같이 선택한 후, 속성 수준을 입력하기 위해 하단의 [값 정의] 버튼을 클릭한다.

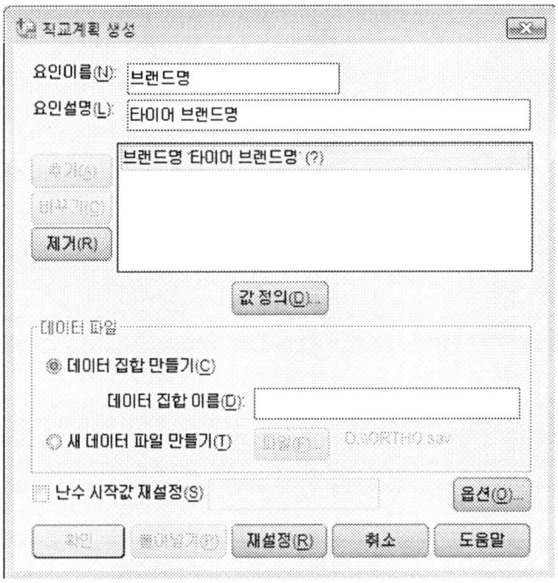

STEP 04 브랜드 변수의 속성 수준이 3개이므로 좌측처럼 1에서 3까지 입력하고, 각 속성 수준에 대한 설명을 입력한다. 하단의 [계속] 버튼을 클릭한다.

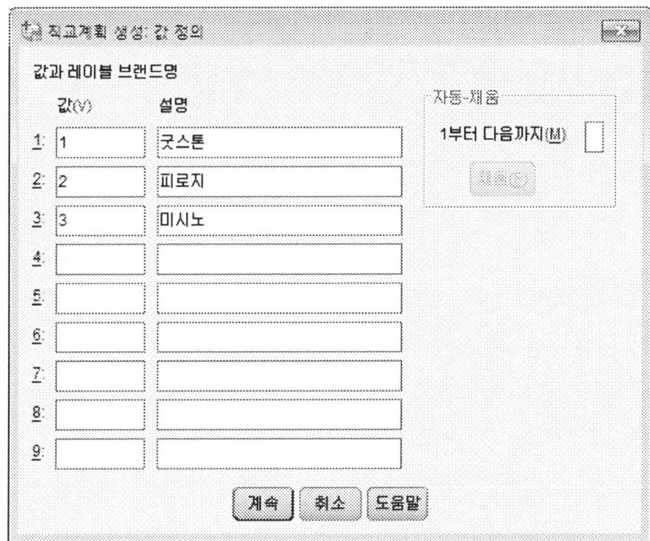

STEP 05 첫 번째 변수인 '브랜드'에 대해 값 정의까지 끝난 후의 화면의 모습을 보면 좌측과 같다. 계속해서 다른 변수들도 '브랜드'를 입력하는 과정과 같이 입력한다.

STEP 06　모든 변수들을 입력한 후의 모습을 살펴보면 좌측과 같다. 직교계획을 생성할 파일을 지정하기 위해 '새 데이터 파일 만들기'를 선택한다. 우측의 [파일] 버튼을 클릭한다.

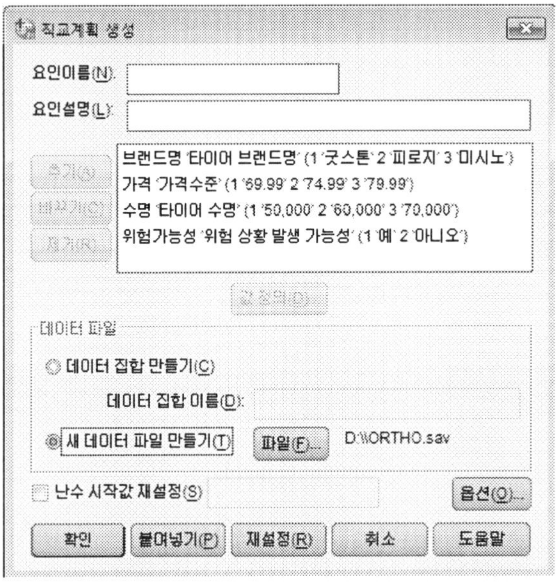

STEP 07　생성한 직교계획을 저장할 파일을 '15장-2-1-1-데이터.sav'로 지정했다. 저장 버튼을 클릭한 후 직교계획 생성 화면으로 돌아오면, 검정용 케이스(Holdout Profile)을 생성하기 위해 [옵션]을 클릭한다.

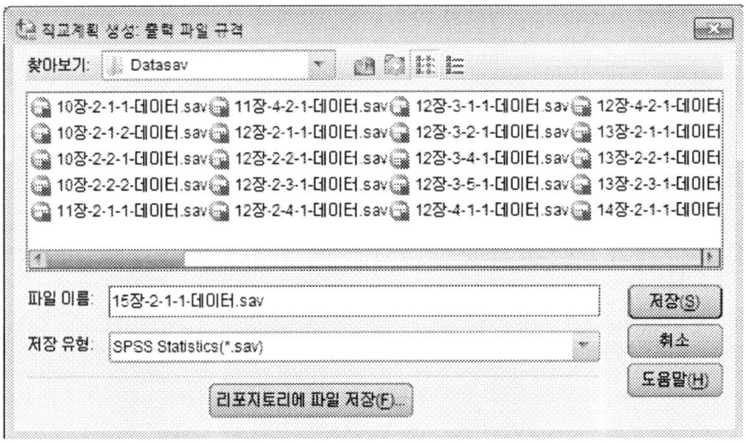

STEP 08 검정 케이스를 다음과 같이 지정한다. 현재의 예제에서는 4개를 지정했다. 지정
이 끝나면 [계속] 버튼을 클릭한다.

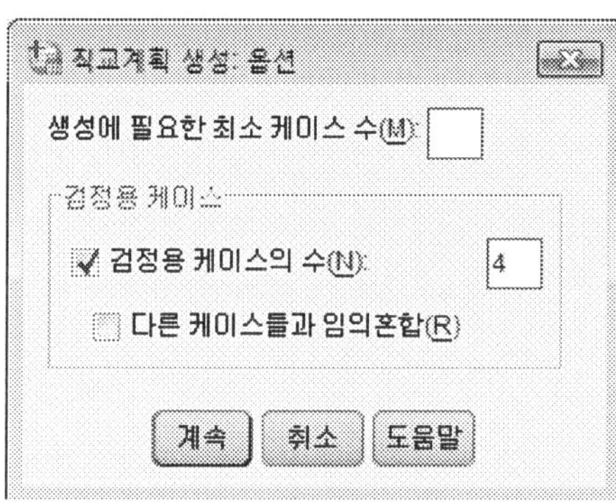

STEP 09 생성된 검정 케이스에 대해 본 예제와 일치를 시키기 위해 하단의 '난수 시작값
을 재설정'을 체크하고 난수값으로 377을 입력한다. 입력이 끝나면 [확인] 버튼
을 클릭한다.

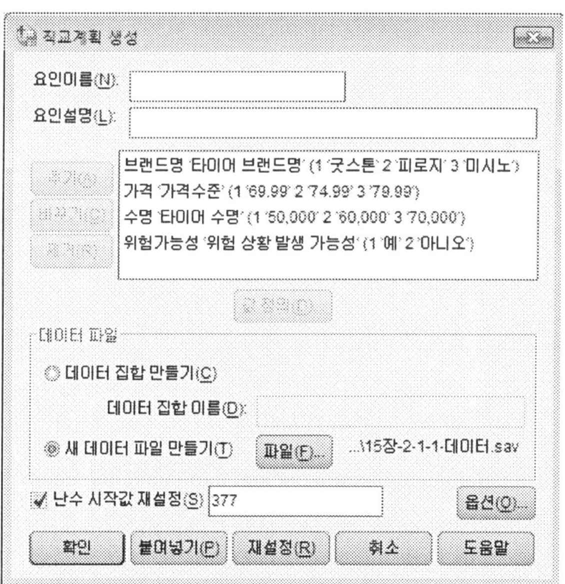

2.2. 직교계획 표시

(1) 직교계획 데이터집합 읽기

STEP 01   직교계획을 표시하기 위한 파일을 읽기 위해서는 [데이터] → [직교계획] → [표시]를 차례로 클릭한다.

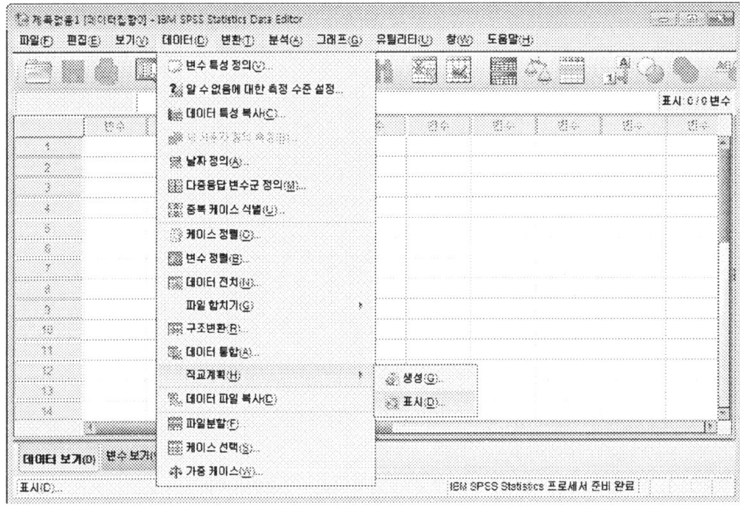

STEP 02   다음과 같은 화면이 나타나면 [데이터 파일 열기] 버튼을 클릭한다.

STEP 03   직교계획을 저장한 파일 이름을 지정하고 [열기] 버튼을 클릭한다.

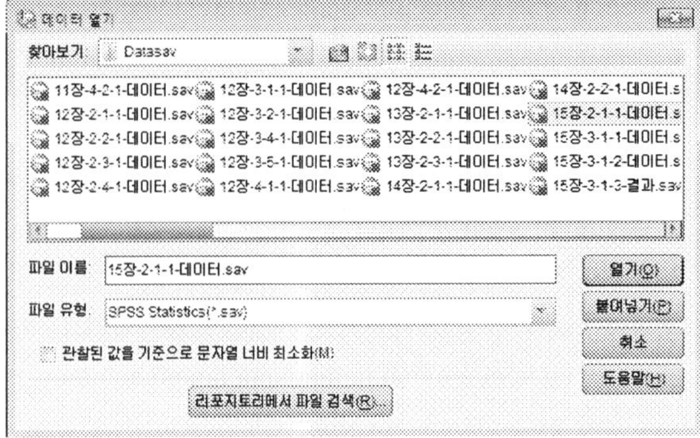

STEP 04　직교계획을 정보를 포함한 데이터집합이 다음과 같이 화면에 표시된다.

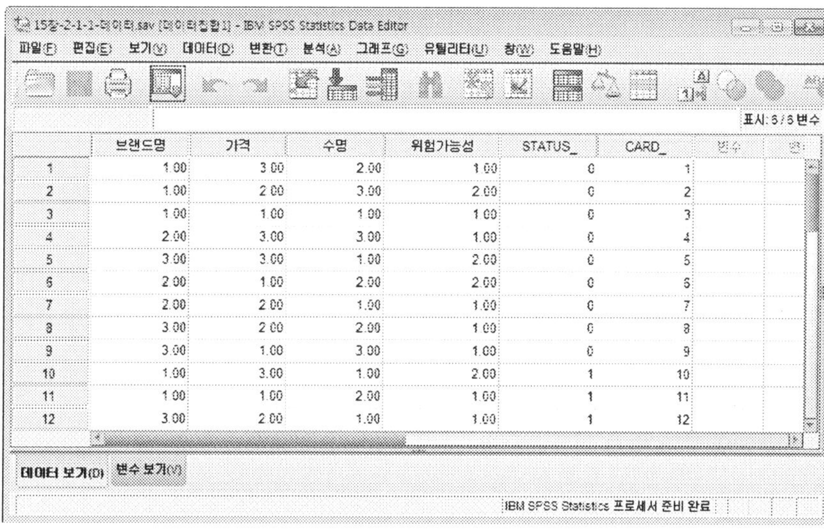

(2) 직교계획 표시

STEP 01　이제 직교계획을 표시하기 위해서는 [데이터] → [직교계획] → [표시]를 차례
로 클릭한다.

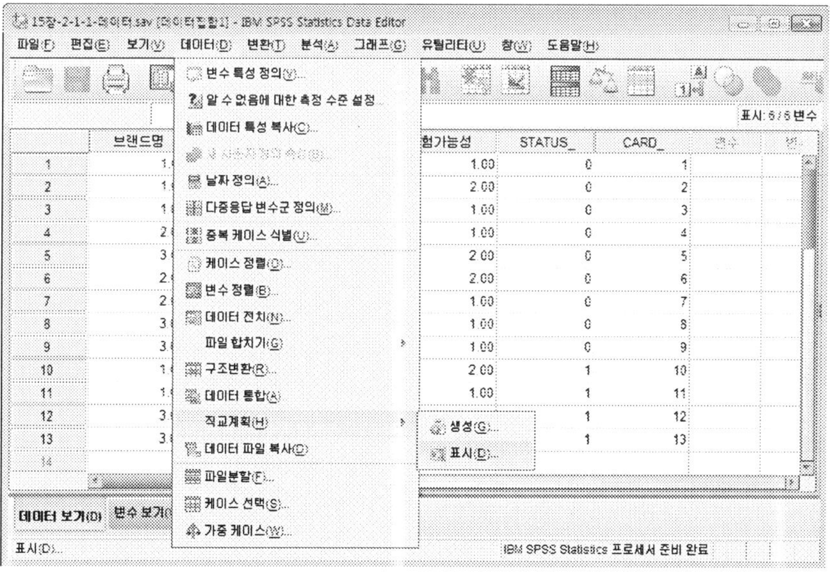

STEP 02 요인분석 변수들을 지정하고, '실험자 목록'과 '개체들의 프로파일'을 표시하도
록 선택한다. 지정이 끝나면 [**확인**] 버튼을 클릭한다.

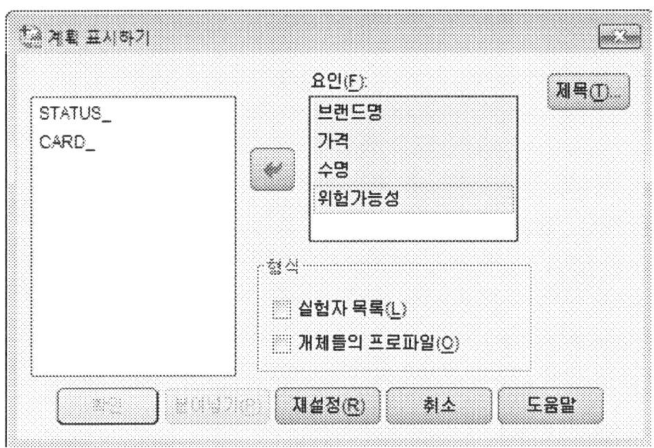

  표시 결과는 아래와 같이 전체 카드목록과 각 카드의 프로파일 번호별로 13개가 연이어 제
시된다. 1번에서 9번까지 카드는 직교계획에 따른 카드이며, 10–13번은 검증용으로 유보된
카드(Holdout Sample)이다. 프로파일 3번부터 13번은 여기에서 제시하지 않았다.

카드 목록

	카드 ID	타이어 브랜드명	가격 수준	타이어 수명	위험 상황 발생 가능성
1	1	굿스톤	79.99	60,000	예
2	2	굿스톤	74.99	70,000	아니오
3	3	굿스톤	69.99	50,000	예
4	4	피로지	79.99	70,000	예
5	5	마시노	79.99	50,000	아니오
6	6	피로지	69.99	60,000	아니오
7	7	피로지	74.99	50,000	예
8	8	마시노	74.99	60,000	예
9	9	마시노	69.99	70,000	예
10[a]	10	굿스톤	79.99	50,000	아니오
11[a]	11	굿스톤	69.99	60,000	예
12[a]	12	마시노	74.99	50,000	예
13[a]	13	마시노	69.99	60,000	아니오

a. 검증용

프로파일 번호 1

카드 ID	타이어 브랜드명	가격 수준	타이어 수명	위험 상황 발생 가능성
1	굿스톤	79.99	60,000	예

프로파일 번호 2

카드 ID	타이어 브랜드명	가격 수준	타이어 수명	위험 상황 발생 가능성
2	굿스톤	74.99	70,000	아니오

3 ｜ 한 명에 대한 결합분석

3.1. 넌메트릭 데이터 사례

(1) 분석데이터

다음 예제는 Green and Wind(1975)에 나오는 예제이다. 여기서는 포장디자인형태(가, 나, 다), 브랜드명(케이알, 글로리, 비셀), 가격($1.19, $1.39, $1.59), 포장상태(잘 안됨, 잘됨), 반품여부(반품 안됨, 반품됨)로 구성된 가상적인 대안들에 대해서 결합분석을 한 경우이다.

결합분석을 하기 위해서는 데이터를 직교계획에 따른 프로파일 값과 이에 따른 선호 등수 평가에 대한 데이터집합 두 개를 입력해야 한다.

여기서 프로파일 대안의 구성은 앞의 BASIC PLAN 7에서 속성수준 3에 대한 123열과 속성수준 2에 대한 45열로 구성된 직교디자인을 이용했다. 직접 직교계획을 입력할 때는 SPSS의 내재 변수인 STATUS_(카드의 구분 변수로 0은 계획, 1은 검증, 2는 모의 실험으로 입력)와 CARD_(카드 일련번호)를 직교계획 프로파일 값에 덧붙여 입력해야 한다.

STEP 01 직교계획에 따른 18개 카드의 프로파일 값과 카드 형태와 카드 일련번호를 입력했다. 데이터집합은 '15장-3-1-1-데이터.sav'로 저장되어 있다.

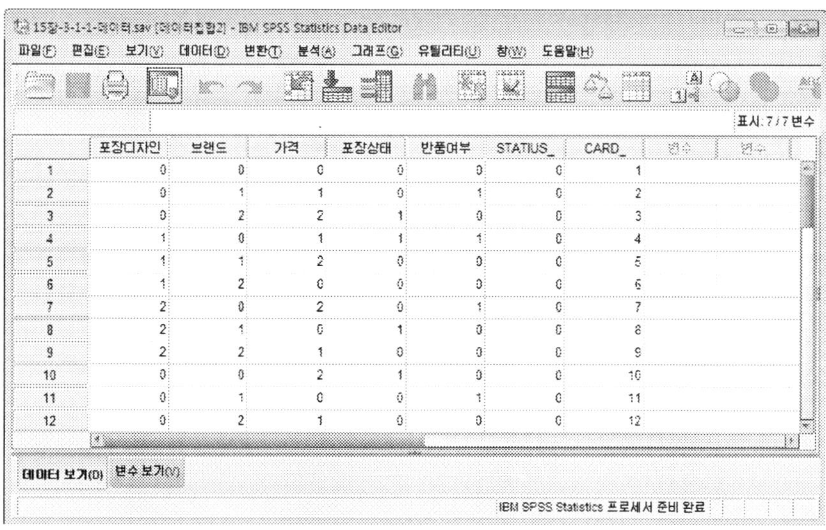

STEP 02 다음으로 각 카드에 대한 선호등수 정보를 다음과 같이 입력했다. 데이터집합은 '15장-3-1-2-데이터.sav'로 저장되어 있다.

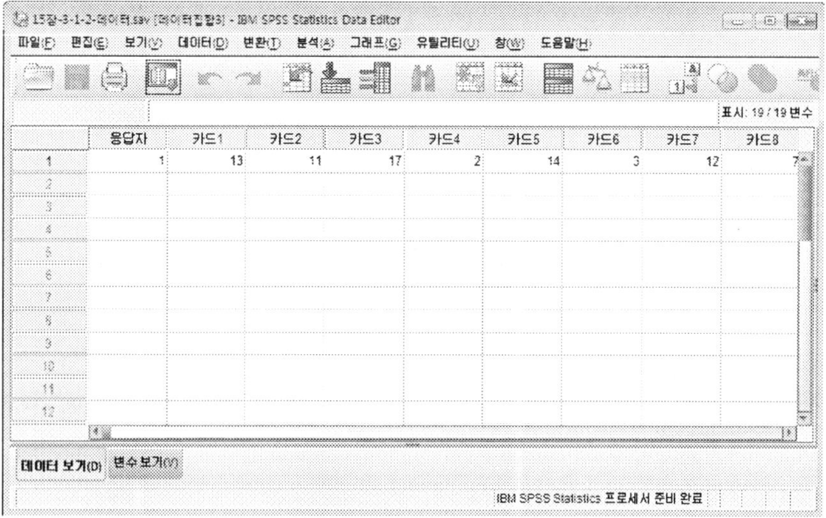

(2) 분석과정

결합분석은 따로 메뉴가 있는 것이 아니고, 명령문 창에서 명령문을 작성하여야 한다.

STEP 01　명령문 창을 표시하기 위해서는 [파일] → [새 파일] → [명령문]을 차례로 클릭한다.

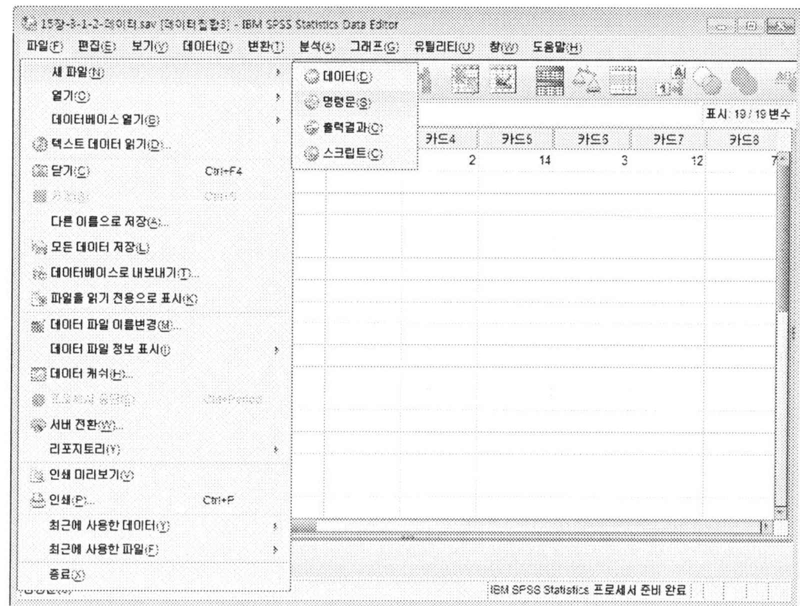

STEP 02　결합분석을 하기 위해서 다음과 같이 명령문을 입력한다.

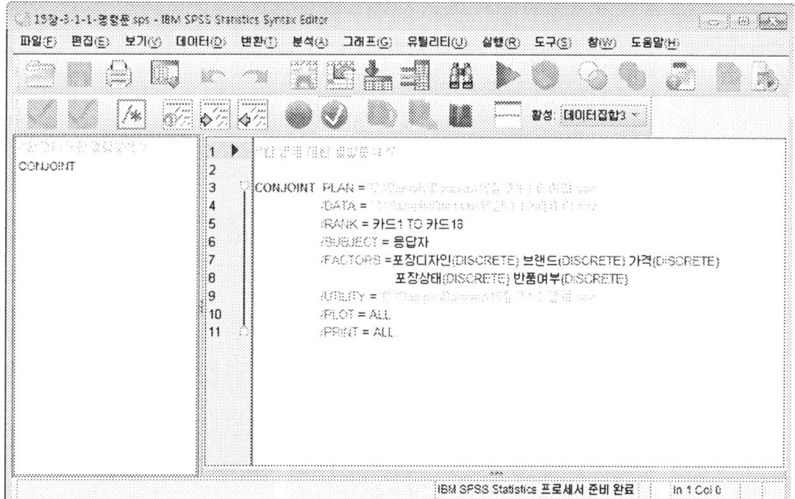

결합분석에서 사용되는 각 명령문의 문장들에 대해 살펴보면 다음과 같다.

행	문장		옵션	
	입력형태	설명	옵션종류	설명
1	CONJOINT	결합분석 선언문		
	PLAN= '파일명'	직교계획에 의한 카드 프로파일을 저장한 파일을 지정함		
2	DATA= '파일명'	응답자별 카드 응답 데이터를 저장한 파일을 지정함		
3	SEQUENCE= 선호리스트	가장 선호하는 카드 번호에서 가장 싫어하는 카드 번호의 순으로 구성된 데이터인 경우를 지정할 때 사용		직교계획 프로파일 카드 변수명과 검정 프로파일 유보카드 (holdout card) 변수명을 입력한다.
	RANK= 카드리스트	선호도를 등수인 넌메트릭 척도로 측정한 응답 데이터 변수를 지정할 때 사용		
	SCORE= 카드리스트	선호도를 등간이나 비율인 메트릭 척도로 측정한 응답 데이터 변수를 지정할 때 사용		
4	SUBJECT= 변수명	응답자의 고유번호 정보를 가진 변수명을 지정한다.		
5	FACTORS= 변수명(옵션)	직교계획에서 디자인된 속성 및 속성수준의 옵션(성격)을 지정한다.	DISCRETE	부분가치모형 (범주형)
			LINEAR	벡터 모형(선형)
			IDEAL	이상점 모형 (음의 2차 함수)
			ANTIIDEAL	이상점 모형 (양의 2차 함수)
6	UTILITY= '파일명'	속성수준에 대한 부분가치와 계수 추정치를 저장할 파일을 지정함 반복해서 실험하는 경우 파일명을 바꾸어 주지 않으면 에러가 발생해 결합분석이 실행되지 않을 수 있음		

			ALL	전부 출력함
7	PLOT=옵션	속성수준에 대한 부분가치와 속성의 중요도를 그래프로 나타냄 옵션의 디폴트는 NONE임	SUMMARY	부분가치와 속성의 중요도만 출력함
			SUBJECT	개별 응답자의 부분 가치와 속성의 중요 도만 출력함
			NONE	아무것도 출력하지 않음
8	PRINT=옵션	결과를 출력결과 화면에 출력함 옵션의 디폴트는 NONE임	ALL	전부 출력함
			SIMMULATION	시장점유율, 교차타당성을 나타냄
			SUMMARY ONLY	개별 응답자의 결과 만 분석함
			ANALYSIS	데이터 분석 결과만 분석함
			NONE	아무것도 출력하지 않음

STEP 03 결합분석을 하기 위해서 다음과 같이 실행할 명령문을 선택한다. 선택이 끝나면 상단의 아이콘 중에 ▶ 아이콘을 클릭한다. /UTILITY문의 파일은 매번 실행할 때마다 다른 이름으로 바꾸어주어야 에러가 나지 않는 경우도 있다.

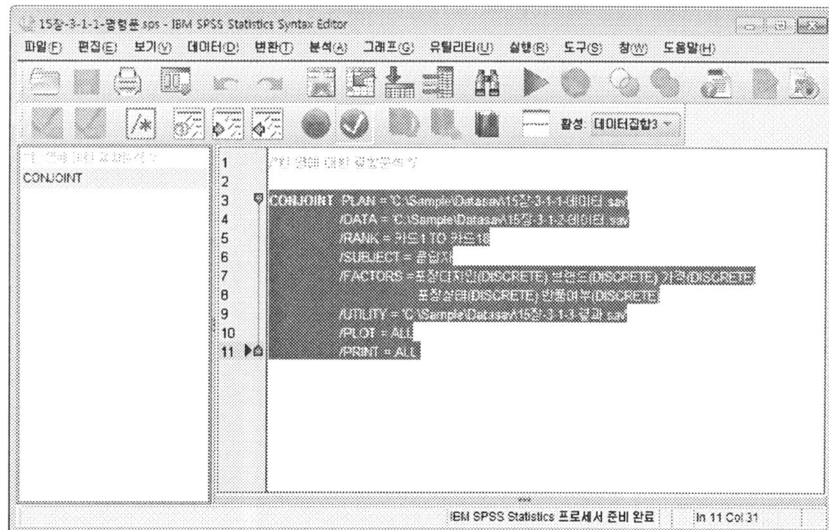

(3) 결과해석

결과는 각 응답자별로 분석한 '개체' 분석 내용과 전체를 분석한 '전체통계량' 분석 내용으로 나뉜다. 현재는 응답자가 1명이므로 '개체' 분석 내용과 '전체통계량' 분석 내용이 같은 내용이다. 따라서 '전체통계량' 분석 내용을 살펴본다.

[결과1]을 보면 결합분석 결과로 각 속성수준별 유틸리티 추정인 부분가치(part-worth), 각 속성의 중요도, 결합분석 예측 수식에 대한 상관계수와 유의도가 출력되어 있다.

---

1. 포장디자인
    U(가) = -4.167   U(나) = 3.833   U(다) = .333
2. 브랜드명
    U(케이알) = -.333   U(글로리) = -.833   U(비셀) = 1.167
3. 가격
    U($1.19) = 3.500   U($1.39) = .667   U($1.59) = -4.167
4. 포장상태
    U(잘 안됨) = -.750   U(잘됨) = .750
5. 반품여부
    U(반품 안됨) = -2.250 U(반품 됨) = 2.250

예를 들어 포장디자인은 "나"를 선호하며 브랜드명은 "비셀"을 선호하며, 가격은 "$1.19"를 선호하며 포장상태는 "잘됨"을 선호하며, 반품여부는 "반품됨"을 선호한다는 것을 알 수 있다. 따라서 이들 데이터로부터 가상적인 제품(가, 글로리, $1.19, 잘됨, 반품됨)을 구성한다면, 가장 선호하는 제품이 될 수 있는데, 이 제품에 대해서 전체 유틸리티를 구해보면 다음과 같다.

$$22.000 = 10.500 + 3.833 + 1.167 + 3.500 + .750 + 2.250$$

으로서 매우 높은 선호도를 가지고 있다고 할 수 있다.

각 속성별 유틸리티 표가 제시된 다음에는 각 속성의 중요도를 보여준다. 결과를 보면, 포장디자인(34%), 가격(32%)이 가장 중요하며, 다음으로 반품여부(19%), 브랜드(8%), 포장상태(6%) 순으로 중요한 것으로 나타났다.

마지막 결과는 선호 등수에 대한 실제 값과 모형을 통해 예측한 선호 등수 간의 상관관수를 보여 준다. Pearson의 R은 메트릭 척도로 측정된 경우에, Kendall의 타우는 넌메트릭 척도로 측정된 경우의 개별 모형의 적합성을 나타낸다. 추정된 모형으로부터 얻은 유틸리티 값에 의한 프로필 선호도와 응답자가 실제로 답변한 프로필 선호도와의 상관관계 계수로서 이 값이 클수록 모형의 설명력이 높다는 것을 말해준다. 현재 예제는 넌메트릭 척도이므로 Kendall 의 타우 값을 살펴 보면, .987이며, 유의확률이 유의수준 5%에서 유의함을 알 수 있다. 따라서 현재 모형은 잘 예측이 되었음을 알 수 있다.

[결과1] 유틸리티

		유틸리티 추정	표준 오차
포장디자인	가	−4.167	.318
	나	3.833	.318
	다	.333	.318
브랜드	케이알	−.333	.318
	글로리	−.833	.318
	비셀	1.167	.318
가격	$1.19	3.500	.318
	$1.39	.667	.318
	$1.59	−4.167	.318
포장상태	잘 안됨	−.750	.238
	잘 됨	.750	.238
반품여부	반품 안됨	−2.250	.238
	반품 됨	2.250	.238
（상수）		10.500	.251

중요도 값

포장디자인	33.803
브랜드	8.451
가격	32.394
포장상태	6.338
반품여부	19.014

상관계수[a]

	값	유의확률
Pearson의 R	.992	.000
Kendall의 타우	.987	.000

a. 관측 및 추정 기본 설정 간 상관관계

[결과2]는 포장디자인 속성에 대한 각 속성 수준별 유틸리티를 막대그래프로 나타낸 결과이다. 계속 해서 [결과3]은 각 속성별 중요도를 막대 그래프로 나타낸 결과이다. 이들 결과들은 앞에서 살펴본 결과들과 같다. 한 명의 응답자에 대한 분석은 개별 결과나 전체 결과나 차이가 없다.

[결과2] **[결과3]**

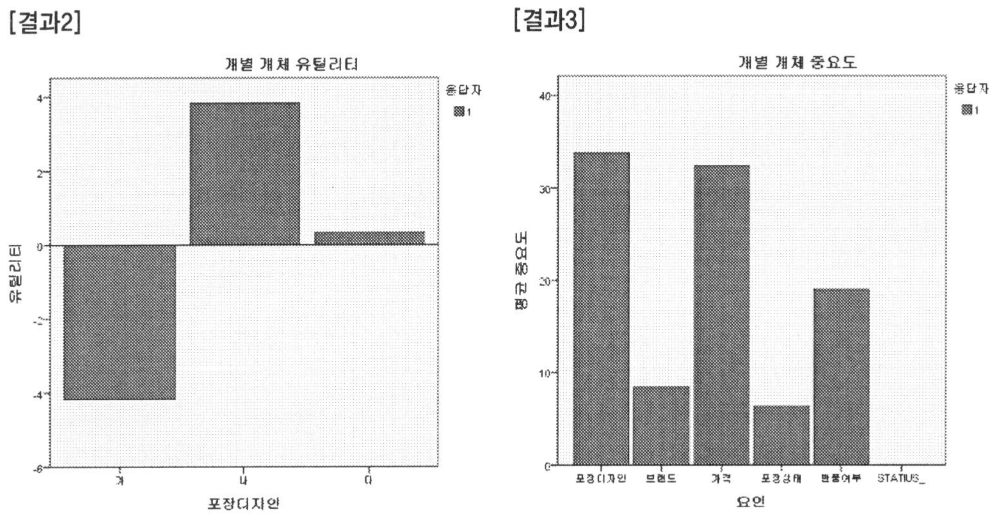

각 속성별 중요도에 대한 값과 카드 프로파일별로 선호도를 예측한 결과는 '15장-3-1-3-결과.sav'에 저장되어 있는데, 이를 살펴보면 좌측과 같은 형태로 구성되어 있다.

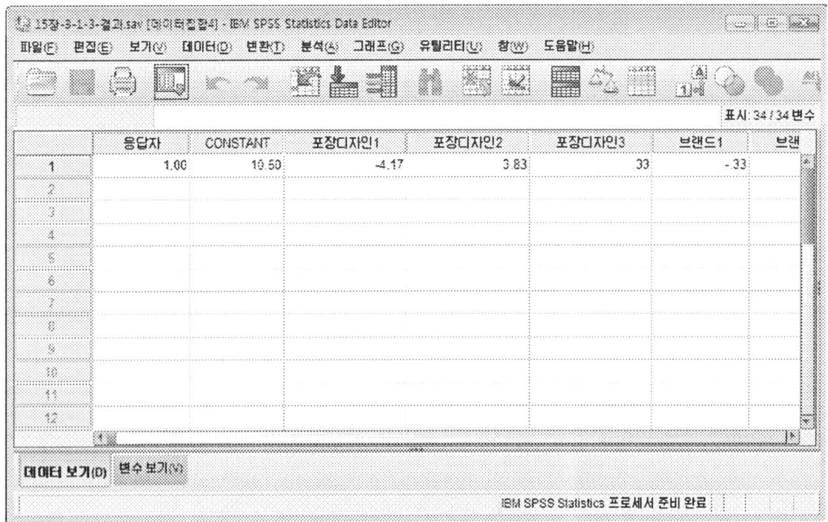

3.2. 메트릭 데이터 사례

(1) 분석데이터

다음 예제는 초콜렛 선택에 대한 데이터이다. 직교디자인이 아닌 총 8개 프로파일의 모든 대상에 대한 평가를 했으며, 9점 리커트 척도로 선호도를 측정했다. 결합분석을 위해서는 직교계획에 따른 프로파일 값과 이에 따른 선호도 평가에 대한 데이터집합 두 개를 입력해야 한다.

STEP 01 다음은 8개 카드의 프로파일 값 정보이다. 데이터집합은 '15장-3-2-1-데이터.sav'로 저장되어 있다.

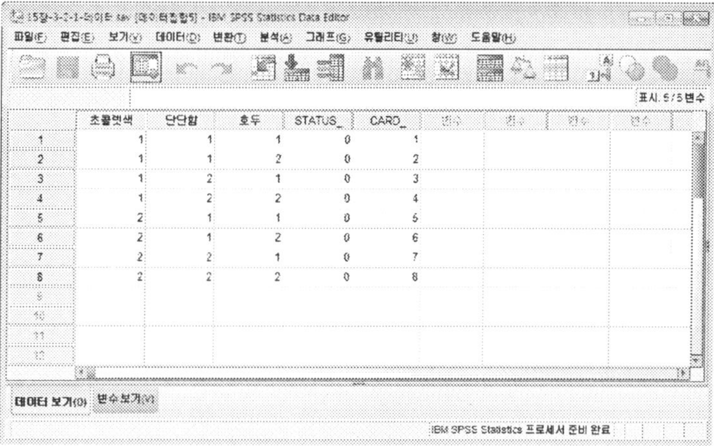

STEP 02 다음으로 각 카드에 대한 선호 정보를 다음과 같이 입력했다. 데이터집합은 '15장-3-2-2-데이터.sav'로 저장되어 있다.

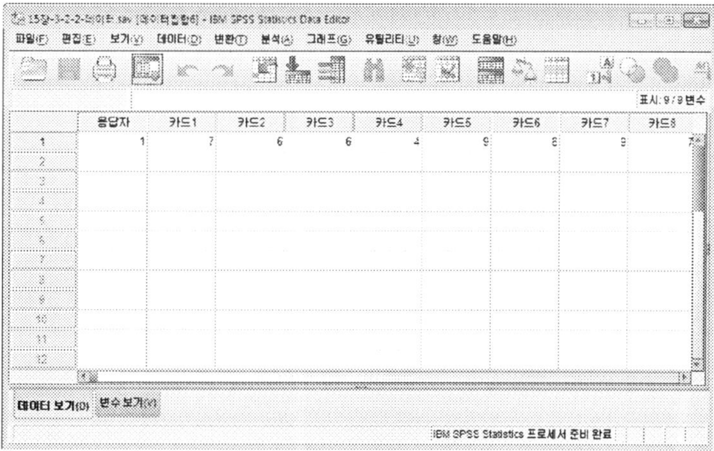

(2) 분석과정

결합분석은 따로 메뉴가 있는 것이 아니고, 명령문 창에서 명령문을 작성하여야 한다.

STEP 01 명령문 창을 표시하기 위해서는 [파일] → [새 파일] → [명령문]을 차례로 클릭한다.

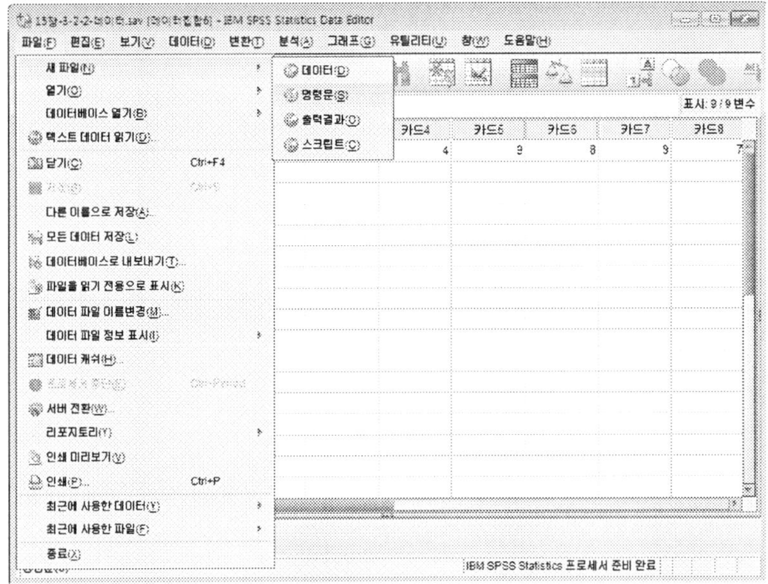

STEP 02 결합분석을 하기 위해서 다음과 같이 명령문을 입력한다. 선호도에 대한 9점 척도 메트릭 데이터이므로 /SCORE 문을 사용했다.

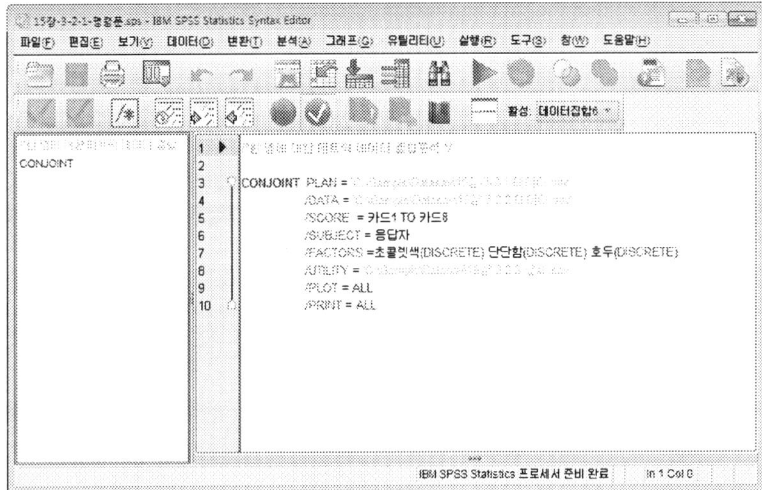

STEP 03 결합분석을 하기 위해서 다음과 같이 실행할 명령문을 선택한다. 선택이 끝나면 상단의 아이콘 중에 ▶ 아이콘을 클릭한다. /UTILITY문의 파일은 매번 실행할 때마다 다른 이름으로 바꾸어주어야 에러가 나지 않는다.

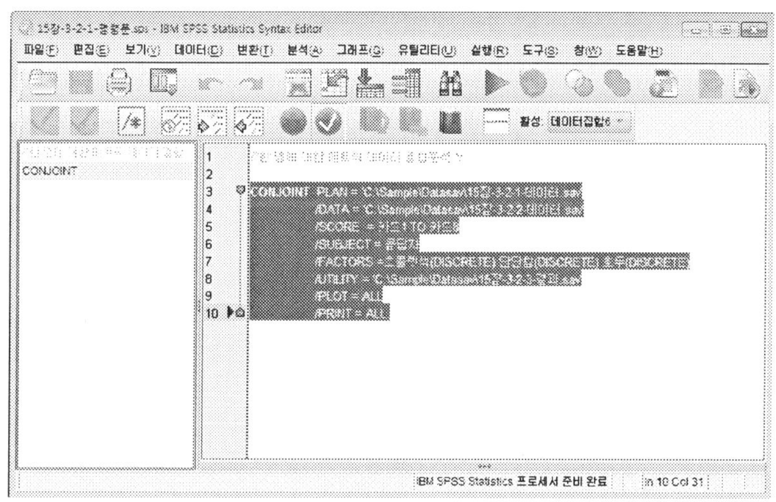

(3) 결과해석

[결과1]은 결합분석 결과로 각 속성별 부분가치(part-worth)가 출력되어 있다. 결과로부터 각 속성 수준에 대한 효용을 살펴보면 유틸리티 표와 같다. 다음으로 각 속성들의 중요도가 표시되어 있다. 초콜렛 색(50%), 호두(30%), 단단함 여부(20%)로 중요도 순위가 정해짐을 알 수 있다. 또한 모형의 실제값과 예측치에 대한 상관계수와 유의확률이 나와 있다. 피어슨의 값을 보면, 예측한 모형이 의미가 있음을 알 수 있다.

계속해서 [결과2]와 [결과3]을 살펴보면, 각 속성 수준별로 유틸리티 값과 속성별 중요도가 막대그래프로 표시되어 있다.

[결과1] 유틸리티

		유틸리티 추정	표준 오차
초콜렛색	흑색	−1.250	.177
	우유빛	1.250	.177
단단함	단단함	.500	.177
	부드러움	−.500	.177

호두	있음	.750	.177
	없음	−.750	.177
(상수)		7.000	.177

중요도 값

초콜렛색	50.000
단단함	20.000
호두	30.000

상관계수[a]

	값	유의확률
Pearson의 R	.975	.000
Kendall의 타우	.962	.001

a. 관측 및 추정 기본 설정 간 상관관계

[결과2]

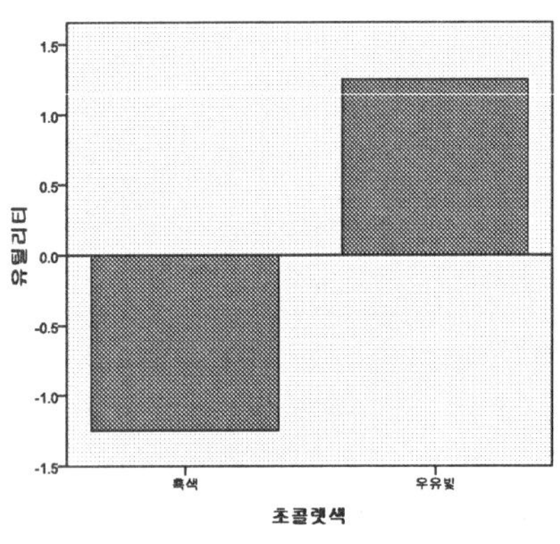

[결과3]

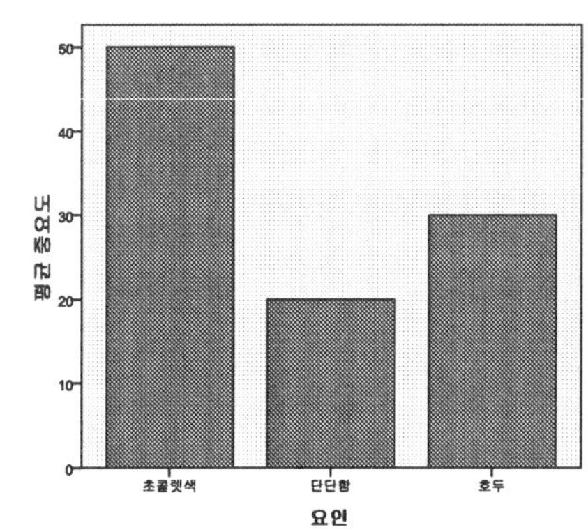

4 두 명 이상에 대한 결합분석

4.1. 넌메트릭 데이터 사례

(1) 분석데이터

다음 데이터는 Carroll(1972)의 연구에 의한 차의 맛에 대한 6명의 컨조인트분석 데이터다. 주요 속성을 보면 온도(뜨겁다, 미지근, 차다), 설탕여부(없음, 1스푼, 2스푼), 진한정도(매우 진함, 중간, 약함), 레몬(있음, 없음)에 대해 18개의 대안에 대해 등수를 매기게 했다.

STEP 01 데이터를 직교계획에 따른 프로파일 값과 이에 따른 선호도 평가에 대한 데이터 집합 두 개를 입력해야 한다. 다음은 18개 카드의 프로파일 값 정보이다. 데이터 집합은 '15장-4-1-1-데이터.sav'로 저장되어 있다.

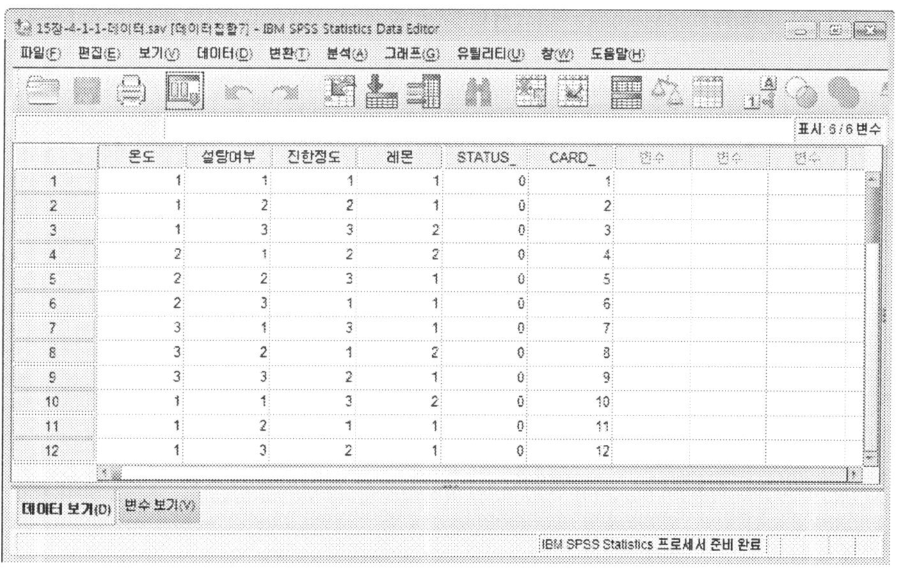

STEP 02   다음으로 각 카드에 대한 선호 정보를 다음과 같이 입력했다. 데이터집합은 '15장-4-1-2-데이터.sav'로 저장되어 있다.

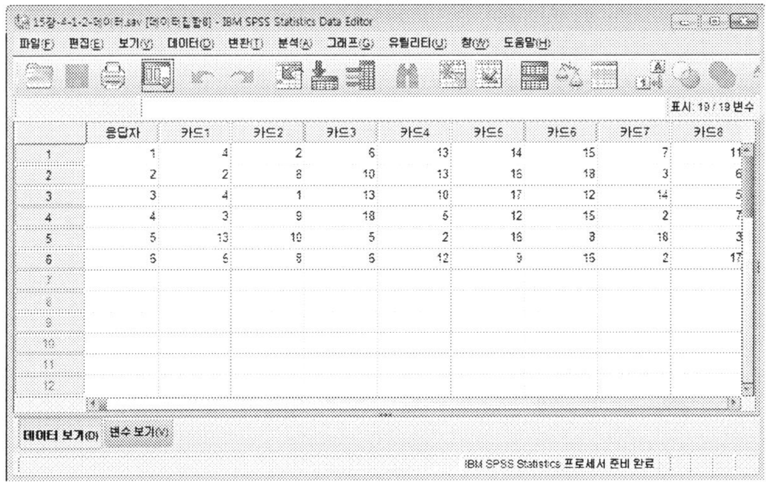

(2) 단계1 : 개별 응답자 분석

결합분석은 따로 메뉴가 있는 것이 아니고, 명령문 창에서 명령문을 작성하여야 한다.

STEP 01   명령문 창을 표시하기 위해서는 [파일] → [새 파일] → [명령문]을 차례로 클릭한다.

STEP 02　결합분석을 하기 위해서 다음과 같이 명령문을 입력한다. 선호 등수에 대한 넌 메트릭 데이터이므로 /RANK 문을 사용했다.

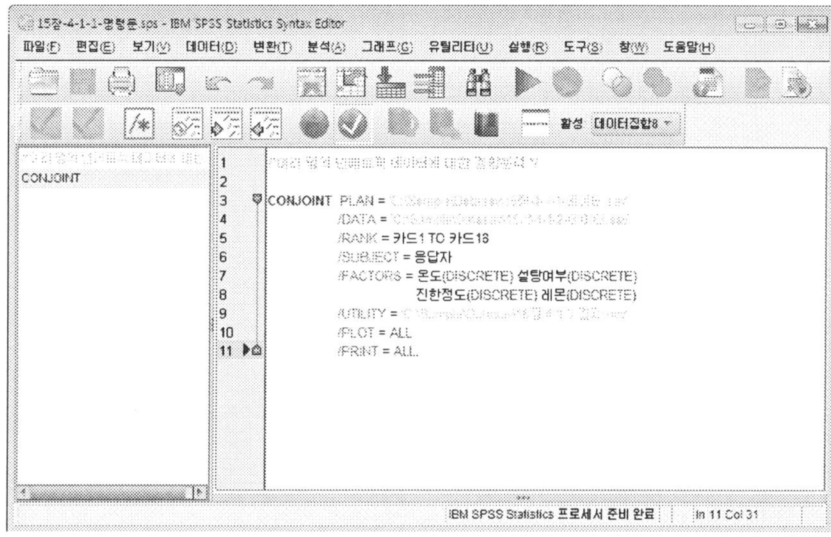

STEP 03　결합분석을 하기 위해서 다음과 같이 실행할 명령문을 선택한다. 선택이 끝나면 상단의 아이콘 중에 ▶ 아이콘을 클릭한다. /UTILITY문의 파일은 매번 실행할 때마다 다른 이름으로 바꾸어주어야 에러가 나지 않는다.

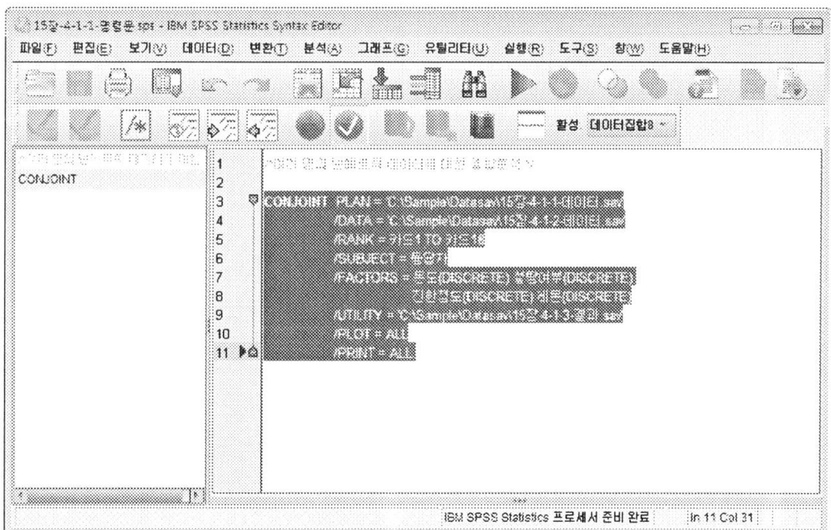

[결과1]은 응답자 1에 대한 분석 결과이다. 응답자 1에 속성별 유틸리티, 중요도, 모형에서 실제 값과 예측 값의 상관관계와 유의확률을 보여준다. 각 속성별 속성 수준에 대한 유틸리티를 보면 온도 수준에 따른 유틸리티가 큼을 알 수 있다. 속성의 중요도에서도 온도의 중요도가 전체에서 73% 정도 차지할 만큼 중요하게 생각된다. 모형의 실제값과 예측치의 켄달의 타우 값을 볼 경우 .882로 유의수준 5%에서 유의함을 알 수 있다.

[결과1] 개체 1 : 1

유틸리티

		유틸리티 추정	표준 오차
온도	뜨겁다	6.000	.559
	미지근하다	−6.000	.559
	차다	−8.882E−16	.559
설탕여부	없다	.833	.559
	1스푼	.333	.559
	2스푼	−1.167	.559
진한정도	매우 진하다	−.500	.559
	중간이다	.167	.559
	약하다	.333	.559
레몬	있다	.750	.420
	없다	−.750	.420
（상수）		9.250	.420

중요도 값

온도	73.469
설탕여부	12.245
진한정도	5.102
레몬	9.184

상관계수[a]

	값	유의확률
Pearson의 R	.970	.000
Kendall의 타우	.882	.000

a. 관측 및 추정 기본 설정 간 상관관계

　　[결과2]는 응답자 2에 대한 분석 결과이다. 응답자 2에 속성별 유틸리티, 중요도, 모형에서
실제 값과 예측 값의 상관관계와 유의확률을 보여준다. 각 속성별 유틸리티 변화를 보여주며,
중요도 값을 볼 경우 온도가 50%를 차지할 정도로 가장 중요하고, 설탕여부의 중요도는 36%
를 차지하는 것으로 나타났다. 모형의 유의도를 나타내는 피어슨의 상관계수는 .985이며 유
의수준 5%에서 유의함을 볼 수 있다.

[결과2] 개체 2 : 2

유틸리티

		유틸리티 추정	표준 오차
온도	뜨겁다	2.833	.398
	미지근하다	−6.000	.398
	차다	3.167	.398
설탕여부	없다	3.333	.398
	1스푼	.000	.398
	2스푼	−3.333	.398
진한정도	매우 진하다	.167	.398
	중간이다	−1.000	.398
	약하다	.833	.398
레몬	있다	−.375	.298
	없다	.375	.298
（상수）		9.625	.298

중요도 값

온도	49.774
설탕여부	36.199
진한정도	9.955
레몬	4.072

상관계수[a]

	값	유의확률
Pearson의 R	.985	.000
Kendall의 타우	.935	.000

a. 관측 및 추정 기본 설정 간 상관관계

응답자 3에서 응답자 6까지의 결과는 앞에서 살펴본 것과 비슷하게 분석할 수 있음으로 여기서는 그 결과에 대한 분석을 생략했다. 계속해서 [결과3]은 전체 응답자의 분석 결과이다. 전체 응답자에 대한 속성별 유틸리티, 중요도, 모형에서 실제 값과 예측 값의 상관관계와 유의확률을 보여준다. 6명의 응답자의 데이터를 전체적으로 합산한 결과에 대한 분석이며 각 속성별 속성 수준과 중요도 값, 전체 모형의 유의도를 보여주고 있다.

[결과3] 전체 통계량

유틸리티

		유틸리티 추정	표준 오차
온도	뜨겁다	2.389	.332
	미지근하다	−3.333	.332
	차다	.944	.332
설탕여부	없다	1.750	.332
	1스푼	.222	.332
	2스푼	−1.972	.332
진한정도	매우 진하다	−.167	.332
	중간이다	.833	.332
	약하다	−.667	.332
레몬	있다	−.521	.249
	없다	.521	.249
（상수）		9.674	.249

중요도 값

온도	37.744
설탕여부	27.195
진한정도	22.345
레몬	12.716

※ 평균 중요도 점수

상관계수[a]

	값	유의확률
Pearson의 R	.970	.000
Kendall의 타우	.888	.000

a. 관측 및 추정 기본 설정 간 상관관계

[결과4]는 각 응답자별로 온도 속성의 속성수준별로 유틸리티를 그래프로 그린 결과이다. [결과5]는 각 응답자별로 속성별 중요도를 그래프로 그린 결과이다. 두 가지 결과를 볼 경우 개인별로 속성 수준별 유틸리티나 중요도가 서로 차이가 있음을 알 수 있다. 중요도를 보면 응답자 1은 온도를 중요하게 평가하나, 응답자 4는 설탕여부가 중요함을 알 수 있다. 응답자 2의 경우에는 온도를 중요하게 생각하고, 응답자3은 온도와 진한여부가 비슷하게 중요하게 생각한다. 응답자5의 경우에는 레몬에 대해서 중요하게 생각하고, 응답자 6은 진한 정도를 중요하게 생각함을 알 수 있다.

[결과4]

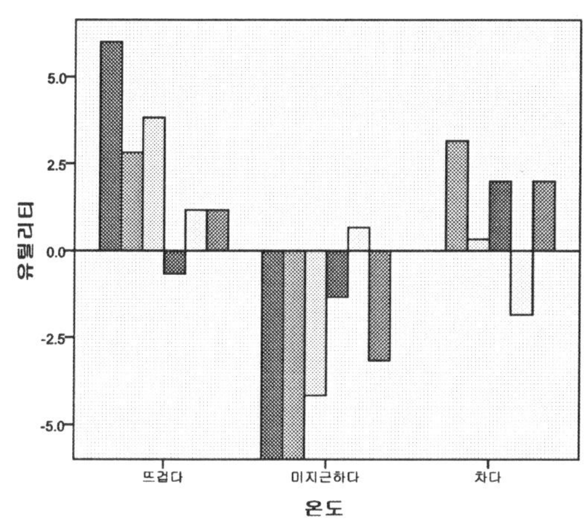

[결과5]

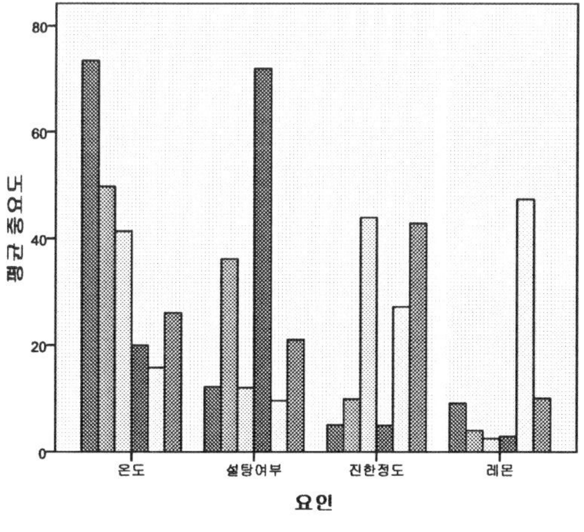

[결과6]은 온도 속성에 대해서 전체 응답자의 유틸리티를 보여준다. [결과7]은 각 속성별 전체 응답자의 중요도를 보여준다. 결과를 볼 경우 온도, 설탕여부, 진한정도, 레몬 순으로 속성이중요한 것으로 평가하고 있다.

[결과6]

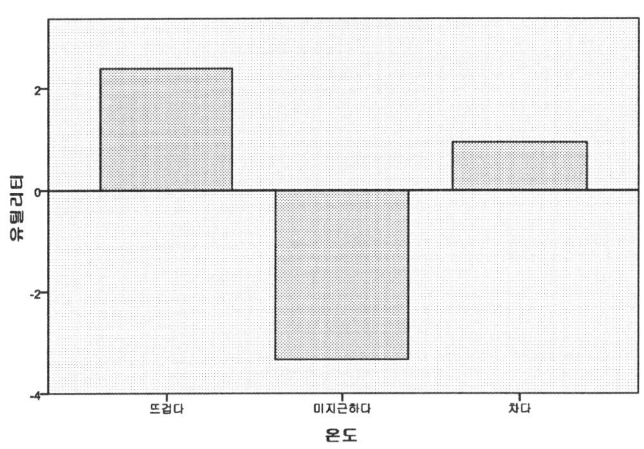

[결과7]

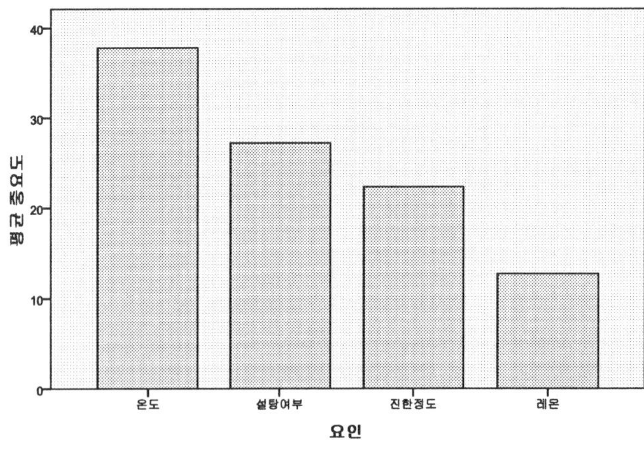

(3) 단계2 : 응답자의 군집분석

결합분석한 결과를 통해 시장세분화를 해 볼 수 있다. 이를 위해 응답자별에 대한 결합분석 결과를 군집분석을 수행한다.

STEP 01 결합분석 결과는 '15장–4–1–3–결과.sav'에 저장되어 있는데, 이를 살펴보면 다음과 같다. 데이터는 각 속성 수준별 유틸리티와 모형에 따른 각 카드별 선호 등수 계산 결과가 제시되어 있다.

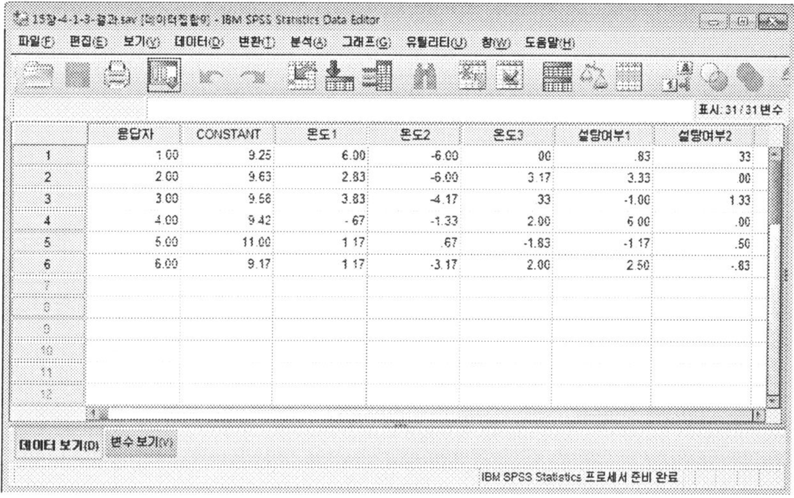

STEP 02 군집분석을 수행하기 위해서는 [분석] → [분류분석] → [계층적 군집분석]을 차례로 클릭한다. 만약 응답자가 많다면(100여개 이상) K–평균 군집분석을 수행한다.

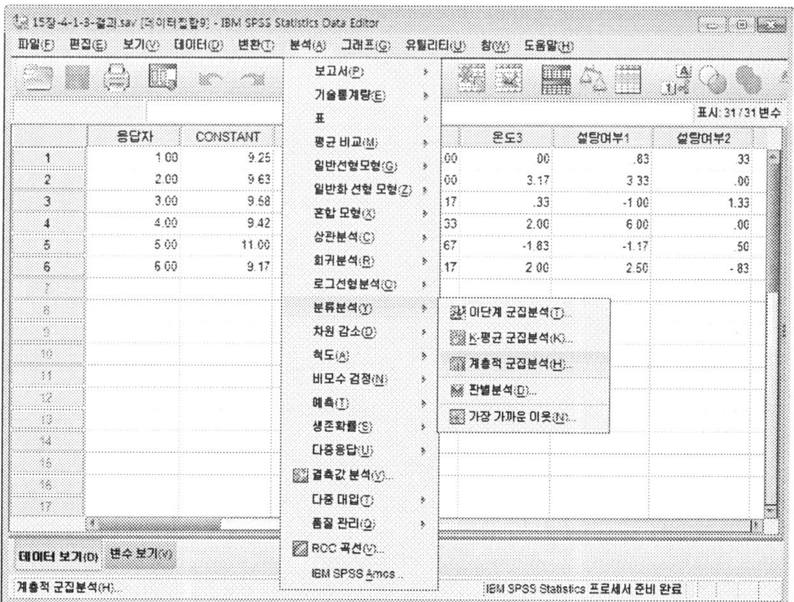

STEP 03 부분가치, 즉 각 속성수준별 유틸리티 값을 가지고 있는 변수들을 지정한다. 군집의 개수를 지정해 주기 위해 우측의 [**통계량**] 버튼을 클릭한다.

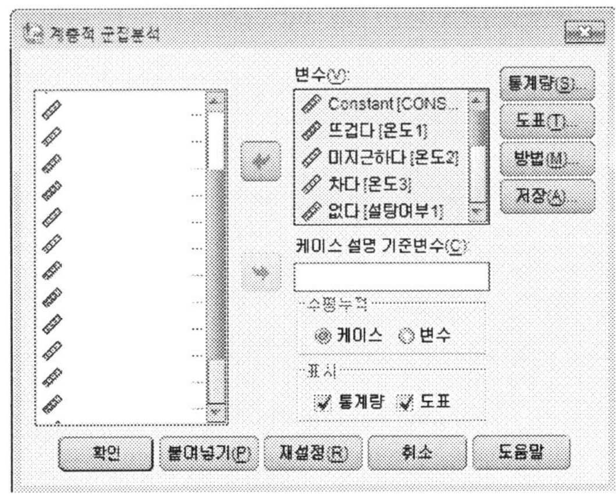

STEP 04 군집의 개수를 지정한다. 여기서는 3개로 지정했다. 지정이 끝나면 [계속] 버튼을 클릭한다. 군집분석 화면으로 돌아오면 하단의 군집 정보를 저장하기 위해 우측의 [저장] 버튼을 클릭한다.

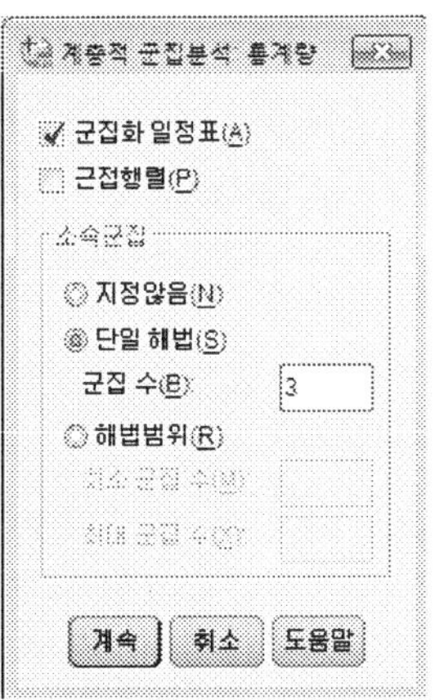

STEP 05 군집의 개수를 지정한다. 여기서도 3개로 지정했다. 지정이 끝나면 [계속] 버튼을 클릭한다. 군집분석 화면으로 돌아오면 하단의 [확인] 버튼을 클릭한다.

　　[결과1]을 보면 군집화 일정표와 소속 군집을 보여주고 있다. 소속 군집의 내용을 보면 첫 번째 군집은 응답자 1, 2, 6이며, 두 번째 군집은 응답자 3과 5, 세 번째 군집은 4임을 알 수 있다.

[결과1] 군집화 일정표

단계	결합 군집		계수	처음 나타나는 군집의 단계		다음 단계
	군집 1	군집 2		군집 1	군집 2	
1	1	2	35.839	0	0	2
2	1	6	63.006	1	0	4
3	3	5	81.743	0	0	5
4	1	4	86.587	2	0	5
5	1	3	148.217	4	3	0

소속군집

케이스	3 군집
1	1
2	1
3	2
4	3
5	2
6	1

　　[결과2]에 수정고드름 표가 제시되어 있다. 소속 군집에 대한 앞의 정보에서 보듯이 그림을 통해 3개의 군집으로 나누는 경우 1, 2, 6이 하나의 군집이며, 4가 하나의 군집이며, 3과 5과 세 번째 군집임을 알 수 있다.

[결과2]

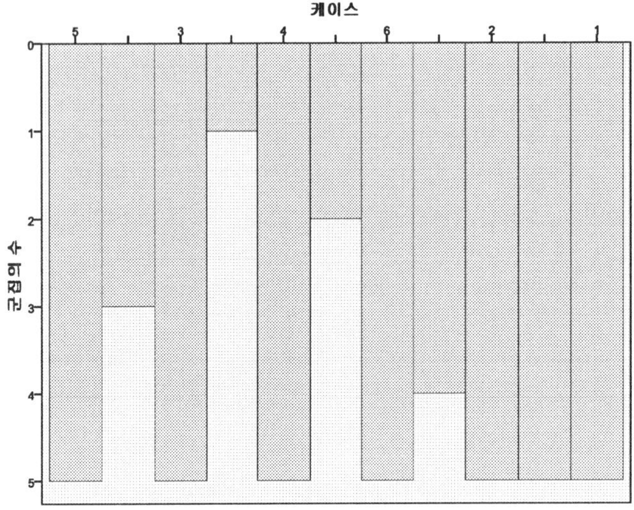

각 소속 군집에 대한 정보는 데이터집합에 표시된다. 이 결과를 저장한 것이 '15장-4-4-결과.sav'이다.

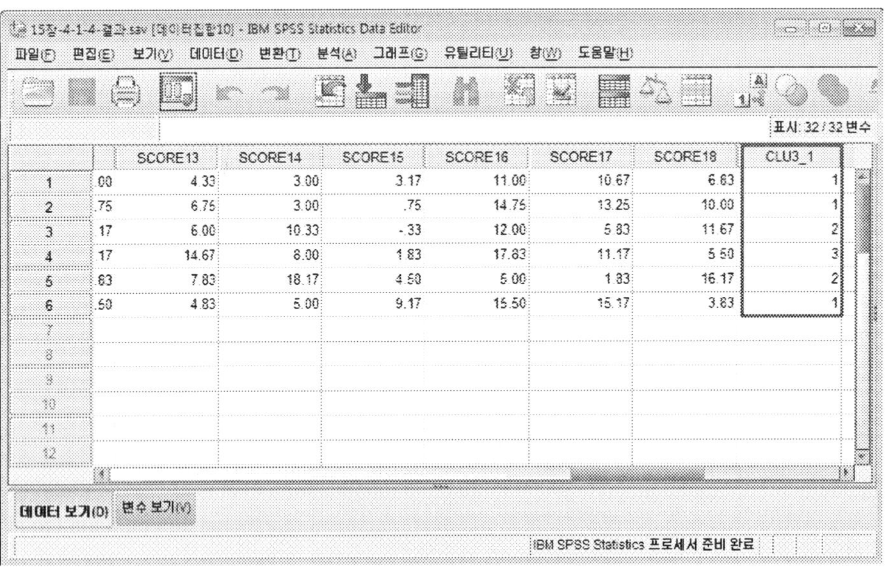

		SCORE13	SCORE14	SCORE15	SCORE16	SCORE17	SCORE18	CLU3_1
1	.00	4.33	3.00	3.17	11.00	10.67	6.83	1
2	.75	6.75	3.00	.75	14.75	13.25	10.00	1
3	.17	6.00	10.33	-.33	12.00	5.83	11.67	2
4	.17	14.67	8.00	1.83	17.83	11.17	5.50	3
5	.63	7.83	18.17	4.50	5.00	1.83	16.17	2
6	.50	4.83	5.00	9.17	15.50	15.17	3.83	1

4.2. 메트릭 데이터 사례

(1) 분석데이터

다음 데이터는 Hair, et. al. (2001)에서 산업재 구매자에 대한 결합분석 사례이다. 100명의 산업재 구매자를 대상으로 데이터를 수집했다. 먼저 실험에 사용된 속성과 속성 수준을 보면 다음과 같다.

속성	속성수준
제품형태	1. 사전혼합액, 2. 농축혼합액, 3. 파우더
컨테이너당 적용가능가짓수	1. 50, 2. 100, 3. 200
크리너에 살충제첨가여부	1. 첨가, 2. 미첨가
미생물분해형태 가능 여부	1. 불가능, 2. 가능
전형적인 적용당 가격	1. 35원, 2. 49원, 3, 79원

다음으로 직교디자인에 의한 18개의 프로파일과 테스트를 위해 4개의 유보 프로파일, 3개의 모의 실험용 프로파일을 구성하였다.

카드번호	제품형태	적용가지수	살충제	미생물분해	적용가격
분석용 직교계획프로파일					
1	농축	200	첨가	불가능	35
2	파우더	200	첨가	불가능	35
3	사전혼합	100	첨가	가능	49
4	파우더	200	첨가	가능	49
5	파우더	50	첨가	불가능	79
6	농축	200	미첨가	가능	79
7	사전혼합	100	첨가	불가능	79
8	사전혼합	200	첨가	불가능	49
9	파우더	100	미첨가	불가능	49
10	농축	50	첨가	불가능	49
11	파우더	100	미첨가	불가능	35
12	농축	100	첨가	불가능	79
13	사전혼합	200	미첨가	불가능	79

14	사전혼합	50	첨가	불가능	35
15	농축	100	첨가	가능	35
16	사전혼합	50	미첨가	가능	35
17	농축	50	미첨가	불가능	49
18	파우더	50	첨가	가능	79
검증용 유보프로파일					
19	농축	100	첨가	불가능	49
20	파우더	100	미첨가	가능	35
21	파우더	200	첨가	가능	79
22	농축	50	미첨가	가능	35
모의 실험용 프로파일					
23	사전혼합	50	첨가	가능	79
24	사전혼합	200	첨가	가능	49
25	파우더	200	미첨가	불가능	35

데이터를 직교계획에 따른 프로파일 값과 이에 따른 선호 도 평가에 대한 데이터집합 두 개를 입력해야 한다. 여기서는 SPSS 내재변수인 STATUS_와 CARD_ 변수명을 이용하여 카드 형태의 구분, 카드 일련번호를 입력했다.

STEP 01 직교계획 18개 카드의 분석카드, 4개의 유보카드, 3개의 모의 실험 카드로 구성 되어 있다. 데이터집합은 '15장-4-2-1-데이터.sav'로 저장되어 있다.

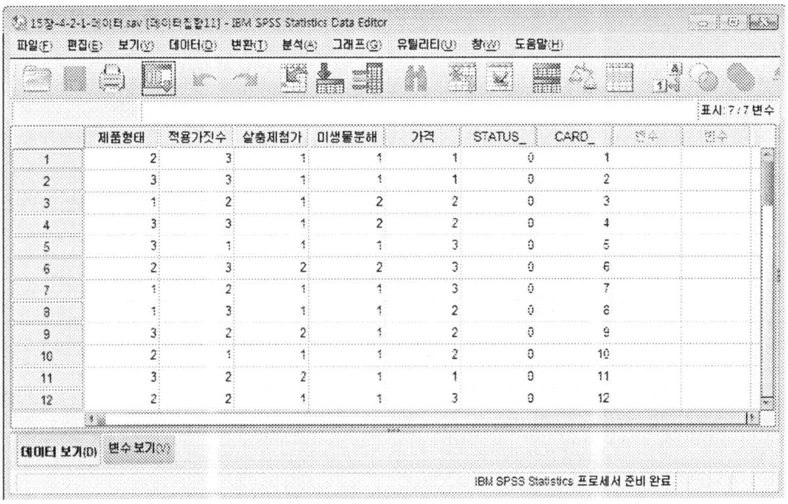

	제품형태	적용가짓수	살충제첨가	미생물분해	가격	STATUS_	CARD_	변수	변수
1	2	3	1	1	1	0	1		
2	3	3	1	1	1	0	2		
3	1	2	1	2	2	0	3		
4	3	3	1	2	2	0	4		
5	3	1	1	1	3	0	5		
6	2	3	2	2	3	0	6		
7	1	2	1	1	3	0	7		
8	1	3	1	1	2	0	8		
9	3	2	2	1	2	0	9		
10	2	1	1	1	2	0	10		
11	3	2	2	1	1	0	11		
12	2	2	1	1	3	0	12		

STEP 02 다음으로 분석표본과 유보표본의 각 카드에 대한 선호 정보를 다음과 같이 입력
했다. 데이터집합은 '15장 – 4 – 2 – 2 – 데이터.sav'로 저장되어 있다.

(2) 단계1 : 분석표본에 대한 분석

결합분석은 따로 메뉴가 있는 것이 아니고, 명령문 창에서 명령문을 작성하여야 한다.

STEP 01 명령문 창을 표시하기 위해서는 [파일] → [새 파일] → [명령문]을 차례로 클
릭한다.

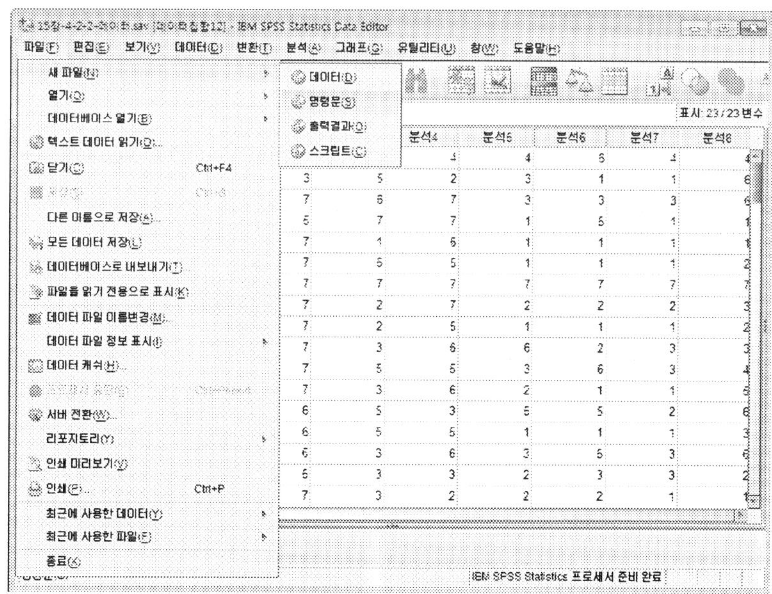

STEP 02 결합분석을 하기 위해서 다음과 같이 명령문을 입력한다. 선호 등수에 대한 메트릭 데이터이므로 /SCORE 문을 사용했다. 여기서 차례로 분석표본 18개와 유보표본 4개를 지정했다. 나머지 3개는 모의실험 표본이다.

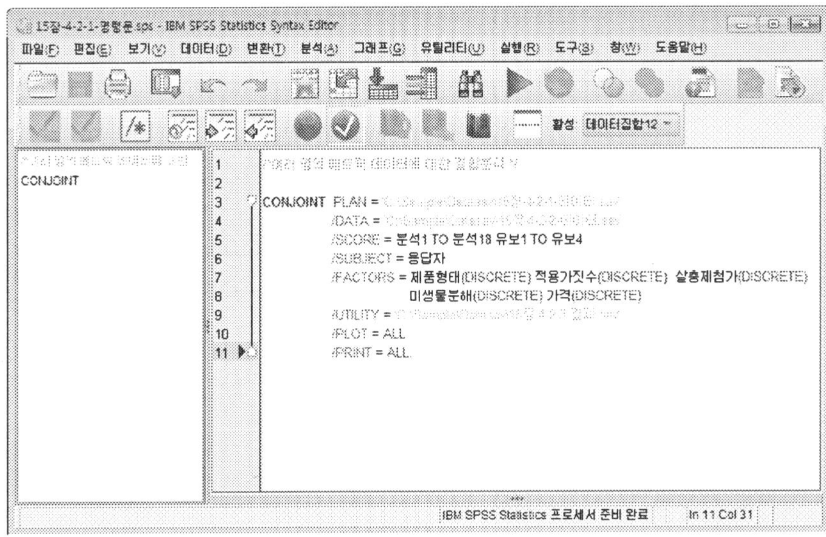

STEP 03 결합분석을 하기 위해서 다음과 같이 실행할 명령문을 선택한다. 선택이 끝나면 상단의 아이콘 중에 ▶ 아이콘을 클릭한다. /UTILITY문의 파일은 매번 실행할 때마다 다른 이름으로 바꾸어주어야 에러가 나지 않는다.

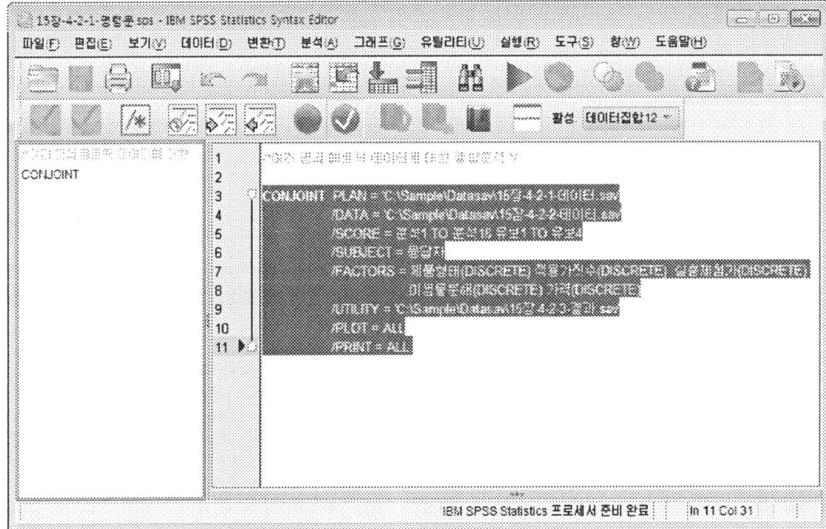

　[결과1]은 응답자 1에 대한 속성 수준별 유틸리티, 속성별 중요도, 실제값과 예측치의 상관 관계 출력 결과이다. 응답자 1의 경우 적용가짓수, 가격, 미생물 분해, 제품형태, 살충제 첨가 순으로 중요하게 생각하고 있는 것으로 볼 수 있다.

　Pearson의 R 상관계수를 볼 경우 유의수준 5%에서 유의함을 볼 수 있다. 검증용 Kendall 의 타우는 검증용 프로파일에 대한 유보카드를 통해 개발된 모형으로 평가해서 얻은 선호도 와 응답자가 실제로 응답한 선호도와의 상관관계 계수를 나타낸다. 이 값이 음수이면 해당 응답자의 데이터는 신뢰할 수 없는 것으로 판단되기 때문에 여러 명에 대해서 분석하는 경우 그 응답자의 데이터를 제외시키고 다시 결합분석을 해야 한다. 현재 값은 .671로서 유의수준 5%에서 타당하지 않음을 알 수 있다.

　마지막으로 모의실험용 세 개의 카드에 대한 유틸리티 값들이 표시되어 있다. 첫 번째 응 답자의 경우에는 각 카드별로 유틸리티가 큰 차이가 없으며, 24번과 25번 카드를 약간 좋아 함을 알 수 있다. 계속해서 다른 응답자(응답자 2에서 응답자 100)의 경우에도 같은 방식으 로 분석할 수 있을 것이다.

[결과1] 개체 1 : 1

유틸리티

		유틸리티 추정	표준 오차
제품형태	사전혼합	−.056	.270
	농축	.111	.270
	파우더	−.056	.270
적용가짓수	50	−.222	.270
	100	−.056	.270
	200	.278	.270
살충제첨가	첨가	.042	.202
	미첨가	−.042	.202
미생물분해	불가능	−.208	.202
	가능	.208	.202
가격	35원	.278	.270
	49원	−.222	.270
	79원	−.056	.270
（상수）		4.444	.213

중요도 값

제품형태	10.000
적용가짓수	30.000
살충제첨가	5.000
미생물분해	25.000
가격	30.000

상관계수[a]

	값	유의확률
Pearson의 R	.537	.011
Kendall의 타우	.410	.022
검증용 Kendall의 타우	.671	.110

a. 관측 및 추정 기본 설정 간 상관관계

시뮬레이션의 기본 설정 점수

카드 번호	ID	점수
1	23	4.361
2	24	4.694
3	25	4.694

[결과2]는 전체 응답자에 대한 통계량이 제시되어 있다. 유틸리티에서는 각 속성 수준별 유틸리티 값이 제시되어 있으며, 중요도 값에는 각 속성의 중요도를 표시한다. 전체적으로 가격이 가장 중요한 변수임을 보여주고 있다.

피어슨의 상관계수를 볼 경우에도 .988로서 유의수준 5%에서 매우 유의한 모형임을 알 수 있다. 검증용 유의표본에 대한 Kendall의 타우 값을 보면 .667로 나타났는데, 10% 유의수준에서 모형이 타당하다고 볼 수 있다.

[결과2] 전체 통계량

유틸리티

		유틸리티 추정	표준 오차
제품형태	사전혼합	−.331	.076
	농축	.192	.076
	파우더	.139	.076
적용가짓수	50	−.416	.076
	100	.021	.076
	200	.396	.076
살충제첨가	첨가	.486	.057
	미첨가	−.486	.057
미생물분해	불가능	−.077	.057
	가능	.077	.057
가격	35원	.962	.076
	49원	.069	.076
	79원	−1.031	.076
(상수)		3.593	.060

중요도 값

제품형태	16.778
적용가짓수	19.546
살충제첨가	19.032
미생물분해	10.469
가격	34.175

※ 평균 중요도 점수

상관계수[a]

	값	유의확률
Pearson의 R	.988	.000
Kendall의 타우	.895	.000
검증용 Kendall의 타우	.667	.087

a. 관측 및 추정 기본 설정 간 상관관계

시뮬레이션의 기본 설정 점수

카드 번호	ID	점수
1	23	2.377
2	24	4.289
3	25	4.527

시뮬레이션의 기본 설정 확률[b]

카드 번호	ID	최대 유틸리티[a]	Bradley–Terry–Luce	로짓 로그선형분석
1	23	6.5%	22.5%	12.9%
2	24	40.0%	38.1%	41.6%
3	25	53.5%	39.4%	45.5%

a. 동률 시뮬레이션 포함
b. 이러한 개체에 모두 음수가 아닌 점수가 있기 때문에 90/100 개의 개체가 Bradley–Terry–Luce 및 로짓 방법에 사용됩니다.

하단의 모의 실험 결과가 나타나 있다. 현재 분석에서 사용된 모의 실험용 카드들을 다시 한 번 살펴보면 다음과 같다.

23번 카드	사전혼합	50	첨가	가능	79
24번 카드	사전혼합	200	첨가	가능	49
25번 카드	파우더	200	미첨가	불가능	35

모의 실험에 대한 시뮬레이션 결과를 보면 25번 카드를 가장 선호하며 다음으로 24번 카드, 23번 카드를 선호함을 볼 수 있다. 시뮬레이션의 기본 설정 확률을 보면, 여러 가지 기준으로 카드별 시장점유율을 보여주고 있다.

　　최대 유틸리티는 응답자가 가장 큰 유틸리티 값을 갖고 있는 상품만을 선택한다고 가정할 때 나타나는 시장점유율의 구성이다. 최대 유틸리티는 25번 카드가 53.5%, 24번 카드가 40.0%, 23번 카드가 6.5%를 갖게 될 것으로 예측되었다.

　　다음으로 BTL(Bradley – Terry – Luce) 기준은 응답자가 효용의 비율대로 비율만큼의 확률 로그 카드를 선택한다는 가정을 기반으로 하는 모형으로 추정된 시장점유율을 보여준다. 여기서는 25번 카드 39.4%, 24번 카드 38.1%, 23번 카드 22.5%를 보여준다.

　　마지막으로 로짓 – 로그선형분석은 BTL과 같은 방법으로 개별 카드에 대한 유틸리티 값을 직접 사용하지 않고 유틸리티의 Exp(유틸리티) 값을 선택확률로 사용하는 모형으로 추정한 각 카드에 대한 시장점유율을 나타낸다. 여기서는 25번 카드 45.5%, 24번 카드 41.6%, 23번 카드 12.9%를 보여준다. 특별히 로짓 – 로그선형분석은 일상생활에서 소비하는 소비재의 경우에 사용할 수 있는 모형으로 적합하다.

　　이하의 결과들은 앞에서 살펴본 내용들을 막대 그래프로 표현한 내용들이다.

(3) 단계2 : 응답자의 시장 세분화

STEP 01　결합분석 결과는 '15장 – 4 – 2 – 3 – 결과.sav'에 저장되어 있는데, 이를 살펴보면 좌측과 같다. 데이터는 각 속성 수준별 유틸리티와 모형에 따른 각 카드별 선호도 계산 결과가 제시되어 있다.

	응답자	CONSTANT	제품형태1	제품형태2	제품형태3	적용가짓수1	적용가짓
1	1.00	4.44	-.06	.11	-.06	-.22	
2	2.00	4.11	-.06	.61	-.56	.44	
3	3.00	3.89	-.44	.39	.06	-.94	
4	4.00	4.06	-1.11	1.22	-.11	-.61	
5	5.00	2.49	-1.72	.94	.78	-1.06	
6	6.00	3.93	-.61	.39	.22	-.44	
7	7.00	6.61	-.06	.11	-.06	-.06	
8	8.00	3.13	-.67	-.33	1.00	-.67	
9	9.00	3.11	-.22	-.39	.61	-.22	
10	10.00	4.49	-2.06	.78	1.28	-.22	
11	11.00	6.33	.00	.17	-.17	.00	
12	12.00	2.64	-.78	.89	-.11	-1.11	

표시: 40 / 40 변수

데이터 보기(D)　변수 보기(V)

IBM SPSS Statistics 프로세서 준비 완료

STEP 02 군집분석을 수행하기 위해서는 [분석] → [분류분석] → [K-평균 군집분석]을
차례로 클릭한다.

STEP 03 부분가치, 즉 각 속성수준별 유틸리티 값을 가지고 있는 변수들을 지정한다. 군
집의 개수는 4개를 지정했다. 적절한 군집의 개수는 상황에 따라 달라질 수 있
다. 소속 군집을 저장하기 위해 [저장] 버튼을 클릭한다.

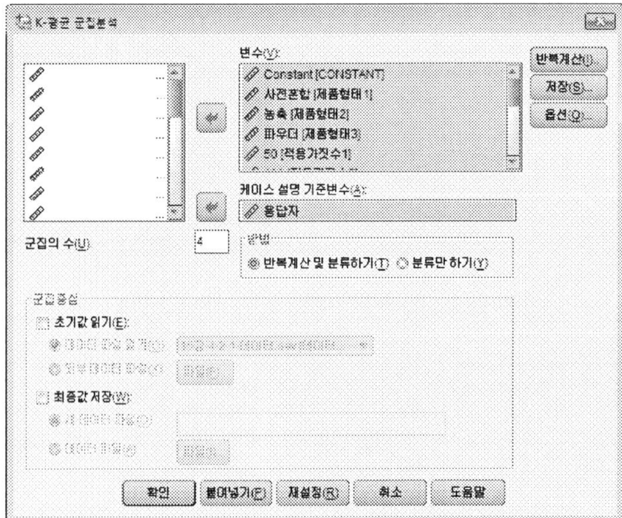

STEP 04 다음과 같이 소속군집을 체크하고 [계속] 버튼을 클릭한다. 군집분석 화면으로 돌아오면 [확인] 버튼을 클릭한다.

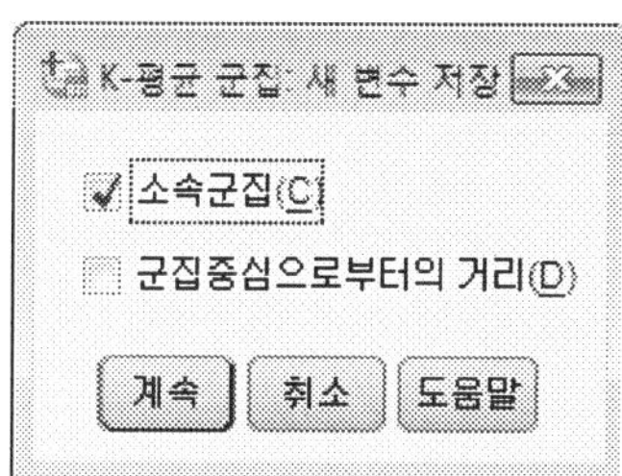

결과를 보면 4개의 소속 군집에 대한 각 속성수준별 유틸리티의 차이, 즉 세분시장의 특성을 보여주고 있다. 이것은 각 속성수준에 대한 부분가치의 차이로서 세분시장별로 어느 속성을 더 선호하는 지를 보여준다. 계속해서 하단에는 4개 군집으로 나눈 세분시장에 대한 각 군집별 응답자의 수를 표시하고 있다.

최종 군집중심

	군집			
	1	2	3	4
Constant	4.48	3.51	2.77	3.89
사전혼합	−.50	−.13	−.48	−.25
농축	.03	.17	.28	.25
파우더	.47	−.04	.19	.00
50	−.57	−.15	−.73	−.22
100	.09	.03	−.04	.02
200	.49	.12	.77	.20
첨가	.20	.75	.82	.05
미첨가	−.20	−.75	−.82	−.05
불가능	−.25	.12	−.12	−.11
가능	.25	−.12	.12	.11
35원	.52	.17	1.37	1.71
49원	−.11	.15	.10	.09
79원	−.41	−.32	−1.47	−1.80

각 군집의 케이스 수

군집	1	20.000
	2	27.000
	3	28.000
	4	25.000
유효		100.000
결측		.000

 각 응답자별로 소속하는 군집, 즉 세분시장에 관한 정보는 데이터집합 파일에 저장된다. 좌측에서 보듯이 QCL_1이라는 형태로 저장된다. 군집 정보를 저장한 내용은 '15장-4-2-4-결과.sav'에 저장되어 있다.

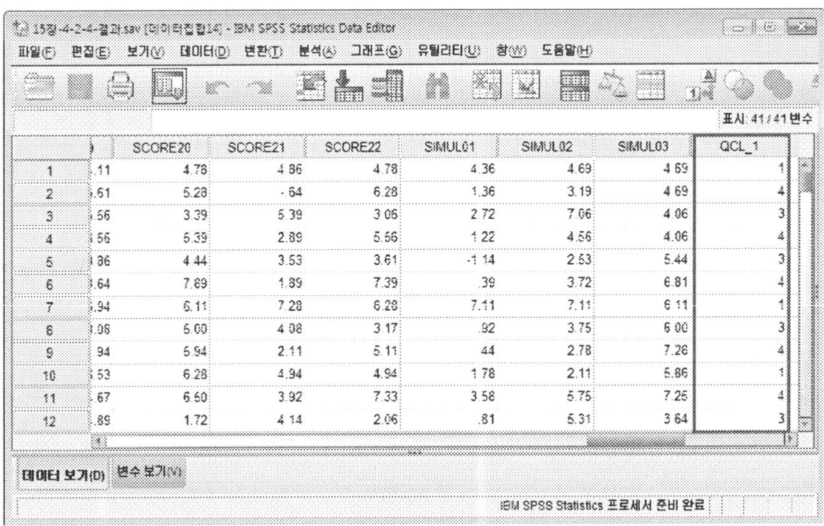

⑷ 단계3 : 새로운 카드가 추가되었을 때 시장점유율의 변화

 현재 모의 실험으로 제시된 3장의 카드 이외에 26번과 같은 새로운 한 장의 카드가 시장에 진입했을 때 시장점유율의 변화와 새로운 카드의 시장점유율을 예상을 해 볼 수 있다.

23번 카드	사전혼합	50	첨가	가능	79
24번 카드	사전혼합	200	첨가	가능	49
25번 카드	파우더	200	미첨가	불가능	35
26번 카드	사전혼합	100	첨가	불가능	49

STEP 01 먼저 직교계획 데이터집합에 다음과 같이 26번 카드를 추가한다. '15장-4-2-5-데이터.sav'에 저장되어 있다.

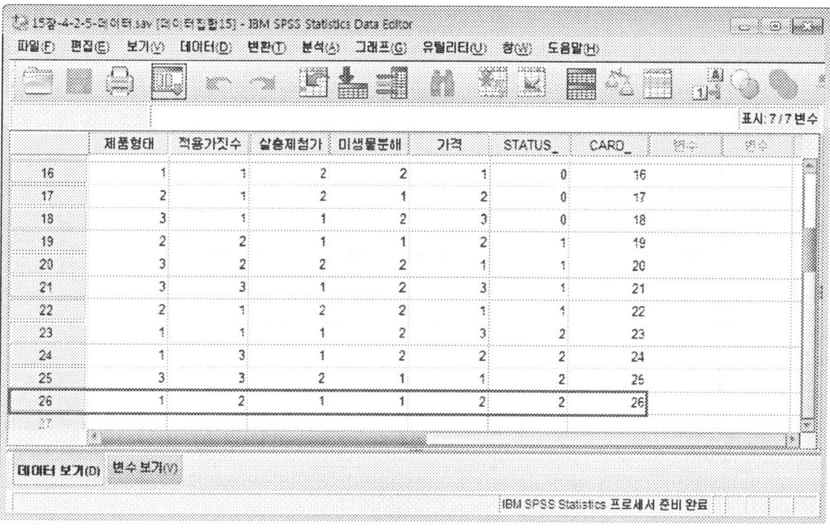

STEP 02 명령문 창을 표시하기 위해서는 [파일] → [새 파일] → [명령문]을 차례로 클릭한다.

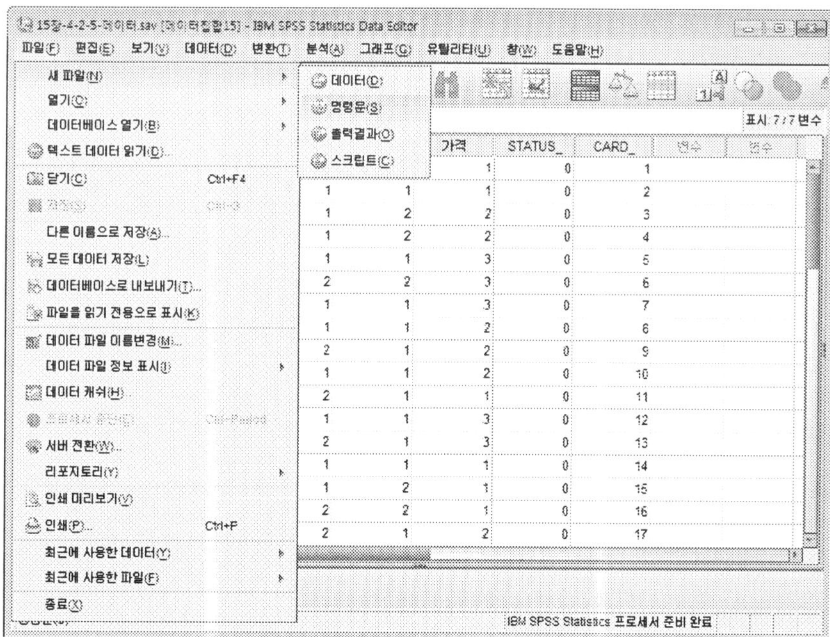

STEP 03   결합분석을 하기 위해서 다음과 같이 명령문을 입력한다. 선호 등수에 대한 메트릭 데이터이므로 /SCORE 문을 사용했다. 여기서 차례로 분석표본 18개와 유보표본 4개를 지정했다.

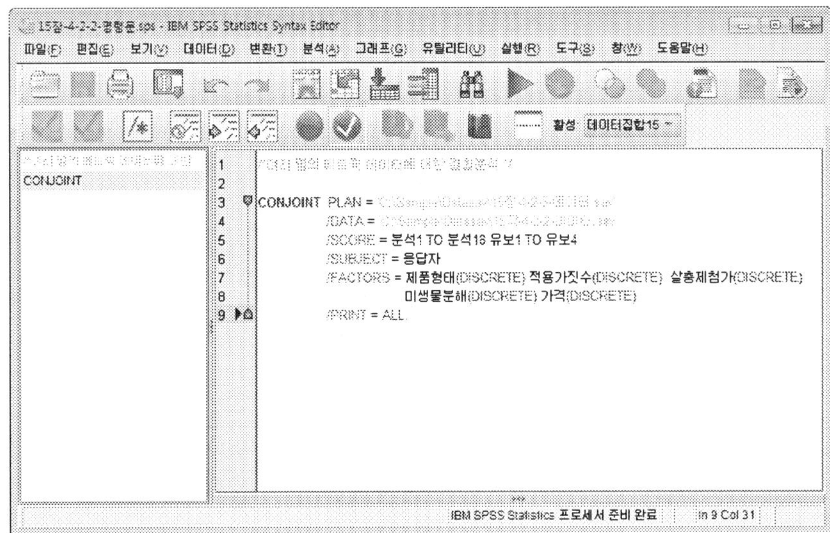

STEP 04   결합분석을 하기 위해서 다음과 같이 실행할 명령문을 선택한다. 선택이 끝나면 상단의 아이콘 중에 ▶ 아이콘을 클릭한다.

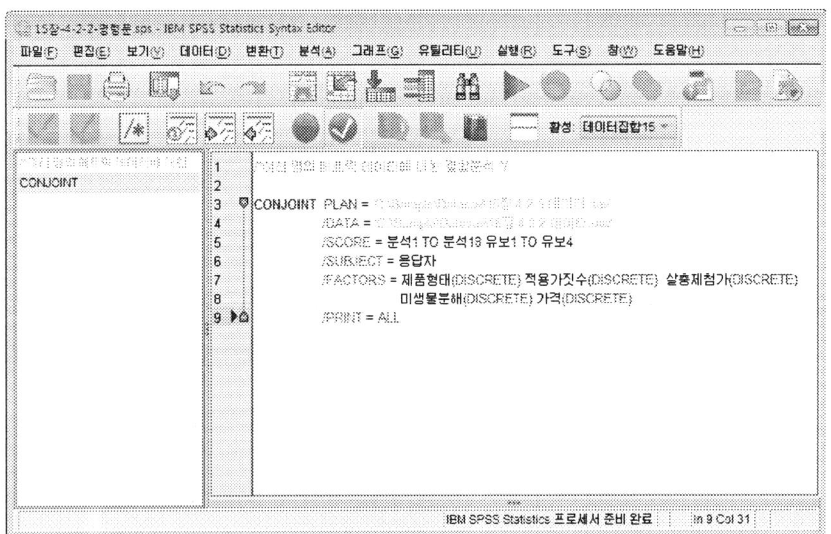

결과를 보면, 최대 유틸리티의 경우에는 25번 카드가 시장점유율이 증가한다. 새로운 카드
는 12.5% 정도의 시장점유율을 보일 것으로 예상할 수 있다. 소비재 제품이라면 로짓−로그
선형분석을 보면 된다. 여기서는 23번 카드의 시장점유율이 많이 줄어들며, 새로운 제품은
19.1%의 시장점유율을 확보할 것으로 예상된다.

시뮬레이션의 기본 설정 점수

카드 번호	ID	점수
1	23	2.377
2	24	4.289
3	25	4.527
4	26	3.761

시뮬레이션의 기본 설정 확률[b]

카드 번호	ID	최대 유틸리티[a]	Bradley−Terry−Luce	로짓 로그선형분석
1	23	5.5%	16.7%	9.6%
2	24	30.5%	28.3%	32.4%
3	25	51.5%	29.7%	38.8%
4	26	12.5%	25.2%	19.1%

a. 동률 시뮬레이션 포함
b. 이러한 개체에 모두 음수가 아닌 점수가 있기 때문에 90/100 개의 개체가 Bradley−Terry−Luce 및 로짓
　 방법에 사용됩니다.

A

ALSCAL ·················· 515, 524, 528, 541
alternative form reliability ···················· 188
alternative hypothesis : H_1 ··············· 200
analysis of variance ······················ 364
analysis sample ························ 412
ANCOVA ; Analysis of Covariance ·············· 398

B

backward ··························· 339
BASIC PLAN 7 ······················· 585
BASIC PLAN 8 ······················· 585
between-group variance ···················· 366
between-group ························ 364
binomial test ························· 247
Bonferroni 방법 ························ 378
box & whisker diagram ···················· 155

C

canonical correlation ···················· 421
canonical correlation analysis ················· 402
chi-square test ························ 243
classification analysis ···················· 486
cluster analysis ······················· 486
Cochran Q Test ······················· 265
coefficient of determination ················· 324
coefficient of variation : CV ················· 177
Cohort ··························· 297
collinearity diagnositics ··················· 335
common factor variance ··················· 461

communality 461

communality ························· 461
condition number ······················ 335
conjoint analysis ······················ 580
contingency coefficient ··················· 295
contingency table ······················ 135
correlation analysis ····················· 301
correspondence analysis ··················· 560
covariate ·························· 398
Cramer's V ························· 296
Cronbach's alpha ······················ 189
cross-tab ·························· 135
cross-tabulation ···················· 135, 284
crossed ··························· 368
cutting score ····················· 423, 445

D

discriminant analysis ···················· 408
distribution ························· 448
dummy variable ······················ 319
Duncan 방법 ························· 378

E

effects ··························· 367
Eigen value ······················ 461, 462
eigen value ························· 335
experimental data ······················ 364

F

factor ···························· 458
factor analysis ························ 458

factor score ·········· 459
Fisher ·········· 408
forward ·········· 339
Friedman test ·········· 269
function ·········· 98

G

gamma ·········· 296

H

heteroscedasticity ·········· 180
histogram ·········· 156
Hit Ratio ·········· 414
holdout sample ·········· 412
homoscedasticity ·········· 180
hypothesis ·········· 200
hypothesis test ·········· 201

I

Ideal-Point Model ·········· 584
independence ·········· 364
INDSCAL ·········· 513, 515, 536
interaction ·········· 351, 364
interaction effects ·········· 368
internal consistency reliability ·········· 188
interval scale ·········· 35
intraclass correlation coefficients ·········· 193

K

Kendall의 타우-b ·········· 296, 306
kurtosis ·········· 153
KYST ·········· 513, 515, 522

L

lambda ·········· 297

likelihood ratio chi-square ·········· 295
linearity ·········· 319
logistic function ·········· 448
logistic regression ·········· 448
LSD 방법 ·········· 378

M

Mahalanobis D^2 ·········· 413
MANOVA : Multivariate Analysis of variance ·· 402
maximum-likelihood factor analysis ·········· 461
McNemar test ·········· 257
MDPREF ·········· 514, 515, 550
mean ·········· 174
measurement error ·········· 187
median ·········· 174, 175, 277
missing data ·········· 117
Mixed Model ·········· 584
mode ·········· 134, 174, 176
MONANOVA ·········· 583
multicollinearity ·········· 335, 459
Multidimensional Scaling : MDS ·········· 560
multidimensional scaling : MDS ·········· 510
multiple response ·········· 145
multivariate analysis ·········· 458

N

negative exponential curve ·········· 358
nested ·········· 367
nominal scale ·········· 33
nonlinear regression analysis ·········· 319
nonparametric estimation ·········· 448
normal probability plot ·········· 156
null hypothesis : H_0 ·········· 200
numerical taxonomy ·········· 486

O

OLS : Ordinary Least Squares ·········· 321, 327

omega – square : w^2 ·············· 377, 384, 389
One – Sample Kolmogorov – Smirnov Test ··· 254
one – way ANOVA ··················· 372
ordinal scale ······················ 34
outlier ·························· 117

P

parameter estimate ················ 326
Part-Worth Function Model ············ 584
partial correlation analysis ··········· 309
Pearson χ^2 통계량 ················ 290
Pearson 상관계수 ·················· 297
perceptual map ··················· 510
Phi Coefficient ··················· 295
power analysis ···················· 203
PREFMAP ··················· 514, 515
PREFSCAL ·················· 515, 552
principal component analysis ·········· 461
principal component factor analysis ······· 335
principal factor analysis ············· 461
PROFIT ···················· 514, 515
PROXICAL ······················ 515
PROXSCAL ·················· 524, 538

Q

quantile – quantile plot ·············· 156
Quartimax ······················ 464

R

randomized block design ············ 391
range ························· 155
ratio scale ······················ 36
regression analysis ················ 318
rejection region, critical region ········· 201
run test ······················· 251

S

scatter plot ····················· 180
Scheffe 방법 ····················· 378
scree test ······················ 462
sign test ······················· 261
significance level ·················· 202
skewness ······················ 153
Sommer's D ····················· 296
Spearman 상관계수 ············· 297, 306
specific variance ·················· 461
split – half reliability ··············· 189
SPSS의 시작 ····················· 18
spurious association ················ 138
standard deviation ················· 176
standard error ··················· 326
standardization ··················· 102
stepwise ······················· 339
stepwise regression ················ 335
strength of association ·············· 376
STRESS ························ 521
Stuart 타우 – c ··················· 296
systematic error ·················· 187

T

test of homogeneity ················ 284
test of independence ··············· 284
test statistic ···················· 201
test – retest reliability ·············· 188
tolerance ······················ 335
total variance ··················· 366
transpose ······················ 100
Turkey 방법 ····················· 378
Type I error ···················· 203
Type II error ···················· 203
t – 검정 ···················· 209, 223

U

uncertainty coefficient ······ 297

V

validity ······ 459
variance ······ 176
Variance Inflation Factor ······ 335
variance ······ 366
Varimax ······ 464
Vector Model ······ 583

W

Wilcoxon Signed Ranks Test ······ 263
within-group ······ 364

Y

Yule's Q ······ 296

Z

Z-검정 ······ 204

ㄱ

가설 ······ 200
가설검정 ······ 200, 201, 242
각 요인의 기술통계량 ······ 476
감마 ······ 296
검정통계량 ······ 201
결정계수 ······ 324
결측값 ······ 59, 117
결합분석 ······ 580
계층 군집분석 ······ 489
고유값 ······ 335, 461, 462
곡선 추정 회귀모형 ······ 343
공분산분석 ······ 398

공통성 ······ 461
공통요인분산 ······ 461
교차분석 ······ 135, 138
교차표 ······ 39, 135, 284, 564
교차표(상황표) 형태의 데이터 ······ 39
군집분석 ······ 486
귀무가설 ······ 200
기각역 ······ 201
기술통계 ······ 30
기술통계분석 ······ 284

ㄴ

난괴법 분산분석 ······ 391
내적 일관성 신뢰도 ······ 188
넌메트릭 데이터에 대한 빈도분석 ······ 178
넌메트릭 데이터의 빈도분석 ······ 121
넌메트릭 척도의 데이터 ······ 118
넌메트릭(nonmetric) 데이터 ······ 32

ㄷ

다대일 리코드 ······ 84, 90
다변량 분산분석 ······ 402
다변량분석 ······ 458
다수표본의 군집분석 ······ 501
다중 t-검정 ······ 364
다중 회귀분석 ······ 320, 327
다중공선성 ······ 459
다중공선성 분석 ······ 335
다중응답 분석 ······ 145
다중응답 처리 ······ 148
다중판별분석 ······ 409
다차원척도법 ······ 510, 560
다항 회귀분석 ······ 321
단계 ······ 339
단계별 회귀분석 ······ 335
단순 회귀분석 ······ 320, 321
대립가설 ······ 200
대상 좌표 데이터와 선호도 데이터 ······ 514

대상 좌표 데이터와 속성 데이터 …………… 514
대응(쌍체) t-검정 …………………………… 226
대응일치분석 ………………………………… 560
대표값 ………………………………………… 174
더미 변수 …………………………………… 319
더미 회귀분석 ……………………………… 320
더미변수 회귀모형 ………………………… 349
데이터 ………………………………………… 30
데이터 입력 ………………………………… 61
데이터 출력 ………………………………… 63
데이터를 분석하기 ………………………… 25
데이터분석 ………………………… 116, 119
데이터의 분산 정도 ……………………… 176
데이터의 입력 ……………………………… 21
데이터의 전치 …………………………… 100
데이터의 표준화 ………………………… 102
데이터집합 ………………………………… 20
데이터집합의 활용 ………………………… 52
데이터탐색 ………………………………… 116
독립성 ……………………………………… 364
독립성 검정 ………………………… 243, 284
동등한 2가지 측정도구 측정치의 신뢰도 … 188
동분산성 …………………………………… 180
동일도구 2회 측정 신뢰도 ……………… 188
동질성 검정 ……………………………… 284
두 명 이상에 대한 결합분석 …………… 607
두 명 이상의 유사성/상이성 데이터 ……… 513
등간척도 …………………………………… 35

ㄹ

람다 ………………………………………… 297
런 검정 …………………………………… 251
로지스틱 함수 …………………………… 448
로지스틱 회귀분석 ……………… 320, 411, 448

ㅁ

맥네마르 검정 …………………………… 257

맥파든 로짓분석 ………………………… 411
맨-휘트니 검정 ………………………… 273
메디안 검정 ……………………………… 277
메트릭 데이터간 산점도 분석 ………… 180
메트릭 데이터간 상관관계 분석 ……… 184
메트릭 데이터에 대한 평균, 표준편차 분석 … 173
메트릭 데이터의 빈도분석 ……………… 128
메트릭 척도의 데이터 …………………… 118
메트릭(metric) 데이터 …………………… 32
명목척도 …………………………………… 33
모분산검정 ………………………… 218, 235
모세의 극단반동 검정 …………………… 273
모수 추정치 ……………………………… 326
모수통계분석 …………………………… 242
모집단 …………………………………… 242
무작위 검정 ……………………………… 251
문자를 숫자로 코딩 변경 ………………… 96

ㅂ

반복측정치가 없는 이원배치 분산분석 …… 380
반복측정치가 있는 이원배치 분산분석 …… 385
반분계수 신뢰도 ………………………… 189
백분위수 ………………………………… 155
범위 ……………………………………… 155
벡터 모형 ………………………………… 583
변동계수 ………………………………… 177
변수 계산 …………………………… 96, 98
변수 복사 ………………………………… 71
변수 삭제 ………………………………… 75
변수 삽입 ………………………………… 74
변수 유형 입력 …………………………… 55
변수 이동 ………………………………… 73
변수 이름 입력 …………………………… 54
변수 정의 ………………………………… 54
변수 추가 ………………………………… 105
변수에 대한 설명 입력 …………………… 56
변수의 값 지정 …………………………… 57
부분가치함수모형 ……………………… 584

부호 검정 ································· 261
분류분석 ································· 486
분산 ······································ 176
분산분석 ································· 364
분산분석 형태의 데이터 ············· 38
분산분석표 ······························ 325
분산팽창요인 ··························· 335
분석결과 ·································· 27
분석표본 ·························· 412, 437
분지 ······································ 367
분할계수 ································· 295
불확실 계수 ···························· 297
비모수추정 ······························ 448
비모수통계분석 ························ 242
비선형 회귀분석 ················ 321, 358
비선형회귀분석 ························ 319
비연결 군집분석 ······················ 491
비율검정 ·························· 212, 229
비율척도 ································· 36
빈도분석 ·························· 121, 146

ㅅ

사분위수 분포도 ······················ 156
사후분석 ································· 378
산점도 ···································· 180
상관관계 분석 ············ 180, 284, 301
상이성 ···································· 516
상자 도표 & 위스커도 ················ 155
상태지표값 ······························ 335
상호작용 ·························· 351, 364
상호작용인자 ··························· 368
상황표 ······························ 39, 135
샤피로 - 윌크 검정 ···················· 154
선도호 데이터 ·························· 514
선형관계 ································· 318
선호도 데이터의 다차원척도법 ········ 550
선호도 측정 ···························· 516
소수점 이하 자릿수 ···················· 56

소수표본의 군집분석 ··················· 491
수량분류 ································· 486
순서척도 ································· 34
순위상관 ································· 34
숫자를 문자로 코딩 변경 ·············· 92
스크리 검정 ···························· 462
스트레스 ·························· 521, 530
신뢰도 검정 ···························· 187
실험데이터 ······························ 364

ㅇ

엑셀 데이터 입력 ······················ 48
엑셀 파일로 출력 ······················ 64
여러 명의 유사성/상이성 데이터 분석 ······· 536
영가설 ···································· 200
오메가제곱값 ··············· 377, 384, 389
오차항의 독립성 ······················ 332
왜도 ······································ 153
외부 데이터 입력 ······················ 40
요인 ······································ 458
요인변수를 이용한 군집분석 ·········· 477
요인변수를 이용한 회귀분석 ·········· 480
요인분석 ································· 458
요인분석을 활용한 다변량분석 ········ 475
요인점수 ································· 459
요인회전 ································· 463
우도비 χ^2 통계량 ···················· 295
월드 - 월포비츠 검정 ················· 273
윌콕슨 부호순위 검정 ················· 263
유보표본 ································· 412
유사성 ···································· 516
유의수준 ································· 202
음지수 성장곡선 ······················ 358
응답자의 시장 세분화 ················· 627
의사관계 ································· 138
이분산성 ································· 180
이상점 모형 ···························· 584
이항분포 검정 ·························· 247

인자 ·· 367
인자처리의 강도 ···························· 376
인지도 ···························· 510, 511, 562
일대일 코딩 변경 ······················· 80, 86
일원배치 분산분석 ·························· 372

ㅈ

작업 선택 ···································· 19
저장 ······································ 24, 50
저장된 파일 불러오기 ······················ 25
적중률 ····································· 414
적합도 판정 ································· 324
적합도(goodness-of-fit) 검정 ············· 243
전진 ·· 339
전체분산 ··································· 366
정규분포 ··································· 448
정규성 검정 ············· 117, 153, 154, 332
정규성을 만족하지 못하는 변수 문제해결 ··· 168
정규확률분포도 ····························· 156
정준분석 ··································· 421
정준상관분석 ······························ 402
제1종의 오류 ······························ 203
제2종의 오류 ······························ 203
조작화 ······································ 31
주성분 요인분석 ··························· 335
주성분분석 ································· 461
주요인분석 ································· 461
중위수 ······················ 34, 174, 175, 277
직교계획 ··································· 587
진단 통계량 ································· 335
집단간 ····································· 364
집단간 분산 ································· 366
집단내 ····································· 364
집단내 분산 ································· 366

ㅊ

척도 ·· 31

첨도 ·· 153
체계적 오차 ································· 187
최빈치 ························· 134, 174, 176
최소자승법 ····························· 321, 327
최우법 요인분석 ··························· 461
최적 회귀모형의 선정 ······················ 339
추론통계 ···································· 30
측도 ·· 32
측도 지정 ··································· 60
측정오차 ··································· 187

ㅋ

카이제곱 검정 ························ 243, 284
칼럼 병합 ··································· 105
케이스 복사 ································· 66
케이스 삭제 ································· 70
케이스 삽입 ································· 69
케이스 이동 ································· 68
케이스 정렬 ································· 76
케이스 추가 ································· 109
코딩 ·· 32
코딩 변경 ··································· 80
코베리엣 ··································· 398
코크란 큐 검정 ····························· 265
코호트값 ··································· 297
콜모고로프-스미르노프 검정 ··········· 254, 273
크래머의 V ································· 296
크로스 ····································· 368
크로스탭 ··································· 135
크론바흐의 알파 계수 ······················ 189
크루스칼-왈리스 검정 ······················ 277

ㅌ

타당성 ····································· 459
텍스트 파일 데이터 입력 ···················· 40
텍스트 파일로 출력 ························· 63
통계 ·· 30

통계학 ································· 30
특이 관찰치 ························· 117
특정분산 ···························· 461

ㅍ

파이계수 ···························· 295
파일합치기 ························· 105
판별분석 ············· 408, 409, 411, 448
판별식 ······························ 408
판별식 검정 ························ 440
판별점수 ···················· 423, 445
편상관관계 분석 ················· 309
평가자간 신뢰도 검정 ·········· 193
평균 ································· 174
평균, 표준편차 분석 ············ 173
표준오차 ···························· 326
표준편차 ···························· 176

프리드만 검정 ····················· 269
프리드만 분산분석 ················ 34
피셔 ································· 408
피셔 판별식 ················· 423, 445

ㅎ

한 명에 대한 결합분석 ··········· 595
한 명의 유사성/상이성 데이터 ········· 513
한 명의 유사성/상이성 데이터 분석 ········ 522
함수 ································· 98
행 병합 ···························· 109
허용도 ····························· 335
혼합모형 ···························· 584
화면구성 ····························· 19
회귀분석 ···························· 318
후진 ································· 339
히스토그램 ························· 156

• 국내문헌

강석후, 조현철 옮김 (2004), 마케팅조사론, 4판, 도서출판 석정.

김우철 외 7 인 (1986), 현대통계학, 재개정판, 서울 : 영지출판사.

김충련(2011), SAS 데이터분석, 서울 : 21세기사.

김충련(2010), PASW 데이터분석, 서울 : 21세기사.

이훈영(2006), 이훈영 교수의 SPSS를 이용한 데이터분석, 서울 : 도서출판 청람.

정영해, 조지현, 황현식, 정은진(2008), SPSS 14.0 통계데이터분석, 광주 : (사)한국사회조사
　　　연구소.

차석빈, 김홍범, 김우곤, 윤지환, 오흥철 (2001), 다변량 분석의 이론과 실제, 서울 : 학현사.

채서일 (2000), 마케팅 조사론, 서울 : 학현사.

•외국문헌

Aaker, David A. and George S. Day (1980), *Marketing Research*, New York : John
　　　Wiley & Sons.

Addleman, Sidney (1962), "Orthogonal Main-Effect Plans for Asymmetrical Factorial
　　　Experiments," *Technometrics*, 4 (February), 21-46.

Afifi, A.A. and V. Clark (1990), *Computer -Aided Multivariate Analysis*, 2nd Ed.,
　　　NY : Van Nostrand Reinhold Co.

Bearden, William O., Richard G. Netmeyer, and Mary F. Mobley (1993), *Handbook
　　　of Marketing Scales, Multi -Item Measures for Marketing and Consumer
　　　Behavior*, Newbury Park, Calif. : Sage.

Ben -Akiva, Moshe and Steven R. Lerman (1989), *Discrete Choice Analysis : Theory
　　　and Application to Travel Demand*, Cambridge, Massachussetts : The MIT
　　　Press.

Benzécri, J. P. (1969), "Statistical Analysis as a Tool to Make Patterns Emerge from
　　　Data," in S. Watanabe, ed., *Methodologies of Pattern Recognition*, New
　　　York : Academic Press, Inc., 35 -74.

Bose, R. C. and K. A. Bush (1952), "Orthogonal Arrays of Strength Two and Threes," *Annals of Mathematical Statistics*, 23, 508 -524.

Box, G.E.P., and D.R. Cox(1964), "An Analysis of Transformations," *Journal of the Royal Statistical Society*, B (26), 211 -243.

Byrkit, Donald R. (1987), *Statistics Today : A Comprehensive Introduction*, Menlo Park, CA : The Benjamin/Cummings Publishing Company Inc.

Campbell, D. T., and D. W. Fiske(1959), "Convergent and Discriminant Validity by the Mutitrait -Multimethod Matrix," *Psychological Bulletin*, 56 (March), 81 -105.

Carroll, J. Douglas (1972), "Individual Differences and Multidimensional Scaling," in R.N. Shpard, A.K. Romney, and S.B. Nerlove (eds.), *Multidimensional Scaling : Theory and Applications in the Behavioral Sciences*, Vol. 1, NY : Seminar Press.

__________ and J. J. Chang (1970), "Analysis of Individual Differences in Multidimensional Scaling Via and *n* -way Generalization of Eckart -Young Decomposition," *Psychometrika*, 35, 283 -319.

__________ and Paul E. Green (1988), "An INDSCAL-Based Approach to Multiple Correspondence Analysis," *Journal of Marketing Research*, 25 (May), 193 -203.

__________, __________, and Catherine M. Schaffer (1987), "Interpoint Distance Comparison in Correspondence Analysis : A Clarification," *Journal of Marketing Research*, 24 (November), 445 -450.

Carson, R. T., J. J. Louviere, D. A. Anderson, P. Arabie, D. Bunch, D.A. Hensher, R. M. Johnson, W. F. Kuhfeld, D. Steinberg, J. Swait, H. Timmermans, and J.B. Wiley (1994), "Experimental Analysis of Choice," *Marketing Letters*, 5 (4), 351 -368.

Cattel, R. B. (1966), "The Scree Test for the Number of Factors," *Multivariate Behavioral Research*, 1 (April), 245 -276.

Clarke, Darral G. (1978), "Strategic Advertising Planning : Merging Multidimensional Scaling and Econometric Analysis," *Management Science*, 24, 16, 1687 -1699.

Cohen, J. (1977), *Statistical Power Analysis for Behavioral Sciences*, New York : Academic Press.

Conover, W. J. (1980), *Practical Nonparametric Statistics*, 2nd Ed., New York : John

Wiley & Sons, Inc.

Cronbach, L. J. (1951), "Coefficient Alpha and the Internal Structure of Tests," *Psychometrika*, 31, 93 -96.

Daniel Wayne W. (1990), *Applied Nonparametric Statistics*, 2nd Ed., Boston, MA : PWS -KENT Publishing Company.

Dillon, William R. and Matthew Goldstein (1984), *Multivariate Analysis*, NY : John Wiley & Sons.

Eckart, Charles and Gale Young (1936), "The Approximation of One Matrix by Another of Lower Rank," *Psychometrika*, 1, 335 -352.

Feinberg, Stephen (1979), "Graphical Methods in Statistics," *American Statistician*, 33 (November), 165 -178.

Gifi, A. (1981), *Non -Linear Multivariate Analysis*, Leiden, The Netherlands : Department of Data Theory, University of Leiden.

Green, Paul E. (1975), "Marketing Applications of MDS : Assessment and Outlook," *Journal of Marketing*, 39 (January), 24 -31.

_______ and Frank J. Carmone (1969), "Multidimensional Scaling : An Introduction and Comparison of Nonmetric Unfolding Techniques," *Journal of Marketing Research*, 6 (August), 332.

_______ (1974), "On the Design of Choice Experiments Involving Multifactor Alternatives," Journal of Consumer Research, 1 (September), 61 -68.

_______ (1978), *Analyzing Multivariate Data*, Hisdale Illinoise : The Dryden Press.

_______ and V. Srinivasan (1978), "Conjoint Analysis in Consumer Research : Issues and Outlook," *Journal of Consumer Research*, 5 (September), 103 -123.

_______ and _______ (1990), "Conjoint Analysis in Marketing : New Developments With Implications for Research and Practice," *Journal of Marketing*, 57 (October), 3 -19.

_______ and Yoram Wind (1973), *Multiattribute Decisions in Marketing : A Measurement Approach*, Hinsdale, Ill. : Dryden Press.

_______ and _______ (1975) "New Way to Measure Consumers' Judgments," *Harvard Business Review*, 53 (July -August), 107 -117.

_______, Frank J. Carmone, Jr., and Scott M. Smith (1989), *Multidimensional Scaling : Concepts and Applications*, Needham Heights, MA : Allyn and Bacon, Inc.

Greenacre, Michael J. (1984), *Theory and Application of Correspondence Analysis*, London : Academic Press, Inc.

________ (1986), "SIMCA : A Program to Perform Simple Correspondence Analysis," *Psychometrika*, 51(March), 172 -173.

Hair, Joseph F., Jr., Rolph E. Anderson, Ronald L. Tatham, and William C. Black (1998), *Multivariate Data Analysis*, Fifth Edition, Prentice Hall.

Hoffman, Donna, L. and George R. Franke (1986), "Correspondence Analysis : Graphical Representation of Categorical Data in Marketing Research," *Journal of Marketing Research*, 23 (August), 213 -227.

Johnson, Richard M. (1974), "Trade -Off Analysis of Consumer Values," *Journal of Marketing Research*, 11 (May), 121 -127.

Kruskal, J.B. (1964a), "Multidimensional Scaling by Optimizing Goodness of Fit to a Nonmetric Hypothesis," *Psychometrika,* 29, 1 -27.

________(1964b), "Nonmetric Multidimensional Scaling : A Numerical Method," *Psychometrika,* 29, 115 -129.

________(1965), "Analysis of Factorial Experiments by Estimating Monotone Transformation of Data," *Journal of the Royal Statistical Society*, series B, 27, 251 -263.

________ (1965), "Analysis of Factorial Experiments by Estimating Monotone Transformation of Data," *Journal of the Royal Statistical Society*, series B, 27, 251 -263.

________ and Frank J. Carmone (1969), "How to Use M -D -SCAL, A Program to Do Multidimensional Scaling and Multidimensional Unfolding," (Version 5M of MDSCAL, all in Fortran IV), Murray Hill, N.J. : mimeo, Bell Telephone Laboratories.

________ and J. Douglas Carroll (1969), "Geometrical Models and Badness -of -Fit Functions," in P. R. Krishnaiah, ed., *Multivariate Analysis II*, New York : Academic Press, 639 -670.

________ and M. Wish (1978), *Multidimensional Scaling*, Murry Hill, NJ : Bell Laboratories.

________, Forrest W. Young, and Judith B. Sheery (1973), "How to Use Kyst, a Very Flexible Program to Do Multidimensional Scaling and Unfolding," multilithed, Murray Hill, N.J. : Bell Laboratories, April.

Kuhfeld, W.F., R.D. Tobias, and M. Garratt (1994), "Efficient Experimental Design with Marketing Research Applications," *Journal of Marketing Research*, 31, 545 -557.

Lazari, A.G. and D.A. Anderson (1994), "Designs of Discrete Choice Set Experiments for Estimating Both Attribute and Availability Cross Effects," *Journal of Marketing Research*, 31, 375 -383.

Lebart, Ludovic, Alain Morineau, and Kenneth M. Warwick (1984), *Multivariate Descriptive Statistics and Related Techniques for Large Matrices*, New York : John Wiley & Sons, Inc.

Lehmann, Donald R. (1989), *Market Research and Analysis*, 3rd Ed., Boston, MA : Irwin.

Louviere, J.J. (1991), "Consumer Choice Models and the Design and Analysis of Choice Experiments," Tutorial presented to the American Marketing Association Advanced Research Techniques Forum, Beaver Creek, Colorado.

_______ and G. Woodworth (1983), "Design and Analysis of Simulated Consumer Choice of Allocation Experiments : A Method Based on Aggregate Data," *Journal of Marketing Research,* 20 (November), 350 -367.

Maddala, G. S. (1983), *Limited -dependent and Qualitative Variables in Econometrics*, Cambrige, London : Cambrige University Press.

Manski, C.F., and D. McFadden (1981), *Structural Analysis of Discrete Data with Econometric Applications,* Cambridge : MIT Press.

Mullet, Gary M. and Marvin J. Karson (1986), "Percentiles of LINMAP Conjoint Indices of Fit for Various Orthogonal Arrays : A Simulation Study," *Journal of Marketing Research*, 23 (August), 286 -290.

Nachmias, Charva and David Nachmias (1981), *Research Methods in the Social Sciences*, 2nd Ed., NY : St. Martin's Press.

Nishisato, Shizuhiko (1980), *An Introduction to Dual Scaling*, 1st ed., Islington, Ontario : MicroStats.

Percy, Larry, H. (1975), "Multidimensional Unfolding of Profile Data : A Discussion and Illustration with Attention to Badness -of -Fit," *Journal of Marketing Research*, 12 (February), 93 -99.

Peter, J. P. (1979), "Reliability : A Review of Psychometric Basics and Recent Marketing Practices," *Journal of Marketing Research*, 18 (May), 133 -145.

Plackett, R. L. and J. P. Burman (1946), "The Design of Optimum Multi -factorial

Experiments," *Journal of the Royal Statistical Society*, Series B., 28, 251 -263.

Richardson, M. W. (1938), "Multidimensional Psychographics," *Psychological Bulletin*, 35, 659 -660.

Schiffman, S.S., M.L. Reynolds, and F.W. Young (1981), *Introduction to Multidimensional Scaling*, NY : Academinc Press.

Shavelson, Richard J. (1988), *Statistical Reasoning for the Behavioral Sciences*, 2nd Ed., Needham Heights, MA : Allyn and Bacon Inc.

Shepard, Roger N. (1962), "The Analysis of Proximities : Multidimensional Scaling with an Unknown Distance Function, Part One," *Psychometrika*, 27, 125 -139.

Siegel, Sidney and N. John Catellan, Jr. (1988), *Nonparametric Statistics for the Behavioral Sciences*, 2nd Ed., Singapore : McGraw -Hill Book Co.

Snook, S. C. and R. L. Gorsuch (1989), "Principal Component Analysis versus Common Factor Analysis : A Monte Carlo Study," *Psychological Bulletin*, 106, 148 -154.

Stewart, D. W. (1981), "The Application and Misapplication of Factor Analysis in Marketing Research," *Journal of Marketing Research*, 18 (February), 51 -62.

Takane, Y., F. W. Young, and J. De Leeuw (1977), "Nonmetric Individual Differences Multidimensional Scaling : An Alternating Least Squares Method with Optimal Scaling Features," *Psychometrika,* 42, 7 -67.

Teenhaus, Michael and Forrest W. Young (1985), "An Analysis and Synthesis of Multiple Correspondence, Optimal Scaling, Dual Scaling, Homogeneity Analysis, and Other Methods for Quantifying Categorical Multivariate Data," *Psychometrika*, 50(December), 429 -447.

Togerson, Warren S. (1952), "Multidimensional Scaling : Theory and Method," *Psychometrika,* 17, 401 -419.

__________ (1958), *Theory and Methods of Multidimensional Scaling*, New York : John Wiley & Sons.

Velicer, W. F. and D. N. Jackson (1990), "Component Analysis versus Common Factor Analysis : Some Issues in Selecting an Appropriate Procedure," *Multivariate Behavioral Research*, 25, 1 -28.

Wang, Peter C. C., ed. (1978), *Graphical Representation of Multivariate Data*, New York : Academic Press.

Wind, Yoram and Patrick J. Robinson (1972), "Product Positioning : An Application of Multidimensional Scaling," in Russell I. Haley ed., *Attitude Research in Transition*, 155 -175.

Winer, B. J. (1971), *Statistical Principles in Experimental Design*, 2nd Ed. NY : McGraw -Hill Book Co.

Wittink, Dick R. and Philippe Cattin (1986), "Commercial Use of Conjoint Analysis : An Update," *Journal of Marketing*, 53 (July), 91 -96.

Young, Gale and A. S. Householder (1938), "Discussion of a Set of Points in Terms of Their Mutual Distances," *Psychometrika*, 3, 19 -22.

김충련(金忠鍊)

고려대학교 경영학과(B.S.)
KAIST 경영과학과 마케팅(M.S., Ph.D.) 전공
삼상물산 마케팅 및 경영기획 담당 과장
㈜ 데이터리서치 고문
현) 우석대학교 호텔항공관광학과 교수

■ **저서 및 논문**
SAS라는 통계상자
PASW데이터분석
SAS를 활용한 다차원척도법과 결합분석
관광마케팅
호텔마케팅
Journal of Advertising Research, Behaviour & Information Technology, Journal of Marketing Channels, International Journal of Management, 마케팅연구, 소비자학연구, 경영정보학 연구 등에 다수 논문 수록

E-mail : josephckim@hanmail.net

SPSS 데이터분석

초판 1쇄 인쇄 2012년 05월 10일
초판 1쇄 발행 2012년 05월 15일
저   자 김충련
발 행 인 이범만
발 행 처 **21세기사** (제406-00015호)
경기도 파주시 산남동 283-10 (413-130)
Tel. 031-942-7861   Fax. 031-942-7864
E-mail : 21cbook@naver.com
Home-page : www.21cbook.co.kr
ISBN 978-89-8468-434-8

정가 30,000원